SCHÄFFER
POESCHEL

Heinz-Georg Baum/Adolf G. Coenenberg/Thomas Günther

Strategisches Controlling

4., überarbeitete Auflage

2007
Schäffer-Poeschel Verlag Stuttgart

Verfasser:

Prof. Dr. Heinz-Georg Baum,
Fachhochschule Fulda

Prof. Dr. Dres. h. c. Adolf G. Coenenberg,
Lehrstuhl für Wirtschaftsprüfung und Controlling, Universität Augsburg

Prof. Dr. Thomas Günther,
Lehrstuhl für Betriebliches Rechnungswesen und Controlling, Technische Universtität Dresden

2. und 3. Auflage unter Mitarbeit von:
Jochen Fischer, Catharina Kriegbaum-Kling und Thomas Muche

Bibliografische Information der Deutschen Nationalbibliothek
Die Deutsche Nationalbibliothek verzeichnet diese Publikation in der Deutschen Nationalbibliografie;
detaillierte bibliografische Daten sind im Internet über <http://dnb.d-nb.de> abrufbar.

Gedruckt auf chlorfrei gebleichtem, säurefreiem und alterungsbeständigem Papier.

ISBN: 978-3-7910-2545-2

© 2007 Schäffer-Poeschel Verlag für Wirtschaft · Steuern · Recht GmbH
www.schaeffer-poeschel.de
info@schaeffer-poeschel.de
Einbandgestaltung: Willy Löffelhardt
Druck und Bindung: Kösel, Krugzell · www.koeselbuch.de
Printed in Germany
August 2007

Schäffer-Poeschel Verlag Stuttgart
Ein Tochterunternehmen der Verlagsgruppe Handelsblatt

Vorwort zur 4. Auflage

In den Wirtschaftswissenschaften beschäftigt man sich seit den 1960er Jahren intensiv mit der strategischen Planung und der hierauf basierenden Steuerung. In mehreren Zyklen hat strategisches Denken bis in die Gegenwart neue Impulse und Erweiterungen erfahren. Beispiele dafür sind das vernetzte Denken, die Auseinandersetzung mit Kernkompetenzen, der Shareholder Value-Ansatz oder die Balanced Scorecard.

Die Einbettung des strategischen Denkens in das Controlling-System bestehend aus Information, Planung und Kontrolle ist die Geburtsstunde des strategischen Controlling. Der Übergang zum strategischen Management oder zur strategischen Führung ist dabei fließend.

Intention dieses Buches ist es, einen Überblick über die Konzeption des strategischen Controlling zu geben und Ansatzpunkte für dessen Umsetzung in die Unternehmenspraxis aufzuzeigen. Es soll anhand des weiten Repertoires strategischer Instrumente gezeigt werden, wie unternehmerische Strategien geplant und kontrolliert werden können. Die Verbindung zwischen Konzepten des strategischen Managements und traditionellen operativen Steuerungsgrößen wie Cash Flow, Return on Investment oder Unternehmenswert herzustellen, ist ein wesentliches Anliegen dieses Buches.

Aufgrund der erheblichen Veränderungen auf dem Gebiet des strategischen Controlling war die zweite Auflage im Vergleich zur ersten Auflage neu konzipiert und gestaltet und in die dritte Auflage ein Kapitel zum Performance Measurement eingefügt worden. In der vierten Auflage wurden ebenfalls wieder einige Anregungen von Studenten, Hochschullehrern und Praktikern berücksichtigt, für die wir sehr dankbar sind. Die Auflage wurde überarbeitet und inhaltlich aktualisiert. Ansonsten wurde die bewährte Grundkonzeption des Buches beibehalten.

Für die fachliche, inhaltliche Unterstützung bei der Bearbeitung der vierten Auflage sind wir Frau Dipl.-Kffr. Lucia Bellora zu besonderem Dank verpflichtet. Unsere beiden Sekretärinnen, Frau Jana Posselt und Frau Beate Haupt, die die Aufgabe des grammatikalischen Feinschliffs der nicht einfachen neuen deutschen Rechtschreibung übernahmen, haben wesentlichen Anteil an der redaktionellen Überarbeitung.

Nicht zuletzt sei dem Verlag, allen voran Frau Marita Mollenhauer und Frau Knapp, für die sehr angenehme verlegerische Betreuung und Unterstützung gedankt.

Fulda / Augsburg / Dresden, im Juni 2007

Heinz-Georg Baum
Adolf Gerhard Coenenberg
Thomas Günther

Inhaltsverzeichnis

Vorwort V

Abbildungsverzeichnis XII

1 Grundlagen des strategischen Controlling 1
  1.1 Strategie-Begriff 1
  1.2 Controlling als Ansatz zur Unternehmenssteuerung 3
  1.3 Strategisches Controlling 5
      1.3.1 Das Controlling-System 5
      1.3.2 Strategisches Controlling als Teilsystem des Controlling 9
      1.3.3 Das strategische Controllingsystem 10
      1.3.4 Von der strategischen Planung zum strategischen Management 13
  1.4 Die Gap-Analyse 18
      1.4.1 Die Gap-Analyse als Erklärung für die Notwendigkeit eines strategischen
           Controlling 18
      1.4.2 Die Gap-Analyse als Planungs- und Kontrollinstrument 20
  1.5 Strategischer Planungsprozess 23
      1.5.1 Strategische Analyse 24
      1.5.2 Strategiefindung 24
      1.5.3 Strategiebewertung 30
  1.6 Ebenen der strategischen Planung 33
  1.7 Bildung strategischer Geschäftseinheiten 36
      1.7.1 Zum Begriffsverständnis strategischer Geschäftseinheiten 36
      1.7.2 Abgrenzung von strategischen Geschäftseinheiten 36
      1.7.3 Unternehmensorganisation und Struktur strategischer Geschäftseinheiten 39
  1.8 Vernetztes statt lineares Denken 40

2 Unternehmens- und Umfeldanalyse 54
  2.1 Zielsetzung der Unternehmens- und Umfeldanalyse 54
  2.2 Umfeldanalyse 55
  2.3 Unternehmensanalyse 64
      2.3.1 Ermittlung der strategischen Potenziale 65
      2.3.2 Bewertung der strategischen Potenziale 71
      2.3.3 Visualisierung der strategischen Potenziale mit Hilfe eines Stärken-
           Schwächen-Profils 72
  2.4 SWOT-Analyse 74

3 Geschäftsstrategien 75
  3.1 Strategische Stoßrichtungen 75
  3.2 Kostenwettbewerb 84
      3.2.1 Das Produktlebenszykluskonzept 84
           3.2.1.1 Darstellung 84

   3.2.1.2 Das enge Konzept des Produktlebenszyklus 85

   3.2.1.3 Das erweiterte Konzept des Produktlebenszyklus.................................87

   3.2.1.4 Bedeutung des Produktlebenszykluskonzeptes für die strategische

        Unternehmensplanung...88

  3.2.2 Die Erfahrungskurve...91

   3.2.2.1 Darstellung 91

   3.2.2.2 Statische Ursachen für Erfahrungseffekte 93

   3.2.2.3 Dynamische Ursachen für Erfahrungseffekte.....................................94

   3.2.2.4 Berechnung der Kostenentwicklung..95

   3.2.2.5 Bedeutung des Erfahrungskurvenkonzeptes für die strategische

        Unternehmensplanung...98

  3.2.3 Die Industriekostenkurve...107

   3.2.3.1 Das Grundkonzept 107

   3.2.3.2 Bedeutung der Industriekostenkurve für die strategische

        Unternehmensplanung...110

3.3 Qualitätswettbewerb 113

  3.3.1 Der Qualitätsbegriff...114

  3.3.2 Die Wirkungen von Qualität..119

3.4 Zeitwettbewerb 138

  3.4.1 Ziele und Aufgaben des Zeitmanagements...143

  3.4.2 Historische Entwicklung des Zeitwettbewerbs 145

  3.4.3 Grundsätze des Zeitmanagements..147

  3.4.4 Response-Zeiten als Zielgröße des Zeitmanagements 151

   3.4.4.1 Response-Zeiten im innovativen Aktivitätszyklus 154

   3.4.4.2 Response-Zeiten im operativen Aktivitätszyklus..............................156

   3.4.4.3 Ansatzpunkte des Zeitmanagements..157

  3.4.5 Strategische Ausrichtung des Zeitwettbewerbs 160

   3.4.5.1 Zeitwettbewerb als Differenzierungsstrategie 161

   3.4.5.2 Komplementäre Wirkungen im Magischen Dreieck der

        strategischen Erfolgsfaktoren 166

   3.4.5.3 Zeitwettbewerb als indirekte Strategie 170

  3.4.6 Erfolgswirkungen zeitbasierter Wettbewerbsstrategien.....................171

  3.4.7 Grenzen des Zeitwettbewerbs 178

   3.4.7.1 Teufelskreis des Innovationswettlaufs...179

   3.4.7.2 Beschleunigungsfalle..182

4 Unternehmensstrategien...185

4.1 Portfolio-Konzepte 185

  4.1.1 Ursprung der Portfolio-Technik...185

  4.1.2 Portfolio-Analyse in der strategischen Unternehmensplanung...........187

   4.1.2.1 Grundidee der Portfolio-Analyse und Ausgewogenheitspostulat............187

   4.1.2.2 Kernaussage und Zweck der Portfolio-Analyse 189

   4.1.2.3 Matrixdarstellung und Rastertechnik der Portfolio-Planung...................190

  4.1.3 Ausgewählte Produkt-Portfolio-Ansätze 191

4.1.3.1 Marktanteils-Marktwachstums-Portfolio (Boston-I-Portfolio)............... 192

    4.1.3.1.1 Ausgewählte strategische Erfolgsfaktoren im Boston-I-Portfolio 192

    4.1.3.1.2 Normstrategien im Boston-I-Portfolio 194

    4.1.3.1.3 Beispiel für ein Boston-I-Portfolio................................. 196

4.1.3.2 Marktattraktivitäts-Wettbewerbsstärken-Portfolio (*McKinsey*-Portfolio)... 198

    4.1.3.2.1 Ausgewählte strategische Erfolgsfaktoren im *McKinsey*-Portfolio 198

    4.1.3.2.2 Normstrategien im *McKinsey*-Portfolio 202

    4.1.3.2.3 Beispiel für ein *McKinsey*-Portfolio................................ 203

4.1.3.3 Vergleich zwischen Boston-I-Portfolio und *McKinsey*-Portfolio 206

4.1.4 Implizite Prämissen und kritische Würdigung der Portfolio-Planung 207

    4.1.4.1 Annahme identischer Produktlebenszyklen..................................... 207

    4.1.4.2 Statische Betrachtung 209

    4.1.4.3 Abgrenzung der strategischen Geschäftseinheiten 211

    4.1.4.4 Unabhängigkeit der strategischen Geschäftseinheiten...................... 211

    4.1.4.5 Auswahl der relevanten strategischen Erfolgsfaktoren..................... 212

    4.1.4.6 Messung und Gewichtung der strategischen Erfolgsfaktoren............. 215

    4.1.4.7 Sonstige implizite Prämissen 215

    4.1.4.8 Abschließende Beurteilung... 215

4.2 Wettbewerbsmatrizen.. 216

4.2.1 Der relevante Markt als Bemessungsgrundlage des Marktanteils.......................... 218

4.2.2 Darstellung der Wettbewerbsmatrizen... 219

    4.2.2.1 Generische Wettbewerbsstrategien nach *Porter* 219

    4.2.2.2 Vorteilsmatrix nach *Boston Consulting Group* (Boston-II-Matrix) 221

    4.2.2.3 Strategisches Spielbrett nach *McKinsey* 223

    4.2.2.4 Preiselastizitäts-Produktdifferenzierungs-Matrix nach *Lewis*.................. 226

4.2.3 Abschließende Beurteilung 227

4.3 Technologie- und Patent-Portfolio 229

4.3.1 Grundprinzip des Technologie-Portfolios.. 229

4.3.2 Normstrategien im Technologie-Portfolio 232

4.3.3 Beispiel für ein Technologie-Portfolio... 233

4.3.4 Patent-Portfolio 236

4.4 Strategien in schrumpfenden Märkten 239

4.5 Konzept der Kernkompetenzen.. 245

4.5.1 Marktorientierter versus ressourcenorientierter Ansatz 245

4.5.2 Ressourcen, Fähigkeiten und Kompetenzen 250

4.5.3 Von Ressourcen und Fähigkeiten zum Endprodukt (Baum-Modell)....................... 252

4.5.4 Ansatzpunkte für Kernkompetenzen 254

4.5.5 Management von Kernkompetenzen 259

    4.5.5.1 Das doppelte Gegenstromverfahren.. 259

    4.5.5.2 Der Kernkompetenz-Management-Kreislauf..................................... 260

        4.5.5.2.1 Identifikation von Kernkompetenzen............................... 260

		4.5.5.2.2	Entwicklung von Kernkompetenzen	264
		4.5.5.2.3	Integration von Ressourcen und Fähigkeiten zu Kernkompetenzen	266
		4.5.5.2.4	Nutzung von Kernkompetenzen	266
		4.5.5.2.5	Transfer von Kernkompetenzen	267
	4.5.5.3		Controlling-Unterstützung des Kernkompetenz-Management-Prozesses	269
	4.5.5.4		Organisatorische Auswirkungen des Kernkompetenz-Ansatzes	270
4.5.6			Strategische Implikationen	272

5 Steuerung von Strategien durch wertorientiertes Controlling 273

5.1	Historische Entwicklung des Shareholder Value-Ansatzes	273
5.2	Entstehungsursachen des Shareholder Value-Ansatzes	274
5.2.1	Verhaltenssteuernde Wirkungen der Ausrichtung am Unternehmenswert	274
5.2.1.1	Aufdeckung von Wertlücken durch M&A-Transaktionen	275
5.2.1.2	Die Entstehung eines Marktes für Unternehmenskontrolle	278
5.2.1.3	Asymmetrische Informationsverteilung zwischen Management und Eigentümern	279
5.2.1.4	Der Shareholder Value-Ansatz als Grundlage für strategische Anreizsysteme	279
5.2.2	Entscheidungssteuernde Wirkungen der Ausrichtung am Unternehmenswert	281
5.2.2.1	Kritik an gewinnorientierten Erfolgskennzahlen	281
5.2.2.2	Zunehmende Bedeutung institutioneller und ausländischer Anleger	283
5.2.2.3	Konzeptionelle Erweiterung des strategischen Managements	284
5.3	Konzeption eines unternehmenswertorientierten Controlling	284
5.4	Berechnung des Shareholder Value	285
5.5	Der Unternehmenswert im strategischen Controlling	290
5.5.1	Unternehmenswert und Unternehmensstrategie	292
5.5.1.1	Neubetrachtung des Marktanteils-Marktwachstums-Portfolios	292
5.5.1.2	Werttreiberorientierte Matrix-Darstellungen	296
5.5.1.3	Unternehmenswertorientierte Performance-Matrizen	302
5.5.1.4	Das Leaning Brick Pile	304
5.5.1.5	Die Rolle des Unternehmenswertes im Rahmen des Portfolio-Managements	307
5.5.2	Unternehmenswert und Geschäftsstrategie	308
5.5.2.1	Ansatzpunkte für wertschaffende Geschäftsstrategien	308
5.5.2.2	Die Valcor-Matrix	311
5.5.2.3	Bewertung von Strategien mit Hilfe des Shareholder Value-Ansatzes	312
5.5.2.4	Bewertung strategischer Optionen	314
5.6	Grenzen und Problembereiche des Shareholder Value-Ansatzes	317

6 Steuerung von Strategien durch strategische Kontrolle 319

| 6.1 | Notwendigkeit der strategischen Kontrolle | 319 |

6.2   Ansätze der strategischen Kontrolle... 320

6.3   Konzeption der strategischen Kontrolle.. 322

    6.3.1   Kontrolle der Plangenerierung 323

    6.3.2   Kontrolle der Planerreichung (Durchführungskontrolle)................... 327

7   Strategische Frühaufklärung **329**

7.1   Überblick zur strategischen Frühaufklärung.. 329

7.2   Strategische Frühaufklärungssysteme der 1. Generation 330

7.3   Strategische Frühaufklärungssysteme der 2. Generation 332

7.4   Strategische Frühaufklärungssysteme der 3. Generation 337

    7.4.1   Frühaufklärung auf Basis schwacher Signale 337

    7.4.2   Instrumente der strategischen Frühaufklärung auf der Basis des Konzeptes

        der schwachen Signale 346

        7.4.2.1   Verfolgung von Diffusionsprozessen anhand struktureller

            Trendlinien.. 346

        7.4.2.2   Diskontinuitätenbefragung.. 350

        7.4.2.3   Cross Impact- und Vulnerability-Analyse 353

        7.4.2.4   Szenario-Technik 354

        7.4.2.5   Die Verstärkung schwacher Signale innerhalb der Portfolio-

            Analyse (Unschärfenpositionierung) 358

7.5   Anwendungsmöglichkeiten der Frühaufklärungssysteme 360

8   Implementierung von Strategien mit Performance Measurement-Systemen **361**

8.1   Problembereiche der Implementierung von Strategien 362

8.2   Grundkonzepte von Performance Measurement-Systemen 365

    8.2.1   Balanced Scorecard.. 367

    8.2.2   Performance Pyramid.. 379

    8.2.3   Quantum Performance Measurement-System................................. 384

    8.2.4   Tableau de Bord 387

    8.2.5   Weitere Performance Measurement-Systeme 390

8.3   Performance Measurement-Systeme und der Budgetierungsprozess....... 395

8.4   Weitere unterstützende Ansatzpunkte zur Strategie-Implementierung..... 397

Literaturverzeichnis.. 399

Stichwortverzeichnis 425

XII

Abbildungsverzeichnis

Abb. 1.1:   Beispiel zum Strategie-Begriff 3
Abb. 1.2:   Controlling als kybernetischer Prozess 4
Abb. 1.3:   Zielsystem, Controllingsystem und Teilsysteme des Controlling 6
Abb. 1.4:   Kybernetisches Controllingsystem 7
Abb. 1.5:   Merkmale des operativen und strategischen Controlling 9
Abb. 1.6:   Teilmodule des strategischen Controllingsystems 11
Abb. 1.7:   Historische Entwicklung der Teilsysteme des Controlling 13
Abb. 1.8:   7-S-Modell nach McKinsey 15
Abb. 1.9:   Strategische Planung versus strategisches Management 16
Abb. 1.10: Komponenten des strategischen Managements 17
Abb. 1.11: Strategische und operative Lücke 19
Abb. 1.12: Umsatzbezogene Gap-Analyse von Emerson Electric Co. 21
Abb. 1.13: Anteil von Wachstumstreibern auf die Zielerreichung bei Emerson Electric 22
Abb. 1.14: Sales Gap Line Chart nach Emerson Electric 23
Abb. 1.15: Produkt-Markt-Matrix nach Ansoff 25
Abb. 1.16: Strategisches Dreieck nach Ohmae 27
Abb. 1.17: Strategischer Planungsprozess 32
Abb. 1.18: Bezugsrahmen zur Gewinnung von Eignerstrategien 34
Abb. 1.19: Ebenen der strategischen Planung 35
Abb. 1.20: Zerlegung des Kundenproblems am Beispiel der Lebensmittelindustrie 38
Abb. 1.21: Möglichkeiten der Integration von strategischen Geschäftseinheiten in die Aufbaustruktur 40
Abb. 1.22: Klassifikation von Denkfehlern im Problemlösungsprozess 41
Abb. 1.23: Methodik des vernetzten strategischen Denkens 43
Abb. 1.24: Netzwerk für die strategische Geschäftseinheit Publikumszeitschrift 45
Abb. 1.25: Zeitverhalten im Grundkreislauf der strategischen Geschäftseinheit Publikumszeitschrift 46
Abb. 1.26: Datenbasis zur Ermittlung der Einflussmatrix 47
Abb. 1.27: Einflussmatrix der strategischen Geschäftseinheit Publikumszeitschriften 47
Abb. 1.28: Szenarien eines Teilsystems am Beispiel des Teilsystems „Gesellschaft" 48
Abb. 1.29: Soziogramm anhand von Sinus-Milieus für die bundesdeutsche Gesellschaft 49
Abb. 1.30: Chancen-Risiken-Profil für alternative Gesellschaftsszenarien 50
Abb. 1.31: Netzwerk mit Berücksichtigung der Lenkungsmöglichkeiten 51
Abb. 2.1:   Überblick über die Analyse des Unternehmensumfeldes 56
Abb. 2.2:   Issue-Impact-Matrix 58
Abb. 2.3:   Branchenstrukturmodell von Porter 59
Abb. 2.4:   Beispiel für die Bildung strategischer Gruppen 61
Abb. 2.5:   Checkliste zur Konkurrenzanalyse 62
Abb. 2.6:   Informationsquellen zur Umfeldanalyse 63
Abb. 2.7:   Chancen-Risiken-Katalog der Umfeldanalyse 64
Abb. 2.8:   Funktionsbereichsbezogene Ressourcenermittlung 65
Abb. 2.9:   Grundstruktur einer Wertkette 66

Abb. 2.10: Beispiel für eine Wertkette 68
Abb. 2.11: Wertschöpfungskreis 69
Abb. 2.12: Beispiel für ein Geschäftssystem 70
Abb. 2.13: Vergleich zweier Wertketten 72
Abb. 2.14: Beispiel für ein Stärken-Schwächen-Profil 73
Abb. 2.15: SWOT-Analyse 74
Abb. 3.1: Generische Wettbewerbsstrategien nach Porter 78
Abb. 3.2: Outpacing-Strategie und Outpacing-Position 79
Abb. 3.3: Differenzierungs- und Volumenstrategien erfolgreicher Elektronik-Unternehmen 81
Abb. 3.4: Das „magische" Dreieck 82
Abb. 3.5: Beziehungen zwischen Kosten, Zeit und Qualität 83
Abb. 3.6: Diffusion der Innovation 84
Abb. 3.7: Entwicklung von Absatz, Rentabilität und Liquidität über den
          Produktlebenszyklus 86
Abb. 3.8: Modell des erweiterten Produktlebenszyklus 87
Abb. 3.9: Trade-off zwischen Anfangs- und Folgekosten 90
Abb. 3.10: Kostenentwicklung durch Erfahrungseffekte 92
Abb. 3.11: Erfahrungskurven für diverse Arten der Stromgewinnung (doppelt-logarithmische
           Skala; Lernrate L in Klammern) 93
Abb. 3.12: Ursachen des Erfahrungskurveneffektes 94
Abb. 3.13: Ergebnisse der PIMS-Datenbank zum strategischen Erfolgsfaktor Relativer
           Marktanteil 102
Abb. 3.14: Zusammenhang von relativem Marktanteil und F&E-Intensität 103
Abb. 3.15: Zusammenhang von relativem Marktanteil und Marketing-Intensität 103
Abb. 3.16: „Traditionelle" Kostenrechnung und Kostenmanagement 107
Abb. 3.17: Industriekostenkurve 109
Abb. 3.18: Industriekostenkurve für die Energiewirtschaft: Merit Ordner-Kurve 109
Abb. 3.19: Industriekostenkurve nach Kapazitätserweiterung durch Wettbewerber D 112
Abb. 3.20: Interne und externe Sicht der Qualität 114
Abb. 3.21: Messung von Qualität: Stiftung Warentest Dieselkombis 117
Abb. 3.22: Qualitätsbewertung nach PIMS 118
Abb. 3.23: Hähnchen-Geschäft: Kaufentscheidung der Kunden 120
Abb. 3.24: Qualitätsverbesserungen und Marktanteilsgewinne im selben Jahr 120
Abb. 3.25: Qualitätsverbesserungen und Marktanteilsgewinne zwei Jahre später 121
Abb. 3.26: Korrelation zwischen relativer Qualität und relativen Direktkosten 122
Abb. 3.27: Arten von Qualitätskosten 122
Abb. 3.28: Zusammenhang zwischen relativer Qualität und relativem Preis 123
Abb. 3.29: Positive Korrelation zwischen relativer Qualität und Rentabilität 123
Abb. 3.30: Entwicklung von Quality Award-Gewinnern im Vergleich zu einer
           Kontrollgruppe 124
Abb. 3.31: Absatz- vs. Umsatzwachstum verschiedener Preisniveaus im Kühlschrank-Markt 125
Abb. 3.32: Qualitätsverbesserungen und Marktanteilsgewinne zwei Jahre später 126
Abb. 3.33: Value Map mit strategischen Positionierungsbereichen 127
Abb. 3.34: Strategische Positionierungsbereiche der Value Map 127

Abb. 3.35:   Vergleich der jährlichen Marktanteilsveränderungen...128
Abb. 3.36:   Vergleich der Marketingintensität...129
Abb. 3.37:   Zusammenhang zwischen Preis-Leistungs-Verhältnis und Return on Investment..........129
Abb. 3.38:   PIMS-Querschnittsdaten zur Wertmatrix..130
Abb. 3.39:   Stoßrichtung der Qualitätsprofilierung...131
Abb. 3.40:   Einfluss von Marktdifferenzierung und relativer Qualität auf die Rentabilität..............132
Abb. 3.41:   Beispiel für eine Value Map..133
Abb. 3.42:   Zusammenhang von interner, technischer und externer Qualität und Rentabilität........135
Abb. 3.43:   Verkürzung der Marktzyklen...139
Abb. 3.44:   Veränderung der Marktzyklusdauer und der Produktentwicklungszeiten.....................139
Abb. 3.45:   Marktzyklus- und Amortisationsdauer..140
Abb. 3.46:   Marktzykluskontraktion und Entstehungszyklusprolongation im Ansatz der
             Zeitfalle..141
Abb. 3.47:   Zeitschere...142
Abb. 3.48:   Aufgaben des Zeitmanagements...144
Abb. 3.49:   S-förmiger Entwicklungsverlauf von Strategiekonzepten..145
Abb. 3.50:   Zykluszeiten weltweit führender Automobilunternehmen zu Beginn der 1990er
             Jahre...147
Abb. 3.51:   Fundamentale Grundsätze des Zeitmanagements..148
Abb. 3.52:   Unterschiede zwischen traditionellen Unternehmen und Zeitwettbewerbern................150
Abb. 3.53:   Primärer Fokus des Leitbildes des Zeitwettbewerbs..151
Abb. 3.54:   Überblick über die Response-Zeiten der Unternehmung...153
Abb. 3.55:   Lernzyklen und Feedback-Schleifen...154
Abb. 3.56:   S-Kurven-Konzept am Beispiel von LED-Leuchtmittel...155
Abb. 3.57:   Ansatzpunkte des Zeitmanagements...158
Abb. 3.58:   Praxis-Beispiele erzielter Verbesserungen der Fertigungs-Durchlaufzeit......................159
Abb. 3.59:   Response-Zeit als Zufallsvariable...159
Abb. 3.60:   Chronologische Entwicklung des „Magischen Dreiecks" der strategischen
             Erfolgsfaktoren Kosten, Qualität und Zeit...161
Abb. 3.61:   Zeitwettbewerb als Differenzierungsstrategie..162
Abb. 3.62:   Zeitelastizität des Preises..165
Abb. 3.63:   Grundlegendes Paradigma des Zeitmanagements..166
Abb. 3.64:   Erfahrungswerte zum Zusammenhang von Entwicklungsdauer und
             Entwicklungskosten..167
Abb. 3.65:   Wertzuwachskurve...168
Abb. 3.66:   Zeitbasierte Outpacing-Strategie...169
Abb. 3.67:   Wachstums- und Rentabilitätsvorteile von Zeitwettbewerbern..................................172
Abb. 3.68:   Später Folger als Opfer der Zeitfalle...173
Abb. 3.69:   Erfolgswirkungen verschiedener Markteintrittszeitpunkte..176
Abb. 3.70:   Ergebniswirkungen von Entwicklungszeit- und
             Entwicklungsbudgetüberschreitungen...177
Abb. 3.71:   Teufelskreis des Innovationswettlaufs..181
Abb. 3.72:   Beschleunigungsfalle...183
Abb. 4.1:   Risikominimierung durch Diversifikation...186

Abb. 4.2:   Effiziente Wertpapier-Portfolios.. 187

Abb. 4.3:   Grundprinzip der Portfolio-Technik 191

Abb. 4.4:   Marktanteils-Marktwachstums-Portfolio der Boston Consulting Group 193

Abb. 4.5:   Lebenszyklus und Normstrategien im Boston-I-Portfolio 194

Abb. 4.6:   Fiktives Beispiel eines Boston-I-Portfolios 198

Abb. 4.7:   Dimensionen der Wettbewerbsstärke im McKinsey-Portfolio 199

Abb. 4.8:   Dimensionen der Marktattraktivität im McKinsey-Portfolio................................ 200

Abb. 4.9:   Scoring-Modell 201

Abb. 4.10:   Marktattraktivitäts-Wettbewerbsstärken-Portfolio nach McKinsey 202

Abb. 4.11:   Fiktives Beispiel eines McKinsey-Portfolios.. 205

Abb. 4.12:   Rollenbeitrag der strategischen Geschäftseinheiten im Zeitablauf 208

Abb. 4.13:   Portfolio-Analyse im Zeitvergleich am Beispiel des Mannesmann-Konzerns 210

Abb. 4.14:   Doppelt geknickte Preis-Absatz-Funktion 217

Abb. 4.15:   Zusammenhang zwischen dem relativen Marktanteil und dem Return on
             Investment nach der Porter'schen U-Kurve bzw. nach der PIMS-Datenbank 220

Abb. 4.16:   Generische Wettbewerbsstrategien nach Porter... 221

Abb. 4.17:   Vorteilsmatrix der Boston Consulting Group (Boston-II-Matrix)......................... 222

Abb. 4.18:   Strategisches Spielbrett nach McKinsey... 224

Abb. 4.19:   Preiselastizitäts-Produktdifferenzierungs-Matrix nach Lewis 226

Abb. 4.20:   Dimensionen und Bewertungskriterien im Technologie-Portfolio 230

Abb. 4.21:   S-Kurven-Konzept nach Arthur D. Little 231

Abb. 4.22:   Normstrategien im Technologie-Portfolio.. 232

Abb. 4.23:   Fiktives Beispiel eines Technologie-Portfolios 236

Abb. 4.24:   Patent-Portfolio... 238

Abb. 4.25:   Strukturelle Faktoren für schrumpfende Branchen 241

Abb. 4.26:   Schrumpfungsstruktur-Wettbewerbspositions-Portfolio.................................... 243

Abb. 4.27:   Marktaustrittsmatrix.. 244

Abb. 4.28:   Produkt-, Technologie- und Kompetenzbetrachtung im Vergleich 247

Abb. 4.29;   Vergleich von markt- und ressourcenorientierter Sicht im strategischen
             Management... 248

Abb. 4.30:   Opportunity-Matrix für Canon... 251

Abb. 4.31:   Das Baum-Modell des Kernkompetenz-Ansatzes.. 253

Abb. 4.32:   Kernkompetenzen und Wettbewerbsvorteile in der Input-Throughput-Output-
             Analyse 254

Abb. 4.33:   Ansatzpunkte für Kernkompetenzen.. 255

Abb. 4.34:   Basis- und Metakompetenzen 255

Abb. 4.35:   Schichtenmodell des Wandels 258

Abb. 4.36:   Doppeltes Gegenstromverfahren... 259

Abb. 4.37:   Kernkompetenz-Management-Kreislauf.. 261

Abb. 4.38:   Profilmatrix zur internen Bewertung vorhandener Kompetenzen 261

Abb. 4.39:   Kompetenz-Strategie-Portfolio.. 262

Abb. 4.40:   Ableitung der Markt-Kompetenz-Matrix nach Krüger / Homp........................... 264

Abb. 4.41:   Strategische Entwicklungslinien bei NEC 265

Abb. 4.42:   Möglichkeiten des Transfers... 267

Abb. 4.43:   Controlling-Instrumente für die Phasen des Kernkompetenz-Management-
             Prozesses...269
Abb. 5.1:   Geschätzte Wertlücken zehn US-amerikanischer Einzelhandelsketten..........275
Abb. 5.2:   Unternehmenswertorientierte vs. gewinnorientierte Sicht................................277
Abb. 5.3:   Beziehungen zwischen Management und Eigentümern 279
Abb. 5.4:   Höchstbezahlter Chief Executive Officer des Jahres in US-Unternehmen......280
Abb. 5.5:   Erklärungsanteil verschiedener Erfolgskennzahlen nach BCG 282
Abb. 5.6:   Anteile institutioneller und ausländischer Anleger an ausgewählten
             Aktiengesellschaften..283
Abb. 5.7:   Konzeption eines unternehmenswertorientierten Controlling-Systems...........284
Abb. 5.8:   Ermittlung des Wertbeitrages einer einzelnen Geschäftseinheit (fiktives
             Zahlenbeispiel)..286
Abb. 5.9:   Ermittlung des Shareholder Value für den Gesamtkapitalansatz......................287
Abb. 5.10:   Bestimmung der durchschnittlichen Gesamtkapitalkosten (fiktives
             Zahlenbeispiel)..288
Abb. 5.11:   Unternehmenswertorientierte Performance-Maße..290
Abb. 5.12:   Restrukturierungs-Pentagon 291
Abb. 5.13:   Marktanteils-Marktwachstums-Portfolio und Free Cash Flow........................293
Abb. 5.14:   Strategische Positionierung und Free Cash Flow-Situation im Marktanteils-
             Marktwachstums-Portfolio 294
Abb. 5.15:   Unternehmenswertorientierte Interpretation der Normstrategien des Boston-I-
             Portfolios 295
Abb. 5.16:   Modifizierter Ronagraph für die RWE 2002/03 296
Abb. 5.17:   Marakon Profitability Matrix..297
Abb. 5.18:   Cash Investment Ratio und Eigenkapital-Free Cash Flow 298
Abb. 5.19:   Marakon Portfolio Profitability Matrix 300
Abb. 5.20:   Unternehmenswertorientierte Performance-Matrix 303
Abb. 5.21:   Ausgangsdaten für die Erstellung des Leaning Brick Pile 304
Abb. 5.22:   Leaning Brick Pile...305
Abb. 5.23:   Modifizierter Leaning Brick Pile für RWE 2002/03 306
Abb. 5.24:   Zusammenhang von Nutzenpotenzial, generischen Wettbewerbsstrategien und
             Wertsteigerungspotenzial 309
Abb. 5.25:   Abbildung der Geschäftsstrategie im Wertgeneratoren-Modell 310
Abb. 5.26:   Valcor-Matrix für einen Zulieferer der Elektrizitätswirtschaft........................311
Abb. 5.27:   Analogie von Finanz- und Realoptionen 316
Abb. 5.28:   Determinanten und Instrumentarium des Wertsteigerungsmanagements.........318
Abb. 6.1:   Vergleich von „traditioneller" Kontrolle und strategischer Kontrolle..............320
Abb. 6.2:   Strategische Kontroll-Konzeptionen 321
Abb. 6.3:   Konzeption einer strategischen Kontrolle...322
Abb. 6.4:   Bilanzplanung als Rahmen für die strategische Unternehmensplanung...........326
Abb. 7.1:   Schritte der Frühaufklärung...329
Abb. 7.2:   Beispiel für eine Hochrechnung 331
Abb. 7.3:   Zeitlicher Vorlauf einer indikatorbasierten Frühaufklärungsinformation 332
Abb. 7.4:   Beispiele für externe Beobachtungsbereiche und deren Indikatoren...............333

Abb. 7.5:   Beispiele für interne Beobachtungsbereiche und deren Indikatoren 333
Abb. 7.6:   Beispiel für eine Kausalkette im Einzelhandel 334
Abb. 7.7:   Änderung von Indikatoren am Beispiel der Entwicklung des
            Innovationsprozesses 336
Abb. 7.8:   Stufenweiser Aufbau eines indikatororientierten Frühaufklärungssystems 337
Abb. 7.9:   Beispiel für Diskontinuität 338
Abb. 7.10: Beispiele für schwache Signale 338
Abb. 7.11: Kenntnisstände bzgl. des Informationsinhalts der schwachen Signale 339
Abb. 7.12: Mögliche Reaktionsstrategien 341
Abb. 7.13: Mögliche Ansatzpunkte für Reaktionsstrategien 343
Abb. 7.14: Zuordnung der unter verschiedenen Kenntnisständen möglichen
            Reaktionsstrategien 344
Abb. 7.15: Reaktionszeit bei permanenter Anpassung der Reaktionsstrategie 346
Abb. 7.16: Beispiele für strukturelle Trendlinien 349
Abb. 7.17: Fragebogen zur Diskontinuitätenbefragung 351
Abb. 7.18: Ergebnisse der Diskontinuitätenbefragung 352
Abb. 7.19: Beispiel zur Cross Impact-Analyse 354
Abb. 7.20: Szenariotrichter 355
Abb. 7.21: Beispiel für ein Strukturbild 357
Abb. 7.22: Beispiele für die Bereichspositionierung 359
Abb. 8.1:   Vergleich traditioneller Steuerung und der Steuerung über Performance
            Measurement-Systeme 363
Abb. 8.2:   Defizite traditioneller kennzahlorientierter Steuerungskonzepte 364
Abb. 8.3:   Herunterbrechen von Vision und strategischen Zielen in Indikatoren 365
Abb. 8.4:   Performance Measurement-Prozess (schematisch) 366
Abb. 8.5:   Perspektiven und Fragestellungen der Balanced Scorecard 367
Abb. 8.6:   Grundstruktur der Balanced Scorecard 368
Abb. 8.7:   Die Perspektiven der Balanced Scorecard im Zusammenhang 369
Abb. 8.8:   Beispiel einer Ursache-Wirkungs-Kette nach Kaplan/Norton 372
Abb. 8.9:   Ursache-Wirkungsbaum eines Unternehmens aus der Porzellanindustrie 373
Abb. 8.10: Stufenweises Vorgehen der Balanced Scorecard 374
Abb. 8.11: Verknüpfung der Scorecards verschiedener Ebenen am Beispiel Mobil Oil 375
Abb. 8.12: Der Strategic Management Process der Balanced Scorecard 376
Abb. 8.13: Messung von Intellectual Capital mit Hilfe des Skandia Navigator 377
Abb. 8.14: Skandia Navigator für die Geschäftsbereiche Online Insurance und Banking von
            Skandia 378
Abb. 8.15: Struktur einer Balanced Scorecard zur Leistungsmessung in Schulen 379
Abb. 8.16: Struktur der Performance Pyramid nach Lynch/Cross 380
Abb. 8.17: Building Blocks of Success in der Performance Pyramid 381
Abb. 8.18: Strategisches Controlling auf der Basis von Performance Loops 382
Abb. 8.19: Messobjekte des Quantum Performance Measurement-Systems 384
Abb. 8.20: Quantum Performance Measurement Matrix 385
Abb. 8.21: Quantum Performance Measurement-Modell 386
Abb. 8.22: Struktur des Tableau de Bord 388

Abb. 8.23: Umsetzungsbeispiel eines Tableau de Bord 389

Abb. 8.24:   Grundstruktur des EFQM-Modells 391

Abb. 8.25: Strategische und operative Umweltleistung im EPM-KOMPAS-Modell 392

Abb. 8.26: Verbreitung von Performance Measurement-Systemen bei deutschen
Unternehmen 393

1 Grundlagen des strategischen Controlling

1.1 Strategie-Begriff

„Kennst Du den Gegner und kennst Du Dich, so magst Du 100 Schlachten ohne Gefahr schlagen. Kennst Du Dich, aber den Gegner nicht, so sind Deine Aussichten auf Gewinn und Verlust gleich. Kennst Du weder Dich noch den Gegner, so wirst Du in jeder Schlacht geschlagen werden."

Diese drei martialischen Verse des chinesischen Philosophen und Militärstrategen *Sun Tse*, die bereits ca. 500 v. Chr. geschrieben wurden, verkörpern in wenigen Worten das Wesen des **Strategiebegriffs** [vgl. *Sun, W.* (1971); *Sun, W.* (1988)]. Für den nachhaltigen, langfristigen Erfolg sind zwei Kräfte entscheidend:

- die Kenntnis der eigenen Fähigkeiten („Kennst Du Dich ...") und
- die Kenntnis des eigenen Umfeldes („Kennst Du den Gegner ...").

Auf den wirtschaftlichen Bereich übertragen lassen sich hier die **Unternehmensanalyse** (eigene Stärken und Schwächen) und die **Umfeldanalyse** (Chancen und Risiken des Unternehmensumfeldes) ableiten. Beide Betrachtungsebenen sind miteinander in Einklang zu bringen und aufeinander abzustimmen, um den Unternehmenserfolg zu gewährleisten.

Die **etymologischen Wurzeln** des vielschillernden Begriffes „Strategie" sind im altgriechischen Sprachgut als „stratos" (das Heer) und „agein" (führen) zu finden und damit ebenfalls militärischer Natur. Der Strategie-Begriff wurde bis Anfang des 20. Jahrhunderts v. a. als „militärische Strategie" verstanden, wie die auch gern von Unternehmensstrategen gelesenen Schriften von *Caesar, Machiavelli, von Clausewitz* und *von Moltke* deutlich machen [z. B. *Caesar, G. I.* (1988); *Machiavelli, N.* (1905); *von Clausewitz, C.* (1880); *von Moltke, H. K.* (1938)]. Die **strategische Kriegslehre** will nicht detaillierte Schlachtpläne ausarbeiten, sondern vielmehr allgemeingültige Grundregeln aufstellen, die anschließend auf aktuell anstehende, wenngleich militärische Probleme übertragen werden können. Um kriegerische Auseinandersetzungen erfolgreich zu bestreiten, wird der strikten Beachtung dieser Grundregeln ausschlaggebende Bedeutung beigemessen.

In der Betriebswirtschaftslehre trat der Begriff „Strategie" erst Anfang der 40er Jahre des 20. Jahrhunderts in den spieltheoretischen Ansätzen von *John von Neumann* und *Oskar Morgenstern* auf [*von Neumann, J. / Morgenstern, O.* (1944)], wenngleich strategisches Gedankengut zu diesem Zeitpunkt in der Betriebswirtschaftslehre bereits fest etabliert war und gelebt wurde. Grundgedanke der **Spieltheorie** ist das Denken in Entscheidungsfeldern, das die Reaktion anderer Handelnder (= Spieler) berücksichtigt. In der klassischen **Entscheidungstheorie** werden den Handlungsmöglichkeiten des Entscheiders (Aktionenraum) verschiedene Umfeldzustände (Zustandsraum) gegenüber gestellt. „**Strategien**" werden hier als Vorschriften verstanden, die jedem Umfeldzustand eine Handlungsmöglichkeit zuweisen [vgl. *Bam-*

berg, G. / Coenenberg, A. G. (2006), S. 157.]. Strategien können im betriebswirtschaftlichen Zusammenhang daher als Maßnahmen verstanden werden, die es dem Unternehmen erlauben, Umfeldveränderungen zu antizipieren bzw. flexibel hierauf zu reagieren.

In der Spieltheorie sieht sich der Entscheider nicht nur verschiedenen möglichen exogen bestimmten Umfeldzuständen (z. B. technologischen oder konjunkturellen Entwicklungen), sondern auch mehreren alternativen Handlungsmöglichkeiten anderer Spieler (z. B. von Wettbewerbern, Lieferanten oder Kunden) gegenübergestellt. Insofern ist eine Parallele zu obigen drei Versen von *Sun Tse* gegeben, der den Ausgang des „Krieges" (in dem hier verfolgten Sinne des Unternehmenserfolgs) von der Kenntnis der eigenen Fähigkeiten (Aktionenraum) und der des Gegners (Zustandsraum) abhängig macht. In der Sprache der Spieltheorie wird daher als „**Strategie**" eines Spielers ein Plan verstanden, der für jede Information über die Umfeldzustände, die dem Spieler im Zeitpunkt der Ausführung eines Zuges zur Verfügung stehen kann, eine (bedingte) Anweisung enthält, wie der Zug auszuführen ist.

Anfang der 60er Jahre des 20. Jahrhunderts fand der Strategiebegriff v. a. in den Arbeiten von *Ansoff* Eingang in die **betriebswirtschaftliche Planungsrechnung** [vgl. *Ansoff, H. I.* (1965), S. 108 ff.]. Dies hat in den folgenden Jahren eine intensive Diskussion um die Breite und die Bestandteile des Strategie-Begriffs sowie den Umfang des Strategiebildungsprozesses ausgelöst [vgl. *Günther, T.* (1991), S. 34 ff.].

Da sich eine endgültig richtige Definition des Begriffs „Strategie" nicht finden lässt, soll auf betriebswirtschaftliche Fragestellungen übertragen, etwas verkürzt, „**Strategie**" als **Weg zur Umsetzung eines Unternehmenszieles** verstanden werden. Die Strategie legt damit die grobe Ausrichtung fest, um langfristig in einer Abfolge von Schritten das anvisierte Ziel zu erreichen, und setzt sich in der Umsetzung aus einem Bündel einzelner Maßnahmen zusammen. Strategien sollen den Wandel im Unternehmensumfeld (z. B. Nachfrageveränderungen, verändertes Konkurrenzverhalten etc.) im entscheidungstheoretischen und spieltheoretischen Sinne gezielt berücksichtigen und eine flexible Antwort erlauben, welche die Erreichung des gesetzten Zieles gewährleistet. Durch die Zerlegung in einzelne Maßnahmen, die mit Meilensteinen im Rahmen eines Projektcontrolling oder mit Kennzahlen in einem Performance Measurement-System verbunden werden, werden Strategien auch kontrollierbar und damit steuerbar.

Beispiel:

Setzt sich ein Logistikunternehmen das Ziel, innerhalb von fünf Jahren zum größten Logistikunternehmen der Welt zu werden und seinen Unternehmenswert zu verdoppeln, so gibt es zunächst bei einem mit zunehmendem Zeithorizont auch zunehmend unsicheren Unternehmensumfeld eine Fülle von Handlungsmöglichkeiten, um dieses Ziel zu erreichen. Wird die Unternehmensstrategie als Weg zu diesem Ziel verstanden, lässt sich der eingeschlagene Weg wie in Abb. 1.1 beschreiben.

Das Unternehmensziel wird im Beispiel stufenweise durch die Verfolgung der drei Strategien „Erschließung neuer Marktsegmente", „regionale Expansion" und „Kostenmanagement" angestrebt, hinter denen wiederum die in Abb. 1.1 beschriebenen einzelnen Maßnahmen stehen.

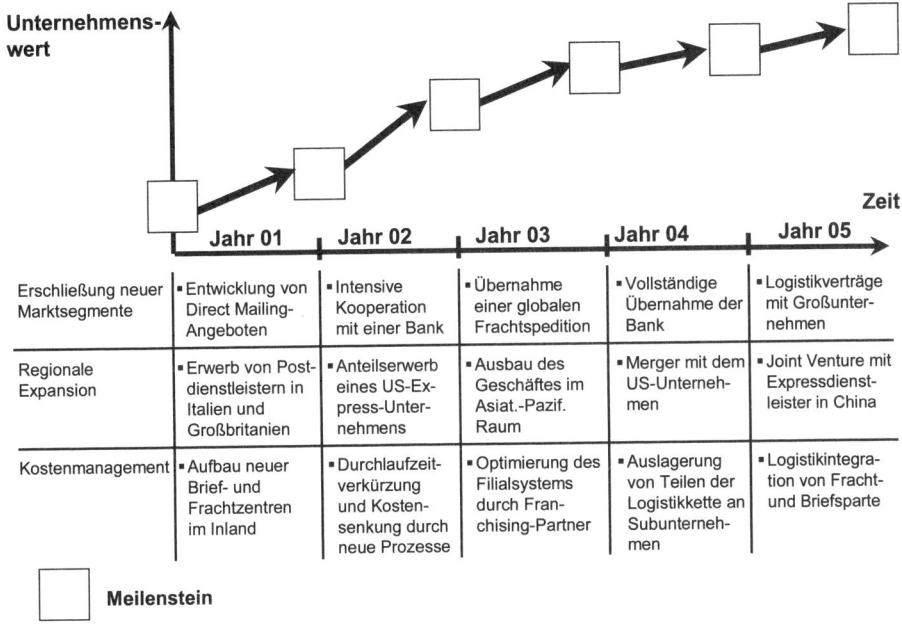

	Jahr 01	Jahr 02	Jahr 03	Jahr 04	Jahr 05
Erschließung neuer Marktsegmente	▪ Entwicklung von Direct Mailing-Angeboten	▪ Intensive Kooperation mit einer Bank	▪ Übernahme einer globalen Frachtspedition	▪ Vollständige Übernahme der Bank	▪ Logistikverträge mit Großunternehmen
Regionale Expansion	▪ Erwerb von Postdienstleistern in Italien und Großbritanien	▪ Anteilserwerb eines US-Express-Unternehmens	▪ Ausbau des Geschäftes im Asiat.-Pazif. Raum	▪ Merger mit dem US-Unternehmen	▪ Joint Venture mit Expressdienstleister in China
Kostenmanagement	▪ Aufbau neuer Brief- und Frachtzentren im Inland	▪ Durchlaufzeitverkürzung und Kostensenkung durch neue Prozesse	▪ Optimierung des Filialsystems durch Franchising-Partner	▪ Auslagerung von Teilen der Logistikkette an Subunternehmen	▪ Logistikintegration von Fracht- und Briefsparte

☐ **Meilenstein**

Abb. 1.1:   *Beispiel zum Strategie-Begriff*

1.2   Controlling als Ansatz zur Unternehmenssteuerung

Der etymologische Ursprung des Begriffs Controlling wird im lateinischen „contra" gesehen und bedeutet „das Führen einer Gegenrolle". In die deutsche Sprache wurde der Begriff des Controlling als Ableitung des englischen „to control" oder des französischen „contrerôle" eingeführt. „Control" bedeutet ein Steuern und Lenken des Unternehmens und geht über die damit oft fälschlicherweise verbundene Kontrolle hinaus. „Contrerôle" versteht das Controlling als notwendigen Gegenpart zur Unternehmensführung, die es unterstützen soll. In einer weiteren Interpretation gilt der „Controller" als „ökonomischer Souffleur" oder „betriebswirtschaftliches Gewissen", der einem Techniker bzw. marktorientierten Unternehmenslenker zur Seite steht [vgl. *Günther, T.* (1991), S. 50 ff.; *Günther, T.* (1997a), S. 66 ff.]. Der Begriff „Controlling" und die Einordnung sowie die Bedeutung des „Controlling" als wissenschaftliche Disziplin sind umstritten [vgl. *Schneider, D.* (1991), S. 765 ff.; *Weber, J.* (1991), S. 1785 ff.]. Dennoch hat sich „Controlling" – wenn auch in unterschiedlicher Abgrenzung – in der Unternehmenspraxis als Begriff etabliert.

Ohne auf den Theorienstreit näher einzugehen, soll „Controlling" wie folgt verstanden werden:

- In einer funktional geprägten Auslegung übernimmt Controlling eine Hilfsfunktion des Managements und ist somit Teil des Führungsprozesses. Ihm obliegt die Aufgabe der Versorgung der Unternehmensleitung mit entscheidungsrelevanten Informationen (**entscheidungsorientierte Sicht**), der Koordination der mehr oder minder autonomen Planungs- und Steuerungseinheiten des Unternehmens (**koordinationsorientierte Sicht**) und der Sicherung der Rationalität der Unternehmensführung (**rationalitätsorientierte Sicht**). Hiernach umfasst Controlling die Informationsgewinnung, -verarbeitung und -aufbereitung. Controlling geht dabei jedoch über das rein monetär orientierte Rechnungswesen hinaus, da auch quantitative, nicht monetäre und qualitative Informationen der Gewinnung, Verarbeitung und Aufbereitung bedürfen und Entscheidungsrelevanz besitzen können [vgl. *Horváth, P.* (1978), S. 194 ff.; *Küpper, H.-U.* (1987), S. 82 ff.; *Weber, J. / Schäffer, U.* (1999), S. 731 ff.; *Pietsch, G. / Scherm, F.* (2000), S. 395 ff. und *Dyckhoff, H. / Ahn, H.* (2001), S. 111 ff.].

- Unter mehr prozessualen Gesichtspunkten ist Controlling als **kybernetischer Prozess** zu verstehen, in dem die Erreichung der vom Unternehmen definierten Ziele – im Idealfall – durch einen sich selbst steuernden Regelkreis gewährleistet ist. Der Prozess besteht dabei aus den drei Komponenten **Planung**, **Realisation** und **Kontrolle**.

Beispiel:

Zur genaueren Erläuterung soll beispielhaft davon ausgegangen werden, dass ein Unternehmen den Unternehmenswert durch die Konzentration auf wachstumsstarke Märkte erhöhen will, indem es gezielt innovative Produkte entwickelt.

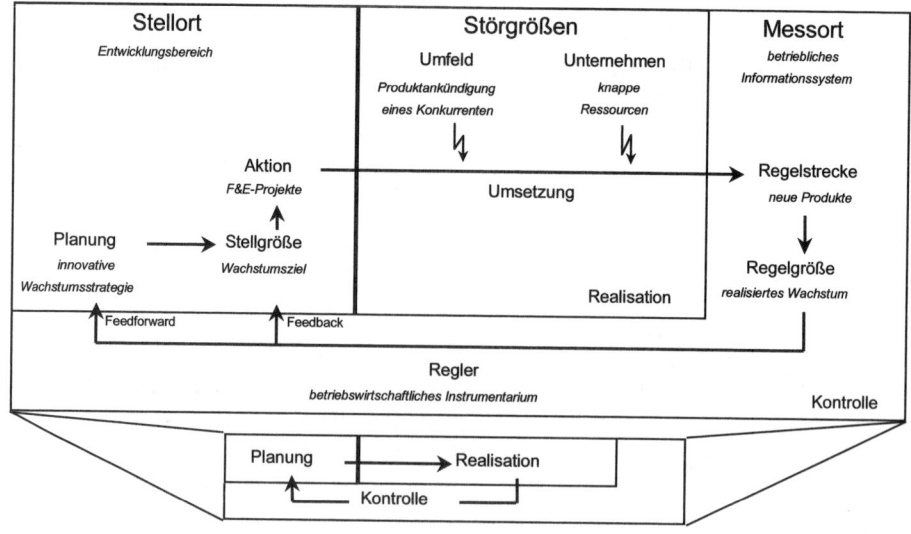

Abb. 1.2:   *Controlling als kybernetischer Prozess*
              [Quelle: Günther, T. (1997a), S. 67]

Das vom Unternehmen verfolgte Unternehmensziel „Wertsteigerung" führt in der **strategischen Planung** u. a. zu einer innovationsgestützten Wachstumsstrategie durch eigene Forschung und Entwicklungsaktivitäten. In der **operativen Planung** wird diese Strategievorgabe in einzelne, konkret definierte F&E-Projekte heruntergebrochen. Im Sinne der Kybernetik stellt das Wachstumsziel die Stellgröße dar. Die konkretisierten operativen Pläne werden nun von der zuständigen Entwicklungsabteilung in Zusammenarbeit mit Marketing, Vertrieb und Produktion (Stellort) umgesetzt (Aktion). Die permanenten Veränderungen im Unternehmensumfeld und im Unternehmen selbst können die **Realisation** beeinträchtigen (Störgrößen).

Führen die F&E-Anstrengungen zu neuen Produkten (Regelstrecke), kann nun mit Hilfe des betrieblichen Informationssystems (Messort) überprüft werden, in welcher Höhe Unternehmenswachstum (Regelgröße) tatsächlich mit den neuen innovativen Produkten generiert wurde. Durch Einsatz betriebswirtschaftlicher Instrumente können nun eventuelle Abweichungen zwischen Stell- und Regelgröße, d. h. zwischen Plan- und Ist-Wachstum, analysiert und entsprechende Gegenmaßnahmen eingeleitet werden. Diese Phase der **Kontrolle** übernimmt dabei einerseits die Funktion eines **Feedback**, d. h. einer Rückkopplung, ob das Geplante erreicht wurde, wer evtl. für Abweichungen verantwortlich ist und wie die Planung verbessert werden kann. Andererseits führt die Kontrolle auch zu einem **Feedforward**, indem Maßnahmen eingeleitet werden, die dafür sorgen, dass die zukünftigen Planwerte dennoch erreicht werden. Abb. 1.2 fasst die Erläuterungen zusammen.

- Träger der Servicefunktion für die Unternehmensleitung und des kybernetischen Controllingprozesses können sowohl einzelne Stellen oder Abteilungen als auch viele einzelne Stellen sein, die neben ihren anderen Aufgaben aufgrund ihrer Nähe zum Stellort auch Controlling-Aufgaben übernehmen. Aus Sicht der situativen Organisationstheorie übernimmt das Controlling hierbei die Aufgaben der **strukturellen Koordination** (Kommunikationsvermittlung zwischen organisatorischen Einheiten), der **technokratischen Koordination** (Implementierung und Weiterentwicklung eines Planungs- und Kontrollsystems) und der **personenorientierten Koordination** (Schaffung eines kooperativen Betriebsklimas), um gerade bei größeren Unternehmen die verschiedenen organisatorischen Einheiten aufeinander abzustimmen.

1.3   Strategisches Controlling

Nachdem die grundlegenden Wesenselemente des Controlling dargestellt wurden, stellt sich die Frage, wie ein strategisches Controlling gestaltet werden kann.

1.3.1   Das Controlling-System

In der betriebswirtschaftlichen Literatur besteht Einigkeit darüber, dass bei Entscheidungsproblemen nicht von einem einzigen, alles dominierenden Unternehmensziel ausgegangen werden kann. Vielmehr ist ein **mehrdimensionales Zielsystem** mit horizontalen und vertikalen Zielbeziehungen zugrunde zu legen [vgl. *Coenenberg, A. G.* (1993), Sp. 3680 f.].

Als oberste **Unternehmensziele** gelten die **nachhaltige Sicherung der Unternehmensexistenz** als langfristiges strategisches Ziel sowie **Erfolg** und **Liquidität** als kurzfristige Unternehmensziele. Aus diesen gleichberechtigt nebeneinander stehenden Oberzielen können wiederum verschiedene Subziele abgeleitet werden. Beispielsweise ist es möglich, den Gewinn mittels einer zinssparenden Reduzierung der Kapitalbindung, über eine Preiserhöhung und durch eine Senkung der Vertriebskosten zu erhöhen.

Das Ziel der **nachhaltigen Sicherung der Unternehmensexistenz** besteht darin, das Unternehmen auf Dauer gegenüber Veränderungen des Unternehmensumfeldes und dadurch bedingten Veränderungen im Unternehmen anpassungsfähig zu gestalten. Externe **Chancen** und **Risiken** sollen erkannt und mit **Stärken** und **Schwächen** des Unternehmens abgeglichen werden, damit ein optimaler Deckungsgrad von unternehmerischen Stärken mit umfeldbedingten Chancen besteht. *Gälweiler* hat hierfür den Begriff **„Erfolgspotenzial"** geprägt [*Gälweiler, A.* (1974), S. 132]. Der hierbei zugrunde liegende Controllingbereich ist das strategische Controlling. Im Kontext einer unternehmenswertorientierten Steuerung kann das Erfolgspotenzial als Barwert aller zukünftigen Rückflüsse (= „Erfolge") verstanden werden. Da dieser Barwert als Unternehmenswert betrachtet werden kann, lässt sich der weiche Begriff des „Erfolgspotenzials" monetär als **Unternehmenswert („Shareholder Value")** abbilden.

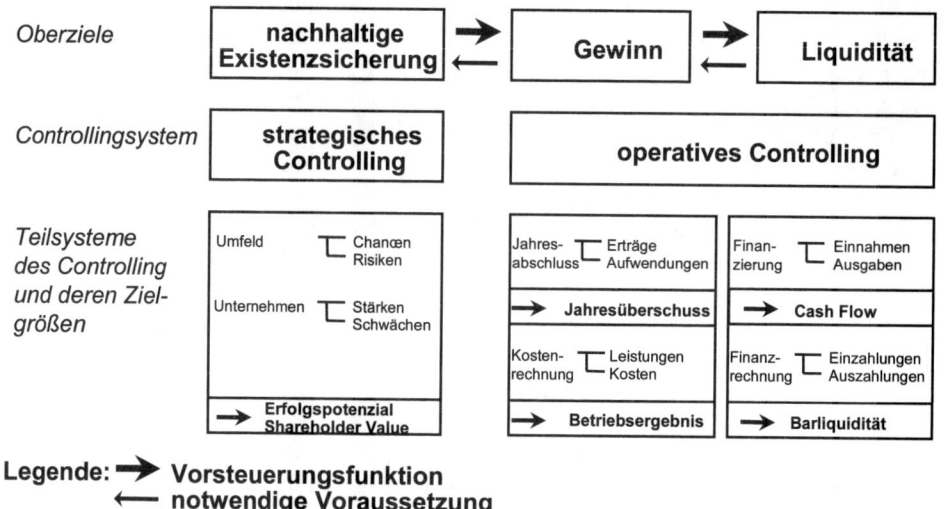

Abb. 1.3:   *Zielsystem, Controllingsystem und Teilsysteme des Controlling*
            [Quelle: Günther, T. (1997a), S. 68]

Da die nachhaltige Sicherung der Existenz des Unternehmens zunächst finanzielle Ressourcen beansprucht und Investitionen nach sich zieht, werden die beiden weiteren Oberziele **Erfolg** und **Liquidität** erst mit zeitlichem Nachlauf realisiert werden können. Bedingt durch die Abgrenzungsgrundsätze der periodisierten Rechnungswesensysteme (Jahresabschluss und Kosten- und Leistungsrechnung) sowie bedingt durch marktliche und wettbewerbsbezogene Einflüsse werden Erfolgsziele im zeitlichen Ablauf eher erfüllt werden können als die Liquiditätsziele **(Vorsteuerungsfunktion)**. Beispielsweise zeigt sich bei der Einführung neuer Produkte, dass die Nachfragegruppe der Innovatoren zunächst weniger preissensitiv und die Konkurrenz weniger aggressiv ist. Zudem belasten Investitionen zwar die Liquidität voll, den periodisch ermittelten Erfolg jedoch nur in Höhe der Abschreibungen (entsprechend der über die Nutzungsdauer verteilten Anschaffungskosten) und der Zinsen auf das investierte Kapital. Demzufolge läuft die Zielgröße „Erfolg" der Zielgröße „Liquidität" voraus. Gegenläufig zur Vorsteuerungsfunktion wird jedoch die Liquidität zur notwendigen **Voraussetzung**, um operative und strategische Maßnahmen überhaupt durchführen zu können.

Das **operative Controlling** dient der Erreichung sowohl des Oberzieles „Gewinn" als auch des Oberzieles „Liquidität". Der Gewinn ist Zielgröße der **Bilanz- und Erfolgsrechnung** des externen Rechnungswesens und der **Kosten- und Leistungsrechnung** als Teil des internen Rechnungswesens. Die **Finanzierungsrechnung** mit der Zielgröße Einnahmenüberschuss und die **Finanzrechnung** mit dem Cash Flow konkretisieren das Oberziel Liquidität.

Die Mehrdimensionalität des Zielsystems und der kybernetische Prozesscharakter des Controlling verursachen zwangsläufig Komplexität in der Unternehmenssteuerung. Die unterschiedlichen Elemente in dem System müssen in Einklang gebracht werden. Der Controlling-Gedanke wird zum **Controllingsystem**, um dem verfolgten Anspruch angesichts der Komplexität gerecht zu werden. Zum einen sollen die Teilsysteme des strategischen und operativen Controlling als Ausdruck des multidimensionalen Zielsystems miteinander verzahnt werden und zum anderen sind diese Teilsysteme in einen kybernetischen Prozess (Planung – Realisation – Kontrolle) einzubinden. Die Wahl der Begriffe erfolgt in Anlehnung an die Termini von *Hahn / Schmalenbachgesellschaft* [vgl. *Hahn, D.* (1983), S. 19 ff.].

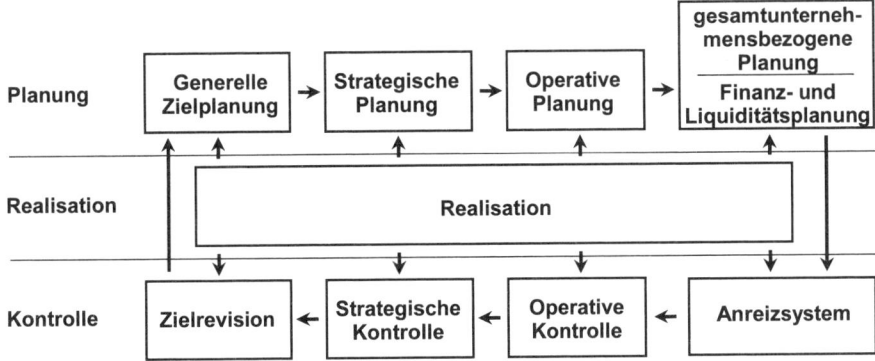

Abb. 1.4:   Kybernetisches Controllingsystem
[in Anlehnung an: Günther, T. (1991), S. 57]

Die erste Ebene stellt die **Planung** dar, die in mehrere Teilplanungen zerlegt werden kann:

1. In der **generellen Zielplanung** werden die Formalziele (insbesondere bzgl. der Oberziele Gewinn und Liquidität), die Sachziele (z. B. das Produktionsprogramm oder die regionale Ausbreitung) und die Sozialziele (z. B. der Stellenwert des Betriebsklimas oder der Kooperation mit Lieferanten) festgelegt.

2. Aufgrund der Zielvorgaben wird die **strategische Planung** entworfen, die wiederum gemäß des noch aufzuzeigenden strategischen Planungsprozesses in einzelne Subelemente zerlegt werden kann.

3. Die strategische Planung bildet den Rahmen für die **operative Planung**, welche die konkrete Umsetzung der Strategien ermöglicht bzw. innerhalb der gewählten Strategievorgaben operative Entscheidungen vorbereitet.

4. Auf Gesamtunternehmensebene werden anschließend die dezentralen Planungen zusammengefasst, um die i. d. R. zentralisierten Entscheidungen zur Finanzierung des Unternehmens und zur Erhaltung der Liquidität vorzubereiten (**gesamtunternehmensbezogene Planung**).

Die einzelnen Teilpläne sind nun in der Phase der **Realisation** umzusetzen. Die daraus resultierenden Ergebnisse werden im anschließenden **Kontrollschritt** bzgl. Einhaltung und Sanktionierung (**feedback**) und bzgl. eventueller Gegensteuerung bzw. Verbesserung zukünftiger Pläne (**feedforward**) überprüft:

1. Ein Anreiz- bzw. Sanktionssystem (z. B. Prämien, Auszeichnungen, Beförderungen etc.), das sowohl negative als auch positive Konsequenzen nach sich ziehen kann, dient der Kontrolle gesamtunternehmensbezogener Planungen, kann jedoch auch untergeordnete Teilplanungen oder Bereichsergebnisse berücksichtigen.

2. Die operative Kontrolle (z. B. mittels Abweichungsanalysen oder Meilensteintrendanalysen) überwacht die Zielerreichung operativer Pläne.

3. In der strategischen Kontrolle (wie z. B. der Prämissenkontrolle oder der Meilensteinkontrolle) werden die Realisierbarkeit und die Zielerreichung von Strategien überprüft.

4. Als letzter Schritt, falls die drei vorangehenden Schritte nicht zur Gegensteuerung ausreichen, müssen notfalls die Unternehmensziele revidiert werden (**Zielrevision**).

Dem Feedforward kommt im Vergleich zum Feedback eine zunehmende Bedeutung zu. Die Gewährleistung der Zielerreichung ist zwar notwendig, eine Zielabweichung, die z. B. auf externe Einflüsse (z. B. Währungsschwankungen oder politische Veränderungen) zurückzuführen ist, kann jedoch angesichts der Vielfalt der Einflussgrößen und der eingeschränkten Gestaltbarkeit durch das Management kaum einer einzelnen Person oder Gruppe unmittelbar zugewiesen werden. Das Verständnis eines Controlling als „Kontrolle" ist daher durch das Bestreben zu ergänzen, trotz aufgetretener Zielabweichungen das langfristige strategische Ziel dennoch zu erreichen.

1.3.2 Strategisches Controlling als Teilsystem des Controlling

Betrachtet man das Controllingsystem nun aus strategischer Perspektive, ergibt sich das strategische Controlling als **Teilsystem des Controlling**. Der Begriff des strategischen Controlling ist dabei sowohl in der Praxis als auch in der Theorie nicht eindeutig belegt, wie z. B. Vergleiche verschiedener Konzepte zeigen [vgl. z. B. *Günther, T.* (1991), S. 54 ff.; *Langguth, H.* (1994), S. 27 ff.]. Unterschiede liegen in der verwendeten Terminologie und im geforderten Umfang des strategischen Controllingsystems (z. B. Einbezug von Schnittstellen zur operativen und gesamtunternehmensbezogenen Planung bzw. von Realisation und Kontrolle). Die Aufgabe der Koordination von operativen und strategischen Subsystemen und die Funktion der Informationsversorgung werden nur von einem Teil der Autoren dem strategischen Controlling zugewiesen.

In Abwandlung des Controlling-Begriffes kann **strategisches Controlling** als Versorgung der Unternehmensleitung mit entscheidungsrelevanten Informationen und als Koordination verschiedener strategischer sowie operativer Subsysteme des Unternehmens zur Gewährleistung einer nachhaltigen Existenzsicherung als oberste Zielsetzung verstanden werden. Strategisches Controlling greift auf den aus strategischer Planung, Realisation und strategischer Kontrolle bestehenden kybernetischen Controlling-Prozess zurück und unterstützt den strategischen Führungsprozess [vgl. *Langguth, H.* (1994), S. 23].

Merkmal	Operatives Controlling	Strategisches Controlling
Zielgrößen	• Gewinn • Liquidität	• Existenzsicherung, Erfolgspotenzial, Unternehmenswert
Subsysteme	• Jahresabschluss / Kosten- und Leistungsrechnung • Finanz- und Finanzierungsrechnung	• Unternehmensumfeld • Unternehmen
Zeitbezug	Gegenwart; nahe Zukunft	Nahe und ferne Zukunft
Fragestellung	„Die Dinge **richtig** tun"	„Die richtigen **Dinge** tun"
Vorherrschende Orientierung	Primär unternehmensintern	Primär unternehmensextern
Rahmenbedingungen	Stabiles Umfeld	Komplexität, Dynamik und Diskontinuität des Umfeldes
Sicherheit der Information	Weitgehend sichere Informationen	Unsicherheit
Art der Information	Quantitativ / Monetär	Meist qualitativ
Art der Aufgaben	Routineaufgaben	Innovative Aufgaben

Abb. 1.5:   *Merkmale des operativen und strategischen Controlling*
              [in Anlehnung an: Günther, T. (1991), S. 38; Langguth, H. (1994), S. 24]

Bei diesem Verständnis ergeben sich folgende Auswirkungen für die **Konzeption eines strategischen Controlling**:

- Auch strategische Maßnahmen sind zu planen **(strategische Planung)** und nach erfolgter Umsetzung bezüglich der Zielerreichung, der gesetzten Prämissen oder des verfolgten Leitbildes zu kontrollieren **(strategische Kontrolle)**.
- Das strategische Controlling ist in das **Controllingsystem einzubetten**. Daraus schlussfolgernd ergibt sich, dass das verfolgte Oberziel „nachhaltige Existenzsicherung" neben die operativen Oberziele „Gewinn" und „Liquidität" tritt und dass die strategische Planung mit der operativen Planung abzustimmen ist. Ebenso ergeben sich aus der operativen Kontrolle Rückwirkungen auf die strategische Kontrolle (z. B. bzgl. der Eignung der verfolgten Strategie im Falle mehrjähriger gravierender Verluste) und letztendlich auch auf die Zielsetzung. Unter Umständen sind Strategieziele zu revidieren (Zielrevision).
- Zur **Entscheidungsunterstützung** sind geeignete strategische Entscheidungskriterien und Analysewerkzeuge zu entwickeln. Der hier gewählte strategische Controlling-Begriff führt jedoch auch dazu, dass Strategien für die Umsetzung geeignet heruntergebrochen werden müssen, um die Realisation zu unterstützen. So sind z. B. Expansionsstrategien in adäquate operative Maßnahmen zu zerlegen, die über eine Meilensteinkontrolle oder über Performance Measurement-Systeme bzgl. ihrer Zielerreichung bewertet werden können (operative Planung und Kontrolle).

Das Controlling lässt sich damit in ein strategisches und operatives Controlling zerlegen, die, wie Abb. 1.5 veranschaulicht, unterschiedliche Aufgaben verfolgen, sich jedoch zum Gesamtsystem des Controlling ergänzen [vgl. *Horváth, P.* (2006), S. 234 ff.].

1.3.3   Das strategische Controllingsystem

Aufgrund der Einbettung des strategischen Controlling in den Gesamt-Controlling-Prozess und durch die beabsichtigte enge Verzahnung von strategischer und operativer Planung lässt sich das strategische Controlling wiederum in einige Teilmodule zerlegen (siehe Abb. 1.6).

Die in Abb. 1.6 als abgerundete Kästen gekennzeichneten **Teilmodule des strategischen Controlling** können wie folgt verstanden werden:

- Der Prozess der generellen Zielbildung lässt sich in drei Stufen zerlegen. Zunächst wird eine **Vision** für das Unternehmen entwickelt. Hierzu kann z. B. von der Vorstellung ausgegangen werden, wie in zehn Jahren über das Unternehmen in angesehenen Wirtschaftspublikationen berichtet werden soll. „Die Vision ist das Bewusstsein eines Wunschtraumes einer Änderung der Umwelt" [*Hinterhuber, H. H.* (2004a), S. 44]. *Thomas A. Edison* ließ sich auch nach 10.000 fehlgeschlagenen Experimenten nicht davon abbringen, seinen Traum einer elektrischen Lampe zu verwirklichen. Den beiden Erfindern des Personal Computer (PC) und gleichzeitigen Gründern der *Apple Corp.*, *Steven P. Jobs* und *Stephen G. Wozniak*, schwebte die Vision einer „Demokratisierung des Computers" vor.
- Aus der Vision ergeben sich Grundsätze für die unternehmerische Tätigkeit (Leitbild), wie sie in vielen Unternehmen teilweise auch als Leitlinien niedergeschrieben wurden. Leitlinien bringen Sachziele, wie das angestrebte Tätigkeitsgebiet (z. B. Beschränkung auf Herstellung und Vertrieb von elektrischen und elektronischen Geräten) zum Ausdruck, die für

die Strategiegewinnung wegweisend und evtl. auch beschränkend wirken (z. B. kein Einstieg als Betreiber eines Mobilfunknetzes, obwohl im Unternehmen alle benötigten Hard- und Software-Komponenten vorhanden wären). Weitere Bestandteile des Leitbildes sind generelle Aussagen zu Formalzielen (z. B. Gewährleistung einer zufrieden stellenden Rendite für die Investoren) und zu Sozialzielen (z. B. Schutz der Umwelt oder kooperativer Umgang mit Mitarbeitern, Lieferanten und Kunden).

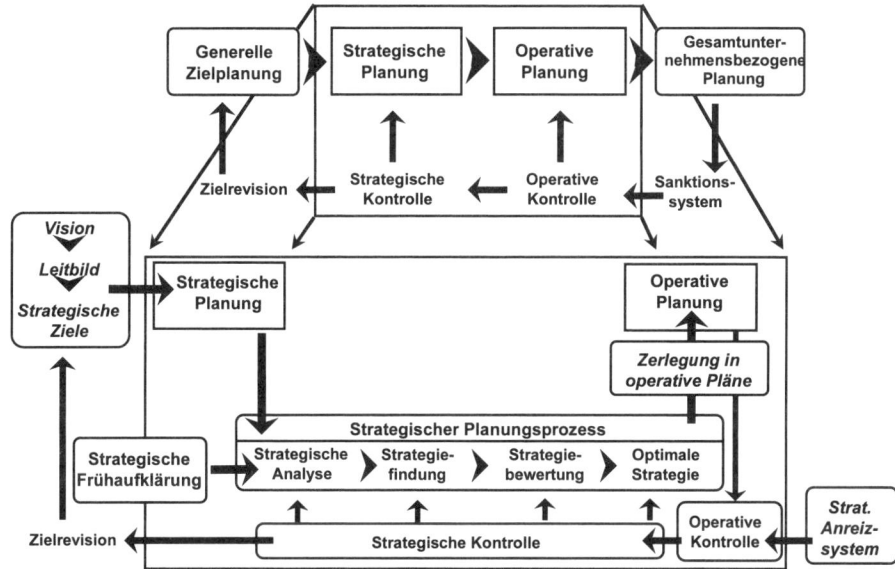

Abb. 1.6:   *Teilmodule des strategischen Controllingsystems*
            [in Anlehnung an: Günther, T. (1991), S. 57]

- Letztlich sind auf Basis des Leitbildes **strategische Ziele** zu gewinnen, die die Leitbilder bzgl. der drei Kategorien Formal-, Sach- und Sozialziel konkretisieren und hierdurch auch messbar und bzgl. ihrer Zielerreichung bewertbar und damit abrechenbar machen. Derartige strategische Ziele können z. B. die Steigerung der Gesamtkapitalrendite vor Steuern auf 15 %, die Steigerung des Marktanteils im südostasiatischen Telekommunikationsmarkt um 5 % oder die Steigerung des „Satisfied Employee Index" um 1,5 Skalenpunkte sein.
- Dem strategischen Planungsprozess vorangeschaltet ist die **strategische Frühaufklärung** (siehe hierzu Kapitel 7). Ihr kommt die Aufgabe zu, möglichst frühzeitig bedrohende oder Chancen eröffnende Entwicklungen im Unternehmensumfeld oder im Unternehmen selbst zu antizipieren, damit das Unternehmen seine strategische Planung darauf abstellen kann. Beispielsweise eröffnet die Mitwirkung in Branchenverbänden, Fachausschüssen oder politischen Gremien die Möglichkeit für das Unternehmen, wichtige Entwicklungen (z. B. rechtliche Änderungen, Stimmungsänderungen bei Nachfragern oder technologische Umbrüche) bereits im Vorfeld kennen zu lernen und entsprechende Aktionen oder Reaktionen im Unternehmen vorzubereiten.

- Der **Prozess der strategischen Planung**, der nachfolgend noch eingehender dargestellt wird, dient dazu, unter Berücksichtigung von Informationen aus der strategischen Frühaufklärung die strategischen Ziele in konkrete Unternehmensstrategien (z. B. Rückzug auf Kernkompetenzen des Unternehmens im Portfolio-Management), Geschäftsstrategien (z. B. Auswahl einer adäquaten Expansionsstrategie in einem bestimmten Geschäftsfeld) oder funktionale Strategien (z. B. Entwicklung einer IT-Strategie für den Vertrieb über das Internet) umzusetzen.

- An der **Schnittstelle zur operativen Planung** sind die formulierten Strategien in geeignete Maßnahmenpakete zu zerlegen, für die zeitlich abgestufte Meilensteine formuliert werden. Der Übergang von der strategischen zur operativen Ebene und die Verfolgung und Einhaltung der Meilensteinpläne stellt für die praktische Umsetzung i. d. R. das gravierendste Problem dar, weshalb der Implementierung von Strategien besondere Aufmerksamkeit zu widmen ist. Ende der 1980er Jahre sind gerade an der Schnittstelle zwischen operativer und strategischer Planung eine Reihe von Controllinginstrumenten und Managementtechniken (z. B. die Prozesskostenrechnung, das Target Costing, die Qualitätskostenrechnung oder die Wertzuwachskurve) entstanden, die unter dem Oberbegriff **„Strategic Management Accounting"** der operativen Planung strategisch relevante Informationen als Analyse- und Entscheidungsgrundlage zur Verfügung stellen wollen [vgl. *Simmonds, K.* (1989), S. 264 ff.]. Probleme in der operativen Implementierung von Strategien führten auch zur Entwicklung von **Performance Measuremen-Systemen**, wie z. B. der Balanced Scorecard, die von der Strategie ausgehend, die Erreichung von strategischen Zielen anhand von quantitativen Kennzahlen zu messen versucht [vgl. *Kaplan, R.S. / Norton, D.P.* (1992), S. 71 ff.].
  Die einzelnen operativen Pläne sind anschließend zu einer gesamtunternehmensbezogenen Planung zu verdichten. Unter Umständen ergeben sich hieraus wiederum Rückkopplungen auf die Strategieplanung, wenn z. B. vorgegebene Finanzleitlinien (z. B. zur Bilanzstruktur) gravierend verletzt werden und strategische Planungen daher beschnitten werden müssen.

- Nach Umsetzung der operativen Pläne sind die sich auf Gesamtunternehmens- und auf Geschäftsebene ergebenden Resultate bzgl. ihrer Zielerreichung zu kontrollieren (**operative Kontrolle**).

- Das Erreichen strategischer Ziele kann auch durch die bewusste Ausgestaltung **strategischer Anreizsysteme** unterstützt werden. Durch die Shareholder Value-Diskussion haben diese Ansätze eine Renaissance erfahren, da man sich über die Kopplung der Managementvergütung an den langfristig geschaffenen Unternehmenswert eine verstärkte Orientierung an langfristigen Unternehmensstrategien erhofft. Allerdings ist gezielt zu prüfen, ob die vorhandenen unternehmenswertorientierten Anreizsysteme tatsächlich die Zielerreichung langfristiger Strategien befördern, was z. B. bei kurzlaufenden stock options-Programmen nicht gegeben wäre.

- Die letzte Komponente des strategischen Controllingprozesses ist die **strategische Kontrolle**. Angesichts der Bedeutung, die der Strategieentwicklung für die Unternehmensentwicklung zukommt, sind die i. d. R. mehrjährigen Strategiepläne unterjährig daraufhin zu kontrollieren, ob gesetzte Meilensteine erreicht wurden, ob die bei der Planung vorliegenden Prämissen (z. B. geschätzte Wachstumszahlen bei Einstieg in neue Märkte) immer noch erfüllt sind oder ob sich gar das zugrunde liegende Leitbild verändert hat (z. B. die Abkehr von der Welt AG im Hause *Daimler-Chrysler* beim Übergang von *Jürgen Schrempp* auf *Dieter Zetsche* als Vorstandsvorsitzender).

1.3.4 Von der strategischen Planung zum strategischen Management

Betrachtet man, wie in Abb. 1.7 dargestellt, die **historische Entwicklung der Teilsysteme des Controlling** [vgl. *Günther, T.* (1991), S. 20 ff.; *Bea, F. X. / Haas, J.* (2005), S. 12 ff.], so zeigt sich, dass bis Anfang der 60er Jahre des 20. Jahrhunderts operative Planungssysteme ausreichten, Unternehmen angesichts eines **Verkäufermarktes** erfolgreich zu führen. Die Restriktion der unternehmerischen Tätigkeit lag in der Produktion, so dass, etwas vereinfacht, das Problem darin bestand, geeignete Güter und Dienstleistungen in ausreichender Zahl auf den Markt zu bringen. Mittelfristige operative Planungssysteme wurden insoweit eingesetzt, als es galt, Investitionen und Kreditfinanzierungen langfristig bzgl. ihrer Wirtschaftlichkeit zu beurteilen.

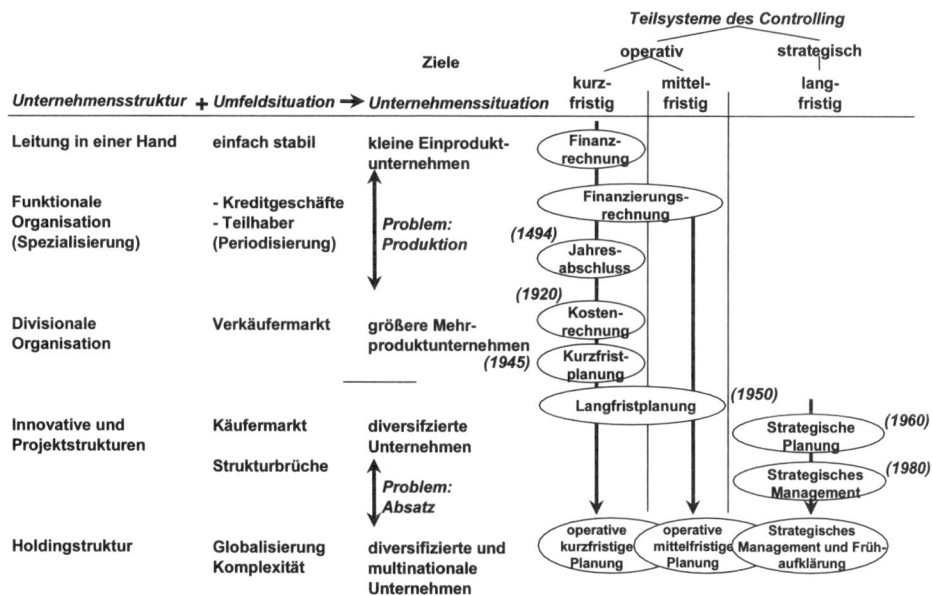

Abb. 1.7: *Historische Entwicklung der Teilsysteme des Controlling*
            [in Anlehnung an: Günther, T. (1991), S. 21]

Nach dem zweiten Weltkrieg stand der Produktionsbereich im Vordergrund. Unter Einsatz von Verfahren des Operations Research wurde versucht, **kurzfristige Planungsmodelle** für die Beschaffung (z. B. Bestellmengenoptimierung), für die Produktion (z. B. Optimierung des Produktionsprogrammes) und für den Absatz (z. B. optimale Preispolitik) zu generieren und diese Bereiche durch integrierte Modelle aufeinander abzustimmen.

Ende der 1950er Jahre versuchte man ergänzend durch **langfristige Planungsansätze** (Long Range Planning) Mehrjahres-Budgets und auf Langfristprognosen gestützte Langfristplanungen zu etablieren, die jedoch spätestens durch die im Rahmen der Ölkrise 1973 aufgezeigten Diskontinuitäten obsolet wurden.

Der Umbruch vom Verkäufer- zum Käufermarkt, zunehmende Strukturbrüche auf den Märkten, die beginnende Internationalisierung und die zunehmende Komplexität führten Mitte der 1960er Jahre zu einer verstärkten Zuwendung zur Umfeldanalyse und damit zum Entstehen einer **strategischen Planung** [vgl. A*nsoff, H. I.* (1965)]. Die Stärken und Schwächen des eigenen Unternehmens werden mit im Unternehmensumfeld bestehenden Chancen und Risiken – soweit möglich – abgestimmt. Intention ist es, in Wettbewerbsfeldern stark zu sein, in denen Chancen bestehen, und nicht dort, wo Risiken bestehen.

Die Ölkrise von 1973, die viele Unternehmen völlig überrascht hatte und erhebliche Strukturbrüche durch die Verteuerung der Energie auslöste, führte zum Entstehen einer sog. **Krisenforschung**, die sich mit der Prognose von Diskontinuitäten und Strukturbrüchen beschäftigte (**Strategic Issue Management** oder **Strategic Surprise Management**). Ergebnis ist ein Bündel verschiedener Ansätze zur **strategischen Frühaufklärung**, die in der Regel auf „schwachen", unscharfen Informationen („**weak signals**") beruhen [vgl. *Ansoff, H. I.* (1976), S. 129 ff. beruhend auf Ideen bei *Aguilar, F.* (1967)].

Zunehmende Veränderungen im Unternehmensumfeld führten Ende der 1970er Jahre zu höheren Anforderungen an die Anpassungs- und Innovationsfähigkeit der Unternehmen. Weiche Faktoren („soft facts"), wie z. B. die Fähigkeiten des Personals, die Organisationsstruktur, die Unternehmenskultur sowie Informationssysteme, erlangten vermehrte Aufmerksamkeit und wurden zum strategischen Erfolgsfaktor. Der in der strategischen Planung erforderliche Abgleich von Unternehmen und Umfeld (**Umfeld-System-Fit**) wurde um gezielte gegenseitige strategische Ausrichtungen der einzelnen Führungssubsysteme innerhalb des Unternehmens ergänzt (**Intra-System-Fit**). Nennenswert sind hier insbesondere die Arbeiten von *Chandler* zum Zusammenhang von Organisation und Strategie, die in der berühmten Hypothese „Structure follows Strategy" mündeten [vgl. *Chandler, A. D.* (1962)]. *Cyert* und *March* lieferten Erkenntnisse zu Verhaltensweisen in Unternehmen [vgl. *Cyert, R. M. / March, J. S.* (1963)] und *Ansoff* integrierte die Ergebnisse von *Chandler* und *Cyert / March* in dem neuen Konzept eines **strategischen Managements** [vgl. *Ansoff, H. I.* (1979)]. Im deutschen Sprachraum wurden Konzepte zum strategischen Management v. a. von *Kirsch* und *Hinterhuber* entwickelt, wobei für die entwickelten Konzepte häufig der Begriff „**strategische Führung**" gewählt wurde [vgl. z. B. *Kirsch, W. / Esser, W. M. / Gabele, E.* (1979); *Hinterhuber, H. H.* (2004a) und (2004b)].

Der Gedanke des strategischen Managements kommt auch im **7-S-Modell** von *McKinsey* zum Ausdruck, das nach *Peters / Waterman* den Erfolg der in der vielgenannten Studie „In Search of Excellence" untersuchten Unternehmen bestimmt [vgl. *Peters, T. J. / Waterman, R. H.* (1982), S. 8 ff.]. Im **7-S-Modell** werden die harten, eher rational-quantitativen Faktoren „Strategie" und „Struktur" bewusst mit den weichen, emotional-qualitativen Faktoren „Systeme", „Stil", „Stammpersonal", „Selbstverständnis" und „Spezialkenntnisse" verknüpft, um den Umfeld-System-Fit mit dem Intra-System-Fit zu verbinden. Der Inhalt der einzelnen Faktoren lässt sich wie folgt beispielhaft festhalten:

1. Strategie: Maßnahmen die es einem Unternehmen erlauben, Umfeldveränderungen zu antizipieren und hierauf zu reagieren.
2. Struktur: Aufbauorganisation eines Unternehmens, d. h. seine organisatorische Gliederung.
3. Systeme: Formelle und informelle Prozesse, Richtlinien und Kontrollverfahren zur Steuerung der Unternehmensaktivitäten.
4. Stil: Management- und Führungsstil des Unternehmens.
5. Stammpersonal: Human Ressource Management, d. h. die Mitarbeiterqualifikation, Mitarbeitermotivation und -fluktation usw.
6. Spezialkenntnisse: Kernkompetenzen und Know how eines Unternehmens.
7. Selbstverständnis: Fundamentale Werte und Leitmotive, die ein Unternehmen verbindet.

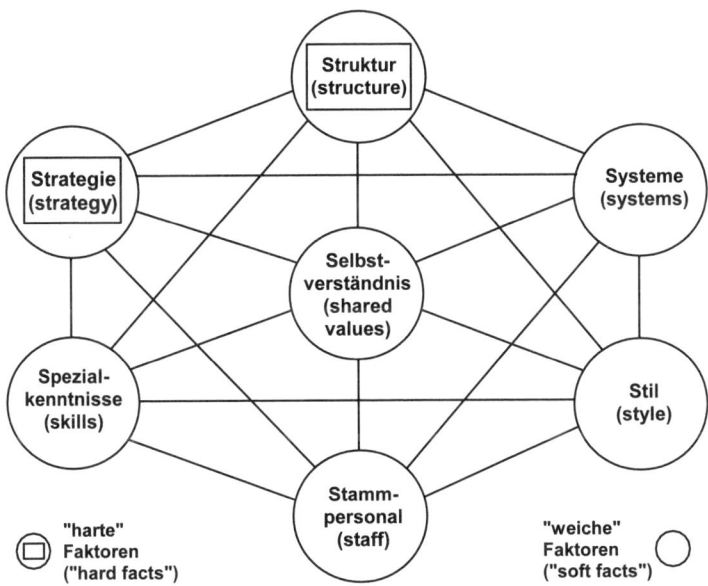

Abb. 1.8:   *7-S-Modell nach McKinsey*
             [Quelle: Peters, T. J. / Waterman, R. H. (1982), S. 10]

Am Beispiel des 7-S-Modells wird deutlich, welche **Charakteristika das strategische Management** prägen:

• Weiche Faktoren wie Personal, Selbstverständnis und Stil sind in ein **Ressourcenmanagement** bewusst einzubeziehen.

- Die Unternehmensressourcen sind im Gegensatz zur Auffassung von **Ressourcen** als Restriktion der strategischen Planung im strategischen Management **aktiv zu gestalten und zu planen**. Daraus ergibt sich neben der Produkt-Markt-Strategie auch eine Ressourcenstrategie.

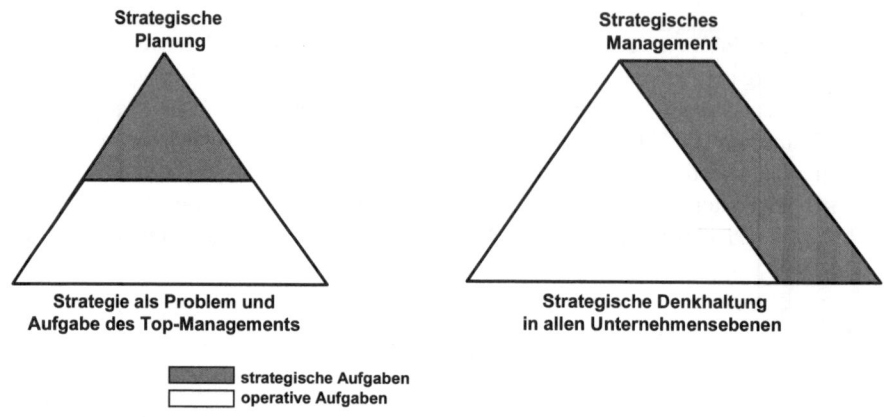

Abb. 1.9:   *Strategische Planung versus strategisches Management*
          [in Anlehnung an: Davous, P. / Deas, J. (1976), S. 79]

Zur Gewährleistung sowohl des im strategischen Management beabsichtigten Umfeld-System-Fit als auch des Intra-System-Fit bieten sich **drei mögliche Lösungsansätze** an:

- Beim **traditionellen Ansatz** wird nach allgemein gültigen Aussagen zum Zusammenhang von einzelnen Variablen gesucht. So wurde z. B. im Rahmen der sog. **PIMS-Studie** (**P**rofit **I**mpact of **M**arket **S**trategy) auf der Basis branchenübergreifender Daten von strategischen Geschäftseinheiten nach generellen „Laws of the market place" gesucht. Ergebnis war z. B., dass der relative Marktanteil einen starken Einfluss auf den Return on Investment ausübt. Nachteil dieses Ansatzes ist es, dass zwar generell gültige strategische Aussagen gewonnen werden können, diese jedoch auf einem relativ abstrakten, unbestimmten Niveau verbleiben müssen. Dennoch sind Ergebnisse des traditionellen Ansatzes Grundlage für eine Vielzahl von Erklärungskonzepten für Geschäftsfeldstrategien wie z. B. die **Erfahrungskurve** oder die **Value Map** (siehe hierzu Kapitel 3.2.2 und 3.3.2).
- Der **situative Ansatz** wendet sich im Vergleich zu den traditionellen Ansätzen dem gegenüberliegenden Extrem zu. Dem Begriff „Situation" werden alle Einflussgrößen des Unternehmensumfeldes untergeordnet, denen ein signifikanter Einfluss auf die Unternehmensführung beigemessen wird. Der situative Ansatz schlägt sich z. B. in den **fünf Wettbewerbskräften** oder der **Wertschöpfungskette** nach *Porter* nieder (siehe hierzu Kapitel 2.2 und 2.3). Mit diesen Strukturierungshilfen wird versucht, situative Variablen beschreibbar und messbar zu machen. Vorteil des Ansatzes ist die Übertragbarkeit auf einzelne Unternehmen und damit der Praxisbezug. Damit wird jedoch der Nachteil erkauft, dass nur singu-

läre, unternehmensspezifische Aussagen möglich sind, was eine Übertragbarkeit auf andere Unternehmen erschwert.

- Eine Verbindung beider Ausrichtungen stellt der **typologische Ansatz** dar, bei dem versucht wird, durch Klassifikation individueller Unternehmenssituationen Klassen zu generieren, innerhalb derer generelle Aussagen zur strategischen Ausrichtung gemacht werden können (Theorie mit begrenzter Reichweite). Aus der Vielzahl von publizierten „Theorien" des strategischen Managements seien nur der **kontingenztheoretische Ansatz** von *Ansoff* [vgl. *Ansoff, H. I.* (1979)], das **Unternehmensentwicklungsmodell** von *Miller / Friesen* [vgl. *Miller, D. / Friesen, P. H.* (1984)], der **Ansatz von *Miles / Snow*** [vgl. *Miles, R. E. / Snow, C. C.* (1978)] und die **Konzeption der Konfigurationstypen** von *Mintzberg* [vgl. *Mintzberg, H.* (1979)] erwähnt.

Die im Rahmen des typologischen Ansatzes des strategischen Managements vorgestellten Ansätze beschäftigen sich schwerpunktmäßig mit den in der strategischen Planung der 1960er und 1970er Jahre vernachlässigten Führungssubsystemen „Personal", „Organisation" und „Unternehmenskultur". Um angesichts dieser Diskussion jedoch klassische Elemente der strategischen Planung und des Controllingprozesses nicht zu vernachlässigen, bietet es sich an, diese Elemente gezielt in ein Konzept des strategischen Managements zu integrieren. (siehe Abb. 1.10).

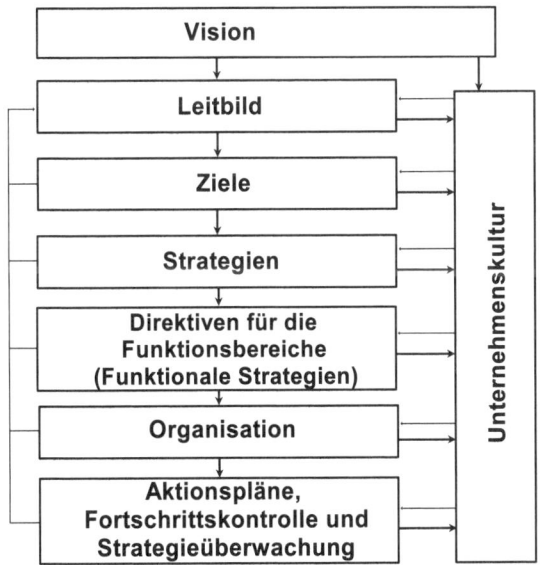

Abb. 1.10:   Komponenten des strategischen Managements
*   [in Anlehnung an: Hinterhuber, H. H. (2004a), S. 41]*

Der oben dargestellte Begriff des strategischen Controlling legt durch seine Ausrichtung am Controlling-Begriff den Schwerpunkt auf den kybernetischen Controlling-Kreislauf und die informatorischen Aspekte des strategischen Managements. Dennoch kommt das strategische

Controlling nicht umhin, das Personal, die Organisation und die Unternehmenskultur als zu gestaltende Ressourcen des Unternehmens zu betrachten. Strategisches Controlling und strategisches Management stellen daher keinen Widerspruch dar. Allenfalls werden unterschiedliche Schwerpunkte für die Umsetzung von Strategien gesetzt. Da in diesem Buch die Ausrichtung am Controlling-Kreislauf und die Auswirkung von Strategien auf traditionelle Größen des Rechnungswesens hervorgehoben werden sollen, wird fortan einheitlich der Begriff „Strategisches Controlling" gewählt.

1.4   Die Gap-Analyse

Es stellt sich die Frage, welches Gewicht dem strategischen Controlling im Rahmen des Gesamtkonzeptes des Controlling zukommt. Eine Antwort hierauf kann die sog. **Lücken-Analyse** oder **Gap-Analyse** geben. Die Gap-Analyse liefert zum einen in Form von empirischen Ergebnissen die Erklärung und Rechtfertigung für die Forderung nach einem strategischen Con-trolling und zum anderen kann sie als Planungsinstrument zur Plausibilisierung langfristiger Pläne und Zielsetzungen Verwendung finden.

1.4.1   Die Gap-Analyse als Erklärung für die Notwendigkeit eines strategischen Controlling

Einer der Auslöser für die Verbreitung der strategischen Planung war die Erkenntnis und praktische Erfahrung in vielen Unternehmen, dass sich langfristige Zielsetzungen (Plan), wie z. B. Gewinn- oder Umsatzziele, häufig nicht erreichen lassen. Die tatsächliche Entwicklung (Ist) bleibt hinter dem Ziel zurück. Betrachtet man die Differenz zwischen den geplanten Zielgrößen und den tatsächlich erreichten Zielgrößen **(Lücke)**, so kann man feststellen, dass sich zwar eine höhere Zielerreichung kurzfristig durch bessere Umsetzung von operativen Maßnahmen (z. B. durch Kostensenkung, verbesserte Logistik, bessere Abstimmung von Teilplänen etc.) erreichen lässt **(operative Lücke)**, dass jedoch gleichzeitig eine weitere Verbesserung aufgrund der gegebenen Unternehmensstruktur (z. B. aufgrund des gegebenen veralteten Produktprogramms, des falschen Vertriebskanals oder veralteter Fertigungstechnologien) nicht möglich ist. Die einengende Unternehmensstruktur lässt sich jedoch allenfalls langfristig verändern **(strategische Lücke)** [vgl. *Kreikebaum, H.* (1997), S. 133 ff.].

Die Trennung von operativer und strategischer Lücke veranschaulicht, dass neben der kurzfristigen Optimierung innerhalb eines eng gesteckten, gegebenen Rahmens eben dieser Rahmen langfristig an veränderte Umfeldbedingungen anzupassen ist.

Das relative Gewicht, das den beiden Lücken zukommt, lässt sich aus Ergebnissen der sog. **PIMS-Studie** ableiten. Im Jahre 1960 startete *General Electric* ein Projekt zur Gewinnung genereller „laws of the market place", d. h. allgemeiner, quasi „gesetzmäßiger" Zusammenhänge zwischen strategischen Erfolgsfaktoren (SEF) und ökonomischen Zielgrößen wie z. B. dem Return on Investment (RoI) und dem Cash Flow. Das Projekt von *General Electric* wurde

1972 vom *Market Science Institute* der *Harvard Business School*, Boston, Mass. übernommen. Ab 1975 wurde die zugrunde liegende Datenbank vom *SPI (Strategic Planning Institute)* betreut. Seit 1978 wird die Datenbank von *PIMS Associates Inc.*, einer Beratungsgesellschaft mit europäischen Büros in London, Köln, Göteborg, Mailand und Wien als Grundlage zur Unternehmensberatung, insbesondere im strategischen und operativen Benchmarking, genutzt [vgl. *Buzzel, R. D. / Gale, B. T.* (1987), S. 1 ff.; *Venohr, B.* (1988), S. 47 ff.]. Die PIMS-Datenbank umfasst finanzielle und strategische Informationen von ca. 3.000 Geschäftseinheiten aus 450 Unternehmen über einen Zeitraum von zwei bis zehn Jahren pro Geschäftseinheit.

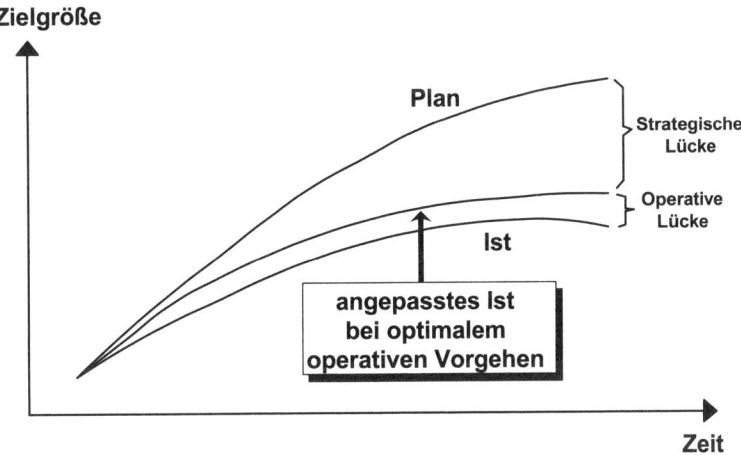

Abb. 1.11: Strategische und operative Lücke
[in Anlehnung an: Kreikebaum, H. (1997), S. 134]

Bezogen auf die Gap-Analyse konnte in einer empirischen Untersuchung auf Basis der PIMS-Datenbank gezeigt werden, dass über 80 % der Schwankung des Return on Investment (RoI) durch 28 Einflussgrößen erklärt werden können [vgl. *Schoeffler, S.* (1977a), S. 2]. Bei der zusätzlichen Berücksichtigung zweier Indizes sowie von 18 weiteren Interaktionsvariablen, die den gemeinsamen Einfluss zweier Faktoren erklären, ergeben sich insgesamt 48 unabhängige Variablen [vgl. *Schoeffler, S.* (1977b), S. 108 ff.; *Venohr, B.* (1988), S. 76 ff.]. Da es sich bei den Einflussgrößen v. a. um sog. **strategische Erfolgsfaktoren (SEF)** handelt, die den Handlungsrahmen des Unternehmens bestimmen und langfristig gestaltet werden müssen, kann der hohe Erklärungsanteil, der den strategischen Erfolgsfaktoren zukommt, als **Indikator für die herausragende Bedeutung der strategischen Lücke im Vergleich zur operativen Lücke** herangezogen werden. Das hohe Gewicht, dass der strategischen Lücke zugewiesen wird, wirft auch die Frage auf, ob sich Manager ausreichend mit Strategien beschäftigen bzw. sich nicht die überwiegende Zeit mit operativen Themen beschäftigen, die für die langfristige Entwicklung des Unternehmens weniger relevant sind. Dennoch ist auch anzumerken, dass Vorgehensweise, Methodik und Ergebnisse der PIMS-Studie Gegenstand umfassender Kritik waren [vgl. ausführlich *Venohr, B.* (1988)].

1.4.2   Die Gap-Analyse als Planungs- und Kontrollinstrument

Neben dem eher wissenschaftlichen Interesse an einer bedeutungsmäßigen Zerlegung der Differenz zwischen Plan- und Ist-Erreichung in eine strategische und eine operative Lücke kann die Gap-Analyse auch als **Planungs- und Kontrollinstrument** Anwendung finden.

Beispiel:

Ein interessantes Anschauungsbeispiel ist das Planungs- und Kontrollsystem des amerikanischen Elektro- und Elektronikunternehmens *Emerson Electric Co.*, St. Louis, Missouri. Das Unternehmen weist seit 1956, d. h. nun bereits seit über 40 Jahren, permanent steigende Gewinne, Gewinne je Aktie und Dividenden je Aktie aus. Seit 1956 konnte das Unternehmen Kapitalmarktrenditen erzielen, die zum einen permanent über den eigenen Kapitalkosten lagen und zum anderen teilweise jährliche Werte von fast 20 % erreichten. Weniger als zehn andere US-Unternehmen konnten neben *Emerson Electric* in den letzten 20 Jahren ihre Kapitalkosten übertreffen [vgl. im Folgenden *Knight, C. F.* (1992), S. 57 ff.].

Die Geschäftsleitung verbrachte i. d. R. mehr als 50 % ihrer Zeit mit der Planung und Kontrolle ihrer Geschäfte, wobei das **strategische Controllingsystem** auf drei wesentlichen rollierenden Planungs- und Kontrollinstrumenten fußt:

- Der **„Value Measurement Chart"** stellt den über die Kapitalkosten hinaus erzielten Gewinn (ökonomischer Gewinn) für das laufende Jahr, für ein fünf Jahre zurückliegendes Geschäftsjahr und für ein fünf Jahre in der Zukunft liegendes Geschäftsjahr dar. Im Vergleich dieser Größen, die den unternehmenswertbezogenen Performance-Maßen „Economic Value Added" und „Cash Value Added" ähnlich sind, ist die realisierte bzw. geplante Wertsteigerung direkt ablesbar.
- In der **„5-back-by-5-forward Profit & Loss"**-Analyse werden wichtige Kennzahlen aus der Gewinn- und Verlustrechnung für die letzten fünf Jahre, das laufende Jahr und die zukünftig geplanten fünf Jahre dargestellt.
- Die dritte Analyse, als **„Sales Gap Chart"** bezeichnet, stellt eine Gap-Analyse dar, bei der ausgehend vom vergangenen und vom laufenden Jahr eine Fünf-Jahres-Planung zukünftiger Umsätze erstellt wird. Die Sales Gap-Analyse soll nun ausführlicher vorgestellt werden.

Zielgröße im Sales Gap Chart von *Emerson Electric* sind die Umsatzerlöse, da diese das jahrzehntelange Wachstum des Unternehmens und dessen Wertentwicklung bei einer gleichzeitigen konsequenten Kostenmanagementstrategie (Produktivitätssteigerungsziel 6 – 7 % p. a.) erklären. In dem von *Emerson Electric* 1992 veröffentlichten Beispiel auf Basis tatsächlicher Unternehmenszahlen basiert die Gap-Analyse auf den Ist-Werten des Jahres 1990, denen die Planzahlen für das laufende Jahr 1991 und Planzahlen für die folgenden fünf Jahre 1992 bis 1996 gegenübergestellt werden. Dadurch werden die einzelnen strategischen und operativen Maßnahmen mit zeitbezogenen **Meilensteinen** versehen.

Einflussgröße		Ist	Plan	Prognose					Anteil am Fünfjahres-wachstum
		1990	1991	1992	1993	1994	1995	1996	
USA ohne Exporte									
Umsatz USA (Basis 1991)			305,7	305,7	305,7	305,7	305,7	305,7	
Branchenwachstum im bedienten Markt				3,0	24,6	39,0	49,6	58,3	**21,1 %**
Marktdurchdringung				6,3	14,1	21,0	29,8	37,6	**13,6 %**
Preisveränderungen			3,3	7,6	14,7	21,6	29,5	38,0	**12,6 %**
Neue Produkte	letzte fünf Jahre		16,1	16,4	17,7	17,4	17,5	19,0	**1,1 %*)**
	nächste fünf Jahre		1,4	5,6	11,6	18,5	25,9	34,2	**11,9 %**
Sonstiges			3,1	1,4	1,6	2,3	2,5	2,8	**-0,1 %**
Summe Umsatz USA		***363,7***	***329,6***	***346,0***	***390,0***	***425,5***	***460,5***	***495,6***	
International									
Umsatz International (Basis 1991)			202,9	202,9	202,9	202,9	202,9	202,9	
Branchenwachstum im bedienten Markt				-0,1	8,8	17,0	24,8	35,4	**12,9 %**
Marktdurchdringung				-0,5	18,8	27,2	36,2	45,1	**16,4 %**
Preisveränderungen			2,0	4,9	8,5	12,5	16,9	21,7	**7,1 %**
Neue Produkte	letzte fünf Jahre		6,9	7,1	6,7	7,1	8,0	9,2	**0,8 %**
	nächste fünf Jahre		1,1	4,5	6,3	10,1	14,3	16,9	**5,7 %**
Währung			9,3	---	---	---	---	---	**-3,4 %**
Sonstiges			0,4	0,8	0,7	0,9	1,0	1,1	**0,3 %**
Summe Umsatz International		***204,3***	***222,6***	***219,6***	***252,7***	***277,7***	***304,1***	***332,3***	
Konzernumsatz		**568,0**	**552,2**	**565,6**	**642,7**	**703,2**	**764,6**	**827,9**	**100,0 %**
Umsatzziel (15 % Wachstum)				635,0	730,2	839,8	965,7	1110,6	
Lücke				**-69,4**	**-87,5**	**-136,6**	**-201,1**	**-282,7**	

*) (19,0 – 16,1) / (827,9 – 552,2) = 0,0105 oder 1,1 %

Abb. 1.12: Umsatzbezogene Gap-Analyse von Emerson Electric Co.
[Quelle: Knight, C. F. (1992), S. 64]

Neben dieser zeitlichen Struktur werden die Umsatzzahlen in einzelne Schichten zerlegt. Zum einen erfolgt eine Aufteilung nach nationalen Märkten (USA ohne Exporte) und nach internationalen Märkten. In jedem dieser Segmente erfolgt zum anderen eine **Zerlegung** in den Basisumsatz des Planjahres und zusätzliche Umsatzänderungen aufgrund folgender Ursachen:

- Generelles Branchenwachstum,
- Veränderung der Marktdurchdringung (z. B. durch Marktanteilssteigerungen, Bedienung neuer Märkte oder durch Aufkäufe),
- Änderung von Preisen,
- Umsatzsteigerung durch neue Produkte, die in den vergangenen fünf Jahren am Markt eingeführt wurden,
- Umsatzsteigerung durch neue Produkte, die im laufenden oder den kommenden fünf Jahren neu eingeführt werden bzw. wurden,
- Währungsveränderungen,
- sonstige Gründe.

Diese Schichtung erlaubt es *Emerson Electric*, die Herkunft der Umsätze und Quellen des Umsatzwachstums ausfindig zu machen und detailliert zu planen. Ein Vergleich mit dem für das Gesamtunternehmen von der Geschäftsleitung festgelegten Umsatzwachstumsziel von 15 % p. a. macht deutlich, ob die gewählte strategische Zielsetzung auch umsetzbar erscheint.

Die in Abb. 1.12 dargestellten Zahlen zeigen, dass die bisher bedienten Märkte (USA 305,7 Mio. $ + 58,3 Mio. $ aus Branchenwachstum; International 202,9 Mio. $ + 35,4 Mio. $ aus Branchenwachstum) nur 54 % (602,3 $ / 1110,6 $) des anvisierten Umsatzes im Jahre 1996 ausmachen. Die bestehende Lücke ist nur durch Änderung des bisherigen Handlungsrahmens des Unternehmens erreichbar. Wie die Schichtenzerlegung zeigt, soll diese **strategische Lücke** durch ein Bündel von Maßnahmen erreicht werden, die jedoch einen gewissen zeitlichen Vorlauf (z. B. für den Ausbau des Vertriebsnetzes oder die Entwicklung neuer Produkte) benötigen. Eine Analyse der einzelnen Einflussgrößen auf den Umsatz ergibt die in Abb. 1.13 genannten Anteile am Umsatzwachstum zwischen 1991 und 1996 von absolut 275,7 Mio. $ (= 827,9 Mio. $ – 552,2 Mio. $).

Einflussgröße		Bedienter Markt	Anteil am Fünfjahreswachstum	
Branchenwachstum im bedienten Markt		USA	21,1 %	**34,0 %**
		International	12,9 %	
Marktdurchdringung		USA	13,6 %	**30,0 %**
		International	16,4 %	
Preisveränderungen		USA	12,6 %	**19,7 %**
		International	7,1 %	
Neue Produkte	letzte fünf Jahre	USA	1,1 %	**1,9 %**
		International	0,8 %	
	nächste fünf Jahre	USA	11,9 %	**17,6 %**
		International	5,7 %	
Währung		International	-3,4 %	**-3,4 %**
Sonstiges		USA	-0,1 %	**0,2 %**
		International	0,3 %	
Summe			100 %	100 %

Abb. 1.13:   Anteil von Wachstumstreibern auf die Zielerreichung bei Emerson Electric

Abb. 1.13 zeigt, dass das Branchenwachstum, die geplante stärkere Marktdurchdringung und die Entwicklung zukünftiger Neuprodukte zu den hauptsächlichen Wachstumsquellen in der

Planung von *Emerson Electric* zählen. Bereits auf dem Markt befindlichen Neuprodukten kommt dagegen kein Umsatzsteigerungspotenzial zu, was den strategischen Charakter der Gap-Analyse im Sinne einer Zukunftsvorsorge unterstreicht.

Das Unternehmen *Emerson Electric* benutzt zur Visualisierung den „Sales Gap Line Chart", der in Abb. 1.14 dargestellt wird. Das Beispiel *Emerson Electric* zeigt außerdem, dass auch die geplanten strategischen Maßnahmen nicht ausreichen, das hohe gesteckte Ziel von 15 % Umsatzwachstum p. a. zu erreichen. Entsprechend des **kybernetischen Controlling-Kreislaufes** sind entweder zusätzliche operative und strategische Maßnahmen notwendig, um Wachstumspotenziale zu erkennen, auszunutzen und somit die Lücke zu schließen, oder das gesetzte Ziel ist zu revidieren (Zielrevision). Der Gap-Analyse kommt damit neben der **Planungsfunktion** auch gleichzeitig eine **Kontrollfunktion** zu.

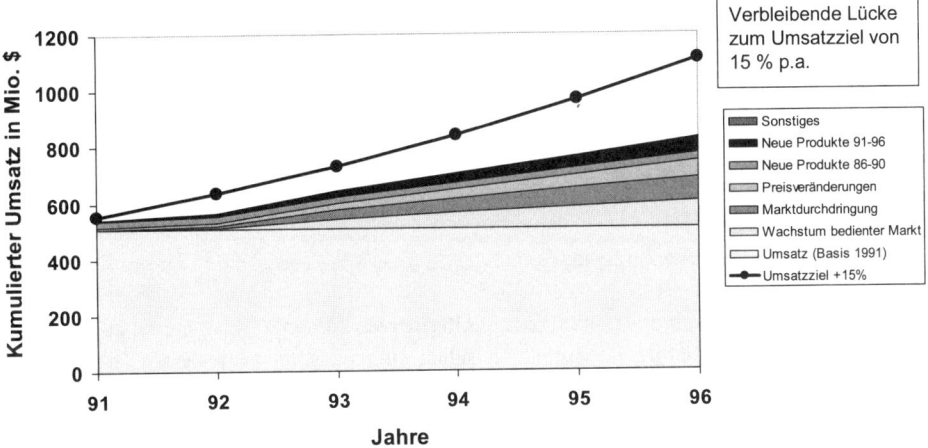

Abb. 1.14: Sales Gap Line Chart nach Emerson Electric
[in Anlehnung an: Knight, C. F. (1992), S. 65]

1.5   Strategischer Planungsprozess

Der strategische Planungsprozess stellt das Kernstück des strategischen Controlling-Kreislaufes dar. Daher sei der grundlegende Zusammenhang nochmals kurz dargestellt. Ausgangspunkt der strategischen Unternehmenssteuerung ist die Entwicklung einer Vision. Mit zunehmender Konkretisierung wird hierauf aufbauend ein Leitbild formuliert, das um Zielsetzungen des Unternehmens in Gestalt von Formal-, Sach- und Sozialzielen ergänzt wird. Hier knüpft der strategische Planungsprozess an, der versucht, auf Basis der formulierten Zielsetzungen Strategien als mehrjährige Maßnahmenbündel zu formulieren, die das Unternehmen in die Lage versetzen, Umfeld- und Unternehmensentwicklung aufeinander abzustimmen (**Umfeld-System-Fit**) und gleichzeitig Subsysteme des Unternehmens, wie z. B. die Organisation, das Personalwesen oder die Unternehmenskultur, hierauf auszurichten (**Intra-System-Fit**). Letztendlich sind die Strategien in einer Vielzahl einzelner, u. U. sich über mehrere Jahre erstreckende operativer Maßnahmen umzusetzen. Hier schließt sich die feedback- und feedforward-Schleife der operativen und strategischen Kontrolle an, die bis zur Zielrevision führen kann. Der strategische Planungsprozess schlägt quasi die Brücke zwischen den vom Management festgelegten Unternehmenszielen und den einzelnen operativen Maßnahmen [zur Ausgestaltung des Planungsprozesses vgl. z. B. *Müller-Stewens, G. / Lechner, C.* (2005), S. 77ff.].

Die Betrachtung der Gap-Analyse hat deutlich gemacht, dass langfristiger Unternehmenserfolg nur zum kleineren Teil innerhalb des bestehenden Rahmens möglich ist. Die sich öffnende strategische Lücke ist durch die Ableitung geeigneter Strategien zu schließen. Diese Aufgabe ist durch den strategischen Planungsprozess zu erfüllen.

Betrachtet man den strategischen Planungsprozess detaillierter, so kann er in drei **Stufen der strategischen Planung** zerlegt werden:

* Analyse des Unternehmensumfeldes und des Unternehmens **(Strategische Analyse),**
* Suche nach strategischen Alternativen **(Strategiefindung),**
* Bewertung alternativer Strategien **(Strategiebewertung).**

Die drei strategischen Planungsstufen sollen nun im Einzelnen dargestellt werden.

1.5.1   Strategische Analyse

Um überhaupt Ansatzpunkte für strategische Alternativen finden zu können, ist zunächst das Unternehmensumfeld und das Unternehmen selbst eingehend zu analysieren. Der **Umfeld-System-Fit** verlangt, dass Chancen des Umfeldes mit Stärken des Unternehmens und Risiken im Umfeld mit Schwächen des Unternehmens übereinstimmen. Beispielsweise kann eine attraktive, bekannte Marke benutzt werden, um verwandte Produkte in den Markt einzuführen. So nutzte *Beiersdorf* die Stärke seiner Marke Nivea, um aus dem Creme-Bereich heraus auch den Haarpflege- und Kosmetik-Bereich zu erschließen. Der **Intra-System-Fit** betrachtet die einzelnen Teilsysteme des Führungssystems hinsichtlich ihrer Abstimmung auf die verfolgte Unternehmensstrategie. So sind z. B. zur Förderung der Innovationskraft eines Unternehmens nicht nur Investitionen in Forschung und Entwicklung, sondern auch der Aufbau einer entsprechenden Innovations- und Patentkultur erforderlich. Zur strategischen Analyse sind zunächst einmal Informationen (wie z. B. eine Analyse des Wertschöpfungskreises oder Stärken- und Schwächenprofile) zusammenzutragen. Aufgrund der Bedeutung, die der strategischen Analyse zukommt, soll diese gesondert im Kapitel 2 betrachtet und strukturiert werden.

1.5.2   Strategiefindung

Nachdem die strategische Analyse zunächst relevante Informationen zum Unternehmen und zum Unternehmensumfeld zusammengetragen hat, sind nunmehr mögliche strategische Alternativen zu erarbeiten. Geht man wiederum von der Einteilung des strategischen Managements in Umfeld-System-Fit und Intra-System-Fit aus, so ergeben sich zwei verschiedene Ansatzpunkte zur Formulierung von Strategien:

- Produkt-Markt (P/M)-Strategien als Kern einer **marktorientierten Unternehmensführung (market based view)** und
- Ressourcen (R)-Strategien als Focus einer **ressourcenorientierten Unternehmensführung (resource based view).**

Produkt-Markt-Strategien erfordern eine Festlegung des Produktkonzeptes (unternehmerische Komponente) und die Auswahl des relevanten Marktes (umfeldliche Komponente). Betrachtet man beide simultan, so kann auf die sog. **Produkt-Markt-Matrix** nach *Ansoff,* die eine Kombination beider Gestaltungsebenen darstellt, zurück gegriffen werden (siehe Abb. 1.15) [vgl. *Ansoff, H. I.* (1965), S. 108 ff.].

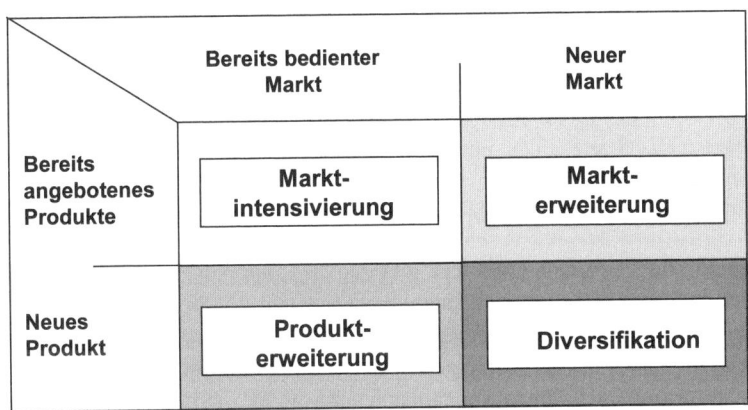

Abb. 1.15:   Produkt-Markt-Matrix nach Ansoff
[Quelle: Ansoff, H. I. (1965), S. 109]

Demnach gibt es vier Möglichkeiten der **Programmvariation**:

- Bei der **Marktintensivierung** wird versucht, im momentan schon bearbeiteten Markt bisher schon angebotene Produkte besser zu positionieren, indem z. B. die Komponenten des Marketing-Mix neu gestaltet werden oder Produktverbesserungen erfolgen. Produktmarken wie z. B. Persil von *Henkel KGaA* oder Nivea von der *Beiersdorf AG* sind schon seit Jahrzehnten in ihren Märkten präsent. Die Produkte werden ständig gepflegt und verbessert. Teilweise werden neue Produkte (z. B. Waschmittelkonzentrate bei Persil oder Shampoo-Produkte bei Nivea) ergänzend angeboten, wodurch der Übergang zur Produkterweiterung fließend wird.
- Bei der **Produkterweiterung** werden neu entwickelte Produkte auf dem bisher schon bearbeiteten Markt angeboten, in der Hoffnung, Kundenprobleme besser lösen zu können. Der durchschlagende Erfolg der Swatch-Uhren des Schweizer Unternehmens *SMH* revolutionierte den Uhren-Markt, da neben das Kundenproblem „Zeit ablesen" zusätzlich Modeaspekte hinzutraten, die das Marktvolumen in Stückzahlen vervielfachten. Dem Kunden ge-

nügt – so die Intention – nicht nur eine Uhr als Chronometer, sondern er benötigt mehrere Uhren, die zu seinem jeweiligen Outfit passen.

- Werden bereits existente Produkte zusätzlich auf neuen Märkten angeboten, handelt es sich um eine **Markterweiterung**. Beispielsweise entdeckte das im deutschen Raum erfolgreiche Molkereiunternehmen *Müller Milch*, Aretsried, dass der Pro-Kopf-Verbrauch an Molkereiprodukten in Großbritannien unter dem EU-Durchschnitt lag. Erste Marktversuche in Großbritannien zeigten, dass *Müller Milch*-Produkte dort gut ankommen. Konsequenterweise wurde in den 1990er Jahren Großbritannien als zusätzlicher Markt intensiv bearbeitet und für das Unternehmen erschlossen.

- Den komplexesten Fall stellt der Einstieg sowohl in neue Produkte als auch in neue Märkte dar **(Diversifikation)**, wie er häufig zum Zwecke kürzerer Markteintrittszeiten durch Akquisitionen erfolgt. Beispielsweise stiegen eine Reihe von Industrieunternehmen in den 1990er Jahren aufgrund fehlender Wachstumsaussichten in den angestammten Märkten in die Telekommunikationsindustrie ein (z. B. die *Mannesmann AG* mit ihren Tochterunternehmen *Mannesmann Mobilfunk GmbH* (D2-Mobilfunk), *Mannesmann Arcor AG & Co.* (Festnetz) und *Mannesmann Eurokom GmbH* (Internationale Aktivitäten), die *VEBA AG* und die *RWE AG* mit ihrem Joint Venture *o.tel.o Communications GmbH & Co.* oder der Mischkonzern *VIAG,* jetzt *EON* mit der *VIAG Interkom GmbH & Co.*). Interessant ist auch der strategischen Wandel des stahl- und maschinenbaulastigen Mischkonzerns *Preussag AG* zum Touristikunternehmen *TUI AG* mit den Sparten Touristik und Schifffahrt.

Die Schattierung der Felder in Abb. 1.15 gibt zugleich den Anstieg des Risikos wieder, der durch die Programmvariation für das Unternehmen entsteht. Während die Marktintensivierung aufgrund der Kenntnis sowohl des bedienten Marktes als auch des angebotenen Produktes am wenigsten riskant erscheint, stellen Diversifikationen aufgrund des häufig fehlenden Management-Know hows in beiden Dimensionen das höchste Risiko dar. Das Ergebnis spiegelt sich auch in Praktikerregeln wieder, die je nach der Zuordnung zu den vier Quadranten unterschiedliche Risikozuschläge bei Investitionsbewertungen verwenden [vgl. *Rolfes, B.* (1998), S. 29]. Korrespondierend zum Risikoprofil verlaufen i. d. R. auch die Entwicklungs- und Wachstumschancen, was vielfach die mutige Hinwendung zur Diversifikation erklärt.

Bei der Betrachtung der Produkt-Markt-Matrix ist prinzipiell zu fragen, was unter einem Produkt bzw. einem Markt zu verstehen ist. Die Produkt-Markt-Definition ist insbesondere für die Gewährleistung eines gemeinsamen semantischen Strategieverständnisses und für die Ableitung konkreter P/M-Strategien von Bedeutung. Darüber hinaus ist die Klarheit der Produkt-Markt-Definition auch für die konkrete Messung von z. B. Marktanteilen, Marktwachstums- oder Neuproduktraten von Bedeutung.

Aus strategischer Sicht kann ein **Produkt** als Konglomerat unterschiedlicher Komponenten verstanden werden, die einen bestimmten Kundennutzen zu einem bestimmten Preis liefern. Nach *Kotler* können diese Komponenten in Hardware-, Software- und Service-Komponenten zerlegt werden [vgl. *Kotler, P.* (1972), S. 424 f.]:

Die **Hardware** steht für die physischen Komponenten des Produktes und ist Ausdruck von dessen Leistungsfähigkeit. Der **Software**bestandteil beinhaltet die Funktionsfähigkeit und Benutzbarkeit der Hardwarezusammensetzung, wohingegen mit der **Service**komponente additive Dienstleistungen des Anbieters angesprochen sind.

Strategisch ist nun zu untersuchen, ob und inwieweit die Produktkomponenten die Kundenwünsche erfüllen. Eine explizite Anwendung dieser Sicht stellt z. B. das **Target Costing** nach der Funktionsmethode dar, indem die Nutzenanteile einzelner Produktfunktionen mit den bisherigen Kostenanteilen verglichen werden. Der Software und dem Service kommt dabei umfeldbedingt eine zunehmende Bedeutung zu, da zum einen die Kunden an einer umfassenden Problemlösung interessiert sind, die auch „weiche" Komponenten beinhaltet, und zum anderen, da sich die Hardware bei verkürzten Entwicklungszeiten schneller imitieren lässt als der sie umgebende Software-Kranz.

Als Bezugsrahmen für die Beurteilung strategierelevanter Produktkomponenten kann hier das **„strategische Dreieck"** nach *Ohmae* hilfreich sein (siehe Abb. 1.16). Der Kunde wird sowohl die vom Unternehmen als auch die von der Konkurrenz angebotenen Produkte an der Relation von Preis zu Kundennutzen bewerten. Strategisch relevant ist nicht nur eine möglichst optimale Gestaltung dieses Preis-Leistungs-Verhältnisses, sondern auch die Erzielung einer Vorteilsposition gegenüber den Konkurrenten, der sog. **Unique Selling Proposition** [vgl. *Ohmae, K.* (1982), S. 72 ff.].

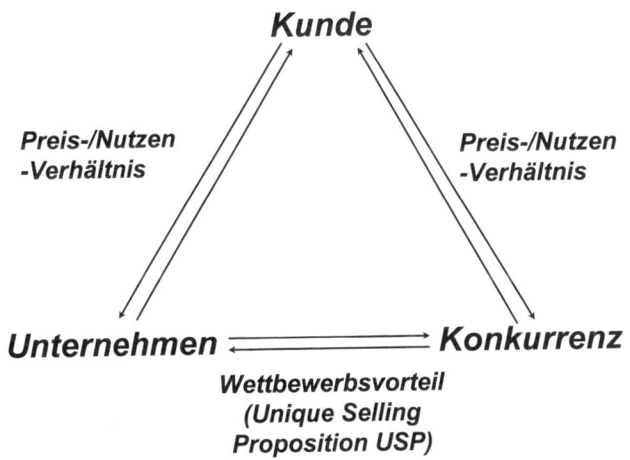

Abb. 1.16:   *Strategisches Dreieck nach Ohmae*
                [Quelle: Ohmae, K. (1982), S. 72]

Bei dieser Vorteilsposition liegt nach einer Klassifikation von *Simon* nur dann ein **strategischer Wettbewerbsvorteil** vor [vgl. *Simon, H.* (1988), S. 4],

- wenn es sich um für den Kunden wichtige Produktkomponenten handelt **(Wichtigkeit)**,
- wenn der Wettbewerbsvorteil auch vom Kunden wahrgenommen wird **(Wahrnehmung)** und
- wenn dieser Wettbewerbsvorteil auch schützbar ist **(Nachhaltigkeit)**.

Die „**Wichtigkeit**" bedingt für die Strategiefindung, dass nicht so sehr die bisher eingesetzte Technologie oder bisher verwandte Materialien von Bedeutung sind, sondern die Lösung des Kundenproblems unabhängig von der konkret eingesetzten Problemlösungstechnologie im Vordergrund steht.

Ein **Beispiel** soll diese für die Strategiefindung sehr wichtige Sicht beleuchten:

Einige Hersteller von mechanischen Registrierkassen sind in den 1970er Jahren vom Markt verschwunden, da sie nicht in der Lage waren, sich auf elektronische Kassensysteme umzustellen. Das Problem der Abnehmer der Registrierkassen, der Handelsunternehmen, bestand in der Erzeugung eines Kassenbons für ihre Kunden und in der Gewinnung zusätzlicher Informationen aus dem Verkaufsprozess (Warenkorbanalyse, Anbindung an das Warenwirtschaftssystem, automatisches Wiederauffüllen der Regale etc.). Durch die Möglichkeit, die der die Hardware „Registrierkasse" umgebende Software-Kranz bot, waren die elektronischen Kassen weitaus besser in der Lage, Kundennutzen zu stiften. Wie das Beispiel zeigt, ist das Kundenproblem losgelöst von der konkret gewählten Verfahrenstechnologie (Mechanik oder Opto-Elektronik).

Das Kriterium „**Wahrnehmung**" hat einerseits unmittelbar zur Konsequenz, möglicherweise vorhandene Wettbewerbsvorteile des eigenen Unternehmens mittels adäquater **Kommunikationspolitik** auch dem Umfeld gegenüber darzustellen. Produktentwicklung und Marketing-Mix gehen somit Hand in Hand. Andererseits ist es für ein Unternehmen nicht vorteilhaft, wenn Wettbewerbsvorteile ausgebaut werden, die vom Kunden nicht als wichtig wahrgenommen werden. Daher ist eine ständige Beobachtung des Käuferverhaltens einerseits als **Frühwarnsystem** und andererseits im Rahmen der **Marktforschung** als Teil der Umfeldanalyse dringend geboten.

Trotz der Erfüllung der Kriterien „Wichtigkeit" und „Wahrnehmung" sind Produktmerkmale, die nicht schützbar sind und daher nicht nachhaltig entwickelt werden können (**Kriterium „Nachhaltigkeit"**), als Basis für eine Wettbewerbsstrategie nicht geeignet, da sie von Konkurrenten schnell imitiert werden können. So sind z. B. viele Angebote von Finanzdienstleistern, die im Rahmen des Electronic Banking entstanden sind, kaum schützbar und werden auch von vielen Anbietern nahezu identisch angeboten. Im Endergebnis werden sie zum Standard und zum Pflichtbestandteil im Angebot der Finanzdienstleister.

Nachdem über Art und Umfang der zu produzierenden Problemlösung (= Produkt) befunden wurde, ist anschließend zu entscheiden, wie das Produkt marktlich verwertet wird (**relevanter Zielmarkt**). Dabei ist für die strategische Betrachtung insbesondere von Bedeutung, wie die Märkte abgegrenzt werden. In der Waschmittelindustrie hat man z. B. die Erfahrung gemacht, dass mehrere Anbieter sich gleichzeitig als Marktführer betrachten, da sie die von ihnen bearbeiteten Märkte unterschiedlich definieren und abgrenzen.

Als **Abgrenzungskriterien** für Märkte bieten sich die **bediente Region**, der **gewählte Vertriebskanal** und die **angestrebte Abnehmergruppe** an. Diese drei Kriterien lassen sich vielfältig kombinieren und bilden dadurch unterschiedliche Märkte. So zeigt sich z. B. in der Telekommunikation, dass sich manche Anbieter auf den lukrativeren Business-to-Business-Bereich beschränken (Kriterium Abnehmergruppen) oder sich manche Finanzdienstleister auf den Direktvertrieb per Telefon und/oder Internet beschränkt haben (z. B. *Augsburger Aktienbank* AG oder die Versicherung *CosmosDirekt*) (Kriterium Vertriebskanal). Für die strategische Planung ist es von großer Bedeutung, nicht nur den momentan bedienten Markt entsprechend der obigen drei Abgrenzungskriterien zu betrachten, sondern den **potenziellen Markt** als relevanten Markt heranzuziehen.

So führte die Globalisierung des Wettbewerbs z. B. dazu, dass *Chrysler*, die in Europa nur relativ geringe Marktanteile aufwiesen, sich mit *Daimler-Benz* zusammenschlossen, um wechselseitig den weltweiten globalen Markt als relevanten Markt besser bedienen zu können. Die Ausrichtung am potenziellen Markt ist auch dann relevant, wenn preisliche Unterschiede zwischen einzelnen Märkten (z. B. zwischen home market und foreign market) bestehen. Beispielsweise attackierte *Compaq* japanische Konkurrenten auf ihren hochpreisigen japanischen Heimatmärkten, um eine Quersubventionierung von deren Exportgeschäften zu vermeiden. Da das zugrunde liegende Produktspektrum homogen ist, lag es nahe, in diesem Fall anstatt von regional differenzierten Märkten von weltweit globalen Märkten auszugehen, falls nicht gleichzeitig beschränkende Handelshemmnisse aufgebaut wurden.

Nachdem über die P/M-Strategie die künftigen Betätigungsfelder des Unternehmens bestimmt wurden, ist es Aufgabe der **Ressourcen (R)-Strategien**, die für die unternehmerische Umsetzung erforderlichen Ressourcenpotenziale zu generieren **(Potenzialvariation)**. Dabei ist insbesondere die **wechselseitige Beziehung von P/M-Strategien und R-Strategien** von Bedeutung. Die Entwicklung neuer Produkte oder das Vordringen in neue Märkte setzt einerseits die Existenz entsprechender Ressourcen im Unternehmen voraus. Andererseits ist der Aufbau von Ressourcen nutzlos, die nicht marktlich verwertet werden können, d. h. letztlich in verkäufliche Produkte münden. Beide Strategien sind daher aufeinander abzustimmen, indem knappe Ressourcen in attraktive P/M-Bereiche gelenkt werden. Eine Ressourcenverteilung per Gießkanne wäre nicht zielführend.

Die zu gestaltenden Ressourcen können vereinfachend in drei Komponenten zerlegt werden:

Im **Sachkapital** kommt das technische und räumliche Potenzial eines Unternehmens zum Ausdruck. Hierzu zählen z. B. Maschinen, Werkzeuge, Gebäude, Grundstücke, aber auch Transportkapazitäten, Schutzrechte oder langfristige Nutzungsverträge. Im Medienbereich stellt z. B. der Fundus an Filmrechten eine wertvolle Ressource dar, da er vielfältig in verschiedenen Medien verwertbar ist. Für die *BASF AG* stellen das Eigentum eines eigenen Gasnetzes und die langfristigen Lieferverträge für russisches Erdgas ein Standbein dar, das als Gegengewicht zum zyklischen Geschäft mit Grundchemikalien dienen kann.

Das Intellectual Capital stellt diejenigen Ressourcen dar, die weder materieller noch finanzieller Natur sind. Derartige Ressourcen können im externen Rechnungswesen nur unvollständig abgebildet werden. Zum Intellectual Capital gehören das Innovation Capital, Human Capital, Investor Capital, Customer Capital, Supplier Capital, Process Capital und Location Capital [vgl. *Arbeitskreises „Immaterielle Werte im Rechnungswesen"* (2001), S. 990f.]. Human Capital, **Humankapital** steht z. B. für die personelle Kapazität. Das Schlagwort „Business is

People" unterstreicht die Bedeutung dieses in Bilanzen nicht ausweisbaren Faktors, der letztendlich Quelle für die Generierung zukünftiger Problemlösungen (P/M-Kombinationen) in einem veränderten Umfeld sein soll. In den letzten Jahren haben sich einige Unternehmen wie z. B. der schwedische Finanzdienstleister *Skandia* oder das amerikanische Chemieunternehmen *DuPont* intensiv mit dem **„Intellectual Capital"** ihres Unternehmens auseinandergesetzt und versucht, dies in der Form sog. Intellectual Capital Statements oder Wissensbilanzen mittels eines Systems von Indikatoren messbar zu machen.

Die dritte Komponente der Ressourcen stellt das **Finanzkapital** dar. Aufgrund seiner Transformierbarkeit in Intellectual Capital bzw. Sachkapital ist eine entsprechend gute Ausstattung mit liquiden Mitteln, hohe Marktbewertungen bei Aktiengesellschaften oder eine entsprechende Verschuldungskapazität als „Joker" zu werten, der flexibel eingesetzt werden kann. Viele Unternehmen betonen daher auch die Bedeutung nennenswerter liquider Mittel als „Kriegskasse", um sich bietende Akquisitionsmöglichkeiten jederzeit nutzen bzw. entsprechende Potenziale aufbauen zu können. Nicht zuletzt wurde das vielfach fehlgeschlagene Vordringen vieler deutscher Versorgungsunternehmen in die Telekommunikation durch erhebliche Free Cash Flows erleichtert, die nicht für das momentane Stammgeschäft benötigt wurden.

Die obigen Anmerkungen zum Prozess der Strategiefindung können allenfalls Anregungen zur Suche nach Lösungsmöglichkeiten liefern. Deren Findung selbst ist ein kreativer Prozess, der zwar durch **Kreativitätstechniken** beflügelt, selbst jedoch im Ergebnis nicht geplant werden kann.

1.5.3   Strategiebewertung

Geht man nun davon aus, dass nach der durchgeführten strategischen Analyse und nach der hieraus resultierenden Strategiefindung mehrere strategische Alternativen offen stehen, so ist nun zu fragen, wie die optimale Strategie gefunden werden kann. Die Frage nach einem Optimum wirft gleichzeitig die Frage nach einem Beurteilungskriterium auf.

Zur Beantwortung der zweiten Frage ist auf das **Zielsystem** und die Teilsysteme des Controlling zurückzugreifen. Als oberste Zielsetzung des Unternehmens erwies sich die nachhaltige Existenzsicherung durch den Aufbau von Erfolgspotenzial. Monetär ist das geschaffene Erfolgspotenzial als Unternehmenswert, eben als Barwert zukünftiger Erfolge, interpretiert worden. Erfolgspotenzial und Unternehmenswert sind oberste Zielgrößen des strategischen Con-trolling als Subsystem eines integrierten Controllingkonzeptes. Gewinn und Liquidität hingegen werden als Zielgrößen des operativen Controlling verstanden.

Soll nun eine optimale Strategie ausgewählt werden, so ist zu fragen, inwieweit die alternativen Strategien zu einem höheren Erfolgspotenzial für das Unternehmen führen. Im Sinne des *Gälweiler'*schen Verständnisses als „optimaler Deckungsgrad von unternehmerischen Stärken und umfeldlichen (im Orginal umweltlichen) Chancen" [*Gälweiler, A.* (1974), S. 132] ist die **Bewertung über das Erfolgspotenzial** wenig hilfreich, da sie zwangsläufig wenig konkret bleiben muss. Zwar ist die monetäre Bewertung von Strategien hinsichtlich ihres **Beitrages zum Unternehmenswert** in der Lage, die Beurteilung aufgrund der sich ergebenden Geldwerte einfacher zu gestalten, jedoch stellt sich gleichzeitig die Frage, ob angesichts der Probleme bei der Prognose zukünftiger Free Cash Flows, die Datenbasis für die Bewertung der Alternativen ausreichend genau ist. Der Nachteil beider Bewertungsansätze liegt darin, dass sie von einem relativ hoch aggregierten Niveau ausgehen.

Daher werden zur Strategiebewertung häufig strategische Erfolgsfaktoren herangezogen, die in ihrer Gesamtheit das Erfolgspotenzial des Unternehmens ausmachen. **Strategische Erfolgsfaktoren (SEF)** sind als Faktoren zu verstehen, die wesentlichen Einfluss auf das Erfolgspotenzial haben. Bereits 1961 schlug der McKinsey-Berater Daniel vor, Managementinformationssysteme einzurichten, die Auskunft über Erfolgsfaktoren geben. Die Idee wurde später von *Rockart* in seinem Konzept der „**kritischen Erfolgsfaktoren**" (key performance indicator) (KPI) aufgegriffen [vgl. z. B. *Rockart, J. F.* (1979)]. Strategische Erfolgsfaktoren können als Wenn-Dann-Hypothesen verstanden werden, die zukünftige Gewinne und Liquidität erklären sollen. Zum Beispiel hat sich auch empirisch bestätigt, dass in Branchen mit hohen Vorlaufkosten (z. B. hohe Marketing- bzw. F&E-Aufwendungen in Relation zum Umsatz) hohe Marktanteile zu einem höheren Return on Investment führen als niedrigere Marktanteile. Konsequenterweise müssten in derartigen Branchen die Marktanteile als Teil der Geschäftsstrategie langfristig und nachhaltig gesteigert werden, um eine entsprechende Amortisation der Vorlaufkosten zu gewährleisten.

Strategische Erfolgsfaktoren sind nicht mit **Schlüsselfaktoren** oder **Schlüsselerfolgsfaktoren** zu verwechseln. Bei Schlüsselfaktoren handelt es sich um Eigenschaften, ohne deren Vorhandensein dem Unternehmen die Marktteilnahme versagt bleibt (K.o.-Kriterien). Die Existenz von Schlüsselfaktoren kann rechtlich (z. B. die Tätigkeit als Steuerberater oder Wirtschaftsprüfer erfordert die entsprechenden Berufsexamina und Zulassungen) oder faktisch (z. B. die Etablierung einer Automarke erfordert eine umfangreiche Servicezusage) begründet sein. Ehemals strategische Erfolgsfaktoren können durchaus zu Schlüsselfaktoren degenerieren, indem sie zum geforderten Standard werden.

Bei den strategischen Erfolgsfaktoren kann zum einen zwischen **unternehmensinternen Erfolgsfaktoren**, z. B. Produktions- und Kostensituation, und **umfeldlichen Erfolgsfaktoren**, z. B. Marktanteile, Innovationsraten oder Branchenwachstumszahlen, unterschieden werden. Zum anderen weisen die strategischen Erfolgsfaktoren einen **uneinheitlichen Generalisierungsgrad** auf. Sie können sich je nach Untersuchung nur auf ein einzelnes Unternehmen [vgl. z. B. *Töpfer, A.* (1998) für den *Daimler-Benz*-Konzern] oder auf bestimmte Branchen [vgl. z. B. zur Automobilindustrie *Womack, J. P. / Jones, D. T. / Roos, D.* (1994), zum Maschinenbau *McKinsey & Co. Inc. u. a.* (1993) oder zur Elektronikindustrie *McKinsey & Co. Inc. u. a.* (1994)] beziehen oder gar wie die Ergebnisse der PIMS-Studie generelle Gültigkeit für sämtliche Unternehmen beanspruchen. Im Rahmen dieses Buches sollen nur generelle branchenübergreifende strategische Erfolgsfaktoren vorgestellt und diskutiert werden.

Neben den einzelnen strategischen Erfolgsfaktoren sind **strategische Instrumente als Analysehilfen** notwendig, die zum einen die hinter den strategischen Erfolgsfaktoren stehenden

Konzepte erklären und Zusammenhänge deutlich machen. Zum anderen verdichten sie die Fülle möglicher strategischer Erfolgsfaktoren, indem eine **Komplexitätsreduktion** und eine **Rasterung** verschiedener Strategiepositionen vorgenommen wird. Typische strategische Instrumente dieser Art sind z. B. auf der Ebene der Geschäfte die Value Map im strategischen Qualitätsmanagement oder auf der Ebene des Unternehmens die verschiedenen Portfoliodarstellungen (siehe hierzu Kapitel 3.3.2 und 4.1).

Letztendlich ergeben sich aus der Anwendung der strategischen Instrumente sog. **Normstrategien**, d. h. strategische Empfehlungen für bestimmte Unternehmens-Umfeld-Konstellationen, die jedoch noch sowohl an die spezifische Situation der Branche als auch an die des individuellen Unternehmens anzupassen sind, da die hier betrachteten Normstrategien branchenübergreifender Natur sind. Es sei hier ausdrücklich angeraten, bei der Anwendung dieser typisierenden strategischen Empfehlungen auf das zu analysierende Unternehmen besondere Sorgfalt walten zu lassen, um nicht den spezifischen Unternehmenskontext in sträflicher Weise außer Acht zu lassen.

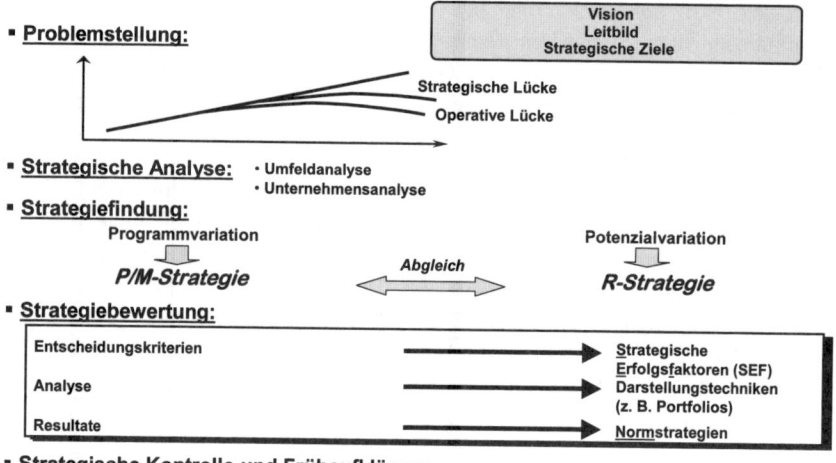

Abb. 1.17:   *Strategischer Planungsprozess*

Am Ende des Prozesses der strategischen Bewertung steht letztendlich die „optimale" Strategie, die wiederum eine unternehmerische Entscheidung darstellt und häufig nur zum Bewertungszeitpunkt als „optimal" bewertet werden kann. Man sollte sich jedoch bewusst sein, dass aufgrund der **Zukunftsbezogenheit** des strategischen Planungsprozesses und der damit verfolgten langfristigen Perspektive **Prognosefehler** und **falsche Prämissensetzung** zwangsläufig zum Planungsprozess gehören. Daher sollte der strategische Planungsprozess auch bewusst durch eine strategische Kontrolle und eine strategische Frühaufklärung ergänzt werden, die in späteren Kapiteln noch ausführlich behandelt werden (siehe Kapitel 6 sowie Kapitel 7).

Abb. 1.17 stellt die wichtigsten Stufen im strategischen Planungsprozess nochmals zusammenfassend dar.

1.6 Ebenen der strategischen Planung

Greift man auf den im vorangehenden Abschnitt entwickelten strategischen Planungsprozess zurück, so zeigt sich, dass dieser in die strategische Analyse, die Strategiefindung und die Strategiebewertung zerlegt werden kann. Bevor man sich jedoch diesen einzelnen Schritten näher widmet, stellt sich die Frage, auf welcher Ebene die strategische Planung stattfinden soll.

Hierzu können folgende **Ebenen der strategischen Planung** unterschieden werden:

- Strategische Planung auf der Ebene der Eigentümer **(Eignerstrategie)**
  Beschränkt man sich nicht nur auf die Betrachtung des Unternehmens als rechtlich selbständige Einheit, sondern bezieht man bewusst auch die Visionen, Leitbilder und Ziele der Eigentümer des Unternehmens mit ein, so ergeben sich sowohl für von Eigentümern geführte Unternehmen als auch für Publikumsgesellschaften interessante Ansatzpunkte. Während bei Publikumsgesellschaften aufgrund einer Vielfalt von Vorstellungen, Zielen und Umfeldfaktoren der oft Hunderttausenden von Eigentümern (= Aktionäre) an die Stelle einer individuellen Strategieplanung nur eine generelle Ausrichtung am Unternehmenswert treten kann, sind für Unternehmen im Familienbesitz oder im Besitz einer einzelnen Unternehmerpersönlichkeit die nachfolgend dargestellten strategischen Planungsebenen an der Eignerstrategie auszurichten. So haben z. B. mittelständische Unternehmen, aber auch große Unternehmen im Familienbesitz wie *Haniel* oder *Oetker* andere finanzielle Rahmenbedingungen und folglich andere strategische Handlungsmöglichkeiten als Publikumsgesellschaften.
  Der von *Pümpin / Pritzl* konzipierte Ansatz der **Eignerstrategie** überträgt strategisches Gedankengut auf die persönliche Lebensplanung natürlicher Personen [vgl. *Pümpin, C. / Pritzl, R.* (1991), S. 44 ff.].
  In Analogie zur strategischen Planung für Unternehmen ist es oberste Zielsetzung des Unternehmenseigners, seine (private) Existenz zu sichern. Ausgehend von den individuellen moralischen, psychologischen und traditionellen Werthaltungen, der Risikoeinstellung und den Zielsetzungen des Eigentümers (z. B. die möglichen Ziele Vermögenserhaltung oder angemessene Verzinsung) ist ein ausgewogener Mix zwischen Risiken und Renditeerwartungen verschiedener Investitionsalternativen **(strategische Investmenteinheiten (SIE))** anzustreben. Diese Alternativen bestehen nicht nur im Engagement in einem bestimmten Unternehmen, sondern umfassen darüber hinaus auch Mehrheits- oder Minderheitsbeteiligungen an dritten Unternehmen, Beteiligungen an Venture-Capital-Unternehmen oder Investments in festverzinslichen Wertpapieren oder in Immobilien.
  Der Eigentümer kann hierbei nach *Pümpin / Pritzl* eine Reihe **erworbener Fähigkeiten** (wie z. B. das Management-Know how, analytische Fähigkeiten oder Markt-, Branchen- und Technologiekenntnisse) einsetzen, um **Nutzenpotenziale** zu erschließen (wie z. B. die

Möglichkeit, qualifizierte Mitarbeiter zu gewinnen oder durch neue innovative Technologien Wettbewerbsvorteile zu erzielen) und um hiermit verschiedene strategische Stoßrichtungen zu verfolgen. Diese **Strategiealternativen** können das gesamte Spektrum zwischen einem direkten Engagement im Unternehmen (Produkt-Markt-Strategie) bis hin zur rein passiven Vermögensverwaltung umfassen.

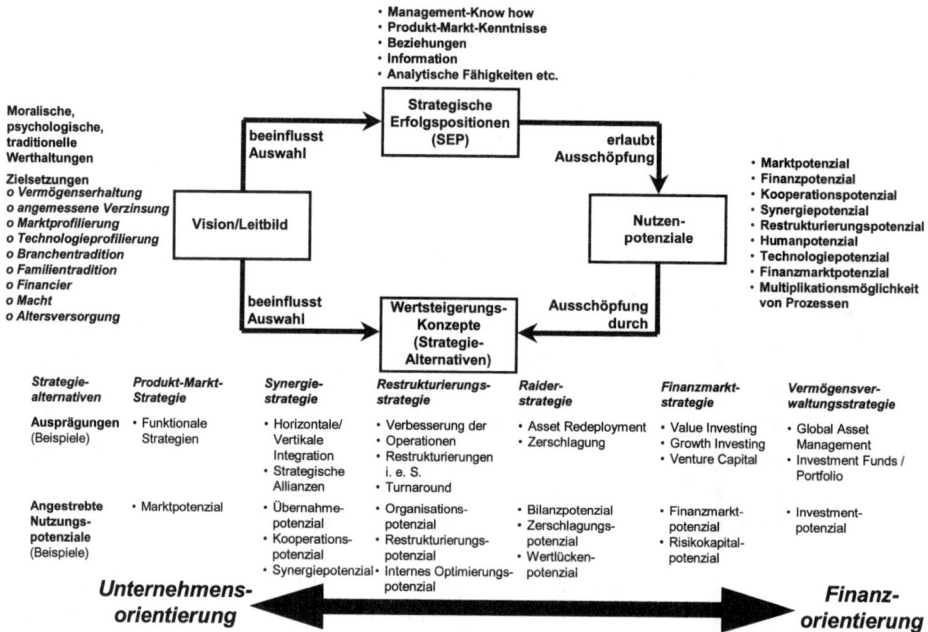

Abb. 1.18:   *Bezugsrahmen zur Gewinnung von Eignerstrategien*
              [in Anlehnung an: Pümpin, C. / Pritzl, R. (1991), S. 47 f.]

- Letztendlich zielen alle Strategiealternativen des Eigentümers als Privatperson auf die Optimierung der **Wertsteigerung des persönlichen Gesamtvermögens** durch einen Mix der „strategischen Investmenteinheiten". Abb. 1.18 fasst den Bezugsrahmen zur Gewinnung von Eignerstrategien zusammen [vgl. *Günther, T.* (1997), S. 336 f.].
- Strategische Planung auf der Unternehmensebene **(Unternehmensstrategie)**
  Bei der **strategischen Planung auf Unternehmensebene** geht es darum, Chancen und Risiken des Umfelds mit Stärken und Schwächen des Gesamtunternehmens optimal abzustimmen. Die Strategie auf Unternehmensebene legt die generelle Stoßrichtung des Gesamtunternehmens fest. In Abhängigkeit davon, ob eine auf Wachstum, Stabilisierung oder Schrumpfung ausgerichtete Unternehmensstrategie verfolgt wird, sind Entscheidungen bzgl. der Struktur des Unternehmensportfolios **(Portfolio-Management)** zu treffen, das sich aus verschiedenen mehr oder minder eigenständigen und daher autonom zu managenden Arbeitsgebieten des Unternehmens, den sog. strategischen Geschäftseinheiten (SGE) zusammensetzt. Die der Unternehmensleitung zur Verfügung stehenden personellen, mate-

riellen und finanziellen Ressourcen sind geeignet auf die einzelnen strategischen Geschäfts-einheiten zu verteilen (**Ressourcenallokation**).

- Strategische Planung für einzelne strategische Geschäftseinheiten (**Geschäftsstrategie**)
  Wird nun innerhalb des Unternehmensportfolios speziell eine einzelne strategische Ge-schäftseinheit betrachtet, so wird aufgrund der häufig vorzufindenden und bewusst ange-strebten Heterogenität der verschiedenen strategischen Geschäftseinheiten eine individuelle Geschäftsstrategie für die betrachteten Geschäftseinheiten festgelegt.
  Bei der Ausgestaltung der Geschäftsstrategie geht es um die Frage, wie der **relevante Markt** einer bestimmten strategischen Geschäftseinheit abzugrenzen ist, welche **Positi-onierung** die strategische Geschäftseinheit auf dem Markt und im Wettbewerb einnimmt, welche **Ressourcen** dieser strategischen Geschäftseinheit zur Verfügung stehen und wie die Geschäftseinheit **Wettbewerbsvorteile** gegenüber den Konkurrenten erzielen kann. Dazu sind die **strategischen Erfolgsfaktoren** der strategischen Geschäftseinheit zu betrachten, die eine optimale Abstimmung von umfeldlichen Chancen bzw. Risiken mit unternehmerischen Stärken bzw. Schwächen erlauben (**Umfeld-System-Fit**).

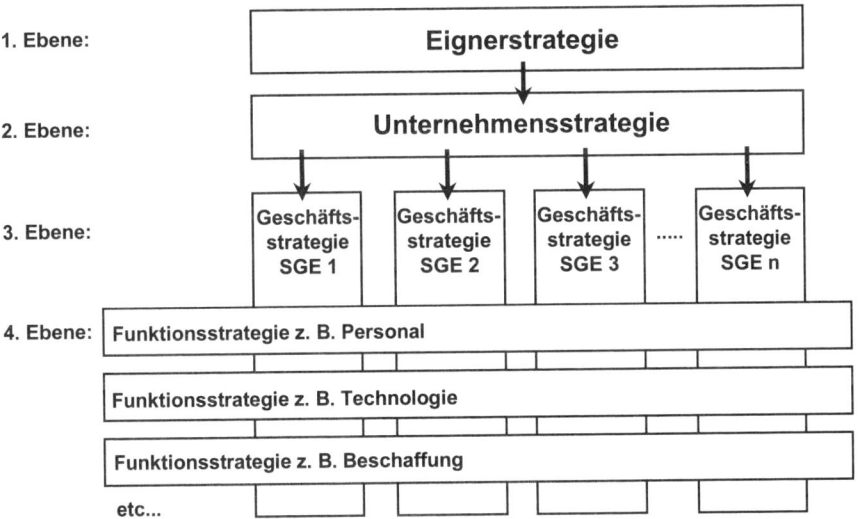

Abb. 1.19: Ebenen der strategischen Planung

- Strategische Planung für einzelne Funktionen (**Funktionale Strategie**)
  Die festgelegten Unternehmens- und Geschäftsstrategien sind nun umzusetzen, indem zu-nächst operative Pläne erstellt werden. Wie bereits im Rahmen der Diskussion zum strate-gischen Management dargestellt, sind ergänzend zur Betrachtung des Umfeld-System-Fit auch innerhalb des Unternehmens Teilsysteme des Führungssystems wie Personal, Organi-sation und Unternehmenskultur neu auszurichten (**Intra-System-Fit**). Ergänzend hierzu sind auch für andere Tätigkeitsbereiche **funktionale Strategien** zu entwickeln, die die Be-sonderheiten einzelner Unternehmensfunktionen wie z. B. Beschaffung, Produktion, Ab-satz, Personal, Organisation, Logistik oder Technologie berücksichtigen [vgl. *Müller-Ste-*

wens, G. / Lechner, C. (2005), S. 476ff.]. Auch bei diesen Querschnittsfunktionen lässt sich feststellen, dass ein langfristiger strategischer Bezugsrahmen für die operative Umsetzung hilfreich ist.

Abb. 1.19 stellt die Ebenen der strategischen Planung im Gesamtzusammenhang dar.

Im Rahmen dieses Buches sollen in den folgenden Kapiteln insbesondere Unternehmensstrategien (siehe hierzu Kapitel 4) und Geschäftsstrategien (siehe hierzu Kapitel 3) näher betrachtet werden.

1.7   Bildung strategischer Geschäftseinheiten

Werden Strategien auf der Ebene einzelner Geschäftsbereiche (Geschäftsstrategie) erarbeitet oder das Gesamtunternehmensportfolio (Unternehmensstrategie) betrachtet, stellt sich die Frage, was unter strategischen Geschäftseinheiten zu verstehen ist, wie diese abgegrenzt werden können und welche Beziehung zur vorhandenen Organisationsstruktur besteht.

1.7.1   Zum Begriffsverständnis strategischer Geschäftseinheiten

Bei größeren Unternehmen ergibt sich das Problem, dass aufgrund der Heterogenität der Leistungserstellung und auch aufgrund der Vielfalt und der Unterschiedlichkeit der Ansprüche des Unternehmensumfeldes eine einheitliche Strategiefindung für das Gesamtunternehmen nicht mehr möglich ist. Daher ist das Unternehmen in kleinere Einheiten zu zerlegen, für die dann konsistente Strategien gefunden werden können. Für diese kleineren, in sich homogenen und zu anderen Einheiten weitestgehend heterogenen Einheiten, wurde der Begriff **strategische Geschäftseinheit (SGE)** geschaffen, dem im anglo-amerikanischen Raum der Begriff der **Strategic Business Unit (SBU)** entspricht.

Während der Begriff „strategische Geschäftseinheit" die Binnenstruktur innerhalb eines Unternehmens (z. B. die Zusammenfassung zweier Profit Center zu einer strategischen Geschäftseinheit) zum Ausdruck bringt, versteht man unter „**strategischen Geschäftsfeldern**" **(SGF)** gelegentlich die Zerlegung eines Unternehmensumfeldes in verschiedene Marktsegmente. Etwas verkürzt umfasst ein strategisches Geschäftsfeld sowohl die strategische Geschäftseinheit des betrachteten Unternehmens als auch die der jeweiligen Wettbewerber, die zusammen den Markt bilden [vgl. *Bea, F. X. / Haas, J.* (2005), S. 140f.]. In der Literatur werden des Öfteren die Begriffe auch als Synonyme verwendet [vgl. z. B. *Eick, K.-G.* (1982), S. 79 ff.; *Hinterhuber, H. H.* (2004a), S. 111].

1.7.2   Abgrenzung von strategischen Geschäftseinheiten

Zur **Abgrenzung von strategischen Geschäftseinheiten** werden verschiedene Ansätze diskutiert. Analog zur Produkt-Markt-Matrix nach *Ansoff* kann eine strategische Geschäftseinheit als **Produkt-Markt-Kombination** verstanden werden, die bestimmte Produkte auf bestimmten Märkten anbietet [vgl. *Ansoff, H. I.* (1965), S. 108 ff.]. Hierbei kann – wie bereits im Rahmen des strategischen Planungsprozesses bei der Strategiefindung dargestellt – das Produkt in die Komponenten Hardware, Software und Service zerlegt und der Markt durch die Kriterien Region, Abnehmergruppe und Vertriebskanal beschrieben werden.

Abell erweiterte diesen Ansatz, indem er in einer differenzierteren Betrachtungsweise strategische Geschäftseinheiten auf Basis **dreier Dimensionen** abgrenzt [vgl. *Abell, D. F.* (1980), S. 79 ff.]:

- das **Kundenproblem** (functions),
- die **Technologie** (technologies) zur Lösung des Kundenproblems,
- die **Kundengruppen** (customer groups), deren Probleme mit Hilfe der Technologien gelöst werden sollen.

Die von *Abell* gewählte Dimension „Technologie" ist jedoch insofern problematisch, als die Marktsegmentierung und Bildung von strategischen Geschäftseinheiten sich primär am zu lösenden Kundenproblem und nicht an der jeweils gewählten Technologie, die nur ein Hilfsmittel hierzu darstellt, orientierten sollte. Das zugrunde liegende Kundenproblem ist weniger Veränderungs- und Anpassungstendenzen unterworfen als die konkret zur Lösung des Kundenproblems eingesetzte Produkttechnologie. Zur Lösung eines Kundenproblems dienen im Allgemeinen zeitlich hintereinander gelagerte Produktlebenszyklen.

Da die beiden nach der Strukturierung von *Abell* verbleibenden Kriterien „functions" und „customer groups" unter dem Verständnis von strategischen Geschäftseinheiten als Produkt-Markt-Kombination subsumiert werden können, sollen fortan strategische Geschäftseinheiten als Produkt-Markt-Kombination verstanden werden.

Der Zusammenhang zwischen dem Kundenproblem, der Technologie und den Kundengruppen lässt sich an der Entwicklung der Lebensmittelindustrie treffend veranschaulichen. Stand in der Vergangenheit die Ernährung im Sinne einer ausreichenden, hochwertigen und zeitgerechten Versorgung mit Nährstoffen im Mittelpunkt des Kundenproblems, so haben sich im Laufe der Zeit additive Zusatznutzen hinzugesellt, die durch die Entwicklung der Lebensmitteltechnologie und angrenzender Gebiete wie Pharmazie und Biochemie ermöglicht wurden.

Wie Abb. 1.20 verdeutlicht, kann die am Markt beobachtbare ständige Kreation neuer Produkte zunächst einzelnen Produktkategorien zugeordnet werden. Diese wiederum lassen sich zu wenigen Nutzenkomponenten und diese wiederum zu einzelnen Zusatznutzen zusammenfassen, die eine Erweiterung des klassischen Kundenproblems „Ernährung" darstellen.

Aus strategischer Sicht ist diese Zerlegung des Kundenproblems gerade deshalb interessant, da die wettbewerbliche Auseinandersetzung zwischen den einzelnen Nutzenkomponenten und Zusatznutzen relativ gering ist, innerhalb der Produktkategorien jedoch stark zunimmt. Folglich bilden alle möglichen Produkt-Markt-Kombinationen einer einzelnen Nutzenkomponente ein strategisches Geschäftsfeld, jede singuläre Produkt-Markt-Kombination eine strategische Geschäftseinheit.

Produktkategorien	Nutzenkomponenten	Kundenproblem und Zusatznutzen
Eigenversorgung durch Verarbeitung von Rohstoffen zu Speisen in Küchen	Nährstoffe (ausreichend, hochwertig und rechtzeitig)	Ernährung
Nahrungsergänzungsmittel in Speisen wie z. B. Vitamine und Mineralstoffe	Vorsorge gegen Erkrankungen / Vitalisierung	Ernährung + Gesundheit (Functional Food)
Health Food (z. B. Omega-3-Brot als Herzinfarktprophylaxe oder LC1-Joghurt zur Stärkung des Immunsystems)		
Nutraceuticals (Anreicherung von Lebensmitteln um Inhaltsstoffe mit pharmakologischer Wirkung, z. B. Aspirin-Brot)	Heilung bzw. Linderung von Krankheiten	
Öko-Lebensmittel aus Rohstoffen aus kontrolliertem Anbau bzw. überwachten Produktionsbedingungen	Wellness	Ernährung + Lifestyle
Kalorienreduzierte Produkte, wie z. B. fettarme Milch		
Kleinportionierte Trendprodukte, wie z. B. Snacks und Riegel		
Lebensmittel auf Basis hochwertiger Rohstoffe	Genuss	
Besonders dekorativ dargebotene Lebensmittel		
Gastronomie i. S. von Freizeitgestaltung	Entertainment / Kultur	
Fast Food	Lebenswirklichkeit, z. B. i. S. von Zeitdruck oder Distanz zwischen Wohnort und Arbeitsstätte	Ernährung + Gesellschaftliches Verständnis
Großküchen, z. B. Mensen		
Convenience-Produkte, wie z. B. Tiefkühlkost oder vorgefertigte Speisen	Hoher Anteil von Singles, hoher Stellenwert der Erwerbstätigkeit; neues Rollenverständnis der Frau	

Abb. 1.20:   Zerlegung des Kundenproblems am Beispiel der Lebensmittelindustrie

An die Bildung von strategischen Geschäftseinheiten als Produkt-Markt-Kombinationen sind jedoch auch **Mindestanforderungen** geknüpft [vgl. ähnlich *Hinterhuber, H. H.* (2004b), S. 149 ff.]:

- **Existenz des externen Marktes:** Eine strategische Geschäftseinheit operiert idealerweise nur zu einem kleinen Teil im Konzernverbund, d. h. sie tauscht überwiegend Produkte und Dienstleistungen mit externen Absatz- und Beschaffungsmärkten zu Marktkonditionen aus. Sind externe Märkte nur eingeschränkt gegeben, sollten trotzdem Verrechnungspreise weitestgehend auf Basis von Marktpreisen gewählt werden bzw. die zur Verwendung von Marktpreisen erforderlichen Voraussetzungen sollten erfüllt sein [vgl. *Coenenberg, A. G.* (2003), S. 527].

- **Unabhängigkeit von anderen Unternehmensteilen (Inter-Klassen-Heterogenität):** Die strategischen Geschäftseinheiten sollten geschäftlich unabhängig von anderen strategischen Geschäftseinheiten und Unternehmensteilen sein, um strategische und operative Entscheidungen losgelöst von den anderen Einheiten treffen zu können. Im Falle der Verbundproduktion (z. B. in der chemischen Industrie, bei Finanzdienstleistern oder Infrastrukturunternehmen wie Post, Bahn und Telekommunikation) verhindern Interdependenzen vielfältiger Art eine isolierte Entscheidungsfindung. So können z. B. bestimmte Ressourcen (wie z. B. gemeinsam genutztes Sachanlagevermögen) oder Ergebnisbeiträge nicht einzelnen strategischen Geschäftseinheiten zugeordnet werden. Gelingt hier eine künstliche Separierung durch Verrechnungen (z. B. im Bankbereich durch die Marktzinsmethode bzw. die Zerlegung in Betriebs- und Wertebereiche bzw. Aktiv-, Passivgeschäft und Treasury) nicht, ist es vorzuziehen, größere Einheiten zu belassen.

- **Vergleichbarkeit der Unternehmens- und Umfeldstrukturen (Intra-Klassen-Homogenität):** Innerhalb der strategischen Geschäftseinheit sollten jedoch weitestgehend homogene Unternehmensstrukturen geschaffen werden und ähnliche Umfeldbedingungen vorliegen, so dass für alle Produkt-Markt-Kombinationen gleichartige Rahmenbedingungen gegeben sind und so eine einheitliche Strategie gefunden werden kann.

1.7.3   Unternehmensorganisation und Struktur strategischer Geschäftseinheiten

Werden strategische Geschäftseinheiten gebildet, so stellt sich die Frage, wie diese in die vorhandene Aufbauorganisation des Unternehmens einzubetten sind. Bei der Bildung strategischer Geschäftseinheiten entsteht zwangsläufig eine „Sekundärstruktur" neben der bisherigen Aufbaustruktur (duale Organisation). Für die organisatorische Einbettung dieser Sekundärstruktur in die bereits existierende Organisationsstruktur ergibt sich ein breites Spektrum von Möglichkeiten zwischen den beiden Polen Dominanz der traditionellen Aufbaustruktur (ein nicht permanenter SGE-Ausschuss nimmt strategische Aufgaben wahr) bis zur Dominanz der SGE-Struktur (strategische Geschäftseinheit und Organisationsbereich sind deckungsgleich). Abb. 1.21 stellt die Bandbreite visualisiert dar.

Der Vorteil des sog. **One-House-Modells**, d. h. der Deckungsgleichheit der Gliederung der strategischen Geschäftseinheiten und derorganisatorischer Struktur, liegt in der Einheitlichkeit von Verantwortung und Leitung. Ist auch zusätzlich gewährleistet, dass die Struktur der strategischen Geschäftseinheiten an die Struktur der sog. **Cash Generation Units (CGU)**, d. h. der Segmente für die Segmentberichterstattung, angelehnt ist, wird gleichzeitig ermöglicht, dass Informationen nicht doppelt generiert und vorgehalten werden müssen. So kann z. B. für die strategische Planung auf entsprechende Rechnungswesen-Daten zurückgegriffen werden, die für die organisatorischen Einheiten sowieso zu ermitteln wären. Zusätzlich lässt sich die Erfolgswirkung von Strategien am Ergebnis der Organisationseinheiten ablesen. Der Nachteil besteht in der Notwendigkeit, bei jeder Strategieänderung auch die Organisation ändern zu müssen. Des Weiteren könnte es in einer „synthetischen" strategischen Geschäftseinheit zu Friktionen kommen, da Geschäfte unterschiedlicher Organisationseinheiten und teilweise unterschiedlicher rechtlich selbständiger Unternehmen gebündelt würden.

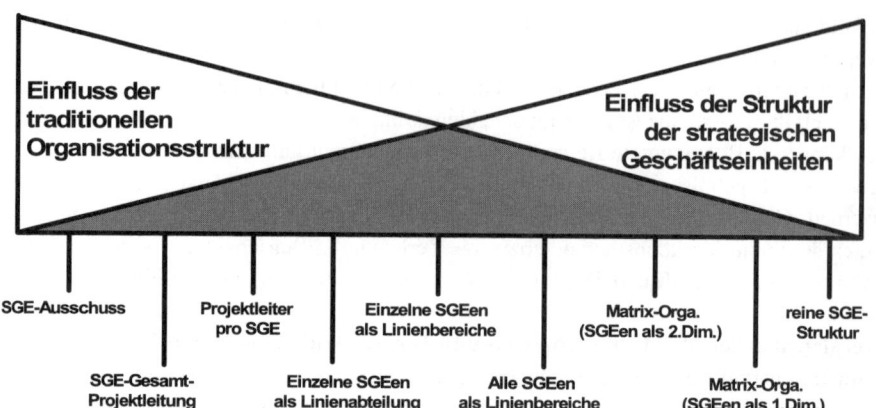

| SGE-Ausschuss | Projektleiter pro SGE | Einzelne SGEen als Linienbereiche | Matrix-Orga. (SGEen als 2.Dim.) | reine SGE-Struktur |

| SGE-Gesamt-Projektleitung | Einzelne SGEen als Linienabteilung | Alle SGEen als Linienbereiche | Matrix-Orga. (SGEen als 1.Dim.) |

*Abb. 1.21:   Möglichkeiten der Integration von strategischen Geschäftseinheiten in die Aufbaustruktur
[Quelle: Günther, T. (1991), S. 160]*

Bei größeren Unternehmen besteht aus Gründen der Übersichtlichkeit häufig eine **Geschäfts-einheitshierarchie**. So wird ein Unternehmen z. B. in verschiedene Unternehmensbereiche, diese dann in Arbeitsgebiete und die Arbeitsgebiete wiederum in strategische Geschäftsein-heiten zerlegt. Strategische Aufgaben können so auf unterschiedlichen Ebenen mit unter-schied-lichem Aggregationsgrad wahrgenommen werden.

1.8   Vernetztes statt lineares Denken

Im Rahmen des strategischen Planungsprozesses werden strategische Erfolgsfaktoren als mögliche Entscheidungskriterien zur Bewertung strategischer Alternativen herangezogen. So-wohl in der Erfolgsfaktorenforschung als auch in der Unternehmenspraxis wurden und werden die strategischen Erfolgsfaktoren als Wenn-Dann-Hypothesen verstanden, die letztlich das Er-folgspotenzial eines Unternehmens und damit zukünftige Gewinne und die zukünftige Liquidi-tät bestimmen.

Die Wenn-Dann-Hypothesen der strategischen Erfolgsfaktoren beruhen auf **linearen Denk-strukturen**. Diese linearen Denkstrukturen sind für viele Entscheidungssituationen geeignet, jedoch in komplexen, sozialen Problemsituationen häufig nicht mehr in der Lage, problemadä-quate Lösungen zu produzieren. Daher wird für derartige Problemsituationen **ein vernetztes, ganzheitliches Denken** verlangt, das nicht auf das System einwirkt, sondern mit dem System arbeitet [vgl. *Vester, F.* (1980); *Ulrich, H. / Probst, G. J. B.* (1995); *Probst, G. J. B. / Gomez, P.* (1991), S. 5 ff.; *Vester, F.* (1999)].

Probst / Gomez unterscheiden drei unterschiedliche **Arten von Entscheidungssituationen** [vgl. *Probst, G. J. B. / Gomez, P.* (1991), S. 5]:

- **Einfache Probleme:** Es liegen nur **wenige Einflussgrößen** vor, zwischen denen nur einzelne Beziehungen und Interaktionen bestehen. Probleme dieser Art sind klassischerweise für **lineares Denken** als Problemlösungstechnik geeignet. Probleme dieser Art sind z. B. die Einsatzplanung von Mitarbeitern oder die Liquiditäts- und Finanzplanung.

- **Komplizierte Probleme:** Problemsituationen dieser Art weisen zwar **viele Faktoren und Verknüpfungen** auf, verfügen jedoch über wenig Bewegung oder Dynamik im System. Zudem bestehen kaum nennenswerte Rückkopplungen. Die Organisation der Distributions- oder Werkslogistik oder der integrierte Budgetierungsprozess sind dieser Art von Entscheidungsproblemen zuzuordnen.

- **Komplexe Probleme:** Komplexe Problemsituationen zeichnen sich neben einer Vielzahl von Faktoren durch eine **hohe Dynamik**, d. h. Veränderungsgeschwindigkeit im Zeitablauf und durch eine starke **wechselseitige Vernetzung mit vielen Rückkopplungen** aus. Dadurch lassen sich Wenn-Dann-Aussagen kaum mehr erfolgreich anwenden. Typische Probleme dieser Art sind strategische Entscheidungen, da sie zum einen einen langfristigen Horizont bei gleichzeitig instabilem Umfeld besitzen und zum anderen eine Vielzahl von Einflussgrößen (z. B. die vielfältigen Ansprüche von Stakeholdern wie Kunden, Lieferanten, Mitarbeitern, Staat und Gesellschaft an das Unternehmen) mit wechselseitiger Verknüpfung zu berücksichtigen haben.

Dass auch intelligente Menschen mit komplexen Entscheidungssituationen große Probleme haben, konnte in Simulationsspielen eindrucksvoll gezeigt werden [vgl. *Vester, F.* (1980); *Dörner, D.* (1981), S. 163 ff.; *Dörner, D. u. a.* (1983)]. Zudem neigen insbesondere ältere und erfolgreiche Menschen dazu, dem Bewährten mit seinen tradierten Erfolgsrezepten den Vorzug vor einer offenen Herangehensweise an Phänomene zu geben. Die am häufigsten auftretenden **Denkfehler** lassen sich, wie in Abb. 1.22 dargestellt, ordnen.

Fehlergruppe	Denkfehler
Ungenügende Problematisierung	• Unkritische Übernahme von Werten und Zielen • Unkritische Wahrnehmung der Situation
Unrealistisches Modellieren und Interpretieren der Problemsituation	• Statisches Denken • Zu enge Abgrenzung der Situation • Nichterfassen von Wechselwirkungen und Regelkreisen • Nichtberücksichtigung von „Nebenwirkungen"
Produktives Planen und Entscheiden	• Mangelndes kreatives Suchen nach Neuem • Rückfall in punktuelles Ursache-Wirkungs-Denken • Vernachlässigung von Zeitverzögerungen
Unzweckmäßiges In-Gang-Setzen und Verwirklichen	• „Machen" statt „Entwickeln" • Fehlendes Frühwarnsystem • Reaktives Handeln bei „Störungen"

Abb. 1.22: Klassifikation von Denkfehlern im Problemlösungsprozess
[Quelle: Probst, G. J. B. / Gomez, P. (1991), S. 6]

Einige der aufgelisteten Denkfehler wurden schon in der Grundkonzeption des strategischen Controlling als Problemfelder angeführt, wie sie gerade bei einer strategischen Neuausrichtung der Unternehmensführung vermieden werden sollten. Es stellt sich nun die Frage, wie mit komplexen Entscheidungsproblemen situationsgerechter und damit besser umgegangen werden kann. Hierzu sollte man sich zunächst bewusst werden, welche Wesenselemente das vernetzte und ganzheitliche Denken bestimmen.

In Anlehnung an *Probst / Gomez* können folgende **Bausteine des vernetzten, ganzheitlichen Denkens** festgestellt werden [vgl. im Folgenden *Probst, G. J. B. / Gomez, P.* (1991), S. 6 ff.]:

- **Ganzheit und Teil:** Für die Analyse komplexer strategischer Entscheidungssituationen ist es wichtig, wenn sich zusammenhängende Teilsysteme **(Ganzheiten)** aus dem Unternehmen oder aus dem Unternehmensumfeld abgrenzen lassen, die dann gesondert betrachtet werden können. Die einzelnen Teilsysteme (z. B. das gesellschaftliche Szenario oder das Produktionssystem des Unternehmens) lassen sich wiederum zu einem größeren Ganzen verknüpfen und bilden so eine **Hierarchie von Teilsystemen**. Die Systemsicht ist für die strategische Analyse von großer Bedeutung, wie noch im nachfolgenden Beispiel zu zeigen sein wird. Das einzelne System ist jedoch nicht etwas Objektives und ist daher aus verschiedenen Perspektiven unterschiedlich abgrenzbar. So ist z. B. der Mitarbeiter des Unternehmens zugleich Mitglied der Gesellschaft und so deren Werteänderungen unterworfen und Teil des Produktions- und dessen Wertesystems. Unter Umständen wird er, je nachdem, welchem System er sich gerade zuordnet, anders denken und entscheiden.
- **Vernetztheit:** Sowohl die Elemente des Systems als auch die Teilsysteme selbst sind auf vielfältige Weise miteinander verbunden. Der Aufbau und das Zusammenwirken des Systems bestimmen letztendlich sein Verhalten und damit das Ergebnis. Für die Strategiefindung heißt dies, dass dem Entscheider einerseits die **Dynamik** im System und die **Unbestimmtheit** des Handlungsergebnisses bewusst sein müssen, dass jedoch auch andererseits durch behutsame Gestaltung des ganzheitlichen Systems das Ergebnis beeinflussbar ist.
- **Offenheit:** Die Interaktionen bestehen nicht nur innerhalb des Systems, sondern auch zwischen dem System und seinem Umfeld. Für die Strategieplanung bedeutet dies, dass das Umfeld das Unternehmen beeinflusst und daher eine **Umfeldanalyse** und **strategische Frühaufklärung** erfordern, dass jedoch auch gleichzeitig das Unternehmen das Umfeld mitprägen kann. Beispielsweise haben **Innovationen** wie die Contraceptiva, der Personal Computer oder das Internet die Regeln des gesellschaftlichen und wirtschaftlichen Lebens nachhaltig verändert.
- **Komplexität:** Soziale Systeme sind nicht kompliziert, wie z. B. High-Tech-Produkte, sondern komplex. Das heißt, sie lassen eine außerordentliche **Vielfalt von Verhaltensweisen** zu, die jedoch auch das „Überleben" in einem sich ständig verändernden Umfeld ermöglichen, während nicht mehr problemadäquate Maschinen verschrottet werden müssen. Gleichzeitig zeigt diese Komplexität aber auch die Grenzen des exakten Wissenkönnens, der Prognostizierbarkeit und der Machbarkeit auf. Diese Unexaktheit ist ein typisches Phänomen strategischer Planungen und Entscheidungen und gerade im Controlling eine häufig ungewohnte Erfahrung.
- **Ordnung:** Trotz der hohen Komplexität ist jedoch eine gewisse Ordnung zu erkennen, da existierende Regeln und Regelmäßigkeiten **Verhaltensmuster** ermöglichen, die wiederum Spielraum für Gestaltbarkeit und Einflussnahme schaffen.

- **Lenkung:** Die vorhandene Ordnung führt einerseits zur Fähigkeit von Systemen, sich selbst zu lenken bzw. **Lenkungsmechanismen** zu entwickeln. Andererseits können derartige Lenkungsmechanismen auch vom Menschen bewusst geschaffen werden. In wirtschaftlichen Systemen ist einer dieser ordnungproduzierenden Lenkungsmechanismen das Entstehen bzw. die Existenz von Märkten. So haben wiederum viele Großunternehmen ihre Komplexität dadurch reduziert, dass sie bewusst Märkte innerhalb des Konzernverbundes entstehen ließen, um die einzelnen Teile besser steuern zu können.

- **Entwicklung:** Soziale Systeme sind zweck- und zielgerichtet. So werden auch Unternehmen Formal-, Sach- und Sozialzielen zugeordnet. Diese Ziele können sich im Zeitablauf, im Zusammenwirken mit den Menschen und im Austausch mit dem Unternehmensumfeld verändern. So wurden z. B. in den 1980er Jahren vermehrt umweltpolitische Belange (Umweltorientierung) und in den 1990er Jahren Interessen der Anteilseigner (Shareholder Value-Orientierung) betont. Soziale Systeme können sich selbst in Frage stellen, indem sie Ziele, Verhaltensweisen und Strukturen bewerten und verändern; sie verfügen über **Lernfähigkeit**. Gerade dieser Aspekt wurde durch die Berücksichtigung des Intra-System-Fits im Rahmen des strategischen Managements hervorgehoben und in den 1990er Jahren in der Forderung nach einer wissenden und lernenden Unternehmung zum Ausdruck gebracht.

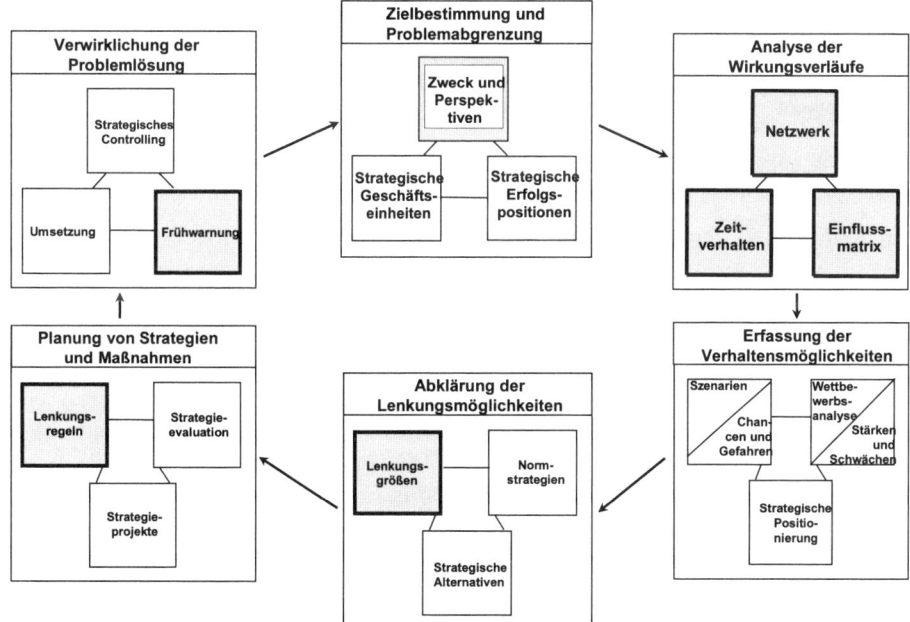

Abb. 1.23:   *Methodik des vernetzten strategischen Denkens*
             [in Anlehnung an: Gomez, P. / Probst, G. J. B. (1991), S. 27]

Diese sieben Bausteine eines vernetzten, ganzheitlichen Denkens bestimmen die Ausgestaltung der Ansätze zur Lösung komplexer Entscheidungsprobleme. Anhand des Beispiels eines

Zeitschriftenverlages soll die **Methodik des vernetzten und ganzheitlichen Problemlösens** im Rahmen des strategischen Managements ausführlich vorgestellt werden [vgl. in Anlehnung an das Beispiel bei *Gomez, P. / Probst, G. J. B.* (1991), S. 25 ff.].

Beispiel:

Ein Medienkonzern vertreibt in einer seiner strategischen Geschäftseinheiten Publikumszeitschriften. Im Gegensatz zu Fachzeitschriften, die sich an eine bestimmte Berufsgruppe wenden, und im Unterschied zu Spezialzeitschriften, die bestimmten Themen wie Tauchen, Mountain Biking oder Jagd gewidmet sind, wenden sich Publikumszeitschriften bewusst an ein breites Spektrum von Lesern.

Nachdem Publikumszeitschriften wie z. B. *Bunte* oder *Stern* über Jahrzehnte großen Erfolg hatten, werden sie im Printbereich zunehmend durch Fach- und Spezialzeitschriften bedrängt. Hinzu kommt ein Verdrängungswettbewerb durch alternative Medien wie Fernsehen, Kinowelten oder PC-gestützte Medien, die ebenfalls allgemeine Unterhaltung anbieten.

Publikumszeitschriften sind daher gezwungen, neue Wege zu beschreiten und sich strategisch neu auszurichten. Angesichts der Komplexität der Entscheidungssituation scheinen lineare Wirkungsketten, wie z. B. eine Absatzsteigerung durch Erhöhung der Werbung, nicht notwendigerweise zielführend. Die Anwendung vernetzter, ganzheitlicher Problemlösungtechniken ist hier geboten. Die Vorgehensweise kann in sechs Schritte zerlegt werden, die in Abb. 1.23 im Überblick dargestellt werden. Die notwendigen Ergänzungen durch die Integration des vernetzten Denkens sind jeweils durch fett gerandete Rahmen hervorgehoben.

Nachfolgend sollen die einzelnen Schritte des ganzheitlichen, vernetzten Planungsprozesses anhand des Beispiels dargestellt werden:

- **Zielbestimmung und Problemabgrenzung:** Im ersten Schritt des Planungsprozesses geht es darum, die strategische Geschäftseinheit abzugrenzen, deren Ziele festzulegen und die wichtigsten strategischen Erfolgsfaktoren im Vorfeld grob zu bestimmen.
  Zur **Abgrenzung der strategischen Geschäftseinheit** des betrachteten Unternehmens bietet sich ein Rückgriff auf die Produkt-Markt-Matrix nach *Ansoff* an. Das hinter dem **Produkt** stehende Kundenproblem könnte in dem Angebot allgemeiner Unterhaltung bestehen, die im konkreten Fall – aber nicht notwendigerweise – in eine Wochenzeitschrift „gegossen" wurde, die per Tiefdruck erzeugt wird. Als **Marktabgrenzung** dient die Region (Schweiz), der Vertriebskanal (Abonnement und Einzelverkauf über Kioske) und die Kundengruppe (Familien). Damit kann die strategische Geschäftseinheit bereits recht deutlich abgegrenzt werden.
  Die von der strategischen Geschäftseinheit **verfolgten Ziele** sind aufgrund der Vielfalt der involvierten Gruppen sehr unterschiedlich. Mögliche Interessenlagen der verschiedenen Interessengruppen (Stakeholder) könnten sein:

  - Bereitstellung eines attraktiven Leseangebots (Redaktion),
  - Selbstverwirklichung der Journalisten (Redaktion),
  - Erreichung einer größtmöglichen Leserreichweite (Verlag),
  - Erwirtschaftung größtmöglicher Anzeigenerlöse (Verlag),

- bestmögliche Auslastung der Druckkapazitäten (Druckerei),
- Erwirtschaftung einer angemessenen Kapitalrendite (Anteilseigner),
- Entwicklung und Bindung qualifizierter Mitarbeiter (Belegschaft),
- landesweite Versorgung mit Unterhaltung und Information (Gesellschaft) etc.

Die durchaus nicht vollständige Auflistung zeigt, dass einzelne Ziele nicht isoliert erreichbar sind und dass diese Ziele wechselseitig verbunden sind. Insbesondere von Bedeutung ist, dass die Publikumszeitschrift eigentlich in zwei Märkten tätig ist, dem Markt für Leser der Illustrierten und dem Markt für Anzeigen in der Illustrierten. Die aufgezeigte Zielvielfalt wird sich im abzubildenden Netzwerk wiederfinden.

Als dritter Bestandteil dieses Schrittes sind die **wesentlichen strategischen Erfolgsfaktoren** vorab zu bestimmen. Im konkreten Fall wurden vom Unternehmen ausgebaute Absatzwege, hervorragende Journalisten im Unterhaltungssektor, ein qualitativ hoch stehender Druck, ein erstklassiges Image bei den Werbeträgern, Aktualität und Ideenreichtum in der Redaktion als strategische Erfolgsfaktoren genannt.

- **Analyse:** Anstatt der Erarbeitung von Checklisten zur Umfeld- und Unternehmensanalyse wird ein **Netzwerk** aufgebaut, das die wesentlichen Einflussgrößen der Geschäftseinheit und ihre vernetzten Beziehungen beinhaltet. Den Ausgangspunkt des Netzwerkes bildet der **Grundkreislauf** der strategischen Geschäftseinheit, der in der Darstellung des Netzwerkes in Abb. 1.24 hervorgehoben ist.

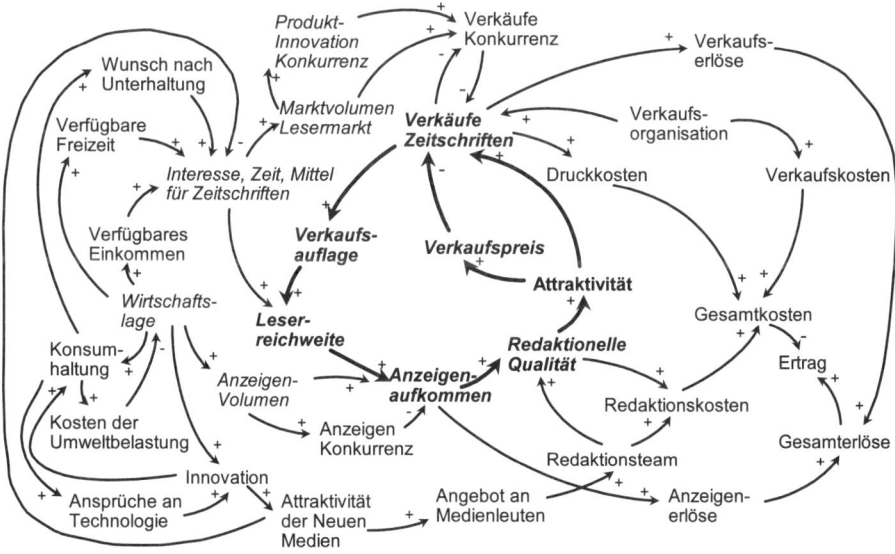

Abb. 1.24:   *Netzwerk für die strategische Geschäftseinheit Publikumszeitschrift*
        [in Anlehnung an: Gomez, P. / Probst, G. J. B. (1991), S. 30]

Je größer die Attraktivität der Publikumszeitschrift ist, desto größer sind die Absatzzahlen bzw. alternativ nachfrageinduziert der erzielbare Preis. Folglich kann die Auflage erhöht werden, wodurch die Leserreichweite der Zeitschrift ansteigt. Eine vergrößerte Leserreichweite macht die Zeitschrift jedoch attraktiver für Anzeigekunden. Die hierdurch ausgelösten zusätzlichen Einnahmen aus dem Anzeigengeschäft erlauben es, die redaktionelle Qualität zu vergrößern, wodurch wiederum die Attraktivität gesteigert werden kann.

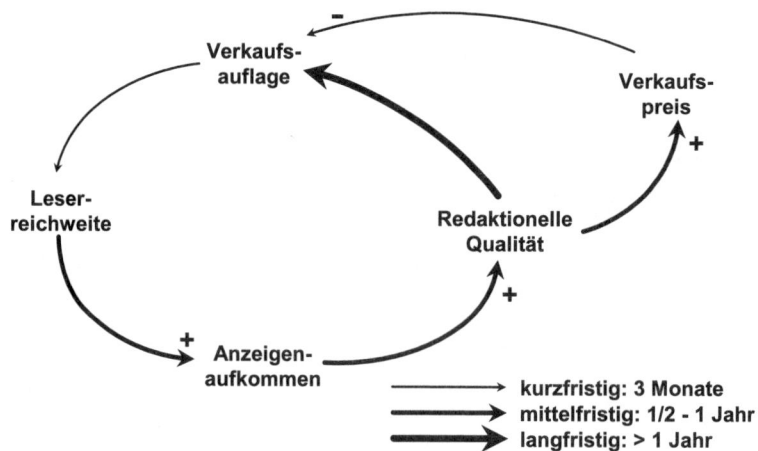

Abb. 1.25:   Zeitverhalten im Grundkreislauf der strategischen Geschäftseinheit Publikumszeitschrift [in Anlehnung an: Gomez, P. / Probst, G. J. B. (1991), S. 30]

Dieser Grundkreislauf lässt sich nun stufenweise durch zusätzliche Faktoren und deren Interaktion ergänzen. Das sich ergebende Netzwerk stellt nicht nur die involvierten Einflussgrößen, sondern auch ihre Interaktion und die Richtung ihrer Einflussnahme dar. Ergänzend zu dieser Strukturierung ist das **Zeitverhalten zwischen den Einflussgrößen** darzustellen. Abb. 1.25 stellt die Reaktionszeiten zwischen den einzelnen Einflussgrößen des Grundkreislaufes dar.

So wirkt eine Erhöhung der redaktionellen Qualität über die Attraktivität der Wochenzeitschrift nur langfristig auf die Verkaufszahlen der Zeitschrift, während aber höhere Verkaufszahlen bereits kurzfristig die Leserreichweite erhöhen, jedoch aufgrund notwendiger Kommunikationsprozesse mit den Anzeigenkunden das resultierende Anzeigenaufkommen erst mittelfristig ansteigt. Das Zeitverhalten bestimmt einerseits die **Gestaltbarkeit** und **Lenkbarkeit** einzelner Einflussgrößen (Nachfolgerbeziehung). Redaktionelle Qualitätsverbesserungen führen eben nicht zu kurzfristigen Absatzsteigerungen. Andererseits kann ein Einbruch der Leserreichweite ein Frühwarn-Signal für drohende Rückgänge im Anzeigenaufkommen sein (Vorgängerbeziehung). Hieraus ergeben sich Ansatzpunkte für ein **Frühaufklärungssystem**.

Zum Abschluss dieses Schrittes wird noch die **Einflussmatrix** ermittelt, welche die Stärke der Beeinflussbarkeit einzelner Faktoren und die Stärke der Einflussnahme auf andere Faktoren anhand der zehn wichtigsten Einflussgrößen zuzüglich des Verkaufspreises (in Abb. 1.24 kursiv hervorgehoben) einander gegenüber stellt.

Einfluss von Kriterium → auf Kriterium	1	2	3	4	5	6	7	8	9	10	11	Stärke der Einflussnahme (Zeilensumme)
1. Wirtschaftslage		1	1	2	1	0	1	0	2	0	3	8
2. Interesse, Zeit, Mittel für Zeitschriften	0		3	2	2	2	2	3	2	1	2	17
3. Marktvolumen Lesermarkt	0	2		2	2	2	3	3	2	1	2	17
4. Anzeigenvolumen	0	1	2		2	2	1	1	3	1	3	13
5. Produktinnovation Konkurrenz	0	1	2	2		2	3	3	2	3	2	18
6. Verkäufe Zeitschriften	0	1	2	2	2		3	3	2	0	2	15
7. Verkaufsauflage	0	1	2	2	2	1		3	2	1	1	14
8. Leserreichweite	0	1	2	2	3	3	2		3	1	3	17
9. Anzeigenaufkommen	0	2	2	3	2	2	1	1		1	3	14
10. Redaktionelle Qualität	0	2	1	1	2	1	3	3	2		3	15
11. Verkaufspreis	0	2	3	3	1	3	3	3	2	3		23
Stärke der Beeinflussbarkeit (Spaltensumme)	0	12	17	18	18	15	19	20	20	9	24	

Abb. 1.26: Datenbasis zur Ermittlung der Einflussmatrix

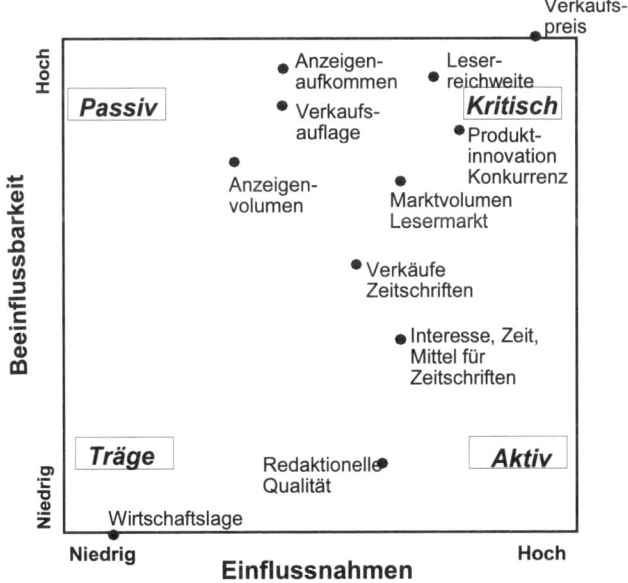

Abb. 1.27: Einflussmatrix der strategischen Geschäftseinheit Publikumszeitschriften [in Anlehnung an: Gomez, P. / Probst, G. J. B. (1991), S. 32]

Die Visualisierung als Einflussmatrix erlaubt eine Kategorisierung der einzelnen Einfluss-größen in **träge Faktoren** (wenig Einflussnahmen, wenig Beeinflussbarkeit), **aktive Faktoren** (hohe Einflussnahme auf andere Faktoren, wenig Beeinflussbarkeit), **passive Faktoren** (wenig Einflussnahmen, aber hohe Beeinflussbarkeit) und in **kritische Faktoren** (sowohl hohe Einflussnahmen als auch hohe Beeinflussbarkeit). Das Beispiel zeigt die hohe Bedeutung, die der redaktionellen Qualität zukommt, da diese als aktiver Faktor zwar hohen Einfluss auf andere Faktoren ausübt, jedoch selbst nur schwer, wie die Analyse des Zeitverhaltens zeigt, und allenfalls langfristig beeinflussbar ist.

- **Erfassung der Verhaltensmöglichkeiten:** Wie bei den Bausteinen des vernetzten, ganzheitlichen Denkens bereits ausgeführt wurde, lässt sich das Netzwerk in verschiedene Teilsysteme zerlegen.

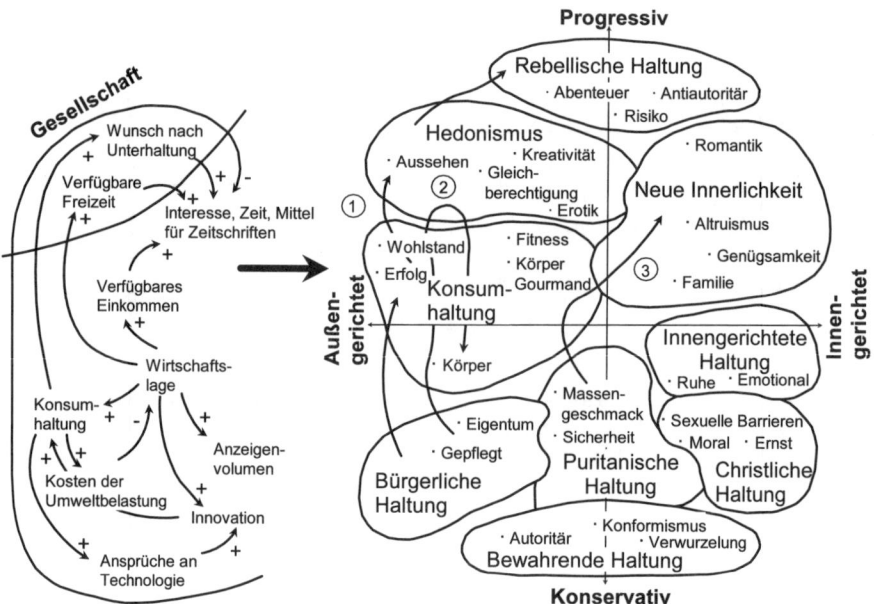

Abb. 1.28:   Szenarien eines Teilsystems am Beispiel des Teilsystems „Gesellschaft"
[in Anlehnung an: Gomez, P. / Probst, G. J. B. (1991), S. 33]

Wird nun der linke Teil des Netzwerkes als Teilsystem „Gesellschaft" betrachtet, lassen sich für dieses Teilsystem beispielsweise verschiedene Entwicklungsszenarien erarbeiten.
Im Fall der Publikumszeitschrift wurde hierzu eine Matrixdarstellung gewählt, wie sie von einem großen Marktforschungsunternehmen zur Klassifikation von Käufergruppen angewendet wird. Demnach lässt sich eine Art „psychologische Karte" (Soziogramm) eines Landes entwerfen, die durch die beiden Begriffspole „progressiv versus konservativ" und „außen gerichtet versus innen gerichtet" beschrieben wird. Es stellt sich z. B. die Frage, ob sich die Gesellschaft eines Landes – im Beispielsfall die Schweiz – von einer bürgerlichen Haltung über eine verstärkte Konsumorientierung und hedonistische Einstellung in eine re-

bellische Haltung (z. B. Laissez faire- bzw. No Future-Orientierung) begibt (Szenario 1), nach zunehmender Konsumorientierung und hedonistischer Ausrichtung eher wieder konservativer wird (z. B. Betonung von Eigentum und Ordnung) (Szenario 2) oder aus dem Materialismus der Konsumorientierung sich eher wieder inneren Werten und Tugenden zuwendet (z. B. Rückzug ins Privatleben und in die Familie, Betonung moralischer Werte) (Szenario 3).

In Abb. 1.29 ist ein Soziogramm für die bundesdeutsche Gesellschaft im Jahre 2005 wiedergegeben, das anhand sog. Sinus-Milieus ermittelt ist. Ähnlich wie die Analyse für die Schweiz werden hier gesellschaftliche Cluster anhand zweier Faktoren, hier der sozialen Lage und der Grundorientierung, identifiziert. Die Cluster erlauben eine stärkere Fokussierung bei der Ableitung von Strategien und den dahinter liegenden Verhaltensweisen.

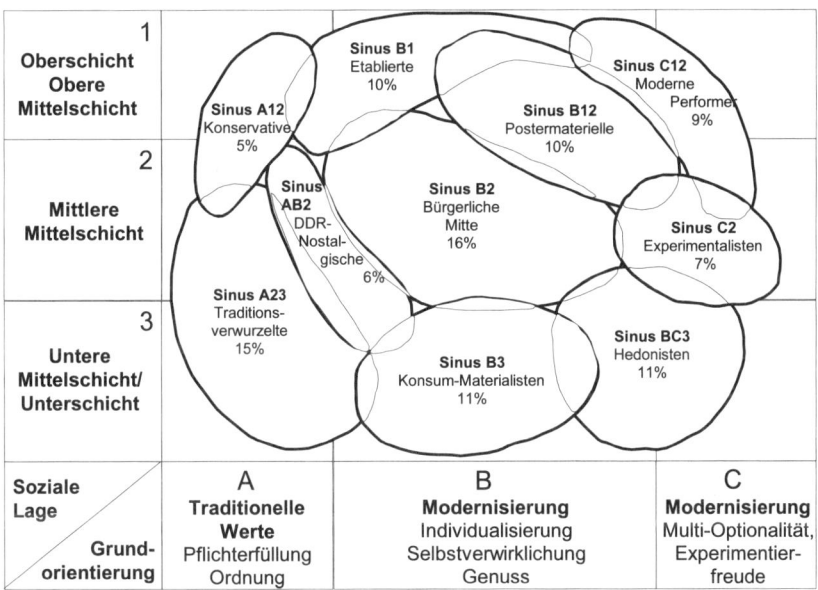

Abb. 1.29:   *Soziogramm anhand von Sinus-Milieus für die bundesdeutsche Gesellschaft*
[in Anlehnung an: Schwaiger, M. / Schütz, T. (2005), S. 81]

Aus den Szenarien ergeben sich wiederum Chancen und Risiken für das Unternehmen. Für das Szenario 3 des Schweizer Beispiels sind in Abb. 1.30 einige Chancen und Risiken aufgeführt, die jedoch auch für Alternativszenarien gewonnen werden sollten.

Werden als Teilsysteme Teilnetze betrachtet, die dem Unternehmensumfeld zuzuordnen sind, kann hieraus bei entsprechender Verdichtung der betrachteten Teilsysteme zu einem aggregierten System „Umfeld" die **„Marktattraktivität"** als Umfeldvariable abgeleitet werden (Umfeldanalyse). Stellt man dieser nach erfolgter Unternehmens- und Wettbewerbsanalyse die Stärken und Schwächen des Unternehmens – aggregiert zur **„relativen Wettbewerbsposition"** – gegenüber, so lassen sich hieran Portfolio-Darstellungen knüpfen, die gerade den Abgleich von Umfeld und Unternehmen zum Gegenstand haben (z. B. in diesem Fall das Portfolio nach *McKinsey* (siehe hierzu Kapitel 4.1.3.2)). Diese Portfolio-Techniken werden noch detaillierter im Rahmen der Unternehmensstrategien vorgestellt. Aus dem Abgleich von Unternehmen und Umfeld ergibt sich die gegenwärtige strategische Positionierung des Unternehmens.

Umfeldentwicklung	Chancen	Risiken
Szenario 3: „Neue Werte"		
• Konsumorientiertes Genussstreben und Statusbezug nehmen ab	Umpolung der Illustrierten auf „Neue Werte"	Illustrierte als Repräsentanten dieses Trends verlieren an Boden
• Familienleben wird zentral	Von der Illustrierten zur Familienzeitschrift	Auflage nimmt tendenziell ab
• Einstellung gegenüber Luxusgütern und entsprechender Werbung wird kritischer		Werbeeinnahmen gehen substanziell zurück
• Umweltthemen und -organisationen gewinnen an Anziehungskraft	Reportagen zu Umwelt-themen als Titelgeschichten	
• Sicherheits- und Gesundheitsdenken nimmt überhand	Gesundheitsratgeber und Sicherheitstipps als eigener Zeitschriftenteil	Zigarettenwerbung stark rückläufig; evtl. Werbeverbot
• Sinnerfüllte Arbeit als Wunschziel etc.	Praktischer Ratgeber für neue Berufe	
Alternativszenario 1: Rebellische Haltung		
• Zunahme der Singles, Emanzipation der Frauen etc.	Steigerung der Leserreichweite durch Fokussierung und neue Ausrichtung	Interesse an Illustrierter als Medium geht zurück
Alternativszenario 2: Renaissance des Konservatismus		
• Technologiegläubigkeit nimmt zu etc.		Spezialzeitschriften (z. B. zu PCs oder Internet) nehmen zu.

*Abb. 1.30:   Chancen-Risiken-Profil für alternative Gesellschaftsszenarien
            [in Anlehnung an: Gomez, P. / Probst, G. J. B. (1991), S. 33]*

- **Abklärung der Lenkungsmöglichkeiten:** Vor der Gewinnung von Strategien ist zu fragen, an welchen Elementen des Netzwerkes überhaupt angesetzt werden soll. Es macht keinen Sinn, Strategien an Größen wie z. B. den Verkaufszahlen der Zeitschrift festzumachen, da diese vom Unternehmen allenfalls indirekt beeinflussbar sind. Daher werden im erarbeiteten Netzwerk die Elemente danach beurteilt, ob sie **lenkbar** oder **nicht lenkbar** sind bzw. ob sie als **Indikatoren** für den Erfolg der Strategieumsetzung herangezogen werden können. Diese Indikatoren sind zugleich Ansatzpunkte einer strategischen Frühaufklärung. Abb. 1.31 zeigt das Netzwerk unter Berücksichtigung der Lenkungsmöglichkeiten. Dabei ist die Beurteilung der Lenkbarkeit von der Bewertung in der Einflussmatrix zu trennen. Während die Einflussmatrix der Frage nachgeht, ob Elemente des Netzwerkes von anderen Elementen beeinflusst werden bzw. selbst Einfluss ausüben, wirft die Lenkbarkeit die Frage auf, ob das Unternehmen diesen Einfluss ausüben kann oder ob er durch das Unternehmensumfeld bewirkt wird. So ist im Beispiel das Anzeigenaufkommen eine kritische Größe in der Einflussmatrix, da es stark beeinflussbar ist (z. B. über die Leserreichweite und letztlich über die Verkaufszahlen der Zeitschrift) und gleichzeitig selbst einen hohen Einfluss auf nachfolgende Elemente aufgrund ihrer wirtschaftlichen Bedeutung (z. B. hoher Erlösanteil) ausübt. Das Anzeigenaufkommen ist jedoch nicht direkt lenkbar, sondern allenfalls durch Beeinflussung der Absatzzahlen der Zeitschrift über die Preispolitik oder die redaktionelle Qualität indirekt steuerbar.

Die Analyse der Lenkungsmöglichkeiten kann auch zur Abbildung in einem Performance Measurement-System, wie z. B. der Balanced Scorecard, weiter entwickelt werden. Da im vernetzten Denken bewusst die hinter den lenkbaren Größen stehenden Indikatoren betrachtet werden, lassen sich diese als vor- oder nachlaufende Kennzahlen direkt in eine Balanced Scorecard einbauen. Damit kann das vernetzte Denken und die Balanced Scorecard methodisch verknüpft werden. Zudem scheint die Netzwerkbetrachtung mit rückkoppelnden und sich im Zeitablauf unterschiedlich schnell verändernden Größen bei komplexen Problemen den Ursachen-Wirkungs-Ketten der Strategy Map überlegen, da Letztere eher lineare Wirkungszusammenhänge unterstellen.

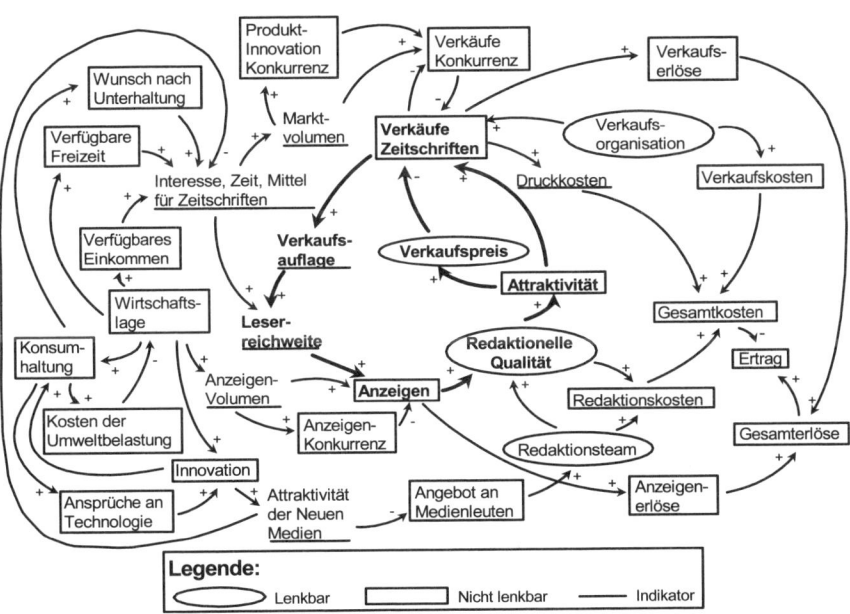

Abb. 1.31:   Netzwerk mit Berücksichtigung der Lenkungsmöglichkeiten
[in Anlehnung an: Gomez, P. / Probst, G. J. B. (1991), S. 36]

Zur Strategiefindung kann auf klassische **Normstrategien**, z. B. auf die generischen Wettbewerbsstrategien nach *Porter* in Gestalt der Strategietypen „Kostenführerschaft", „Differenzierung" oder „Spezialisierung", zurück gegriffen werden (siehe hierzu Kapitel 3.1 und 4.2.2.1). Beispielsweise könnte eine Kostenführerschaftsstrategie durch Minimierung des redaktionellen Aufwands bei gleichzeitig minderer Druckqualität umgesetzt werden, die durch niedrige Zeitschriftenpreise versucht, eine große Leserschaft zu erschließen. Als Ergebnis dieses Schrittes des Planungsprozesses ergeben sich verschiedene **strategische Alternativen**.

- **Planung von Strategien und Maßnahmen:** Die gewonnenen Alternativen sind nun einer **Strategiebewertung** zu unterziehen und als Maßnahmenbündel in konkrete **Strategieprojekte** zu überführen. Da es sich aber um Strategien in einem Netzwerk handelt, sind für das ganzheitliche, vernetzte Denken charakteristische **Lenkregeln** bei der Bewertung und Strategieauswahl zu berücksichtigen [vgl. *Probst, G. J. B. / Gomez, P.* (1991), S. 17]:

1. **Anpassung der Lenkungseingriffe an die Komplexität der Problemsituation:** Eine Stabilisierung der Absatzzahlen durch massive Werbeaktionen ist langfristig nicht sinnvoll. Derartige monokausale Lösungsansätze sind zu vermeiden, indem an mehreren Elementen gleichzeitig angesetzt wird (z. B. Verbesserung der Qualität von Druck und Redaktion bei gleichzeitiger stabiler Preispolitik).

2. **Berücksichtigung der unterschiedlichen Rollen der Elemente im System:** Die Elemente des Systems können passiv oder aktiv, lenkbar oder unlenkbar, schnell reagibel oder relativ starr sein. Diese Eigenschaften der einzelnen Elemente sind bei ihrer Gestaltung im Rahmen einer Strategie bewusst zu berücksichtigen.
   Die redaktionelle Qualität ist in der Einflussmatrix, wie aus Abb. 1.27 hervorgeht, als aktives Element bewertet, d. h. es übt einen hohen Einfluss aus, ohne selbst von anderen Größen stark beeinflusst zu werden. Ausserdem erfolgt nach einer Analyse des Zeitverhaltens eine Beeinflussung der Verkaufsauflage nur langfristig. Damit wird die redaktionelle Qualität in diesem Fall zum „optimalen" Ansatzpunkt für die Entwicklung einer Strategie, da damit auch ein gewisser Schutz gegen schnelle Imitation besteht.

3. **Vermeidung unkontrollierter Entwicklungen durch stabilisierende Rückkopplungen:** Zu stürmisches Wachstum des Auflagevolumens kann zu Kapazitätsanpassungen zwingen, die Investitionsbedarf auslösen und aufgrund dann evtl. entstehender sprungfixer Kosten u. U. die Kostenposition verschlechtern. Eine gleichzeitige Anhebung des Preisniveaus aufgrund der großen Nachfrage stabilisiert das Wachstum und kann zu ähnlichen Ertragszielen führen, ohne Investitionsbedarf auszulösen.

4. **Nutzung der Eigendynamik des Systems zur Erzielung von Synergieeffekten:** Die Stärken des Systems (z. B. die Loyalität der Abonnementkunden) sind gezielt einzusetzen, indem Synergieeffekte genutzt werden. Im Beispiel der Illustrierten findet ein Imagetransfer von den Zeitschriftenlesern zu den Anzeigenkunden statt. Erfolg bei den Lesern und insbesondere bei den loyalen Abonnementkunden führt auch zu Erfolg am Anzeigenmarkt.

5. **Aufspüren eines harmonischen Gleichgewichtes zwischen Bewahrung und Wandel:** Um z. B. das gesellschaftliche Szenario „Neue Werte" zu erreichen, muss sich die Zeitschrift verändern. Gleichzeitig sollten die Veränderungen jedoch so dezent sein, dass die Zeitschrift nicht ihr bisheriges Gesicht verliert und damit Gefahr läuft, Stammkunden zu verlieren. Ein vergleichbarer moderater Übergang wurde auch bei der Übernahme von Mannesmann Mobilfunk durch Vodafone erreicht, in dem z. B. Logo

und Farbgestaltung über viele Monate stufenweise verändert wurden, um die Mannes-mann-Kunden in Vodafone-Kunden zu „verwandeln".

6. **Förderung der Autonomie der kleinsten Einheit:** Die Zeitschrift ist möglichst unabhängig von anderen Medien des Verlagshauses zu führen. Folglich sollte die Zeit-schrift wie ein Unternehmen im Unternehmen ausgestattet und gemanagt werden.

7. **Erhöhung der Lern- und Entwicklungsfähigkeiten des Systems:** Durch ständige Rückkopplung aus dem Unternehmensumfeld und Beobachtung der Indikatoren ist das Netzwerk zu verfeinern und neue Zusammenhänge sind aufzudecken. Dadurch wird das System selbst lern- und entwicklungsfähig.

- **Realisation:** Der letzte Schritt in der Kette stellt den schwierigsten Schritt dar. Nach den umfangreichen Vorüberlegungen ist nun die beschlossene Strategie umzusetzen. In der **Um-setzung** ist, wie schon dargestellt, auf alle Subsysteme des Führungssystems zurückzugrei-fen. Das heißt, dass auch u. U. die organisatorische Struktur verändert oder geeignetes Personal und Management aufgebaut und entwickelt werden muss. Da es sich bei Strate-gien i. d. R. um über die Zeitachse definierte Maßnahmenbündel handelt, ist durch die Einbettung der Strategie in den kybernetischen, **strategischen Controlling-Kreislauf** Sorge zu tragen, dass die Umsetzung der einzelnen Maßnahmen an Meilensteinen kontrol-liert wird, entsprechende Zielerreichungskontrollen erfolgen **(feedback)** bzw. zukünftige geplante Maßnahmen bei Umfeldveränderungen angepasst werden **(feedforward)**. Die frühzeitige Wahrnehmung von Veränderungen kann dabei gezielt durch das Netzwerk unterstützt werden, indem von einzelnen Zielgrößen soweit zurückgegangen wird, bis Netz-werkelemente gefunden werden, die dem Unternehmen ausreichend Zeit zur Reaktion erlauben. Wenn z. B. die Leserreichweite als Zielgröße „controllt" wird, kann u. U. das Angebot an Medienspezialisten als Frühwarnindikator beobachtet werden. Ähnliche Indikatoren lassen sich sicherlich auch für Veränderungen in Teilnetzwerken, wie z. B. den angesprochenen gesellschaftlichen Veränderungen, finden.

Die vorgestellte Methodik des ganzheitlichen, vernetzten Problemlösens stellt in sich einen etwas modifizierten kybernetischen Controlling-Kreislauf dar, der jedoch speziell Grundprin-zipien eines ganzheitlichen, vernetzten anstatt eines linearen Denkens berücksichtigt.

2 Unternehmens- und Umfeldanalyse

2.1 Zielsetzung der Unternehmens- und Umfeldanalyse

Im Rahmen der strategischen Planung dient die Unternehmens- und Umfeldanalyse zur Beschaffung der notwendigen **Informationen zur Formulierung der Unternehmens- und Geschäftsstrategien** [vgl. *Welge, M. K. / Al-Laham, A.* (2005), S. 187 ff.; *Müller-Stewens, G. / Lechner, C.* (2005), S. 158ff.]. Im Gesamtprozess der strategischen Planung ist die Unternehmens- und Umfeldanalyse daher als strategische Analyse der Phase der Zielformulierung nach- und der Phase der Strategiefindung und -bewertung vorgelagert. Die Unternehmens- und Umfeldanalyse liefert somit die Fakten, die in Verbindung mit den vom Unternehmen gesetzten Normen (aus der Phase der Visionsformulierung, der Leitbildgenerierung und der Zielbildung) in die Unternehmensplanung münden. Es ist allerdings anzumerken, dass diese Einordnung nur idealtypischerweise vorgenommen werden kann und somit u. U. auch Rückkoppelungen zwischen den einzelnen Phasen und der Unternehmens- und Umfeldanalyse beachtet werden müssen (z. B. Änderung der Zielformulierung aufgrund der Ergebnisse der Unternehmens- und Umfeldanalyse).

Mit Hilfe der **Umfeldanalyse** soll dabei eine Antizipation der Chancen und Risiken des Unternehmensumfeldes, mit Hilfe der **Unternehmensanalyse** eine Aufdeckung der Stärken und Schwächen des Unternehmens vorgenommen werden.

Im Ergebnis dieser Umfeld- und Unternehmensanalyse ist eine Unternehmensstrategie zu formulieren, die im Sinne der Unternehmenszielerreichung:

- die Risiken aus dem Unternehmensumfeld und die Schwächen des eigenen Unternehmens reduziert sowie
- die Chancen aus dem Unternehmensumfeld und die Stärken des eigenen Unternehmens ausnutzt.

Damit dient die Unternehmensstrategie letztlich der Schaffung von **Erfolgspotenzial**, welches sich positiv in für das Überleben des Unternehmens notwendigen zukünftigen Erfolgs- und Liquiditätsgrößen niederschlagen soll (siehe auch Kapitel 1.3.1).

Das folgende **Beispiel** soll die dargelegten Zusammenhänge verdeutlichen:

Der Drucksystemhersteller *Druck AG* verfolgt als oberstes Unternehmensziel die Steigerung des Unternehmenswertes (**Zielbildung**). Um dieses Ziel zu erreichen, hat sich das Unternehmen vorgenommen, marktführender Anbieter von Drucksystemen zu werden. Aus der Beobachtung des Unternehmensumfeldes ergibt sich, dass die Kunden in der Druckindustrie zunehmend erwarten, dass die Drucksystemanbieter vollständige Drucksysteme mit Druckvorstufen, wie z. B. dem Scannen von Bildern und Grafiken, liefern können. Dies stellt eine aus dem Umfeld resultierende Chance dar, die eine Erhöhung des Marktanteils erwarten lässt

(**Umfeldanalyse**). Bei der Analyse des eigenen Unternehmens wird festgestellt, dass aufgrund mangelnder Erfahrung im Druckvorstufenbereich keine Eigenproduktion von Druckvorstufen möglich ist, was als Schwäche des Unternehmens zu betrachten ist (**Unternehmensanalyse**). Um die Umfeldchance dennoch wahrnehmen zu können und um die Schwäche des Unternehmens zu beseitigen, wird deshalb als Strategie die Akquisition eines Druckvorstufenherstellers beschlossen (**Strategieformulierung**). Diese Akquisition kann als Generierung von Erfolgspotenzial verstanden werden, welches sich bei Realisierung der zukünftigen potenziellen Marktanteilssteigerungen in positiven und über den Kapitalkosten liegenden Erfolgsbeiträgen und Liquiditätszuflüssen (z. B. wegen höherer Umsätze) niederschlagen sollte. Diese unterjährigen Wertbeiträge führen wiederum dazu, dass das Unternehmen in der Lage ist, sein Ziel der Unternehmenswertsteigerung zu erreichen (siehe auch Kapitel 5).

Im Folgenden sollen zunächst Möglichkeiten zur Umfeldanalyse (Kapitel 2.2) und anschließend Instrumente zur Unternehmensanalyse (Kapitel 2.3) näher erläutert werden. Im abschließenden Kapitel 2.4 wird aufgezeigt, wie die Ergebnisse der Umfeld- und Unternehmensanalyse im Rahmen einer sog. SWOT-Analyse gemeinsam beurteilt werden können.

2.2   Umfeldanalyse

Wie bereits oben angeführt, sollen im Zuge der Umfeldanalyse Chancen und Risiken des Unternehmensumfeldes aufgedeckt werden, die in der sich anschließenden Strategieformulierung zu berücksichtigen sind. Diese Berücksichtigung kann dabei zum einen durch eine Anpassung des Unternehmens an das Umfeld (z. B. Anpassung der Preise an das Preisniveau des Marktes) oder zum anderen durch eine Beeinflussung des Umfeldes durch das Unternehmen selbst erfolgen (z. B. Modeproduzent als Trendsetter).

Das Unternehmensumfeld enthält eine unüberschaubare Fülle von Informationen. Um diese Informationsfülle auf die für das Unternehmen relevanten Informationen zu begrenzen, ist es daher notwendig, die Einflussfaktoren des Umfeldes zu identifizieren, die eine Auswirkung auf die Zielerreichung des Unternehmens haben. Zu diesem Zweck kann in ein **aufgabenspezifisches Umfeld** mit direktem Bezug zur Unternehmensaufgabe und in ein **globales Umfeld** mit indirektem Bezug zur Unternehmensaufgabe unterschieden werden.

Das aufgabenspezifische Umfeld stellt das **Wettbewerbsumfeld** des Unternehmens dar und ist durch eine Interaktion des Unternehmens mit diesem Umfeld zur Erreichung der Unternehmensaufgabe gekennzeichnet. Als wesentliche Bestandteile des Wettbewerbsumfeldes sind die Kunden, die Lieferanten und die Wettbewerber einer Branche zu nennen. Eine Möglichkeit zur Strukturierung des Wettbewerbsumfeldes besteht in der **Branchenstrukturanalyse** nach *Porter*, die weiter unten in diesem Kapitel detailliert behandelt wird.

Die Analyse des Wettbewerbsumfeldes mit Hilfe des Branchenstrukturmodells kann durch eine **Stakeholder-Analyse** erweitert werden (**Analyse des erweiterten aufgabenspezifischen Umfeldes**) [vgl. *Günther, E.* (1994), S. 52 ff.]. Unter Stakeholdern sind externe und interne

Anspruchsgruppen zu verstehen, die vom Unternehmen beeinflusst werden und das Unternehmen ihrerseits selbst beeinflussen [vgl. *Freeman, R. E.* (1984), S. 25].

Das globale, auch als **Makroumfeld** bezeichnete Umfeld, umfasst alle generellen Faktoren, die nicht nur für das eigene Unternehmen oder die Branche relevant sind, sondern für eine darüber hinausgehende größere Anzahl von Unternehmen Geltung besitzen.

Abb. 2.1 gibt zunächst einen Überblick über die Analyse des Unternehmensumfeldes, deren Bestandteile im Folgenden ausgehend von der Analyse des globalen Umfeldes näher erläutert werden.

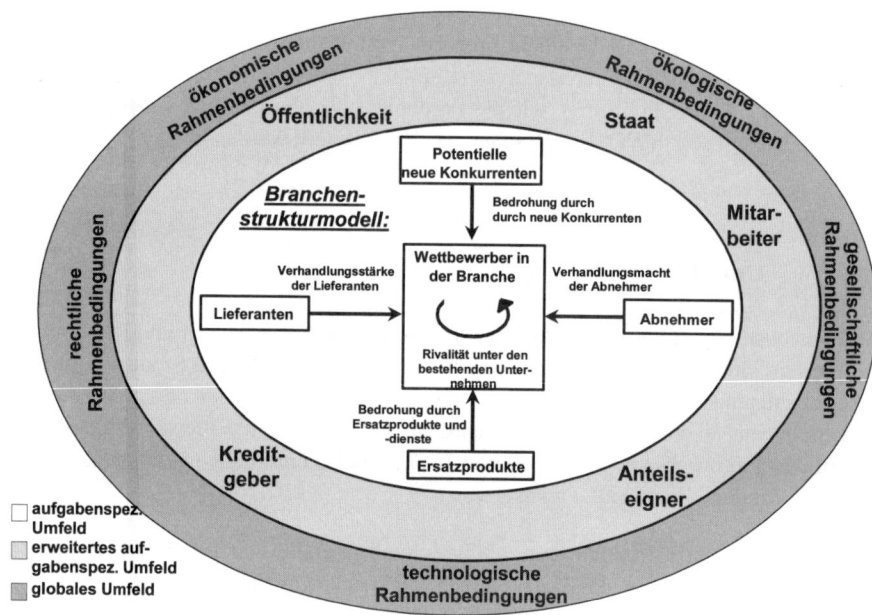

Abb. 2.1:   Überblick über die Analyse des Unternehmensumfeldes

Zur **Analyse des globalen Umfeldes** existieren verschiedene Strukturierungsvorschläge [vgl. z. B. *Kreilkamp, E.* (1987), S. 74; *Welge, M. K. / Al-Laham, A.* (2005), S. 189; *Kreikebaum, H.* (1997), S. 40 ff.]. Für das weitere Vorgehen soll die folgende Strukturierung des globalen Umfeldes in ein

- rechtliches,
- ökonomisches,
- ökologisches,
- gesellschaftliches und
- technologisches

Umfeldsegment verwendet werden. Die verschiedenen Umfeldsegmente bestehen wiederum aus einzelnen Umfeldfaktoren. Diese bilden die Rahmenbedingungen, die das Unternehmen bei der Interaktion mit dem globalen Umfeld zu beachten hat.

Unter den **rechtlichen Umfeldfaktoren** sind besonders die Gesetzgebung des Bundes, der Länder und nachgeordnete Verordnungen und Verwaltungsanweisungen sowie internationale Gesetze, Richtlinien u. a. zu erfassen, die Auswirkungen auf das Unternehmen haben. Als Beispiele für rechtliche Umfeldfaktoren sind Änderungen der Steuergesetzgebung, die Gesundheits- und Rentenreform u. ä. zu nennen. Nicht zu vernachlässigen sind insbesondere auf Betriebsstättenebene die kommunalen Ortsgesetze (speziell Satzungen) sowie die Bescheide der Kommunen. Beispielhaft seien Abwassergebührensatzungen oder Bau- und Anlagenbetriebsgenehmigungen angeführt.

Zu den **ökonomischen Umfeldfaktoren** können die makroökonomischen Entwicklungen des eigenen Landes, der Absatzländer, eines begrenzten Wirtschaftsraumes (z. B. EU, ASEAN), der gesamten Weltwirtschaft oder eines anderen relevanten geographischen Gebietes gezählt werden. Zu den zu analysierenden makroökonomischen Entwicklungen gehören beispielsweise:

- die reale und nominale Entwicklung des Bruttosozialproduktes,
- die Entwicklung des Kapitalmarktzinses und der Inflationsrate,
- die Entwicklung der Staatsquote,
- die Entwicklung der Arbeitslosigkeit,
- die Entwicklung des Außenhandelsdefizits,
- die Einkommensentwicklung,
- die Entwicklung der Bevölkerung (Altersstruktur, Wachstum) u. a.

Aufgrund ihrer zunehmenden gesellschaftlichen Wichtigkeit sind **ökologische Umfeldfaktoren** besonders intensiv zu beobachten. Darunter sind z. B. die Beobachtung und Antizipation von Umweltschutzregelungen (z. B. Ankündigung des Drei-Wege-Katalysators), das Verfolgen von ökologischen Trends und Bewusstseinsänderungen (z. B. Forderung nach einem Drei-Liter-Auto) sowie die Analyse der Umweltstandards verschiedener Länder (z. B. der Vergleich der Standards Chinas und Deutschlands) zu verstehen.

Die **gesellschaftlichen Umfeldfaktoren** spiegeln insbesondere die gesellschaftlichen und kulturellen Werte und Normen wider. Diese Umfeldfaktoren können ähnlich zu den ökonomischen Umfeldfaktoren in Abhängigkeit ihrer räumlichen Dimension (Länder, Wirtschaftsräume) untersucht werden. Als gesellschaftlich relevante Problembereiche sind beispielsweise folgende Aspekte zu nennen:

- Gesellschaftsordnung (z. B. Demokratie versus Diktatur, Stabilität versus Instabilität),
- Wirtschaftsordnung (z. B. Marktwirtschaft versus Planwirtschaft),
- Religion (z. B. Christentum, Islam),
- Bildungssystem (z. B. entwickelt oder unzureichend) u. a.

Insbesondere die Beachtung bzw. Nichtbeachtung der Entwicklung von **technologischen Umfeldfaktoren** kann die Wettbewerbsposition des Unternehmens positiv bzw. negativ beeinflussen. Zu den in diesem Zusammenhang zu beachtenden Umfeldfaktoren gehören beispielsweise:

- das Weiterentwicklungspotenzial relevanter Technologien (Schrittmacher-, Schlüssel- und Basistechnologien),
- die Anwendungsbreite relevanter Technologien,
- die Existenz bzw. die Entwicklung konkurrierender Technologien,
- die Auswirkungen der Anwendung konkurrierender Technologien auf das Unternehmen u. a.

Im Anschluss an die Zerlegung des globalen Umfeldes in die aus den einzelnen Umfeldfaktoren bestehenden Umfeldsegmente ist es insbesondere in einem dynamischen Umfeld notwendig, diese Umfeldsegmente einem systematischen und kontinuierlichen **Umfeldanalyseprozess** zu unterziehen [vgl. *Narayanan, V. K. / Fahey, L.* (1987), S. 156 ff.]. Dieser Prozess lässt sich mit den folgenden vier Phasen beschreiben:

1. **Umfeld-Scanning:** Im Zuge des Umfeld-Scanning werden alle Umfeldsegmente systematisch auf neue Entwicklungen untersucht. Das Scanning kann dabei außerplanmäßig (Krisen), periodisch (weniger kritische Umfelder) und kontinuierlich (kritische Umfelder) vorgenommen werden.
2. **Umfeld-Monitoring:** Das Umfeld-Monitoring dient der Aufzeichnung, Verfolgung und Interpretation der während des Umfeld-Scanning gewonnenen Daten.
3. **Umfeld-Forecasting:** In dieser Phase sind die erkannten Entwicklungstendenzen der einzelnen Umfeldsegmente zu ermitteln. In diesem Zusammenhang kommen insbesondere die Verfahren der **strategischen Frühaufklärung** zum Einsatz, die aufgrund ihres Umfangs in einem gesonderten Kapitel (Kapitel 7) beschrieben werden.
4. **Umfeld-Assessment:** Zur Beurteilung der Auswirkungen der prognostizierten Umfeldentwicklungen dient die Phase des Umfeld-Assessment. Hier geht es insbesondere darum, die Wahrscheinlichkeit für das Eintreten der Umfeldentwicklung und deren Auswirkungsgrad auf das Unternehmen zu schätzen, um in Abhängigkeit der Höhe dieser Größen die **Priorität der Umfeldentwicklung** für das Unternehmen bewerten zu können.

Wahrscheinlichkeit der Entwicklung	Einfluss auf die Unternehmung		
	hoch	mittel	gering
hoch	**hohe Priorität**	**hohe Priorität**	mittlere Priorität
mittel	**hohe Priorität**	mittlere Priorität	*geringe Priorität*
gering	mittlere Priorität	*geringe Priorität*	*geringe Priorität*

Abb. 2.2:   *Issue-Impact-Matrix*
               [in Anlehnung an: Wilson, I. A. (1983), Kapitel 9, S. 9 ff.]

Zur Strukturierung der Prioritätseinteilung kann auf die in Abb. 2.2 dargestellte **Issue-Impact-Matrix** [vgl. *Wilson, I. A.* (1983), S. 9 ff.] zurück gegriffen werden, die im Rahmen der strategischen Frühaufklärung z. B. zur **Cross Impact-Analyse** erweiterbar ist (siehe Kapitel 7.4.2.3).

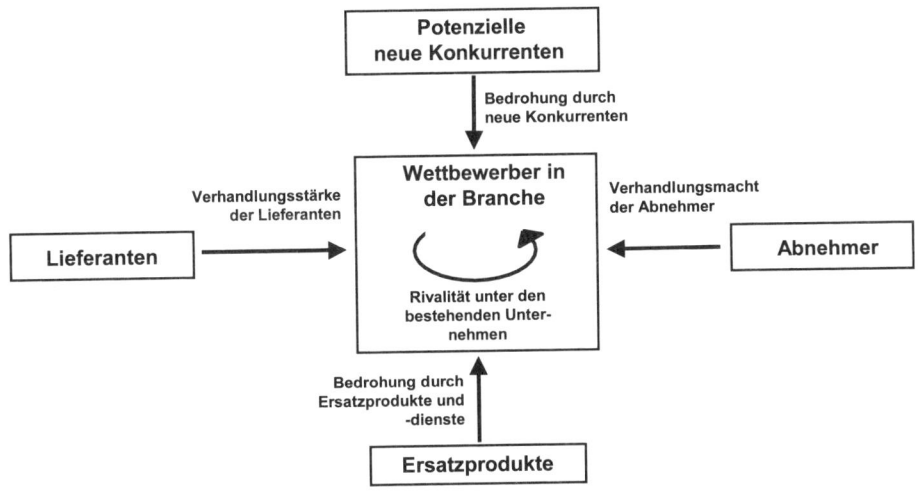

Abb. 2.3:   *Branchenstrukturmodell von Porter*
            [Quelle: Porter, M. E. (1999), S. 34]

Zur **Analyse des Wettbewerbsumfeldes** mit Hilfe des **Branchenstrukturmodells** sind nach *Porter* fünf grundlegende, die Wettbewerbsintensität einer Branche maßgeblich beeinflussende Wettbewerbskräfte zu beurteilen (siehe Abb. 2.3), die anschließend im Einzelnen erläutert werden sollen [vgl. im Folgenden ausführlich *Porter, M. E.* (1999), S. 33 ff.].

1. **Bedrohung durch neue Konkurrenten:** Durch den Eintritt von neuen Anbietern ist aufgrund der dann höheren Kapazitäten und resultierender niedrigerer Preise ein Absinken der Rentabilität in der Branche zu erwarten. Die Wahrscheinlichkeit der Gefahr des Markteintritts von neuen Anbietern hängt dabei zum einen von der Höhe der **Markteintrittsbarrieren** und zum anderen von der erwarteten Reaktion der existierenden Anbieter (z. B. massive Preissenkung) in der Branche ab. Für die Existenz von Markteintrittsbarrieren können nach *Porter* sieben **Ursachen** unterschieden werden:

    *   Economies of Scale
        Zur Erlangung von niedrigen Stückkosten müssen neu in den Markt eintretende Anbieter erst eine entsprechende optimale Betriebsgröße erreichen.

    *   Produktdifferenzierung
        Die existierenden Anbieter verfügen über Produktdifferenzierungsvorteile, die z. B. aus der Loyalität der Käufer und dem Bekanntheitsgrad ihrer Produkte herrühren (z. B. Markennamen) und von neu eintretenden Anbietern nur durch die Aufwendung hoher finanzieller Mittel erlangt werden können.

- Hoher Kapitalbedarf, insbesondere in kapitalintensiven Branchen wie Luftfahrt, Stahl- oder Halbleiterindustrie u. ä.
- Umstellungskosten
  Kaufen die Abnehmer die Produkte von neu eintretenden Anbietern, entstehen den Abnehmern u. U. Umstellungskosten (z. B. Umschulung der Mitarbeiter), die durch niedrigere Preise seitens der neuen Anbieter ausgeglichen werden müssen.
- Schwieriger Zugang zu existierenden Vertriebskanälen oder Erlangung des Zugangs nur durch die Aufwendung hoher finanzieller Mittel (z. B. Listungsgebühren im Lebensmitteleinzelhandel und Landerechte – genannt slots – auf Flughäfen).
- Kostenvorteile, welche die existierenden Anbieter unabhängig von den Economies of Scale realisieren können (z. B. durch andere Erfahrungskurveneffekte, siehe hierzu Kapitel 3.2.2).
- Staatliche Politik
  Eventuell vorhandene staatliche Reglementierungen erschweren den Marktzugang für neue Anbieter (z. B. beschränkte Lizenzvergabe im deutschen Mobilfunkmarkt).

2. **Verhandlungsstärke der Abnehmer:** Die Abnehmer können die Rentabilität der Branche beispielsweise mit dem Verlangen nach niedrigeren Preisen, höherer Qualität, schnellerer Lieferbereitschaft u. ä. negativ beeinflussen. Der Grad der Verhandlungsstärke zum Durchsetzen dieser Interessen hängt dabei insbesondere von folgenden **Faktoren** ab:
   - Konzentrationsgrad: Wenige große Abnehmer (z. B. im Lebensmitteleinzelhandel oder in der Automobilindustrie) können Druck auf die Lieferanten ausüben (Marktmacht des Handels).
   - Wert der Produkte: Die Abnehmer werden ihre Interessen um so stärker durchzusetzen versuchen, je höher der wertmäßige Einkaufsanteil der Produkte am gesamten Einkaufsvolumen des Unternehmens ist.
   - Standardisierungsgrad: Die Abnehmer können standardisierte Produkte (wie z. B. Rohstoffe) ohne Umstellungskosten von anderen Unternehmen beziehen.
   - Rückwärtsintegration: Die Abnehmer können drohen, die Produkte selbst herzustellen.
   - Markttransparenz: In transparenten Märkten erlangen die Abnehmer umfassendere Informationen (z. B. über Konditionen anderer Unternehmen).

3. **Verhandlungsstärke der Lieferanten:** Die Lieferanten können die Rentabilität der Branche, z. B. durch höhere Preise, schlechtere Qualität und durch eine ungenügende Lieferbereitschaft, negativ beeinflussen. Dabei sind die bei der Verhandlungsstärke der Abnehmer genannten Kriterien mit umgekehrtem Vorzeichen auf die Verhandlungsstärke der Lieferanten übertragbar. Zum Beispiel führt die mangelnde Fähigkeit des Unternehmens zur Rückwärtsintegration zu einer Verbesserung der Verhandlungsposition der Lieferanten. Ein Beispiel dafür ist die Auseinandersetzung des deutschen Automobilzulieferers *Kiekert* mit *Ford* im Jahre 1998. Das Unternehmen *Kiekert* gab vor, dass Softwareprobleme in der Produktion auftraten und somit keine Lieferung an *Ford* erfolgen konnte. In der Presse wurde dieses Vorgehen dagegen als Druckmittel von *Kiekert* gegenüber *Ford* zur Verbesserung der Lieferkonditionen gewertet.

4. **Druck durch Substitutionsprodukte:** Durch Substitutions- oder Ersatzprodukte wird die Rentabilität der Branche begrenzt, indem für die Produkte der Branche letztlich eine

Preisobergrenze geschaffen wird. Der Einfluss der Substitutionsprodukte kann durch die Preiselastizität der Nachfrage des Branchenproduktes gemessen werden. So können z. B. bestimmte Herzerkrankungen sowohl durch Pharmaka als auch durch Herzschrittmacher behandelt werden. Obwohl das Kundenproblem identisch ist, wird kein Herzschrittmacherhersteller aus der Elektro / Elektronikindustrie in die Pharmaindustrie einsteigen.

5. **Grad der Rivalität der existierenden Wettbewerber:** Je höher die Rivalität unter den existierenden Wettbewerbern ausfällt, desto höher ist die Gefahr einer sinkenden Branchenrendite. Als Gradmesser für die Rivalität können dabei folgende **Kriterien** herangezogen werden:

- Hohe Anzahl oder ähnliche Ausstattung der Wettbewerber: Bei einer hohen Anzahl von Wettbewerbern sind gefährdende Aktionen einzelner Wettbewerber schwieriger zu identifizieren. Bei ähnlich ausgestatteten Wettbewerbern (z. B. mit finanziellen Ressourcen) ist beispielsweise die Gefahr von Vergeltungsmaßnahmen höher.
- Branchenwachstum: Ein geringeres Branchenwachstum verschärft den Kampf um Marktanteile.
- Der Zwang zur Auslastung vorhandener Überschusskapazitäten oder die aufgrund hoher Lagerkosten notwendige Reduzierung von Lagerbeständen führt zu Preiskämpfen.
- Im Falle homogener Produkte verstärkt sich der Preiskampf aufgrund fehlender Differenzierungsmerkmale.

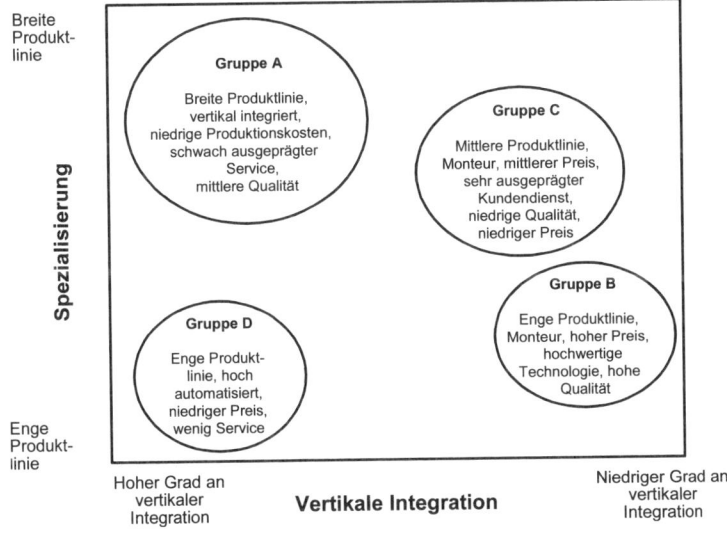

Abb. 2.4:   *Beispiel für die Bildung strategischer Gruppen*
[in Anlehnung an: Porter, M. E. (1999), S. 186]

- Ökonomische (z. B. geringere Liquidationserlöse vorhandener Anlagen), strategische (z. B. Interdependenzen mit anderen Geschäftseinheiten) und emotionale (z. B. persönliche Bindung des Managements an das Geschäft) **Marktaustrittsbarrieren** (siehe auch Kapitel 4.4) führen zum Verbleiben unrentabler Wettbewerber in der Branche, was zusätzlich zu – den Wettbewerb verschärfenden – Preiskämpfen o. Ä. führen kann.

Management	**Produktion**	**Finanzen**
Führungskräfte	**Technische Ressourcen**	**Langfristige Mittel**
- Ziele und Prioritäten	- Kapazität	- Eigen- / Fremdkapitalquote
- Wertvorstellungen	- Fabriken	- Kosten des Fremdkapitals
- Entlohnungssystem	- Größe	**Kurzfristige Mittel**
Entscheidungsfindung	- Lage	- Kreditlinien
- Ort	- Alter	- Art des Fremdkapitals
- Art	**Maschinen**	- Kosten des Fremdkapitals
- Geschwindigkeit	- Automatisierung	**Liquidität**
Planung	- Instandhaltung	**Cash Flow**
- Arten	- Flexibilität	- Außenstände in Tagen
- Engagement	**Prozesse**	- Bestandsumschlag
- Zeithorizont	- Technischer Abstand	- Buchhaltungspraxis
Mitarbeiter	- Flexibilität	**Mitarbeiter**
- Betriebszugehörigkeit und Fluktuation	**Grad der Integration**	- Führungskräfte / Fähigkeiten
- Erfahrung	**Mitarbeiter**	- Fluktuation
- Beförderungspolitik	- Führungskräfte / Fähigkeiten	**Systeme**
Organisation	- Mitarbeiter	- Budget
- Zentralisation	- Fähigkeitsstruktur	- Prognose
- Funktionen	- Gewerkschaften	- Planung
- Nutzung der Stäbe	- Fluktuation	- Kontrolle

Entwicklung	**Marketing**	**Produkte**
Technische Ressourcen	**Verkaufsmannschaft**	**Nutzbare Leistung**
- Konzepte	- Fähigkeiten	**Preis**
- Patente	- Größe	**Zahlungsbedingungen**
- Technologische Stufe	- Art	**Zuverlässigkeit**
- Technische Integration	- Standorte	**Qualität**
Mitarbeiter	**Verteiler-Netz**	**Marktanteil (in verschiedenen Märkten)**
- Führungskräfte / Fähigkeiten	- Marktforschung	**Image**
- Nutzung externer technischer Gruppen	- Qualität	
Finanzielle Mittel	- Struktur	
- Gesamt	- Service- und Verkaufsstrategie	
- % des Umsatzes	**Werbung**	
- Kontinuität	- Qualität	
- Eigenmittel	- Art	
- Staatsmittel	**Mitarbeiter**	
	- Führungskräfte / Fähigkeiten	
	- Fluktuation	

Beschaffung	
Methoden / Systeme	
- Integration mit Absatz- und Produktionsplanung	**Finanzielle Mittel**
- Dispositions- und Bestellungssysteme	- Gesamt
- Lagerhaltungs- und Transportsysteme	- Kontinuität
Lieferanten	- % des Umsatzes
- 2nd Source	- Entlohnungssystem
- Kooperation	
Mitarbeiter	
- Führungskräfte / Fähigkeiten	
- Fluktuation	

Abb. 2.5:   Checkliste zur Konkurrenzanalyse
             [in Anlehnung an: Hoffmann, J. (1987), S. 202 f.]

Die Auswirkung der Wettbewerbskräfte auf ein einzelnes Unternehmen ist vielmehr davon abhängig, welcher **strategischen Gruppe** der Branche das Unternehmen zuzuordnen ist [vgl. im Folgenden *Porter, M. E.* (1999), S. 183 ff.]. Unter einer strategischen Gruppe sind dabei mehrere Unternehmen zu verstehen, die hinsichtlich zweier oder mehrerer strategischer Dimensionen ähnliche Merkmale aufweisen. Zur Veranschaulichung der Bildung strategischer Gruppen anhand der strategischen Dimensionen „Spezialisierung" und „Vertikale Integration" sei das Beispiel in Abb. 2.4 angeführt.

Die aufgeführten Wettbewerbskräfte wirken auf die Unternehmen einer Branche nicht gleichmäßig. Die Branchenstrukturanalyse in Abhängigkeit von der strategischen Gruppe ist um eine **Konkurrenzanalyse** zu erweitern. Dazu sind zuerst relevante Daten über die Konkurrenten zu sammeln. Ein Beispiel für eine Checkliste solcher Daten liefert Abb. 2.5, die sich an der noch darzustellenden Wertschöpfungskette orientiert (siehe Kapitel 2.3).

Informationslieferanten in der Unternehmung	• Internes und externes Rechnungswesen • Bestehendes Wissen / Informationsstand der Mitarbeiter (Konferenzen) • Interne Statistiken (z. B. Anfrage-, Auftrags-, Reklamationsstatistiken) • Schriftverkehr mit Nachfragern, Konkurrenten, öffentlichen Stellen • Persönliche / telefonische Kontakte mit Dritten • Karteien (z. B. Lieferantenkartei, Kundenkartei)

Informationslieferanten außerhalb der Unternehmung	• Veröffentlichungen internationaler Organisationen und Behörden (EU, UNO, GATT)
	• Amtliche Statistiken und Register (Statistisches Bundesamt, Staat, Landesämter, Handelsregister)
	• Studien privater und öffentlicher Institutionen
	  • Wirtschaftswissenschaftliche Institute
	  • Markt- und Meinungsforschungsinstitute (GfK Nürnberg, Stiftung Warentest)
	• Bundesbank
	• Ministerien des Bundes und der Länder
	• Andere Institutionen (z. B. Bundesanstalt für Außenhandelsinformationen)
	• Firmen- und Adressbücher
	• Beratungsunternehmen, Auskunfteien, Banken
	• Veröffentlichungen von Verbänden, Industrie- und Handelskammern (Fachbriefe, Verbandberichte, Mitgliederverzeichnisse, IHK-Mitteilungen / Studien)
	• Berichterstattung der Presse (Tageszeitungen, Fach- und Unterhaltungszeitschriften, Fernsehen, Rundfunk)
	• Messen und Ausstellungen
	• Firmenberichte, Geschäftsberichte, Kataloge, Prospekte, Preislisten anderer Unternehmungen
	• Zeitungsausschnittsdienste, Informationssammelstellen
	• Informationen aus dem Internet, z. B. dem World Wide Web (WWW), z. B. Datenbank GENIOS (750.000 Firmenprofile, Hintergründe aus 120 Pressestellen, http://www.genios.de)
	• Bundesstelle für Außenhandelsinformationen (BfAI): Informationen über Marktchancen und Branchenentwicklungen zu ca. 40 Branchen in über 100 Ländern
	• Branchenberichte der Sparkassen, Volks- und Raiffeisenbanken
	• etc. ...

Abb. 2.6: Informationsquellen zur Umfeldanalyse
[erweitert nach: Kienbaum, G. (1989), Sp. 2040]

Zur Erweiterung dieser Bestandsaufnahme um die zukünftige Entwicklung der Konkurrenten ist dann eine Einschätzung der zu erwartenden strategischen Schritte der Konkurrenten vorzunehmen. Dazu werden die Ziele, die gegenwärtigen Strategien und die Fähigkeiten der Konkurrenten ermittelt, um mit zusätzlichen Annahmen über die Branchenentwicklung o. Ä. ein zukünftiges **Reaktionsprofil der Konkurrenten** ableiten zu können [vgl. *Porter M. E.* (1999), S. 86 ff.].

Das Hauptproblem zur Erstellung einer Umfeldanalyse besteht in der **Beschaffung der notwendigen Informationen**. Ein Überblick über mögliche Informationsquellen ist in Abb. 2.6 dargestellt. Die Analyse des Wettbewerbsumfeldes (in Abhängigkeit der Zugehörigkeit des Unternehmens zu seiner Branche, seiner strategischen Gruppe und des Verhaltens der Konkurrenz) sowie des globalen Umfeldes kann durch die Erstellung eines **Chancen-Risiken-Kataloges** zusammengefasst werden. Der Chancen-Risiken-Katalog kann z. B. die in Abb. 2.7 gezeigte Struktur aufweisen.

Wettbewerbsumfeld			Globales Umfeld					Umfeld-entwick-lungen
Branche	*Strateg. Gruppe*	*Konkurrenten*	*Rechtlich*	*Ökono-misch*	*Ökolo-gisch*	*Gesell-schaftlich*	*Techno-logisch*	
								Priorität
	Konzentrationstendenzen		neue Steuergesetze (1.)		Ökologiebewusstsein wächst		Technologiewechsel	hoch
		Freie Kapazitäten						mittel
Preisrückgang			neue Umweltgesetze (2.)	höhere Kapitalmarktzinsen		Regierungswechsel		niedrig
			Marketingvorteil, da Normen bereits im Vorfeld erfüllt (2.)		Ökologische Produktionsverfahren sind bereits vorhanden			**Chancen**
kein Risiko, da eigene strateg. Gruppe nicht betroffen	Gefahr des Verlustes von Marktanteilen	Preisdruck	Höhere Steuern auf Energie (1.)	Teurere Fremdkapitalaufnahme		Rücknahme von Deregulierungen auf dem Arbeitsmarkt	hohe Entwicklungskosten	**Risiken**

Abb. 2.7:   *Chancen-Risiken-Katalog der Umfeldanalyse*
            [in Erweiterung von: Welge, M. K. / Al-Laham, A. (2005), S. 234]

2.3   Unternehmensanalyse

Im Rahmen der Unternehmensanalyse soll durch das **Aufdecken von Stärken und Schwächen** des Unternehmens eine möglichst **objektive Einschätzung** der Unternehmenssituation vorgenommen werden. Die für diese Einschätzung notwendigen Informationen sind quantitativer oder qualitativer Art. Die **quantitativen Informationen** können insbesondere dem Rechnungswesen des Unternehmens entnommen werden. Aufgrund der Vergangenheitsorientierung der Rechnungswesendaten sind diese jedoch weniger geeignet, zukünftige strategische

Potenziale zu beurteilen. Zur Beurteilung dieser zukünftigen **strategischen Potenziale** sind dann zusätzliche quantitative und **qualitative Informationen** heranzuziehen.

Aufgrund der Menge an Einzelinformationen ist ähnlich zur Umfeldanalyse eine **Strukturierung der Informationen** zur Unternehmensanalyse notwendig. Diese Strukturierung soll im Folgenden anhand eines dreistufigen Prozesses vorgenommen werden, indem zunächst Möglichkeiten zur **Ermittlung** strategischer Potenziale (Kapitel 2.3.1), deren anschließende **Bewertung** (Kapitel 2.3.2) und abschließende **Visualisierung** mit Hilfe eines **Stärken-Schwächen-Profils** (Kapitel 2.3.3) dargelegt werden.

2.3.1   Ermittlung der strategischen Potenziale

Die **Ermittlung der strategischen Potenziale** eines Unternehmens kann funktions- oder wertbezogen erfolgen. Im Rahmen der **funktionsbezogenen Ermittlung** strategischer Potenziale wird für die betrieblichen Funktionsbereiche wie z. B. Forschung und Entwicklung, Produktion, Marketing, Finanzen und Management die Ausstattung mit personellen, finanziellen, sachlichen, organisatorischen und technologischen **Ressourcen** überprüft.

	Forschung und Entwicklung	Produktion	Marketing	Finanzen	Management
	Konzipieren / Design / Entwickeln	Produzieren	Distribuieren	Finanzieren	Planen / Steuern / Organisieren / Kontrolle
Einsatz von Finanzen	z. B. Investition in Grundlagenforschung	z. B. Auszahlungen für Personal und Material	z. B. Auszahlungen für Werbung und Vertrieb	z. B. Zinszahlungen	Investitionen in Planungs- und Kontrollsystem
Sachmittel	z. B. Größe, Alter und Standort von F&E-Abteilungen	z. B. Größe, Alter und Standort von Produktionsanlagen	z. B. Anzahl und Standort von Vertriebsfilialen	z. B. Zusammensetzung des Beteiligungsbesitzes	z. B. Standort der Unternehmenszentrale
Personal	z. B. Anzahl von Wissenschaftlern und Ingenieuren	z. B. Anzahl leitender Angestellter	z. B. Anzahl leitender Vertriebsmitarbeiter	z. B. Anzahl Finanz- und Rechnungswesen-MA	z. B. Anzahl der Manager
Organisation	z. B. System zur Überwachung der technischen Entwicklung	z. B. Art des Produktionsplanungssystems	z. B. Art des Vertriebssystems	z. B. Ausgestaltung des Finanz- und Rechnungswesens	z. B. Art der Unternehmenskultur, Anzahl der Hierarchieebenen
Technologische Ressourcen	z. B. Anzahl der Patente	z. B. Produktivität und Kapazitätsauslastung	z. B. Markentreue der Kunden	z. B. Kreditrahmen	z. B. Unternehmensimage

Abb. 2.8:   Funktionsbereichsbezogene Ressourcenermittlung
[in Anlehnung an: Hofer, C. W. / Schendel, D. (1978), S. 149]

Zur Beurteilung der Stärken und Schwächen der Funktionsbereiche wird dann das Ausmaß der Ausstattung der Funktionsbereiche mit diesen Ressourcen herangezogen. Abb. 2.8 stellt Ansatzpunkte zur funktionsbezogenen Ermittlung der betrieblichen Ressourcen zusammen.

Nach dem sog. **wertbezogenen Ansatz** zur Ermittlung von strategischen Potenzialen erlangt das Unternehmen Wettbewerbsvorteile aus den einzelnen wertschöpfungsbezogenen Tätigkeiten des Unternehmens, die sich durch die Konstruktion einer **Wertkette** visualisieren lassen [vgl. im Folgenden ausführlich *Porter, M. E.* (2000), S. 63 ff.]. Unter wertschöpfungsbezogenen Tätigkeiten sind alle Tätigkeiten des Unternehmens zu erfassen, die einen Nutzen für den Abnehmer der Produkte schaffen. Die wertschöpfungsbezogenen Tätigkeiten werden in primäre und sekundäre Tätigkeiten oder Aktivitäten unterschieden, die unabhängig von der Branche in jedem Unternehmen ausgeübt werden (siehe Abb. 2.9).

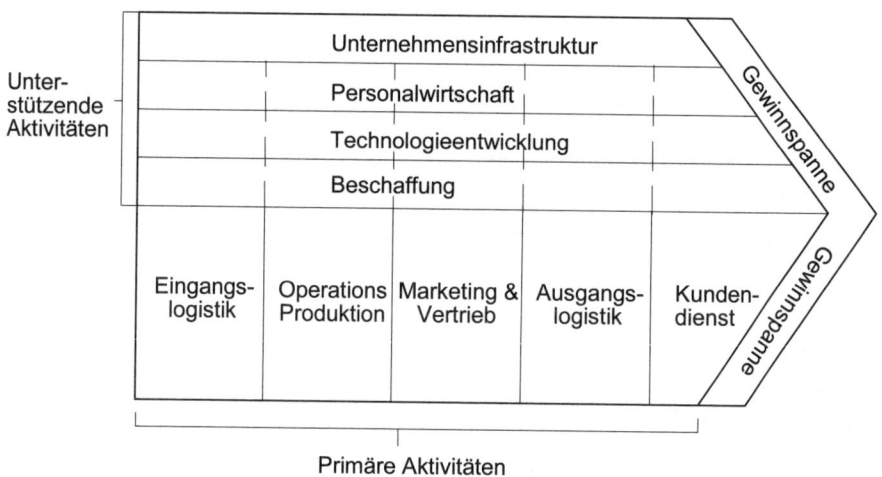

Abb. 2.9:   *Grundstruktur einer Wertkette*
            [Quelle: Porter, M. E. (2000), S. 66]

Die **primären Aktivitäten** betreffen die Versorgung des Marktes mit Produkten und Dienstleistungen, wie z. B. die Eingangs- und Ausgangslogistik mit der entsprechenden Lagerhaltung, die Produktion (Operations), das Marketing, den Vertrieb und den Kundendienst. Die **sekundären oder unterstützenden Aktivitäten** umfassen Aktivitäten, die zur Ausübung der primären Tätigkeiten notwendig sind, wie z. B. die Beschaffung, die Technologieentwicklung, die Personalwirtschaft, die Unternehmensinfrastruktur (Geschäftsführung, Planung, Rechnungswesen, Finanzen u. ä.). Die unterstützenden Aktivitäten können hierbei sowohl einzelne primäre Aktivitäten als auch die gesamte Kette betreffen. Gleichzeitig beeinflussen sich die unterstützenden Aktivitäten auch untereinander. Diese Zusammenhänge werden in Abb. 2.9 mit Hilfe von gestrichelten Linien erfasst. Als drittes Element enthält die Wertkette eine **Gewinnspanne** des Produktes, die ermittelt werden kann, wenn den primären und sekundären Aktivitäten Kosten pro Stück oder Kostenanteile in Prozent zugeordnet werden und ein Vergleich mit dem Preis des Produktes erfolgt. Die Wertkette stellt somit den Gesamtwert dar, den die Abnehmer für das ihnen bereitgestellte Produkt/Dienstleistung zu zahlen bereit sind. D. h., der Gesamtwert ist synonym zum erzielten Umsatz.

Inhaltlich lassen sich die einzelnen Aktivitäten wie folgt beispielhaft erläutern:

Primäre Aktivitäten:	Auf die Erstellung eines bestimmten Produktes bezogen.

- Eingangslogistik: Annahme, Lagerung, Distribution von Inputs, welche direkt in das zu erstellende Produkt eingehen.

- Operations: Prozessschritte zur Erzeugung eines Produktes wie Fertigung, Montage, Verpackung usw.

- Marketing & Vertrieb: Konzepte zur Absatzerzielung (enge Begriffsfassung von Marketing) wie Werbung, Verkaufsaussendienst, Vertriebswege, Preisgestaltung usw.

- Ausgangslogistik: Tätigkeiten am fertigen Produkt wie Lagerung, Auslieferung, Auftragsabwicklung, die in der Abgabe an den Abnehmer enden.

- Kundendienst: Produktbezogene Dienstleistungen wie Installation, Reparatur, Beratung usw.

Unterstützende Aktivitäten:	Dienen zur Gewährleistung der primären Aktivitäten und der Geschäftstätigkeit insgesamt.

- Unternehmensinfrastruktur: Das gesamte Unternehmen umfassende Aktivitäten wie Geschäftsführung, Rechnungswesen, Controlling usw.

- Personalwirtschaft: Mitarbeiterbezogene Aktivitäten wie Rekrutierung, Ausbildung, Fortbildung usw.

- Technologieentwicklung: Produkt- und Verfahrensverbesserungen in Bezug auf alle Prozesse und Verfahren im Unternehmen.

- Beschaffung: Einkauf der für die Geschäftstätigkeit notwendigen Inputs, d. h. Maschinen, Dienstleistungen, Büro- und Geschäftsausstattung usw.

Das Konzept der Wertkette ist dabei an die jeweilige Unternehmenssituation anpassbar. Unter einer teilweisen Neuanpassung der Aktivitäten kann die Wertkette nach *Porter* unseres Erachtens wie folgt modifiziert werden.

Bei Betrachtung der primären Aktivitäten bietet sich eine Abspaltung der Tätigkeiten der internen Logistik vom Gesamtbereich der Ausgangslogistik an. Hierdurch wird eine differenziertere Betrachtung der Wertschöpfung erreicht und der Logistikprozess innerhalb eines Unternehmens wird in drei eindeutige Bereiche (Eingangs-, interne- und Ausgangslogistik) gegliedert. Weiterhin bietet sich eine Umgliederung der Aktivität Marketing vom primären in den unterstützenden Bereich an. Dieses Vorgehen wird durch eine umfassende Marketingsicht (marktorientierte Unternehmensführung) mit seinem Einfluss auf alle Aktivitäten getragen.

Die **Konstruktion der Wertkette** ist gedanklich in **drei Schritte** zerlegbar. Zunächst werden alle einzelnen betrieblichen **Aktivitäten** zu strategisch relevanten **Komponenten** der Wertkette zusammengefasst. Als Beispiel für ein Handelsunternehmen können die Aktivitäten

„Ware bestellen" und „Ware prüfen" angeführt werden, die in der Komponente „Bestellvorgang" gebündelt werden. In einem zweiten Schritt sind die gebildeten **Komponenten der Wertkette** in sog. **Schwerpunkten** zu komprimieren. Im Fall des Beispiels für das Handelsunternehmen sind z. B. die Komponenten „Bestellvorgang" und „Lagerung" zum Schwerpunkt „Eingangslogistik" zusammenzufassen. Diese Zusammenfassung kann zum einen anhand qualitativer Kriterien, wie z. B. der organisatorischen Stellung der Komponenten im Unternehmen, oder anhand quantitativer, insbesondere kostenorientierter Größen erfolgen.

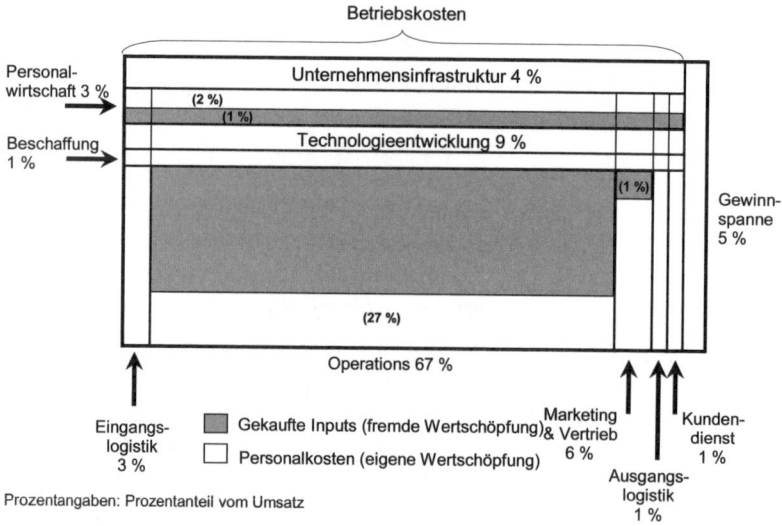

Abb. 2.10:   Beispiel für eine Wertkette
[in Anlehnung an: Porter, M. E. (2000), S. 104]

Wird die Bildung der Schwerpunkte der Wertkette mittels Kostengrößen vorgenommen, so bedeutet das zugleich einen fließenden Übergang zum dritten Schritt, der die **Zuordnung von absoluten oder relativen Kostengrößen** für die einzelnen Komponenten der Wertkette beinhaltet und in der Ermittlung der Gewinnspanne für das Produkt mündet (siehe das Beispiel für die Wertkette in Abb. 2.10).

Unseres Erachtens kann die Erstellung der Wertkette auch auf Basis der von einer **Prozesskostenrechnung** gelieferten Daten vorgenommen werden [vgl. zu Einzelheiten *Coenenberg, A. G.* (2003), S. 205 ff.]. Die Zuordnung der einzelnen betrieblichen Aktivitäten im ersten Schritt kann durch die im Zuge des Aufbaus der Prozesskostenrechnung gewonnenen **Teilprozesse** ersetzt werden. Die im zweiten Schritt erfolgende Schwerpunktbildung entspricht der Zusammenfassung der Teilprozesse zu strategisch relevanten **Hauptprozessen**. Für die im dritten Schritt erforderliche Kostenzuordnung wird schließlich auf die **Prozesskosten** pro Stück zurückgegriffen.

Insbesondere zur **Integration ökologischer Aspekte** ist die Wertkette zum **Wertschöpfungskreis** zu erweitern (siehe Abb. 2.11). Die Erweiterung besteht zum einen in der zusätzlichen

Aufnahme einer Entsorgungsphase und zum anderen durch die idealtypische Betrachtung der Wertkette als geschlossenen Kreislauf, die eine Ersetzung der **Durchlaufwirtschaft** der Wertkette durch eine **Kreislaufwirtschaft** ermöglicht [vgl. *Günther, E. (1994), S. 89 ff.*].

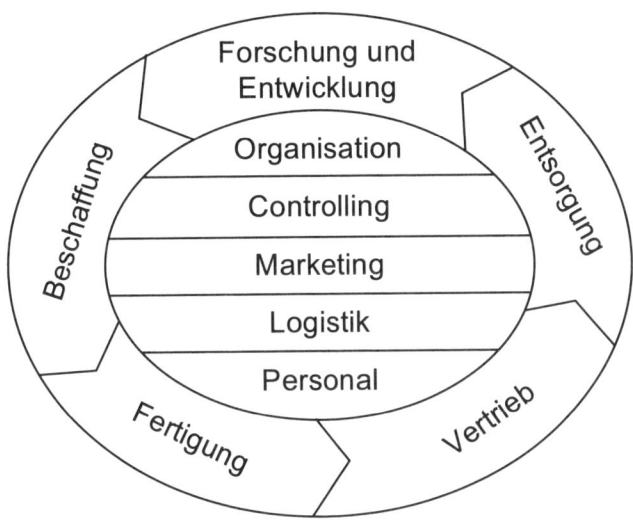

Abb. 2.11: *Wertschöpfungskreis*
[in Anlehnung an: Günther, E. (1994), S. 90]

Eine weitere Möglichkeit zur Analyse der Wertschöpfung des Unternehmens stellt das ursprünglich von der Unternehmensberatung *McKinsey* entwickelte **Geschäftssystem** dar [vgl. im Folgenden auch *Kreilkamp, E. (1987), S. 194 ff.*]. Zur Strukturierung des Unternehmens wird im Geschäftssystem zunächst die Abfolge der Schritte abgebildet, in denen das Unternehmen seine Güter und Dienstleistungen erbringt. Den einzelnen Stufen des Geschäftssystems werden ähnlich zur Wertkette die Kostenanteile als Anteil am Verkaufspreis zugeordnet, um eine Aussage über die Kostenstruktur und mögliche Kosteneinsparungspotenziale zu erhalten.

Im Gegensatz zur Wertkette wird das Geschäftssystem zusätzlich um die Leistungsseite erweitert. Dazu ist es notwendig, den Beitrag der einzelnen Stufen des Geschäftssystems zur Erfüllung des Kundennutzens zu bestimmen. Als Möglichkeit bietet sich hierfür die auch im Zuge des **Target Costing** angewandte Methode des **Conjoint Measurement** an, mit der zunächst die Kundennutzenanteile für die vom Produkt zu erfüllenden Funktionen geschätzt werden [vgl. zu Einzelheiten *Coenenberg, A. G. (2003), S. 441 ff.*]. Diese Nutzenanteile werden anschließend anhand des Beitrags der einzelnen Produktkomponenten an der Erfüllung der jeweiligen Produktfunktion auf die Produktkomponenten aufgeteilt.

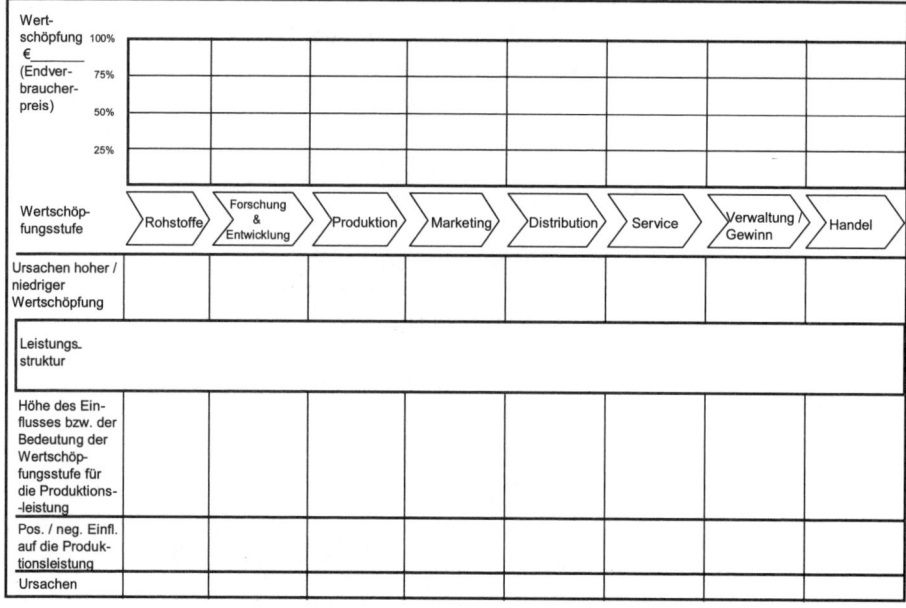

Abb. 2.12:   *Beispiel für ein Geschäftssystem*
            [Quelle: Kreilkamp, E. (1987), S. 197]

Wird z. B. der Nutzenanteil für die Zuverlässigkeit eines Computers von den Kunden mit 40 % angegeben und hat die Produktkomponente „Prozessor" einen Anteil an der Erfüllung dieses Nutzens von 25 %, ergibt sich für die Produktkomponente „Prozessor" ein Nutzenanteil von 10 % (40 %·25 %). Entsprechend dem Anteil der einzelnen Stufen des Geschäftssystems an z. B. der Beschaffung und Bearbeitung der Produktkomponenten kann im Folgenden eine Ermittlung des Kundennutzens dieser einzelnen Stufen vorgenommen werden. Wird im angegebenen Beispiel beispielsweise festgestellt, dass die Produktion 50 % der Zuverlässigkeit der Prozessoren bestimmt, ergibt sich aus Kundensicht ein Nutzenanteil der Prozessorproduktion von 5 % (10 %·50 %). Über die Summierung der übrigen Nutzenanteile der Produktion für die anderen Komponenten kann dann der gesamte Nutzenanteil der Produktion aus Kundensicht ermittelt werden. Für die anderen Stufen des Geschäftssystems ist analog zu verfahren.

Durch die Gegenüberstellung der ermittelten Nutzen- und Kostenanteile der Stufen des Geschäftssystems ist dann analog zum Target Costing auf die Notwendigkeit von Kosteneinsparungen und / oder Kostenumverteilungen schließbar. In Abb. 2.12 ist die Struktur für ein Geschäftssystem dargestellt, bei dem die aufgezeigte Betrachtung der Wertschöpfungs- und Leistungsseite vorgenommen wird.

2.3.2   **Bewertung der strategischen Potenziale**

Der Vergleich der Kosten- mit den Nutzenanteilen der Geschäftssystemstufen beinhaltet schon einen Ansatz für die **Bewertung der strategischen Potenziale**. Die Bewertung der ermittelten strategischen Potenziale im Allgemeinen soll ein Urteil darüber erlauben, ob es sich bei diesen Potenzialen um **Stärken oder Schwächen** des Unternehmens handelt. Welche anderen Möglichkeiten für diese Bewertung existieren, wird im Folgenden beschrieben.

Sollen die im Zuge der Wertketten-, Wertschöpfungskreis- und Geschäftssystemanalyse eruierten strategischen Potenziale bewertet werden, müssen diese mit einem **Sollzustand** verglichen werden. Zur Ableitung des Sollzustandes können im Wesentlichen **vier Ansätze** herangezogen werden:

1. **Zeitvergleich:** Beim **Zeitvergleich** werden die ermittelten strategischen Potenziale einem Vergleich mit denen aus der Vergangenheit des Unternehmens unterzogen. Das bedeutet z. B., dass in der Wertkette der heutige Anteil der Personalkosten im Produktionsbereich mit dem des letzten Jahres verglichen wird. Problematisch am Zeitvergleich ist, dass durch positive Änderungen Verbesserungen suggeriert werden, die bei noch nicht ausreichenden heutigen Potenzialen nicht vorliegen. *Schmalenbach* hat dies treffend als „Vergleich von Schlendrian mit Schlendrian" bezeichnet.

2. **Vergleich mit dem Produktlebenszyklus:** Nach dem Konzept des **Produktlebenszyklus** durchläuft ein Produkt idealtypischerweise die Phasen der Einführung, des Wachstums, der Reife und der Sättigung (siehe zu Einzelheiten Kapitel 3.2.1). Je nachdem, in welcher Phase des Produktlebenszyklus sich das Produkt des Unternehmens befindet, können sich unterschiedliche Anforderungen an die Potenziale des Unternehmens ergeben. So sind beispielsweise in der Entwicklungs- und Wachstumsphase höhere Kostenanteile im F&E-Bereich notwendig, als dies in der Sättigungsphase der Fall ist. Problematisch bei diesem Vorgehen ist die oftmals nicht mögliche klare Abgrenzung der Lebenszyklusphasen. Ein Vorteil gegenüber dem Vergleich mit internen Vergangenheitsdaten ist dagegen in dem externen Bezug der Lebenszyklusbetrachtung zu sehen.

3. **Vergleich mit Wettbewerbern:** Der Vergleich der Potenziale mit denen der Wettbewerber verlässt ebenfalls die interne Betrachtungsweise und hat gegenüber der Lebenszyklusbetrachtung zusätzlich den Vorteil einer aussagefähigeren, da gegenüber den Wettbewerbern relativierten Bewertung. Zu diesem Zweck ist es zur Schaffung einer Vergleichsbasis notwendig, für die Wettbewerber ebenfalls eine Strukturierung des Unternehmens mittels Wertketten-, Wertschöpfungskreis- oder Geschäftssystemanalyse vorzunehmen. Die Daten für diese Analysen können gleichzeitig im Zuge der **Konkurrenzanalyse** erhoben werden. Erweiterungsmöglichkeiten ergeben sich durch die Einbeziehung der **Benchmarking**-Philosophie, indem die ermittelten Potenziale nicht nur mit den Konkurrenten, sondern zusätzlich mit der **best practice** anderer Unternehmen verglichen werden (z. B. der Ablauf von Boxenstops in der Formel 1, der von *Andersen Consulting* auf die Frachtabfertigung von Flugzeugen übertragen wurde und eine Verkürzung der Abfertigungszeiten um 50 % ermöglichte). Die Abb. 2.13 zum Vergleich zweier Wertketten aus der Computerindustrie soll den Gedanken des Wettbewerbsvergleichs veranschaulichen.

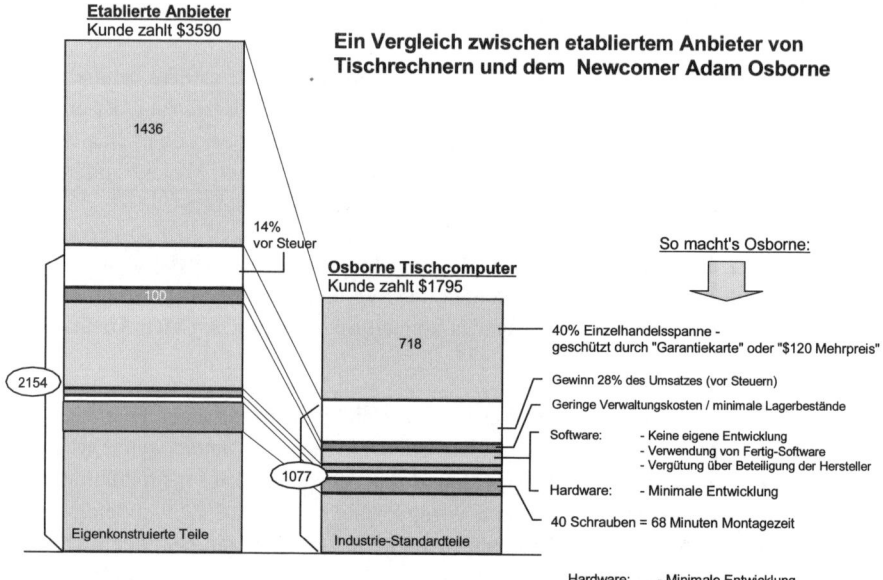

Abb. 2.13:   Vergleich zweier Wertketten
             [Quelle: Schierz, J. (1983), S. 58]

4. **Vergleich mit kritischen Erfolgsfaktoren:** Als weitere Vergleichsmöglichkeit für die internen strategischen Potenziale können sog. **kritische oder strategische Erfolgsfaktoren** (siehe auch Kapitel 1.5.3) herangezogen werden. Das Ausmaß der Stärke oder Schwäche des Unternehmens ergibt sich daraus, in welchem Grad die vorhandenen strategischen Potenziale mit dem oder den strategischen Erfolgsfaktoren übereinstimmen. Ist z. B. in einer Branche die Rate der Neuproduktentwicklungen ein strategischer Erfolgsfaktor und verfügt das Unternehmen im F&E-Bereich über eine hohe Ausstattung an sachlichen, personellen und finanziellen Ressourcen, kann auf eine Stärke des Unternehmens geschlossen werden. Zur Ableitung strategischer Erfolgsfaktoren können z. B. folgende Methoden zum Einsatz kommen:

• Methoden der Umfeldanalyse,
• Instrumente zur Gewinnung kritischer Erfolgsfaktoren (z. B. Produktlebenszyklus, Erfahrungskurve, zu Einzelheiten siehe Kapitel 3),

2.3.3   Visualisierung der strategischen Potenziale mit Hilfe eines Stärken-Schwächen-Profils

Zur **Visualisierung** der aus den vorhandenen Ressourcen oder Potenzialen ermittelten Stärken und Schwächen des Unternehmens ist im **dritten Schritt der Unternehmensanalyse** die Erstellung eines **Stärken-Schwächen-Profils** vorzunehmen. Dazu sind zunächst Kriterien festzulegen, welche die wesentlichen Ressourcen oder Potenziale des Unternehmens widerspiegeln. Anschließend sind diese Kriterien entsprechend den ihnen zugrunde liegenden Stärken und Schwächen zu bewerten. Diese Bewertung kann durch die Anwendung des **Scoring-Modells** (siehe zu Einzelheiten Kapitel 4.1.3.2.1) erfolgen, mit dem die einzelnen Kriterien anhand einer ordinalen Punktskala (z. B. 0 bis 10 oder -10 bis 10) bewertet werden.

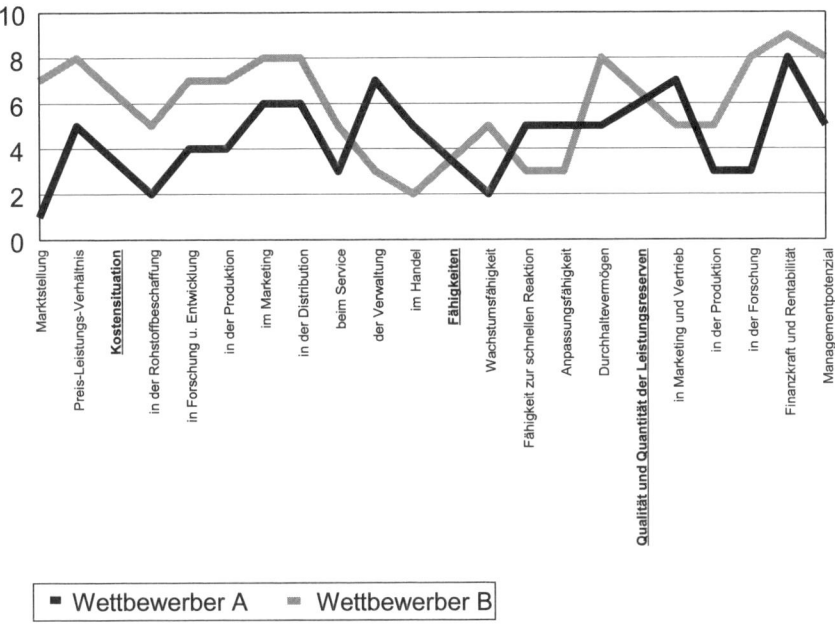

Abb. 2.14:   *Beispiel für ein Stärken-Schwächen-Profil*
                 [Quelle: Kreilkamp, E. (1987), S. 200]

Eine Möglichkeit stellt eine Punktvergabe relativ zu den vier oben aufgezeigten Bewertungsmaßstäben dar. Beispielsweise ist das eigene Finanzierungspotenzial mit dem der Wettbewerber zu vergleichen und bei Vorliegen eines gegenüber den Wettbewerbern ähnlichen Finanzierungspotenzials mit dem Punkt 0 zu bewerten (Skala: -10 -- 0 -- +10). Dieses Vorgehen kann für die anderen Bewertungsmaßstäbe analog durchgeführt werden. Im Ergebnis werden die resultierenden Punktwerte zu einem Gesamtpunktwert zusammengefasst, der für das Unternehmen die relative Stärke oder Schwäche des Kriteriums wiedergibt. Durch die Wiederholung der Vorgehensweise für alle Kriterien lässt sich schließlich ein **relatives Stärken-Schwächen-Profil** ermitteln [vgl. das Beispiel bei *Welge, M. K. / Al-Laham, A.* (2005), S. 290].

Eine **andere Möglichkeit** besteht in der gesonderten Bewertung der Kriterien des Unternehmens und der Kriterien für den gewählten Bewertungsmaßstab (z. B. ein Wettbewerber) mit der Ordinalskala. Durch den Vergleich des Stärken-Schwächen-Profils des Unternehmens und des Stärken-Schwächen-Profils des gewählten Bewertungsmaßstabs kann dann wiederum auf eine relative Stärke oder Schwäche des Unternehmens geschlossen werden. Abb. 2.14 illustriert das Vorgehen für den Vergleich des Unternehmens mit einem Wettbewerber.

2.4   SWOT-Analyse

Zum **Abschluss der Umfeld- und Unternehmensanalyse** ist der Deckungsgrad der im Zuge der Umfeldanalyse ermittelten Chancen und Risiken mit den in der Unternehmensanalyse erkannten Stärken und Schwächen festzustellen. Zu diesem Zweck sind die im Risiko-Chancen-Katalog der Umfeldanalyse zusammengefassten Daten mit dem Stärken-Schwächen-Profil der Unternehmensanalyse zu vergleichen. Die dabei möglichen Konstellationen von Stärken / Schwächen und Chancen / Risiken und die daraus resultierenden Strategien können in einer so genannten **SWOT-Analyse** (SWOT: Strengths-Weaknesses-Opportunities-Threats) zusammengefasst werden, die in Abb. 2.15 dargestellt wird.

| | | Ergebnis der Unternehmensanalyse: | |
		Stärken (Strengths)	Schwächen (Weaknesses)
Ergebnis der Umfeldanalyse:	**Chancen (Opportunities)**	Einsatz der Stärken des Unternehmens zur Ausnutzung der Chancen des Unternehmensumfeldes (insb. Wachstumsstrategie)	Überwindung der Schwächen des Unternehmens durch die Aus-nutzung der Chancen des Unternehmensumfeldes
	Risiken (Threats)	Einsatz der Stärken des Unternehmens zur Minimierung der Risiken des Unternehmensumfeldes	Minimierung der Schwächen des Unternehmens und der Risiken des Unternehmensumfeldes (Defensivstrategie)

Abb. 2.15:   SWOT-Analyse
*   [in Anlehnung an: David, F. R. (1986), S. 207]*

Die beiden Extremfälle der SWOT-Analyse können folgendermaßen veranschaulicht werden [vgl. ausführlich und zu anderen Fallkonstellationen *Welge, M. K. / Al-Laham, A.* (2005), S. 317 ff.]:

Im Fall des Zusammentreffens einer Chance des Umfeldes (z. B. zunehmende Nachfrage nach kostengünstigen Produkten) und einer Stärke des Unternehmens (z. B. niedrigste Stückkosten im Vergleich zu den Wettbewerbern) ergibt sich für das Unternehmen eine **positive Entwicklungsmöglichkeit** (z. B. Absatzausweitung und damit Wachstum des Unternehmens). Trifft dagegen ein Risiko des Umfeldes (z. B. fordern die Abnehmer bei gleichen Preisen eine höhere Qualität) auf eine Schwäche des Unternehmens (z. B. Qualitätsprobleme in der Fertigung), ergibt sich eine **Gefahr** für die zukünftige Unternehmensentwicklung (z. B. Absatz- und damit einhergehende Gewinneinbußen). In beiden Fällen sind entsprechende Strategien zu formulieren, die im ersten Fall die positiven Entwicklungsmöglichkeiten ausnutzen (z. B. Ausbau der Kostenführerschaft) und im zweiten Fall die Gefahren für das Unternehmen beseitigen (z. B. qualitätsverbessernde und kostensenkende Investitionen im Fertigungsbereich). Welche Möglichkeiten zur Strategieformulierung für Geschäftseinheiten im Einzelnen bestehen, wird in dem folgenden Kapitel 3 dargelegt.

3 Geschäftsstrategien

3.1 Strategische Stoßrichtungen

Vorrangiges Ziel der strategischen Unternehmensplanung ist – wie ausgeführt – die nachhaltige Existenzsicherung des Unternehmens. Um die Überlebensfähigkeit des Unternehmens in der Zukunft zu ermöglichen, ist es notwendig, dessen Anpassung an den strukturellen Wandel des Unternehmensumfeldes aktiv zu planen. Steuerungsgröße der strategischen Planung ist das Erfolgspotenzial. Erfolgspotenziale werden durch Produkt-Markt-Strategien (Strategien über das Produktkonzept und Auswahl des relevanten Marktes) sowie durch Ressourcen-Strategien (Strategien zur Verwendung und Ausgestaltung der vorhandenen bzw. zu beschaffenden Ressourcen) nutzbar gemacht und kommen in nachhaltigen Wettbewerbsvorteilen zum Ausdruck. Sowohl für die Gewinnung von Produkt-Markt-Strategien als auch von Ressourcen-Strategien sind sog. **strategische Erfolgsfaktoren** zur Strategiebewertung heranzuziehen. Darauf wurde in Kapitel 1.5.3 schon eingegangen.

Neben den **branchen- bzw. unternehmensspezifischen** strategischen Erfolgsfaktoren wurden in empirischen Studien **branchenunspezifische, raum-zeit-unabhängige** Gesetzmäßigkeiten aufgedeckt, die in bestimmten Situationen den Erfolg oder Misserfolg einer strategischen Geschäftseinheit beeinflussen bzw. erklären können. Die nachstehenden Ausführungen beziehen sich ausschließlich auf solche allgemeinen strategischen Erfolgsfaktoren. Untersuchungen hierzu basieren auf der Annahme, dass einige wenige grundlegende Faktoren den nachhaltigen Unternehmenserfolg bestimmen. Diese strategischen Erfolgsfaktoren werden i. d. R. aus Beziehungen zwischen strategisch relevanten Variablen abgeleitet und sind Gegenstand der empirischen Managementforschung.

Die Erfolgsfaktorenforschung und der Versuch generelle strategische Erfolgsfaktoren quasi als „Marktgesetze" abzuleiten, ist von *March / Sutton* und darauf aufbauend von *Nicolai / Kieser* umfassend kritisiert worden [vgl. *March, J. G. / Sutton, R. I.* (1997), S. 698 ff. und *Nicolai, A. / Kieser, A.* (2002), S. 579 ff.], wobei im Einzelnen folgende **Kritikpunkte** vorgebracht wurden:

- Die Ergebnisse der strategischen Erfolgsfaktorenforschung beruhten auf **methodischen Schwächen** (nicht repräsentative Stichproben, nicht valide oder zuverlässige Messung von Variablen, Einschätzung von Erfolgsfaktoren und Erfolg durch die selben Probanden (key informant bias), situative Abhängigkeit der Erfolgsfaktoren etc.) und sei daher für die Praxis nur beschränkt generalisierbar.
- Bekannte und imitierbare strategische Erfolgsfaktoren verlieren ihre Wirksamkeit. Ein **Wettbewerbsvorteil** basiere vielmehr auf Einzigartigkeit und strategische Erfolgsfaktoren seien damit mit breit angelegten empirischen Querschnittsanalysen nicht ableitbar. Strategische Erfolgsfaktoren sollen jedoch gerade einen Schutz vor Imitation beinhalten (z. B. schwer kopierbare Markennamen oder Prozesskonzepte). Ferner wäre auch denkbar,

dass strategische Erfolgsfaktoren, wie z. B. Qualität, viele verschiedene Ausprägungen und Wettbewerbsvorteile für mehrere Marktteilnehmer ermöglichen und dennoch eine Qualitätsstrategie als generelle Strategieart mit Unternehmenserfolg verknüpft ist.

- Die Erfolgsfaktorenforschung kann stets nur rückblickend die **Vergangenheit** analysieren und damit nur beschränkt Aussagen über zukünftige Erfolgsfaktoren treffen.
- Zudem wird die **zeitliche Wirkung** häufig vernachlässigt. So kann gegenwärtiger Erfolg und damit dessen Erfolgsfaktoren u. a. auch von vergangenem Erfolg abhängen. Z. B. kann ein seit Jahren erfolgreiches Unternehmen einen Teil seiner Gewinne in neue Technologien oder den Aufbau von Marktanteilen investiert haben und damit auch in Zukunft erfolgreich sein (z. B. in der Automobilindustrie *Toyota*). Umgekehrt kann ein Unternehmen, das am Markt nicht erfolgreich war, durch einen Turnaround alle wesentlichen Geschäftsprozesse neu aufstellen (z. B. der Fernsehhersteller *Loewe*, der den Trendwechsel zum Flachbildschirm verpasste).
- Ebenfalls ist zwischen **kurzfristigem und langfristigem Erfolg** zu differenzieren. Als strategische Erfolgsfaktoren können daher nur diejenigen herangezogen werden, bei denen auch ein langfristiger Erfolg empirisch bestätigt ist. Dieser Nachweis fehlt jedoch in vielen empirischen Studien.
- Die Beschränkung auf **mono-kausale Zusammenhänge** zwischen unabhängiger Variable (Erfolgsfaktor) und abhängiger Variable (Erfolg) werden als nicht mehr problemadäquat betrachtet. Statt dessen sollen auch der Einfluss zusätzlicher Variablen (z. B. Unternehmensgröße, Unternehmenskultur, Unternehmens- oder Branchensituation etc.) und moderierende Effekte auf analysierte Zusammenhänge in Form von sog. **Kausalen Netzwerken** abgebildet werden. Die Vorgehenweise ähnelt den Netzwerken des vernetzten Denkens nach *Vester*.

Trotz aller Kritik an der Vorgehensweise und der Ergebnissen der empirischen Erfolgsfaktorenforschung stellen strategische Erfolgsfaktoren die wesentliche Grundlage für strategische Planung und Kontrolle und deren Instrumentarium dar. Es ist jedoch zu gewährleisten, dass Erfolgsfaktoren zugrunde gelegt werden, die den langfristigen, zukünftigen Erfolg des Unternehmens beeinflussen und zu Wettbewerbsvorteilen führen, die schützbar und schwer imitierbar sind. Wie das vernetzte Denken und die Kritik an mono-kausalen Zusammenhängen zeigt, wird es sich dabei eher um mehrere, miteinander vernetzte und gleichzeitig zu steuernde Faktoren handeln, als um einen einzelnen Erfolgsfaktor. Daher werden nachfolgend die verschiedenen Konzepte, die hinter Geschäftsstrategien stehen und Erfolgsfaktoren begründen, ausführlich bezüglich ihrer Anwendbarkeit und Grenzen analysiert.

Nach *Porter* können strategische Wettbewerbsvorteile einerseits aus einer gegenüber den Wettbewerbern überlegenen Kostenposition resultieren oder andererseits auf einem Nutzenvorteil im Verhältnis zu den Konkurrenten basieren. Dabei unterscheidet er drei Wettbewerbsstrategien, die sog. **generischen Wettbewerbsstrategien** je nachdem, welcher Wettbewerbsvorteil das strategische Vorgehen am Markt bestimmt und welches Ziel damit verfolgt wird [vgl. im Folgenden *Porter, M. E.* (1980a), S. 36 ff.; *Porter, M. E.* (2000), S. 37 ff.]:

- Kostenführerschafts- bzw. Volumenstrategie,
- Differenzierungsstrategie,
- Spezialisierungs-, Nischen- oder Konzentrationsstrategie.

Die **Kostenführerschaftsstrategie** basiert auf dem Prinzip der Erfahrungskurve, auf welche im Kapitel 3.2.2 ausführlich eingegangen wird. Unternehmen, die diese Strategie verfolgen, streben nach einer optimierten Kostenstruktur mit möglichst geringen Stückkosten. Für den Erfolg der Kostenführerschaftsstrategie sind hohe relative Marktanteile als Maß für ein hohes akkumuliertes Produktionsvolumen notwendig, da der Wettbewerber mit der größten kumulierten Ausbringungsmenge aufgrund von Erfahrungseffekten das niedrigste Kostenniveau verwirklichen kann und somit Kostenführer wird. Der Kostenvorsprung ist umso größer, je kleiner die Wettbewerber sind. Ziel muss es daher bei dieser Strategie sein, möglichst hohe relative Marktanteile zu erreichen, um dadurch die kumulierte Gesamtausbringungsmenge zu maximieren. Die Kostenführerschaft ist oft verbunden mit Massenfertigung, d. h. der Herstellung von weitestgehend standardisierten Produkten in großen Stückzahlen, bei denen in erster Linie der Preis das relevante präferenzbildende Kriterium darstellt. Kostenführerschaft erfordert den Aufbau von Produktionsanlagen effizienter Größe, die konsequente Realisierung erfahrungsbedingter Kostenpotenziale, strenge Kontrolle der Kosteneinhaltung, Vermeidung marginaler Kunden und Minimierung der relativen Kosten in Bereichen wie F&E, Service, Distribution, Werbung usw. Eine selbstbestimmte Eingrenzung des Zielmarktes erfolgt bei dieser Strategie nicht. Vielmehr gibt die Branche den Fokus vor und insoweit werden alle wesentlichen Marktsegmente beliefert.

Verfolgt ein Unternehmen eine **Differenzierungsstrategie**, versucht es, sich durch die Schaffung eines Zusatznutzens von den Produkten seiner Wettbewerber abzuheben und sich so einen monopolistischen Preisspielraum aufzubauen, den es durch Preisaufschläge auszunutzen versucht. Im Mittelpunkt der Strategie stehen also nicht die Kosten-, sondern die Leistungsausprägungen. Der Zusatznutzen kann beispielsweise durch exklusives Produktdesign, durch Kundenservice, durch innovative Forschung und Entwicklung, durch außergewöhnliche Produktfunktionalität, durch hochqualitative Produktverarbeitung oder durch kurze Lieferzeiten geschaffen werden. Diese bewusst auf Exklusivität gerichtete Strategie ist häufig mit hohen branchenbezogenen Marktanteilen unvereinbar, nicht zuletzt auch deshalb, weil nicht alle Nachfrager diesen Zusatznutzen wollen und folglich auch nicht bereit sind, den dafür verlangten Preisaufschlag zu bezahlen. So ist die Differenzierungsstrategie zwar auf die gesamte Branche gerichtet, kann aber nur einen Teil der Nachfrager erreichen [vgl. *Porter, M. E.* (1999), S. 75f.].

Schließlich zielt die **Spezialisierungsstrategie** im Gegensatz zur Kostenführerschafts- und Differenzierungsstrategie von Anfang an nur auf ein bestimmtes Marktsegment. Das Unternehmen strebt nicht danach, branchenweit Anwender zu akquirieren, wie dies bei der Differenzierungsstrategie der Fall ist. Vielmehr richtet sich die Spezialisierungsstrategie nur auf ein begrenztes, in Bezug auf ein bestimmtes Kundenbedürfnis relativ homogenes Marktsegment. Die Abgrenzung erfolgt dabei über das Kundenbedürfnis, welches nachhaltig besser als durch die Konkurrenz erfüllt werden soll. Beispielsweise wird nur eine bestimmte Berufsgruppe oder Region bedient. Ebenso kann sich eine Spezialisierungsstrategie z. B. auf einen bestimmten

Vertriebsweg beziehen. Die Spezialisierungsstrategie lässt sich als fokussierte Kostenführerschaftsstrategie oder als fokussierte Differenzierungsstrategie interpretieren, da der ökonomische Vorteil entweder über den Kosten- oder über den Nutzenvorteil realisiert wird. So können sich bei der Bedienung des Teilmarktes Kostenvorteile z. B. aufgrund des Standortes gegenüber dem Branchenkostenführer realisieren lassen oder die Produkte können mit einem Zusatznutzen, z. B. Lieferung innerhalb von 24 Stunden, ausgestattet werden.

Zusammenfassend werden die generischen Wettbewerbsstrategien in Abb. 3.1 veranschaulicht.

		Wettbewerbsvorteile durch	
		Kostenposition (Wettbewerb über den Preis)	Kundenseitig wahrgenommene Produktunterschiede (Wettbewerb über Zusatznutzen)
Strategischer Zielmarkt	Gesamte Branche	**Kostenführerschaft**	**Differenzierung**
	Beschränkung auf ein Segment	**Spezialisierung** (Konzentration auf Schwerpunkte)	

Abb. 3.1:   Generische Wettbewerbsstrategien nach Porter
            [in Anlehnung an: Porter, M. E. (1999), S. 75]

Nach *Porter* sollten Unternehmen sich für eine der Strategien klar entscheiden, da sie sonst durch ihre unklare Orientierung „zwischen den Stühlen" (**stuck in the middle**) sitzen (siehe hierzu auch Kapitel 4.2.2.1).

In den letzten Jahren ist die *Porter'sche* Empfehlung nach einseitiger Festlegung auf entweder die Kostenführerschafts- oder die Differenzierungsstrategie immer mehr kritisiert worden. Grund hierfür sind in erster Linie veränderte Wettbewerbsbedingungen, die einen Wechsel zwischen den beiden strategischen Handlungsmustern notwendig werden lassen, um einen nachhaltigen Vorsprung gegenüber den Wettbewerbern zu erzielen. Die Wettbewerbsintensität ist derart gewachsen, dass Unternehmen nicht mehr auf den Erfolg durch die Wahl eines allgemeinen Strategietyps bauen können. Dieser sog. **Hyperwettbewerb** ist dadurch gekennzeichnet, dass Wettbewerbsvorteile rasch erzeugt und ebenso schnell wieder zunichte gemacht werden. Dieser dynamische und unbeständige und dadurch härter gewordene Wettbewerb ist nicht nur charakteristisch für schnelllebige Hochtechnologiebranchen wie z. B. die Computerbranche, sondern ist in nahezu allen Branchen vorzufinden. Wettbewerbsvorteile lassen sich nur so lange halten, bis die Wettbewerber sie nachgeahmt oder umgangen haben, so dass die Wahrung eines Wettbewerbsvorteils sich ständig schwieriger gestaltet und nur einen temporären Vorteil darstellt. Wenn die Wettbewerber einen Vorteil nachgeahmt haben, ist er kein Vorteil mehr, sondern notwendiger Bestandteil bei der Abwicklung des täglichen Geschäfts. Aus einem ursprünglichen Erfolgsfaktor, der den Gewinn erklärt bzw. begründet, ist ein Schlüsselfaktor geworden, der lediglich die Marktteilnahme gewährt. Demzufolge zählt im heutigen Wettbewerb weniger die derzeitige Position, als vielmehr das Meistern permanenter Veränderungen, die durch den ständigen Wettbewerb konkurrierender Unternehmen ausgelöst werden. Der Unternehmenserfolg hängt demnach von der Fähigkeit ab, eine Serie von Interaktionen mit dem Unternehmensumfeld erfolgreich steuern zu können [vgl. *D'Aveni, R. A. (1995), S. 16 ff.*]. Erst hierdurch ist die Nachhaltigkeit der Wettbewerbsvorteile gewährleistet.

Für die Unternehmen bedeutet das, dass sie immer wieder dazu gezwungen werden, ihre Kosten- (und Preis-) sowie ihre Qualitätsposition zu verändern. Wenn ein Unternehmen überleben will, muss es nicht nur hohe Qualität oder niedrige Kosten, sondern beides anbieten, denn der dynamische Wettbewerb bewirkt, dass sich die Produktpalette vieler Firmen angleicht und sich über Preis und Qualität allein auf Dauer kein Wettbewerbsvorteil gegenüber der Konkurrenz mehr erzielen lässt. Demgemäß wird nicht die alternative Wahl zwischen unterschiedlichen Strategietypen propagiert, sondern vielmehr der Wechsel als eine Kombination von Differenzierungs- und Kostenführerschaftsstrategie, die sog. **Outpacing-Strategie** [vgl. im Folgenden *Gilbert, X. / Strebel, P. J. (1987)*]. Bei der Outpacing-Strategie wechselt ein Unternehmen bei der strategischen Ausrichtung seiner Aktivitäten in Abhängigkeit von der jeweils gegebenen Wettbewerbssituation rechtzeitig zwischen den beiden Strategiealternativen, um so einen nachhaltigen Vorsprung gegenüber den Wettbewerbern länger wirksam werden zu lassen. Dabei sind zwei Vorgehensweisen denkbar:

1. Für einen **Innovator** wird zunächst die Verfolgung einer Differenzierungsstrategie zur Erreichung eines hohen Produktnutzens empfohlen, um später eine Kostensenkung auf hohem Produktnutzenniveau durchführen zu können. Da innovative Produkte schon durch ihre Neuartigkeit einen hohen Nutzen vermitteln, ist hierfür die Differenzierungsstrategie geradezu prädestiniert. Im weiteren Verlauf des Lebenszyklus werden bestimmte Produkte bzw. Produktmerkmale allgemein akzeptiert, wodurch sie sich als Standard manifestieren, an dem sich die Konkurrenzprodukte zu orientieren haben. Spätestens dann sollte auf die Kostenführerschaft übergegangen werden.

2. **Nachfolger / Imitatoren** verfolgen zunächst eine Kostenführerschaftsstrategie und sollten zusätzlich bei einem niedrigen Kostenniveau eine Angebotsdifferenzierung bzw. eine Produktnutzenerhöhung betreiben.

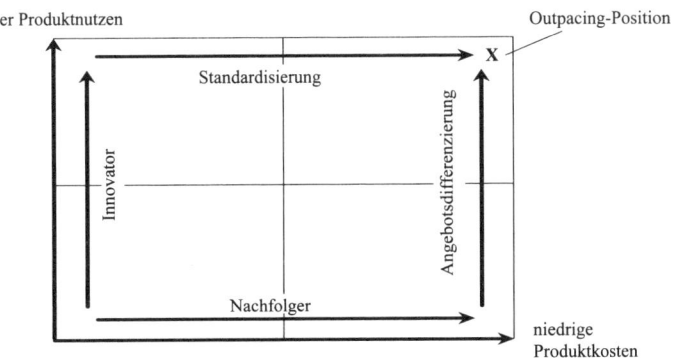

Abb. 3.2:   *Outpacing-Strategie und Outpacing-Position*
              [Quelle: Gilbert, X. / Strebel, P. J. (1987), S. 32]

In diesem Wettbewerbsszenario sind nur die Unternehmen erfolgreich, die Produkte anbieten, die sich sowohl durch hohen Anwendernutzen, Kreativität als auch durch relativ niedrige Kosten auszeichnen. Langfristig wettbewerbsfähig sind nur die Unternehmen, die entweder ausgehend von einem hohen, differenzierten Produktnutzen (**Innovationsstrategie**) oder auf Basis niedriger Kosten (**Nachfolgestrategie**) Produkte anbieten, die den Nachfragern einen hohen Nutzen bei gleichzeitig geringen Kosten bringen. Diese nachhaltigen Erfolg versprechende Strategie führt zur **Outpacing-Position** (siehe Abb. 3.2).

Damit die Outpacing-Strategie erfolgreich ist, müssen jedoch bestimmte **Voraussetzungen** erfüllt sein. In erster Linie ist eine sehr gute Kenntnis der Branche und ihrer Entwicklung notwendig. Außerdem muss das Unternehmen jeweils konsequent auf die gewählte strategische Vorgehensweise ausgerichtet sein. Nicht zuletzt müssen die aufgrund der Wettbewerbsvorteile erzielten Cash Flows reinvestiert werden, um einen Strategiewechsel, wenn nötig, schnell durchführen und damit die Stoßrichtung des Wettbewerbs mitbestimmen zu können [vgl. *Kleinaltenkamp, M.* (1995), S. 59 ff.].

Aus der Perspektive der Outpacing-Strategie haben gerade sich schnell wandelnde technologieorientierte Unternehmen Wettbewerbsnachteile, wenn sie mit ständigen Innovationen durch eine Differenzierungsstrategie in immer kleinere Nischen abdriften, aber auch wenn sie als Imitator nur nach Kostenführerschaft streben. Dann nämlich riskieren sie, dass sie den Volumenmarkt erst erreichen, wenn ein großer Teil des Marktes durch den erfolgreichen Innovator und dessen Volumengeschäft schon abgeschöpft ist.

Ergebnisse einer Fortsetzungsstudie des Projektes „**Excellence in Electronics II**“, die von einer Forschergruppe der Universität Augsburg und der Stanford University zusammen mit der Beratungsfirma *McKinsey* durchgeführt wurde, belegen diese Aussagen. In der Studie wurden 62 Geschäftsbereiche aus der Elektronikindustrie in den USA, in Japan und Europa untersucht [vgl. im Folgenden *Coenenberg, A. G.* (1997), S. 302 ff.]. In der Studie zeigte sich, dass in sich schnell wandelnden Branchen mit starker Technologiedurchdringung (Consumer-Elektronik, Computer und Kommunikationselektronik, Industrieelektronik und Messtechnik) nur die Unternehmen Erfolg haben, die die dynamische Kombination von Differenzierungs- und Volumenstrategie beherrschen.

Die erfolgreichen Unternehmen in der Studie sind dabei durch drei **Fähigkeiten** gekennzeichnet:

- Sie sind **innovativ**, d. h. sie führen häufig neue Produkte mit hohem Kundennutzenwert ein. Dabei sind die erfolgreichen Unternehmen nicht notwendigerweise die ersten am Markt, sie sind aber deutlich innovativer als weniger erfolgreiche Unternehmen. Darüber hinaus sind die von den erfolgreichen Unternehmen neu eingeführten Produkte im Kundennutzen denjenigen weniger erfolgreicher Unternehmen überlegen. Des Weiteren ist der Umsatzanteil, der aus neuen Produkten kommt, bei erfolgreichen Unternehmen deutlich höher. Erfolgreiche Unternehmen haben somit eine höhere Neuproduktrate und erfüllen bei den Neuprodukten die Zielmarktbedingungen genauer.

- Mit der Innovativität verbinden diese Unternehmen die Fähigkeit, nach angemessener Zeit das neue Produkt konsequent und mit hohen Produktivitätszuwächsen zu einem **Volumenprodukt** zu machen. Sie sind nicht notwendigerweise erste im Markt, aber die ersten im Massenmarkt. Die erfolgreichen Unternehmen erreichen dabei deutlich höhere Kostenreduktionen nach der Phase der Innovation und decken in stärkerem Maße die mittleren und unteren Segmente der Märkte ab.
- Erfolgreiche Unternehmen expandieren aggressiv und erreichen so eine **Marktführerschaft**, d. h. sie gehören immer zu den Ersten ihrer Branche. In der Studie wurde dies dadurch belegt, dass erfolgreiche Unternehmen signifikant größere Marktanteile erreichen und ihre Marktanteile deutlich stärker ausbauen.

Ein anschauliches Beispielunternehmen aus der Stichprobe des Forschungsprojektes ist *Sony*. Das außergewöhnliche Image verdankt *Sony* seiner unglaublichen Innovativität. Die dahinter stehende Strategie, Innovationen konsequent unter radikalen Produktivitätsgewinnen und Kostensenkungen zu einem Massenprodukt zu entwickeln, führte *Sony* zum Erfolg. So sind viele der von jedermann genutzten Hifi-Produkte (z. B. Walkman, Diskman) von *Sony* entwickelt und eingeführt worden. Ein weiteres Beispiel liefert *Compaq*. Mit einer einseitig geführten Differenzierungsstrategie geriet *Compaq* Anfang der 1990er Jahre in die Verlustzone. Nur durch eine Änderung der Geschäftsstrategie, weg vom Nischengeschäft hin zur Produktion für den Massenmarkt, konnte *Compaq* seine ursprünglich so erfolgreiche Position zurückgewinnen.

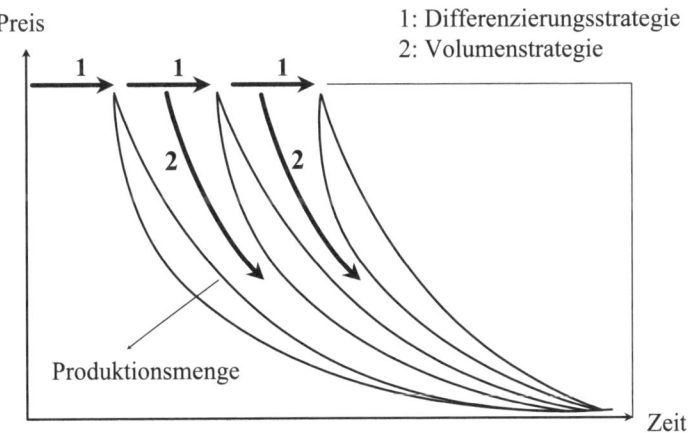

Abb. 3.3:   *Differenzierungs- und Volumenstrategien erfolgreicher Elektronik-Unternehmen [Quelle: McKinsey & Co. Inc. (1995)]*

Die zeitliche Kombination der Differenzierungs- und Kostenführerschafts- bzw. Volumenstrategie ist in Abb. 3.3 abgebildet [vgl. *Coenenberg, A. G.* (1997), S. 301 ff.]. Erst wird bei der Einführung neuer Produkte, welche einen erhöhten Nutzen für den Kunden bringen, eine Differenzierungsstrategie verfolgt. Durch die Realisierung von Kostensenkungspotenzialen durch

Verbesserungen im Produktdesign oder verbesserte Unternehmensprozesse kann der Preis gesenkt und dadurch die Produktionsmenge gesteigert werden (Volumenstrategie).

Mit dem Outpacing-Strategie-Ansatz zur Ableitung von strategischen Handlungsempfehlungen sind jedoch auch einige **Probleme** verbunden. Es bleibt z. B. unklar, ab welchem Zeitpunkt von der Differenzierungs- auf die Volumenstrategie übergegangen werden soll bzw. wie dieser Zeitpunkt zu bestimmen ist. Ohne eine Konkretisierung der Strategiegrenzen bzw. des Zeitpunkts für den Strategie-Shift eignet sich der Ansatz nur begrenzt als Prognose-Modell und kann wohl besser zur ex-post Erklärung von Marktprozessen angewandt werden. Darüber hinaus kann von einer allgemeingültigen Empfehlung des Strategie-Shifts von der Differenzierungs- zur Kostenführerschaftsstrategie nicht die Rede sein, denn für einen präferenzorientierten Innovator können auch andere Handlungsweisen sinnvoll sein. Soll z. B. ein innovatives, exklusives Image bewahrt werden, könnte ein Ausstieg aus dem Markt als Alternative bevorzugt werden, noch bevor Billiganbieter auf den Markt drängen, zu Preisreduktionen zwingen und so zu Erlös- und Ertragserosionen führen [vgl. *Kleinaltenkamp, M.* (1995), S. 59 ff.].

Zusammenfassend lässt sich nach den bisherigen Ausführungen festhalten, dass die zukünftige Herausforderung im Umfeld eines Hyperwettbewerbs nicht mehr entweder in der Schaffung des höchsten Produktnutzens oder in der Minimierung der Kosten besteht. Vielmehr werden die Unternehmen erfolgreich sein, die den **höchsten Wert** zu den **niedrigsten Kosten** in **kürzester Zeit** liefern [vgl. *Stalk, G. / Hout, T. M.* (1992), S. 15 ff.].

Daraus wird deutlich, dass Unternehmen alle drei Parameter Kosten, Zeit und Qualität, das „**magische Dreieck**", als strategische Zielgrößen zur nachhaltigen Sicherung der Wettbewerbsfähigkeit zu berücksichtigen haben (siehe Abb. 3.4).

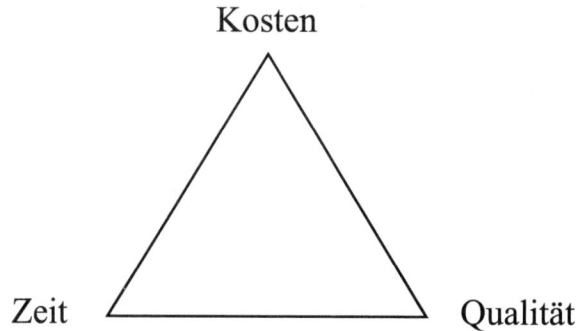

Abb. 3.4:   Das „magische" Dreieck
            [in Anlehnung an: Berger, R. / Hirschbach, O. (1993), S. 138]

Die drei Zielgrößen sind jedoch nicht unabhängig voneinander. Qualität, Zeit und Kosten können durchaus **konfliktäre** Ziele sein, wenn die Verbesserung von Qualität Kosten und Zeit in Anspruch nimmt, z. B. durch die zeit- und kostenaufwendige Ermittlung von Kundenbedürfnissen zur Bestimmung der Qualitätsanforderungen an ein neues Produkt. Kosten und Zeit sind dann Inputfaktoren zur Erzielung von Qualität.

Andererseits ist unstrittig, dass die Steigerung von Qualität gleichzeitig mit Zeit- und Kosten-effizienz einhergehen kann und damit die drei Größen in **komplementärer** Beziehung zuein-ander stehen können. Beispielsweise trägt ein höheres Qualitätsniveau zur Fehlervermeidung bei und verhindert damit zeitraubende Nacharbeit, Lieferverzögerung, Ressourcenverschwen-dung, Kundenunzufriedenheit usw. Zeit und Kosten sind entsprechend dieser komplementären Sichtweise genauso wie die Qualität Folgegrößen des Produktionsprozesses und nicht losge-löste Inputfaktoren für verbesserte Qualität, wie es entsprechend der konfliktären Betrach-tungsweise gesehen wird. Der Unterschied zwischen konfliktärer und komplementärer Be-trachtungsweise wird in Abb. 3.5 anhand einiger Beispiele dargestellt [vgl. *Steinbach, R. F. (1997)*, S. 150 ff.].

Vereinzelte empirische Ergebnisse deuten darauf hin, dass die komplementäre häufiger als die konfliktäre Beziehung auftritt. So konnte z. B. sowohl in Branchenstudien in der Automobilin-dustrie als auch in der Elektronikindustrie gezeigt werden, dass „exzellente" Unternehmen Wettbewerbsvorteile in allen drei Dimensionen erringen [vgl. *Womack, J. P. / Jones, D. T. / Roos, D. (1994); McKinsey & Co. Inc.* u. a. *(1994)*].

Aufgrund der Bedeutung der strategischen Ausrichtungen des magischen Dreiecks wird in den folgenden Kapiteln auf den Kosten-, Qualitäts- und Zeitwettbewerb zur Ermittlung strategi-scher Erfolgsfaktoren im Einzelnen eingegangen. Dabei sollten die Interdependenzen zwi-schen den drei Größen aber nicht vergessen werden.

Beispiele für die konfliktäre Beziehung (Inputorientierung)		**Beispiele für die komplementäre Bezie-hung (Prozessorientierung)**
Höhere Qualitätsstandards führen zu höhe-ren Produktionskosten und höherem Zeit-aufwand.	ABER	Verbesserte Qualität verringert Kosten, die durch Fehler und Ausschuss sowie durch Nacharbeit oder Lieferverzögerungen ent-stehen.
Eine bessere und sorgfältigere Planung ei-nes Prozesses führt dazu, dass mehr Zeit dafür beansprucht wird und mehr Kosten dafür verursacht werden.	ABER	Eine erhöhte Prozessqualität führt zu ei-nem reibungslosen Ablauf und zu einer höheren Qualität des Prozessergebnisses.
Kürzere Produktionszeiten führen zu er-höhten Qualitätsrisiken und zu intensive-rem Arbeitseinsatz, was wiederum höhere Kosten verursacht.	ABER	Gehen die schnelleren Produktionszeiten mit einer verbesserten Prozessqualität ein-her, kann umso kostengünstiger sowie qualitativ hochwertiger produziert werden.

Abb. 3.5:   *Beziehungen zwischen Kosten, Zeit und Qualität*
[in Anlehnung an: Steinbach, R. F. (1997), S. 159 f.]

3.2   Kostenwettbewerb

Zur Erklärung von Wettbewerbsvorteilen im Kostenwettbewerb dienen das Produktlebenszykluskonzept, das Konzept der Erfahrungskurve und die Industriekostenkurve. Diese Modelle werden im Folgenden dargestellt.

3.2.1   Das Produktlebenszykluskonzept

3.2.1.1   Darstellung

Ein Modell zur Identifizierung von strategischen Erfolgsfaktoren ist das **Produktlebenszykluskonzept,** nach dem Produkte aufgrund gesellschaftlicher und / oder technischer Veränderungen nur eine beschränkte Lebensdauer am Markt besitzen. Unternehmen, die ihr Produkt-
sortiment bzw. ihre Produktionstechnologie im Zeitablauf konstant halten, werden deshalb in
einer sich ständig verändernden Wirtschaft von der Entwicklung eingeholt und schlussendlich
überrollt. Innovationen setzen einen **Diffusionsprozess** in Gang, der mit dem Austausch
zugunsten eines neuen geänderten Produktes abschließt, d. h. eine Erfolg versprechende Innovation wird nachgefragt, diffundiert im Markt, wird von Wettbewerbern imitiert und degeneriert schließlich bei Ablösung durch eine neue Innovation. Innovationen können technischer
(z. B. Ausbreitung von Geräten der Konsumelektronik, beispielsweise Video- oder CD-
Player), soziologischer (z. B. Einstellung zu Arbeits- und Freizeitverhalten) oder auch gesellschaftlicher (z. B. Verbreitung des Umweltbewusstseins) Art sein.

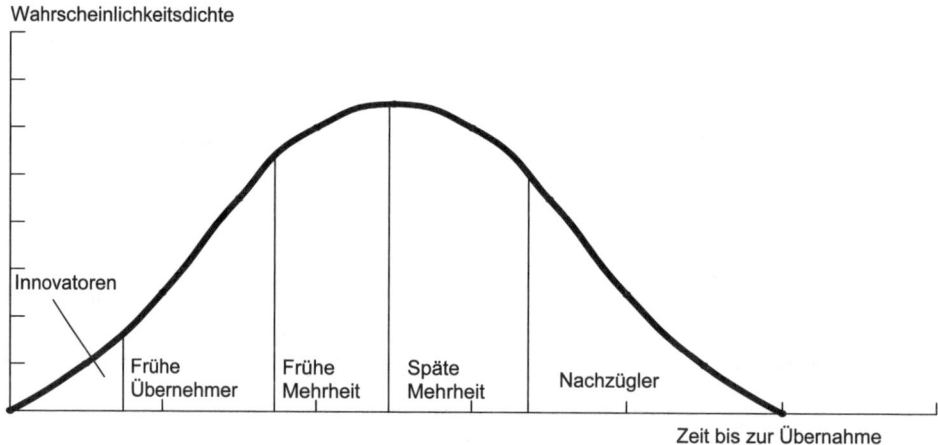

Abb. 3.6:   *Diffusion der Innovation*
               [in Anlehnung an: Wind, Y. (1982), S. 28]

Hintergrund des Diffusionsprozesses ist die für viele Innovationen charakteristische Verteilung der Zeitdauer bis zur Annahme bzw. Übernahme neuer Ideen, wie sie durch die Diffusionskurve beschrieben werden kann (siehe Abb. 3.6, siehe außerdem Kapitel 7.4.2.1 zur **Diffusionsforschung**).

Der Verlauf der Kurve ergibt sich durch die unterschiedliche Bereitschaft von Konsumenten, Innovationen auszuprobieren und zu übernehmen. Während die sog. Innovatoren (Innovators) gleich am Anfang des Produktlebenszyklus auf eine Innovation reagieren, wird sie von einigen frühen Übernehmern danach, von der Mehrheit aber erst um einiges später im Produktlebenszyklus übernommen. Die sog. Nachzügler (Laggards) übernehmen das der Innovation zugrunde liegende Produkt erst, wenn es sich schon auf dem Markt etabliert hat [vgl. *Wind, Y. (1982)*, S. 27 ff.; *Rogers, E. M. (1995)*, S. 262 ff.]. Beispielsweise lässt sich für das letzte Glied in der volkswirtschaftlichen Wertschöpfungskette, den Letztverbrauchermarkt (sog. business to non-business-market) der Typus der Innovatoren, also derer, die ein Produkt gleich bei Markteinführung kaufen, von den späteren Übernehmern folgendermaßen unterscheiden. Innovatoren sind durch bestimmte sozio-demographische Merkmale beschreibbar: Sie verfügen über ein gutes Einkommen, so dass Finanzierungsspielraum für die Realisierung auch extravaganter Ideen vorhanden ist, was in Bezug auf die Innovation zu Preisinsensitivität führt. Sie sind zwischen 25 und 40 Jahre alt und zeichnen sich durch eine progressive, weltoffene Lebenseinstellung aus. Imitatoren dagegen erfüllen ein oder mehrere dieser Merkmale nicht. Die Innovatoren stellen insbesondere durch ihr Interesse an Neuem und ihre Preisinsensitivität eine relativ gut positionierbare Zielgruppe für Ansteckungs- bzw. Diffusionswirkungen dar. Eine breit gestreute Kommunikationspolitik beim Markteintritt ist so zunächst nicht erforderlich, sondern ist erst für die Erschließung der sog. Übernehmer geboten. Durch die stärkere Preissensitivität und die konservativere Lebenseinstellung der unter dem Begriff Mehrheit subsumierten Gruppe erlangt auch die Preispolitik bei der weiteren Diffusion eine zunehmend größere Bedeutung.

In der Literatur findet man eine Vielzahl begrifflicher Abgrenzungen und Einteilungsmöglichkeiten der Produktlebenszyklusphasen. Häufig wird dabei zwischen einem **engen** und einem **erweiterten** Konzept des Produktlebenszyklus unterschieden. Das enge Konzept des Produktlebenszyklus wird im Allgemeinen mit dem Marktzyklus eines Produktes gleichgesetzt, während das erweiterte Konzept den Zeitraum von der Entstehung der Produktidee bis zum Ausscheiden des Produktes aus dem Markt und dessen Entsorgung beschreibt.

3.2.1.2   Das enge Konzept des Produktlebenszyklus

Das wohl bekannteste Konzept des Produktlebenszyklus ist dessen **vierphasige** Darstellung. Die vier idealtypischen Lebensphasen des Produktes bezeichnet man als

- Einführungsphase,
- Wachstumsphase (Marktdurchdringung bzw. -penetration),
- Reifephase und
- Sättigungsphase.

Dieser Lebenszyklus wird auch „Marketing Life Cycle" genannt. Je nach Lebenszyklusphase werden unterschiedliche Funktionsverläufe von Absatz, Rentabilität und Liquidität in Abhängigkeit von der Zeit im Lebenszyklus angenommen, woraus sich unterschiedliche phasenspezifische Strategien ableiten lassen. Dabei wird davon ausgegangen, dass jedes Produkt alle Lebensphasen durchläuft [vgl. *Dhalla, N. K. / Yuspeh, S.* (1976), S. 102 ff.].

In der **Einführungsphase** geht es in erster Linie darum, dem neuen Produkt einen Markt zu schaffen. Durch Einführungswerbung und andere absatzpolitische Bemühungen werden in dieser Phase erste Kunden gewonnen. Wenn das einzuführende Produkt einen Vorläufer mit signifikanter Marktpräsenz (d. h. mit hohem Marktanteil) hatte, ist die Einführungsphase tendenziell erleichtert. Dem zunächst noch geringen und erst allmählich steigenden Umsatz stehen hohe Aufwendungen im Produktions- und Distributionsbereich gegenüber. Die Free Cash Flows (Umsatz-Cash Flow abzüglich Investitionen in das Anlagevermögen und Working Capital) sind noch negativ, d. h. der erforderliche Bedarf an Finanzmitteln kann durch die Einnahmenüberschüsse aus dem laufenden Absatz des Produktes noch nicht gedeckt werden.

In der **Wachstumsphase** steigt die Nachfrage nach dem Produkt und damit der Umsatz stark an. Die Rentabilität des Produktes erreicht in der Wachstumsphase ihren Höhepunkt, da bei echten Innovationen aufgrund des Wettbewerbsvorsprungs Pioniergewinne abgeschöpft werden, die Nachfrager, d. h. die Innovatoren, i. d. R. weniger preissensitiv sind und darüber hinaus Investitionen ins Anlagevermögen nur mit den Abschreibungen, d. h. jenem Bruchteil der Cash-Abflüsse, welcher anteilig auf die Nutzungsperiode entfällt, den Gewinn belasten. Zudem ist der Wettbewerb in wachsenden Märkten i. d. R. weniger intensiv als in stagnierenden Märkten, da für alle der „Kuchen" größer wird und so für alle das Gewinnpotenzial steigt.

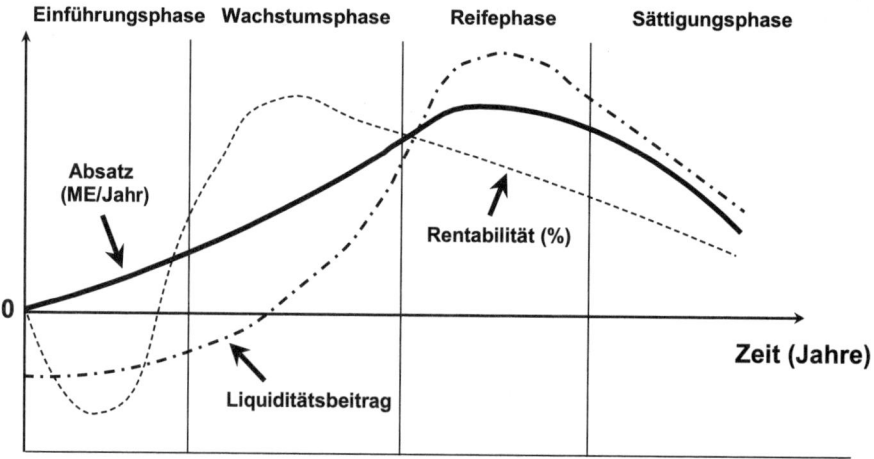

Abb. 3.7:   Entwicklung von Absatz, Rentabilität und Liquidität über den Produktlebenszyklus
             [in Anlehnung an: Kreilkamp, E. (1987), S. 134]

Die **Reifephase** ist gekennzeichnet durch eine nur noch verlangsamte Zunahme des Absatzvolumens, verursacht durch die zunehmende Sättigung des Erstbedarfs und durch das Aufkommen von Alternativprodukten infolge technischen Fortschritts. Der Umsatzzuwachs nimmt dadurch ab, ebenso die Investitionen in das Produkt, was dazu führt, dass die Free Cash Flows ihr Maximum erreichen. Die Rentabilität sinkt, da aufgrund zunehmenden Wettbewerbs Preise und sonstige Konditionen unter Druck geraten.

In der **Sättigungsphase** sind die Free Cash Flows rückläufig. Aufgrund geänderter Nachfrage, technischen Fortschritts oder anderer Gründe wechseln die Verbraucher zu anderen Erzeugnissen, die das Kundenproblem, auf dessen Befriedigung das Produkt abgestellt war, nun besser oder auch einfach nur billiger lösen. Das Produkt wird folglich vom Markt verdrängt [vgl. *Kreilkamp, E.* (1987), S. 133 ff.].

Zusammenfassend ist die Entwicklung von Absatz, Rentabilität und Liquiditätsbeitrag (gemessen als Free Cash Flow) im Produktlebenszyklus in Abb. 3.7 veranschaulicht.

3.2.1.3 Das erweiterte Konzept des Produktlebenszyklus

Das erweiterte Konzept des Produktlebenszyklus betrachtet nicht nur den Marktzyklus des Produktes, sondern ergänzt das vierphasige Modell um die Phase der Produktentstehung (**Entwicklungszyklus**) sowie um den **Nachsorgezyklus**. Der Nachsorgezyklus beinhaltet nicht nur die Entsorgung bzw. Stilllegung von Produkten, sondern alle Verpflichtungen, die in vorhergehenden Phasen entstanden sind (beispielsweise auch Garantie- und Serviceleistungen) [vgl. *Pfeiffer, W. / Bischoff, P.* (1981), S. 133 ff.].

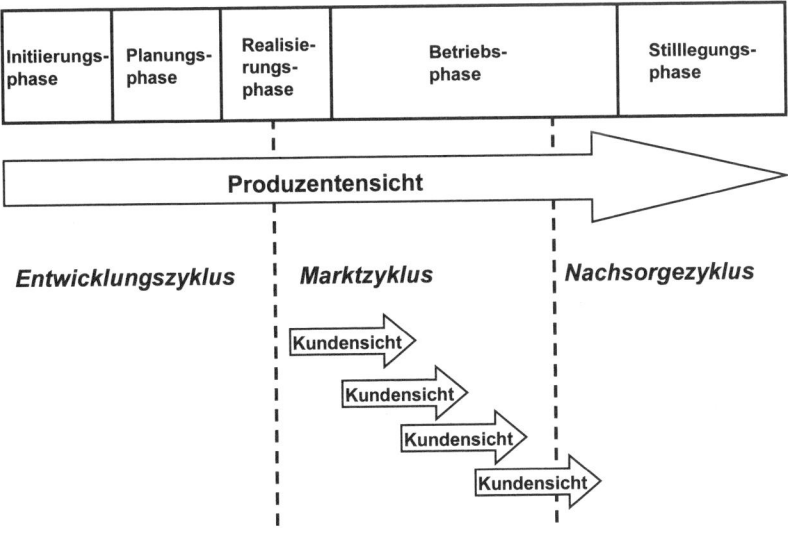

Abb. 3.8:   *Modell des erweiterten Produktlebenszyklus*
            [in Anlehnung an: Back-Hock, A. (1992), S. 706]

Eine noch feinere Untergliederung stellt das **fünfphasige Lebenszykluskonzept** mit den folgenden Phasen dar [vgl. *Wildemann, H.* (1982), S. 39 ff.]:

- Initiierungsphase (Problemerkennung, Definition der Systemanforderungen),
- Planungsphase (Konzeption, Design, Konstruktion),
- Realisierungsphase (Herstellung, Test, Einführung),
- Betriebsphase (wirtschaftliche Nutzung, Wartung, Vertriebsmaßnahmen, Service),
- Stilllegungsphase (Beseitigung von Folgewirkungen).

Der gesamte Lebenszyklus stellt sich außerdem je nach betrachteter Perspektive aus Kunden- und aus Produzentensicht unterschiedlich dar.

Während der Lebenszyklus für den Produzenten schon mit der Produktidee beginnt, fängt der Lebenszyklus aus Kundensicht erst an, wenn das Produkt schon auf dem Markt existiert. Aus Produzentensicht stellt der Produktlebenszyklus außerdem den Lebenszyklus einer ganzen Produktart dar, während aus Kundensicht der Lebenszyklus eines einzelnen Produktes, nämlich des zu kaufenden oder gekauften Stückes, betrachtet wird. Das heißt der Marktzyklus aus Produzentensicht besteht aus vielen kleinen Lebenszyklen aus Kundensicht, die bis in die Nachsorgephase reichen können. Abb. 3.8 veranschaulicht den integrierten Produktlebenszyklus aus Kunden- und aus Produzentensicht.

3.2.1.4   Bedeutung des Produktlebenszykluskonzeptes für die strategische Unternehmensplanung

Dem Produktlebenszyklus sind in seiner Anwendung **Grenzen** gesetzt. Vor allem hat das Lebenszykluskonzept **keine Allgemeingültigkeit**. Es macht nur Sinn, wenn man normierte Verhaltensweisen aller Marktteilnehmer und eine einheitliche, idealtypisch vorgegebene Entwicklung bei der Produktakzeptanz und der Marktstruktur unterstellt. Potenzielle Käufer reagieren – so die Modellannahme – auf Produkteinführungen stets in gleicher Weise. Außerdem ist Voraussetzung, dass die Unternehmen sich phasenspezifisch verhalten und Marketingmaßnahmen phasenabhängig wirken. Im Produktlebenszyklus wird sehr vereinfachend angenommen, dass die Zeit die einzige unabhängige Variable ist. Andere Einflussgrößen werden ausgeklammert. Die Phasen eines Produktlebenszyklus werden aber tatsächlich auch von absatzpolitischen Entscheidungen (z. B. von der Preispolitik) mitbestimmt. Praktische Allgemeingültigkeit könnte ein solches normierendes Konzept nur beanspruchen, wenn die Diffusion von Produkten und Produktionsverfahren tatsächlich nach dem beschriebenen Muster ablaufen würde. Der empirische Nachweis von Produktlebenszyklen gestaltet sich aber äußerst schwierig. Lediglich die prinzipielle Existenz von Lebenszyklen ist unstrittig, und es konnte nachgewiesen werden, dass Produkte einer Generationsfolge unterliegen. Der idealtypische Verlauf konnte hingegen nur in wenigen Fällen empirisch fundiert werden [vgl. *Dhalla, N. K. / Yuspeh, S.* (1976); *Wittek, B. F.* (1980), S. 117].

Des Weiteren ist das Lebenszykluskonzept **nicht operational**. So liegen zum einen keine eindeutigen Kriterien zur Abgrenzung der Phasen vor. Zum anderen bleibt unklar, welchen Zeitraum eine Phase einnimmt. Aus vorliegenden Absatzzahlen ist schwer im Voraus ermittelbar, in welcher Phase sich das Produkt im Augenblick befindet bzw. in Zukunft befinden wird. Außerdem mangelt es in dem Konzept an einer eindeutigen Festsetzung des Produktbegriffs. Es kann nicht genau bestimmt werden, ob es sich bei einem Produkt um eine Produktvariation oder um ein „neues" Produkt handelt bzw. wie weit der Produktbegriff zu fassen ist, d. h. ob unter einem Produkt ein einzelnes Produkt, eine Marke oder eine ganze Produktgruppe verstanden wird. Damit bleibt der Startpunkt des Lebenszyklus ebenso unklar wie die Wirkung einer Produktvariation.

Darüber hinaus wird im Allgemeinen ein **vollständiger Verlauf** unterstellt. Das heißt es wird davon ausgegangen, dass ein Produkt alle Phasen durchläuft und die Gefahr einer vorzeitigen Substitution nicht auftritt.

Fragt man nach dem Nutzen des Produktlebenszykluskonzeptes, ist dieser v. a. in der **Bewusstseinsbildung** zu sehen, dass sich Absatz- und Marktbedingungen im Zeitablauf ändern und damit endlich sind [vgl. *Lange, B.* (1981), S. 109]. Das Konzept ist weniger ein direktes Steuerungsinstrument als vielmehr ein Mittel zum besseren Verständnis der Zusammenhänge. Anschaulich wird die Notwendigkeit dokumentiert, auf der Ebene der strategischen Planung ständig über neue Problemlösungen nachzudenken, um die Unternehmensexistenz dauerhaft zu sichern. Das Konzept dient als Aufforderung zur Beachtung der **dynamischen Veränderungen** von Erfolgsgrößen. Darüber hinaus liefert das Produktlebenszykluskonzept eine Typologisierung strategisch relevanter Situationen. Für strategische Grundsatzentscheidungen in verschiedenen Lebenszyklusphasen gibt es wertvolle Hinweise, so dass zumindest rudimentäre Handlungsempfehlungen aus dem Lebenszykluskonzept abgeleitet werden können (siehe Kapitel 4.1.3.1.2). In der **Einführungsphase** ist die strategische Entscheidung zu treffen, mit welchem Ressourceneinsatz der Markteintritt vorgenommen werden muss, wie das Produkt positioniert werden sollte und welches Marktsegment am besten anvisiert wird. In der **Wachstumsphase** stellt sich beispielsweise die Frage, inwieweit die Marktposition verstärkt werden kann, ob neue Marktsegmente erschlossen werden sollen oder ob eine geographische Ausdehnung sinnvoll ist. In der **Reifephase** muss entschieden werden, welche Maßnahmen zur Verteidigung oder zum weiteren Ausbau des Marktanteils notwendig sind. In der **Sättigungsphase** steht das Unternehmen vor der Frage, ob und falls ja, wie das Produkt vom Markt zurückgenommen werden soll [vgl. *Kreilkamp, E.* (1987), S. 134 ff.].

Die positionsbedingten Grundverhaltensweisen wirken komplexitätsreduzierend und konzentrieren die Strategieentscheidung auf den relevanten Bereich. Damit liegt mit dem Produktlebenszykluskonzept ein **simplifizierendes Denkmodell** zur Strategieformulierung vor. Die jeweiligen Phasencharakteristika lassen zumindest typisierende Aussagen über die Ausprägung der Zielgrößen Liquidität und Erfolg zu.

Als strategischer Erfolgsfaktor lässt sich das **Wachstum** aus dem Produktlebenszykluskonzept ableiten, da der Gewinn bzw. die Rentabilität während des Produktlebenszyklus in der Wachstumsphase am höchsten sein sollte. Konsumenten sind in dieser Phase noch nicht so preissensitiv und Konkurrenten treten erst später auf. Außerdem sind noch höhere Gewinnspannen aufgrund der Innovation durchsetzbar. Dies mag vielleicht erklären, wieso Unternehmen wachstumsstarke Tätigkeitsfelder suchen und sich daher mit dem Branchenwachstum vergleichen. Nach dem Lebenszykluskonzept sollten sie darin eine überdurchschnittliche Rendite aufweisen. Andererseits ist nachlassendes Wachstum in der Reifephase – wie ausgeführt – mit der Chance auf maximale Free Cash Flows verbunden. Die Strategie muss deshalb darauf gerichtet sein, Produkte in der Wachstumsphase so auszubauen, dass sie mit nachlassendem Wachstum nicht vom Markt verdrängt werden, sondern in die Reifephase überführt werden können.

Weitere strategische Erfolgsfaktoren lassen sich aus dem Produktlebenszykluskonzept nicht unmittelbar ableiten. Allerdings stellen die jeweiligen Ausprägungen der Phasenparameter Erfolgsvoraussetzungen dar, aus denen Handlungsempfehlungen folgen (z. B. phasenspezifische Gestaltung der Preis- und Kommunikationspolitik).

Nicht zuletzt dient das Produktlebenszykluskonzept zur **Datenstrukturierung** im Rahmen des sog. **Life Cycle Costing** [vgl. *Back-Hock, A.* (1988), S. 8]. Life Cycle Costing, auch Lebenszykluskostenrechnung genannt, ist ein Verfahren zur Planung, Beurteilung und zum Vergleich von Investitionsalternativen sowie zur Analyse der Wirtschaftlichkeit von Systemen und Produkten. Es wird in der Planung und Entwicklung von Systemen und Produkten, für Beschaffungsentscheidungen sowie im Kostenmanagement angewandt. Life Cycle Costing hat in erster Linie zum Ziel, die Gesamtkosten eines Produktes, die über den Lebenszyklus entstehen, zu optimieren. Darüber hinaus sind neben den **Kosten** aber auch **Leistung** und **Zeit** relevante Variablen, die mittels Life Cycle Costing über den Lebenszyklus aktiv gestaltet werden sollen [vgl. *Wübbenhorst, K. L.* (1984), S. 2]. Life Cycle Costing ist keine eigenständige Methode, sondern besteht aus einer Vielzahl von Methoden, die v. a. aus der Investitionsrechnung bekannt sind (Verfahren der Kostenprognose, Methoden zur Berücksichtigung des Risikos, der Inflation und der Zeit) [vgl. *Taylor, W. B.* (1981), S. 34].

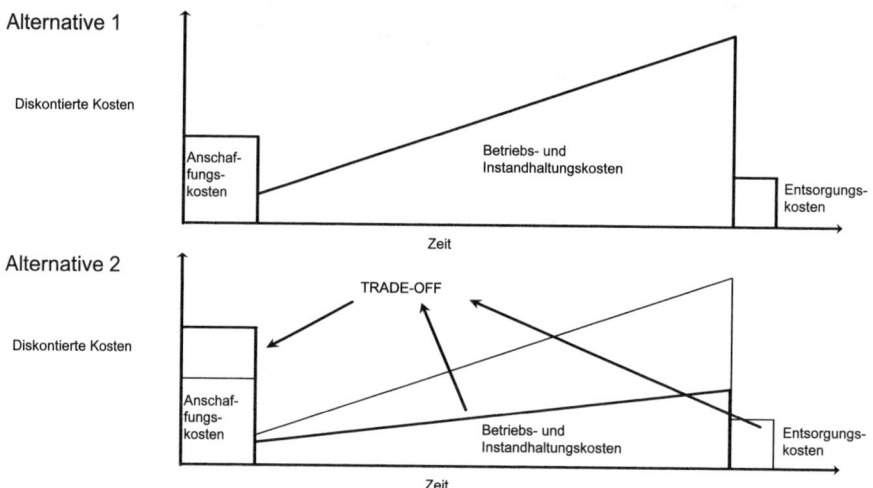

Abb. 3.9:   *Trade-off zwischen Anfangs- und Folgekosten*
             [Quelle: Burstein, M. C. (1988), S. 257]

Lebenszykluskosten setzen sich aus sämtlichen Kosten zusammen, die ein Produkt während seines gesamten Lebenszyklus verursacht. Eigentlich müsste man in diesem Zusammenhang von „Lebenszyklusauszahlungen" sprechen, da im Life Cycle Costing Zahlungsgrößen betrachtet werden. In der Literatur hat sich jedoch die direkte Übersetzung von „life cycle costs" in Lebenszykluskosten durchgesetzt. Die Lebenszykluskosten lassen sich in **Anfangskosten** (Kosten der Planung, Initiierung und Realisation, z. B. Kosten der Informationsbeschaffung, Anschaffungspreis) und **Folgekosten** (Kosten der Betriebsphase und Stilllegung, z. B. Wartungs- und Entsorgungskosten) sowie in **wiederkehrende Kosten** (kontinuierliche, regelmäßig und unregelmäßig auftretende Kosten) und **einmalige Kosten** unterscheiden. Wesentliches Ziel des Life Cycle Costing ist v. a. die Beeinflussung der Folgekosten und der wiederkehrenden Kosten [vgl. *Blanchard, B. S.* (1978), S. 30], insbesondere durch die Aufdeckung und Bewertung von **Trade-offs** zwischen Anfangs- und Folgekosten. Höhere Anfangskosten können zu geringeren Folgekosten führen, z. B. indem für Produkte umweltfreundlichere Materialien verwendet werden und so die Materialkosten steigen, während jedoch die Entsorgungskosten am Ende des Lebenszyklus um ein Vielfaches sinken. Ebenso können erhöhte Anschaffungskosten durch geringere Betriebskosten kompensiert werden, z. B. durch Stromeinsparungen mit Energiesparlampen anstelle von Glühlampen. Dies wird in Abb. 3.9 veranschaulicht.

3.2.2   Die Erfahrungskurve

3.2.2.1   Darstellung

Bei der **Erfahrungskurve** handelt es sich um eine Konzeption, die die Entwicklung der Kosten in Abhängigkeit von der produzierten Menge beschreibt. Sie stellt den Zusammenhang zwischen der produzierten Menge eines Produktes, genauer gesagt der kumulierten Produktionsmenge seit Produktionsaufnahme, und den realen Stückkosten dar [vgl. im Folgenden *Henderson, B. D.* (1984)].

Das Erfahrungskurvenkonzept ist eine Weiterentwicklung des erstmals 1925 bei der Wright-Patterson Air Force Base in Dayton / Ohio beobachteten **Lernkurveneffektes**, wonach die erforderliche Arbeitszeit für bestimmte Arbeitsprozesse mit zunehmender Ausführung (d. h. mit zunehmender Übung) sinkt. Durch die wiederholte Ausführung der Arbeit reduzieren sich demnach auch die Fertigungskosten. Der Begriff der **Erfahrungskurve** wurde vier Jahrzehnte später von der *Boston Consulting Group (BCG)* geprägt, die den Lerneffekt auf die Entwicklung der gesamten wertschöpfungsbezogenen Selbstkosten eines Produktes übertrug. Durch die fortlaufende Produktion bestimmter Erzeugnisse erwerben Unternehmen zunehmend „Erfahrung", die es ihnen ermöglicht, die Kosten zu senken.

Die **grundlegende Aussage** der Erfahrungskurve lautet, dass mit jeder Verdopplung der kumulierten Produktionsmenge die auf die Wertschöpfung bezogenen, inflationsbereinigten (realen) Stückkosten potenziell um einen konstanten Prozentsatz, i. d. R. 20 % bis 30 %, sinken und zwar sowohl branchenübergreifend als auch für beliebige Kostenarten. Die Kennzeichnung der Stückkosten als potenziell soll unterstreichen, dass sich die Kostensenkung nicht automatisch einstellt, sondern stets nur das Ergebnis gezielter Einsparmaßnahmen ist. Wenn sich also kumuliert Erfahrung – gemessen in Produktionsvolumina – angesammelt hat, haben sich – durchaus noch im Verborgenen liegende – Kostensenkungspotenziale gebildet.

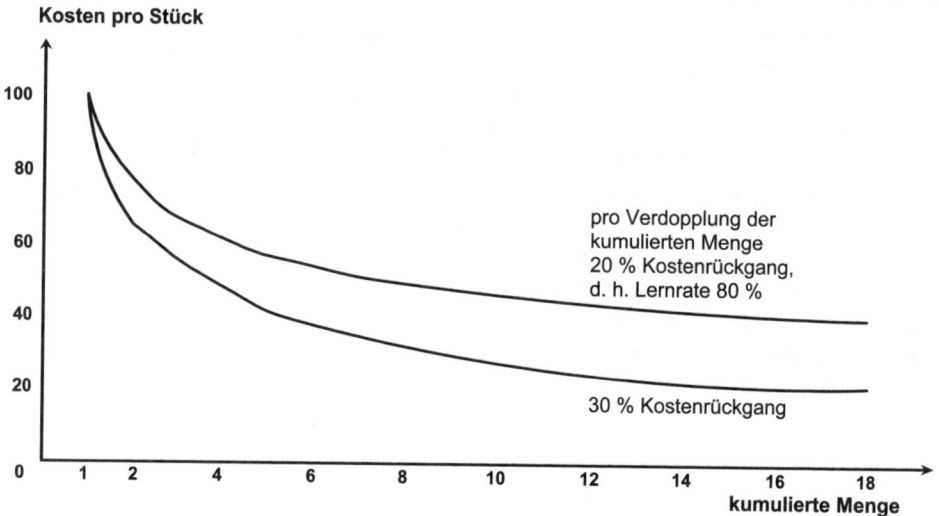

Abb. 3.10:   Kostenentwicklung durch Erfahrungseffekte

Im Gegensatz zu den Einstandspreisen der fremdbeschafften Produktionsfaktoren, die direkt in das Produkt eingehen, unterliegen somit nach diesem Konzept neben den Fertigungskosten z. B. auch die Verwaltungs- und Finanzierungskosten der erfahrungsbedingten Kostendegression. Sogar die beschäftigungsunabhängigen Gemeinkosten sind hiervon betroffen. Anders als bei der Lernkurve, die sich nur auf die Ansammlung von Wissen im Produktionsbereich bezieht, schließt die Erfahrungskurve also die Wertschöpfung des gesamten Unternehmens mit ein. Demnach sind nicht nur in Industrieunternehmen Kostendegressionen durch Erfahrungseffekte vorzufinden, sondern auch in Dienstleistungsunternehmen wie Banken, Versicherungen etc. Graphisch wird dieser Zusammenhang in Abb. 3.10 veranschaulicht.

Empirische Untersuchungen, die den Erfahrungseffekt nachweisen konnten, wurden in unterschiedlichen Branchen durchgeführt. Abb. 3.11 zeigt beispielhaft die Erfahrungskurve für verschiedene Alternativen zur Stromerzeugung.

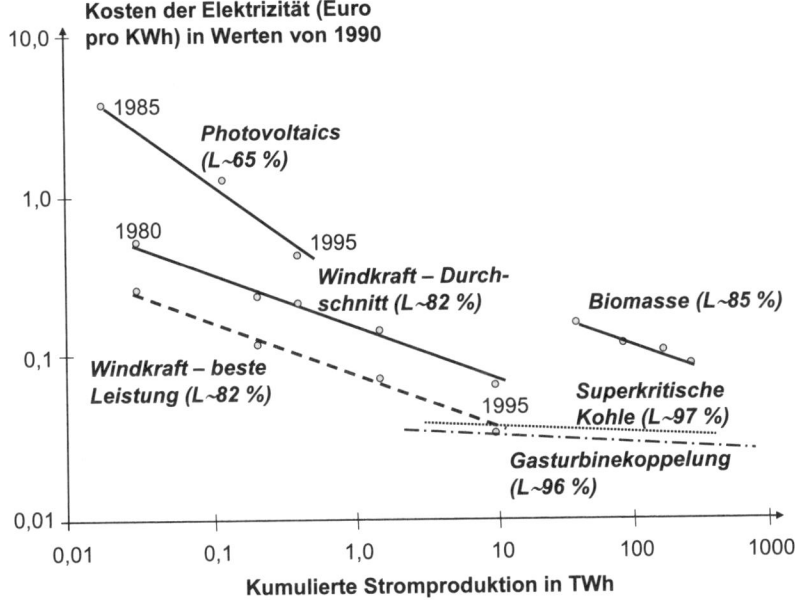

Abb. 3.11: *Erfahrungskurven für diverse Arten der Stromgewinnung (doppelt-logarithmische Skala;*
Lernrate L in Klammern)
[in Anlehnung an: International Energy Agency (2000), S. 21]

Ursachen für diese aus der Empirie gewonnene Regelmäßigkeit einer kontinuierlichen Kostenabnahme können statischer oder dynamischer Natur sein (vgl. hierzu die Übersicht in Abb. 3.12).

3.2.2.2   Statische Ursachen für Erfahrungseffekte

Kostensenkungen, die auf statischen Ursachen beruhen, werden durch die wachsende **Ausbringungsmenge pro Periode** erklärt. Eine solche statische Ursache ist die **Fixkostendegression**, die entsteht, wenn bei gegebener Kapazität die Auslastung zunimmt. Je höher die produzierte Stückzahl, desto geringer ist der zu tragende Fixkostenanteil pro Stück.

Darüber hinaus lassen sich Erfahrungseffekte auch durch die **Betriebsgröße** erklären. Die gesamten Stückkosten sinken mit einer Erhöhung der Betriebsgröße. Die Erhöhung des Inputs führt zu einer überproportionalen Erhöhung des Outputs. Dieser Effekt ist in der Literatur auch unter dem Begriff „**Economies of Scale**" bekannt. Gründe für solche „Economies of Scale" liegen beispielsweise in der erhöhten Marktmacht von Unternehmen bei steigender Betriebsgröße und daraus folgenden Konditionsverbesserungen beim Einkauf oder auch durch die Nutzung größerer leistungsfähigerer Maschinen. Erfahrungseffekte durch die Betriebsgröße sind von der Fixkostendegression zu unterscheiden. Während bei der Fixkostendegression nur die auf das Stück bezogenen Fixkosten mit steigender Ausbringung bei jedoch konstanter Kapazität abnehmen, sinken bei „Economies of Scale" die Stückkosten aufgrund der gestiegenen Kapazität selber. Fixkostendegression und Economies of Scale können sich im praktischen Fall natürlich überlagern.

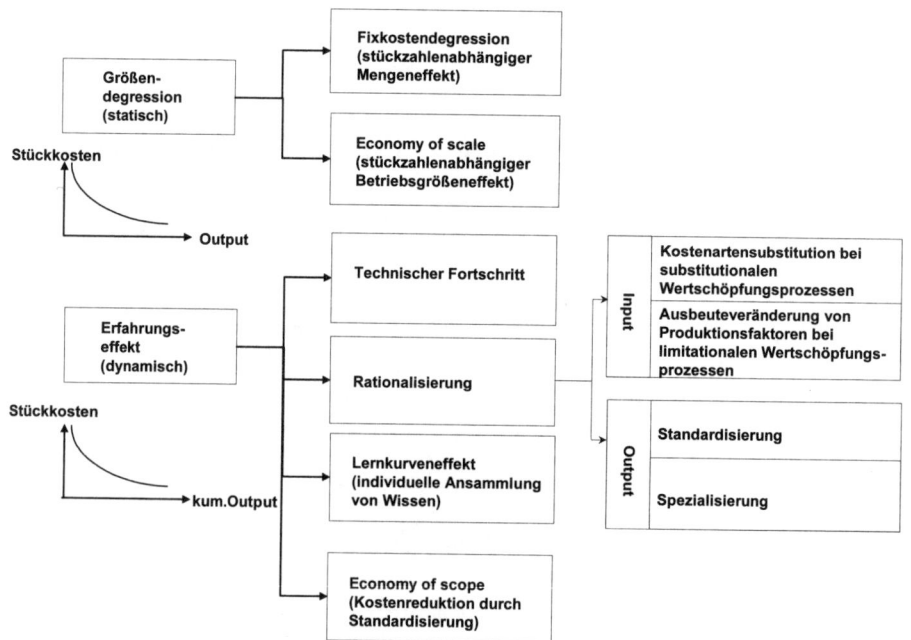

Abb. 3.12:   Ursachen des Erfahrungskurveneffektes

3.2.2.3   Dynamische Ursachen für Erfahrungseffekte

Kostensenkungen aufgrund dynamischer Effekte entstehen, wenn die kumulierte Ausbringungsmenge steigt, selbst wenn die jährliche Ausbringungsmenge konstant bleibt. Eine Ursache für Erfahrungseffekte liegt in den schon erwähnten **Lernkurveneffekten** durch wiederholte Arbeitsverrichtung. Mit jedem Stück, das in einem Betrieb über die Zeit gesehen zusätzlich produziert wird, lernen die Arbeiter, Angestellten und Manager, ihre Tätigkeit besser zu gestalten. Durch die dadurch gesunkenen Fertigungsstunden bzw. Lohnstückkosten werden von den Unternehmen sog. Übungsgewinne realisiert.

Auch **technischer Fortschritt** kann Ursache für Erfahrungseffekte sein. Neue Technologien ermöglichen eine effiziente und schnellere Produktion. Durch die Veränderung der Produktionsfunktion trotz konstanter Faktorkosten können ab einer bestimmten Produktionsmenge geringere durchschnittliche Stückkosten erzielt werden.

Eine weitere dynamische Ursache für Erfahrungseffekte wird außerdem in **Rationalisierungsmaßnahmen** gesehen, deren Ziel es ist, die Wirtschaftlichkeit betrieblicher Strukturen und Prozesse laufend zu verbessern. Vorhandene Kostensenkungspotenziale sollen durch Rationalisierungsmaßnahmen, v. a. mit Methoden der Ablaufgestaltung und Prozessoptimierung, ausgeschöpft werden. Des Weiteren kann Standardisierung, sog. „**Economies of Scope**", Ursache für Erfahrungseffekte sein.

3.2.2.4   Berechnung der Kostenentwicklung

Die Berechnung der Kostenentwicklung durch Erfahrungseffekte soll anhand des folgenden Beispiels veranschaulicht werden: Die Lernrate L sei 0,8, d. h. die Stückkosten reduzieren sich pro Verdopplung der kumulierten Produktionsmenge **auf** 80 % des vorausgegangenen Niveaus, sie sinken also **um** 20 %. Die produzierte Menge des Prototyps, d. h. der Nullserie, beträgt 1 ($X_0 = 1$). Die Kosten der Nullserie K_0 eines Produktes betragen 100 €. Damit ergibt sich gemäß des „Quasi-Gesetzes" der Erfahrungskurve mit fortschreitender Verdopplung der kumulierten Produktionsmenge X folgende Entwicklung für die Kosten der letzten produzierten Einheit:

Kumulierter Output	Anzahl der Verdopplungen	Kosten der letzten produzierten Einheit
$1 = 2^0$	0	$100 \cdot 0,8^0 = 100$
$2 = 2^1$	1	$100 \cdot 0,8^1 = 80$
$4 = 2^2$	2	$100 \cdot 0,8^2 = 64$
$8 = 2^3$	3	$100 \cdot 0,8^3 = 51,2$
.	.	.
.	.	.
.	.	.
$X_n = 2^n \cdot X_0$	n	$K_0 \cdot L^n = K_n$

Die Gleichung $X_n = 2^n \cdot X_0$ kann umgeformt werden, und man erhält die Anzahl der **Verdopplungen** n mit:

$$n = \frac{(\ln X_n - \ln X_0)}{\ln 2}$$

Ein Beispiel soll dies verdeutlichen:

Ausgehend von obigen Daten habe das Unternehmen inzwischen 217 Stück des Produktes hergestellt. Wie hoch sind nun die Stückkosten?

Zuerst wird die Anzahl der Verdopplungen n mit oben genannter Formel berechnet:

$$n = \frac{(\ln X_n - \ln X_0)}{\ln 2} = \frac{(\ln 217 - \ln 1)}{\ln 2} = 7,76.$$

Die Anzahl der Verdopplungen wird nun in die Formel zur Berechnung der Kosten der letzten produzierten Einheit K_n eingesetzt:

$$K_n = K_0 \cdot L^n = 100\ € \cdot 0,8^{7,76} = 17,70\ €$$

Folglich betragen die Kosten der letzten produzierten Einheit nur noch 17,70 € im Gegensatz zu 100 € Kosten für die erste Einheit.

Geht man vereinfachend davon aus, dass die Nullserie zum Produktionsbeginn aus einer Einheit besteht, X_0 also 1 ist, verkürzt sich die Formel zur Errechnung der Verdopplungen n folgendermaßen:

$$n = \frac{\ln X_n}{\ln 2}$$

Setzt man diese Gleichung in die oben hergeleitete Formel zur Errechnung der Kosten der n-ten Einheit K_n ein ($K_n = K_0 \cdot L^n$), ergibt sich folgender Zusammenhang:

$$K_n = K_0 \cdot L^{\frac{\ln X_n}{\ln 2}}$$

Durch beidseitiges Logarithmieren folgt:

$$\ln K_n = \ln K_0 + \frac{\ln X_n}{\ln 2} \cdot \ln L = \ln K_0 + \frac{\ln L}{\ln 2} \cdot \ln X_n = \ln K_0 - \ln X_n \cdot (-\frac{\ln L}{\ln 2})$$

Der Quotient $(-\frac{\ln L}{\ln 2})$ wird als **Degressionsfaktor b** bezeichnet. Je kleiner die Lernrate L ist, umso größer sind die betrieblichen Kostensenkungspotenziale und umso größer ist auch der Degressionsfaktor b.

Mit Hilfe des Degressionsfaktors b vereinfacht sich die Gleichung zur Berechnung der Kosten für das n-te produzierte Stück zu:

$$K_n = K_0 \cdot X_n^{-b}$$

Zur Berechnung der **Gesamtkosten K** für sämtliche seit Produktionsbeginn produzierte Produkteinheiten sind die Stückkosten für die bis zu einem bestimmten Zeitpunkt hergestellten Produkte zu summieren. Die Kosten für jede produzierte Einheit vom ersten (X_0) bis zum n-ten Stück (X_n) sind demnach entsprechend der Formel ($K_0 \cdot X^b$) zu errechnen und anschließend zu addieren:

$$K = \sum_{X_0}^{X_n} K_0 \cdot X^{-b}$$

Diese diskrete Ermittlung der Gesamtkosten kann **näherungsweise** durch die Fläche unterhalb der Erfahrungskurve und somit durch das Integral entsprechend der folgenden Gleichung bestimmt werden:

$$K = \int_{X_0}^{X_n} K_0 \cdot X^{-b} dX$$

Daraus ergibt sich folgende Formel zur Berechnung der Gesamtkosten:

$$K = \frac{K_0 \cdot X_n^{1-b}}{1-b} - \frac{K_0 \cdot X_0^{1-b}}{1-b}$$

Geht man vereinfachend davon aus, dass sich die Nullserie nicht auf eine Einheit beläuft, sondern X_0, also die Untergrenze des Integrals, Null ist, entfällt der rechte Teil der Gleichung. Da die Nullserie in der Realität mindestens eine Einheit umfasst, die Erfahrungskurve also nie die Abszisse schneidet, ist diese Vereinfachung eigentlich unzutreffend. Für große kumulierte Produktionsmengen fällt die dadurch entstehende Verzerrung aber kaum ins Gewicht, so dass der Ausdruck $\frac{K_0 \cdot X_0^{1-b}}{1-b}$ vernachlässigt werden kann.

Auf Basis der Gesamtkosten lassen sich auch die durchschnittlich angefallenen Kosten $K_\varnothing$ der produzierten Einheiten errechnen, indem der Quotient aus den Gesamtkosten und der produzierten Gesamtstückzahl X_n gebildet wird:

$$K_\varnothing = \frac{\text{Gesamtkosten } K}{\text{gesamte Stückzahl } X_n}$$

Ausgehend von der obigen Gleichung zur Berechnung der Gesamtkosten K ergibt sich, unter der vereinfachenden Annahme, dass $X_0 = 0$ ist, folgende Berechnungsformel für die Durchschnittskosten $K_\varnothing$ sämtlicher produzierter Produkteinheiten seit Produktionsbeginn:

$$K_\varnothing = \left(\frac{K_0 \cdot X_n^{1-b}}{1-b} \right) \cdot \frac{1}{X_n} = \frac{K_0 \cdot X_n^{-b}}{1-b}$$

Sollen nicht die Durchschnittskosten für alle produzierten Stücke ermittelt werden, sondern nur die für die Produktionsmenge einer Periode bzw. für die Stücke, die zwischen zwei bestimmten Zeitpunkten hergestellt wurden, sind auch nur die Kosten für die betrachtete Produktionsmenge zu berücksichtigen und durch die im betrachteten Zeitraum produzierte Stückzahl zu dividieren:

$$K_\varnothing = \frac{\text{Gesamtkosten } K \text{ für die betrachtete Produktionsmenge}}{\text{produzierte Stückzahl}}$$

Wiederum sind die Gesamtkosten K für die betrachtete Produktionsmenge als Fläche unterhalb der Erfahrungskurve und dementsprechend als Integral ermittelbar. Die produzierte Stückzahl im betrachteten Zeitintervall ergibt sich aus der Differenz der Produktionsmenge zu Beginn (X_α) und zum Ende (X_β) der betrachteten Periode:

$$K_\varnothing = \frac{\int_{X_\alpha}^{X_\beta} K_0 \cdot X^{-b} \, dX}{X_\beta - X_\alpha} = \frac{K_o \cdot (X_\beta^{1-b} - X_\alpha^{1-b})}{(X_\beta - X_\alpha) \cdot (1-b)}$$

Für $X_\alpha = 0$ sind die beiden dargestellten Gleichungen zur Berechnung der Durchschnittskosten identisch.

3.2.2.5   Bedeutung des Erfahrungskurvenkonzeptes für die strategische Unternehmensplanung

Da die Erfahrungskurve als Regressionsfunktion aus empirischen Daten gewonnen wurde, lassen sich Überlegungen mit Hilfe der Erfahrungskurve nur als Schätzungen, nicht jedoch als exakte Berechnungen von Kostenpositionen interpretieren. Für die strategische Unternehmensplanung sind die Zusammenhänge des Erfahrungskurvenkonzeptes trotzdem von großer Bedeutung.

Das Konzept der Erfahrungskurve ist insbesondere für die **Preispolitik** bei der Einführung neuer Produkte eine wichtige Hilfe, da es ein Verständnis über einen machbaren Preisverlauf während der Marktphase vermittelt. Wie empirische Untersuchungen gezeigt haben, lässt sich die Marktpreisentwicklung mit Hilfe des Erfahrungskurvenkonzeptes tendenziell erklären [vgl. *Henderson, B. D.* (1984)].

Verfolgt das Unternehmen anfangs eine **Hochpreispolitik** (sog. „Skimming-Strategie"), wird der Anfangspreis zunächst ungefähr kostendeckend festgelegt und danach stabil gehalten. Dieser anfänglich relativ hohe Einführungspreis geht mit geringeren Absatzmengen einher, deckt aber gerade einmal die hohen Stückkosten in dieser Phase einschließlich einer geforderten Rendite. Auf diese Weise soll bei einigen Kunden, die bereit sind, für Neuheiten einen höheren Preis zu bezahlen, die Konsumentenrente abgeschöpft werden, d. h. die Differenz zwischen Marktpreis und dem Preis, den ein Konsument eher zu zahlen bereit ist, als auf den Erwerb des Gutes jetzt zu verzichten. Später kann das Unternehmen infolge kostenwirksam umgesetzter Erfahrungseffekte den Preis senken, um Zugang zu den preiselastischen Segmenten zu gewinnen. Eine solche Strategie ist sinnvoll, wenn

- es anfangs genügend Käufer gibt, deren Nachfrage relativ unelastisch ist,
- die Gefahr gering ist, dass der hohe Preis Konkurrenten zum Einstieg ermutigt,
- der hohe Preis den Eindruck eines überlegenen Produktes vermittelt,
- die hohen Stückkosten die Vorteile der Abschöpfung nicht wieder zunichte machen,
- es sich um Produktinnovationen handelt, die nur von kurzem Bestand sind und für die Gewinne so früh wie möglich realisiert werden sollten [vgl. *Nieschlag, R. / Dichtl, E. / Hörschgen, H.* (2001), S. 813 und S. 847].

Mit dem Sinken der Kosten nimmt die Gewinnspanne zu, wenn die Kostensenkung nicht teilweise über den Preis weitergegeben wird. Dies ist jedoch nur denkbar, wenn der Anbieter eine Quasi-Monopolstellung einnimmt und sich nicht zu Preiszugeständnissen veranlasst sieht oder wenn ein sog. Ruheoligopol vorherrscht, d. h. sich sämtliche Anbieter über eine Aufteilung des Marktes und damit der Nachfrage geeinigt haben und auf den Einsatz des Preises als Wettbewerbsinstrument verzichten. In beiden Fällen wird ein sog. **Preisschirm** aufgebaut, der jedoch potenzielle Neuanbieter anlockt. Zusätzliche Wettbewerber verändern die Wettbewerbsstruktur und können die Branchenrendite ungünstig beeinflussen. Es erscheint daher durchaus sinnvoll, die Preise an die veränderte Kostensituation frühzeitig anzupassen, um so das Auftreten neuer Anbieter zu verhindern und Gewinne sowie ausreichende Marktteilnahme nachhaltig abzusichern. Der Aufbau eines Preisschirms in der Einführungsphase von Produkten konnte auch in einigen praktischen Beispielen zum Zusammenhang von kumulierter Marktmenge und korrespondierender Preisentwicklung nachgewiesen werden [vgl. hierzu die Beispiele bei *Henderson, B. D.* (1984), S. 107 ff.].

Hinzu kommt, dass bei sinkendem Preis nach klassischem Marktverständnis die Zahl der Nachfrager steigt, was zwar den Stückgewinn sinken lässt, durch Kostendegressions- und Mengeneffekte den Gesamtgewinn für den Anbieter aber steigern kann.

Wird eine **Niedrigpreispolitik** (sog. „Penetrations-Strategie") verfolgt, liegen die Preise anfänglich unter den tatsächlichen Kosten. Bei dieser Strategie baut das Unternehmen eine hohe Produktionskapazität auf, setzt einen niedrigen Einführungspreis, um Marktanteilsprozente zu gewinnen, versucht möglichst schnell die Einführungsphase hinter sich zu lassen und Kostendeckung zu erreichen und reduziert den Preis im selben Rhythmus, in dem die Kosten weiter sinken.

Die im Vergleich zur Hochpreisstrategie entgehenden Gewinne bis hin zu bewusst realisierten Verlusten in der Anfangsphase können als „Investitionen" in die zukünftige Marktstellung gesehen werden. Zwar verlängert sich der Amortisationszeitraum der Entwicklungskosten durch die entstehenden Einführungskosten; durch die schnell ansteigenden Volumenzuwächse erzielt das Unternehmen jedoch eine Marktstellung und Kostensituation, die von später eintretenden Unternehmen kaum noch eingeholt werden kann. Die Verluste der ersten Jahre sollen später durch Kosten- und Größenvorteile (Economies of Scale) überkompensiert werden [vgl. *Nieschlag, R. / Dichtl, E. / Hörschgen, H.* (2001), S. 813f.]. Diese Strategie kann sinnvoll sein, wenn

- der Markt preiselastisch ist und ein niedrigerer Preis tatsächlich zu schnellerem Marktwachstum führt,
- die Stückkosten mit zunehmender Produktionserfahrung in Ausnutzung des Erfahrungskurveneffektes fallen und damit die absatzstimulierende Wirkung eines niedrigen Preises indirekt die zukünftigen Gewinne erhöht,
- Carryover-Effekte positiv sind (d. h. ein höherer Absatz heute infolge der schnellen Marktdurchdringung auch zu mehr Absatz in der Zukunft führt) [vgl. *Simon, H.* (1992), S. 4],
- ein niedrigerer Preis existierende und potenzielle Konkurrenten entmutigt und damit eine wirkungsvolle Markteintrittsbarriere darstellt [vgl. *Kotler, P. / Bliemel, F.* (2006), S. 830].

Die Verlagerung von Gewinnen bei der Penetrations-Strategie kann jedoch, neben möglichen Imageverlusten (z. B. durch Schlussfolgerungen von einem niedrigen Preis auf niedrige Qua-

lität) und Einschränkungen des Spielraums für künftige Preisvariationen (z. B. durch unerwartet hohe Wettbewerbsintensitäten), problematisch sein, wenn z. B. der Lebenszyklus kürzer als erwartet ist und damit in der Zukunft erhoffte Gewinne ausbleiben. Für den erfolgreichen Einsatz der Penetrations-Strategie sind daher mehrperiodige Prognosen der Kosten- und
Erlösentwicklung über den Lebenszyklus des Produktes, wie sie das **Life Cycle Costing** bietet, unerlässlich (siehe zum Life Cycle Costing Kapitel 3.2.1.4).

Durch den Einsatz des Life Cycle Costing werden Kosten- und Erlösinformationen geliefert,
die die Entscheidung über die sinnvollste Preisstrategie unterstützen und die **dynamische Gestaltung der Preispolitik** möglich machen. Dabei können sich auch andere mehrperiodige
Preisstrategien aus dem Bündel möglicher Strategien zwischen den Extrempunkten Penetrati-
ons- und Skimming-Strategie als sinnvoll herausstellen.

Die besondere Bedeutung des Erfahrungskurvenkonzepts liegt außerdem darin, dass es die Begründung für den Stellenwert von **Marktanteil** und **Marktwachstum** als strategische Erfolgsfaktoren liefert.

Erfahrungskurven machen die Wichtigkeit des Marktanteils sichtbar, weil sie eine Beziehung
zwischen dem Marktanteil und der relativen Kostensituation und folglich dem Gewinnpotenzial herstellen, denn es gilt: Je höher der Marktanteil, desto größer das Kostensenkungspotenzial, desto niedriger gegebenenfalls die Stückkosten. Niedrige Stückkosten wiederum eröffnen
Spielräume bei der Preissetzung, ohne die etwa eine Penetrations-Strategie kaum bestritten
werden könnte.

Die Höhe des Marktanteils ist ein Indikator für die kumulierte Produktionsmenge. Produkte
mit dem höchsten **Marktanteil** haben gegenüber der Konkurrenz die höchste kumulierte Produktionsmenge und damit – identische Erfahrungskurve aller Wettbewerber unterstellt, d. h.
gleiche Ausgangskosten und gleiche Lernrate – die potenziell niedrigsten Kosten. Dabei interessiert beim Marktanteil weniger der absolute als vielmehr der **relative Marktanteil**, denn
die Wettbewerbsposition eines Unternehmens und die Widerstandsfähigkeit seines Wettbewerbsvorsprungs hängen von den Maßnahmen der Konkurrenten ab, so dass absolute Größen
in der Strategie wenig aussagekräftig sind.

Der relative Marktanteil bezeichnet den eigenen Marktanteil dividiert durch den Anteil des
stärksten Konkurrenten. Der eigene Marktanteil wird dabei entweder als Anteil der verkauften
Stückzahlen des Unternehmens an der Gesamtstückzahl des Marktes oder auch als Umsatzanteil der Produktgruppe oder des Produktbereiches am gesamten Marktvolumen in einer Periode ermittelt. Bei der zweiten Vorgehensweise können allerdings Verzerrungen durch unterschiedliche Preisniveaus auftreten.

Besitzt ein Unternehmen einen Marktanteil von 20 %, der stärkste Konkurrent jedoch nur von
10 %, so bedeutet dies, dass man auf der Erfahrungskurve weiter fortgeschritten ist. Nur der
volumenstärkste Wettbewerber hat einen relativen Marktanteil von größer als eins. Wenn die
Lernraten und die Kosten des ersten Stückes für die Branche einheitlich sind und als bekannt
betrachtet werden, können über die relativen Marktanteile unter Zuhilfenahme der Erfahrungs-

kurve somit die Kostenunterschiede zwischen den Wettbewerbern ermittelt werden. Häufig wird, wie z. B. in der PIMS-Studie, zur Ermittlung des relativen Marktanteils auch der Marktanteil des betrachteten Unternehmens in das Verhältnis zur Summe der absoluten Marktanteile der drei größten Wettbewerber, zu denen das betrachtete Unternehmen auch gehören kann, gesetzt [vgl. *Luchs, R. H. / Müller*, R. (1985), S. 87].

An einem kleinen Beispiel soll die Unterscheidung zwischen absolutem und relativem Marktanteil verdeutlicht werden:

Unternehmen A hat einen absoluten Marktanteil von 40 %. Im ersten Szenario hat Unternehmen A zwei weitere Wettbewerber, die jeweils einen absoluten Marktanteil von 30 % haben. Der relative Marktanteil in diesem Szenario für Unternehmen A beträgt:

$$\frac{\text{Marktanteil Unternehmen A}}{\text{Marktanteil des stärksten Konkurrenten}} = \frac{40\,\%}{30\,\%} = 1,33$$

Im zweiten Szenario hat Unternehmen A nicht nur zwei Wettbewerber, sondern sechs weitere Wettbewerber, die jeweils einen absoluten Marktanteil von 10 % haben. Als relativer Marktanteil für Unternehmen A ergibt sich nun folgendes:

$$\frac{\text{Marktanteil Unternehmen A}}{\text{Marktanteil des stärksten Konkurrenten}} = \frac{40\,\%}{10\,\%} = 4$$

Obwohl der absolute Marktanteil in beiden Fällen mit 40 % identisch ist, ergibt sich eine unterschiedliche strategische Position. Im ersten Szenario wird der Kostenvorteil aufgrund der Erfahrungskurve für A wesentlich geringer sein als im zweiten Szenario. Da der relative Marktanteil diesen Umstand anzeigt, ist er aussagefähiger als der absolute Marktanteil. Ein relativer Marktanteil nach der Berechnungsvorgabe der PIMS-Studie hat den Vorteil, dass diese Ziffer zudem Informationen über die Struktur der Wettbewerber generiert.

Neben dem Marktanteil kann auch das Marktwachstum als strategischer Erfolgsfaktor aus dem Erfahrungskurvenkonzept gefolgt werden.

Bei hohem **Marktwachstum** steigen die kumulierten Mengen in kurzer Zeit stark an, d. h. sehr schnell ergeben sich Spielräume zur Nutzung von Erfahrungseffekten und Kostensenkungspotenziale bestimmen den Wettbewerb. Bei hohem Marktwachstum müssen die Produktionsmengen bei konstantem Marktanteil kontinuierlich entsprechend gesteigert werden. Somit wird die Erfahrungskurve sehr schnell durchlaufen. Ein Unternehmen kann zudem durch ein Unternehmenswachstum über Marktniveau schneller als seine Wettbewerber seinen relativen Marktanteil erhöhen und dadurch auch seine Kosten schneller senken. Darüber hinaus fließen in einem wachsenden Markt durch den Erfahrungseffekt die Aufwendungen zur Erreichung eines zusätzlichen Marktanteils sehr schnell zurück. Aufwendungen für Marktanteilssteigerungen können daher besonders in Märkten mit hohem Wachstum überdurchschnittlich rentabel sein.

Zusammenfassend lassen sich **zwei zentrale Hauptempfehlungen** für strategisches Handeln aus dem Erfahrungskurvenkonzept ableiten:

- Strategien zur Marktanteilssteigerung sind in Märkten mit hohen Wachstumsraten sinnvoller als in Märkten mit niedriger Wachstumsrate.
- Unternehmen sollten sich auf Märkte konzentrieren, in denen langfristig die Marktführerschaft und damit Kostenführerschaft erreichbar ist („Go for share"-Devise). Ist dies im Gesamtmarkt nicht möglich, sollte das Unternehmen dies zumindest auf einem Teilmarkt versuchen.

Die Ergebnisse der PIMS-Studie untermauern diese Zusammenhänge. So wurde empirisch festgestellt, dass der Return on Investment (RoI) mit dem relativen Marktanteil positiv korreliert. Dieser Zusammenhang ist in Abb. 3.13 veranschaulicht.

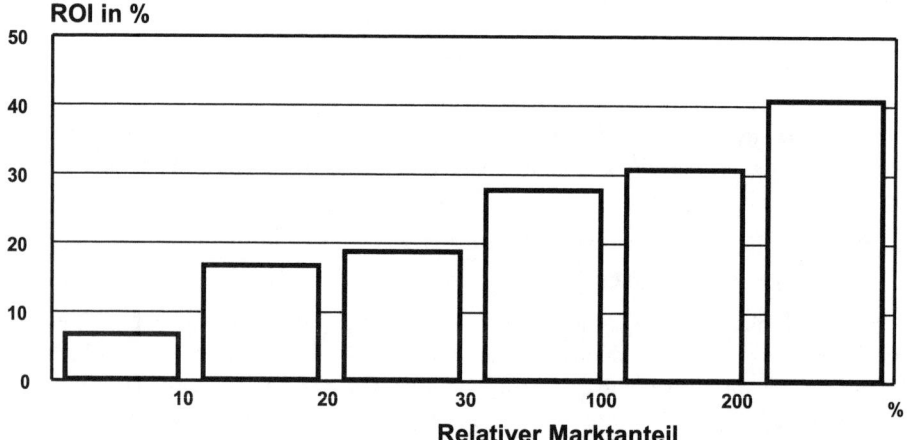

Abb. 3.13:   Ergebnisse der PIMS-Datenbank zum strategischen Erfolgsfaktor Relativer Marktanteil
[Quelle: PIMS-Datenbank, entnommen aus Buzzell, R. D. / Gale, B. T. (1989), S. 82]

Vor allem in Verbindung mit der Höhe der Vorlaufkosten ist der relative Marktanteil von Bedeutung. So führt ein hoher relativer F&E-Aufwand (F&E-Intensität, gemessen als Prozentanteil des F&E-Aufwands am Umsatz) bei niedrigem relativen Marktanteil zu einem geringen RoI. Ein hoher relativer Marktanteil kann jedoch die negative Wirkung eines hohen F&E-Aufwands auf den RoI kompensieren. Ist der F&E-Aufwand dagegen niedrig, ist der Einfluss des relativen Marktanteils auf den RoI geringer als bei einem hohen F&E-Aufwand. Bei niedrigem relativem Marktanteil ist somit eher eine Produktimitation oder Lizenznahme zu empfehlen. Der Zusammenhang von relativem Marktanteil und F&E-Intensität hinsichtlich des Einflusses auf den RoI wird in der Kontingenztabelle in Abb. 3.14 abgebildet.

Auch ein hoher relativer Marketingaufwand, gemessen als Prozentanteil des Marketingaufwands am Umsatz (Marketingintensität), wirkt analog zur F&E-Intensität in Verbindung mit einem hohen relativen Marktanteil positiv auf den Return on Investment, wie in der Kontingenztabelle der PIMS-Datenbank in Abb. 3.15 ersichtlich wird [vgl. *Wiechel, K.-H.* (1980)].

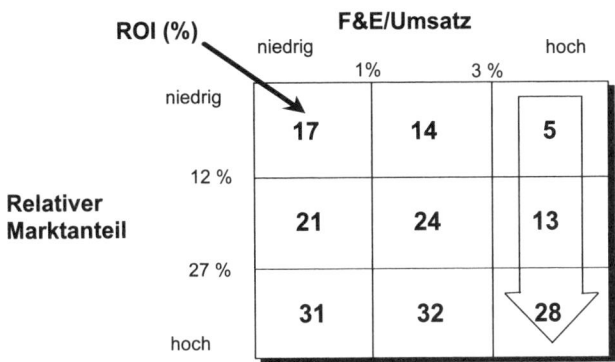

Abb. 3.14: *Zusammenhang von relativem Marktanteil und F&E-Intensität*
[Quelle: PIMS-Datenbank, entnommen aus Schoeffler, S. (1984a), S. 6]

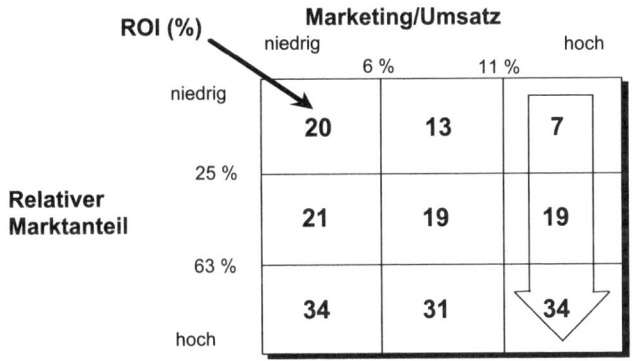

Abb. 3.15: *Zusammenhang von relativem Marktanteil und Marketing-Intensität*
[Quelle: PIMS-Datenbank, entnommen aus Abell, D. F. / Hammond, J. S. (1979), S. 281]

Daraus kann der Schluss gezogen werden, dass der Marktanteil für forschungs- und marketingintensive Unternehmen von größerer Bedeutung ist als für Unternehmen, die den Schwerpunkt ihrer Wertschöpfung im Produktionsbereich angesiedelt sehen. Dies gilt z. B. für die schnelllebige Hightech-Industrie, in der ein bestimmtes Maß an Ausgaben für Forschung und Marketing für ein Überleben im Wettbewerb erforderlich ist. F&E- und Marketingkosten sind im Gegensatz zu den reinen Produktionskosten aber i. d. R. fix, so dass sich aufgrund des statischen Degressionseffektes bei diesem Kostenblock die Stückkosten stärker senken als dies beim Kostenblock „Produktion" der Fall ist. Dies kann dann forschungs- und marketingintensive Unternehmen zu Wettbewerbsstrategien motivieren, welche die Ausnutzung von Größeneffekten zum Ziel haben und es Konkurrenzunternehmen mit kleinerem Marktanteil schwer machen mitzuhalten (z. B. Produktverbesserungen oder Neuprodukteinführungen). Darüber hinaus zeigt sich, dass Geschäftseinheiten mit großem Marktanteil stärker vertikal integriert sind, d. h. es wird weniger zugekauft und vermehrt eigenproduziert, was wiederum Erfahrungskurveneffekte auslöst und damit potenziell zu einer verbesserten Kostenposition führt [vgl. *Buzzell, R. D. / Gale, B. T.* (1987), S. 84 ff.].

Allerdings sind auch dem Erfahrungskurvenkonzept Grenzen gesetzt. Zum einen wird ein **statisches Produktkonzept** unterstellt. Bedenkt man aber, dass Produkte einer ständigen Anpassung an Kundenwünsche oder an technische Weiterentwicklungen unterliegen, entspricht das statische Produktkonzept kaum der Realität. Aufwendungen für notwendige Produktveränderungen können den Kostendegressionseffekt überkompensieren. Außerdem stellt sich die Frage, wann von einem „neuen" Produkt im Sinne dieses Konzeptes gesprochen werden kann und wann eine „neue" Erfahrungskurve ausgelöst wird.

Weiterhin geht das Erfahrungskurvenkonzept von **homogenen Gütern** aus, d. h. die Produkte sind nicht nach Segmentgruppen differenziert und nicht mit differierendem Zusatznutzen ausgestattet. Die Nachfrager haben daher auch keine bestimmten Präferenzen, und die Preise und dahinter stehend die Kosten sind das dominante Wettbewerbsinstrument. Aufgrund fehlender akquisitorischer Potenziale besitzen die Anbieter keine monopolistische Preisbeweglichkeit.

Im Konzept wird außerdem von **vorgegebenen Märkten** für das jeweilige Produkt ausgegangen. Die Frage der Marktabgrenzung bzw. die Bestimmung des relevanten Marktes wird übergangen. Entsprechend diesem Verständnis agieren alle Wettbewerber auf demselben direkten Markt und auch die Identifikation der relevanten Konkurrenz bereitet keine Schwierigkeiten, da keine Unterscheidung zwischen dem Kernsegment „Zielmarkt" und dem potenziellen Gesamtmarkt vollzogen wird.

Zudem ist die Wirkung der Erfahrungskurve auf **Wachstumsmärkte** beschränkt. Dies hängt mit der asymptotisch verlaufenden Kostenfunktion der Erfahrungskurve zusammen. Setzen alle Wettbewerber ihre theoretisch vorgegebenen Kostensenkungspotenziale um, bleibt der relative Abstand in den wertschöpfungsbedingten Kosten unverändert, während der absolute Kostenunterschied sich jedoch ständig verringert. Damit verliert die Differenz relativ an Bedeutung. Mit fortschreitender Zykluslänge büßt die Erfahrungskurvenaussage somit an Gewicht ein, so dass in reifen Märkten erfahrungsbedingte Kostenunterschiede geringer ausfallen als in jungen, schnell wachsenden Märkten [vgl. u. a. *Wittek, B. F.* (1980), S. 103]. In etablierten Märkten fungiert die Erfahrungskurve jedoch weiterhin als Markteintrittsbarriere.

Des Weiteren geht die Erfahrungskurvenaussage von einer **homogenen Wettbewerbsstruktur** aus. So wird nicht berücksichtigt, dass Wettbewerber unterschiedliche Wertschöpfungstiefen haben können und Erfahrungswissen außerdem käuflich sein kann. Dies wird u. a. dadurch ersichtlich, dass der Degressionseffekt auf den eigenen Wertschöpfungsteil begrenzt ist. Auf diese Weise wird aber z. B. nicht berücksichtigt, dass sich durch Mengenwachstum Einkaufsvorteile bei den Produktionsfaktoren erzielen lassen bzw. Lieferanten ähnliche Erfahrungseffekte realisieren können. Zudem kann durch Verringerung der eigenen Wertschöpfungstiefe und einer korrespondierenden Erhöhung des Zukaufanteils der Erfahrungsvorteil des Lieferanten in die Gesamtkostenstruktur des Produktes eingebunden werden.

Darüber hinaus wird auch nicht berücksichtigt, dass Erfahrung **teilbar** ist, d. h. Sortiments- und Synergieeffekte auftreten können. Beispielsweise kann die gemeinsame Nutzung von betrieblichen Funktionsbereichen zu Kostenvorteilen führen, ebenso die Mehrfachverwendung bestimmter Ressourcen für verschiedene Produkte des Sortiments.

Schließlich wird im Erfahrungskurvenkonzept nicht einbezogen, dass Imitatoren weniger Fehler machen als Innovatoren und folglich die Lernrate der Imitatoren größer sein dürfte.

Kritisch zu hinterfragen ist auch die Kernaussage der Erfahrungskurve, wonach Geschäftseinheiten mit hohem Marktanteil die Möglichkeit haben, relative Kosten- und damit Rentabilitätsvorteile zu erzielen. Dieser Effekt steht zwar in vollkommenem Einklang mit den Erkenntnissen der PIMS-Studie. Problematisch sind jedoch mögliche Schlussfolgerungen wie beispielsweise die aus der Erfahrungskurve abgeleitete **Preispolitik**. Entsprechend der Theorie der Erfahrungskurve werden Preisreduzierungen mit höheren Marktanteilen honoriert. Die damit indirekt verbundenen Kostenvorteile erhöhen die Rendite. Dies ist jedoch nicht immer so. Preissenkungen sind nur von Vorteil, wenn der Preis niedriger als der der Wettbewerber ist. Nur in diesem Fall scheint das Kalkül aufzugehen, wonach infolge der Preissenkung vermehrt Kunden der Wettbewerber abwandern. Bleibt dieser Effekt aus, so ist das Ergebnis aber kein höherer Marktanteil, sondern lediglich ein Renditeverlust für die gesamte Branche. Gemäß den empirischen Daten der PIMS-Studie waren die einzigen Geschäftseinheiten, die über niedrige Preise Marktanteile gewannen, diejenigen, die **wesentliche** Kostenvorteile gegenüber den Konkurrenten hatten und die qualitativ gleichwertige Produkte bzw. Produkte mit besserer Qualität anboten. Falls eine kombinierte Kosten- und Qualitätsstrategie (Outpacing-Strategie) nicht möglich ist, dann verspricht die alleinige Konzentration auf Qualität eher einen Marktanteilsgewinn. Laut Erfahrungskurve erreicht ein Unternehmen jedoch relative Kostenvorteile durch Erlangung von Marktanteilen mittels niedrigem Preis auch ohne Berücksichtigung der Qualität [vgl. *Meyer, J.* (1988), S. 73 ff.].

Aufgrund der genannten Einschränkungen ist das Konzept der Erfahrungskurve lediglich als **Beschreibungsmodell** für grobe Kostenpositionierungen bzw. Kostenprognosen aufzufassen mit dem Ziel, ein Verständnis für die Zusammenhänge zu schaffen. Keinesfalls sollte die Erfahrungskurvenaussage uneingeschränkt zur Herleitung und Legitimation strategischer Entscheidungen eingesetzt werden. Das Konzept impliziert nämlich einen mitunter ruinösen Preiskampf mit dem Ziel der Marktanteilssteigerung, da unter der Annahme, dass der Preis das einzige absatzpolitische Instrument ist, allein die Kostenführerschaft auch die Marktführerschaft sichert. Dementsprechend könne nur durch Kostenminimierung, gekoppelt an die Maximierung der akkumulierten Erfahrung, die Marktführerschaft erreicht werden. Dies ist jedoch v. a. dann problematisch, wenn die Kostenminimierungsstrategie mit wachsenden Betriebsgrößen und damit steigenden Fixkostenblöcken sowie verminderter Innovationsfähigkeit aufgrund der Monostruktur der Produktionsanlagen einhergeht. Dies ist bei der Umsetzung von Kostensenkungspotenzialen häufig der Fall, verringert aber die Flexibilität von Unternehmen bei Veränderungen im Unternehmensumfeld. Gerade der Umsatzgrößte hat stets auch das größte Marktverlustrisiko, wenn die gegenwärtigen Produkte veralten bzw. substituiert werden. Insbesondere im heutigen Umfeld des Hyperwettbewerbs kann die fehlende **Flexibilität** die Unternehmensexistenz gefährden.

Darüber hinaus kann die implizite **Marktmechanismuswirkung** zu gefährlichen Schlussfolgerungen führen. Demnach verschwinden nämlich submarginale Anbieter automatisch vom Markt, so dass den verbleibenden Anbietern die nicht mehr bediente Nachfrage aus dem Verdrängungswettbewerb zufällt. Marktaustrittsbarrieren behindern jedoch diesen Mechanismus. Ebenso können beispielsweise diversifizierte Großunternehmen durch Produktgruppendumping eine für sie unzureichende Erlössituation in einem Geschäftsbereich mit Überschüssen aus anderen Bereichen ausgleichen und bleiben so im Markt.

Eine weitere Einschränkung des Erfahrungskurvenkonzeptes liegt in der Annahme eines autonom vorgegebenen Marktwachstums, das nicht individuell beeinflussbar ist und alle Wettbewerber im selben Ausmaß trifft.

Des Weiteren ist der als kontinuierlich angenommene **Degressionsverlauf** so in der Praxis kaum vorzufinden. Vielmehr vollzieht er sich i. d. R. in Sprüngen. Problematisch ist ferner, dass sich der Degressionseffekt nicht auf die einzelnen Ursachenfaktoren zurückführen lässt. Dies führt dazu, dass man die Einflussfaktoren zwar kennt, nicht aber ihre quantitativen Bedeutungen im Einzelnen und schon gar nicht ihr Zusammenwirken. Daraus wird deutlich, dass das Erfahrungskurvenkonzept als Steuerungsinstrument nur begrenzt geeignet ist. Trotz aller Kritikpunkte hat das Erfahrungskurvenkonzept jedoch als Beschreibungsmodell durchaus seine Berechtigung.

Abschließend bleibt zu beachten, dass sich die Kostendegression durch Erfahrungseffekte nicht automatisch einstellt. Vielmehr handelt es sich um ein **Kostensenkungspotenzial**, das erst durch gezielte Maßnahmen zur Verbesserung der betrieblichen Leistungsprozesse ausgeschöpft werden muss. Zur Überwachung von Prozessverbesserungen sind deshalb geeignete Messinstrumente erforderlich. Hier kann z. B. das **Half-Life-Konzept** Anwendung finden, mit dem in Analogie zur Halbwertszeit radioaktiver Elemente die Zeit gemessen werden kann, in der sich Fehler bei Prozessen halbieren lassen (Halbwertszeit) [vgl. *Schneiderman, A. M.* (1988), S. 51 ff.]. Das Konzept trägt damit zur Planung und Steuerung von **kontinuierlichen Prozessverbesserungen** bei. Kenngrößen für Verbesserungen, deren Halbwertszeit ermittelt wird, sind nicht nur Kosten, sondern auch Größen jenseits des Rechnungswesens, wie z. B. die Anzahl fehlerhafter Produkte, Kundenreklamationen, verspätete Lieferungen, unvollständige Lieferungen, Nacharbeiten, Bearbeitungszeiten etc. In Ergänzung zum Konzept der Erfahrungskurve werden demzufolge nicht nur die Kostenwirkungen durch Erfahrungseffekte, sondern auch deren Ursachen dokumentiert. Allerdings können mit dem Half-Life-Konzept nur die dynamischen Ursachen für Erfahrungseffekte und deren Wirkungen auf Verbesserungen im Unternehmen untersucht werden, da die statischen Ursachen für Erfahrungseffekte tatsächlich nur von der kumulierten Produktionsmenge abhängen. Im Gegensatz zum Erfahrungskurvenkonzept wird im Half-Life-Konzept aber davon ausgegangen, dass Lernfortschritte nicht vom kumulierten Produktionsvolumen, sondern von der für Prozessverbesserungen benötigten Zeit abhängen [vgl. *Fischer, T. M. / Schmitz, J.* (1994a), S. 196 ff.].

Zur Analyse der Hintergründe der Kostenentstehung und zur Beeinflussung der Kosten an ihrer Quelle sind Instrumente des Kostenmanagements notwendig. Die „traditionelle" Kostenrechnung reicht im Hyperwettbewerb und dem damit einhergehenden Kostendruck nicht mehr aus, da sie die Kosten überwiegend für festgelegte Produktionsverfahren, Produktdesigns oder für Prozessabläufe plant und kontrolliert. Das **Kostenmanagement** ergänzt die „traditionell" bekannte und angewandte Kostenarten-, Kostenstellen- und Kostenträgerrechnung um Instrumente, die es erlauben, Kosten frühzeitig am Anfang des Lebenszyklus zu gestalten sowie Kundenwünsche und Wettbewerbspositionen einzubeziehen. In Abb. 3.16 wird überblicksartig dargestellt, wie das Kostenmanagement die „traditionelle" Kostenrechnung ergänzt [vgl. *Günther, T.* (1997b), S. 97 ff.].

Ansatzpunkt	„Traditionelle" Kostenrechnung	Kostenmanagement
Zielorientierung	Interne Plankosten	Externe „Plan"Kosten (z. B. vom Markt erlaubte Zielkosten)
Schwerpunkt der Kostenbeeinflussung	Kostenoptimierung bei gegebenen Rahmenbedingungen	Kostengestaltung (kunden- und wettbewerbsbezogene Produkt- und Prozessgestaltung)
Standardkostenbezug	Erreichung von Kostenstandards	Verbessern von Kostenstandards
Kosteninformationsbezug	Kostenart, Kostenstelle, Kostenträger	schnittstellenübergreifend, prozessbezogen
Kostenverantwortung	individuelle Kostenstellenverantwortung	Teamverantwortung, Prozessverantwortung
Genauigkeitsgrad	rechnerisch exakt, hohe Detaillierung	ausreichende Detaillierung zur frühzeitigen Entscheidung i. S. v. Kostenbeeinflussung

Abb. 3.16: „Traditionelle" Kostenrechnung und Kostenmanagement
[Quelle: Günther, T. (1997b), S. 104]

Zu den Instrumenten des Kostenmanagements gehören also insbesondere Instrumente, die gezielt eine Kostengestaltung in frühen Phasen des Lebenszyklus erlauben, wie z. B. das Target Costing, die Prozesskostenrechnung sowie das Life Cycle Costing [vgl. z. B. *Coenenberg, A. G.* (2003), S. 473 ff.; *Günther, T.* (1997b), S. 97 ff.].

3.2.3 Die Industriekostenkurve

3.2.3.1 Das Grundkonzept

Ein weiteres Instrument zur kostenbezogenen Darstellung der Wettbewerbssituation ist die sog. **Industriekostenkurve**. Sie bildet die Kapazitäten und die jeweiligen Stückkosten der Anbieter in einer Branche ab und verbindet die so beschriebene Situation der Hersteller mit der Nachfrageseite durch Einbeziehung der vorherrschenden **Preis-Absatz-Funktion** [vgl. *Dycke, A. / Schulte, C.* (1991)].

Anhand des folgenden **Beispiels** soll das Konzept der Industriekostenkurve veranschaulicht werden.

In einem Markt agieren vier Wettbewerber A, B, C und D, über die folgende Informationen bekannt sind:

Anbieter	durchschnittliche Selbstkosten pro t	kumulierter Output zum 01.01.01	Kapazität pro Jahr (Stand: 01.01.01)
A	626 €	30.000 t	10.000 t
B	527 €	28.000 t	14.000 t
C	344 €	35.000 t	12.000 t
D	307 €	25.000 t	10.000 t

In einem ersten Schritt werden sämtliche Wettbewerber entsprechend ihrer Kapazität und ihren durchschnittlichen Selbstkosten aufgelistet. Die durchschnittlichen Selbstkosten können dabei beispielsweise mit Hilfe des Erfahrungskurvenkonzeptes geschätzt oder auf der Basis der „traditionellen" Kosten- und Leistungsrechnung ermittelt werden. Für Wettbewerber lassen sich die Kostenpositionen häufig mangels Zugang zu Kostendaten nur indirekt auf der Basis der Preise schätzen.

Alle Wettbewerber werden in einem zweiten Schritt entsprechend ihrer Selbstkosten pro Stück in eine Reihenfolge gebracht:

Reihenfolge	Anbieter	Stückkosten	Kapazität	kum. Kapazität
1	D	307 €	10.000 t	10.000 t
2	C	344 €	12.000 t	22.000 t
3	B	527 €	14.000 t	36.000 t
4	A	626 €	10.000 t	46.000 t

Die Stückkosten und die jeweiligen Kapazitäten werden in einem Diagramm mit der über alle Anbieter kumulierten Kapazität an der Abszisse und den Stückkosten an der Ordinate entsprechend der ermittelten Reihenfolge graphisch dargestellt. Dabei wird der so beschriebenen Angebotssituation die aktuelle Preis-Mengen-Kombination gegenüber gestellt. Im Beispiel beträgt beim derzeitigen Preis von 626 € die derzeitige Nachfrage 40.000 t. Die sich so ergebende **Marktangebotsfunktion** wird Industriekostenkurve genannt [vgl. *Schirmer, A.* (1983), S. 94 ff.]. Diese ist in Abb. 3.17 dargestellt.

In dem Diagramm wird folgendes deutlich:

D, C und B realisieren Gewinne. Der gesamte Gewinn aller Wettbewerber entspricht der Fläche unterhalb der Preislinie bzw. oberhalb der jeweiligen Stückkosten. A macht keinen Gewinn und kann einen Teil seines Angebots nicht absetzen, da die Nachfrage von den Anbietern mit geringeren Kosten gedeckt wird. Damit ist A ein sog. **Grenzanbieter**. Der Grenzanbieter wird durch den Schnittpunkt von Angebots- und Nachfragekurve gekennzeichnet. Anstelle der

Stückkosten, die die langfristige Preisuntergrenze darstellen, können für die kurzfristige Analyse, wie in der Mikroökonomie üblich, auch die Grenzkosten oder variablen Stückkosten gewählt werden.

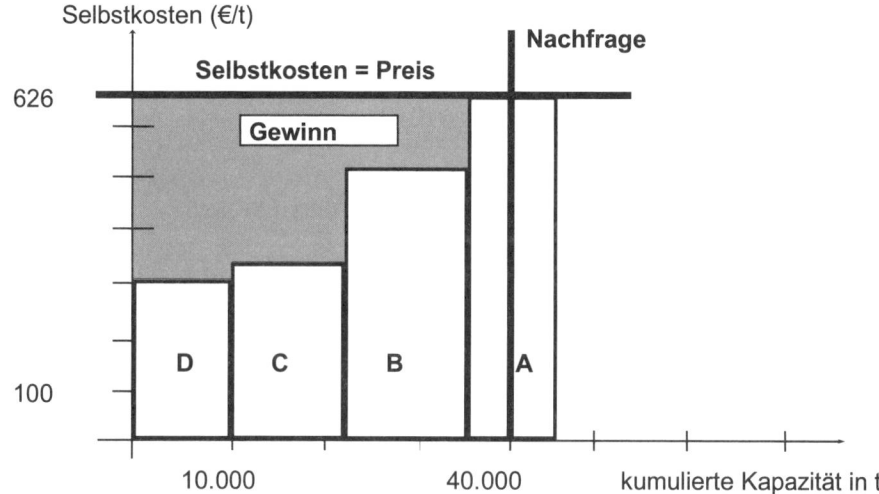

Abb. 3.17: Industriekostenkurve

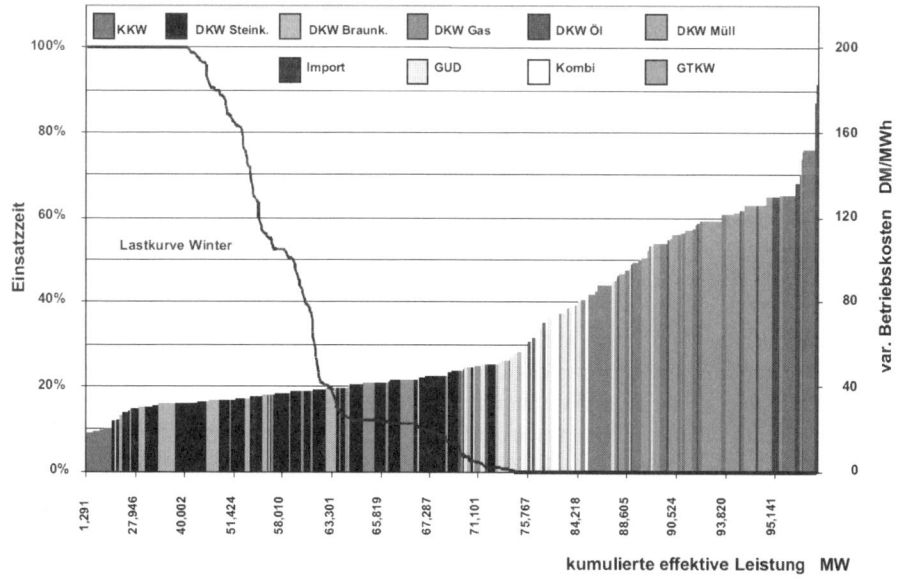

Abb. 3.18:   Industriekostenkurve für die Energiewirtschaft: Merit Ordner-Kurve
[Quelle: Voss, A. (2000), S. 4]

Abb. 3.18 zeigt eine Anwendung der Industriekostenkurve, die sog. **Merit Order-Kurve**, aus der Energiewirtschaft. Darin werden die Grenzkosten oder variablen Stückkosten pro MWh der kumulierten Kraftwerkskapazität gegenüber gestellt. Dabei zeigt sich, dass Wasser und Wind die geringsten variablen Stückkosten aufweisen, gefolgt von Kernenergie, Braunkohle und Steinkohle. Anhand der Merit Order-Kurve können, wie nachfolgend generell für die Industriekostenkurve beschrieben, verschiedene Situationen (z. B. kompletter Ausstieg aus der Kernenergie, Auswirkung von Gas- und Ölpreisanstiegen, Reduktion des Energieverbrauchs und Einführung der CO_2-Steuer) simuliert werden.

3.2.3.2   Bedeutung der Industriekostenkurve für die strategische Unternehmensplanung

Die Industriekostenkurve basiert auf mikroökonomischen Annahmen und eignet sich nur für **homogene Güter**, z. B. Papier, Stahl etc., für die ein nahezu **einheitlicher Marktpreis** existiert und damit auch kein Raum für einzelunternehmerische Preispolitik besteht. Preispolitische Spielräume aufgrund akquisitorischer Potenziale existieren somit im Konzept der Industriekostenkurve nicht. Es wird davon ausgegangen, dass sich der Wettbewerb auf Stückkostenreduzierungen sowie Kapazitätsvariationen beschränkt und keine weiteren Handlungsalternativen bestehen. Folglich wird jeder Anbieter zu **minimalen Kosten** produzieren. Durch das Kostenniveau des Grenzanbieters, also dem Anbieter mit den höchsten Stückkosten, der gerade noch zur Befriedigung der Nachfrage benötigt wird, bestimmt sich der Marktpreis. Dieser ist entsprechend der mikroökonomischen Grundannahmen der **Gleichgewichtspreis**.

Im Konzept der Industriekostenkurve wird darüber hinaus angenommen, dass die Anbieter ihre Kapazitäten nur als **Ganzes** nutzen. Sie produzieren so lange an der Kapazitätsgrenze, wie der Marktpreis die Stückkosten übersteigt. Wird ein Anbieter zum Grenzanbieter, wird er seine ganze Kapazität stilllegen und vom Markt verschwinden, wenn er seine Stückkosten nicht senken kann. Außerdem gilt, dass alle Anbieter ihre Marktanteile zu Lasten der Konkurrenten mit höheren Stückkosten erhöhen können, d. h. die Nachfrage wird immer von den Anbietern mit geringeren Stückkosten bedient. Dies bedeutet, dass Wettbewerber mit höheren Stückkosten verdrängt werden.

Unter den getroffenen Annahmen kann die Industriekostenkurve wichtige Hinweise liefern. Beispielsweise kann die Industriekostenkurve Aussagen über potenzielle Stückkostenreduzierungen auf Basis der Erfahrungskurve abbilden sowie aufzeigen, wie sich die Wettbewerbssituation verändern kann, wenn Konkurrenten z. B. Kapazitätserweiterungen vornehmen und dadurch u. U. durch modernere Anlagen ihre Kostenposition verbessern. Ausgehend vom obigen Beispiel soll dieses Szenario nachfolgend dargestellt werden. Folgende Informationen sind zusätzlich zu oben genannten Daten bekannt:

Anbieter	Kosten der ersten Tonne (Menge des Prototyps: 1 t)	Lernrate
A	3.000 €/t	90 %
B	2.500 €/t	90 %
C	4.000 €/t	85 %
D	8.000 €/t	80 %

Wettbewerber D erweitert seine Kapazität zum 02.01.01 von 10.000 t auf 15.000 t bei einer unveränderten Nachfrage von 40.000 t. Wie verändert sich durch diese Kapazitätserweiterung die Wettbewerbssituation zum 01.01.02 unter Berücksichtigung von Erfahrungseffekten?

Mit Hilfe des Erfahrungskurvenkonzeptes können die neuen Stückkosten errechnet werden.

Anzahl der Verdopplungen n^i und damit einhergehende Stückkosten K^i zum 01.01.02:

$$n^A = \frac{\ln(30.000 + 10.000)}{\ln 2} = 15,29$$

$$n^B = \frac{\ln(28.000 + 14.000)}{\ln 2} = 15,36$$

$$n^C = \frac{\ln(35.000 + 12.000)}{\ln 2} = 15,52$$

$$n^D = \frac{\ln(25.000 + 15.000)}{\ln 2} = 15,28$$

$$K^A = 3.000\ \text{€} * 0,9^{15,29} = 600\ \text{€}$$

$$K^B = 2.500\ \text{€} * 0,9^{15,36} = 496\ \text{€}$$

$$K^C = 4.000\ \text{€} * 0,85^{15,52} = 321\ \text{€}$$

$$K^D = 8.000\ \text{€} * 0,8^{15,28} = 264\ \text{€}$$

Es ergibt sich folgende neue Situation:

Rang	Anbieter	Stückkosten	Kapazität 01.01.02	kum. Kapazität 01.01.02
1	D	264 €	15.000 t	15.000 t
2	C	321 €	12.000 t	27.000 t
3	B	496 €	14.000 t	41.000 t
4	A	600 €	10.000 t	51.000 t

Wettbewerber A kann nichts mehr absetzen und tritt aus dem Markt aus. B wird zum Grenzanbieter. Der Preis fällt vom alten Grenzpreis von 626 €/t auf den neuen Grenzpreis von 496 €/t, wodurch nur noch D und C Gewinne erwirtschaften. Durch die Maßnahmen des Konkurrenten D sind A, B und C massiv betroffen, obwohl sie selbst weder die Kapazitäten noch die

Kostenstruktur verändert haben. Dies zeigt, dass die Handlungen von Wettbewerbern stets bei der strategischen Planung berücksichtigt werden müssen.

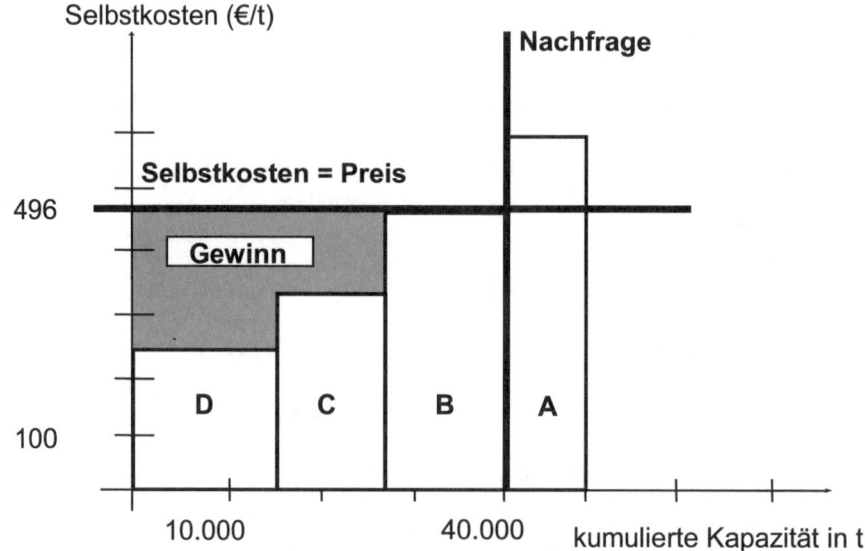

Abb. 3.19:   Industriekostenkurve nach Kapazitätserweiterung durch Wettbewerber D

Wie aus dem Beispiel ersichtlich wurde, kann die Industriekostenkurve wichtige Hinweise für **Kapazitätsentscheidungen** liefern, indem sie durch die analytische Verknüpfung von Kapazitätsangebot und -nachfrage Prognosen für langfristige Kosten- und Preisentwicklungen unterstützt [vgl. *Liebing, W.* (1987), S. 53 ff.]. So können Kostensenkungspotenziale und Ansatzpunkte für Desinvestitionen aufgedeckt, sowie Wirkungen von Investitionen dargestellt werden. Anhand der durchschnittlichen Selbstkosten kann festgestellt werden, ab welchem Marktpreis der jeweilige Anbieter auf längere Sicht aus dem Markt ausscheiden muss. Durch Kostenstrukturanalysen kann außerdem aufgezeigt werden, bei welchen Kostenarten noch **Verbesserungspotenzial** gegenüber den Wettbewerbern besteht.

Besondere Orientierungshilfe liefert die Industriekostenkurve durch das Durchspielen möglicher **Wettbewerbsszenarien** und deren Wirkungen auf die Wettbewerbssituation. Beispielsweise gibt die Industriekostenkurve Antwort auf folgende Fragen:

- Was passiert, wenn ein Anbieter seine Kapazität ausweitet (siehe oberes Beispiel)?
  Die Industriekostenkurve wird nach rechts verschoben. Der Grenzanbieter scheidet aus dem Markt aus. Der Marktpreis passt sich den neuen Angebotsverhältnissen an, so dass die Kapazitäten der verbleibenden Anbieter voll genutzt werden können. Die teurere Produktion wird aufgrund des Preismechanismus durch die billigere verdrängt. Das heißt aber auch, dass der Gewinn für alle Produzenten, die ihre Kapazität selbst nicht ausweiten, sinken kann.

- Was passiert, wenn der Marktpreis auf ein Niveau unterhalb der Kosten des Grenzanbieters fallen würde?
  Der Grenzanbieter muss mittel- bis langfristig seine Kapazitäten abbauen. Durch den dann ausgelösten Nachfrageüberhang steigt der Preis wieder. Dieser Effekt wird auch als Schweinezyklus bezeichnet. Ursprünglich wurde mit dem Begriff des Schweinezyklus die Reaktion von Schweinezüchtern und -mästern auf bestimmte Marktsignale bezeichnet. Bei unzureichenden Marktpreisen verzichten Züchter und Mäster auf die Aufzucht von Schweinen mit der Folge, dass nach einer bestimmten Zeit ein dann eingetretener Nachfrageüberhang die Preise ansteigen lässt.
- Was passiert, wenn der Marktpreis über das Niveau des Grenzanbieters steigt?
  Der Anbieter mit den nächsthöheren Stückkosten wird auf den Markt kommen. Bei gleichzeitig konstanter Nachfrage kommt es dadurch zu Überkapazitäten und der Marktpreis wird wieder fallen. Erneut liegt ein Schweinezyklus vor. Bei dem oben genannten Beispiel hat nur das Vorzeichen gewechselt. Angelockt von günstigen, d. h. mehr als kostendeckenden Marktpreisen liegt nach einer bestimmten Zeit ein Überangebot vor.

Angriffspunkte liefert die Industriekostenkurve v. a. durch die ihr zugrunde liegenden Annahmen, insbesondere über das Marktverhalten der Wettbewerber. Außerdem ist die Annahme, dass ein größeres Angebot der Anbieter mit Stückkosten unterhalb des Marktpreises auch tatsächlich Käufer findet, kritisch zu hinterfragen. Tatsächlich müssten Präferenzen für Konkurrenzprodukte erst „umgeleitet" werden [vgl. *Dycke, A. / Schulte, C.* (1991)]. Problematisch dürfte sich auch die Bestimmung der Selbstkosten der Wettbewerber sowie von deren Kapazitäten gestalten. Zudem trifft die Annahme homogener Produkte nur für einen Ausschnitt der angebotenen Produkte und Dienstleistungen zu. Vorteile der Industriekostenkurve liegen v. a. in der schnellen Analyse sowie in der einfachen Erstellung sowie in der expliziten Berücksichtigung von Konkurrenzverhalten.

3.3   Qualitätswettbewerb

Die Strategiediskussion in den 60er und 70er Jahren des 20. Jahrhunderts wurde entsprechend den Erkenntnissen aus dem Erfahrungskurvenkonzept durch die Ausrichtung an Marktanteilen bestimmt, welche zu einer Markt- und Kostenführerschaft leiten sollte. In den 1980er Jahren entdeckte man, dass auch der Faktor **Qualität** den Markterfolg bestimmt.

Insbesondere hat Qualität verbunden mit einem hohen Marktanteil einen positiven Einfluss auf die Rentabilität [vgl. *Buzzell, R. D. / Gale, B. T.* (1989), S. 91 ff.].

Im Gegensatz zu Kostenstrategien sind Qualitätsstrategien weniger leicht imitierbar und weichen zudem dem typischen Risiko eines alleinigen Kostenwettbewerbs aus, wonach diesem Wettbewerbstyp immanente Preiskämpfe die Renditen einer ganzen Branche verkümmern lassen können [vgl. *Meyer, J.* (1988), S. 73 ff.]. So erstaunt es nicht, dass Fragen des **Qualitätsmanagements** im letzten Jahrzehnt an Bedeutung gewonnen haben.

Das Streben nach Qualitätsführerschaft ist eine Differenzierungsstrategie, mit der versucht wird, durch qualitative Merkmale einen Zusatznutzen für die Konsumenten zu schaffen und als spezifischen Vorteil zu kommunizieren (siehe zur Differenzierungsstrategie Kapitel 3.1).

3.3.1   Der Qualitätsbegriff

Vor einer näheren Beschäftigung mit dem Thema „Qualitätswettbewerb" ist zunächst zu klären, was **Qualität** eigentlich ist und wie sie gemessen werden kann.

Man unterscheidet zwei Qualitätsbegriffe bzw. zwei Dimensionen der Qualität: die interne technische und die externe kundenorientierte Sicht.

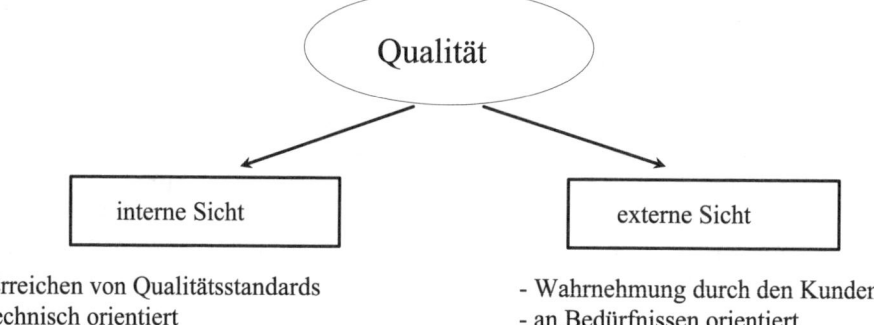

Abb. 3.20:   *Interne und externe Sicht der Qualität*

Aus **interner technischer** Sicht bedeutet Qualität, dass bestimmte Standards, Normen, Toleranzen, Ausschussquoten etc. eingehalten werden. Entsprechend dieser Qualitätsvorstellung lässt sich Qualität **objektiv** messen, beispielsweise anhand von Rückweisquoten, fehlerhaften Produkten in % der Gesamtproduktionsmenge etc. Kosten, die für das Erreichen technischer Qualitätsstandards anfallen, werden in der sog. **Qualitätskostenrechnung** erfasst und klassifiziert. Die traditionelle Dreiteilung der Qualitätskosten in Prüfkosten, Fehlervermeidungs- und Fehlerfolgekosten wurde aufgrund einiger Kritikpunkte (z. B. Überschneidungen zwischen den drei Kategorien) von der Zweiteilung in Kosten der Übereinstimmung und Kosten der Abweichung abgelöst. **Abweichungskosten** fallen an, wenn zusätzlich zur Leistungserstellung Kosten entstehen, weil bestimmte Standards nicht erfüllt wurden, wie z. B. Kosten für Nachbesserungen. **Übereinstimmungskosten** entstehen dagegen für alle Aktivitäten, die das Ziel der dauerhaften Vermeidung von Fehlern verfolgen. Sie schließen demnach Prüfkosten (z. B. für technische Überwachungsprüfungen), Kosten für Qualitätsmaßnahmen bzw. für die Anwendung von Qualitätsmethoden wie Quality Function Deployment (QFD), Failure Mode and Effect Analysis (FMEA), Statistical Process Control (SPC) etc. sowie Schulungs- und

Ausbildungskosten mit ein. Prüfkosten können jedoch auch Abweichungskosten darstellen, z. B. wenn ein fehlerhafter Prozess überprüft wird [vgl. *Wildemann, H.* (1995), S. 268 ff.]. Mit Hilfe von Qualitätskosten lässt sich die Qualität v. a. aus interner, technischer Sicht bewerten. Die einseitige Betrachtung der internen technischen Sicht der Qualität hat jedoch folgende Nachteile:

- Die Qualitätsstandards können falsch sein bzw. nicht berücksichtigen, was die Kunden für wichtig erachten.
- Beim Transport können Qualitätsverluste auftreten. Die Qualitätskontrolle endet häufig vor Auslieferung an den Händler bzw. Kunden, obwohl auf dem Weg zum Letztverbraucher die Qualität noch beeinträchtigt werden kann, z. B. durch Nachreifeprozesse eines Lebensmittels.
- Die Qualitätskontrolle ignoriert häufig die Konkurrenten und macht vielmehr an den unternehmensintern festgelegten technischen Standards Anforderungen des Produktes fest. Der Kunde hingegen vergleicht das Produkt ständig mit den Konkurrenzprodukten. Insoweit bleibt die Frage unbeantwortet, inwieweit ein bestimmter Prüfstandard ein markttaugliches Surrogat für Qualitätsvergleiche zwischen Konkurrenzprodukten aus Kundensicht darstellt.
- Die Servicekomponente von Produkten wird in der internen technischen Qualität nicht berücksichtigt. Beispielsweise kann ein überdurchschnittlicher Kundendienst sehr wohl die Kaufentscheidung beeinflussen, auch wenn das Produkt an sich technisch unterlegen ist [vgl. *Meyer, J.* (1988), S. 73 ff.].

Der Qualitätsbegriff aus **externer Sicht** geht deshalb über das technisch perfekte Produkt und die damit verbundenen Prozesse hinaus. Nach DIN 55350 wird unter Qualität die Gesamtheit aller Eigenschaften und Methoden eines Produktes oder einer Tätigkeit verstanden, die sich auf deren Eignung zum Erfüllen gegebener Erfordernisse bezieht. Zwar ist die Beurteilung der internen, technischen Qualität und das Ziel ihrer permanenten Verbesserung notwendig, doch darf die Qualitätsbeurteilung sich nicht auf die interne Sicht beschränken. Sie muss durch die **Wahrnehmung** des Kunden ergänzt werden, welche nicht nur durch Erfahrungen mit dem bzw. Vorstellungen über das Produkt, sondern auch durch die mit dem Produkt verbundenen Dienstleistungen sowie durch die Kommunikationspolitik des Anbieters beeinflusst wird. Die Qualitätswahrnehmung resultiert in der Einschätzung des „Fitness for Use" durch den Kunden, d. h. inwieweit das Produkt zur Lösung des Kundenproblems aus Sicht des Kunden als geeignet erscheint. Im Gegensatz zur objektiv messbaren, internen technischen Qualität ist demzufolge der Fitness for Use nur **subjektiv** aus Sicht des Kunden messbar.

Die interne technische Sicht der Qualität umfasst dabei Qualitätseigenschaften des erstellten **Produktes**, also der technischen Leistungsmerkmale, die Qualität der **Prozesse**, die für die Erstellung des Produktes notwendig sind, sowie die in den Prozessen eingesetzten **Potenziale**, also das Human- und Sachvermögen. Diese Prozesse schließen alle Aktivitäten im Unternehmen ein, auch die für die Wertschöpfung notwendigen administrativen Prozesse. Die externe Sicht der Qualität umfasst die Qualität des Nutzens für den Anwender und beinhaltet nicht nur die Produkt-, Prozess- und Potenzialbeschaffenheit, sondern darüber hinaus alle Aspekte, die in die Erlebniswelt des Kunden fallen, also z. B. auch den Service [vgl. *Steinbach, R. F.* (1997), S. 77].

Auch die Ökologieorientierung eines Unternehmens auf Produkt-, Prozess- und Potenzial-ebene kann als Qualitätskomponente betrachtet werden, die einen Zusatznutzen für den Anwender und damit einen qualitätsbezogenen Wettbewerbsvorteil für das Unternehmen bie-tet [vgl. *Meffert, H. / Kirchgeorg, M.* (1998); *Günther, E.* (1994)].

Überdies ist Qualität auch immer **relativ,** und zwar in dreierlei Hinsicht:

Zum einen ist Qualität in Bezug auf die **Wettbewerber** relativ, da der Kunde das jeweilige Angebot immer auch mit dem der Wettbewerber vergleicht. Wie schon an früherer Stelle er-wähnt wurde, ist die Frage, ob ein strategischer Erfolgsfaktor sich als unternehmerische Stärke erweist, immer in Relation zum Wettbewerb zu sehen, da diese Relation darüber entscheidet, ob der Faktor tatsächlich zu einem Wettbewerbsvorteil wird. Eine hohe Qualität begründet dann keinen Wettbewerbsvorteil, wenn die Konkurrenz denselben Qualitätsstandard erreicht. Sie kann in ihrer Bedeutung sogar zum bloßen Schlüsselfaktor herabsinken. Entsprechend sollte die Qualität auch immer im Vergleich mit den anderen Anbietern gemessen werden. Im PIMS-Konzept wird deshalb die **relative Qualität** ermittelt, indem man den Prozentsatz der Umsätze, die aus gegenüber Konkurrenzprodukten qualitativ unterlegenen Erzeugnissen stammen, von dem Prozentsatz der qualitativ den Konkurrenzprodukten überlegenen Produk-ten abzieht [vgl. *Buzzell, R. D.* (1978), S. 11]. Die **relative Qualität** wird demnach mit folgen-der Formel errechnet:

$$\text{Relative Qualität} = \left(\begin{array}{l} \text{Umsatzanteile in \%} \\ \text{der Produkte, die} \\ \text{besser sind als die der} \\ \text{Wettbewerber} \end{array} \right) - \left(\begin{array}{l} \text{Umsatzanteile in \%} \\ \text{der Produkte, die} \\ \text{schlechter sind als die der} \\ \text{Wettbewerber} \end{array} \right)$$

Die Einschätzung der aus dieser Formel ermittelten Werte erfolgt anschließend anhand des folgenden von PIMS vorgeschlagenen Rasters:

Relative Qualität	Beurteilung
unter -40	extrem schlecht
-25	sehr schlecht
-10	schlecht
0	vergleichbar mit Wettbewerbern
+10	gut
+25	sehr gut
über +50	extrem gut

Zur Ermittlung der relativen Qualität in der Praxis bietet sich weiterhin ein Qualitätsranking an. Hierbei werden die zu bewertenden Produkte anhand eines Scoring-Modells mit Konkur-renzprodukten verglichen. Die Bewertung der Produkte kann dabei z. B. anhand eines Schul-notensystems (Noten 1-6) durchgeführt werden. Hierbei werden verschiedene Produkteigen-schaften mit Noten bewertet. Die Anforderungen zum Erreichen einer bestimmten Note müssen bereits vor der Bewertung festgelegt werden. In einem weiteren Schritt werden die Einzelnoten, je nach Bedeutung der einzelnen Eigenschaften gewichtet oder ungewichtet, zu einer Gesamtnote zusammengefasst. Dieses Vorgehen ermöglicht sowohl einen Produktvergleich insgesamt als auch einen gezielten Vergleich einzelner Merkmale der Produkte. Durch die Betrachtung der erreichten Note eines Produktes in Bezug auf die Durchschnittsnote aller bewerteter Produkte kann eine Aussage zur relativen Qualität getroffen werden. Das dargestellte Vorgehen wird z. B. von der Stiftung Warentest zur Produktbewertung eingesetzt (Abb. 3.20).

STIFTUNG WARENTEST						Dieselkombis
test KOMPASS						test-Ausgabe 5/2000
	Listenpreis in Mark	Fahren und Sicherheit	Komfort	Wirt-schaftlich-keit	Umwelt-eigen-schaften	test-Qualitätsurteil
Gewichtung		40%	20%	20%	20%	
Skoda Octavia Combi 1.9 TDI SLX	37.850,-	+	o	++	+	gut (2,0)
Mercedes C200 T CDI Classic	53.244,-	+	+	++	o	gut (2,1)
Peugot 406 Break 2.0 HDI Prémium	42.250,-	+	+	+	+	gut (2,1)
VW Passat Variant 1.9 TDI Highline	49.800,-	+	+	+	o	gut (2,1)
Audi A4 Avant 1.9 TDI	48.850,-	+	o	+	o	gut (2,2)
Opel Vectra Caravan 2.0 DTI 16V Comfort	43.040,-	+	o	+	o	befriedigend (2,6)
Ford Mondeo Turnier 1.8 TD Ambiente	38.650,-	o	o	+	o	befriedigend (2,8)
Renault Laguna Grandtour 1.9 DTI	38.100,-	o	o	+	o	befriedigend (2,9)
Volvo V40 1.9D	40.681,-	o	o	++	o	befriedigend (3,0)
Bewertungsschlüssel der Prüfergebnisse:						
++=sehr gut (0,5-1,5), +=gut (1,6-2,5), o=befriedigend (2,6-3,5), (-)=ausreichend (3,6-4,5), -=mangelhaft (4,6-5,5).						
Bei gleicher Note Reihenfolge nach Alphabet.						

Abb. 3.21:   Messung von Qualität: Stiftung Warentest Dieselkombis
            [Quelle: Stiftung Warentest (2000)]

Aus obiger Abbildung ist eine Durchschnitts-Qualitäts-„Note" von 2,4 ermittelbar. In einem weitern Schritt kann die Schulnotenskala somit ebenfalls, anstelle der PIMS-Skala, zur Erstellung einer Value Map verwendet werden. Die Schulnotenskala ist dabei modifizierbar und die ermittelte Durchschnittsnote übernimmt die Funktion einer Achsenhalbierenden. Eine ähnliche Vorgehensweise wählt auch das amerikanische Marktforschungsunternehmen *J.D. Powers and Associates* für seine Untersuchungen zu Kundenzufriedenheit und Produktqualität in der Automobilindustrie und anderen Branchen.

Die Qualität ist außerdem relativ in Bezug auf den **Preis**, denn der Kunde bewertet i. d. R. das Preis-Leistungs-Verhältnis der Produkte. Ein niedriger Preis ist nur dann ein Vorteil, wenn er niedriger als der der Konkurrenz ist. Deshalb wird auch der Preis des eigenen Angebots zum Preisniveau der Wettbewerber ins Verhältnis gesetzt, damit die relative Qualität mit dem relativen Preis bei Beurteilung des Preis-Leistungs-Verhältnisses vergleichbar wird. Ein höherer relativer Preis ist auf Dauer nur dann am Markt durchzusetzen, wenn der Kunde einen ent-

sprechend höheren Wert erhält, zu verstehen als subjektiv (aus Sicht des Kunden) wahrgenommene Nutzungsmöglichkeiten eines Produktes oder einer Dienstleistung. Das Preis-Leistungs-Verhältnis wird anhand des Verhältnisses von relativem Preis und relativer Qualität
ausgedrückt.

$$\text{Relativer Preis} = \frac{\text{eigener Preis}}{\varnothing \text{Preisniveau des Marktes}}$$

$$\text{Preis-Leistungs-Verhältnis} = \frac{\text{relativer Preis}}{\text{relative Qualität}}$$

Schließlich ist die Qualität relativ in Bezug auf die **Wahrnehmung**. Je nachdem, wer die
Qualität beurteilt, werden auch unterschiedliche Ergebnisse zur Qualitätswahrnehmung auftreten.

Geschäftseinheit:	Jahr:	Kundengruppe:					Datum:		
Nichtpreisbezogene Qualitätsmerkmale aus Kundensicht	**Wichtigkeit für den Kunden (in %)**	**Bewertung (0 = nicht vorhanden; 10 = exzellent)**							
Produktbezogene Merkmale	**%**	Unser Segment	**A**	**B** Wettbewerber **C**	**D**	**E**	**F**	**G**	
1									
2									
3									
4									
5									
6									
7									
8									
9									
10									
Dienstleistungsbezogene Merkmale	**%**								
1									
2									
3									
4									
5									
6									
7									
8									
9									
10									
Gesamtqualität	**100%**								

Qualität		Rel. Qualität							
Preis		Rel. Preis							
Gewichtete Kaufentscheidung	**100 %**								

Abb. 3.22:   *Qualitätsbewertung nach PIMS*
              [in Anlehnung an: Luchs, B. (1990), S. 38]

PIMS hat deshalb ein mehrstufiges Verfahren zur Messung der relativen Qualität in Bezug auf die Wahrnehmung entwickelt. Im ersten Schritt werden Führungskräfte über ihre Einschätzung der eigenen Produkte im Vergleich zu denen der Wettbewerber befragt. Danach werden Mitarbeiter aus den Vertriebs- und Serviceniederlassungen und anschließend die Kunden selbst um die Einschätzung der Qualität der Produkte sowie der Bedeutung der einzelnen Produktmerkmale gebeten. Die Befragung erfolgt bei allen Gruppen nach demselben Raster. Dieses Raster ist in Abb. 3.22 dargestellt.

Durch die Befragung unterschiedlich kompetenter Quellen soll ein möglichst umfassendes Bild über die Wahrnehmung des eigenen Angebots im Wettbewerb ermittelt werden. Die aus den Befragungen erzielten Ergebnisse werden sowohl innerhalb der entsprechenden Befragungsgruppen als auch zwischen den Gruppen auf abweichende Einschätzungen hin analysiert und systematisch ausgewertet [vgl. *Becker, M. / Müller, R.* (1986)]. Zudem ermöglicht der Ansatz, einzelne Defizite bei produkt- oder dienstleistungsbezogenen Merkmalen zu identifizieren, die in die aggregierte Größe „relative Qualität" eingehen.

Problematisch an diesem Verfahren ist insbesondere das verwendete **Scoring-Modell**, mit dem die aus Kundensicht kaufentscheidenden Kriterien gewonnen, hinsichtlich ihrer Bedeutung für den Kauf gewichtet und schließlich anhand eines Punkteschemas bzgl. ihres Erfüllungsgrades beurteilt werden. Durch die multiplikative Verknüpfung von Gewichtung und Bewertung und der anschließenden Aufsummierung über alle Produktmerkmalsbewertungen wird ein Nutzwert der Qualität gebildet.

Die Aussagefähigkeit der Qualitätsbewertung hängt dabei sowohl von der Wahl der relevanten Kriterien und deren Gewichtung bzgl. der eigenen Produkte als auch von der i. d. R. subjektiven Bewertung der Konkurrenzprodukte ab. Diese Problembereiche sollten dem strategischen Planer bewusst sein.

3.3.2   Die Wirkungen von Qualität

Ein anschauliches Beispiel für eine Qualitätsprofilierung stammt aus den Vereinigten Staaten. Das Brathähnchengeschäft in den USA war ursprünglich ein reines Kommoditätengeschäft mit dem Preis als dem entscheidenden Kaufkriterium. Die Leistung aller Anbieter bei den Produkt- und Serviceeigenschaften war gleich.

Frank Perdue, ein Brathähnchenzüchter, der den elterlichen Betrieb übernommen hatte, änderte dies, indem er fast alle Produkteigenschaften verbesserte, die bei der Kaufentscheidung relevant sind. Durch Neuzüchtungen machte er seine Hähnchen fleischiger. Durch Verfahrensentwicklungen waren die *Perdue*-Hähnchen federfreier als Konkurrenzprodukte. Durch gezielte Werbekampagnen wurden den Kunden die Produktunterschiede bewusst gemacht.

Seit *Perdue* Leistungsunterschiede bei den Produkteigenschaften betonte, beachten Konsumenten genau diese Unterschiede und messen den Produkt- und Serviceeigenschaften (und damit der Qualität) neben dem Preis eine hohe Bedeutung zu. Durch diese qualitative **Diffe-**

renzierung konnte *Perdue* höhere Preise für seine Produkte durchsetzen und wurde so Marktführer [vgl. *Meyer, J.* (1988)]. Die veränderte Kundeneinschätzung des Brathähnchengeschäfts ist in Abb. 3.23 zusammengefasst. Auch Jahre nach der Einführung der Qualitätsstrategie ist *Perdue* neben *Tyson* einer der Markt- und Markenführer am US-amerikanischen Markt.

	Vor Frank Perdue				Seit Frank Perdue			
	Bewertung durch Kunden				**Bewertung durch Kunden**			
Schlüsselkriterien für die Kaufentsch.	Relative Gewichtung	Perdues Vater	andere	Bewertungs-unterschied	Relative Gewichtung	Frank Perdue	andere	Bewertungs-unterschied
Produkt								
- intensive Farbe	5	7	7	0	10	8,1	7,2	+ 0,9
- Fleisch / Knochen	10	6	6	0	20	9,0	7,3	+ 1,7
- federfrei	15	5	5	0	20	9,2	6,5	+ 2,7
- frisch	15	7	7	0	15	8,0	8,0	0
Service								
- Verfügbarkeit	55	8	8	0	10	8,0	8,0	0
- Markenimage	0	6	6	0	25	9,3	6,5	+ 2,8
	100				100			

Gewichtung von Qualität versus Preis			
Vor Frank Perdue		**Seit Frank Perdue**	
Qualität	10	Qualität	70
Preis	90	Preis	30
	100		100

Abb. 3.23: *Hähnchen-Geschäft: Kaufentscheidung der Kunden*
[Quelle: Buzzell, R. D. / Gale, B. T. (1987), S. 102]

Die Bedeutung der Qualität als strategischer Erfolgsfaktor wurde eindrucksvoll in der PIMS-Studie empirisch fundiert. Wurde die relative Qualität verändert, hatte dies signifikante Auswirkungen auf den Marktanteil (siehe Abb. 3.24).

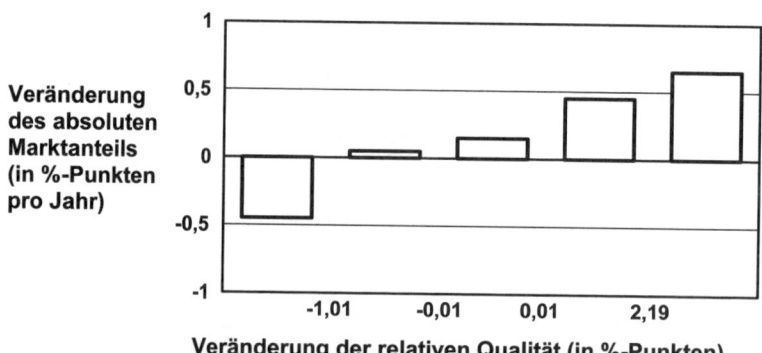

Abb. 3.24: *Qualitätsverbesserungen und Marktanteilsgewinne im selben Jahr*
[Quelle: PIMS-Datenbank]

Die Qualitätsveränderungen hatten sogar noch zwei Jahre später Einfluss auf die Veränderung des Marktanteils. Damit zeigt sich, dass sich Investitionen in eine verbesserte Qualitätsposition auch noch Jahre später auszahlen können (siehe Abb. 3.25).

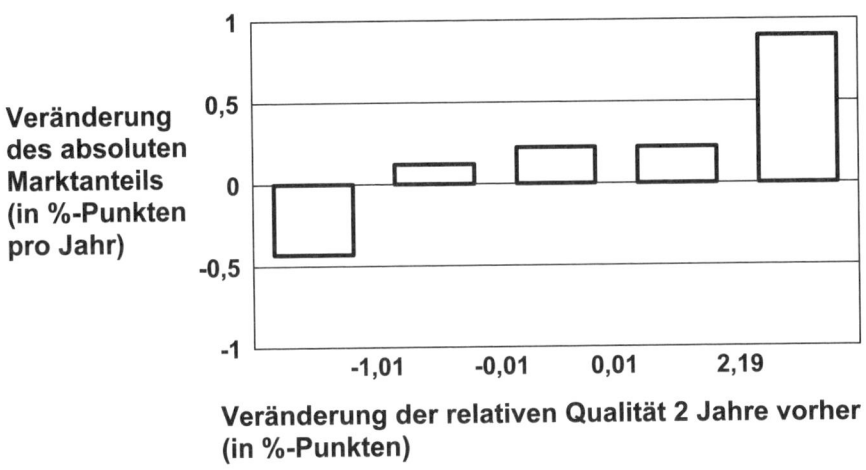

Abb. 3.25:   *Qualitätsverbesserungen und Marktanteilsgewinne zwei Jahre später*
                   [Quelle: PIMS-Datenbank]

In der PIMS-Studie wurde außerdem festgestellt, dass eine hohe relative Qualität nicht zu einer wesentlichen Steigerung der „direct costs" führt, d. h. es ergab sich kein signifikant positiver Zusammenhang zwischen den **relativen Direktkosten** und der relativen Qualität. Die Direktkosten werden dabei als Selbstkosten ohne Verwaltungskosten, d. h. als Herstellkosten, definiert. Auch diese Größe wird wieder relativiert und ins Verhältnis zu den Wettbewerbern gesetzt, indem die eigenen Direktkosten als Anteil an den durchschnittlichen Direktkosten der drei Hauptkonkurrenten ausgedrückt werden (siehe Abb. 3.26) [vgl. *Meyer, J.* (1988)]. Damit wird auch bestätigt, dass die an früherer Stelle beschriebene Outpacing-Strategie, die eine Kombination von Kostenführerschafts- und Differenzierungsstrategie beinhaltet, zu Renditesteigerungen führen kann, denn Anbieter mit hoher relativer Qualität können i. d. R. Kosten der Qualitätssteigerung durch Verringerung der Abweichungskosten ausgleichen und dadurch produktiver arbeiten [vgl. *Meyer, J.* (1988) und Abb. 3.27]. Ebenso wird hierdurch belegt, dass nicht für alle Fälle eine konfliktären Beziehung zwischen Qualität und Kosten besteht.

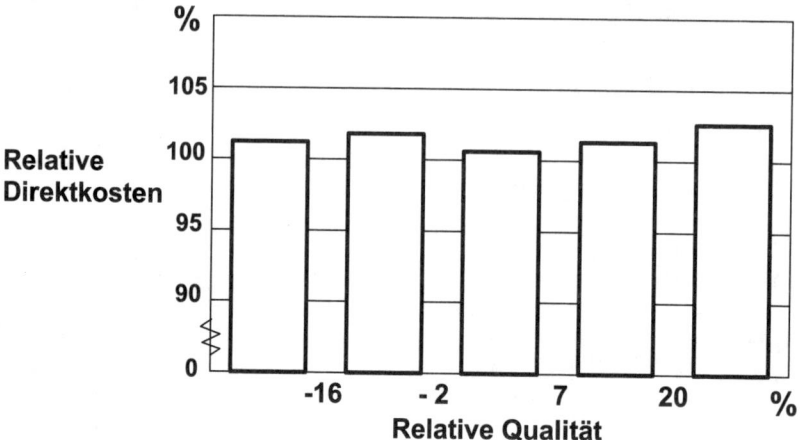

Abb. 3.26:   Korrelation zwischen relativer Qualität und relativen Direktkosten
             [Quelle: PIMS-Datenbank, entnommen aus Meyer, J. (1988), S. 79]

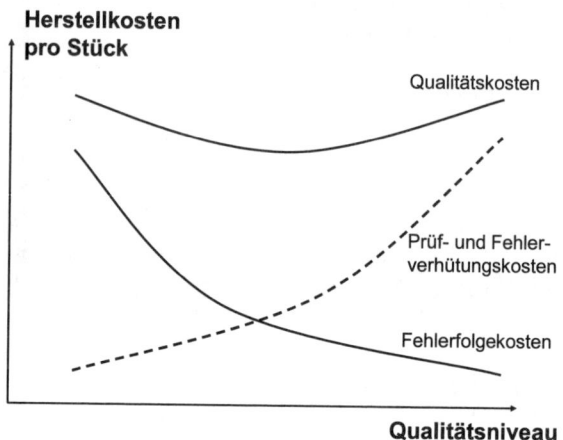

Abb. 3.27:   Arten von Qualitätskosten

Qualität hat auch Auswirkungen auf die Preissensitivität der Nachfrager. Aus den Ergebnissen der PIMS-Studie wurde abgeleitet, dass eine überlegene Qualität auch höhere Preise erzielen lässt. Der positive Zusammenhang von relativer Qualität und relativem Preis ist in Abb. 3.28 dargestellt.

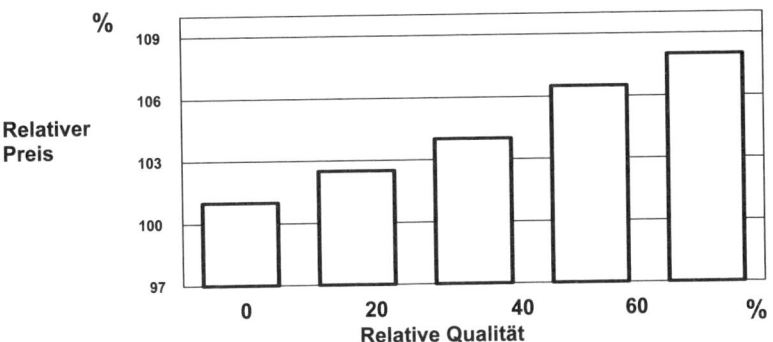

Abb. 3.28: Zusammenhang zwischen relativer Qualität und relativem Preis
[Quelle: PIMS-Datenbank, entnommen aus Gale, B. T. / Klavans, R. (1984), S. 4]

Betrachtet man die Wirkungen auf Kosten und Preise sowie auf die Marktanteile gemeinsam, sieht man, dass Geschäftsfelder mit hoher Qualität im Durchschnitt eine deutlich höhere Rentabilität als jene Geschäftseinheiten haben, deren Qualität niedrig ist. Die PIMS-Studien zeigen einen eindeutigen positiven Zusammenhang zwischen der relativen Qualität und dem Return on Investment (RoI) sowie dem Return on Sales (Umsatzrendite) (RoS) (siehe Abb. 3.29).

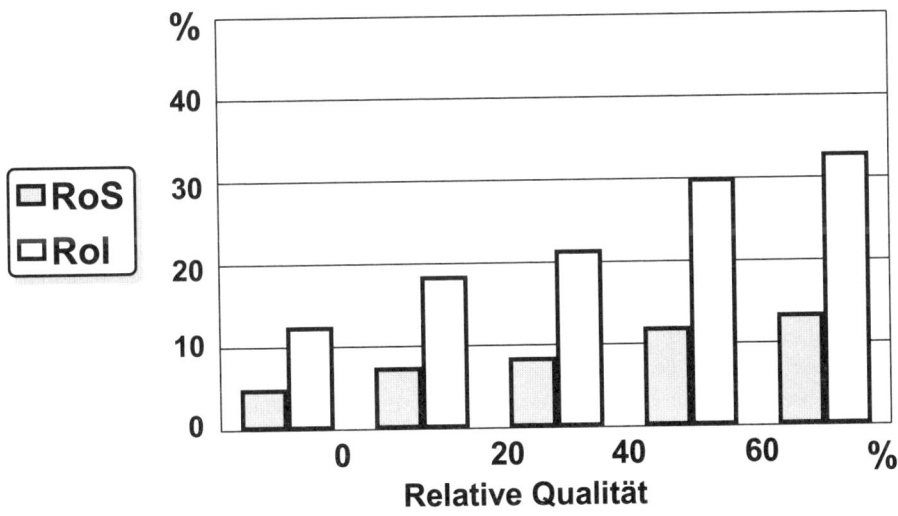

Abb. 3.29: Positive Korrelation zwischen relativer Qualität und Rentabilität
[Quelle: PIMS-Datenbank, entnommen aus Meyer, J. (1992), S. 37]

Neben Untersuchungen auf der Basis der PIMS-Datenbank liegen auch jüngere Vergleiche von Preisträgern von Quality Awards mit einer vergleichbaren Kontrollgruppe vor. *Hendricks / Singhal* zeigen anhand von 10-Jahres-Vergleichen für den Zeitraum sechs Jahre vor und drei Jahre nach Gewinn eines Quality Awards anhand von 463 Unternehmen, die erstmals einen Quality Award gewannen, dass sich das operative Ergebnis (EBIT), die Umsätze und die Mitarbeiterzahl im Vergleich zu einer Kontrollgruppe erheblich besser entwickelt [vgl. die Studien von *Hendricks, K. B. / Singhal, V. R. (1997)* und *Hendricks, K. B. / Singhal, V. R. (2001a)*]. Z. B. ist das Betriebsergebnis bei den Award-Gewinnern über die 10 Jahre um 107 % höher als bei vergleichbaren Nichtgewinnern (Abb. 3.30). Die Abbildung zeigt auch, dass die Kosten pro Umsatzeinheit geringfügig um 1,27 % im Vergleich zur Kontrollgruppe reduziert werden konnten.

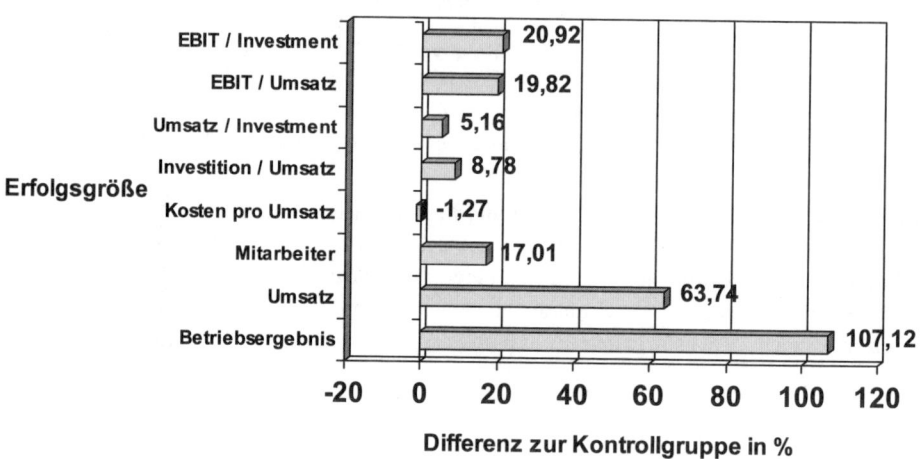

Abb. 3.30:   *Entwicklung von Quality Award-Gewinnern im Vergleich zu einer Kontrollgruppe [Quelle: PIMS-Datenbank, entnommen aus Meyer, J. (1992), S. 37]*

Eine weitere Studie von *Hendricks / Singhal* veranschaulicht, dass die untersuchten 603 Quality Award-Gewinner im Vergleich zu einer Kontrollgruppe um 37,84 % höhere Aktienrenditen in der Postimplementierungsphase (d. h. 12 Monate vor und 48 Monate nach der Award-Verleihung) aufweisen. In der Vorimplementierungsphase betrug die Differenz nur 6,75 %, d. h. auch vorher waren die Firmen schon erfolgreicher [vgl. *Hendricks, K. B. / Singhal, V. R. (2001b)*]. Speziell für den Baldridge Award und für eine sehr kleine Stichprobe von 16 Preisträgern kommt das National Institute of Standards and Technology des US Departments of Commerce in zwei von zehn Jahren zu einem schlechteren Abschneiden von Award-Gewinnern bei Aktienrenditen im Vergleich zum S&P500 [vgl. *NIST (2004)*]. Wegen der geringen Stichprobe und der fehlenden statistischen Auswertung ist dieses Ergebnis wissenschaftlich nur eingeschränkt interpretierbar. Weitere Studien bestätigen die positiven Ergebniswirkungen von Qualitätsmaßnahmen [vgl. *Easton, G. S. / Jarrell, S. L. (1998); Rust, R. T. / Moormann, C. / Dickson, P. R. (2002); Wildemann, H. (2005)*, jedoch die nur leicht positiven Ergebnisse bei *Kärkes, W. / Becker, R. (2004)*; vgl. auch die Metaanalyse von *Haller, S. (2004)*.]

Eine gewisse Einschränkung der empirischen Belege ist jedoch anzubringen. Aus den empirischen Daten werden Korrelationen gebildet, die noch nachfolgend mit Kausalitäten unterlegt werden müssen. In die PIMS-Auswertungen gehen z. B. nur faktische Unternehmensdaten ein, d. h. all jene Qualitätsfokussierungen, die nicht am Markt durchsetzbar waren, finden keinen Eingang in die Datenbasis. Im Umkehrschluss lassen sich Zusammenhänge auch wie folgt interpretieren: Geschäftsfelder mit ausgeprägter und bereits am Markt etablierter Qualitätsorientierung sind überdurchschnittlich erfolgreich. Über Flops und Abbrüche ist nichts bekannt. Sehr große relative Qualitätsvorteile heben sich jedoch von denen, die einen 40 bis 60 %igen Qualitätsvorteil haben, kaum ab, was darauf schließen lässt, dass ein extrem hoher Qualitätsvorteil von den Kunden entweder kaum wahrgenommen oder nicht geschätzt wird. Hier liegt vermutlich zum Teil „overengineering" vor [vgl. *Meyer, J.* (1988)]. Es mag aber auch sein, dass die Qualität als Argument zur Durchsetzung höherer Preise ab einem bestimmten Level ausgereizt ist.

Jüngere explorative Studien zeigen, dass Märkte sich sehr unterschiedlich bezüglich des Preis-Qualitätswettbewerbs verhalten können. *Knudsen / Randel / Rugholm* zeigen anhand des europäischen Kühlschrankmarktes, dass das Umsatzwachstum das hohe Absatzwachstum im High-End-Bereich sogar noch übersteigt, d. h. zusätzlich noch Preissteigerungen am Markt durchsetzbar waren. Im Bereich der mittleren Qualität sind die Absatzzahlen rückläufig und die Umsatzentwicklung noch negativer, d. h. die Absatzzahlen mussten durch Preiseingeständnisse stabilisiert werden. Der Markt der einfachen Geräte legt jedoch ebenfalls bezüglich der Stückzahlen zu. Hier übersteigt jedoch das Absatzwachstum das Umsatzwachstum, d. h. die Preise waren hier ebenfalls rückläufig.

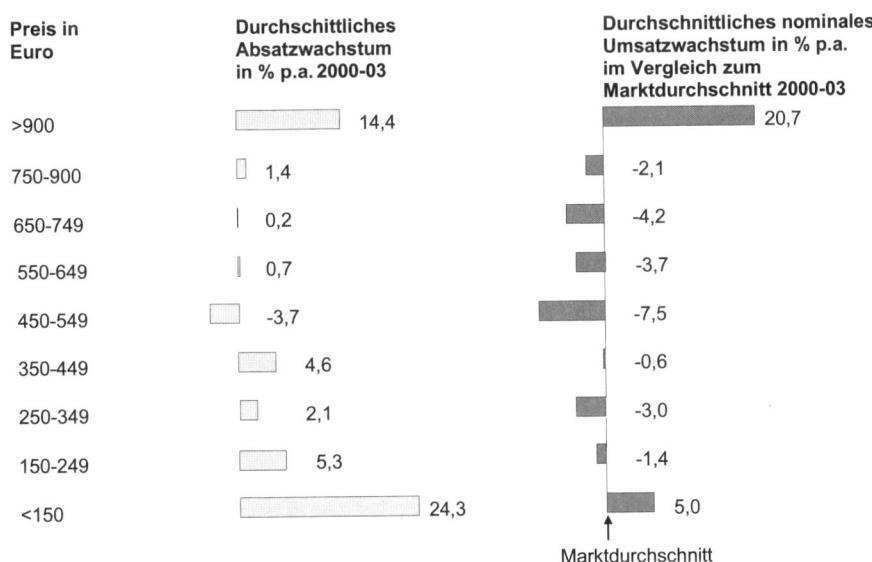

Abb. 3.31: Absatz- vs. Umsatzwachstum verschiedener Preisniveaus im Kühlschrank-Markt
[Quelle: Knudsen T.R. / Randel A. / Rugholm J (2005), S.8]

Betrachtet man zusätzlich weitere Marktentwicklungen, ergeben sich bei 25 untersuchten Branchen und Produktkategorien drei Gruppen von Märkten:

- Märkte, die eine ausgeglichende Polarisierung zwischen High End- und Low-End-Produkten aufweisen (Gruppe 1),
- Märkte, die zu Billigangeboten (no frills) oder Angeboten mit günstigem Preis-Leistungsverhältnis (Value-Produkte) verändern (Gruppe 2) und
- Märkte, die sich sehr stark den High-End-Produkten zuwenden (Gruppe 3).

Während bei der Gruppe 2 ein Übergang von Qualitäts- zu Kostenwettbewerb absehbar ist, ist bei den anderen Gruppen ein qualitätsgetriebener Wettbewerb durchaus möglich. Die Analyse zeigt, dass es sehr wichtig ist, genau zu analysieren, in welchen Märkten die Produkte und Dienstleistungen des Unternehmens positioniert sind. Ein Qualitätswettbewerb in jedem beliebigen Markt scheint nicht realisierbar.

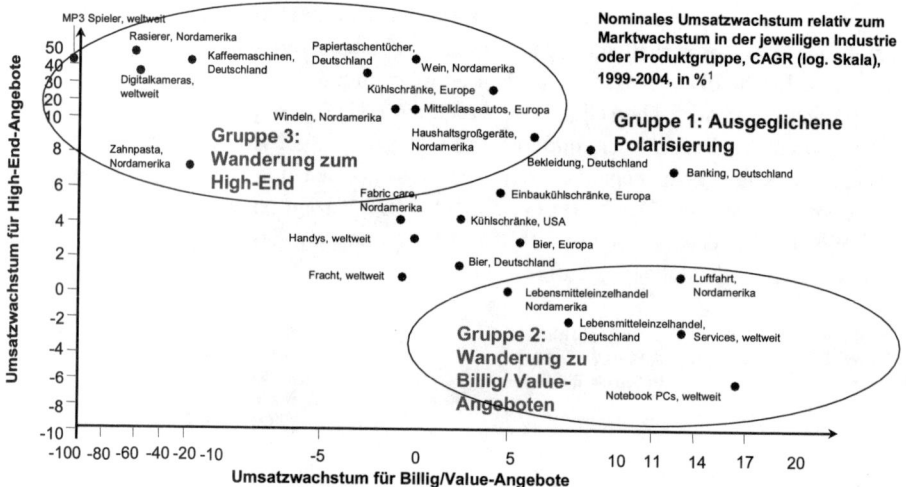

1 25 Industrien oder Produktgruppen - 10 in Europa, 9 in Nordamerika und 6 weltweit, CAGR= Compound annual growth rate.

Abb. 3.32:   Qualitätsverbesserungen und Marktanteilsgewinne zwei Jahre später
            [Quelle: Knudsen T. R. / Randel A. / Rugholm J (2005), S. 7]

Der Zusammenhang von Preis und Qualität kommt im **Preis-Leistungs-Verhältnis** zum Ausdruck. Ein Kunde, der überlegene Qualität zu einem niedrigen Preis erhält, bekommt das Produkt zu einem guten, ein Kunde, der mindere Qualität zu einem hohen Preis erhält, dagegen zu einem schlechten Preis-Leistungs-Verhältnis.

Ein Instrument zur Darstellung und Positionierung von Produkten, Produktgruppen oder strategischen Geschäftseinheiten im strategischen Preis-Qualitäts-Wettbewerb ist die sog. **Value Map**, im deutschen Sprachraum auch als **Wertmatrix** oder **Preis-Leistungs-Matrix** bekannt.

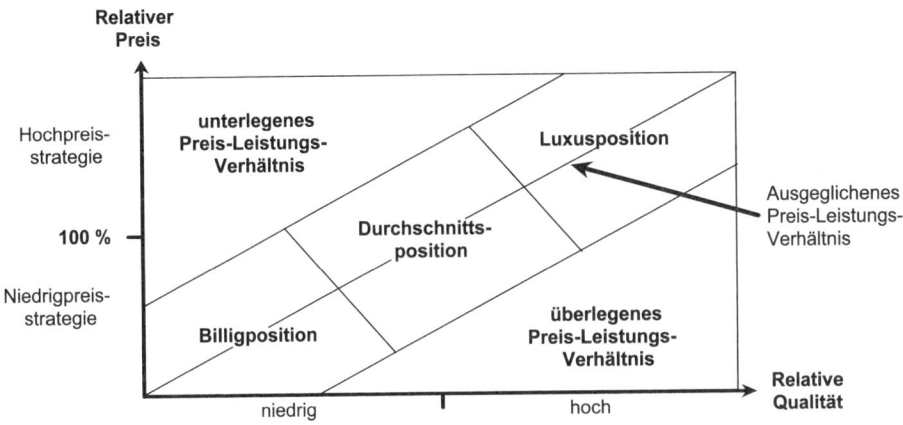

Abb. 3.33:   *Value Map mit strategischen Positionierungsbereichen*
[Quelle: Buzzell, R. D. / Gale, B. T. (1989), S. 97]

Anhand der beiden Faktoren relativer Preis und relative Qualität können aus der Positionierung in der Value Map strategische Empfehlungen abgeleitet werden. Mit der Value Map wird
die relative Qualität in Bezug auf die Wettbewerber und die relative Qualität in Bezug auf den
Preis in einem Diagramm abgebildet. Die dritte Relativität der Qualität in Bezug auf die
Wahrnehmung wird hierbei ausgeklammert. Die generellen Positionierungsbereiche eines Pro-
dukt- bzw. Dienstleistungsangebots entsprechend der Relation von relativem Preis und relativer Qualität werden in Abb. 3.33 veranschaulicht. Entsprechend der Relation von relativem
Preis und relativer Qualität wird die Value Map in **fünf strategische Positionierungsbereiche**
zerlegt (siehe Abb. 3.34).

	Relative Qualität	Relativer Preis
Unterlegenes Preis-Leistungs-Verhältnis	niedrig	hoch
Billigposition	niedrig	niedrig
Durchschnittsposition	mittel	mittel
Luxusposition	hoch	hoch
Überlegenes Preis-Leistungs-Verhältnis	hoch	niedrig

Abb. 3.34:   *Strategische Positionierungsbereiche der Value Map*

Die Diagonale, die sog. **Preis-Leistungs-Gerade**, spiegelt das durchschnittliche Wettbewerbsverhalten wider. Sie ist eine Art Regressionsgerade durch die Produktpositionierungen des
Marktes und veranschaulicht das Austauschverhältnis von Qualität und Preis. In qualitätssen-
sitiven Märkten ist die Preis-Leistungs-Gerade nach rechts verschoben, d. h. sie bewegt sich
auf höherem Qualitätsniveau. Kleinere Qualitätsdifferenzen führen dann zu größeren Preisun-
terschieden.

Auf der Preis-Leistungs-Gerade kommen folgende Verhaltensweisen zum Ausdruck: Entweder man bietet zu Billigpreisen ein eher geringes, vom Kunden aber akzeptiertes Qualitätsniveau (**Billigposition**) oder man verlangt für Spitzenqualität einen hohen Preis (**Luxusposition**). Die dritte Position ist die **Durchschnittsposition**, bei der zu einem durchschnittlichen Preis auch nur durchschnittliche Qualität geboten wird. Darüber hinaus wurden zwei weitere typische Verhaltensweisen in der PIMS-Studie aufgedeckt:

Eine vierte Gruppe von Anbietern verlangt hohe Preise für Qualität, die aus Kundensicht jedoch niedrig eingeschätzt wird. Ein derart **unterlegenes Preis-Leistungs-Verhältnis** bieten i. d. R. solche Unternehmen an, die die Kundenbedürfnisse nicht ausreichend kennen und vielmehr interne technisch-funktionale Qualitätsstandards verfolgen, die von den Kunden aber nicht honoriert werden. Denkbar wären aber auch interne Probleme, die es dem Unternehmen aktuell nicht erlauben, das Qualitätsniveau signifikant zu heben. Hier handelt es sich jedoch streng genommen nicht um eine Strategie, sondern um eine operative Schieflage. Die Qualität wird dann als schlechter als die der Wettbewerber wahrgenommen. Weiterhin ist denkbar, dass Unternehmen z. B. bei Produkten, die schnell veralten und einen kurzen Lebenszyklus haben (z. B. Modeprodukte), eine Abschöpfungsstrategie verfolgen und deshalb die Preise möglichst hoch setzen. Damit wird in diesem Fall bewusst die Strategie eines unterlegenen Preis-Leistungs-Verhältnisses gefahren.

Eine fünfte Gruppe von Anbietern bietet dagegen Spitzenqualität zu Niedrigpreisen (**überlegenes Preis-Leistungs-Verhältnis**). Gemäß der PIMS-Untersuchung handelt es sich bei dieser Gruppe hauptsächlich um junge, innovative, kundenorientierte Unternehmen [vgl. *Becker, M. / Müller, R.* (1986)].

Interessant ist nun die Frage, welche Strategie am erfolgversprechendsten ist. Auch hierauf gibt die PIMS-Studie Antwort. In Abb. 3.35 sind die Auswirkungen der vier typischen Verhaltensweisen auf die jährliche **Marktanteilsveränderung** veranschaulicht.

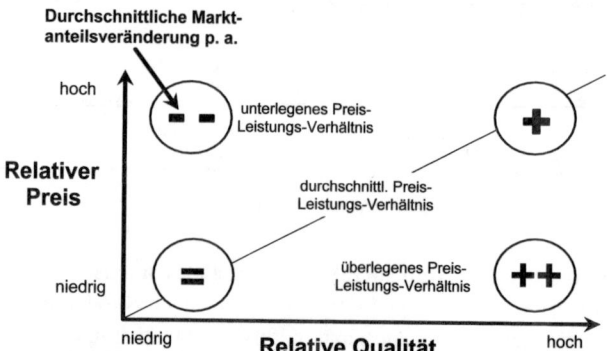

Abb. 3.35:   *Vergleich der jährlichen Marktanteilsveränderungen*
[Quelle: PIMS-Datenbank, entnommen aus Meyer, J. (1992), S. 42]

Geschäftseinheiten mit hohem Preis, aber niedriger Qualität verlieren Marktanteile, während Geschäftseinheiten mit gutem Preis-Leistungs-Verhältnis ihre Marktanteile steigern konnten, und das, obwohl deren Marketingausgaben (hier relativ ausgedrückt als Marketingintensität, d. h. Anteil der Marketingausgaben am Umsatz) geringer sind (siehe Abb. 3.36).

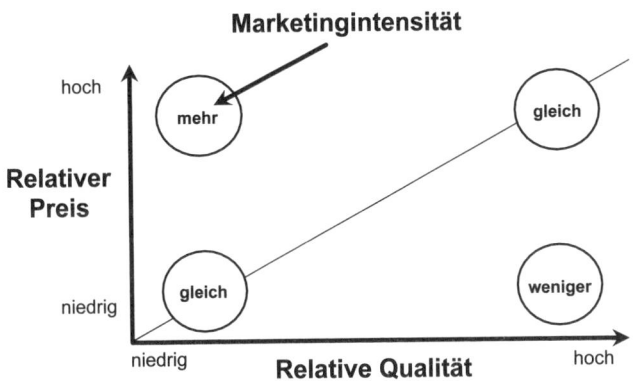

Abb. 3.36: Vergleich der Marketingintensität

[Quelle: PIMS-Datenbank, entnommen aus Meyer, J. (1988), S. 82]

Es kann eigentlich nicht verwundern, dass die Kombination aus hoher relativer Qualität und niedrigem relativen Preis vom Markt belohnt wird, denn ein unterlegenes Preis-Leistungs-Verhältnis kann nicht dauerhaft durch Marketingbemühungen kompensiert werden.

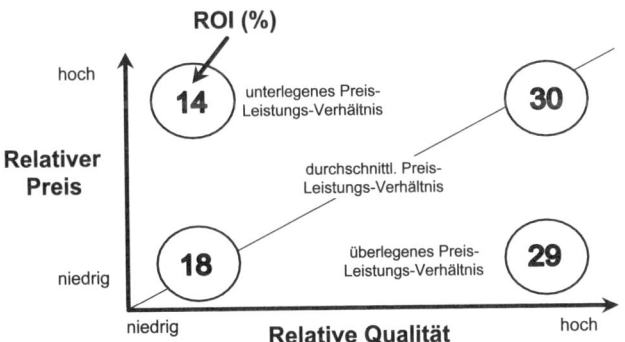

Abb. 3.37: Zusammenhang zwischen Preis-Leistungs-Verhältnis und Return on Investment

[Quelle: PIMS-Datenbank, entnommen aus Meyer, J. (1992), S. 41]

Unternehmen mit überlegener Qualität können also ihre Marktanteile steigern, was zur Folge hat, dass der Umsatz steigt, die Kapazitäten besser ausgelastet werden und bei notwendigen Kapazitätserweiterungen Produktionsanlagen auf dem neuesten Stand der Technik erworben werden können, die wiederum zu Kostensenkungen durch effiziente Produktion beitragen [vgl.

Buzzell, R. D. / Gale, B. T. (1989), S. 91 ff.]. Die Auswirkungen der jeweiligen Qualitätspositionen auf den Return on Investment sind in Abb. 3.37 dargestellt.

Geschäftseinheiten im Luxusbereich haben die höchste Rentabilität. Produkte mit gutem Preis-Leistungs-Verhältnis liegen bzgl. ihrer Rentabilität aber nur geringfügig unter den Luxusgütern, da hier zwar keine Preisprämien für die bessere Qualität verlangt werden, aber über Marktanteilsgewinne günstigere Kostenpositionen erreichbar sind und zudem aufgrund der hohen Qualität nur unterdurchschnittlich in Marketing investiert werden muss. Da die Marktanteilsgewinne in diesem Bereich am größten sind, ist diese Vorgehensweise insbesondere bei marktanteilsorientierten Strategien, z. B. bei Markteintritten, zu empfehlen. Die niedrigste Rentabilität weisen Produkte mit schlechtem Preis-Leistungs-Verhältnis auf. Die charakteristischen Performance-Daten für die Positionsbereiche der Value Map aus dem PIMS-Konzept werden in Abb. 3.38 nochmals zusammengefasst.

Die Positionierung kann in der Value Map durch **fünf Faktoren** verändert werden:

- Eigene Qualitätsverbesserungen am Produkt und im Unternehmen (relative Qualität steigt),
- Qualitätsverbesserungen durch Wettbewerber (relative Qualität sinkt),
- Änderungen in der Qualitätseinschätzung beim Kunden (relative Qualität kann sich nach oben oder unten verändern),
- eigene Preisänderungen (relativer Preis wird verändert),
- Preisänderungen durch die Konkurrenz (relativer Preis kann sich nach oben oder unten verändern).

Die Value Map macht deutlich, dass Qualitätserfolge nicht nur unternehmensintern festgelegt werden, sondern durch das Wechselspiel im Dreieck **Unternehmen – Wettbewerber – Kunde** bestimmt werden.

	Preis-Leistungs-Verhältnis			
	schlecht	**ausgewogen**		**gut**
		Billigposition	**Durchschnitts-position**	**Luxusposition**	
Return on Investment	niedrig (14 %)	mittel (18 %)	↔	hoch (30 %)	hoch (29 %)
Marktanteils-entwicklung p. a.	Verluste (-0,5 %)	gleich (0 %)	↔	leichte Gewinne (+0,2 %)	Gewinne (+0,5 %)
Marketing-ausgaben (in % vom Umsatz)	überdurch-schnittlich (13,5 %)	durchschnittlich (10 %)	↔	durchschnittlich (11 %)	unterdurch-schnittlich (9 %)

Abb. 3.38:   PIMS-Querschnittsdaten zur Wertmatrix
          [in Anlehnung an: Meyer, J. (1988), S. 73 ff.]

Wie aus den bisherigen Ausführungen deutlich wurde, sind die interessanten Bereiche in der Value Map die Luxusposition und ein aus Sicht des Kunden gutes Preis-Leistungs-Verhältnis.

So zeigte sich in den letzten Jahren, dass alle großen Automobilhersteller versuchten, ihre Luxusposition auszubauen (z. B. der Vorstoß von Toyota mit dem Lexus oder die bisher wenig erfolgreichen Bemühungen von Volkswagen mit dem Phaeton). Zur Abdeckung weiterer Käuferschichten kann es jedoch auch von Interesse sein, zusätzliche Positionen auf der Preis-Leistungs-Gerade zu besetzen, z. B. ergänzend zu bestehenden Qualitätsprodukten Billigprodukte für andere Marktsegmente anzubieten, indem etwa eine Zweitmarke aufgebaut wird. Anhand des *i-pods* und des *Macs* von *Apple* kann gezeigt werden, dass eine ganze Bandbreite von Positionierungen auf der Preis-Leisungsgerade von Apple versucht wird, abzudecken.

Es stellt sich nun die Frage, welche Qualitätsstrategien bei bestimmten Ausgangssituationen gewählt werden sollten. Verfügen Produkte über ein schlechtes Preis-Leistungs-Verhältnis, so bietet es sich an, einerseits den Qualitätsnachteil zu beseitigen und mit der Konkurrenz gleichzuziehen (**Aufhol-Strategie**) oder gar zu versuchen, Qualitätsstufen zu überspringen und die Konkurrenz zu überflügeln. Bei gleich bleibender Marktdifferenzierung (Marktdifferenzierung bedeutet dabei, in welchem Maße sich die einzelnen Anbieter auf dem Markt in den Produkt- und Servicemerkmalen unterscheiden) spricht man von einer **Überspringer-Strategie**. Wird die Marktdifferenzierung bei gleichzeitiger Erhöhung der relativen Qualität gesteigert, nennt man die Strategie „**Davonziehen**" [vgl. *Meyer, J.* (1988)].

Die Marktdifferenzierung kann dabei z. B. erhöht werden, indem ein Unternehmen eine Produkteigenschaft anbietet, die die Produkte der anderen Wettbewerber nicht haben oder die von den Konsumenten anders wahrgenommen und bewertet werden [vgl. *Buzzell, R. D. / Gale, B. T.* (1989), S. 103].

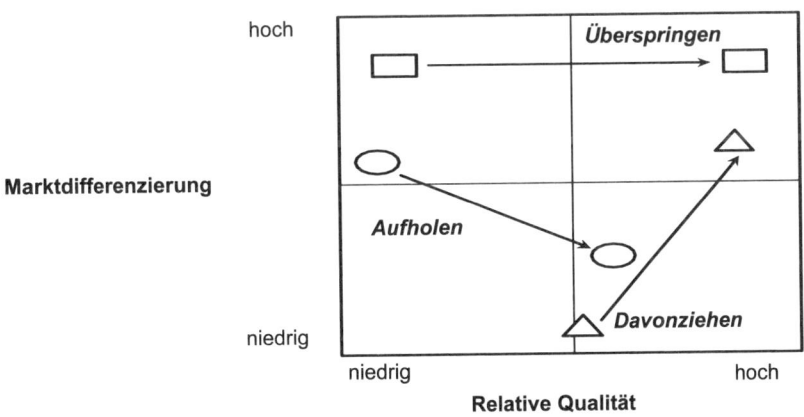

Abb. 3.39:   *Stoßrichtung der Qualitätsprofilierung*
            [Quelle: Meyer, J. (1988), S. 86]

Ein Gleichziehen mit den Wettbewerbern wie bei der Aufhol-Strategie verringert die Differenzierung des Marktes, was mangels anderer Wettbewerbsfaktoren zu Preiskämpfen um Marktanteile und letztlich zu niedrigeren Branchenrenditen führt. Die Überspringer-Strategie besitzt demgegenüber den Vorteil, die Marktdifferenzierung bei gleichzeitiger Verbesserung der relativen Qualität zu erhalten und damit das Renditeniveau aufrechtzuerhalten. Mit der Davonzieh-Strategie wird die Marktdifferenzierung bei steigendem Qualitätsniveau sogar erhöht, was nicht selten mit positiven Auswirkungen auf das Renditeniveau belohnt wird. In der PIMS-Studie konnte ein positiver Zusammenhang zwischen Marktdifferenzierung, relativer Qualität und Rentabilität nachgewiesen werden (siehe Abb. 3.40).

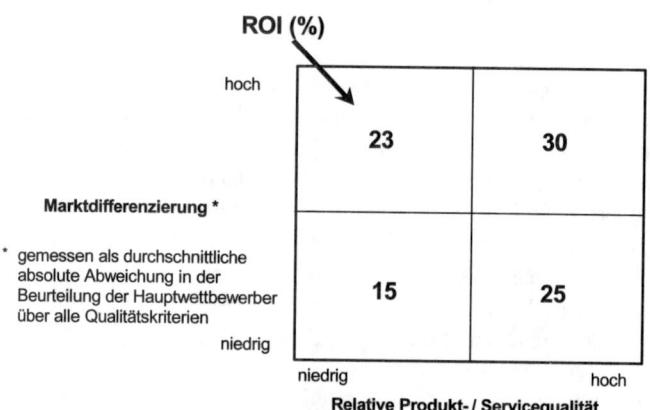

Abb. 3.40:   *Einfluss von Marktdifferenzierung und relativer Qualität auf die Rentabilität*
           [Quelle: PIMS Datenbank, entnommen aus Meyer, J. (1988), S. 85]

Geschäftseinheiten mit hoher Marktdifferenzierung und niedriger relativer Qualität weisen fast den gleichen Return on Investment auf wie Geschäftseinheiten mit niedriger Differenzierung, aber hoher relativer Qualität. Dies untermauert die zur Aufhol-Strategie gemachte Aussage, dass bei Verbesserung der relativen Qualität die Marktdifferenzierung abnimmt und dadurch keine positiven Auswirkungen auf die Rentabilität erzielt werden können. Anders bei der Überspringer-Strategie und bei der Davonzieh-Strategie: Bei hoher Marktdifferenzierung und hohem Qualitätsniveau wird der höchste Return on Investment erzielt [vgl. *Meyer, J.* (1988)].

Anhand des folgenden kleinen **Beispiels** soll die Vorgehensweise bei der Erstellung der Value Map veranschaulicht werden:

Ein Kosmetikhersteller hat fünf Geschäftsbereiche: Shampoo, Duschgel, Deodorant, Seifen und Badesalze. Anhand der Value Map soll dargestellt werden, wie die einzelnen Geschäftsbereiche im Preis-Qualitäts-Wettbewerb tatsächlich positioniert sind, um daraus strategische Handlungsempfehlungen abzuleiten. Dazu sind folgende Daten bekannt:

Geschäftsbe-reiche	eigener Preis	durch-schnittlicher Preis von Konkurrenz-produkten	Umsatzanteil mit besseren Produkten (im Vergleich zur Konkurrenz)	Umsatzanteil mit vergleich-baren Pro-dukten	Umsatzanteil mit schlech-teren Produk-ten
Shampoo	7,-- €	4,-- €	70 %	20 %	10 %
Duschgel	2,-- €	5,-- €	10 %	30 %	60 %
Deodorant	8,-- €	4,50 €	20 %	20 %	60 %
Seifen	0,50 €	2,50 €	35 %	50 %	15 %
Badesalz	20,-- €	12,-- €	85 %	10 %	5 %

Zur Berechnung des relativen Preises wird der eigene Preis ins Verhältnis zum durchschnittlichen Preisniveau der Konkurrenzprodukte gesetzt. Die relative Qualität wird berechnet, indem der Umsatzanteil der qualitativ schlechteren Produkte vom Umsatzanteil mit den qualitativ besseren Produkten abgezogen wird:

	relativer Preis	relative Qualität
Shampoo	7 € / 4 € = 1,75	70 % − 10 % = +60 %
Duschgel	2 € / 5 € = 0,40	10 % − 60 % = −50 %
Deodorant	8 € / 4,5 € = 1,78	20 % − 60 % = −40 %
Seifen	0,5 € / 2,5 € = 0,20	35 % − 15 % = +20 %
Badesalz	20 € / 12 € = 1,67	85 % − 5 % = +80 %

Die ermittelten Werte werden in der Value Map graphisch veranschaulicht.

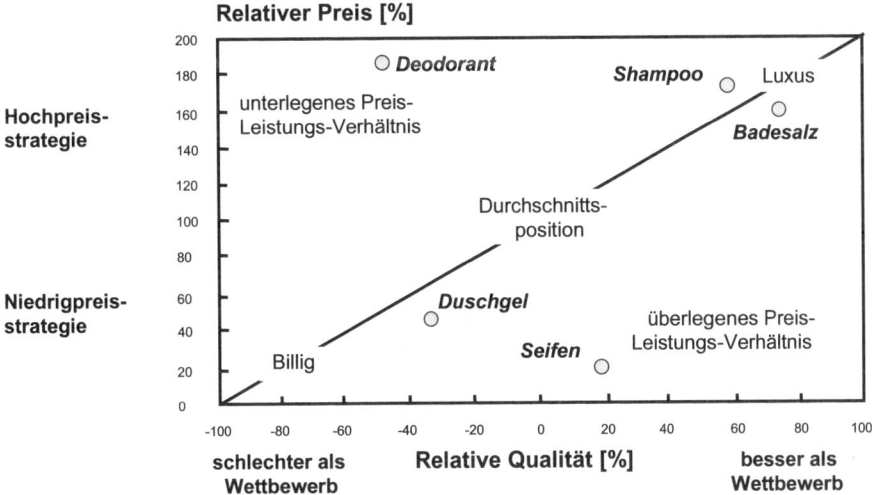

Abb. 3.41:   Beispiel für eine Value Map

Der Geschäftsbereich „Deodorant" hat ein schlechtes Preis-Leistungs-Verhältnis. Dieser Qualitätsnachteil sollte durch eine Aufhol- oder Überspringer-Strategie beseitigt werden. Die Überspringer-Strategie ist der Aufhol-Strategie vorzuziehen, da bei Verbesserung der relativen Qualität, wie schon erwähnt, auch die Marktdifferenzierung erhalten bleibt. Bei der Aufhol-strategie wäre eine Preissenkung notwendig, um auf ein ausgeglichenes Preis-Leistungsver-hältnis zu kommen.

Entsprechend der Positionierung in der Value Map ergeben sich folgende Implikationen für den Return on Investment:

Geschäfts-bereich	Strategische Positionierung	Zu erwartende Wirkung der Preis-Qualitäts-Positionie-rung
Duschgel	Billigposition	Return on Investment durchschnittlich aufgrund des niedrigen Preises, schlechter Qualität, durchschnittlichen Marktanteils und durchschnittlicher Marketingausgaben
Deodorant	Unterlegenes Preis-Leistungs-Verhältnis	Return on Investment niedrig durch hohen Preis, schlechte Qualität, sinkenden Marktanteil, überdurch-schnittliche Marketingausgaben
Shampoo Badesalz	Luxusposition	Return on Investment hoch durch hohen Preis, hohe Qualität, normale Marketingausgaben, stabilen Marktan-teil, jedoch nur leicht durchschnittliche Kosten
Seifen	Überlegenes Preis-Leistungs-Verhältnis	Return on Investment hoch durch niedrigen Preis, hohe Qualität, wenig Marketingausgaben, starkes Wachstum, durchschnittliche Kosten

Die Value Map ist jedoch nicht kritiklos betrachtet worden. Die **Kritik** an der Value Map setzt v. a. an der Mess- und Umsetzungsproblematik an:

- Die **Messung eines absoluten Preisniveaus** wird durch übliche Abschläge vom Listen-preis, durch Sonderaktionen, durch regionale Differenzierungen, durch komplexe Zah-lungsmodalitäten etc. erschwert. Zudem ist bei Betrachtung der Produktgruppen oder stra-tegischen Geschäftseinheiten zu berücksichtigen, dass diese aus ganzen Bündeln von Pro-dukten bestehen und zudem Teile von Systemgeschäften mit Mischkalkulationen sein kön-nen. Die Orientierung an relativen Preisen mildert allerdings die Problematik, da sie die Messung von Preisdifferenzen auch für ganze Produktgruppen in Form von Indizes erlaubt. Auch grobe Schätzungen sind für die Gewinnung strategischer Aussagen ausreichend.
- Für die **Beurteilung der Qualitätsposition** des Unternehmens sind die vom Kunden wahrgenommenen Qualitäts- und Serviceleistungen des gesamten Unternehmens in den Mittelpunkt zu stellen, da sie Absatz und Erfolg im Wettbewerb bestimmen. Eine zu ein-seitige Innensicht, beispielsweise in Form einer Orientierung an technischen, aber für den Kunden vielleicht nicht wesentlichen Leistungsmerkmalen und eine Beschränkung auf die klassische Qualitätsprüfung kann zu gefährlichen Fehleinschätzungen führen.
- Die sich aus der Value Map ergebenden **Normstrategien** sollten nicht als absolutes Muss für zukünftiges Handeln betrachtet werden. Der Anwender hat sich zu vergegenwärtigen, dass die Vorgehensweise keine scharfe Positionierung in der Matrix erlaubt und die resul-

tierenden Strategieempfehlungen stets auf die Kompatibilität mit der konkreten Unternehmenssituation zu überprüfen sind.

Gleichwohl gibt die Value Map wertvolle Anregungen über die eigene Stellung im Preis-Qualitäts-Wettbewerb und stellt einen durchaus praxistauglichen Ansatz zur Quantifizierung des Qualitätsniveaus dar. Durch diese Quantifizierung wird die Qualität durch ein alle Wettbewerber umfassendes, einheitliches Bewertungsraster vergleichbar und ebenso gestaltbar [vgl. *Becker, M. / Müller, R.* (1986)].

Wie nun die interne technische und die externe kundenorientierte Sicht der Qualität (zu den Begriffen siehe Kapitel 3.3.1) im Hinblick auf ihre Rentabilitätswirkung zusammenspielen, soll im Folgenden betrachtet werden. Aus den bisherigen Ausführungen wurde deutlich, dass von den Kunden bestimmte Lösungstechnologien aufgrund ihrer Bedürfnisse gewünscht werden. Der Markt wird also in hohem Maße durch externe Kundenwünsche bestimmt. Die Unternehmen, die aus Kundensicht qualitativ höherwertige Produkte herstellen, haben einen Wettbewerbsvorteil, da für diese höhere Qualität i. d. R. ein höherer Preis verlangt werden kann. Der Marketingaufwand ist im Durchschnitt geringer und außerdem beeinflussen Marktanteilsgewinne auch noch den Return on Investment in späteren Jahren positiv. Kann gleichzeitig die Differenzierung des Marktes erhöht werden, hat dies wiederum einen höheren Return on Investment zur Folge.

Entsprechend der internen technischen Qualitätsbetrachtung führt die Einhaltung von Standards zu geringeren Kosten, da Ausschuss, Nacharbeit und Garantieaufwendungen entfallen. Auch diese geringeren Kosten erhöhen die Rendite. Dieser Gesamtzusammenhang ist in Abb. 3.42 dargestellt [vgl. *Meyer, J.* (1988)].

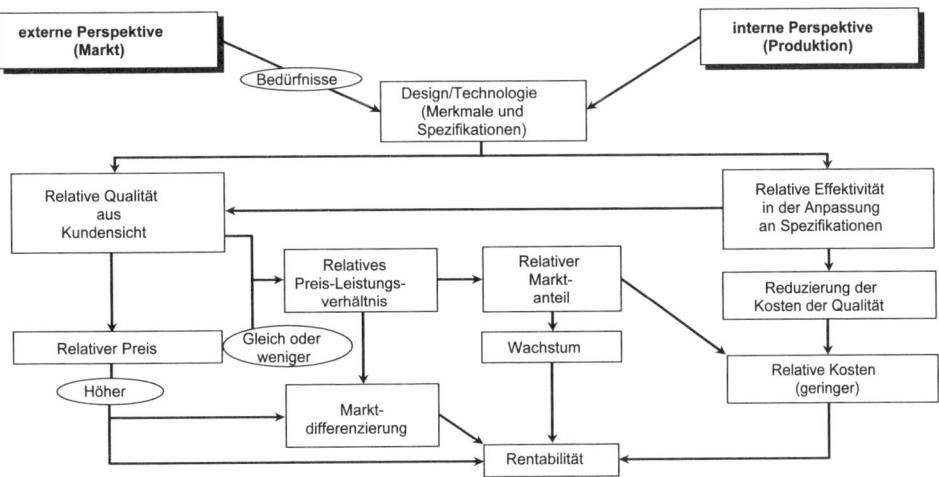

Abb. 3.42:   Zusammenhang von interner, technischer und externer Qualität und Rentabilität
[in Anlehnung an: Meyer, J. (1988), S. 83]

Wettbewerbsvorteile können sowohl durch überlegene technische Qualität (z. B. durch weniger Garantiefälle, geringere Fehlerquote) als auch durch bessere extern wahrgenommene Qualität erzielt werden. Da sich beide Qualitätsbegriffe ergänzen und sich nicht ausschließen, sollten Unternehmen versuchen, ihre Konkurrenten in beiden Qualitätsarten zu übertreffen. Dabei sollte auch nicht vergessen werden, dass technische Qualität in der Kaufentscheidung eine zentrale Rolle spielt und direkt auf die wahrgenommene Qualität Einfluss übt [vgl. *Buzzell, R. D. / Gale, B. T.* (1989), S. 91 ff.].

In den Ausführungen sollte deutlich werden, dass eine interne produktbezogene, technisch-funktionale Sichtweise der Qualität um die externe, vom Kunden wahrgenommene Qualität zu ergänzen ist. Dies hat natürlich Folgen für das **Qualitätsmanagement**, welches sich in früheren Zeiten fast ausschließlich auf das Erreichen technischer Qualitätsstandards beschränken konnte. Ein Qualitätsmanagement bedingt heute zusätzlich eine intensive **Marktorientierung**, um die Bedürfnisse der Kunden in den Prozess der Qualitätserstellung einzubeziehen und so eine erhöhte Kundenzufriedenheit und Kundenbindung zu erreichen. Dabei sind unternehmerische Abläufe, Verfahren und Strukturen für die Beeinflussung von Qualität von entscheidender Bedeutung. Auch die Rolle der Mitarbeiter spielt im Qualitätsmanagement eine zentrale Rolle, da gerade die Mitarbeiter für den Methodeneinsatz zur Qualitätsverbesserung sowie für die Funktionsfähigkeit des Management-Subsystems verantwortlich sind [vgl. *Steinbach, R. F.* (1997), S. 70 ff.].

Um Qualität als Wettbewerbsvorteil nutzen zu können, ist demnach ein umfassendes, unternehmensübergreifendes Qualitätsdenken notwendig, wie es im Konzept des **Total Quality Management** (TQM) seit Ende der 1980er Jahre auch gefordert wird. Entsprechend diesem Konzept liegt die Verantwortung für Qualität nicht mehr in den Händen von nachgelagerten Kontrolleuren, sondern bei allen am Prozess der Leistungserstellung Beteiligten [vgl. *Töpfer, A.* (1992)]. Dabei geht es v. a. darum, bei allen Mitarbeitern ein Qualitätsverständnis zu entwickeln und die Motivation zur Qualitätsverbesserung zu fördern. Dazu sind personalpolitische, organisatorische und unternehmenskulturelle Maßnahmen im gesamten Bereich der Unternehmensführung erforderlich, um die Voraussetzungen für eine Optimierung unternehmensinterner und -externer Qualität zu schaffen [vgl. *Steinbach, R. F.* (1997)].

Nochmals ist jedoch hervorzuheben, dass auch Qualitätsziele, ebenso wenig wie Kostenziele, als separate, voneinander unabhängige Ziele verfolgt werden dürfen. **Kosten- und Qualitätsziele** schließen sich nicht kategorisch gegenseitig aus, sondern ergänzen sich vielmehr in zahlreichen Fällen. Dementsprechend sollte versucht werden, im Sinne einer Outpacing-Strategie Kosten- und Qualitätsziele gleichzeitig durch ein umfassendes Kosten- und Qualitätsmanagement zu unterstützen (siehe zur Outpacing-Strategie Kapitel 3.1).

Bereits in der Entwicklungsphase von Produkten sind entsprechende Maßnahmen erforderlich, denn schon dann werden, wie empirische Studien gezeigt haben, 70 bis 85 % der späteren Produktkosten gebunden. In dieser Phase werden Konfiguration und Funktion des Produktes und damit auch die zur Herstellung des Produktes erforderlichen Prozesse, Materialien und Zukaufteile festgelegt [vgl. *Berliner, C. / Brimson, J. A.* (1988), S. 140]. Die **Kosten** selbst fallen aber größtenteils erst in der Produktionsphase und in den nachfolgenden Lebenszyklusphasen an und werden dann auch erst vom Rechnungswesen erfasst und vom Management gesteuert. Dies kann zum einen dazu führen, dass das Kostensenkungspotenzial früher Lebenszyklusphasen nicht erkannt und genutzt wird. Gerade in einer optimalen Produktkonstruktion kann ein immenses Senkungspotenzial stecken, da sich diese auch auf die zukünftigen Fertigungs- und Beschaffungskosten auswirkt [vgl. *Horváth, P.* (1993), S. 25]. Zum anderen werden auch schon die **Qualität** des Produktes und Produkteigenschaften vor der Serienfertigung weitgehend festgelegt. Spätere Änderungen bzw. Anpassungen sind i. d. R. mit unverhältnismäßig hohen Kosten verbunden, die tendenziell mit zunehmender Produktkonkretisierung weiter steigen. Daraus folgt, dass schon in der Entwicklung Kundenwünsche und Kostenziele gleichzeitig beachtet werden müssen. Andernfalls riskiert das Unternehmen, dass die entwickelten Produkte vom Kunden aufgrund zu hoher Preise oder unerwünschter bzw. mangelnder Produkteigenschaften nicht akzeptiert werden [vgl. *Fischer, T. M. / Schmitz, J.* (1994b)]. Die optimale Produktkonstruktion kann deshalb erst durch die lebenszyklusorientierte Gesamtbetrachtung gefunden werden. Hierbei sind insbesondere auch die Kostenwirkungen in späteren Lebenszyklusphasen zu berücksichtigen. Hierzu dient das schon beschriebene **Life Cycle Costing** (siehe Kapitel 3.2.1.4). Die von den Kunden gewünschten Produktmerkmale bzw. die wahrgenommene Qualität werden dann ebenso wie der dafür geforderte Preis, also das Preis-Leistungs-Verhältnis, Teil der entwicklungsbezogenen Vorgaben und Festlegungen. Zur Verankerung mit dem Entwicklungsprozess dient das sog. Target Costing, das durch das sog. Quality Function Deployment (QFD) ergänzt werden kann.

Target Costing ist ein „... Verfahren zur Kostenreduzierung im Stadium der Planung in Zusammenarbeit der Bereiche Technik, Marketing, Produktentwicklung und Rechnungswesen" [*Sakurai, M. / Keating, P. J.* (1994), S. 86]. Ziel des Target Costing ist es in erster Linie, das zu entwickelnde Produkt so zu gestalten, dass bei Einhaltung der Soll-Vorgaben eine bestimmte Mindestrendite für den gesamten Lebenszyklus realisiert werden kann. Ausgangspunkt des Target Costing ist ein für die Vermarktungsphase gesetzter Marktpreis, der aus Kundensicht annehmbar erscheint und mit dem ein bestimmter, gewünschter Marktanteil erreicht werden kann. Ausgehend von diesem Marktpreis werden unter Abzug der geforderten Mindestrendite die maximal zulässigen Kosten, die sog. **Allowable Costs**, bestimmt. Werden die Allowable Costs pro Produkteinheit mit der gesamten erwarteten absetzbaren Stückzahl multipliziert, erhält man die erlaubten Lebenszykluskosten. Aus diesen sind anschließend Zielkosten für die einzelnen Elemente des Gesamtprojekts abzuleiten (**Target Costs**).

Doch erst durch die Verknüpfung von Allowable Costs und den von den Kunden gewünschten Produktmerkmalen kann das akzeptierte Preis-Leistungs-Verhältnis in die Entwicklung Eingang finden. Deshalb werden die von den Kunden gewünschten Produktmerkmale sowie deren Bedeutung für die Kaufentscheidung mit Hilfe verschiedener Marktforschungsmethoden (z. B. **Conjoint Measurement**) ermittelt. Je größer die Bedeutung des Produktmerkmals ist, desto größer darf auch der Anteil der Produktkosten sein, der bei Realisierung dieses Merkmals entsteht [vgl. *Coenenberg, A. G. / Fischer, T. M. / Schmitz, J.* (1994); *Coenenberg, A. G.* (2003), S. 445 ff.].

Im Rahmen des Target Costing werden also die für die Kaufentscheidung relevanten und von den Kunden erwünschten Produktmerkmale, der dafür von den Kunden als annehmbar beurteilte Marktpreis sowie die unter Berücksichtigung einer Zielrendite maximal zulässigen Kosten für die jeweiligen Produktmerkmale ermittelt. Zur Verknüpfung der aus Kundensicht wichtigen Produktmerkmale mit den technischen Eigenschaften des Produktes eignet sich das **Quality Function Deployment** (QFD). Unter QFD versteht man die Planung und Entwicklung der Qualitätsfunktionen eines Produktes gemäß den von den Kunden erwünschten Qualitätseigenschaften bei minimaler Fehlleistung [vgl. *Akao, Y.* (1992)]. Die im Rahmen des QFD erstellten Qualitätspläne für das Produkt, für die Konstruktion der Baugruppen, Unterbaugruppen und Teile, für die Prozesse sowie für die Produktion sollen gewährleisten, dass die aus den Kundenwünschen abgeleiteten Qualitätsziele durchgängig verfolgt werden. Werden Target Costing und QFD gemeinsam angewandt, können Kundenanforderungen in Kostenziele transformiert werden, um differenzierte Qualitätsziele zu ergänzen. Abschließend sind Maßnahmen zu formulieren, wie diese Ziele erreicht werden sollen. Insbesondere kann durch die gemeinsame Anwendung vermieden werden, dass durch zu strenge Kostenziele geforderte Qualitätsstandards unterschritten werden [vgl. *Fischer, T. M. / Schmitz, J.* (1994b), S. 68].

Diese Verbindung von Kosten- und Qualitätsmanagementinstrumenten macht deutlich, dass Kostenmanagement vom Qualitätsmanagement kaum zu trennen ist. Ebenso verhält es sich mit der dritten strategischen Zielgröße, der Zeit, auf die im Folgenden eingegangen wird.

3.4   Zeitwettbewerb

Der Wettbewerbsfaktor Zeit hat seit dem Ende der 80er Jahre des 20. Jahrhunderts eine außergewöhnliche Bedeutung erlangt. Diese Entwicklung ist v. a. darauf zurückzuführen, dass sich in den vergangenen Jahren die Wettbewerbsbedingungen auf den teilweise gesättigten Märkten dramatisch verschärft haben. Die Unternehmen sehen sich in vielfacher Hinsicht einer **starken Marktdynamik** und ausgeprägten Diskontinuitäten (siehe hierzu auch Kapitel 7) gegenüber gestellt. Sich rasch ändernde Absatzmärkte haben z. B. zur Folge, dass sich zukünftige Kundenwünsche und Absatzmengen nur mit einer geringen Prognosegenauigkeit voraussagen lassen. Zudem kommt es aufgrund eines verstärkt auf Individualisierung abgestellten, heterogenen Konsumentenverhaltens zu einer Zersplitterung der Massenmärkte in kleine Nischen, d. h. zu einer **Fragmentierung der Nachfrage** und zu einer wachsenden Produktvielfalt. Darüber hinaus bewirkt eine kundenwunschbedingte und damit wettbewerbsrelevante Erhöhung der produkt- und technologiebezogenen Änderungsraten ein schnelleres Veralten von am Markt befindlichen Produkten durch neuere, modernere Substitute. Dies hat eine stetige **Verkürzung des Marktzyklus** von Produkten zur Folge, d. h. die Zeitdauer, während der ein Produkt gewinnbringend am Markt abgesetzt werden kann, wird geringer (zum engen Produktlebenszykluskonzept siehe Kapitel 3.2.1.2). Das dieser Trend nicht nur in technologieintensiven Branchen wie der Luft- und Raumfahrt oder der Pharmazie zu beobachten ist, sondern auch für andere Industriezweige charakteristisch ist, macht Abb. 3.43 deutlich, welche die Marktzykluslänge vor 50 Jahren der Marktverweildauer Anfang der 90er Jahre des 20. Jahrhunderts gegenübergestellt.

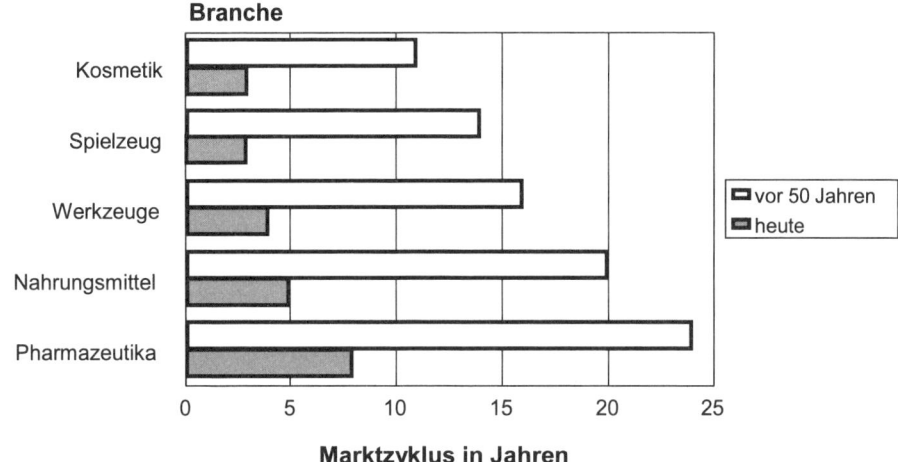

Abb. 3.43:   Verkürzung der Marktzyklen
            [Quelle: Arthur D. Little, entnommen aus von Braun, C.-F. (1991a), S. 52]

Nach einer Befragung von über 2700 Unternehmen durch das Ifo-Instituts hat sich der Marktzyklus bei 27,9 % der Unternehmen zwischen 1994 und 2002 nicht verändert, bei 26,1 % hat er sich sogar verlängert, jedoch bei 46,1 % weiter verkürzt [vgl. Penzkofer, H. (2004), S. 51f.].

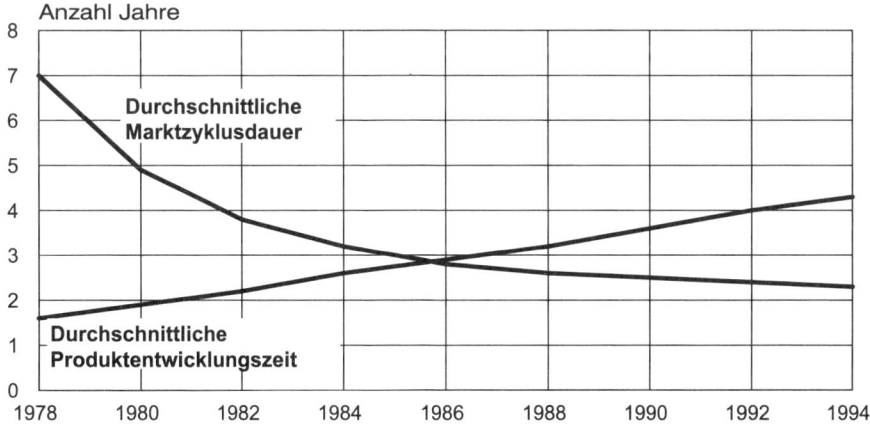

Abb. 3.44:   Veränderung der Marktzyklusdauer und der Produktentwicklungszeiten
            [Quelle: Bullinger, H.-J. / Wasserloos, G. (1990), S. 5]

Gleichzeitig zur Verkürzung der Marktzyklen lassen sich in vielen Branchen **steigende Produktentwicklungskosten** und **längere Produktentwicklungszeiten** feststellen. Diese Zeit- und Kostenexpansion ist zurückzuführen auf die stetig steigende Produktkomplexität und auf eine wachsende Produktvielfalt, um den heterogenen Bedürfnissen der Kunden gerecht zu werden. Bei bestimmten Produkten beansprucht deren Entwicklung gerade in Phasen einschneidender Technologieumbrüche mehr Zeit, als sie dann auf dem Markt präsent sein werden (siehe Abb. 3.44).

Aktuellere Studien bescheinigen eine differenziertere Entwicklung. Vergleicht man Daten des ifo Innovationstests 1994 und 2002, zeigt sich bei 52,1 % der Unternehemen ein unveränderter Entstehungszyklus, bei 26,1 % ist er verkürzt und bei 21,8 % verlängert [vgl. *Penzkofer, H.* (2004), S. 51f.]. Zum Anfang des 21. Jahrhunderts scheint der Anstieg der Produktentwicklungszeit zumindest teilweise zum Stillstand gekommen zu sein. Dies bestätigen auch Untersuchungen des Fraunhofer-Instituts ISI, die für die deutsche Metall- und Elektroindustrie auf der Basis grosszahliger Untersuchungen zwischen 1997 und 2003 zu einer relativen Konstanz der durchschnittlichen Entwicklungsdauer neuer Produkte kommen [vgl. *Dreher, C. u. a.* (2006), S. 11 ff.]

Diese beschriebenen Entwicklungen der Marktzyklusdauer, der Entwicklungszeit und der Entwicklungskosten werden von *Pfeiffer / Dögl* als Dreh- und Angelpunkt des Zeitwettbewerbs betrachtet [vgl. *Pfeiffer, W. / Dögl, R.* (1997), S. 408]. Das skizzierte Szenario hat zur Folge, dass die zur Amortisation getätigter F&E-Investitionen benötigte Zeitspanne bei den meisten Produkten ständig zunimmt.

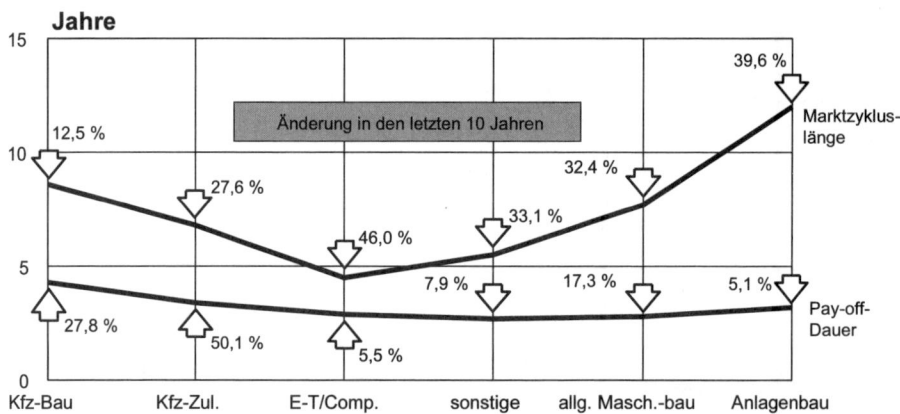

Legende:
Kfz-Zul.: Kfz-Zulieferbetriebe
E-T/Comp.: Elektrotechnik und Computerbau
allg. Masch.-bau: allgemeiner Maschinenbau

Abb. 3.45:   Marktzyklus- und Amortisationsdauer
[Quelle: Bullinger, H.-J. / Wasserloos, G. (1990), S. 5]

Abb. 3.45 gibt Durchschnittswerte für einzelne Branchen wieder, die erstmals im Rahmen einer Studie des Fraunhofer-Instituts für Arbeitswirtschaft und Organisation (IAO) in Stuttgart
empirisch erhoben wurden. Besonders drastisch hat sich dabei die Marktverweildauer im Bereich Elektrotechnik und Computerbau in den letzten zehn Jahren um 46 % auf weniger als
fünf Jahre reduziert. Gleichzeitig stieg die Pay-off-Zeit um 5,5 % auf knapp vier Jahre an, so
dass die Marktzykluslänge gerade noch für eine Amortisation der F&E-Ausgaben ausreicht
[vgl. *Bullinger, H.-J. / Wasserloos, G.* (1990), S. 5].

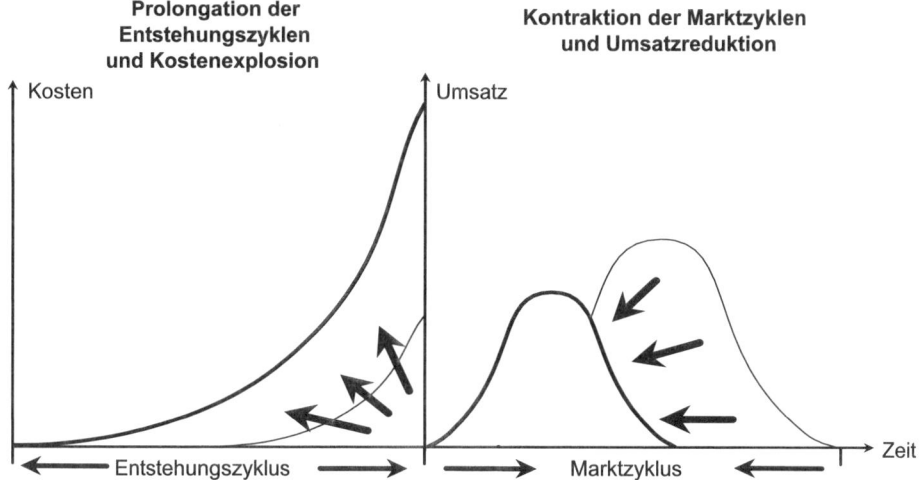

Abb. 3.46: *Marktzykluskontraktion und Entstehungszyklusprolongation im Ansatz der Zeitfalle*
            [Quelle: Bitzer, M. R. (1991), S. 42]

Die Schwierigkeit, die geleisteten F&E-Ausgaben während der kürzer werdenden Marktphase
zu amortisieren, wird zudem verstärkt durch eine Umsatzreduktion, bedingt durch kleinere
Marktvolumina infolge der oben erwähnten Fragmentierung der Nachfrage (siehe Abb. 3.46).
Reichen die während der Vermarktungsphase erzielbaren Gewinne zur Deckung der F&E-In-
vestitionen nicht aus, so spricht man von der sog. **Zeitfalle**.

Die Unternehmen agieren somit in einem sich wandelnden Umfeld, das sie aufgrund der dynamischen Entwicklungen zu einer ständigen Anpassung an immer neue Konstellationen und
differenziertere Kundenbedürfnisse zwingt (schnellere Anpassung von Strategien und Strukturen, schnelleres Hervorbringen von Produktinnovationen und -varianten, zielgruppengenauere
und pünktliche Erfüllung von Kundenproblemen und -bedürfnissen). Der Erfolg der Anpas-
sungsprozesse ist ganz wesentlich abhängig von der Zeitdauer für deren Realisierung. Die
Unternehmen benötigen aber infolge der wachsenden Aufgabenkomplexität immer mehr Zeit,
um diese Anpassung zu vollziehen. Die Diskrepanz zwischen der benötigten und der zur Verfügung stehenden Reaktionszeit bezeichnet *Bleicher* als **Zeitschere** (siehe Abb. 3.47).

Anpassungszeit

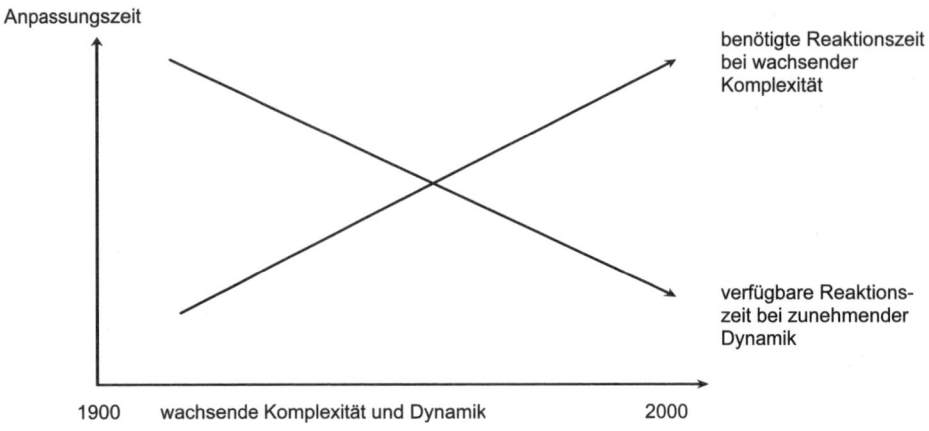

benötigte Reaktionszeit
bei wachsender
Komplexität

verfügbare Reaktions-
zeit bei zunehmender
Dynamik

1900   wachsende Komplexität und Dynamik   2000

Abb. 3.47:   Zeitschere
[Quelle: Bleicher, K. (1989), S. 25]

Vor dem Hintergrund derart verschärfter, sich schnell wandelnder Wettbewerbsbedingungen, in denen Wettbewerbsvorteile rasch erzeugt und ebenso schnell wieder zunichte gemacht werden können (zum Hyperwettbewerb siehe Kapitel 3.1), gestaltet es sich für Unternehmen zunehmend schwieriger, sich über die klassischen Parameter Kosten bzw. Preis oder Qualität (z. B. technische Leistungsmerkmale oder Design) nachhaltig von ihren Konkurrenten abzuheben. So kam es in Japan Mitte der 70er Jahre und in den USA und Europa in den späten 80er Jahren des 20. Jahrhunderts zu einem Bruch mit herkömmlichen Mustern des Wettbewerbsverhaltens. Einige Unternehmen begreifen die Problematik der Zeitschere als Chance und setzen nun zusätzlich zu den traditionellen Wettbewerbsparametern verstärkt auf den **strategischen Erfolgsfaktor Zeit**. Diejenigen Unternehmen, die die zeitbezogenen Bedürfnisse von Kunden (z. B. Forderung nach kürzeren Lieferzeiten und höhere Anforderungen an Termintreue) und damit die außerordentliche **Bedeutung des Zeitfaktors für die eigene Wettbewerbsfähigkeit** erkennen, versuchen, Wettbewerbsvorteile gegenüber ihren Konkurrenten nicht mehr allein über preislich attraktive und qualitativ herausragende Produkte oder Dienstleistungen zu erreichen. Vielmehr streben sog. **Zeitwettbewerber** eine **Differenzierung** durch eine Fokussierung der zeitlichen Komponenten des Kundennutzens an, beispielsweise über eine Verbesserung der Zeitdauer- und Terminkomponenten des Lieferservices.

Damit rücken Zeitwettbewerber auf der Ebene der Geschäftsbereichsstrategien einen neuen Wettbewerbsfaktor in den Mittelpunkt strategischer Überlegungen, dessen Relevanz von vielen Konkurrenten oft nicht erkannt oder falsch eingeschätzt wird. Im Rahmen von **zeitbasierten Wettbewerbsstrategien** erhält die Zeitorientierung erste Priorität im Managementprozess und erfasst die gesamte strategische Geschäftseinheit. Die Konzentration auf den Wettbewerbsfaktor Zeit wurde in der Praxis maßgeblich vorangetrieben durch die Entwicklung von **Zeitmanagementkonzepten** namhafter Beratungsgesellschaften wie z. B. der *Boston Consulting Group* [vgl. *Stalk, G. / Hout, T. M.* (1992)], der *Thomas Group* [vgl. *Thomas, P. R.* (1990)] bzw. auch *Hirzel, Leder & Partner* [vgl. *Hirzel, Leder & Partner* (Hrsg.) (1992)] (speziell in Deutschland). Die außerordentliche Bedeutung, die dem Wettbewerbsfaktor Zeit in der Wissenschaft und der Praxis aktuell beigemessen wird, kommt in nachfolgender These deutlich zum Ausdruck: „Nicht die Großen fressen die Kleinen, sondern die Schnellen fressen die Langsamen" [*Glatz, H.* (1992), S. 235].

3.4.1 Ziele und Aufgaben des Zeitmanagements

Für die Begriffe „Zeitwettbewerb" bzw. „Zeitmanagement" existieren in der Literatur eine Vielzahl von Termini, die i. d. R. synonym verwendet werden. Beispiele hierfür sind „Time Based Management", „Time Based Competition", „Time Based Strategy", „Fast Cycle Capability", „High Speed Management", „Speed Management" oder „Quick Response Management". Eine einheitliche Terminologie hat sich bisher im Schrifttum kaum etabliert. Im Folgenden sollen deshalb zunächst der Begriff „Zeitmanagement" genau definiert und abgegrenzt sowie die Aufgaben und Ziele dieser wettbewerblichen Ausrichtung umrissen werden.

Kirschbaum versteht „... **Zeitmanagement** ... als zeitorientierte Steuerung, Gestaltung und Anpassung einer Unternehmung ...", wobei die einzelnen Managementprozesse zeitorientiert auszugestalten sind" [*Kirschbaum, V.* (1995), S. 53]. In Anlehnung an die allgemeine Definition des Controlling (siehe Kapitel 1.2) bedeutet Zeitmanagement demnach die Steuerung der Zeit durch deren Planung und Kontrolle. Oberstes Ziel der Zeitmanagementansätze ist die Steigerung der Effektivität und Effizienz der Unternehmensführung durch die Fokussierung des Faktors Zeit (anstelle von Kosten) als primäre Zielgröße des strategischen und operativen Denkens. Die Formulierung und Implementierung einer **Strategie des Zeitwettbewerbs**, d. h. einer konkreten Wettbewerbsstrategie, die auf strategische Wettbewerbsvorteile gegenüber den Konkurrenten durch eine überlegene Beherrschung des Zeitfaktors abstellt, bildet dabei das zentrale Element des Zeitmanagements.

Die **Aufgaben des Zeitmanagements** werden im Wesentlichen in zweifacher Hinsicht gesehen [vgl. *Kirschbaum, V.* (1995), S. 54; *Klenter, G.* (1995), S. 29]: Zum einen zielt das Zeitmanagement auf die Beschleunigung betrieblicher Prozesse ab und zum anderen gehören auch Entscheidungen bzgl. der Wahl des optimalen Zeitpunktes für bestimmte Maßnahmen (Timing) dazu (siehe Abb. 3.48).

Der erste Aspekt, die Erlangung von Wettbewerbsvorteilen durch die Beschleunigung der betrieblichen Prozesse, umfasst die gezielte Verfolgung und Umsetzung des Geschwindigkeitsaspektes zum Zwecke einer **Kontraktion der unternehmerischen Response-Zeiten** (zur Konkretisierung des Begriffs Response-Zeit siehe ausführlich Kapitel 3.4.4), weswegen man von **Speed Management** oder auch **Economies of Speed** spricht. Dabei beabsichtigt das Zeitmanagement nicht die einmalige Beschleunigung eines ganz bestimmten Ereignisses (z. B. mit einer einzelnen Produktinnovation als erster auf den Markt zu kommen). Vielmehr weisen erfolgreiche Zeitwettbewerber die nachhaltige und wiederholbare Fähigkeit auf, die Wertschöpfungsprozesse im Unternehmen schneller ablaufen zu lassen.

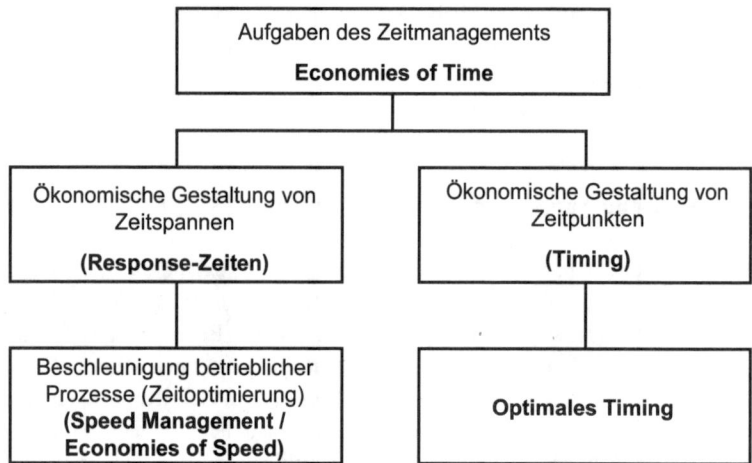

Abb. 3.48: Aufgaben des Zeitmanagements

Zu betonen ist jedoch, dass das Speed Management nicht pauschal eine Zeitminimierung intendiert, sondern eine **Zeitoptimierung** im Hinblick auf den Unternehmenserfolg anstrebt. So führt beispielsweise die aus technischer Sicht kürzeste realisierbare Lieferzeit nicht automatisch zu einem maximalen Gewinn bzw. maximalen Return on Investment, wenn die mit der Lieferzeitverkürzung beabsichtigte Steigerung der Absatzpreise und -mengen nicht ausreicht, um die zusätzlichen Kosten (Grenzkosten) dieser Beschleunigung zu kompensieren. Insofern beinhaltet das Speed Management sowohl den Aspekt der Schnelligkeit als auch den Aspekt der Langsamkeit.

Zum Aufgabenkomplex des **optimalen Timing** gehört v. a. die Entscheidung über den optimalen Zeitpunkt des Marktein- oder -austritts. Die Markteinführung eines neuen Produktes kann im Hinblick auf ein angestrebtes Erfolgsziel beispielsweise zu früh, aber auch zu spät erfolgen. Hintergrund hierfür ist das Konzept des „**strategischen Fensters**“, das davon ausgeht, dass nur ein bestimmter, abgegrenzter Zeitraum für die erfolgreiche Vermarktung von Produkten existiert, weil lediglich während dieser Zeit eine Übereinstimmung zwischen den zentralen Anforderungen des Marktes und den spezifischen Fähigkeiten des Unternehmens vorherrscht [vgl. *Abell, D. F.* (1978)]. Demgemäß sollte die Markteinführung möglichst nahe am Zeitpunkt liegen, zu dem sich das „strategische Fenster“ öffnet, um den potenziell zur Verfügung stehenden Zeitrahmen so gut wie möglich auszuschöpfen.

Beide Komponenten eines umfassenden Zeitmanagements, also die Beschleunigung von betrieblichen Prozessen und das richtige Timing von Maßnahmen aus ökonomischer Sicht, lassen sich unter dem Begriff **Economies of Time** subsumieren, der die ökonomische Gestaltung sowohl von Zeitspannen als auch von Zeitpunkten umschreibt.

Zeitbasierte Wettbewerbsstrategien im Sinne des Speed Managements umfassen demnach „... die bewusste Gestaltung der zeitlichen Dimension von Wertschöpfungsprozessen und intendieren den Aufbau von Fähigkeiten, die der Unternehmung erlauben, Neuprodukte im Vergleich schneller zu entwickeln und auf dem Markt einzuführen, sowie Produkte und Dienstleistungen den Kunden in kürzester Zeit bereit zu stellen – oder ganz allgemein, einen sich auftuenden Marktbedarf möglichst schnell durch ein entsprechendes Marktangebot zu befriedigen" [*Bitzer, M. R. (1991), S. 32*].

Oberstes Ziel eines umfassenden Zeitmanagements ist die Erlangung und Sicherung von Wettbewerbsvorteilen in einem dynamischen Umfeld mittels der Durchsetzung von Schnelligkeit in allen Leistungs- und Führungsprozessen. Das Wesen des Zeitmanagements ist dabei nicht gleichzusetzen mit einem bloßen Werkzeug oder einer Technik, sondern geht weit darüber hinaus. „Time based management is a paradigm shift or fundamental attitude change that translates into a style of managing and a way of doing business that places time as an equal or higher priority than cost or efficiency." [*Ruch, W. A. (1990), S. 391*].

3.4.2   Historische Entwicklung des Zeitwettbewerbs

Der Zeitwettbewerb ist der bisher letzte Schritt in der Entwicklung von Strategiekonzepten. Da jedes neue Strategiekonzept wie eine neue Technologie als Innovation begriffen werden kann, lässt sich diese Abfolge verschiedener Strategiekonzepte in Analogie zum **S-Kurven-Konzept** (siehe hierzu auch Kapitel 4.3.1) aus der Innovationsforschung erklären [vgl. *Henzler, H. (1988), S. 1287 f.*]: Die Umsetzung eines neuartigen Strategiekonzeptes führt nach einer gewissen Anlaufphase i. d. R. zu gravierenden Veränderungen der Wettbewerbspositionen.

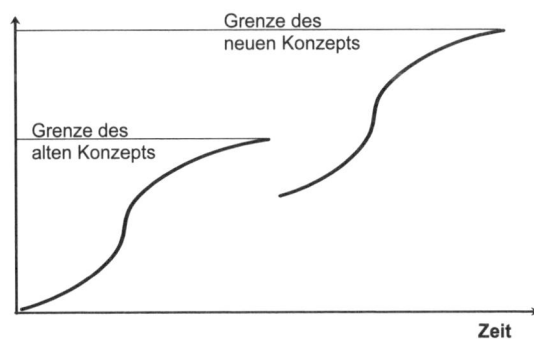

Abb. 3.49: S-förmiger Entwicklungsverlauf von Strategiekonzepten
[in Anlehnung an: Henzler, H. (1988), S. 1287]

Werden nach Eintreten dieser Verschiebungen das neue Konzept und somit die Ursache der geänderten Wettbewerbsverhältnisse von den Konkurrenten erkannt, dann bewirken Weiterentwicklungen des vorherrschenden Strategiekonzeptes nur noch einen geringen Grenznutzen.

Dann ist wiederum eine neue S-Kurve, d. h. ein neues Konzept zu finden, um sich gegenüber den Konkurrenten abzuheben. Ein innovatives Strategiekonzept (hier: der Zeitwettbewerb) macht die älteren Ansätze (also den Kosten- oder Qualitätswettbewerb) aber nicht obsolet, sondern vervollständigt diese durch neue Erkenntnisse für erweiterte oder neue Anwendungen. Die neue S-Kurve ist damit nicht automatisch mit der vorangegangenen S-Kurve inkompatibel (siehe Abb. 3.49).

Die Ursprünge der Zeitorientierung gehen dabei auf den Automobilfabrikanten *Henry Ford* zurück, der bereits in den 20er Jahren des 20. Jahrhunderts die strategische Bedeutung der Ressource Zeit erkannt hatte. *Ford* war der Meinung, dass sich die Verschwendung von Zeit nur dadurch von der Materialverschwendung unterscheide, dass erstere unwiederbringlich sei. Aufgrund der Implementierung eines vollintegrierten **Just in Time-Produktionssystems** in der Produktionsstätte der *Ford Motor Company* am River Rouge verstrichen nur 81 Stunden von dem Moment, an dem das Eisenerz aus dem Bergwerk abgebaut wurde, über die Stahlverarbeitung sowie die Fertigung von Motor und Karosserie bis hin zur Endmontage eines *Model T*. Allerdings kann man hierbei noch nicht von einem konsequenten Zeitwettbewerb sprechen, da *Ford* die Fertigungs-Durchlaufzeit nur auf Kosten der Flexibilität komprimieren konnte. Im Gegensatz zu *Ford* müssen Zeitwettbewerber der heutigen Zeit aber in der Lage sein, infolge des ständig größer werdenden Kundenbedürfnisses nach Individualität eine enorme **Variantenvielfalt** anzubieten, ohne dass mit einer derartigen Variantenzahl Kosten- und Zeitnachteile einhergehen dürfen.

In den 70er Jahren des 20. Jahrhunderts, als sich die japanische Wirtschaft in einer schwerwiegenden Rezession befand, griff die *Toyota Motor Company* grundlegend die Just in Time-Philosophie im Sinne der **Eliminierung jeglicher Form von Verschwendung** und der Minimierung der Durchlaufzeiten mit Hilfe eines **Pull-gesteuerten, kontinuierlichen Flusses der Arbeitsobjekte** wieder auf und entwickelte diese Philosophie systematisch weiter. Nach dem Vorbild von *Fords* Fertigungsstätte am River Rouge konzipierte *Toyota* ein Produktionssystem mit flexiblen Fertigungsmethoden, das *Toyota* zu außerordentlichen Produktivitätsvorteilen gegenüber den westlichen Konkurrenten verhalf [zum *Toyota*-Produktionssystem vgl. *Ohno, T.* (1993)]. Die Grundsätze der Just in Time-Produktion wie Null-Lager, Null-Fehler und kontinuierliche Verbesserungen in kleinen Schritten (**Kaizen**) wurden darüber hinaus von *Toyota* auf alle Prozesse in der Unternehmung übertragen. Mit der Anwendung dieser Prinzipien nicht nur in der Beschaffung und der Fertigung, sondern auch in allen anderen Wertschöpfungsstufen und damit auch im administrativen Bereich entstand ein umfassendes Konzept eines zeitorientierten Wettbewerbs. Lager, ob in physischer Form im Produktionsprozess oder als administrative Lager in Form von unbearbeiteten Bestellungen, werden als organisatorische Ineffizienzen und damit als eine Art der Verschwendung betrachtet, die durch zeitlich schlecht aufeinander abgestimmte Prozessstrukturen entsteht. Zeitbasierte Wettbewerbsstrategien intendieren, diese Zeitverschwendung in der gesamten Unternehmung zu verhindern.

Aufgrund der großen Erfolge *Toyotas* übernahmen bald auch andere japanische Unternehmen wie der *Toyota*-Lieferant *Yanmar*, *Mazda*, *Honda* oder *Hitachi* die zeitorientierten Prinzipien der Fertigungsstrategie von *Toyota* und wurden damit zu Zeitwettbewerbern. Gerade japanische Automobilhersteller erzielten dabei gegenüber ihrer westlichen Konkurrenz enorme zeitliche Vorteile sowohl in der Fahrzeugentwicklung als auch in der Fertigung und der Auftragsabwicklung (siehe Abb. 3.50), wodurch es ihnen möglich war, ein moderneres, technologisch ausgereifteres und breiteres Produktspektrum anzubieten.

In der amerikanischen und europäischen Unternehmenspraxis sowie in der Literatur erlangte der Zeitwettbewerb bzw. das Zeitmanagement erst in den späten 80er und frühen 90er Jahren des 20. Jahrhunderts eine größere Bedeutung. Wie bereits erwähnt, haben hierzu v. a. Beratungsgesellschaften wie die *Boston Consulting Group* oder *Hirzel, Leder & Partner* beigetragen. Beispiele für Zeitwettbewerber in den USA bzw. im europäischen Wirtschaftsraum sind *Benetton*, *Federal Express*, *Domino's Pizza* und *Sun Microsystems*.

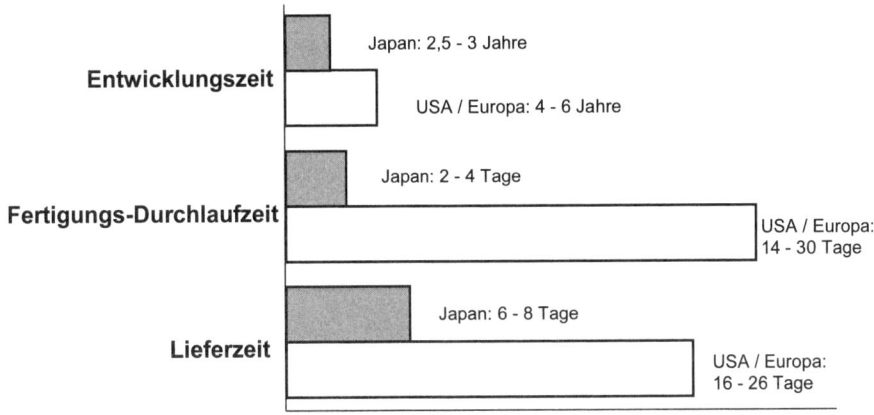

Abb. 3.50: *Zykluszeiten weltweit führender Automobilunternehmen zu Beginn der 1990er Jahre* *[Quelle: Stalk, G. / Hout, T. M. (1992), S. 46]*

3.4.3 Grundsätze des Zeitmanagements

Viele Grundsätze und Prinzipien, die im Rahmen des Zeitmanagements Anwendung finden, sind nicht gänzlich neuartig, sondern waren schon vorher grundlegende Bestandteile anderer Konzepte und Ansätze. Im Kapitel 3.4.2 wurde bereits darauf hingewiesen, dass das Zeitmanagement eine Weiterentwicklung und Erweiterung der Just in Time-Philosophie im Sinne einer Anwendung dieser Grundsätze auf die gesamte Unternehmung darstellt. Daneben sind v. a. das Total Quality Management, das Lean Management und die Lean Production als Ansätze zu nennen, zu denen das Zeitmanagement eine große Ähnlichkeit aufweist.

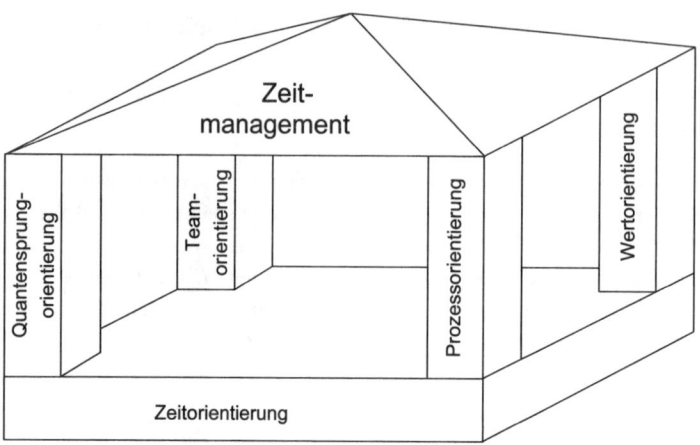

Abb. 3.51:   *Fundamentale Grundsätze des Zeitmanagements*

Die in Abb. 3.51 dargestellten **fünf fundamentalen Grundsätze** bilden dabei die Basis eines Time Based Managements [vgl. *Seifert, H.* (1992), S. 265 ff.; *Hässig, K.* (1994), S. 256].

- **Zeitorientierung**: Im Rahmen des Zeitmanagements hat die Zeitorientierung die erste Priorität im Managementprozess. Die gesamte Wertschöpfungskette ist zeitorientiert auszurichten und der Faktor Zeit in den verschiedenen Bereichen des Unternehmens zu quantifizieren. Zeitliche Maßzahlen weisen als physische Größen den Vorteil auf, dass sie nicht wie Kostendaten häufig nicht verursachungsgerechten Bewertungen, Zurechnungen und Rechnungsabgrenzungen unterliegen. Insofern besitzen zeitorientierte Größen eine höhere Präzision und sind daher bessere Planungs-, Steuerungs- und Diagnoseparameter als Kosteninformationen.

- **Quantensprungorientierung**: Die Zielsetzung zeitbasierter Wettbewerbsstrategien im Sinne des Speed Managements ist die Realisierung von nachhaltigen Wettbewerbsvorteilen gegenüber den Konkurrenten durch die Beschleunigung der Wertschöpfungsprozesse im Unternehmen. Geringfügige Verbesserungen reichen hierfür nicht aus. Vielmehr ist eine quantensprungartige Verkürzung des Zeitfaktors anzuvisieren. Beispielsweise können eine Halbierung der Entwicklungszeit bzw. eine Reduktion der Durchlaufzeit in der Fertigung auf ein Fünftel als grobe Orientierungswerte herangezogen werden.

- **Prozessorientierung:** Die von einem Zeitmanagement intendierte Kontraktion der unternehmerischen Response-Zeiten bedingt ein Denken in Prozessen statt in Funktionen. Eine prozessbezogene Betrachtung und Analyse der Wertschöpfungsaktivitäten ermöglicht deren zeitliche Optimierung durch das Erkennen der Schnittstellen und die Identifizierung von sog. „Zeitfressern". „Das geforderte Denken in Prozessen schlägt sich entsprechend in einer zeitorientierten Organisationsstruktur nieder, deren primäre Intention darin besteht, die durch Bildung von funktionalen Bereichen und Abteilungen zerschnittenen Prozessbeziehungen wieder in einen kontinuierlich fließenden Strom von Aktivitäten zu überführen." [*Bitzer, M. R.* (1991), S. 116 f.] Das Unternehmen wird somit als System von Prozessen betrachtet, die losgelöst von einer funktionsorientierten Organisationsstruktur definiert werden. Eine zeit- und prozessorientierte Organisationsstruktur entsteht dabei nicht infolge einer reinen Beschleunigung bzw. Optimierung bestehender Prozesse, sondern erfordert i. d. R. ein revolutionäres Überdenken und eine grundlegende Neustrukturierung der Abläufe.

- **Wertorientierung**: Bei der fundamentalen Neugestaltung der Prozessstrukturen sind in erster Linie Schnittstellenprobleme zu reduzieren bzw. zu eliminieren und nicht wertschöpfende Tätigkeiten abzubauen. Nicht wertschöpfende Aktivitäten erzeugen beim Produkt weder eine für den Kunden geldwerte Nutzensteigerung, noch bringen sie das Produkt seiner physischen Fertigstellung näher, sondern führen lediglich zu einer Hemmung des Prozessablaufs.

- **Teamorientierung**: Um zeitverzögernde Schnittstellen zu vermeiden, werden alle Experten und Entscheidungsträger aus ehemals getrennten Funktionsbereichen, die für die Abwicklung eines bestimmten Prozesses von Nöten sind, in einem autonomen, multifunktionalen Team zusammengefasst. Die Zusammenfassung sollte möglichst auch räumlich erfolgen, um die Kommunikationswege zwischen den Team-Mitgliedern kurz zu halten. Die Teams verfügen über eine eigene Entscheidungskompetenz und sind daher für die Planung, Durchführung und Kontrolle gleichermaßen eigenverantwortlich. Die Beurteilung der Leistung erfolgt lediglich nach dem Gesamterfolg des Teams, nicht anhand des Beitrags des einzelnen Team-Mitglieds. Derartige Teams werden im Rahmen von zeitorientierten Organisationen nicht nur für temporäre Spezialaufgaben gebildet, sondern werden auch als permanente Gruppen für Routinetätigkeiten institutionalisiert [vgl. hierzu auch *Bower, J. L. / Hout, T. M.* (1989), S. 71; *Stalk, G. / Hout, T. M.* (1992), S. 216 f.].

In zeitorientierten Unternehmen sind alle Mitarbeiter Bestandteil eines integrierten Systems, das kundenorientiert entscheidet und handelt. Jeder einzelne kennt den Bezug seiner Tätigkeit zu den anderen Aktivitäten im Unternehmen und zum Kundennutzen. Permanente Lernprozesse auf allen Unternehmensebenen bilden dabei die Grundlage für kontinuierliche Verbesserungen (**Kaizen**), um in dynamischen Wettbewerbsbedingungen reagieren und bestehen zu können. Ein operatives Instrument zur Messung und Überwachung von **kontinuierlichen Prozessverbesserungen** stellt das sog. **Half-Life-Konzept** dar (siehe hierzu auch Kapitel 3.2.2.5). In Analogie zum physikalischen Zerfallsgesetz der Halbwertszeiten bei radioaktiven Elementen besagt dieses Konzept, dass sich eine bestimmte Maßgröße eines Prozesses (z. B. dessen Durchlaufzeit oder Fehlerrate) innerhalb einer gewissen Zeitspanne halbiert (Halbwertszeit). Auf Grundlage dieses unterstellten Zusammenhangs, der in der sog. Half-Life-Funktion mathematisch dargestellt wird, kann die gesamte Zeitdauer prognostiziert werden, in der sich ein angestrebter Verbesserungsbedarf realisieren lässt [zum Half-Life-Konzept vgl. ausführlich *Schneiderman, A. M.* (1988), S. 51 ff. *und Fischer, T. M. / Schmitz, J.* (1994a)].

Zeitwettbewerber müssen daher über eine lernfähige Organisation verfügen. **Organizational learning** bezeichnet dabei die Fähigkeit einer Organisation, an einer Stelle gewonnene Informationen und Erkenntnisse an alle anderen Mitglieder der Organisation weiterzuleiten, um ein abgestimmtes, zielgerichtetes Handeln zu ermöglichen. Dies erfordert in erster Linie ein hohes Maß an sozialer Kompetenz der Mitarbeiter (z. B. Kommunikationsfähigkeit, Kooperationsbereitschaft, Lernfähigkeit und -bereitschaft) [vgl. *Wildemann, H.* (1992), S. 20 f.].

Zeitwettbewerber sind aufgrund ihrer Flexibilität und Reaktionsgeschwindigkeit in der Lage, in engem Kontakt mit den Kunden zu bleiben und deren Abhängigkeit zu vergrößern. Die Abb. 3.52 zeigt die wesentlichsten Unterschiede zwischen Zeitwettbewerbern und traditionellen Unternehmen auf.

Traditionelle Unternehmen	Zeitwettbewerber
Kosten als Maßstab	Zeit als Maßstab
finanzielle Ergebnisse im Mittelpunkt	Produktivität im Mittelpunkt
Optimierung von Funktionen	Konzentration auf das Gesamtsystem und die zentrale Leistungskette
Bewertung von Individuen oder Abteilungen	Bewertung des Teamerfolgs
Arbeiten in Abteilungen bzw. Fertigungslosen	kontinuierlicher Arbeitsablauf
Messung der Auslastung	Messung des Durchsatzes
Beseitigen von Engpässen zur Beschleunigung der Arbeit	Ändern des Vorgehens im vorgelagerten Bereich, um das nachgelagerte Symptom zu heilen
Investition zur Kostensenkung	Investition zur Reduktion des Zeitverbrauchs

Abb. 3.52:   Unterschiede zwischen traditionellen Unternehmen und Zeitwettbewerbern
[Quelle: Stalk, G. / Hout, T. M. (1992), S. 203 und S. 224]

Vor der Umsetzung einer zeitbasierten Wettbewerbsstrategie ist eine **Vision** zu entwickeln und darauf basierend ein **Leitbild** zu formulieren sowie in der Unternehmenskultur zu verankern. Ausgehend von der derzeitigen Position des Unternehmens im Wettbewerb gibt die Vision Aufschluss darüber, wie das Unternehmen in der Zukunft eine führende Stellung in seiner Branche erreichen kann. Konkreter betrachtet fokussiert das Leitbild einer zeitbasierten Wettbewerbsstrategie primär „... die Maximierung des Kundennutzens durch die Befriedigung zeitbezogener Bedürfnisse, die systemintern eine Kontraktion von Response-Zeiten voraussetzt" [*Bitzer, M. R.* (1991), S. 83 f.] (siehe Abb. 3.53).

Das Leitbild sollte konkrete Ziele bzgl. der Response-Zeiten des Unternehmens beinhalten und diese Ziele den Fähigkeiten und Ressourcen des Unternehmens gegenüber stellen. Das zeitwettbewerbsbezogene Leitbild stellt zum einen den Rahmen für alle strategischen und operativen Entscheidungen dar und dient zum anderen der Begeisterung des gesamten Unternehmens für das Potenzial einer zeitbasierten Wettbewerbsstrategie. Erst das Bewusstsein jedes Mitarbeiters bzgl. der Bedeutung des Zeitfaktors als Wettbewerbsvorteil motiviert ihn zu dem engagierten Mitwirken und zu der Veränderungsbereitschaft, die für die erfolgreiche Realisierung einer zeitbasierten Wettbewerbsstrategie unabdingbar sind [vgl. *Stalk, G. / Hout, T. M.* (1992), S. 249 f.; *Bitzer, M. R.* (1991), S. 86].

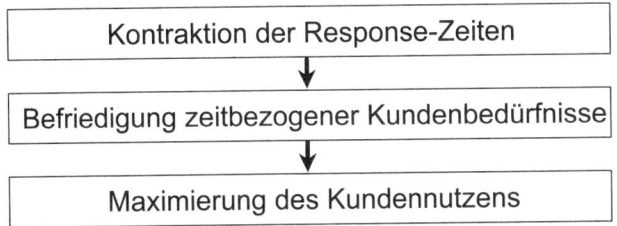

Abb. 3.53: *Primärer Fokus des Leitbildes des Zeitwettbewerbs*

Die fundamentalen Veränderungen in einem Unternehmen, die durch die Umsetzung einer Strategie des Zeitwettbewerbs ausgelöst werden, bedingen daher neue Wertvorstellungen und Denkhaltungen im gesamten Unternehmen. Dies erfordert somit auch schwierige kulturelle Anpassungen, um gravierende Implementationswiderstände von Seiten der Mitarbeiter zu vermeiden bzw. zu überwinden. Aufgrund von eingefahrenen Denk- und Handlungsmustern sowie aufgrund von Ängsten vor Entlassung, Umstellung, Überforderung, vermehrter Kontrolle usw. bilden sich möglicherweise **kulturelle Barrieren** bei den Mitarbeitern, die nicht unterschätzt werden dürfen. Zum einen handelt es sich hierbei um Widerstände gegen nötige Änderungen der Produktkonzeption bzw. Produktmerkmale. Zum anderen treten ferner Widerstände gegen die in diesem Kapitel schon erwähnte grundlegende Neustrukturierung der Prozesse auf, da deren Notwendigkeit und Nutzen von den Mitarbeitern nicht oder nur schwer erkannt und akzeptiert werden [vgl. *Thomas, P. R.* (1990), S. 81; *Holzwarth, F.* (1993), S. 12].

Das erforderliche Bewusstsein und das Verständnis der Mitarbeiter für die enorme strategische Bedeutung der Response-Zeiten und die fundamentalen Grundsätze des Zeitmanagements sind nicht nur durch das zeitwettbewerbsbezogene Leitbild zu fördern, sondern auch mit Hilfe unterstützender Maßnamen wie Schulungen, Seminare und Workshops gezielt zu schaffen und auszubauen [vgl. *Bitzer, M. R.* (1991), S. 190 f.]. Hierbei sollte auf die Befindlichkeit der Betroffenen sehr wohl eingegangen werden. Da Anpassungen jedweder Art auch Unannehmlichkeiten und Abschied von Vertrautem bedeuten, sollte dem Wunsch nach Beständigkeit mit Verständnis begegnet werden. Gleichwohl muss aber herausgestellt werden, dass ohne Modernisierung der Prozesse eine existenzielle Gefährdung heraufbeschworen wird.

Bevor der Zeitwettbewerb im Kapitel 3.4.5 in die strategische Unternehmensplanung eingeordnet wird, gilt es zunächst im folgenden Abschnitt, den Begriff Response-Zeit als Zielgröße des Zeitmanagements zu konkretisieren.

3.4.4 Response-Zeiten als Zielgröße des Zeitmanagements

Wie bereits dargelegt, ist es Intention von zeitbasierten Wettbewerbsstrategien, die Response-Zeiten des Unternehmens zu verkürzen bzw. – allgemeiner formuliert – zu optimieren. Die **Response-Zeiten** stellen dabei die Reaktionszeiten des Unternehmens auf Impulse dar, die entweder innerhalb des Unternehmens entstehen oder aus dem Unternehmensumfeld stammen. Solche Impulse können z. B. von veränderten Kundenbedürfnissen oder neuen Basistechnologien ausgehen, die in Produktinnovationen Anwendung finden sollen. Ebenso ist der Eingang eines Kundenauftrags ein Impuls, der beispielsweise die Aktivitäten Auftragsabwicklung, Fertigung und Versand anstößt [vgl. *Bitzer, M. R.* (1991), S. 76].

Die Basis für die Systematisierung der Response-Zeiten einer Unternehmung bildet das erweiterte Produktlebenszykluskonzept (siehe hierzu Kapitel 3.2.1.3), nach dem der Lebenszyklus aus den Phasen Entstehungs-, Markt- und Nachsorgezyklus besteht. Hierauf aufbauend lassen sich innerhalb eines Unternehmens zwei wesentliche Aktivitätszyklen unterscheiden: der innovative und der operative Aktivitätszyklus. Der **innovative Aktivitätszyklus** ist zum größten Teil dem Entstehungszyklus eines Produktes zuzuordnen und beinhaltet daher alle Aktivitäten zwischen dem Beginn eines F&E-Projektes bis zur Marktdurchdringung des innovativen Produktes. Der innovative Aktivitätszyklus umfasst dabei die Phasen Produktkonzept, Design und Entwicklung, Produktionsanlauf (Prototypenbau und Serienanlauf) und Markteinführung. Beim dann folgenden Marktzyklus eines Produktes steht der **operative Aktivitätszyklus** zur laufenden Marktversorgung mit den Phasen Beschaffung, Fertigung, Vertrieb im Vordergrund [vgl. *Thomas, P. R.* (1989), S. 116; *Bitzer, M. R.* (1991), S. 30; *Banaschek, J.* (1995), S. 14].

Zum Zwecke einer Systematisierung werden die Response-Zeiten nun nicht nur dem innovativen und dem operativen Aktivitätszyklus zugeordnet, sondern auch danach charakterisiert, ob die Zeiten lediglich **systemintern** oder auch **extern relevant** sind. Extern relevante Response-Zeiten werden im Gegensatz zu den systeminternen Zeiten entweder durch Handlungen von Marktpartnern (z. B. im Rahmen der Beschaffung) beeinflusst oder unterliegen bestimmten Anforderungen der Marktteilnehmer (z. B. im Rahmen des Vertriebs).

Einen Überblick über die Response-Zeiten der Unternehmung gibt Abb. 3.54. Die zentralen Zeitgrößen sind einerseits die **Einführungszeit (time-into-market)** im innovativen Bereich sowie andererseits die **Wiederbeschaffungszeit für Teile und Komponenten (time-to-production)**, die **Fertigungs-Durchlaufzeit** bzw. die **Lieferzeit (time-to-customer)** und die **Servicezeit** im operativen Bereich. Grundlage für die Abgrenzung dieser Zeitbegriffe stellt die allgemeine Definition des Terminus Durchlaufzeit dar, der quasi als Oberbegriff für alle Response-Zeiten einer Unternehmung zu betrachten ist. „Der Begriff **Durchlaufzeit** bezeichnet allgemein den Zeitraum, den ein Objekt für die Zurücklegung eines bestimmten Durchlaufweges benötigt. Welcher Art das betrachtete Objekt ist, wo sein Durchlaufweg beginnt und wo er endet, hängt von dem Gegenstand und Ziel der jeweiligen Untersuchung ab. ... Die Durchlaufzeit lässt sich daher allgemein als diejenige Zeitspanne definieren, die das Arbeitsobjekt, beginnend mit dem Zeitpunkt der Bereitstellung für den ersten Arbeitsgang und endend mit dem Zeitpunkt des Vollzugs des letzten Arbeitsganges, benötigt, um den vorgeschriebenen Weg über die einzelnen Bearbeitungsstellen zurückzulegen." [*Ellinger, T.* (1973), Sp. 459 f.]

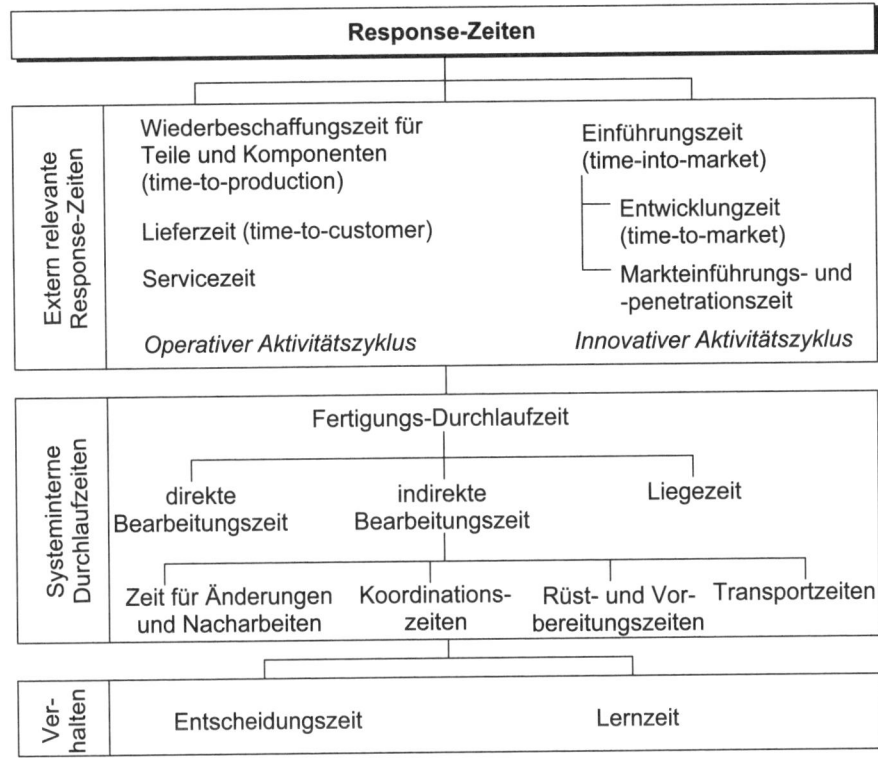

Response-Zeiten

Extern relevante Response-Zeiten

Wiederbeschaffungszeit für Teile und Komponenten (time-to-production)

Lieferzeit (time-to-customer)

Servicezeit

Operativer Aktivitätszyklus

Einführungszeit (time-into-market)

├ Entwicklungzeit (time-to-market)

└ Markteinführungs- und -penetrationszeit

Innovativer Aktivitätszyklus

Systeminterne Durchlaufzeiten

Fertigungs-Durchlaufzeit

direkte Bearbeitungszeit — indirekte Bearbeitungszeit — Liegezeit

Zeit für Änderungen und Nacharbeiten — Koordinationszeiten — Rüst- und Vorbereitungszeiten — Transportzeiten

Verhalten

Entscheidungszeit — Lernzeit

Abb. 3.54: Überblick über die Response-Zeiten der Unternehmung
[in Anlehnung an: Bitzer, M. R. (1991), S. 77]

Neben den extern relevanten und den systeminternen Response-Zeiten spielen des Weiteren verhaltensbedingte Zeitaspekte eine nicht zu vernachlässigende Rolle. Sowohl schnelle **Entscheidungszeiten**, z. B. ermöglicht durch flache Hierarchien sowie multifunktionale Teams mit kurzen Kommunikationswegen und dezentraler Entscheidungskompetenz, als auch kurze **Lernzeiten** weisen eine große Bedeutung auf. Um in einem dynamischen Wettbewerbsumfeld dauerhaft bestehen zu können, sind – hierauf ist bereits mehrfach hingewiesen worden – kontinuierliche Verbesserungen der eigenen Leistungen erforderlich. Diese bedingen allerdings auch permanente Lernprozesse. Zeitwettbewerb wird damit zum Lernwettbewerb, d. h. die Anpassungs- und Lerngeschwindigkeit stellt einen kritischen Erfolgsfaktor dar. Es reicht daher nicht aus, schneller zu werden, sondern man muss schneller schneller werden. Zur Beschleunigung der Lernprozesse sind sog. **Feedback-Schleifen** zu implementieren, um an bestimmten Messpunkten erhobene Daten (z. B. Informationen über die Ursachen aufgetretener Fehler) sofort an vorgelagerte Stellen im Prozess zu melden (siehe Abb. 3.55). Die so erreichte kürzere Durchlaufzeit des betrachteten Prozesses führt dabei wiederum zu zahlreicheren Feedback-Schleifen, die nochmals über eine gestiegene Anzahl und höhere Qualität der Lernzyklen häufigere und schnellere Prozessverbesserungen bewirken [vgl. *Simon, H.* (1989), S. 80; *Hässig, K.* (1994), S. 262; *Banaschek, J.* (1995), S. 21].

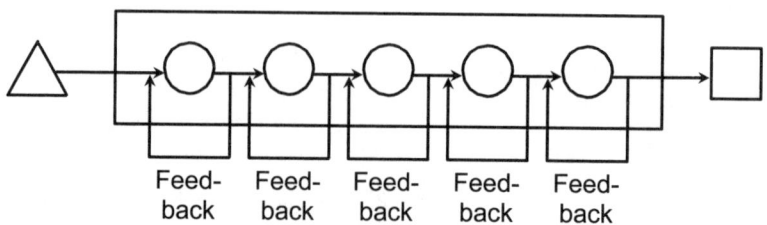

Abb. 3.55:   *Lernzyklen und Feedback-Schleifen*
             [Quelle: Hässig, K. (1994), S. 262]

3.4.4.1   Response-Zeiten im innovativen Aktivitätszyklus

Im innovativen Aktivitätszyklus ist die **Entwicklungszeit (time-to-market)** die erforderliche Zeit von der ersten Idee bis zur Markteinführung einer Produkt- oder Verfahrensinnovation [vgl. *Klenter, G.* (1995), S. 71]. Gelegentlich wird die häufig anzutreffende Konzentration auf die Entwicklungszeit anstelle der **Einführungszeit (time-into-market)** als Zielgröße zeitbasierter Wettbewerbsstrategien kritisiert. Da die Zeit bis zur Marktdurchdringung, also die Länge der Markteinführungs- und -penetrationszeit einen wesentlichen Einfluss auf die Amortisation der getätigten F&E-Ausgaben ausübt, sind auch diese Zeitgrößen als Teil des gesamten Innovationsprozesses in die Betrachtung zu integrieren. Die Einführungszeit beinhaltet demnach neben der Entwicklungszeit auch die ersten beiden Phasen des Marktzyklus (zu den einzelnen Phasen des Marktzyklus siehe Kapitel 3.2.1.2), die Markteinführungs- und -penetrationszeit [vgl. *Bitzer, M. R.* (1991), S. 78 f. und S. 219; *Gemünden, H. G.* (1993), S. 79.].

Die zentrale Bedeutung der time-to-market ist im Hinblick auf das strategische Fenster (siehe hierzu Kapitel 3.4.1) dadurch begründet, dass die Entscheidung über den Markteintrittszeitpunkt einerseits durch den Beginn des F&E-Projekts und andererseits durch die Länge der Entwicklungszeit determiniert wird. Insbesondere mit einer kurzen time-to-market ist ein Unternehmen in der Lage, den Markteintrittszeitpunkt zeitlich zu variieren und damit bewusst eine Wahl zwischen einer Pionier- und einer Folger-Strategie (zu Erfolgswirkungen von Markteintrittsstrategien vgl. Kapitel 3.4.6) zu treffen. Geht man hingegen von einem fest anvisierten Markteintrittszeitpunkt aus, ermöglicht eine kurze Entwicklungszeit natürlich einen späteren Beginn der F&E-Aktivitäten [vgl. *Hirzel, Leder & Partner* (Hrsg.) (1992), S. 27; *Gemünden, H. G.* (1993), S. 86]. Zeitbasierte Wettbewerbsstrategien fokussieren daher primär die Verkürzung der Entwicklungszeit (time-to-market) und die davon ausgehenden Wirkungen auf potenziell mögliche Markteintrittszeitpunkte. Neben dem Vorteil, stets das „Heft des Handelns" in den eigenen Händen zu wissen, wird durch eine solche Strategieausrichtung auch eine schnelle Amortisation der Projektausgaben erreicht. Die Entwicklungszeit besteht dabei aus:

- Bearbeitungszeiten,
- Abstimmungs- und Kommunikationszeiten,
- Informationssuchzeiten,
- Transportzeiten und
- Liegezeiten [vgl. *Reinhardt, W.* (1993), S. 89].

Für die zeitliche Steuerung von Entwicklungszeiten ist das Verständnis des sog. **S-Kurven-Konzept** nach *Arthur D. Little* [vgl. *Sommerlatte, T. / Deschamps, J.-P.* (1986), S. 49 ff.; zu details vgl. Kapitel 4.3.1] wichtig. Das S-Kurven-Konzept stellt die Zeit an der Abszisse den Entwicklungsstand einer Technologie, gemessen in einer aussagekräftigen physikalischen Messgröße, gegenüber. Nach dem S-Kurven-Konzept erreichen neue Technologien nach anfänglichen aufwendigen Bemühungen zur Leistungssteigerung (sog. **Schrittmachertechnologien**) nachfolgend schnellere Leistungsfortschritte (sog. **Schlüsseltechnologien**), um dann anschliessend zu einer nur mehr wenig verbesserbaren Technologie (sog. **Basistechnologien**) zu werden. Bezüglich des Faktors Zeit zeigt sich damit, dass Technologien je nach erreichtem Leistungsstand im Zeitablauf unterschiedliche Wertigkeit besitzen. Schrittmachertechnologien, die noch wenig entwickelt sind, verfügen über ein großes Zukunftspotenzial, benötigen jedoch noch längere Entwicklungszeiten bis zum Durchbruch. Basistechnologien sind weit entwickelt, technologisch ausgereift, verfügen jedoch über wenig Zukunftspotenzial.

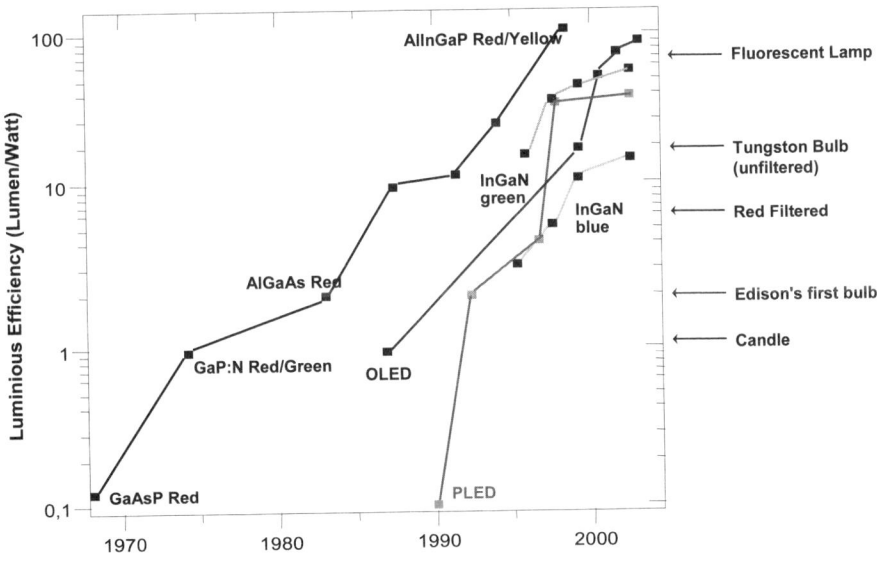

Abb. 3.56: S-Kurven-Konzept am Beispiel von LED-Leuchtmittel
[Quelle: Amelung, J. (2004), S. 9]

Abb. 3.56 zeigt am Beispiel von LED-Leuchtmittel eine S-Kurve zum unterschiedlichen Entwicklungspotenzial von LED-Leuchtmitteln im Vergleich zu konventionellen Leuchtmitteln wie der Glühbirne oder der Leuchtstoffröhre. Die Leistungsfähigkeit wird dabei in Lumen pro

Watt, d. h. Leuchtkraft pro Energieverbrauch gemessen. Die Abbildung macht deutlich, dass neue Technologien häufig schlechter als konventionelle Technologien statten und erst im Zeitablauf diese überflügeln. Die LED-Technologie stellt im obigen Sinne aufgrund ihres erheblichen Leistungspotenzials eine Schrittmachertechnologie dar.

3.4.4.2   Response-Zeiten im operativen Aktivitätszyklus

Im Folgenden sollen nun die relevanten Response-Zeiten im operativen Aktivitätszyklus abgegrenzt werden. Während die **time-to-production** die Wiederbeschaffungszeit für Inputfaktoren vom Erkennen eines Bedarfs bis zur Bedarfserfüllung am Bestimmungsort bezeichnet, versteht man unter der systeminternen **Durchlaufzeit im Fertigungsprozess** die Zeitdauer zwischen der Auslieferung des Materials an die Produktion und der Fertigstellung des Produktes.

Die **Lieferzeit (time-to-customer)** umschreibt dagegen die Zeitdauer, die ein Kundenauftrag, vom Zeitpunkt des Auftragseingangs an gerechnet, benötigt, um alle Phasen des Betriebsprozesses (bis zur Auslieferung an den Kunden) zu durchlaufen [vgl. *Ellinger, T.* (1973), Sp. 459 f.; *Ungeheuer, U.* (1993), S. 140].

Mit **Servicezeit** bezeichnet man die Zeitspanne zwischen dem Eingang eines Serviceauftrages und dem Vollzug des Kundendienstes (z. B. einer Reparatur oder Wartung). Aus Kundensicht spielt die Lieferzeit zweifelsfrei die dominante Rolle. Ob eine schnelle Lieferung des Anbieters aufgrund einer kurzen Durchlaufzeit im Fertigungsprozess oder aufgrund eines entsprechend hohen Sicherheitsbestandes an Fertigprodukten im Lager ermöglicht wird, hat für den Kunden keine Bedeutung. Für den Anbieter hingegen besitzt dieser Sachverhalt eine enorme Relevanz, da eine Lieferzeitreduktion durch einen Lageraufbau die Rentabilität des eingesetzten Kapitals beeinträchtigt. Eine Kontraktion der Lieferzeit sollte daher sinnvollerweise über eine Verkürzung der Fertigungs-Durchlaufzeit organisiert werden [vgl. *Meyer, J.* (1994), S. 86].

Die Fertigungs-Durchlaufzeit lässt sich in Anlehnung an die **Wertschöpfungskette** in wertschöpfende (value-adding activities), prozessvorantreibende und prozesshemmende Aktivitäten (non-value-adding activities) einteilen. **Wertschöpfende Aktivitäten** erzeugen beim Produkt eine für den Kunden geldwerte Nutzensteigerung dadurch, dass durch diese Prozesshandlungen die elementaren Produkteigenschaften des hergestellten Produkts geschaffen werden. Im Gegensatz dazu führen **prozessvorantreibende Aktivitäten** zu keiner geldwerten Nutzensteigerung, aber sie bringen das Produkt seiner physischen Fertigstellung näher (z. B. Rüsten von Bearbeitungsstationen, innerbetriebliches Transportieren des herzustellenden Produkts) oder dienen der Beseitigung von aufgetretenen Fehlern. Weder zu einer geldwerten Kundennutzensteigerung noch zu einem Fortschritt in der physischen Fertigstellung des Produkts, sondern lediglich zu einer Hemmung des Prozessablaufs kommt es infolge von **prozesshemmenden Aktivitäten** (z. B. Stillstandszeiten, redundante Tätigkeiten) [vgl. *Hamprecht, M.* (1995), S. 120 f.; *Blackburn, J. D.* (1992), S. 96].

Eine nahezu identische Klassifikation zerlegt die Fertigungs-Durchlaufzeit in direkte und indirekte Bearbeitungszeiten sowie in Liegezeiten (siehe Abb. 3.54) [vgl. *Bitzer, M. R.* (1991), S. 80 f.]. Während in der **direkten Bearbeitungszeit** wertschöpfende Aktivitäten ausgeführt werden, beinhaltet die **indirekte Bearbeitungszeit** die Zeiten für prozessvorantreibende Aktivitäten, wie z. B. Zeiten für Änderungen und Nacharbeiten infolge von Fehlern oder neuen Anforderungen, Koordinationszeiten, Rüst- und Vorbereitungszeiten sowie innerbetriebliche Transportzeiten. Schließlich kann man die Liegezeiten in ablaufbedingte und in störungsbedingte Liegezeiten unterscheiden (prozesshemmende Aktivitäten). Zu **ablaufbedingten Liegezeiten** kommt es, wenn ein Los an der folgenden Bearbeitungsstelle nicht weiter bearbeitet werden kann, da diese Bearbeitungsstelle noch von anderen Arbeitsobjekten belegt wird. **Störungsbedingte Liegezeiten** hingegen werden durch Störungen des Produktionsprozesses (z. B. infolge des Ausfalls einer Maschine) verursacht [vgl. *Ellinger, T.* (1973), Sp. 461].

3.4.4.3 Ansatzpunkte des Zeitmanagements

Bezüglich der prozentualen Anteile der direkten und indirekten Bearbeitungszeiten sowie der Liegezeiten an der gesamten Durchlaufzeit im operativen Aktivitätszyklus existieren eine Reihe empirischer Untersuchungen bzw. Erfahrungswerte aus der Praxis. Diese bringen nahezu übereinstimmend zum Ausdruck, dass die direkte Bearbeitungszeit i. d. R. weniger als 10 % der gesamten Fertigungs-Durchlaufzeit bzw. Lieferzeit ausmacht [vgl. beispielhaft *Gerlach, H. / Bobenhausen, F.* (1986), S. 86; *Aue-Uhlhausen, H.* (1994), S. 61 f.]. Diese geringe Zeitproduktivität bezeichnen *Stalk / Hout* mit der sog. **0,05 bis 5-Regel**, nach der die meisten Produkte oder Dienstleistungen eben nur während 0,05 % bis 5 % der Durchlaufzeit eine Wertschöpfung erfahren [vgl. *Stalk, G. / Hout, T. M.* (1992), S. 96]. Der äußerst geringe Anteil der wertschöpfenden Aktivitäten lässt sich desgleichen im innovativen Aktivitätszyklus beobachten, wo die unproduktiven Liegezeiten von Informationen bis zu 90 % der Entwicklungsdauer betragen [vgl. *Nippa, M. / Schnopp, R.* (1990), S. 128]. Grundsätzlich kann davon ausgegangen werden, dass das Verhältnis der direkten Bearbeitungszeit zur gesamten Durchlaufzeit umso schlechter ist,

- je höher die Komplexität der Aufgabe,
- je höher die Zahl der involvierten organisatorischen Stellen und
- je höher die Zahl der zu überwindenden Schnittstellen sind.

Gemäß der von *Stalk / Hout* formulierten **3/3-Regel** besteht die nicht werterhöhende Zeit der Produkte bzw. Dienstleistungen im Wertschöpfungssystem zu 95 % bis 99,5 % aus Wartezeit, die sich wiederum gleichmäßig auf folgende drei Kategorien aufteilt [vgl. *Stalk, G. / Hout, T. M.* (1992), S. 96 f.]:

- Wartezeit bis zur Fertigstellung des Loses, dem das Produkt bzw. die Dienstleistung angehört, bzw. bis zur Fertigstellung des vorhergehenden Loses;
- Durchführung physischer oder intellektueller Nacharbeiten;
- Wartezeit bis zur Weiterleitung des Loses zum nächsten Schritt im Wertschöpfungsprozess.

Der sehr hohe Anteil der indirekten Bearbeitungszeiten und der Liegezeiten (geringe Zeitproduktivität) lässt deutlich erkennen, dass Maßnahmen, die an der Beschleunigung der direkten Bearbeitungszeiten ansetzen, nur zu einer marginalen Reduzierung der Durchlaufzeiten im innovativen und operativen Aktivitätszyklus führen. Das Zeitmanagement zielt daher nicht wie die Methoden des Industrial Engineering auf eine Verkürzung der Zeitdauer von bestimmten Einzelaufgaben ab, sondern der Fokus ist vielmehr auf die **zeitliche Dimension des gesamten Wertschöpfungsprozesses** gerichtet [vgl. *Blackburn, J. D.* (1990), S. 397 f.; *Hamprecht, M.* (1995), S. 115 f.]. Es geht also nicht um die minutiöse Erfassung, Analyse und Beschleunigung von einzelnen wertschöpfenden Aktivitäten zum Zwecke der Reduzierung der direkten Bearbeitungszeiten (z. B. über Refa- oder MTM-Methoden). Vielmehr intendiert das Zeitmanagement eine Verkürzung bzw. Optimierung der Durchlaufzeiten im operativen Aktivitätszyklus durch eine **Minimierung der indirekten Bearbeitungszeiten sowie der Liegezeiten** (siehe Abb. 3.57). Ebenso steht im innovativen Aktivitätszyklus nicht die Beschleunigung kreativer Entwicklungstätigkeiten im Vordergrund, sondern die Reduzierung der unproduktiven Liegezeiten von Informationen [vgl. *Ruch, W. A.* (1990), S. 393; *Bitzer, M. R.* (1991), S. 217].

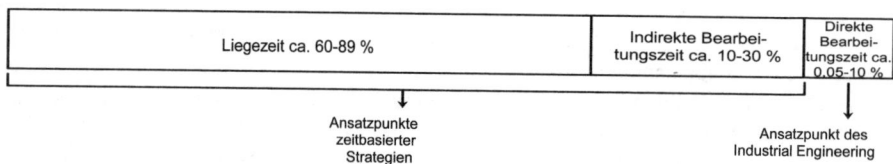

Abb. 3.57:   *Ansatzpunkte des Zeitmanagements*
            [Quelle: Bitzer, M. R. (1991), S. 82]

Die ganzheitliche Betrachtung des gesamten Wertschöpfungsprozesses (**Gesamtprozessorientierung**) verhindert darüber hinaus, dass die zeitliche Optimierung bestimmter einzelner Teilprozesse aufgrund der gegenseitigen Abhängigkeit der Teilprozesse zu insgesamt suboptimalen Durchlaufzeit-Wirkungen führt. Betrachtet man den Wertschöpfungsprozess als Kette von eng miteinander verbundenen Aktivitäten, wird deutlich, dass die Response-Zeit nicht von der Geschwindigkeit der einzelnen Aktivitäten, sondern durch das Tempo der langsamsten Aktivität bestimmt wird. Diese Tatsache bildet den Kerngedanken der sog. **Theory of Constraints**, die davon ausgeht, dass die Geschwindigkeit und damit die Leistung eines jeden Systems von einem bestimmten Engpass determiniert wird, der entweder interner (z. B. ein Produktionsengpass) oder externer Art (z. B. ein Mangel an Kundenaufträgen) sein kann. Dieser Engpass stellt gleichsam das schwächste Glied in der Wertschöpfungskette dar [zur Theory of Constraints vgl. *Goldratt, E.* (1990); *Ruhl, J. M.* (1996)].

Zur Veranschaulichung dieser Tatsache kann eine Kette marschierender Soldaten betrachtet werden, in der der laufschwächste Soldat irgendwo in der Mitte platziert ist. Erhöhen die Soldaten, die vor diesem „schwächsten Glied" laufen, ihr Tempo, so bewirkt dies lediglich, dass die Kette in die Länge gezogen wird, ohne dass die Kette als Ganzes ihren Zielort schneller erreicht. Desgleichen führt eine Beschleunigung des Tempos der Soldaten hinter dem

„schwächsten Glied" nur dazu, dass diese Soldaten auf den Engpass auflaufen und durch diesen blockiert werden.

Die Abb. 3.58 zeigt einige Best Practice-Beispiele erreichter Verkürzungen von Fertigungs-Durchlaufzeiten aus Pilotprojekten. Dadurch wird deutlich, dass durch ein gezieltes Zeitmanagement, das eine Minimierung der indirekten Bearbeitungs- und Liegezeiten zum Ziel hat, die quantensprungartigen Verbesserungen der Response-Zeiten tatsächlich erreicht werden können, die für die Erzielung nachhaltiger Wettbewerbsvorteile gegenüber den Konkurrenten erforderlich sind (zum Zeitmanagement-Grundsatz der Quantensprungorientierung siehe Kapitel 3.4.3).

Produkt	Fertigungs-Durchlaufzeit		relative Verbesserung
	vorher	nachher	
Waschmaschinen (Matsushita)	360 Stunden	2 Stunden	99 %
Motorräder (Harley-Davidson)	360 Tage	3 Tage	99 %
Motorsteuerungs-Einheiten	56 Tage	7 Tage	88 %
Elektrische Bauteile	24 Tage	1 Tag	96 %
Radargeräte	22 Tage	3 Tage	86 %

Abb. 3.58: Praxis-Beispiele erzielter Verbesserungen der Fertigungs-Durchlaufzeit
          [Quelle: Stalk, G. / Hout, T. M. (1992), S. 86]

Weiterhin ist empirisch beobachtbar, dass Durchlaufzeiten in der Praxis einer starken Streuung unterliegen, wobei hohe mittlere Durchlaufzeiten mit einer höheren Streuung einhergehen [vgl. *Kreutzfeld, H. F.* (1974), S. 350; *Karmarkar, U. S. / Kekre, S. / Kekre, S.* (1985), S. 290].

Statistisch formuliert handelt es sich bei den Response-Zeiten einer Unternehmung jeweils um eine Zufallsvariable mit einer Verteilungsfunktion, die durch einen Erwartungswert μ (Mittelwert) und eine Varianz σ^2 bestimmt ist (siehe Abb. 3.59).

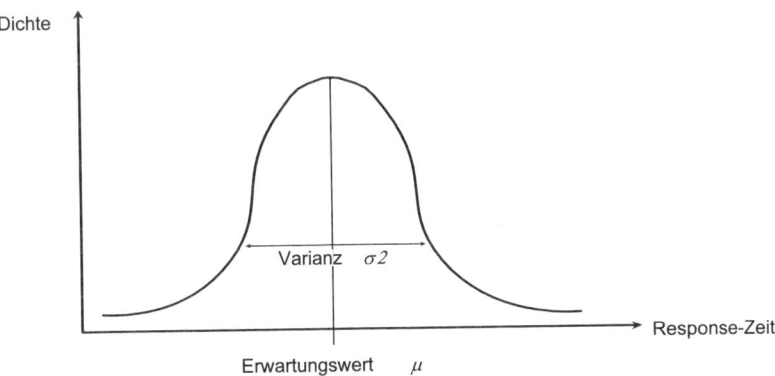

Abb. 3.59: Response-Zeit als Zufallsvariable

Betrachtet man beispielsweise die Zufallsvariable Lieferzeit, so bewirkt deren Streuung entweder eine im Vergleich zum erwarteten Lieferzeitpunkt zu frühe oder zu späte Bedürfnisbefriedigung beim Kunden. Der **Grad der Termintreue** und damit der Lieferservicegrad wird daher determiniert durch die Summe der Varianzen des Zeitverbrauchs der einzelnen (voneinander unabhängigen) Teilprozesse, die an einem Auftrag beteiligt sind [vgl. *Hamprecht, M.* (1995), S. 115].

Im Hinblick auf die in Kapitel 3.4.3 erläuterte zentrale Intention zeitbasierter Strategien, den Kundennutzen infolge der Befriedigung zeitbezogener Kundenbedürfnisse zu steigern, stellt die Beschleunigung des Wertschöpfungsprozesses (d. h. die Reduzierung der erwarteten Fertigungs-Durchlaufzeit μ) zum Zwecke einer Verkürzung der Lieferzeit die notwendige, nicht aber auch die hinreichende Bedingung für die Erreichung von Wettbewerbsvorteilen dar. Zu einer Steigerung des Kundennutzens kommt es nur dann, wenn der dem Kunden bei Auftragserteilung zugesagte (frühe) Liefertermin auch tatsächlich eingehalten werden kann. Ein erfolgreiches Zeitmanagement muss daher zwei gleichberechtigte Ziele verfolgen [vgl. *Hamprecht, M.* (1995), S. 115]:

- Verkürzung bzw. Optimierung des **Durchlaufzeit-Mittelwertes** μ;
- Erhöhung der Termintreue durch eine **Reduzierung der Varianz der Durchlaufzeit** σ^2.

3.4.5   Strategische Ausrichtung des Zeitwettbewerbs

Ausgehend von der in Kapitel 3.4.3 erläuterten **Vision** bzw. dem darauf basierenden **Leitbild** eines Zeitwettbewerbers sind die strategischen Ziele des Unternehmens in eine konkrete **zeitbasierte Wettbewerbsstrategie** umzusetzen. Bei der Strategie des Zeitwettbewerbs handelt es sich um eine **Geschäftsstrategie**, die die Erlangung und Sicherung von nachhaltigen Wettbewerbsvorteilen gegenüber den Konkurrenten durch eine überlegene Beherrschung des **strategischen Erfolgsfaktors Zeit** im Sinne einer Gestaltung von Zeitpunkten und Zeitspannen (Economies of Time) zum Ziel hat [vgl. *Klenter, G.* (1995), S. 25]. In terminologischer Analogie zur Strategie der Kostenführerschaft spricht man deswegen auch von einer **Strategie der Zeitführerschaft** [vgl. *Holzwarth, F.* (1993), S. 8].

Nachdem in den 1970er Jahren basierend auf den Effekten der Erfahrungskurve der strategische Erfolgsfaktor Kosten (siehe hierzu Kapitel 3.2) im Vordergrund stand und in den 1980er Jahren infolge der zunehmenden Kundenorientierung verstärkt Qualitätsaspekte (siehe hierzu Kapitel 3.3) die Diskussion beherrschten, kam mit dem Beginn der 1990er Jahre die Zeit als bedeutsamer strategischer Erfolgsfaktor hinzu. Die zentrale Bedeutung dieser drei Schlüsselfaktoren wird in der Literatur als sog. „Magisches Dreieck" bezeichnet und wie nachfolgend visualisiert (siehe Abb. 3.60).

Stellt ein Unternehmen den strategischen Erfolgsfaktor Zeit in den Mittelpunkt der wettbewerblichen Ausrichtung einer strategischen Geschäftseinheit, beabsichtigt sie die Erlangung von Wettbewerbsvorteilen über den **Geschwindigkeitsaspekt** bzw. den **Zeitgenauigkeitsaspekt**. Schnelligkeit allein begründet dabei noch keine Wettbewerbsvorteile. Ausschlaggebend hierfür ist der Vergleich mit dem Wettbewerber: Nur wer zeitgenauer – was häufig schneller bedeutet – als sein Konkurrent ist, kann Wettbewerbsvorteile erlangen [vgl. *Stalk, G. / Hout, T. M.* (1992), S. 101]. Im Vergleich zu anderen Wettbewerbsvorteilen, die z. B. auf Produkteigenschaften oder Fertigungsverfahren beruhen, erweisen sich zeitbasierte Vorteile als besonders nachhaltig, da sie i. d. R. nicht so leicht imitiert werden können [vgl. *Lingg, H.* (1992), S. 75]. Zeitbasierte Strategien eignen sich v. a. bei Produkten, bei denen kaum Differenzierungsmöglichkeiten über Qualitätsaspekte bestehen. Auf diese Weise kann man einem harten Kosten- und Preiswettbewerb entgehen.

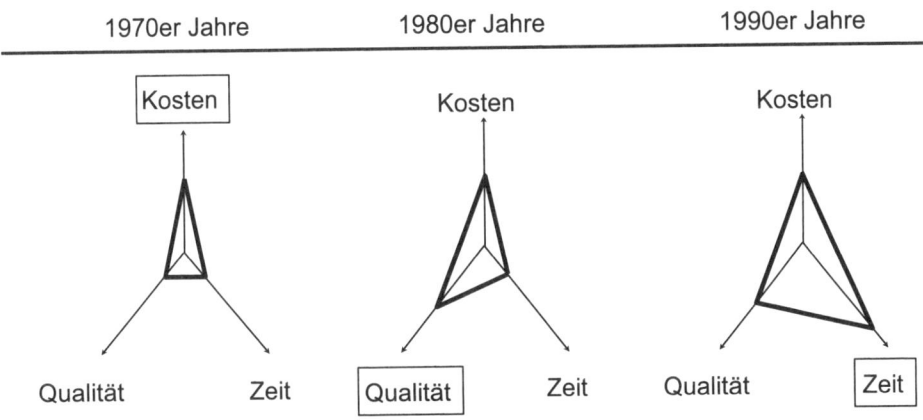

Abb. 3.60: *Chronologische Entwicklung des „Magischen Dreiecks" der strategischen Erfolgsfaktoren Kosten, Qualität und Zeit*
[Quelle: Klenter, G. (1995), S. 19]

3.4.5.1 Zeitwettbewerb als Differenzierungsstrategie

Im innovativen Aktivitätszyklus bedeutet das Streben nach Geschwindigkeit in der überwiegenden Mehrzahl der Fälle, über eine rasante Beschleunigung der Entwicklungszeit einen schnelleren Markteintritt als die Konkurrenten zu realisieren, um als Pionier im Markt dem Kundenwunsch nach einem technologisch überlegenen Produkt zunächst ohne vergleichbare Konkurrenzanbieter nachzukommen (zum Zusammenhang zwischen der Länge der Entwicklungszeit und den Markteintrittsstrategien „Pionier versus Folger" siehe Kapitel 3.4.4.1; zu den Erfolgswirkungen dieser Markteintrittsstrategien siehe Kapitel 3.4.6). Aufgrund dieser temporären Monopolstellung verfügt der Pionier über einen großen preispolitischen Spielraum und kann so die **Innovatorenprofite** maximieren [vgl. *Stalk, G. / Hout, T. M.* (1992), S. 185; *von Braun, C.-F.* (1991a), S. 55]. Im operativen Aktivitätszyklus ermöglichen auf der einen Seite der Geschwindigkeitsvorteil infolge der Reduzierung der Mittelwerte der Liefer- oder Servicezeit sowie auf der anderen Seite eine hohe Termintreue aufgrund geringer Varianzen dieser Response-Zeiten die Befriedigung zeitbezogener Kundenbedürfnisse und damit die Verbesserung des Kundennutzens [vgl. *Blackburn, J. D.* (1990), S. 398; *Bitzer, M. R.* (1991),

S. 74 und S. 83 f.]. Eine zeitbasierte Wettbewerbsstrategie ist daher aufgrund ihrer primären Intention als **Differenzierungsstrategie** zu betrachten, die zum Ziel hat, sich über die Schaffung eines Zusatznutzens für den Kunden von den Produkten der Wettbewerber abzuheben und sich einen monopolistischen Preisspielraum aufzubauen, um auf diese Weise **Preisprämien** zu erzielen (siehe Abb. 3.61).

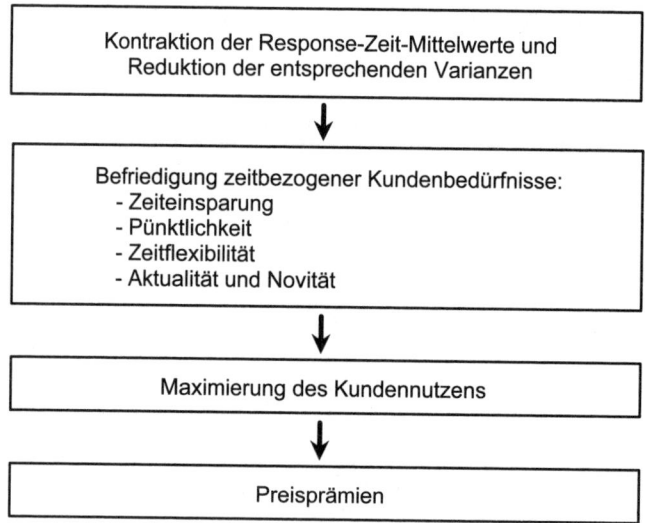

Abb. 3.61: Zeitwettbewerb als Differenzierungsstrategie

Grundvoraussetzung für die Erzielung von Preisprämien ist dabei, dass die strategische Geschäftseinheit in einem Markt tätig ist, in dem zumindest eine bestimmte Gruppe von Kunden eine gewisse **Zeitsensitivität** aufweist. Das bedeutet, dass eine zeitbasierte Wettbewerbsstrategie nur in Märkten Erfolg versprechend ist, in denen die Nachfrager über die rein produktmerkmalsbezogene Bedürfnisbefriedigung hinaus auch die Befriedigung zeitaspektbezogener Bedürfniskategorien wünschen und daher **weniger preis- als zeitsensibel** sind. Sollten nicht alle auf dem Markt agierenden Nachfrager durch diese Zeitsensitivität gekennzeichnet sein, ist die Strategie nicht auf den Gesamtmarkt, sondern auf das entsprechend abgegrenzte zeitsensitive Marktsegment zu richten, das im Idealfall bisher noch nicht von Konkurrenten erkannt wurde und daher nicht gezielt bearbeitet wird. Zeitwettbewerber sollten sich somit auf die aus dieser Sicht attraktivsten Kunden konzentrieren und die weniger attraktiven, weil geduldigen und daher puristisch preissensiblen Kunden der Konkurrenz überlassen (**zeitverhaltensorientierte Marktsegmentierung**) [vgl. *Bitzer, M. R.* (1991), S. 65 ff. und S. 91 f.; *Kirschbaum, V.* (1995), S. 42 und S. 75 f.].

Als Beispiel für einen Markt, der nicht für eine zeitbasierte Differenzierungsstrategie geeignet ist, kann der Markt für handgefertigte und extrem hochpreisige Armbanduhren genannt werden. Die Kunden, die derartige Luxusgüter in individueller Ausstattung nachfragen, sind nicht nur an einem qualitativ hochwertigen Produkt interessiert, sondern verbinden mit dieser Uhr

v. a. eine gewisse Exklusivität und setzen auf die Strahlkraft eines bestimmten Images. Würde ein Hersteller nun versuchen, die für diese Branche typisch langen Lieferzeiten von etlichen Monaten zu verkürzen, so wäre dies möglicherweise dem Kundeneindruck der Exklusivität nicht zuträglich. Eine kurze Lieferzeit könnte den Anschein erwecken, dass eine breitere Masse nun in der Lage sei, diese Uhren sofort kaufen zu können. Damit würde den marktkonstituierenden und marktstabilisierenden Faktoren dieses Segments, d. h. z. B. Elite, Ausschließlichkeit, Selektion durch Erfolg oder Neid, der Boden entzogen.

Das Vorhandensein einer Zeitsensitivität bei Kunden ist begründet durch deren Wunsch nach Befriedigung zeitbezogener Bedürfnisse, die weniger in einer objektiv vorhandenen Zeitknappheit, der alle Menschen unterliegen, begründet sind, als vielmehr aus einer subjektiv empfundenen und situativ unterschiedlichen Zeitknappheit (Streß, Hektik, Zeitdruck) resultieren. **Zeitbezogene Kundenbedürfnisse** bestehen dabei hinsichtlich

- Zeiteinsparung,
- Pünktlichkeit,
- Aktualität und Novität sowie
- Zeitflexibilität [vgl. hierzu und im Folgenden *Bitzer, M. R.* (1991), S. 54 ff.].

Das relative Gewicht dieser Bedürfniskategorien hängt ab von der jeweilig vorherrschenden Situation. Dabei gilt, dass die situative Gewichtung im sog. „Business to business market" wohl größer ist als im Letztverbrauchermarkt.

Um dem Kundenbedürfnis nach **Zeiteinsparung** nachzukommen, kann ein Unternehmen zum einen eine bestimmte, **objektiv nachprüfbare Zeitdauer** für die Durchführung einer bestimmten Leistung anbieten. Zum Beispiel garantiert die *Deutsche Post AG* mit Hilfe eines effizienten Logistik-Konzeptes ihren Kunden die Zustellung von Briefsendungen beim Empfänger am Tag nach der Einlieferung im Eingangs-Postamt (E+1). Als weiteres Beispiel hierfür dient die *Karstadt Quelle AG*, die dank ihres Versandzentrums in Leipzig den Bestellern einen 24-Stunden-Service bieten kann. Zum anderen ist es aber auch möglich, durch gezielte Maßnahmen das **subjektive Zeitempfinden** des Kunden anzusprechen und auch zu beeinflussen. So verspricht z. B. die amerikanische Pizza-Heimservice-Kette *Domino's Pizza* nicht nur die Lieferung der Pizza binnen 30 Minuten, sondern weist darüber hinaus ihre ausliefernden Mitarbeiter an, weiße Jogging-Schuhe zu tragen und die Strecke vom Lieferfahrzeug bis zur Wohnungstür des Bestellers im Laufschritt zurückzulegen, um die subjektive Wahrnehmung der Zeiteinsparung, insbesondere auch bei potenziellen Kunden, zu verstärken [vgl. *Dumaine, B.* (1989), S. 35].

Eng verbunden mit dem Streben nach Zeiteinsparung ist selbstverständlich das Kundenbedürfnis nach **Pünktlichkeit**. Allein das Versprechen eines Unternehmens, eine kurze Lieferzeit zu realisieren, schafft beim Kunden keinen Zusatznutzen. Es kommt darauf an, den zugesagten Liefertermin auch faktisch einzuhalten, damit keine Zeitverzögerungen bei der Leistungserstellung auftreten.

Des Weiteren lassen sich Kundenwünsche nach Aktualität und Novität identifizieren. **Aktualität** umschreibt dabei das Bedürfnis nach Kenntnis der neuesten Informations- und Datenlage

(Neuigkeiten). Diese Kundenanforderung nach einem permanenten Up-to-date-Sein ist umso anspruchsvoller, je schneller die Änderungsgeschwindigkeit (z. B. Nachrichten, Börsendaten). Der Wunsch nach **Novität** hingegen resultiert aus einer grundsätzlichen Begeisterung für das Neue an sich. Diese kann ihre Grundlagen in einem ausgeprägten Faible für alles Technische oder in reinem Prestigedenken haben. Selbst eine pure ökonomische Motivstruktur ist nicht auszuschließen. Im Wesentlichen geht es letztlich darum, alles Neue so schnell als möglich zu adaptieren. Wie schon beim Lebenszykluskonzept erläutert, handelt es sich dabei i. d. R. um Kunden, die als Innovatoren den Diffusionsprozess einleiten (siehe hierzu Kapitel 3.2.1.1).

Abschließend soll der Kundenwunsch nach **Zeitflexibilität** erläutert werden. Dieses Bedürfnis basiert auf dem Widerstreben vieler Menschen, ihr eigenes Verhalten von exogenen Zeitdiktaten wie beschränkten Ladenöffnungszeiten oder fixen Arbeitszeiten bestimmen zu lassen. So kann dem Kundenwunsch, den Zeitpunkt des Einkaufs selbst festzulegen, beispielsweise mit längeren Ladenöffnungszeiten oder einem 24-Stunden-Service (z. B. Geldausgabeautomat und Kontoauszugsdrucker bei Banken, Einkauf über Internet statt über stationären Handel) entsprochen werden. In die gleiche Richtung gehen flexible Arbeitszeitmodelle, die den zeitlichen Freiheitsgrad von Arbeitnehmern erhöhen (z. B. Teilzeitarbeit, Jahresarbeitszeitkonten, Aufteilung der täglichen Arbeitszeit in Kern- und Gleitzeit, Freelancer mit projektspezifischen Zeitverträgen). Der Aspekt der Zeitflexibilität wird im Rahmen dieses Buches nicht weiter beleuchtet. Verwiesen sei jedoch auf die Konkretisierung der Response-Zeiten in Kapitel 3.4.4.

Die Bedeutung der zeitbezogenen Kundenbedürfnisse wird durch einige empirische Untersuchungen untermauert. Beispielsweise kam eine Studie des *Food Marketing Institute* zum Verbraucherverhalten in Supermärkten im Jahre 1988 zum Ergebnis, dass 88 % der Befragten einer schnellen Abfertigung an der Ladenkasse große Bedeutung zumessen [vgl. *The Food Marketing Institute* (Hrsg.) (1988), S. 3]. Gemäß einer Untersuchung des *Gallup-Institutes* in den USA ist für 81 % der interviewten Personen eine schnelle Abwicklung des Hypothekenkredites eines der wichtigsten Kriterien bei der Beurteilung von Kreditgebern [vgl. *Guenther, R.* (1988)]. Ferner erbrachte eine von der *International Foundation of Airline Passengers Association* (IFAPA) durchgeführte Umfrage bei Passagieren im Luftverkehr, dass die Schnelligkeit bei der Gepäckausgabe und die Zeitdauer bei der Abfertigung vor dem Flug die beiden bedeutendsten Faktoren bei der Auswahl des Flughafens darstellen. Bei der Auswahl der Fluglinie ist für ein Drittel aller Befragten die Pünktlichkeit eines der drei wichtigsten Kriterien [vgl. *Condom, P.* (1987)]. Ebenso ermittelte *Mengen* die Transportdauer als wichtigstes Produktmerkmal aus Kundensicht bei integrierten Luftfrachtdienstleistungen [vgl. *Mengen, A.* (1993), S. 182].

Gelingt es einem Unternehmen, derartigen zeitbezogenen Bedürfnissen nachzukommen und auf diese Weise einen Zusatznutzen beim Kunden zu generieren, so ist dieser Kunde i. d. R. bereit, in Anbetracht des erlangten Vorteils eine **Preisprämie**, d. h. einen entsprechend höheren Preis für die Art und Weise zu bezahlen, wie er das Produkt erworben bzw. die Dienstleistung in Anspruch genommen hat. *Gemünden* unterscheidet dabei folgende Arten von Prämien [vgl. *Gemünden, H. G.* (1993), S. 105]:

- **Komfort-Prämien** für Bequemlichkeit, Ungeduld, Impulskauf,
- **Risiko-Prämien** für schnellen Kundendienst, schnelle Ersatzteillieferung, große Termintreue,
- **Kosteneinsparungs-Prämien** für schnelle Informationsversorgung und kurze Lieferzeiten,
- **Flexibilitäts-Prämien** für große und lange offen gehaltene Handlungsspielräume,
- **Kompetenz-Prämien** für frühzeitig umfassende und qualitativ gute Informationsversorgung,
- **Prognose-Prämien** für genaue Bedürfnisprognose, da verkürzte Reaktionszeiten weniger lange Planungsdauern nach sich ziehen,
- **Innovations-Prämien** für unmittelbare Kosteneinsparung, sofortige Zusatzerlöse und zeitnahen Imagegewinn (insbesondere Status- und Modeartikel) beim Kunden,
- **Sortiments-Prämien** für mehr Produkt-Anwendungen, mehr Produktlinien, mehr regionale / nationale Märkte und für individuelle Bedürfnisbefriedigung durch größere Angebotsvielfalt,
- **Qualitäts-Prämien** für kumulativ gesehen hohe Produktverbesserung (viele kleine Innovationsschritte können einen besseren Gesamtinnovationsgrad erbringen als ein großer, weil man stets die Richtung überprüft).

Abb. 3.62 veranschaulicht diesen Zusammenhang graphisch, indem der Preis p als Funktion f der Lieferzeit t stilisiert dargestellt wird. Die Reagibilität des Preises auf Veränderungen der Lieferzeit wird dabei mathematisch durch die sog. **Zeitelastizität des Preises** erfasst, die sich bei Kenntnis des Funktionszusammenhangs $p = f(t)$ für einen bestimmten Punkt t als Quotient der relativen Veränderung des Preises und der relativen Veränderung der Lieferzeit berechnen lässt [vgl. *Stalk, G. / Hout, T. M.* (1992), S. 109 f.; *Ruch, W. A.* (1990), S. 392].

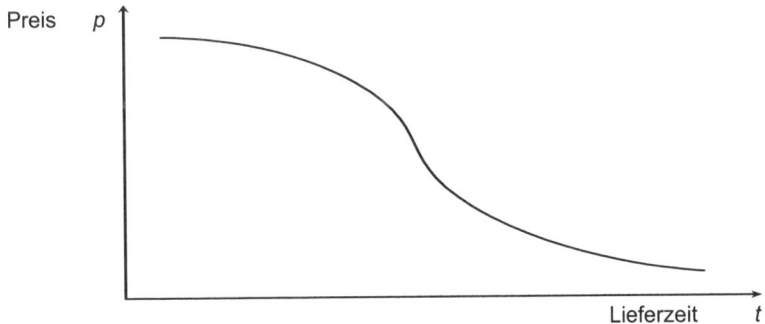

Abb. 3.62:   *Zeitelastizität des Preises*
                [in Anlehnung an: Stalk, G. / Hout, T. M. (1992), S. 110]

Stalk / Hout beziffern reale Preisprämien für eine kürzere Lieferzeit auf 20 % bis zu 100 % des Standard-Marktpreises [vgl. *Stalk, G. / Hout, T. M.* (1992), S. 50 und S. 184]. Teilweise sind auch weit höhere Prämien zu beobachten. Das Beispiel des Paketversenders UPS soll das Ausmaß möglicher Preisprämien verdeutlichen (laut UPS-Tariftabelle gültig ab 1. Januar 2007): Gibt man am Nachmittag bis 16.00 h ein 10-kg-Paket von Dresden nach München auf, so beträgt die Versandgebühr ohne Steuern 8,95 €, wenn eine Auslieferung beim Empfänger innerhalb des nächsten Arbeitstages bis 18.00 h ausreicht (Versandart „Standard"). Liegt dem Absender aber an einer garantierten Zustellung bis 12.00 Uhr des auf die Einlieferung folgenden Tages (Versandart „Express Saver"), so kostet ihn das 25,74 €. Soll das Päckchen bereits um 10.30 Uhr beim Empfänger vorliegen (Versandart „Express"), so steigen die Versandkosten auf 31,68 € und für eine Zustellung bis 8.30 Uhr auf 68,26 (Versandart „Express Plus"). Im Vergleich zur Standard-Variante beträgt die Preisprämie für einen Zeitvorteil von sechs Stunden 16,79 €, d. h. mehr als das 2,8fache der Standard-Variante. Bei der schnellsten Variante mit einem Zeitvorteil von 9,5 Stunden beträgt die Preisprämie 59,31 € oder das 7,6fache des Standardtarifs.

3.4.5.2   Komplementäre Wirkungen im Magischen Dreieck der strategischen Erfolgsfaktoren

Mit der Möglichkeit, Preisprämien infolge von Zeitvorteilen beim Kunden zu erzielen, ist das strategische Potenzial zeitbasierter Wettbewerbsstrategien allerdings noch nicht erschöpft. Vielmehr kommt es zu Verstärkungstendenzen aus der Kombination mit den anderen beiden Dimensionen im Magischen Dreieck der strategischen Erfolgsfaktoren (siehe Abb. 3.4 und Abb. 3.60). Entgegen der weit verbreiteten Ansicht, dass eine Verbesserung bei einer der drei Dimensionen nur zu Lasten der anderen beiden Größen möglich ist, besagt das **grundlegende Paradigma des Zeitmanagements**, dass durch Ansetzen am Faktor Zeit im allgemeinen gleichzeitig **Kostensenkungen** und **Qualitätssteigerungen** erreichbar sind (siehe Abb. 3.63), wobei dem Faktor Zeit die größte Hebelwirkung beigemessen wird.

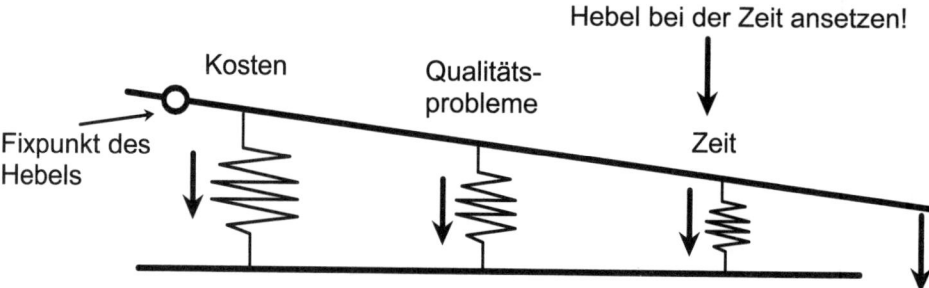

Abb. 3.63:   Grundlegendes Paradigma des Zeitmanagements
[in Anlehnung an: Lingg, H. (1992), S. 74]

Dies wird dadurch erklärlich, dass die Leistungserstellungsprozesse in der Realität weder technisch noch organisatorisch ganz optimal zu gestalten sind [vgl. *Lingg, H.* (1992), S. 74; *Kirschbaum, V.* (1995), S. 25 und S. 53 f.]. Das Zeitmanagement hilft durch die zeitorientierte Analyse der Wertschöpfungsprozesse, vorhandene Ineffizienzen und Strukturmängel aufzudecken sowie ein Stück weit zu beseitigen.

Kürzere Entwicklungszeiten durch neu gestaltete Entwicklungsprozesse können beispielsweise aufgrund der effektiveren Zusammenarbeit von Mitarbeitern verschiedener Funktionen in einem Entwicklungsteam simultan auch eine **Verbesserung der Produktqualität** bewirken [vgl. *Simon, H.* (1989), S. 81; *Meyer, J.* (1994), S. 77 f.]. Ebenso geht oft auch eine Reduktion der Fertigungs-Durchlaufzeit mit einer höheren Produktqualität einher, da die Fehlerraten infolge verbesserter Produktionsabläufe und einer höheren Zahl an Lernzyklen deutlich sinken [vgl. *Ruch, W. A.* (1990), S. 394; *Banaschek, J.* (1995), S. 15]. Zu diesem Ergebnis kommen auch die Auswertungen auf Basis der PIMS-Datenbank [vgl. *Meyer, J.* (1994), S. 84]. Ebenso belegt eine Studie des *Massachusetts Institute of Technology* (MIT), in der u. a. die Fehlerraten von japanischen und amerikanischen bzw. europäischen Automobilherstellern untersucht wurden, diesen Zusammenhang. Die japanischen Produzenten wiesen eine deutlich geringere durchschnittliche Fehlerrate bei einer kürzeren Fertigungs-Durchlaufzeit im Vergleich zu ihren amerikanischen und europäischen Konkurrenten auf [vgl. *Womack, J. P. / Jones, D. T. / Roos, D.* (1994), S. 79 ff.]. Ähnliche Erkenntnisse erbrachten empirische Studien aus dem Maschinenbau [vgl. *McKinsey & Co. Inc. u. a.* (1993), S. 75 ff.] sowie aus der Elektronikindustrie [vgl. *McKinsey & Co. Inc. u. a.* (1994), S. 63 ff.].

Des Weiteren gehen von geringeren Response-Zeiten auch Kostenwirkungen aus. Zum Beispiel haben kürzere Entwicklungszeiten i. d. R. auch **sinkende Entwicklungskosten** zur Folge. Abb. 3.64 gibt einen Überblick über eine Reihe von Erfahrungswerten aus der Praxis, die diesen Zusammenhang in verschiedenen Branchen widerspiegeln.

Über den direkten Zusammenhang zwischen Entwicklungsdauer und Entwicklungskosten im Entstehungszyklus hinaus bildet eine kurze Entwicklungszeit ferner eine nicht zu vernachlässigende Grundlage für Kosteneinsparungen während des operativen Aktivitätszyklus. Eine kurze time-to-market ermöglicht über einen frühen Markteintritt die rasche Realisierung eines hohen Produktionsvolumens. Auf diese Weise können dem Unternehmen vermehrt Erfahrungskurveneffekte (siehe hierzu Kapitel 3.2.2) zugeführt und insoweit auch eher ausgenutzt werden. Dieses Potenzial, dessen Zugang der Konkurrenz versagt bleibt, führt wiederum zu **sinkenden Herstellkosten** [vgl. *Simon, H.* (1989), S. 87; *Lingg, H.* (1992), S. 75]. *Wildemann* stellte beispielsweise in einer branchenübergreifenden Studie fest, dass eine 30 bis 50 %ige Verkürzung der Entwicklungszeit bei den untersuchten Unternehmen mit einer Reduktion der Herstellkosten in Höhe von 10 bis 20 % einhergeht [vgl. *Wildemann, H.* (1993), S. 1268].

Unternehmen	Entwicklungs-zeitverkürzung	Entwicklungs-kostensenkung
Austin Rover	38 %	20 %
Xerox	50 %	50 %
Honeywell	50-60 %	5-10 %
Deere	60 %	30 %

Abb. 3.64: *Erfahrungswerte zum Zusammenhang von Entwicklungsdauer und Entwicklungskosten [Quelle: Smith, P. G. / Reinertsen, D. G. (1991), S. 11 f.]*

Eine Senkung der Herstellkosten eines Produktes wird in erster Linie über eine Verkürzung der Response-Zeiten im operativen Aktivitätszyklus bewirkt. Wie in Kapitel 3.4.4.3 ausgeführt, verkürzen zeitbasierte Wettbewerbsstrategien die Response-Zeiten durch eine Minimierung der indirekten Bearbeitungszeiten sowie der Liegezeiten (siehe hierzu Abb. 3.57). Den primären Ansatzpunkt hierfür bilden somit die nicht wertschöpfenden Aktivitäten. Da diese Aktivitäten aber einen nicht zu vernachlässigenden Teil der Kosten verursachen, sind mit ihrer Beschleunigung bzw. Vermeidung enorme Kostenreduktionspotenziale verbunden [vgl. *Blackburn, J. D.* (1990), S. 398; *Stalk, G. / Hout, T. M.* (1992), S. 184 f.].

Ein operatives Instrument zur Analyse möglicher Ansatzpunkte der Beschleunigung von betrieblichen Leistungserstellungsprozessen und zur Bewertung daraus resultierender Kostenwirkungen stellt die sog. **Wertzuwachskurve** dar. Die Wertzuwachskurve bildet den Wertschöpfungsprozess eines Produktes oder eines Auftrags in einem zweidimensionalen Koordinatensystem ab, indem auf der Abszisse die Durchlaufzeit und auf der Ordinate die kumulierten Herstellkosten abgetragen werden (siehe Abb. 3.65) [vgl. *Fischer, T. M.* (1993)].

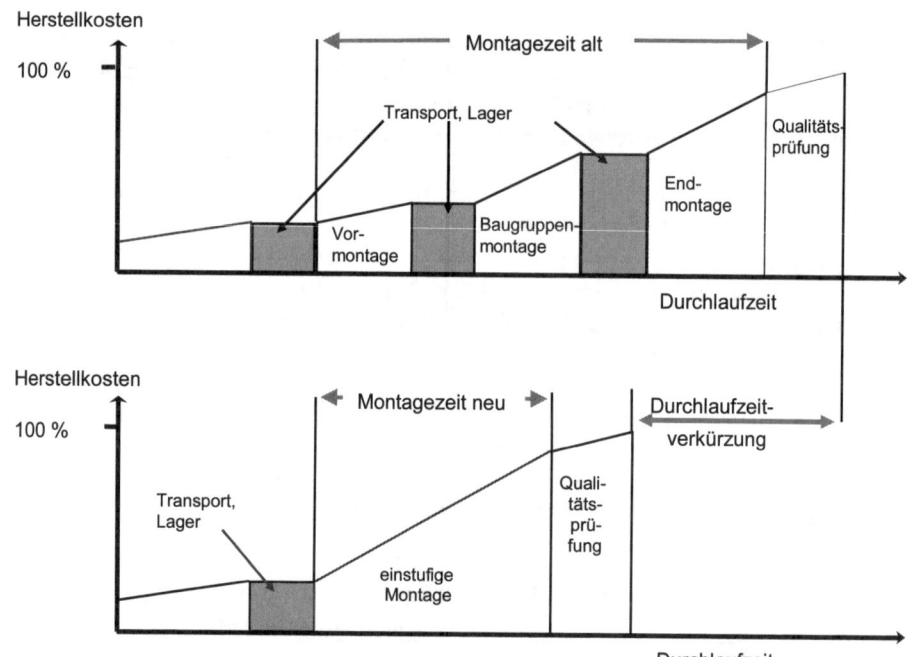

Abb. 3.65:   *Wertzuwachskurve*
              [Quelle: Eidenmüller, B. (1986), S. 627]

Abschnitte der Wertzuwachskurve mit einem flachen oder gar waagerechten Verlauf repräsentieren jene Teile des Leistungserstellungsprozesses, in denen das Produkt keine Wertschöpfung erfährt. Vor allem hier bieten sich Möglichkeiten zur Verkürzung der Durchlaufzeit. Die

Fläche unter der Wertzuwachskurve drückt die Höhe der Kapitalbindung im Umlaufvermögen aus. Gelingt es, die Durchlaufzeit zu reduzieren, so verringert sich entsprechend die Kapitalbindung. Dies bewirkt wiederum geringere Herstellkosten, da die kalkulatorischen Zinsen auf das gebundene Kapital sinken.

Die Umsetzung einer **zeitbasierten Wettbewerbsstrategie** erweitert folglich nicht nur den Preisspielraum nach „oben" durch eine Steigerung des Kundennutzens aufgrund gewährter Zeitvorteile. Sie ermöglicht gleichzeitig eine Kostenreduktion und eröffnet damit auch Preisspielräume nach „unten". Neben dem Hauptfokus der **Differenzierungsstrategie** kann der Zeitwettbewerb damit zugleich zur Unterstützung der **Kostenführerschaftsstrategie** eingesetzt werden (siehe Abb. 3.66).

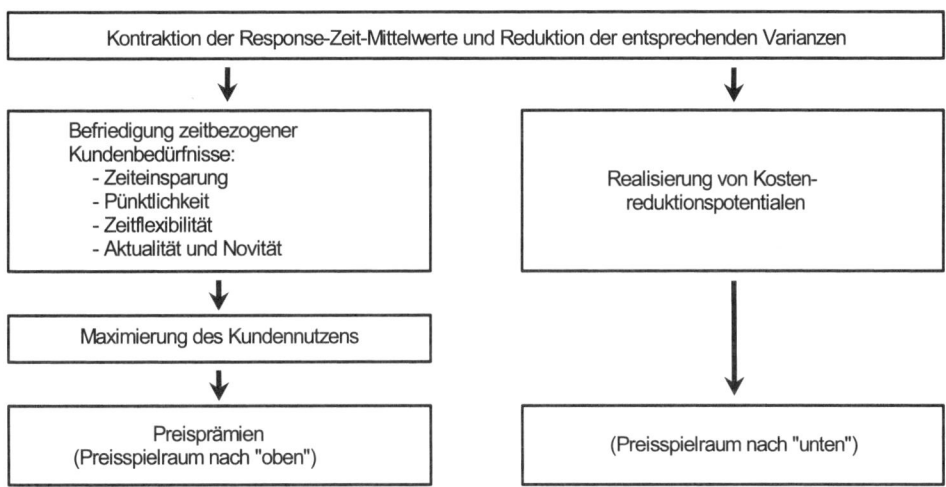

Abb. 3.66: Zeitbasierte Outpacing-Strategie

Da eine zeitbasierte Wettbewerbsstrategie somit mit positiven Wirkungen auf alle drei strategischen Erfolgsfaktoren im Magischen Dreieck verbunden ist, eignet sich der Zeitwettbewerb in besonderer Weise, um in einem harten und dynamischen Wettbewerbsumfeld bestehen zu können. Die u. a. durch ständige Leistungsverbesserungen der Angebotsseite ausgelösten gestiegenen Kundenanforderungen führen dazu, dass es für Unternehmen nicht mehr ausreicht, sich eindeutig für eine der generischen Wettbewerbsstrategien (siehe hierzu Kapitel 3.1 sowie Kapitel 4.2.2.1) zu entscheiden, sich also entweder klar auf eine Kostenführerschaftsstrategie oder klar auf eine Differenzierungsstrategie festzulegen: „Today's – and tomorrow's – customers want it all: price, quality, and timely delivery." [*Blackburn, J. D.* (1990), S. 396].

Mit einer zeitbasierten Wettbewerbsstrategie kann eine vom Kunden gewünschte Differenzierung (Zusatznutzen) zu einem angemessenen Preisniveau erreicht werden, weil gleichzeitig ein niedriges Kostenniveau realisierbar ist. Der Zeitwettbewerb als Kombination einer Differenzierungs- und einer Kostenführerschaftsstrategie stellt somit eine **Outpacing-Strategie** dar (siehe hierzu Kapitel 3.1). Mehrfach wurde schon die schmerzliche Erfahrung gemacht, dass einmal erreichte Wettbewerbsvorteile bei den Kosten oder der Qualität keinen langfristigen Bestand aufweisen (zum sog. Hyperwettbewerb siehe Kapitel 3.1). Die Outpacing-Strategie hingegen ermöglicht es Unternehmen, infolge des gleichzeitigen Einbezugs aller drei strategischen Erfolgsfaktoren des Magischen Dreiecks einen nachhaltigen Vorsprung gegenüber den Konkurrenten zu erzielen.

Einen wesentlichen Punkt für die Erfolgspotenzialgüte zeitbasierter Wettbewerbsstrategien stellt dabei die Steigerung der Handlungsflexibilität des Unternehmens dar. Auf der einen Seite ermöglichen geringe Fertigungs-Durchlaufzeiten bzw. Lieferzeiten eine rasche Anpassung an veränderte Nachfragevolumina, auf der anderen Seite befähigen kurze Entwicklungszeiten das Unternehmen, Produkte schnell an sich ändernde Kundenwünsche anzugleichen. Somit kann eine zeitbasierte Wettbewerbsstrategie auch als **Flexibilitätsstrategie** betrachtet werden [vgl. *Bitzer, M. R.* (1991), S. 33; *Kirschbaum, V.* (1995), S. 48 und S. 72 f.]. Je ausgeprägter die Änderungsgeschwindigkeit im Markt ist, desto bedeutsamer wird der Faktor Zeit im Sinne der Reaktionsfähigkeit und -geschwindigkeit des Unternehmens. Das nachfolgende Zitat eines namhaften Industriemanagers unterstreicht dies eindrucksvoll: „Sicher ist: Überleben werden langfristig nur jene Unternehmen, die in der Lage sind, sich den aktuellen Anforderungen des Markts durch flexibles Reagieren, oder besser noch, durch vorausschauendes Agieren, anzupassen." [zitiert nach *Holzwarth, F.* (1993), S. 8]

3.4.5.3   Zeitwettbewerb als indirekte Strategie

Ein wesentlicher Grund dafür, dass eine zeitbasierte Wettbewerbsstrategie einen überaus erfolgreichen Weg zur nachhaltigen Existenzsicherung des Unternehmens darstellen kann, liegt in ihrer Art der Auseinandersetzung mit den Wettbewerbern. Zeitwettbewerber suchen nämlich keine direkte Konfrontation mit der Konkurrenz. Während man im Rahmen von sog. **direkten Strategien** die Wettbewerber unmittelbar bei ihren Stärken angreift (z. B. Angriff über Preissenkungen oder Produktdifferenzierungen), gehen **indirekte Strategien** dieser nicht ungefährlichen Machtprobe aus dem Weg und versuchen vielmehr, über einen sog. Flankenangriff eine führende Wettbewerbsposition zu erreichen. Indirekte Strategien sind v. a. dann sinnvoll, wenn das Unternehmen nicht über die erforderlichen Ressourcen verfügt, um einen direkten Angriff erfolgreich – und dies heißt immer auch bis zum Ende – durchstehen zu können. Zudem ist die direkte Konfrontation äußerst risikoreich, da man im Zweifel alle vorhandenen Ressourcen mobilisieren muss, was nicht nur im Falle des Misserfolgs katastrophale Folgen nach sich ziehen kann. Selbst erfolgreich bestandene und frontal ausgetragene wettbewerbliche Auseinandersetzungen können sich angesichts des enormen Ressourcenverzehrs im Nachhinein als Pyrrhussiege erweisen.

Zeitbasierte Wettbewerbsstrategien sind als indirekte Strategien zu betrachten, da sie auf subtile Weise jenen vorhandenen Kundenbedürfnissen, die nicht unmittelbar mit dem Produkt oder der Dienstleistung zu tun haben, in einer anderen und damit besseren Weise (z. B. über vergleichsweise kürzere Liefer- und Servicezeiten bzw. über einen höheren Grad an Termin-treue) nachkommen, als dies die Wettbewerber augenblicklich tun bzw. den Wettbewerbern derzeit möglich ist. Diese Überraschungsstrategie weist den großen Vorteil auf, dass sie für die Konkurrenz sehr schwer oder nur mit einer gewissen zeitlichen Verzögerung erkennbar ist und damit keine sofortigen Gegenmaßnahmen ergriffen werden können [vgl. *Stalk, G. / Hout, T. M. (1992)*, S. 296; *Bitzer, M. R. (1991)*, S. 89 ff.].

Um den Überraschungseffekt möglichst lange aufrechtzuerhalten und damit Reaktionen der Wettbewerber zeitlich hinauszuzögern, ist es angebracht, sich nicht öffentlich vorbehaltlos zur Zeitorientierung als strategische Ausrichtung zu bekennen und die erlangten Zeitvorteile nicht sofort vollständig preiszugeben. *Bitzer* beispielsweise empfiehlt eine **systematische Retardie-rungsstrategie**, bei der eine erreichte Kontraktion der Fertigungs-Durchlaufzeit nicht sofort in gleichem Maße zu einer Verkürzung der Lieferzeit ausgenutzt wird. Stattdessen sollte die Lieferzeit in mehreren kleinen Schritten reduziert werden, um die Wettbewerber über das Ausmaß des Erfolgspotenzials im Unklaren zu lassen, damit wirksame Gegenmaßnahmen nicht unmittelbar ausgelöst werden. So könnten die Konkurrenten beispielsweise auf eine zu-nächst nur geringfügige Lieferzeitverkürzung des Zeitwettbewerbers mit einer Verbesserung des eigenen Lieferservices durch eine erhöhte und damit kostenintensivere Lagerhaltung rea-gieren. Wird dem Konkurrenten mit einiger Verzögerung der vom Zeitwettbewerber erlangte Zeitvorteil in vollem Ausmaß bewusst, schätzt der Konkurrent evtl. den Vorsprung des Zeit-wettbewerbers u. U. als uneinholbar ein und verlässt den Markt [vgl. *Bitzer, M. R. (1991)*, S. 92 f.].

Stalk / Hout nennen in diesem Zusammenhang auch **Täuschungsstrategien** durch die Verbrei-tung irreführender Informationen. Als Beispiel führen sie einen Baumaschinenhersteller an, der als Zeitwettbewerber die wahren Gründe für die erreichten Verbesserungen seiner Res-ponse-Zeiten verschwieg und die Senkung der Lieferzeit von 22 auf vier Wochen offiziell mit hohen Beständen an Fertigprodukten und einer großen Zahl an Überstunden der Mitarbeiter erklärte [vgl. *Stalk, G. / Hout, T. M. (1992)*, S. 305].

3.4.6 Erfolgswirkungen zeitbasierter Wettbewerbsstrategien

Im folgenden Abschnitt werden die Erfolgswirkungen von zeitbasierten Wettbewerbsstrate-gien untersucht.

Nach der von *Stalk / Hout* prägnant formulierten **3x2-Regel** sollen erfolgreiche Zeitwettbewer-ber ein im Vergleich zum Branchendurchschnitt dreimal so hohes Wachstum und eine doppelt so große Rentabilität aufweisen (siehe Abb. 3.67) [vgl. *Stalk, G. / Hout, T. M. (1992)*, S. 98]. Solche plakativen Herausstellungen sind in der Beratungsszene nicht ganz unüblich.

Unternehmen	Sparte	Reaktions-unterschied	Umsatzwachstum des Unternehmens vs. Branchendurchschnitt	Rentabilität des Unternehmens vs. Branchendurchschnitt
Wal-Mart	Einzelhandel	80 %	36 vs. 12 %	19 vs. 9 % RoI
Atlas Door	Industrietüren	66 %	15 vs. 5 %	10 vs. 2 % RoS
Ralph Wilson	Dekorkunststoffe	75 %	9 vs. 3 %	40 vs. 10 % RoE
Thomasville	Möbel	70 %	12 vs. 3 %	21 vs. 11 % GKR
Citicorp	Hypothekenkredite	85 %	100 vs. 3 %	---

Abb. 3.67:   *Wachstums- und Rentabilitätsvorteile von Zeitwettbewerbern*
              [Quelle: Stalk, G. / Hout, T. M. (1992), S. 16 und S. 99]

Auf der Basis der Daten, die im Rahmen des in den Jahren 1992 bis 1994 durchgeführten Hannoveraner Erfolgsfaktoren-Projektes HEFAP zur Bestimmung allgemeingültiger Erfolgsfaktoren erhoben wurden [vgl. hierzu *Steinle, C. / Kirschbaum, J. / Kirschbaum, V.* (1994); *Kirschbaum, V.* (1995), S. 132 ff.], identifiziert beispielsweise *Kirschbaum* 46 der 298 Unternehmen in der verwertbaren Stichprobe als Zeitwettbewerber [vgl. hierzu und im Folgenden *Kirschbaum, V.* (1995), S. 142 ff.]. In der Studie von *Kirschbaum* werden Unternehmen dann als Zeitwettbewerber betrachtet, wenn sie sich einerseits bei der Gestaltung der Wertschöpfungskette primär an Zeiten und nicht an Kosten orientieren und dabei Zeitersparnisse anstreben (zum Zeitmanagement-Grundsatz der Zeitorientierung siehe Kapitel 3.4.3). Anderseits müssen die Unternehmen zudem nach kurzen Entwicklungszeiten streben und beabsichtigen, möglichst rasch aufeinander folgende Innovationen mit vergleichsweise geringen Verbesserungen (geringer Innovationsgrad) auf dem Markt einzuführen. Nicht als Zeitwettbewerber sind demnach Unternehmen zu qualifizieren, die relativ selten Produkteinführungen realisieren, die aber dafür wesentliche Neuerungen und Verbesserungen (hoher Innovationsgrad) aufweisen. Von den 46 identifizierten Zeitwettbewerbern erweisen sich 26 (57 %) als erfolgreich hinsichtlich der Zielgröße Cash Flow bzw. 23 (50 %) hinsichtlich des Return on Investment (RoI). Als erfolgreich wird ein Unternehmen dann klassifiziert, wenn es nach eigener Einschätzung in den vergangenen fünf Jahren bezogen auf die jeweilige Zielgröße besser oder deutlich besser war als der Branchendurchschnitt. Auffallend ist dabei, dass v. a. mittelständische Unternehmen, die zwischen 50 und 200 Mitarbeiter beschäftigen, erfolgreiche Zeitwettbewerber sind [vgl. *Kirschbaum, V.* (1995), S. 137 f.].

Die Untersuchungsergebnisse *Kirschbaums* mit Erfolgsquoten zwischen 50 und 60 % erscheinen etwas ernüchternd und relativieren insoweit die pauschal formulierte 3x2-Regel von *Stalk / Hout*. Im Folgenden wird deshalb der Zusammenhang zwischen den Response-Zeiten im innovativen Aktivitätszyklus und dem Unternehmenserfolg detaillierter analysiert und durch Erfahrungswerte aus der Praxis sowie teilweise durch empirische Studien verdeutlicht.

Wie in Kapitel 3.4.4.1 erläutert, verfügen diejenigen Unternehmen, die in der Lage sind, neue Produkte oder Verfahren in geringer Zeit zu entwickeln, über den Vorteil, bei einem fest anvisierten Markteintrittszeitpunkt mit den F&E-Aktivitäten später zu beginnen. Zudem können diese Unternehmen den Zeitpunkt der Markteinführung der Innovation mit einer relativ hohen Flexibilität selbst bestimmen (**Timing**). So besteht für den Zeitwettbewerber generell eine bes-

sere Chance, nicht zu früh und nicht zu spät, sondern zu dem Zeitpunkt in den Markt einzu-
treten, zu dem sich das **strategische Fenster** für die erfolgreiche Vermarktung der Innovation
gerade öffnet (siehe hierzu Kapitel 3.4.1).

Insbesondere behalten Unternehmen durch kurze Entwicklungszeiten stets das „Heft des Handelns" in der Hand. So können sie selbständig zwischen den möglichen Markteintritts- bzw.
Timing-Strategien des Pioniers, des frühen Folgers bzw. des späten Folgers wählen. Der **Pionier** ist der erste, der ein neues Produkt in einem Markt einführt. Während der **frühe Folger**
bald nach dem Pionier, noch während der Einführungsphase des Marktzyklus auf dem Markt
aktiv wird, tritt der **späte Folger** frühestens in der Wachstumsphase in den Markt ein, wenn
sich die grundlegenden Marktstrukturen bereits gebildet haben [vgl. *Schnaars, S. P.* (1986),
S. 29 ff.; *Remmerbach, K.-U.* (1988), S. 52]. Will ein Unternehmen Pionier oder zumindest
früher Folger sein, muss es eine kürzere Entwicklungszeit (time-to-market) aufweisen als die
Wettbewerber. Mit einer im Vergleich zur Konkurrenz langen Entwicklungszeit bleibt einem
Unternehmen i. d. R. nur die Alternative des späten Folgers. Aufgrund der zu Beginn des Kapitels 3.4 beschriebenen Tendenzen zu sich immer weiter verkürzenden Marktzyklen bei
steigenden Entwicklungskosten erhöht sich für den späten Folger zunehmend die Gefahr, seine
getätigten F&E-Ausgaben nicht mehr amortisieren zu können, da sein verbleibender Ver-
marktungszeitraum und das restliche Marktvolumen aufgrund des späten Markteintritts zu gering sind. Zudem muss der späte Folger das geringe Rest-Marktvolumen mit dem Pionier und
dem frühen Folger teilen. Trotz u. U. geringerer Entwicklungs- und Markteintrittskosten im
Vergleich zum Pionier kann der späte Folger in die **Zeitfalle** tappen (siehe Abb. 3.68).

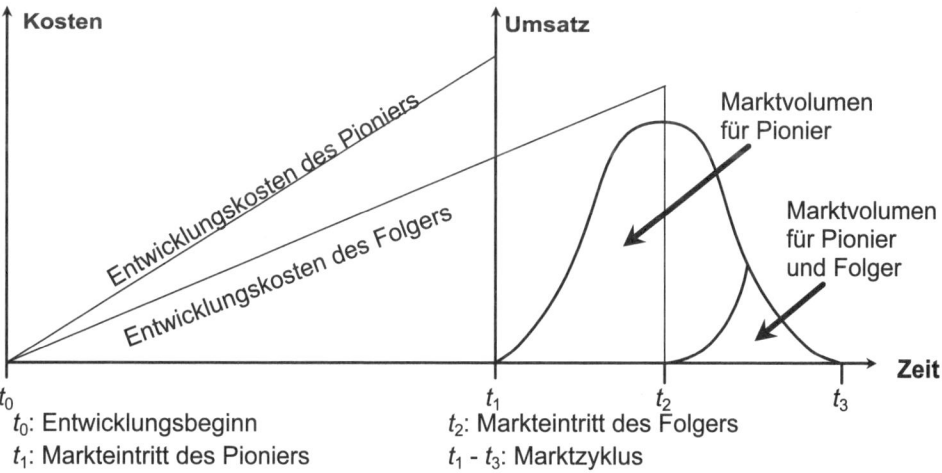

Abb. 3.68:   *Später Folger als Opfer der Zeitfalle*
              [in Anlehnung an: Pfeiffer, W. / Weiß, E. (1990), S. 11]

Angesichts dieser Zeitfalle erscheinen somit die Markteintrittsstrategien des Pioniers bzw. des frühen Folgers als die erfolgversprechenderen Alternativen [vgl. *Pfeiffer, W. / Dögl, R.* (1997), S. 409]. Die Realisierung dieser strategischen Optionen bedingt aber eine im Vergleich zu den Wettbewerbern kurze Entwicklungszeit.

Billerbeck bestätigt die Überlegungen von *Pfeiffer / Weiß* zur Zeitfalle und begründet sie zusätzlich durch die in Unternehmen bei Innovationen anfallenden **Systemlernprozesse**. D. h. eine neue Technologie (z. B. Radio Frequency Identifikation RFID-Labels anstatt von Strichcode-Labels in der Logistik) zwingt das Unternehmen seine Strukturen zu verändern, Innovationsnetzwerke mit Kooperationspartnern neu auszurichten und Wertschöpfungsketten anzupassen. Dadurch entstehen sog. **Zeitkonstanten in der Vorbereitung**, für die dem Folger nach dem Modell der Zeitfalle zu wenig Zeit zur Realisierung bleiben. Der Zeitaufwand bei den Systemlernprozessen wird durch die Ausdehnung der Funktionalitäten von Produkten und Dienstleistungen, durch die Integration unterschiedlicher Funktionen als auch Organisationseinheiten zu komplexen Systemen und durch eine stärkere Arbeitsteilung eher zunehmen und daher Pioniere gegenüber Folgern begünstigen [vgl. *Billerbeck, H..* (2003), S. 8ff.].

Weitgehend bestätigt wird der eben auf theoretischer Basis erläuterte Zusammenhang zwischen der time-to-market bzw. der Reihenfolge des Markteintritts auf der einen Seite und dem Unternehmenserfolg auf der anderen Seite durch eine Reihe **empirischer Studien**. Abb. 3.69 fasst diese Studien und deren Ergebnisse in einem Überblick zusammen.

Studie	Empirische Basis	Befund	
Min et al. (2006)	750 Marken von Industriegütern in 264 Kategorien	Überlebensrate der Pioniere bei inkrementellen Innovationen größer, bei radikalen Innovationen kleiner	O
Fischer et al. (2005)	73 Marken im Pharmaziemarkt	Marktanteile von Pionieren höher	+
Boulding / Christen (2003)	PIMS-Daten für 363 SGEs von Konsumgütern und 858 SGEs von Industriegütern	Nachfragevorteile bei Pionieren, jedoch langfristig schlechtere Profitabilität	−
Robinson / Min (2002)	167 Industriegütermärkte (267 frühe Folger)	Pioniere haben höhere Überlebensrate	+
Kamlage (2001)	18 Marken bei 995 Haushalten über 107 Wochen (GfK-Panel)	Pionierstrategie bzgl. Absatz erfolgreichste Strategie gefolgt von späten danach frühen Folgern	+
Shankar et al. (1999)	29 Pharmaziemarken in 6 Kategorien	Pioniervorteile bzgl. Absatz bei hohem Wachstum und relativ zu Marketingaufwand	+
Shankar et al. (1998)	13 Pharmaziemarken in 2 Kategorien	Folger besser bzgl. Absatz als Pioniere	−
Bowman / Gatigon (1996)	26 Sportwagenmarken und 16 Minivan; 3729 Beobachtungen	Effizienz des Marketing-Mix größer für Pionier (indirekter Effekt)	+
Murthi et al.(1996)	236 PIMS-Geschäftseinheiten	Pionier-Strategie hat direkte Auswirkungen auf Marktanteil	+
Tellis / Golder (1996)	50 Konsumgüter	Pionier ist weder notwendig noch hinreichend für den langfristigen Markterfolg	O
Berndt et al. (1995)	4 Medikamente, 201 monatliche Beobachtungen	Höhere Marktanteile für Pioniere	+
Schewe (1994)	33 Innovationen und 33 Imitationen	Unter gewissen Umständen kann ein Folger erfolgreich sein	O

Studie	Empirische Basis	Befund	
Brown / Lattin (1994)	129 Konsumgütermarken in 34 Kategorien; 40 Tierfuttermarken	Höhere Marktanteile für Pioniere	+
Huff / Robinson (1994)	95 Marken aus 34 Kategorien aus dem Konsumgüterbereich	Pionier-Strategie hat direkte Auswirkung auf den Marktanteil; steigt mit Zeitvorsprung	+
Bharadwaj / Menon (1993)	PIMS-Daten	Pionier hat höheren RoI	+
Kalyanaram / Urban (1992)	Scanner-Daten für 26 Marken in 8 Kategorien	Pioniere haben höhere Marktanteile und Erst- und Wiederkaufraten	+
Lambkin (1992)	2746 PIMS-Geschäftseinheiten	Direkte Pioniervorteile bei Marktanteil und RoI	+
Robinson et al. (1992)	PIMS-Daten (171 Neugründungen)	Pioniere haben komparative Vorteile gegenüber Folgern	+
Moore et al. (1991)	593 PIMS-Geschäftseinheiten aus der Konsumgüterindustrie	Nur indirekte Pioniervorteile; abhängig von Managementfähigkeiten und Ressourcen	O
Hruschka (1990)	Nielsen-Konsumgüterpanel	Pionier hat höhere Margen, niedrigere Werbeintensität und höhere Stückzahlen	+
Feeser / Willard (1990)	Computertechnik	Kein Zusammenhang zwischen Pionier und Umsatzwachstum	O
Lilien / Yoon (1990)	Französische Investitionsgüter-Hersteller	umgekehrt u-förmiger Zusammenhang mit Markteintritt	O
Parry / Bass (1989)	PIMS (593 Konsumgüter-SGEs und 1287 SGEs mit Investitionsgüter)	Pioniere haben höhere Marktanteile bei konzentrierten Märkten und umgekehrt	+
Stalk (1989)	Unternehmen in verschiedenen Branchen	Pioniere haben große Wettbewerbsvorteile	+
Hilleke-Daniel (1988)	große Indikationsgebiete des deutschen Pharmamarktes	je früher der Markteintritt, desto höher der Marktanteil	+
Lambkin (1988)	129 Start-ups und 187 etablierte Unternehmen	Pionier hat höhere Marktanteile und höhere RoS, RoI und CF-Rendite	+
Robinson (1988)	PIMS-Daten (1029 Investitionsgüter-SGEs)	Pioniervorteile bei Investitionsgütern schwächer als bei Konsumgütern (bei Robinson/Fornell (1985))	+
Smith / Cooper (1988)	29 Unternehmen in 5 verschiedenen Industrien	Eintrittsreihenfolge hat signifikanten Einfluss auf (langfristigen) Marktanteil	+
Buzzell / Gale (1987)	877 Marktführer (PIMS-Daten)	ca. 70 % der Marktführer waren Pioniere	+
Perillieux (1987)	231 deutsche Unternehmen aus dem Maschinenbau	Markteintrittszeitpunkt hat keinen signifikanten Einfluss auf Erfolg	O
Vanhonacker / Day (1987)	PIMS-Daten	Folger-Vorteile überwiegen	–
Albach (1986)	31 mittelständische Unternehmen (Maschinenbau)	erfolgreiche Unternehmen kombinieren Innovation und Imitation	O
Gorecki (1986)	kanadische Pharmaziehersteller	Pioniere erfolgreicher	+
Schnaars (1986)	12 verschiedene Märkte	7 mal Pionier Marktführer, 5 mal Folger Marktführer	O
Urban u. a. (1986)	129 Marken aus 34 Konsumgüterkategorien	Eintrittsreihenfolge hat signifikanten Einfluss auf Marktanteil	+
Clifford / Cavanagh (1985)	PIMS-Daten	Pioniere erzielen höheren RoI als frühe und v. a. als späte Folger	+
Robinson / Fornell (1985)	PIMS-Daten, 371 SGEs mit Konsumgütern	je früher der Markteintritt, desto höher der Marktanteil, gilt nur nur bei hoher Qualität und breitem Sortiment	+

Studie	Empirische Basis	Befund	
Cooper (1984)	122 „industrial product firms" (eingeteilt in 5 Cluster)	erfolgreiche Firmen sind „proactive, R&D-oriented" und „leading"	+
Maidique / Zirger (1984)	59 Paare aus der Elektronikindustrie	erfolgreiche Projekte signifikant häufiger zuerst am Markt	+
Oberender (1984)	deutsche Pharmaziehersteller	Pioniere erfolgreicher	+
Flaherty (1983)	36 Produkte aus 17 Unternehmen (Halbleiterbranche)	technische Führerschaft und früher Markteintritt sichern hohen Marktanteil	+
Spital (1983)	22 Innovationen (Mikroprozessoren, Halbleiter)	Innovatoren haben deutliche Vorteile gegenüber Nachahmern	+
Zörgiebel (1983)	9 deutsche Werkzeugmaschinenunternehmen	Gewinnniveau der Folger höher als das der Führer	–
Freeman (1982)	Chemietechnik und Messgeräte	Chemietechnik: Pionier erfolgreicher; Messtechnik: Folger erfolgreicher	O

Abb. 3.69: Erfolgswirkungen verschiedener Markteintrittszeitpunkte
[Quelle: in Anlehnung an Gemünden, H. G. (1993), S. 87 erweitert um Billerbeck, H.
(2003), S. 29f. und Himme, A. (2006), S. 177ff.]

Während in zehn Untersuchungen keine eindeutige Aussage über die Erfolgsaussichten von Pionier- und Folger-Strategien getroffen werden können (Befund: O), stellen lediglich vier Studien fest, dass Folger erfolgreicher sind als Pioniere (Befund: –). Im Gegensatz dazu kommt die Mehrzahl der Studien (30 von 44 Untersuchungen) zum Schluss, dass ein früherer Markteintritt zu einem vergleichsweise größeren Erfolg führt (Befund: +). Ergänzend sei darauf hingewiesen, dass Perillieux zwar keinen signifikanten Einfluss des Markteintrittszeitpunktes auf die Erfolgswahrscheinlichkeit, aber statt dessen eine signifikant positive Korrelation kurzer Entwicklungszeiten mit dem Unternehmenserfolg konstatiert [vgl. *Perillieux, R.* (1987), S. 202 ff.]. *Himme* kritisiert, dass in den vorliegenden Studien den Markteintritt beeinflussende Marktcharakteristika (z. B. das Marktwachstum, die Konzentration des Marktes, die Marktstabilität), die Ressourcen des Unternehmens (z. B. die F&E-, Management- und Marketing-Fähigkeiten, die Ausstattung mit Finanz- und Sachkapital und gemachte Erfahrungen) nicht ausreichend berücksichtigt werden. Zudem sei zwischen direkten Effekten auf den „Unternehmenserfolg" und indirekten Effekten über den gewählten Marketing-Mix, die Qualität oder die Sortimentsbreite zu unterscheiden. Zusätzlich führt er methodische Schwächen der Untersuchungen an, die mit der generellen Kritik an der Erfolgsfaktorenforschung vergleichbar sind (vgl. Kapitel 3.1). Generell können daher folgende Schlussfolgerungen aus den Studien gezogen werden [vgl. *Himme, A.* (2006), S. 171 ff.]:

- Ein Einfluss der Markteintrittsreihenfolge auf den Unternehmenserfolg, insbesondere den **Marktanteil,** kann nachgewiesen werden.
- Der Einfluss erfolgt häufig **indirekt** über den gewählten Marketing-Mix, die Qualität oder die Sortimentsbreite.
- Die Höhe des Effekts hängt vom **Marktumfeld** und der **Produktkategorie** ab.
- Pioniervorteile verringern sich im Zeitablauf, werden jedoch verstärkt, je länger der **Zeitabstand zum Folger** ist.
- Der Pioniervorteil kann für Folger durch entsprechenden **Einsatz des Marketing-Mix** aufgehoben werden.

Aus den theoretischen Überlegungen und aus den genannten empirischen Befunden heraus kann somit gefolgert werden, dass **kurze Entwicklungszeiten** als Voraussetzung für das Treffen einer selbständigen Markteintrittsentscheidung die **Grundlage für einen angemessenen Unternehmenserfolg** darstellen [vgl. *Tiby, C.* (1988), S. 94 f.; Gruhler, W. (1991), S. 125 und S. 127]. Die Entwicklungszeit weist dabei im Hinblick auf den Unternehmenserfolg eine weitaus größere Bedeutung auf als die Entwicklungskosten, wie nachfolgende Erläuterungen belegen sollen.

Tritt ein Unternehmen nämlich aufgrund einer zu langen Entwicklungszeit verspätet in einen Markt ein, so hat dies beachtliche **Opportunitätskosten im Sinne entgehender Deckungsbeiträge** zur Folge. Zur Quantifizierung der Opportunitätskosten einer beispielhaften Verzögerung um ein Jahr genügt es nicht, die Deckungsbeiträge zu bestimmen, die man in diesem Jahr hätte erzielen können. Vielmehr muss des Weiteren berücksichtigt werden, dass sich dieser verspätete Markteintritt auch im weiteren Verlauf des Marktzyklus negativ auf die Höhe der Absatzzahlen auswirkt, weil man als Folger dem Vorsprung des Pioniers längere Zeit hinterherläuft und ihn u. U. nicht mehr aufholen kann. So steht dem Folger auch nicht die Hochpreisphase des Pioniers als Refinanzierungsquelle zur Verfügung. Die Opportunitätskosten des verzögerten Markteintritts berechnen sich demnach als Differenz des Barwerts der Deckungsbeiträge, die bei rechtzeitigem Markteintritt kumuliert über den gesamten Marktzyklus hinweg zu realisieren wären, und des Barwerts der Deckungsbeiträge, die nach dem verspäteten Markteintritt über den verbleibenden Marktzyklus hinweg noch zu erzielen sind [vgl. *Simon, H.* (1989), S. 78 f.].

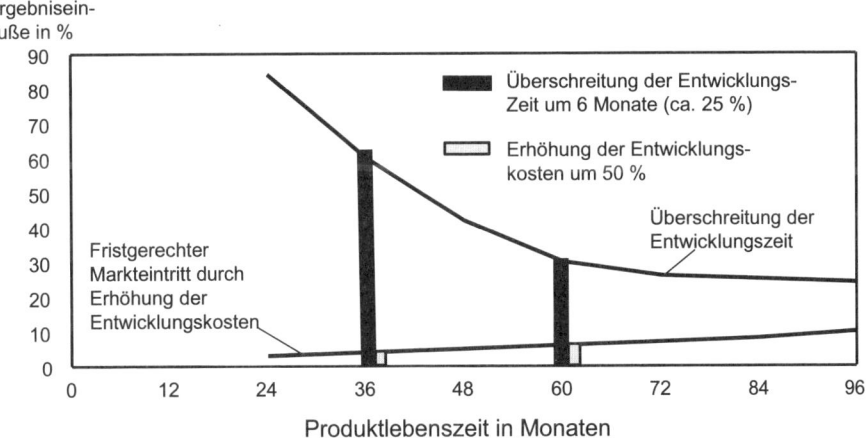

Abb. 3.70: *Ergebniswirkungen von Entwicklungszeit- und Entwicklungsbudgetüberschreitungen [Quelle: Bullinger, H. J. / Wasserloos, G. (1990), S. 6]*

Auf der Grundlage von verschiedenen Untersuchungen – u. a. bei der *Siemens AG* – beziffern *Schmelzer / Buttermilch* bei einer Produktlebensdauer von fünf Jahren die Ergebniseinbuße infolge einer um sechs Monate verlängerten Entwicklungszeit auf ca. 30 %, während eine

Steigerung der Entwicklungskosten um 50 % zum Zweck der Einhaltung des anvisierten Eintrittstermins lediglich zu einer 5 %igen Ergebnisverschlechterung führt. Im Falle eines kürzeren Marktzyklus (z. B. drei Jahre) wirkt sich ein um sechs Monate verspäteter Markteintritt aufgrund einer zu langen time-to-market noch stärker aus (Ergebniseinbuße 60 %) (siehe Abb. 3.70) [vgl. *Schmelzer, H. J. / Buttermilch, K.-H.* (1988), S. 45 f.; *Schmelzer, H. J.* (1989), S. 32]. Auch wenn diese Zahlen auf Einzelbeispielen sowie nicht nachprüfbaren Simulationsrechnungen beruhen und daher nicht als allgemeingültiges Ergebnis aufgefasst werden können, so unterstreichen sie dennoch auf eindrucksvolle Weise, wie stark sich Entwicklungszeiten im Vergleich zu Entwicklungskosten auf den unternehmerischen Erfolg auswirken.

3.4.7   Grenzen des Zeitwettbewerbs

Trotz der eben geschilderten positiven Erfolgswirkungen kurzer Entwicklungszeiten und dadurch begründeter bzw. empfohlener Pionier-Strategien ist allerdings kritisch anzumerken, dass diese Strategieausrichtung in der Literatur nicht gänzlich unumstritten ist [vgl. *Pfeiffer, W. / Weiß, E.* (1990), S. 15]. Die Empfehlung pro Pionierverhalten beruht auf gemachten Erfahrungen und gründet nicht auf einem quasi-naturwissenschaftlichen Zusammenhang. Obwohl ein früher Markteintritt häufig zu Wettbewerbsvorteilen gegenüber den Konkurrenten führt, ist damit doch keineswegs eine Erfolgsgarantie verbunden. Mögliche Gründe für den Misserfolg von Pionieren stellen z. B. nicht ausreichende finanzielle oder technische Ressourcen dar. Des Weiteren sind oft auch schlechte oder unglückliche Technologieentscheidungen in frühen, unsicheren Stadien der Marktentwicklung dafür verantwortlich [vgl. *Buzzell, R. D. / Gale, B. T.* (1989), S. 154; *Hirzel, Leder & Partner* (Hrsg.) (1992), S. 27]. Ein Beispiel für den Misserfolg eines Pioniers stellt das ostdeutsche Unternehmen *Foron* dar, das als erstes FCKW-freie Kühlschränke auf den Markt brachte. Die Marktposition von *Foron* wurde aber bald durch die bzgl. des Markteintritts folgenden, größeren Konkurrenten wie *Bosch* und *Siemens* derart geschwächt, dass *Foron* sogar Konkurs anmelden musste.

Jede der drei Markteintrittsstrategien (Pionier, früher oder später Folger) ist mit bestimmten Chancen, aber auch mit gewissen Risiken verbunden, so dass sich ein Unternehmen nur unter Beachtung der situationsspezifischen Rahmenbedingungen für eine der drei Optionen entscheiden kann und soll. Eine grundsätzlich überlegene Strategie, die in allen denkbaren Situationen für alle Unternehmen gleich vorteilhaft ist, existiert wohl nicht [vgl. *Perillieux, R.* (1987), S. 129 und S. 163; *Klenter, G.* (1995), S. 31]. Für zwei verschiedene Unternehmen können also aufgrund vorhandener Unterschiede beispielsweise bzgl. der materiellen und finanziellen Ressourcen oder der Fähigkeiten des Managements und der Mitarbeiter etc. auch unterschiedliche Markteintrittsstrategien sinnvoll sein. Bei einer Entscheidung für eine der drei alternativen Timing-Strategien sind daher nach *Porter* die folgenden acht Gruppen relevanter **Situationsdeterminanten** zu berücksichtigen [vgl. *Porter, M. E.* (1982), S. 35 ff.]:

- Grad der technischen Verbesserungsfähigkeit der eingesetzten Technologien,
- Grad der Einzigartigkeit der technologischen Fähigkeiten einer Unternehmung,

- Ausmaß langfristiger Führervorteile, die über die Monopolphase hinaus wirksam sind (loyales Kundenverhalten, Führerimage, Produktwechselkosten, frühe Adopter, Erfahrungskurvenvorteile),
- Grad der Kontinuität produkt- und prozesstechnologischer Veränderungen,
- Grad der Stabilität von Abnehmerbedürfnissen,
- Grad der Irreversibilität und Spezialisierung erforderlicher Investitionen,
- Grad der Unsicherheit über die technologische Entwicklung,
- Grad der Partizipation an Führerinvestitionen hinsichtlich Technologieentwicklung und Marktakzeptanz.

In Abhängigkeit der Ausprägungen der Situationsdeterminanten erweist sich entweder die Pionier- oder eine der beiden Folger-Strategien als vorteilhaft. Während sich z. B. bei einzigartigen technologischen Fähigkeiten des Unternehmens, bei ausgeprägten langfristigen Führervorteilen und bei einer geringen Irreversibilität von Investitionen die Pionier-Strategie anbietet, erscheint die Folger-Strategie dann sinnvoller, wenn z. B. von technischen Diskontinuitäten, schnell wechselnden Abnehmerbedürfnissen sowie umfangreichen Möglichkeiten der Partizipation an Führerinvestitionen auszugehen ist.

3.4.7.1   Teufelskreis des Innovationswettlaufs

Abschließend sei noch am Beispiel der Forschungs- und Entwicklungsaktivitäten auf die **Gefahren** hingewiesen, die aus einem **exzessiven Zeitwettbewerb im Entstehungszyklus** resultieren können. Aufgrund eines ausgeprägten Kundenwunsches nach neuen, technologisch auf höchstem Niveau stehenden Produkten bilden v. a. in Know how-intensiven Branchen wie der Informationstechnik, der Elektronik oder der Pharmaindustrie die F&E-Aktivitäten der Unternehmen die unabdingbare Grundlage für deren Wachstum und Wettbewerbsstellung im Markt. Wachsende F&E-Budgets aufgrund einer immer kostspieligeren F&E sind daher die unausweichliche Konsequenz. Allerdings stellen Produkt- oder Verfahrensinnovationen allein noch keine Erfolgsgarantie dar, wie man an der Vielzahl von Produkteinführungen erkennen kann, die in der Vergangenheit mit Misserfolg verbunden waren. „Durch die Dynamik der technologischen Entwicklung kommt es im Innovationswettbewerb in hohem Maße auf das konkurrentenorientierte Timing der Entwicklung und Markteinführung neuer Technologien an." [*Perillieux, R.* (1987), S. 3] Daraus resultiert grundsätzlich für alle Unternehmen im Markt ein hoher **wettbewerbsbedingter Druck, ihre Entwicklungsaktivitäten zu beschleunigen**, um in Anbetracht sich verkürzender Marktzyklen so früh wie möglich eine starke Wettbewerbsposition zu erreichen und auf diese Weise die Rendite aus den F&E-Investitionen zu maximieren [vgl. *Stalk, G. / Hout, T. M.* (1992), S. 132 f. und S. 140; *Bitzer, M. R.* (1991), S. 34 und S. 43]. Die Innovationsbeschleunigung wird somit zum strategischen Wettbewerbshebel.

Bestätigt wird diese These bzgl. des Innovationswettlaufs durch verschiedene empirische Untersuchungen. Nach einer Studie von *Gupta / Wilemon* sehen sich 88 % der befragten amerikanischen Unternehmen zur Entwicklungszeitverkürzung gezwungen [vgl. *Gupta, A. K. / Wilemon, D. L.* (1990)]. In die gleiche Richtung sind die Ergebnisse von *Bullinger* zu interpretieren, wonach 77 % der deutschen Unternehmen glauben, dass die Amortisationszeit für die F&E-Investitionen umso kürzer ist, je früher der Markteintritt im Vergleich zu den Wettbewerbern erfolgt [vgl. *Bullinger, H.-J.* (1990), S. 50].

In der Regel ist eine **Erhöhung der Innovationsrate** die Folge dieser Bemühungen zur Beschleunigung der Entwicklungsaktivitäten. Die schnelleren Entwicklungen und häufigeren Markteinführungen neuer Produkte bewirken wiederum eine vorzeitige Substitution und ein **rascheres Veralten von Produkten**, die sich bisher am Markt befinden und die technisch nicht auf aktuellem Stand sind [vgl. *von Braun, C.-F.* (1991a), S. 51 und S. 55]. Insofern ist die **Verkürzung der Marktzyklen** die logische Folge des Innovationswettlaufs.

In verschiedenen Fällen streben Unternehmen sogar nach einer **aktiven, offensiven Verkürzung der Marktzyklen**, indem sie das Innovationstempo derart verschärfen, um langsamere Konkurrenten gezielt in die **Zeitfalle** zu treiben. In der Folge scheiden diese Wettbewerber auf mittlere Sicht zwangsläufig aus dem Markt aus. Diese Strategie ist besonders dann Erfolg versprechend, wenn kaum bedeutsame produktbezogene Differenzierungspotenziale bestehen (z. B. bei technisch geprägten Gütern wie Elektronikbauteilen) [vgl. *Kirschbaum, V.* (1995), S. 24 und S. 33]. Ein Musterbeispiel für eine bewusst intendierte, offensive Verkürzung der Marktzyklen stellt der sog. *Honda-Yamaha*-Krieg um die Vorherrschaft in der Motorradbranche in den Jahren 1981 bis 1984 dar. *Yamaha* startete in 1981 einen Angriff auf den damalig weltweit größten Motorradhersteller *Honda* durch eine starke Erweiterung der Produktionskapazitäten von drei auf vier Millionen Einheiten. *Honda* reagierte auf diesen Angriff nicht nur mit massiven Preissenkungen und gesteigerten Werbeausgaben, sondern in erster Linie durch eine dramatische Steigerung der Innovationsrate. Hatten *Honda* und *Yamaha* zu Beginn des Machtkampfes jeweils ca. 60 Motorradmodelle auf dem Markt, so führte *Honda* in den kommenden 18 Monaten 113 Modelle ein, während *Yamaha* lediglich 37 neue Modelle auf den Markt bringen konnte. Dadurch verbreiterte *Honda* zum einen das eigene Produktspektrum enorm, zum anderen wechselte es seine Produktlinie in dieser Zeit fast zweimal aus. Mit Hilfe dieser Strategie konnte *Honda* den Angriff von *Yamaha* erfolgreich abwehren, da die Überlegenheit *Hondas* bzgl. der Vielfalt und des technologischen Standes der angebotenen Produkte ausschlaggebend war für die Kaufentscheidungen der Kunden. *Yamaha* blieb aufgrund eines fast 50 %igen Umsatzeinbruchs und Fertigwarenlagerbeständen in Höhe eines Jahresumsatzes lediglich die Kapitulation [vgl. *Stalk, G. / Hout, T. M.* (1992), S. 76 f.].

Jedoch ist darauf hinzuweisen, dass ein derartiger Innovationswettlauf langfristig nicht zu vernachlässigende Gefahren mit sich bringt. In den Worten eines Chief Consultant bei *Arthur D. Little* wird dieser Umstand mit folgendem Ausspruch skizziert: „Wer die Verkürzung der Produktlebenszyklen als strategisches Instrument einsetzt, begibt sich in große Gefahren." [zitiert nach *Deutsch, C.* (1995), S. 83] Genauso wie es zu einem ruinösen Preis-, Qualitäts- oder Variantenwettbewerb kommen kann, ist nämlich auch ein **ruinöser Zeitwettbewerb** nicht auszuschließen [vgl. *Gemünden, H. G.* (1993), S. 107]. Trotz des Sieges im Kampf gegen *Yamaha* hatte auch *Honda* massive Einbußen hinzunehmen. So musste das Verkaufs- und Servicenetz vollständig restrukturiert werden – unter dem Strich ein investiver Kraftakt. Der errungene Markterfolg ist die eine Seite der Medaille, der hierdurch ausgelöste Ressourcenverzehr die andere.

Der eben beschriebene Wirkungszusammenhang, der ausgehend vom wettbewerbsbedingten Druck zur Entwicklungszeitverkürzung über eine Intensivierung der F&E-Aktivitäten und damit über eine Steigerung der Innovationsraten zu einem schnelleren Veralten der am Markt bestehenden Produkte führt, endet nicht damit, dass langsamere Wettbewerber zum Opfer der Zeitfalle werden. Die Tatsache, dass die Marktzyklen der Produkte durch die Innovationsbeschleunigung bewusst verkürzt werden und die Gefahr der Zeitfalle dadurch immer gewichtiger wird, erhöht für alle Konkurrenten am Markt die Wettbewerbsintensität und damit abermals den Zwang, diesen Entwicklungen durch eine Kontraktion der Entstehungszyklen entgegenzuwirken [vgl. *von Braun, C.-F.* (1991a), S. 57; *von Braun, C.-F.* (1995), S. 153]. Somit schließt sich die Kausalkette zum **Teufelskreis des Innovationswettlaufs** (siehe Abb. 3.71).

„Je mehr eine Branche innoviert, umso mehr muss sie auch weiter innovieren und Produktlebenszyklen noch weiter beschleunigen." [*von Braun, C.-F.* (1995), S. 154]

Da eine Verkürzung auf Null logischerweise ausscheidet, wird der Grenznutzen des Wettbewerbsinstruments Zeit mit zunehmendem Gebrauch abnehmen und die benötigte Zeit für einen bestimmten Prozess gegen einen Grenzwert tendieren. Es wird zu einer elitären, aber breiten Leistungsdichte kommen – ein Phänomen, wie wir es beispielsweise beim 100-Meter-Sprint in der Leichtathletik schon seit geraumer Zeit beobachten können. Hier dringen immer mehr Sportler in die Leistungsspitze vor, ohne dass es den besten in dieser Disziplin gelingt, den absoluten Rekord nennenswert zu verbessern.

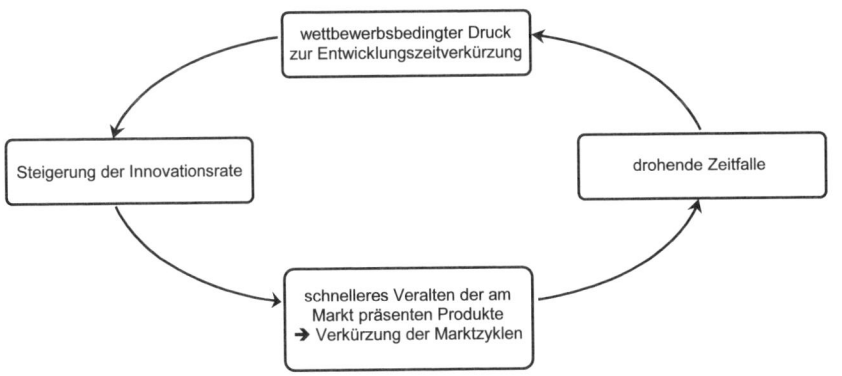

Abb. 3.71: Teufelskreis des Innovationswettlaufs

Im Zusammenhang mit diesem Teufelskreis und insbesondere mit sich stetig verkürzenden Marktzyklen ergeben sich für Unternehmen selbstredend eminent wichtige Fragestellungen hinsichtlich der betriebswirtschaftlichen Folgen ihrer F&E-Aktivitäten [vgl. *von Braun, C.-F.* (1991a), S. 56 f. und S. 58; *von Braun, C.-F.* (1991b), S. 281; *von Braun, C.-F.* (1995), S. 154]:

- Ob und wenn ja, wie ändert sich für ein bestimmtes Unternehmen der Lebenszyklusumsatz eines Produktes bei einer Verkürzung des Marktzyklus? Bleibt der Lebenszyklusumsatz konstant, so dass sich der durchschnittliche Jahresumsatz erhöht, oder werden potenzielle Umsatzpotenziale durch die Beschleunigung abgeschnitten?
- Werden Kostenreduktionspotenziale durch Erfahrungseffekte aufgrund des kürzeren Fertigungs- bzw. Marktzyklus nicht ausreichend ausgeschöpft?
- Gibt es Untergrenzen der Marktzyklusdauer?
- Welche Gefahren sind für Unternehmen generell mit kürzeren Marktzyklen verbunden?

3.4.7.2   Beschleunigungsfalle

Mit der Beantwortung dieser Fragen und der modellhaften Abbildung der Auswirkungen des Innovationswettlaufs auf die Umsatzstruktur hat sich *von Braun* beschäftigt. Das Resultat seiner Überlegungen ist die sog. **Beschleunigungsfalle**. Der Modellaufbau, die dahinter stehenden Annahmen sowie die wesentlichen Ergebnisse und Schlussfolgerungen sollen im Folgenden kurz beschrieben werden [vgl. im Folgenden *von Braun, C.-F.* (1991a), S. 58 ff.].

Von Braun betrachtet in seinem Modell der Beschleunigungsfalle ein Unternehmen, dessen Produktpalette zwölf Produkte umfasst. Diese Produkte weisen alle einen Marktzyklus von zwölf Jahren auf und unterscheiden sich lediglich in ihrem Alter (ein Produkt ist ein Jahr alt, ein anderes ist zwei Jahre alt usw.). Jedes Jahr wird ein neues Produkt in einen Markt eingeführt, das ein zwölf Jahre altes Produkt ersetzt, welches sich am Ende seines Marktzyklus befindet. Das Produktspektrum besteht also auch in den folgenden Jahren immer aus zwölf Produkten. Da alle Produkte darüber hinaus vereinfachend durch eine identische (Normal-)Verteilung ihres Lebenszyklusumsatzes charakterisiert sind, ist auch der Gesamtumsatz des Unternehmens in jedem Jahr konstant hoch, und zwar in Höhe des gesamten Lebenszyklusumsatzes eines Produktes. Von Inflation wird bei diesen Überlegungen abgesehen.

Ausgehend von dieser Grundkonstellation untersucht *von Braun* nun die Effekte, die von einer Erhöhung der F&E-Aktivitäten des Unternehmens und einer dadurch bedingten kontinuierlichen Beschleunigung der Marktzyklen schrittweise von zwölf bis auf sieben Jahre ausgehen. Realitätsnah ist wohl davon auszugehen, dass sich aufgrund der kürzeren Marktzyklen auch der Lebenszyklusumsatz der Produkte verringern wird. *Von Braun* nimmt an, dass die neuen Produkte nicht unbedingt eine zusätzliche Nachfrage auslösen, sondern in erster Linie die vorhandene Nachfrage nach den alten, abzulösenden Produkten befriedigen. Eine Geschäftsausweitung ergibt sich daher nicht durch die Innovation. Trotzdem berücksichtigt *von Braun* bestimmte Nachfragewachstumseffekte beispielsweise durch eine gestiegene Kaufkraft, indem er annimmt, dass der relative Rückgang des Lebenszyklusumsatzes eines neuen Produktes geringer ausfällt als der relative Rückgang des Marktzyklus. Dadurch kommt es zu einem Anstieg des durchschnittlichen Jahresumsatzes eines Produktes.

Wie Abb. 3.72 zeigt, steigt der Gesamtumsatz des Unternehmens mit dem Beginn der Beschleunigung im 16. Jahr zunächst an. Aus diesem Grund erscheint eine Strategie der Innovationsbeschleunigung auf den ersten Blick überaus attraktiv. Der Grund für diesen Umsatzan-

stieg liegt darin, dass der zusätzliche Jahresumsatz durch ein neues Produkt mit einem kürzeren Marktzyklus höher ist als der wegfallende Jahresumsatz eines ausscheidenden alten Produktes mit einem längeren Marktzyklus. Werden nach Erreichen des 7-Jahres-Marktzyklus
keine weiteren Beschleunigungen forciert, fällt jedoch der Gesamtumsatz des Unternehmens
schrittweise auf ein Niveau ab, das signifikant unterhalb des Ausgangswertes vor Beginn der
Intensivierung der F&E-Aktivitäten liegt. Dies ist dadurch bedingt, dass sich nach einer
gewissen Zeit (ab dem 29. Jahr in Abb. 3.72) nur noch Produkte mit einem 7-Jahres-Markt-
zyklus und einem vergleichsweise geringeren Lebenszyklusumsatz im Produktspektrum des
Unternehmens befinden.

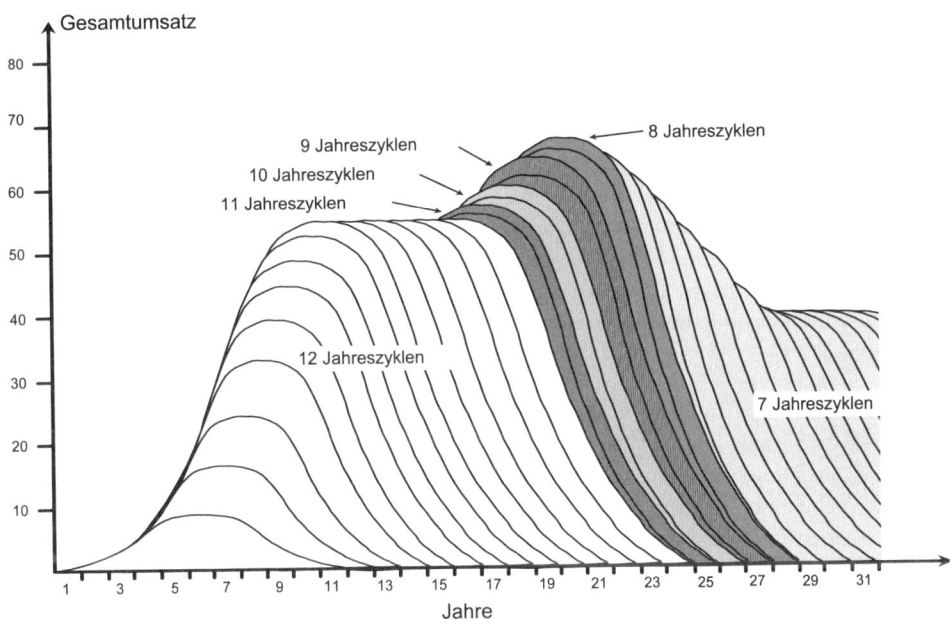

Abb. 3.72:   Beschleunigungsfalle
*   [Quelle: von Braun, C.-F (1991a), S. 66]*

Eine weitere Beschleunigung der Marktzyklen würde selbstverständlich auch zu einem weiteren Anstieg des Gesamtumsatzes des Unternehmens führen, aber der Fortsetzung dieser Strategie sind durch die Finanzkraft des Unternehmens gewisse Grenzen gesetzt. Darüber hinaus
ist auch davon auszugehen, dass sich Marktzyklen nicht beliebig verkürzen lassen, weil bestimmte Kunden an einer Art Minimal-Marktzykluslänge interessiert sind. Diese gewünschte
Minimallänge kann sich aus emotionalen Gründen oder aus technischen und wirtschaftlichen
Rahmenbedingungen (z. B. Schulungs- oder Abschreibungserfordernisse, Kaufkraft) ergeben.
Jeder Beschleunigungstendenz ist somit zu irgendeinem Zeitpunkt ein Ende gesetzt. Der dann
eintretende Umsatzeinbruch ist unvermeidlich [vgl. auch *von Braun, C.-F.* (1995), S. 154].

Als Fazit des Modells der Beschleunigungsfalle lässt sich festhalten, dass anvisierte Wachstumsziele zunächst durch eine Intensivierung und Beschleunigung der F&E-Aktivitäten realisierbar erscheinen, so dass es sich hierbei offensichtlich um eine attraktive Strategie handelt. Jedoch verkörpert dieser zwischenzeitliche Umsatzanstieg **kein „echtes" Wachstum**, sondern resultiert lediglich aus einer Vorverlagerung von zukünftigen Umsätzen [vgl. *von Braun, C.-F.* (1991a), S. 66 f.; *von Braun, C.-F.* (1995), S. 155]. Berücksichtigt man darüber hinaus, dass die Möglichkeiten zur Ausnutzung von **kostensenkenden Erfahrungskurveneffekten** (siehe hierzu Kapitel 3.2.2) durch die kürzeren Marktzyklen enorm beschnitten werden und dass die Einführung neuer Produkte zu einem **Preisverfall der noch am Markt befindlichen Vorgängermodelle** führt [vgl. *von Braun, C.-F.* (1995), S. 156], gehen mit einer Strategie der Innovationsbeschleunigung langfristig keine positiven Effekte auf den Unternehmenserfolg einher.

Zudem führt eine derartige Strategie zu einer beträchtlichen **Risikozunahme**. Die Forcierung der Entwicklungsaktivitäten führt dazu, dass sich das Umsatzpotenzial des Unternehmens zum größten Teil auf immer jüngere Produkte im Produktspektrum stützt. Erweist sich nun einmal die Markteinführung einer Produktinnovation als Fehlschlag, so fallen die Umsatzeinbußen bei kürzeren Marktzyklen wesentlich gravierender aus [vgl. *von Braun, C.-F.* (1991a), S. 67 ff.]. Trotz vieler Hinweise auf Auswirkungen der Beschleunigungsfalle in der Unternehmenspraxis, ist ein empirischer Nachweis wegen der Überlagerung verschiedener Aspekte schwer zu führen (z. B. die Überlagerung von Marktwachstum, Inflation, externen Zins- oder Währungseinflussen mit beschleunigungsbedingten Veränderungen) [vgl. *von Braun, C.-F.* (1991b), S. 278 f.].

Abschließend kann man somit zusammenfassen, dass ein extensiver Zeitwettbewerb die eigene Wettbewerbsposition und die Erfolgsaussichten auf lange Sicht negativ beeinträchtigen kann. Das nachfolgende Zitat bringt das Dilemma klar zum Ausdruck: „Sind nicht ganze Branchen dabei, sich aus der ökonomischen Überlebensfähigkeit herauszubeschleunigen. ... Trotz der offensichtlichen Probleme ist kein Unternehmen in der Lage, aus der Beschleunigungsspirale auszuscheren, da man in diesem Fall sofort den Anschluss an den Markt verlieren würde und nicht mehr wettbewerbsfähig wäre. Den Unternehmen bleibt also oft keine andere Wahl, als das Beschleunigungsrennen mitzumachen – selbst wenn man erkennt, dass es im Abgrund endet." [*Backhaus, K. / Gruner, K.* (1994), S. 44] Einen möglichen Ausweg aus diesem Dilemma könnten sog. **Verlangsamungskartelle** bilden, bei denen sich alle Wettbewerber in einer Branche darauf verständigen, das Innovationstempo zum gegenseitigen Nutzen zu beschränken. Dem stehen jedoch strikte Kartellvorschriften entgegen. Dennoch bestätigte *Akio Miyabayashi*, Europa-Direktor der *Minolta Camera Ltd.*, dass führende Unternehmen der Elektroindustrie stillschweigende Übereinkunft darüber getroffen haben, den Zeitraum zwischen den Markteinführungen von Produktinnovationen um das Drei- bis Vierfache zu verlängern [vgl. *Deutsch, C.* (1995), S. 84].

4 Unternehmensstrategien

Im vorangehenden Kapitel 3 wurden mit dem Kosten-, dem Qualitäts- und dem Zeitwettbewerb verschiedene **Strategien auf der Geschäftsbereichsebene** dargestellt und erläutert. Das Kapitel 4 befasst sich nun mit der strategischen Planung auf einer höheren Planungsebene (siehe hierzu Kapitel 1.6). Bei der **strategischen Planung auf Unternehmensebene** geht es darum, Chancen und Risiken des Umfelds mit Stärken und Schwächen des Gesamtunternehmens, bestehend aus mehreren strategischen Geschäftseinheiten, optimal abzustimmen. Die Strategie auf Unternehmensebene legt die generelle Stoßrichtung des Gesamtunternehmens fest. In Abhängigkeit davon, ob eine auf Wachstum, Stabilisierung oder Desinvestition (Schrumpfung) ausgerichtete Unternehmensstrategie verfolgt wird, sind Entscheidungen bzgl. der Zusammensetzung der strategischen Geschäftseinheiten sowie der Allokation von personellen, materiellen und finanziellen Ressourcen zu treffen. Die Kernfrage hier lautet somit, auf welchen Märkten ein Unternehmen tätig werden soll.

Methodischer Mittelpunkt der strategischen Planung auf Unternehmensebene ist zweifelsohne die Portfolio-Analyse, die im Kapitel 4.1 dargestellt wird. Hierbei wird im Rahmen der Produkt-Portfolios auf das Marktanteils-Marktwachstums-Portfolio der *Boston Consulting Group* (BCG) und das Marktattraktivitäts-Wettbewerbsstärken-Portfolio nach *McKinsey* eingegangen. Die klassischen Produkt-Portfolios gehen vereinfachend von einer homogenen Wettbewerbsstruktur aus, in der die Kaufentscheidung des Kunden für standardisierte, homogene Güter lediglich in Abhängigkeit vom Preis getroffen wird (reiner Preis- bzw. Kostenwettbewerb). Diese Prämisse der Homogenität wird in Kapitel 4.2 aufgegeben. Mit den sog. Wettbewerbsmatrizen werden differenziertere Instrumente zur Strategiefindung auf Unternehmensebene vorgestellt, die darüber hinaus den möglichen Aufbau von akquisitorischen Potenzialen in Form von räumlichen, zeitlichen und persönlichen Kundenpräferenzen berücksichtigen. Des Weiteren ergänzt das Kapitel 4.3 den traditionellen Fokus auf Produkte um eine Betrachtung der hinter diesen Produkten stehenden Produkt- und / oder Verfahrenstechnologien im sog. Technologie-Portfolio. Zum Abschluss wird schließlich im Kapitel 4.4 auf die Besonderheiten der Strategieformulierung bei schrumpfenden Märkten eingegangen und in Kapitel 4.5 das Konzept der Kernkompetenzen erläutert.

4.1 Portfolio-Konzepte

4.1.1 Ursprung der Portfolio-Technik

Die Portfolio-Technik ist ein Instrument zur Formulierung von Unternehmensstrategien. Ihr ursprüngliches Anwendungsfeld ist die Finanzwirtschaft. Dort dient sie unter dem Begriff **Portfolio Selection-Theorie** dem Ziel, die optimale Mischung eines Wertpapier-Portfolios sicherzustellen. Ein Portfolio von verschiedenen Finanzanlagen soll hinsichtlich der künftig erwarteten Rendite und des Risikos ausgeglichen zusammengesetzt sein (effiziente Anlagenstreuung). Implizit wird dieses Selektionsdenken von der Prämisse geleitet, dass die Höhe der erwarteten Rendite und des Risikos konkurrierende Größen sind. *Markowitz* als Begründer der Portfolio Selection-Theorie [vgl. *Markowitz, H. M.* (1952)] stellte fest, dass sich durch die Kombination verschiedener Wertpapiere (**Diversifikation**) das Risiko eines Anlegers reduzieren lässt. Mit steigender Anzahl der Wertpapiere im Portfolio sinkt das Risiko, gemessen als Varianz der zukünftigen Portfolio-Rendite (siehe Abb. 4.1).

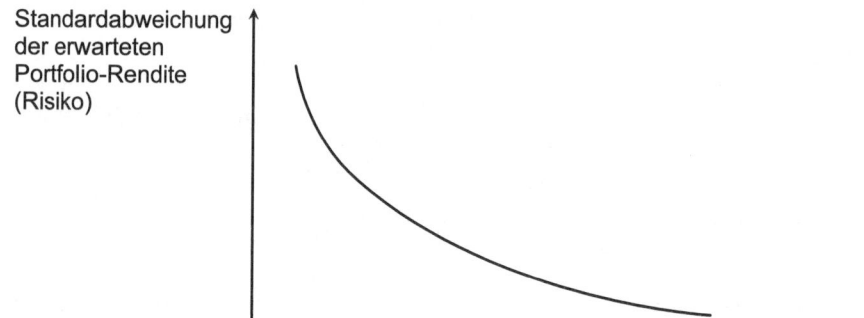

Abb. 4.1:   *Risikominimierung durch Diversifikation*
[in Anlehnung an: Brealey, R. A. / Myers, S. C. / Allen, F. (2006), S. 163]

Dies ist darauf zurückzuführen, dass die künftig erwarteten Renditen von Finanzanlagen untereinander nicht perfekt positiv korrelieren. Somit ist die Varianz der erwarteten Rendite eines gemischten Portfolios kleiner als der mit den jeweiligen Anteilen im Portfolio gewichtete Durchschnitt der Varianzen der einzelnen Wertpapier-Renditen. Das Risiko eines Investors kann also durch Diversifikation minimiert werden. Die Zusammenstellung eines effizienten Wertpapier-Portfolios erfolgt dabei wie folgt:

1. Bestimmung der erwarteten Rendite jeder einzelnen Finanzanlage und der Varianz der Rendite.
2. Ermittlung der bilateralen Abhängigkeiten zwischen den verschiedenen Finanzanlagen (Kovarianzen).
3. Kombination der Finanzanlagen in der Weise, dass

   • bei einer gegebenen Höhe des Risikos (Varianz der erwarteten Portfolio-Rendite) die erwartete Rendite des Portfolios maximiert wird oder
   • bei einer gegebenen Höhe der erwarteten Rendite des Portfolios das Risiko (Varianz der erwarteten Portfolio-Rendite) minimiert wird.

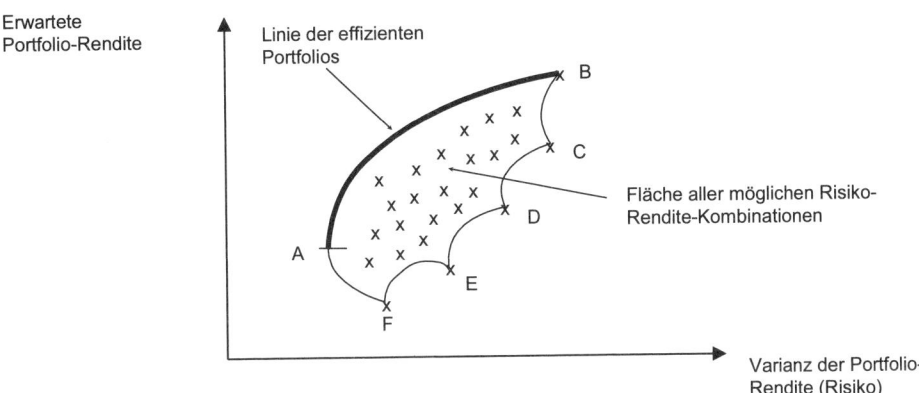

Abb. 4.2:   *Effiziente Wertpapier-Portfolios*
              [in Anlehnung an: Brealey, R. A. / Myers, S. C. / Allen, F. (2006), S. 186]

Abb. 4.2 veranschaulicht diesen Zusammenhang graphisch. Jedes eingezeichnete Kreuz repräsentiert eine Rendite-Varianz-Kombination einer einzelnen Finanzanlage. Die Fläche ABCDEF umschreibt alle denkbaren Möglichkeiten, diese Wertpapiere in einem Portfolio zu mischen, und die damit verbundenen Risiko-Rendite-Kombinationen der entsprechenden Portfolios. Ein rationaler Anleger wird nach *Markowitz* nur sog. **effiziente Portfolios** realisieren, also jene, die sich auf der Verbindungslinie zwischen A und B befinden und damit obiger Regel 3 genügen.

4.1.2   Portfolio-Analyse in der strategischen Unternehmensplanung

4.1.2.1   Grundidee der Portfolio-Analyse und Ausgewogenheitspostulat

Das Streben nach Ausgewogenheit bei der Portfolio-Selektion im finanzwirtschaftlichen Bereich wird im Rahmen der Produkt-Portfolios auf die strategische Unternehmensplanung übertragen. Die verschiedenen unternehmerischen Aktivitätsfelder, die sog. Produkt-Markt-Bereiche oder strategischen Geschäftseinheiten, die um die Verwendung insgesamt knapper Ressourcen des Unternehmens konkurrieren, werden als Investitions- bzw. Desinvestitionsobjekte aufgefasst und damit zum Gegenstand von Strategien. Strategische Geschäftseinheiten „... lassen sich wie Finanzanlagen als Renditebringer mit den damit jeweils verbundenen Risiken betrachten" [*Pfohl, H.-C.* (1981), S. 190]. Ein (diversifiziertes) Unternehmen kann daher als Portfolio verschiedener strategischer Geschäftseinheiten betrachtet werden. **Ziel der Portfolio-Analyse** ist es nun, eine aus Gesamtunternehmenssicht möglichst vorteilhafte Mischung unterschiedlicher Produkt-Markt-Bereiche zu realisieren, die eine nachhaltige Existenzsicherung ermöglicht. Das **Ausgewogenheitspostulat** und damit die gesamtunternehmerische Sichtweise des Portfolio-Ansatzes kommt in zweifacher Form zum Ausdruck: bei der Entwicklungsperspektive und beim Finanzstatus.

Implizit wird bei Portfolio-Aussagen davon ausgegangen, dass Produkte bzw. Produktgruppen einem idealtypischen **Lebenszyklus** mit zunächst steigenden und dann sinkenden Absatz- und Umsatzzahlen unterliegen (zum Produktlebenszykluskonzept siehe Kapitel 3.2.1). Dementsprechend lässt sich der Gesamtzyklus in vier Phasen, nämlich in Einführung, Wachstum, Reife und Sättigung unterscheiden. Der jeweilige Phasenstatus einer strategischen Geschäftseinheit ist Ausdruck ihrer **Entwicklungsperspektive**. Eine nachhaltige Existenzsicherung erfordert, dass die diversen Produkt-Markt-Kombinationen sich möglichst gleichmäßig auf alle Zyklusstadien verteilen. Der Ausgewogenheitsgedanke entspricht der strategischen Vorsorge, die Wirkungen des Wandels und der Veränderlichkeit aufgreifen zu müssen. Unternehmen, die lediglich über strategische Geschäftseinheiten in der Sättigungsphase verfügen, mögen momentan ein zufrieden stellendes operatives Ergebnis erwirtschaften. Sie besitzen jedoch keine strategisch tragfähige Perspektive, da sie nicht über künftige Sättigungsprodukte – eben über jetzige Nachwuchsprodukte – verfügen.

Der zweite Aspekt der Ausgewogenheit betrifft den **Finanzstatus**. Vielfach wird auch von einem well-balanced Cash-Status gesprochen. Jeder idealisierten Phasenposition im Lebenszyklus wird in Verbindung mit der wettbewerblichen Stellung ein ganz bestimmter Cash Flow-Status bzw. Free Cash Flow-Status (Free Cash Flow = Überschuss des Cash Flows über die Investitionsausgaben) zugeschrieben. Ausgewogenheit bedeutet hiernach, einen langfristigen Ausgleich zwischen den Finanzüberschüssen geringwachsender, stagnierender oder schrumpfender strategischer Geschäftseinheiten und den Finanzbedarfen expandierender Produkt-Markt-Kombinationen sicherzustellen (**statischer Finanzausgleich**). Zudem muss sich – so die normativ vorgegebene Zielmaxime – jede strategische Geschäftseinheit über ihren Lebenszyklus hinweg selbst finanzieren (einschließlich der Renditeerwartungen des Kapitalmarktes), indem anfängliche Cash-Defizite (Free Cash Flow < 0) in der Einführungsphase durch Cash-Überschüsse (Free Cash Flow > 0) in der Reifephase und teilweise in der Wachstumsphase ausgeglichen werden (**dynamischer Finanzausgleich**). Die Beachtung des Finanzausgleichs dient dem Zweck, intern die finanzielle Durchführbarkeit des strategischen Programms zu überwachen. Obwohl eine strategische Investitionsentscheidung immer eine Allokation über finanzielle, materielle und personelle Ressourcen ist, wird im Rahmen der Portfolioplanung die Frage der internen Machbarkeit auf die Steuerung der finanziellen Ressourcen beschränkt.

Gemäß diesem Ausgewogenheitspostulat intendiert die Portfolio-Analyse somit nicht, für jede strategische Geschäftseinheit unabhängig von den anderen Produkt-Markt-Bereichen eine isolierte Strategie zu formulieren, sondern strategische Entscheidungen immer im Gesamtzusammenhang zu treffen. Zum Beispiel sind bestimmte Produkt-Markt-Bereiche für sich betrachtet attraktiv und chancenreich, aus gesamtunternehmerischer Sicht jedoch nicht vorteilhaft, da das Risiko aufgrund einer zu starken Konzentration auf eine bestimmte Branche unangemessen hoch einzustufen ist oder eine zu einseitige Verdichtung auf eine einzelne Lebenszyklusphase im Unternehmens-Portfolio inakzeptabel wäre. Beispielsweise müsste sich ein Unternehmen, das nur Nachwuchsprodukte hat, aufgrund evtl. beschränkter finanzieller Ressourcen auf die vielversprechendsten Geschäfte beschränken und die anderen Optionen kapitalstarken Unternehmen zum Kauf anbieten. Gerade innovative Existenzgründer tappen häufig in diese **Ausgewogenheitsfalle**. Es mangelt vielfach nicht an der Entwicklung zukunftsträchtiger und auch marktgängiger Neuprodukte, jedoch sind diese Existenzgründer häufig nicht in der Lage, die zwangsläufig anfallenden finanziellen Anlaufdefizite zu überbrücken.

4.1.2.2 Kernaussage und Zweck der Portfolio-Analyse

Die Formulierung einer Erfolg versprechenden Unternehmensstrategie mit Hilfe der Portfolio-Technik basiert auf einer **Beurteilung der strategischen Geschäftseinheiten bzgl. der Ausprägungen der strategischen Erfolgsfaktoren** (z. B. Höhe des relativen Marktanteils einer Produkt-Markt-Kombination). Voraussetzung hierfür ist also das Erkennen und Verarbeiten jener Faktoren, die den unternehmerischen Erfolg langfristig bestimmen (siehe hierzu Kapitel 1). Die Auswahl der relevanten strategischen Erfolgsfaktoren sowie die Bewertung der strategischen Geschäftseinheiten anhand des Systems dieser Faktoren und die graphische Abbildung der Produkt-Markt-Kombinationen in einer **zweidimensionalen Matrix** (strategische Positionierung im Portfolio) spiegeln die gegenwärtige und zukünftige Erfolgsträchtigkeit der Produkt-Markt-Bereiche wider und sollen eine strategische Ressourcenverteilung lenken bzw. eine strategische Stoßrichtung aufzeigen. Beispielsweise verdeutlicht die Portfolio-Analyse, bei welchen Produkten sich Investitionen in das Marketing oder z. B. Kapazitätsanpassungen lohnen oder welche Produkt-Markt-Kombinationen in Zukunft eliminiert werden sollen. Es geht somit um die zentrale Frage, durch welche Kombination von strategischen Geschäftseinheiten die Unternehmensziele zukünftig bestmöglich erreicht werden können. Dies ist die **Kernaussage der Portfolio-Analyse**.

Der **Zweck der Portfolio-Planung** liegt demnach in der Generierung von strategischen Handlungsempfehlungen (**Normstrategien**). Dies sind grobe Aussagen über das künftige Marktverhalten strategischer Geschäftseinheiten, die den Grad und die Art der Förderungswürdigkeit von Produkt-Markt-Bereichen festlegen. Richtet man sich bei der strategischen Planung nach diesen Empfehlungen und bestimmt die Verteilung der finanziellen, materiellen und personellen Ressourcen hiernach, so ist mit der Strategie automatisch ein Investitionsrahmenplan festgelegt. Dieser muss dann mittels noch zu bestimmender konkreter Maßnahmen zu einem detaillierten Investitionsplan verfeinert werden. Da hierunter nicht nur produktionstechnische Investitionen zu verstehen sind, sondern beispielsweise auch F&E-Projekte oder Marketingaktionen, könnte man auch von einem strategischen Maßnahmenbündel sprechen.

Normstrategie bedeutet dabei, dass in Abhängigkeit von der strategischen Positionierung im Portfolio, d. h. bei Vorliegen bestimmter Ausprägungen der strategischen Erfolgsfaktoren, verschiedene Investitionsempfehlungen für strategische Geschäftseinheiten ausgesprochen werden. Wie der Begriff „Norm"-Strategie schon nahe legt, ist lediglich eine klassifikatorische bzw. grobschlächtige Aussage gewollt. Die Analyse im Hinblick auf die normative Investitionsempfehlung bestimmter Produkt-Markt-Bereiche ist damit nur rasterartig. Da den Normstrategien ein fester Entwicklungspfad der strategischen Geschäftseinheiten gemäß dem Lebenszykluskonzept (siehe hierzu Kapitel 3.2.1) zugrunde liegt, geben diese Handlungsempfehlungen darüber Auskunft, welche grundsätzlichen Anstrengungen bei Vorliegen bestimmter wettbewerblicher Voraussetzungen geboten erscheinen, um das nächste Lebenszyklusphasenstadium zu erreichen. Beispielsweise macht es wenig Sinn, in einem wachsenden Markt ohne Aussicht auf erfolgreiche Marktteilnahme zu investieren. Wenn aber die Art der Förde-rungswürdigkeit von den Ausprägungen der strategischen Erfolgsfaktoren abhängt und zudem von einem idealisierten Verlauf ausgegangen wird, so könnte im Umkehrschluss auch die Frage gestellt werden, ob die jeweiligen Produkt-Markt-Kombinationen über eine entspre-chend dem Zyklusstadium adäquate Ausprägung der Erfolgsfaktoren verfügen. Werden die Normstrategien befolgt, so wird die strikte Maximalforderung unternehmerischer Tätigkeit, nämlich nur in einem wachsenden Markt mit einer Führerschaftsrolle vertreten zu sein, relati-viert. Zudem sollten die Normstrategien – wie bereits dargelegt – bei ausgewogener Besetzung aller Entwicklungsphasen des Lebenszyklus einen ausgeglichenen Finanzsaldo sicherstellen.

4.1.2.3   Matrixdarstellung und Rastertechnik der Portfolio-Planung

Um angesichts einer Vielzahl möglicher strategischer Erfolgsfaktoren griffige Unternehmens-strategien ableiten zu können (**Komplexitätsreduktion**), muss für eine Portfolio-Planung ein Multi-Faktorensystem ohne gravierende Einbußen an Vollständigkeit und Sensibilität auf we-nige Faktoren reduziert werden können. Solche Systeme wären dann in der Lage, Produkt-Markt-Kombinationen bzgl. ihrer strategischen Position eindeutig zu bewerten, Ansatzpunkte für eine gezielte strategische Entwicklung abzuleiten und die strategische Planung überprüfbar zu gestalten [vgl. *Szyperski, N. / Winand, U.* (1978), S. 125]. Von einem derartigen Faktoren-system ist man jedoch weit entfernt. Vielleicht ist ein Streben nach einem solchen System an-gesichts der vorherrschenden Komplexität von vornherein zum Scheitern verurteilt.

Um dennoch eine hinreichend aussagekräftige Portfolio-Analyse durchführen zu können, sind also je nach Zielsetzung des Portfolio-Ansatzes aus der Vielzahl der hypothetischen strategi-schen Erfolgsfaktoren die relevanten Faktoren auszusuchen. Im konkreten Einzelfall kann diese Auswahl enorme Schwierigkeiten bereiten. Letztlich lässt sich die strukturelle Unsicher-heit über die wirklich relevanten Faktoren wohl nicht ganz beseitigen. Die Portfolio-Technik erhebt erst gar nicht den Anspruch nach Exaktheit sowie Vollständigkeit und greift stattdessen die wesentlichsten Erfolgsfaktoren auf und verdichtet sie zu einer **zweidimensionalen Mat-rixdarstellung**. Obwohl in der Zwischenzeit vielfältige Versionen entwickelt wurden und sich die Dimensionen dieser Matrizen doch beachtlich unterscheiden, lassen sich grundlegende Gemeinsamkeiten erkennen. Eine Achse (Ordinate) soll die umfeldbezogenen Erfolgsfaktoren (Chancen und Risiken: die zukünftige Marktattraktivität) reflektieren, die nur bedingt oder gar nicht vom Unternehmen beeinflussbar sind. Die andere Achse (Abszisse) hingegen repräsen-tiert veränderbare unternehmensbezogene Erfolgsfaktoren (Stärken und Schwächen: die ge-genwärtige Marktstellung der betrachteten strategischen Geschäftseinheiten). Die Portfolio-Analyse stellt somit eine idealtypische Verbindung von Umfeld- und Unternehmensanalyse und deren Abgleich (**Strategic Fit**) dar (siehe hierzu Kapitel 2). Die Grundstruktur aller Portfolio-Ansätze ist demnach identisch: Die strategischen Erfolgsfaktoren werden auf zwei Dimensionen (**Umfeld- und Unternehmensdimension**) verdichtet.

Eine auf diesen Achsenurteilen (d. h. anhand von Scoring-Modellen verdichteten Faktorenur-teilen; siehe hierzu Kapitel 4.1.3.2.1) basierende Positionierung der Produkt-Markt-Kombina-tionen in der Portfolio-Matrix soll die strategische Analyse der Geschäftseinheiten erleichtern.

Hierzu stellt sich die Frage, ob die Unternehmens- und / oder die Umfeldsituation für eine strategische Geschäfteinheit günstig oder weniger günstig ist. Grundlage dieser Beurteilung stellen bestimmte **Trennwerte** für die beiden Dimensionen des Portfolios dar. Diese Trennwerte lassen sich teilweise aus den jeweiligen Konzepten zur Gewinnung der strategischen Erfolgsfaktoren (z. B. Marktführerschaft bei einem relativen Marktanteil von größer als eins) ableiten. Mit Hilfe dieser Trennwerte ergibt sich somit eine Aufteilung der Matrixdarstellung in (i. d. R vier oder neun) verschiedene Felder (**Rastertechnik der Portfolio-Planung**). Für jedes dieser Segmente lassen sich dann die entsprechenden Impulse in Form von Strategieempfehlungen (**Normstrategien**) für die darin positionierten strategischen Geschäfteinheiten ableiten.

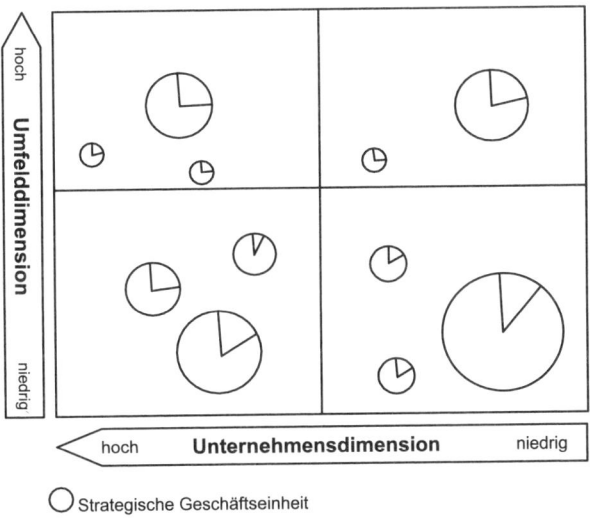

Abb. 4.3:   *Grundprinzip der Portfolio-Technik*

Abb. 4.3 macht das Grundprinzip der Portfolio-Technik deutlich, wobei die Kreisdurchmesser die Größe (erzielter Umsatz oder investiertes Kapital) der Produkt-Markt-Kombinationen angeben, um die relative Bedeutung der einzelnen strategischen Geschäfteinheiten für das Gesamtunternehmen darzustellen. Darüber hinaus ist es möglich, die Rentabilität der jeweiligen Produkt-Markt-Kombination (z. B. Deckungsbeitrag in Prozent vom Umsatz) als Kreissegment zu visualisieren. Auffällig ist hierbei, dass entgegen einer üblichen Koordinatendarstellung die Abszisse verdreht wird. Warum dem so ist, bleibt das Geheimnis der Beratungsunternehmen, die dieses Instrument entwickelt haben.

4.1.3   Ausgewählte Produkt-Portfolio-Ansätze

Im Folgenden sollen die wohl zwei bekanntesten Produkt-Portfolios vorgestellt werden: Das Marktanteils-Marktwachstums-Portfolio der *Boston Consulting Group* (BCG) und das Marktattraktivitäts-Wettbewerbsstärken-Portfolio nach *McKinsey*. Daneben existieren eine Vielzahl weiterer Portfoliovarianten, die im Gegensatz zu o. g. Instrumenten nicht den Produkt-Markt-Bereich, sondern z. B. beschaffungs-, technologie-, risiko- oder kundenorientierte Aspekte in den Vordergrund stellen. Beispiele hierfür sind das Technologie-Portfolio zur strategischen Vorsteuerung von Innovationsaktivitäten (siehe hierzu Kapitel 4.3), das Geschäftsfeld-Ressourcen-Portfolio von *Albach* [vgl. *Albach, H.* (1979)] sowie das Kunden-Portfolio zur Steuerung der Absatzpolitik in Abhängigkeit von der Kundenbedeutung [vgl. *Dickson, P. R.* (1983)].

4.1.3.1   Marktanteils-Marktwachstums-Portfolio (Boston-I-Portfolio)

4.1.3.1.1   Ausgewählte strategische Erfolgsfaktoren im Boston-I-Portfolio

Das wohl bekannteste Produkt-Portfolio ist das von der *Boston Consulting Group* entwickelte Boston-I-Portfolio [vgl. *Hedley, B.* (1976)]. Der Name Boston-I-Portfolio hat sich zur Abgrenzung von der ebenfalls von der *Boston Consulting Group* entwickelten Vorteilsmatrix durchgesetzt (siehe hierzu Kapitel 4.2.2.2). Von der Vielzahl möglicher unternehmensbezogener und umfeldlicher strategischer Erfolgsfaktoren wird jeweils nur einer berücksichtigt, der zudem den Vorteil besitzt, quantitativ erfassbar zu sein. Dieses Portfolio ist somit ein **quantitatives Ein-Faktoren-System**.

Die marktliche Entwicklungschance einer strategischen Geschäftseinheit wird auf der Ordinate (Umfelddimension) der Matrix basierend auf dem engen Produktlebenszykluskonzept durch das **zukünftige reale Marktwachstum** abzubilden versucht (siehe hierzu Kapitel 3.2.1.2). Das reale Marktwachstum ist dabei das um die künftige Inflation bereinigte nominale Marktwachstum. Als unternehmerischer strategischer Erfolgsfaktor wird auf der Abszisse (Unternehmensdimension) aufgrund des Erfahrungskurvenkonzeptes **der relative Marktanteil (RMA)**, d. h. der Marktanteil der eigenen Produkt-Markt-Kombination im Verhältnis zum Marktanteil des größten Konkurrenten, gewählt (siehe hierzu Kapitel 3.2.2.5). Die zentrale Grundannahme beim Boston-I-Portfolio lautet, dass das Marktrisiko mit zunehmendem relativen Marktanteil abnimmt. Unternehmen mit einem im Vergleich zur Konkurrenz höheren kumulierten Gesamtabsatz haben Erfahrungsvorteile, die sich in Kostenvorteile umsetzen lassen und so die Marktrisiken senken.

Das erklärte strategische Ziel ist somit die Sicherung eines hohen relativen Marktanteils in Märkten mit künftig hohen Wachstumsraten, da nach dem Produktlebenszykluskonzept Produkte in Märkten mit Entwicklungsperspektive, d. h. mit überdurchschnittlichem Wachstum durch ausreichende Renditeerwartungen gekennzeichnet sind. Gleichzeitig führt nach dem Erfahrungskurvenkonzept ein hoher relativer Marktanteil zu Kostenvorteilen und damit zu Preis- und Gewinnvorteilen. Allerdings wird diese Maximalforderung durch das Postulat der Ausgewogenheit der verschiedenen strategischen Geschäftseinheiten im Portfolio relativiert.

Die einzelnen strategischen Geschäftseinheiten eines Unternehmens werden anhand der beiden ausgewählten strategischen Erfolgsfaktoren beurteilt und gemäß den Faktorausprägungen im Portfolio positioniert, wobei die Kreisdurchmesser die relative Bedeutung der Produkt-Markt-Kombinationen (gemessen am erzielten Umsatz bzw. an der Höhe des investierten Kapitals) angeben (siehe Abb. 4.4).

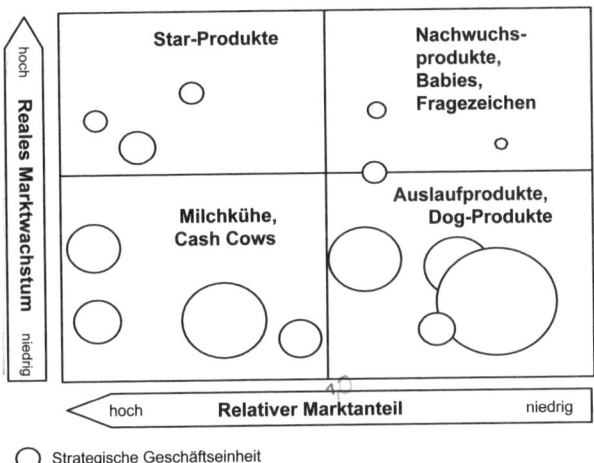

Abb. 4.4:   *Marktanteils-Marktwachstums-Portfolio der Boston Consulting Group*
               [in Anlehnung an: Hedley, B. (1976), S. 10]

Zur Unterstützung der Analyse und der Strategieformulierung wird, wie Abb. 4.4 verdeutlicht, mit Hilfe bestimmter **Trennwerte** eine Aufteilung des Portfolios in **vier Felder** vorgenommen (Rasterung). Wo die Grenze zwischen hoch und niedrig bei den Erfolgsfaktoren zu ziehen ist, bleibt der subjektiven Einschätzung überlassen. Es gibt jedoch gewisse Erfahrungswerte, wann von einem hohen relativen Marktanteil gesprochen werden kann. In der Regel wird die Trennlinie beim relativen Marktanteil bei 1,0 gezogen, da man bei einem relativen Marktanteil über eins als Marktführer die Chance zur Realisierung von Kosten- und Wettbewerbsvorteilen besitzt. Einige Unternehmen legen den Trennstrich schon bei 0,8. Hiernach wird selbst eine zweite bzw. dritte Position in unmittelbarer Nähe des Marktführers als hohe Marktanteilsposition interpretiert. Wo die Grenzen im Einzelfall gezogen werden, bestimmen auch letztlich die jeweils vorherrschenden Branchenverhältnisse.

Was als hohes bzw. niedriges Marktwachstum gilt, wird weitgehend nach Durchschnittswerten der künftigen realen Zuwachsrate des Marktes, der Branche oder des Bruttosozialproduktes bestimmt. Welcher dieser drei Werte heranzuziehen ist, hängt in erster Linie von der Heterogenität des eigenen Spektrums der strategischen Geschäftseinheiten im Portfolio ab. Für Mischkonzerne mit sehr unterschiedlichen Produkt-Markt-Kombinationen scheint beispielsweise nur das zukünftige Wachstum des Bruttosozialproduktes sinnvoll. Bei stärker fokussierten Unternehmen ist die reale Wachstumsrate der jeweiligen Branche heranzuziehen. Idealtypisch liegt die Grenze beim Übergang von der Wachstums- zur Reifephase. Die Portfolio-Darstellung beschränkt sich bzgl. des Marktwachstums nicht nur auf den positiven Bereich, sondern bezieht bei Marktschrumpfung auch negative Wachstumsraten ein; zu den Besonderheiten von Strategien bei schrumpfenden Märkten siehe Kapitel 4.4).

4.1.3.1.2   Normstrategien im Boston-I-Portfolio

Dem Marktanteils-Marktwachstums-Portfolio ist, wie auch den meisten anderen Portfolio-Varianten, das **Lebenszyklusmodell** immanent, wie Abb. 4.5 verdeutlicht. Demnach entwickelt sich der typische Erfolgsläufer entlang der Phasen Einführung, Wachstum, Reife und Sättigung. Die durchgezogenen Pfeile in Abb. 4.5 zeichnen den idealisierten Entwicklungspfad von Produkt-Markt-Kombinationen eines Innovators gemäß dem Lebenszykluskonzept nach. Für einen Imitator, der dem Innovator nach einer gewissen zeitlichen Verzögerung in der Wachstumsphase folgt, verkürzt sich der verbleibende Lebenszyklus auf die letzten drei Phasen. Abweichend vom idealtypischen Lebenszyklusphasenverlauf kann ein neues Produkt aber auch direkt von der Einführungsphase in die Sättigungsphase „abstürzen" (gestrichelter Pfeil in Abb. 4.5).

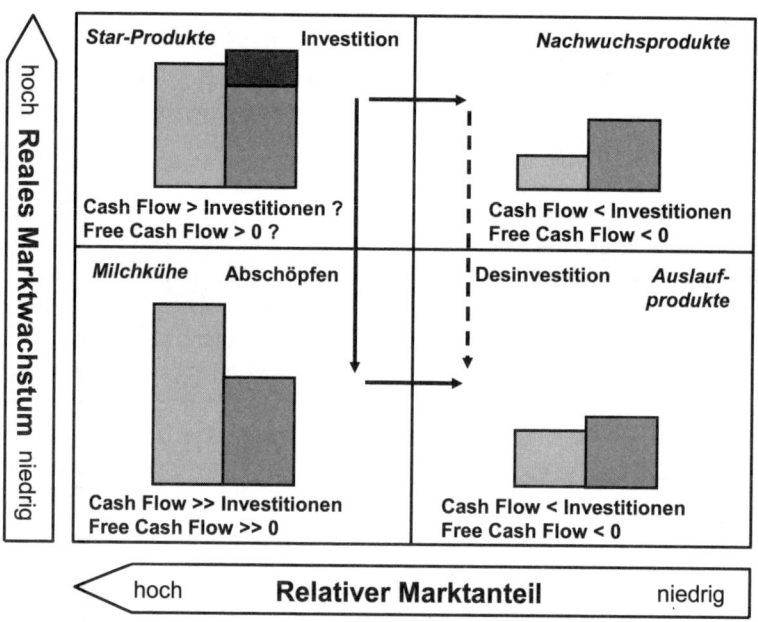

Abb. 4.5:   *Lebenszyklus und Normstrategien im Boston-I-Portfolio*
[in Anlehnung an: Hinterhuber, H. H. (2004a), S. 166]

Aus den kombinierten Ausprägungsgraden der beiden quantitativen Erfolgsfaktoren relativer Marktanteil und zukünftiges reales Marktwachstum werden für jeden der vier Quadranten der Portfolio-Matrix idealisierte strategische Investitionsempfehlungen (**Normstrategien**) abgeleitet. Ein solches Investitionsverhalten soll dann der nachhaltigen Existenzsicherung des Unternehmens dienen. Es ist nicht weiter verwunderlich, dass diese Normstrategien den Lebenszyklusstrategien entlehnt sind. Die Normstrategien sind daher nur verständlich, wenn man sich die Grundannahmen dieses Portfolio-Typs vergegenwärtigt. Entsprechend dem Lebenszyklus-konzept besitzt jede strategische Geschäfteinheit nur eine begrenzte Marktverweildauer mit phasenspezifischen Liquiditätsbeiträgen (siehe Abb. 4.5):

- Bei den neuen Geschäfteinheiten, den sog. **Nachwuchsprodukten, Babies** oder **Fragezeichen (question marks)**, muss grundsätzlich entschieden werden, ob das Unternehmen die Chance auf eine erfolgreiche Marktteilnahme über den gesamten Zyklus als gegeben betrachtet. Nur in diesem Fall scheint eine **Offensivstrategie** zur Marktetablierung angezeigt. Für die Einführungsphase ist dann ein hoher Investitionsbedarf (z. B. Kapazitätsausbau, F&E- und Markteinführungskosten) zu erwarten, der den Umsatz-Cash Flow aus diesem Geschäft übersteigt (negativer Free Cash Flow).

- In der anschließenden Wachstumsphase bleibt der Investitionsbedarf der strategischen Geschäfteinheiten, die eine führende Marktposition erzielt haben (sog. **Star-Produkte**), weiterhin dominant. Dieser hohe Investitionsbedarf leitet sich aus dem extern vorgegebenen Marktwachstum ab. Wer in der Wachstumsphase an relativem Marktanteil verliert, büßt Teile seiner günstigen Kostenposition und damit seiner strategischen Entwicklungsperspektive ein. Dem Boston-I-Portfolio liegt somit die Grundkonzeption der Kosten- und damit der Preisführerschaft zugrunde. Die Einnahmen, die die Star-Produkte erbringen, können schon jetzt für die Finanzierung der erforderlichen **Investitionsstrategie**, wie sie die Sicherung und der Ausbau der RMA-Position erfordern, ausreichen. Dies hängt in erster Linie vom Wachstumspfad ab. Tendenziell gilt, dass strategische Geschäfteinheiten mit großen Wachstumsraten und damit kurzem Wachstumszyklus aufgrund eines hohen Investitionsbedarfes (siehe den entsprechenden Investitionsbalken in Abb. 4.5 inkl. dem dunklen Balkenaufsatz) Cash-Verbraucher sind. Strategische Geschäfteinheiten mit gemäßigten Wachstumsraten hingegen weisen eher einen ausgeglichenen Cash-Status auf, wie empirische Studien gezeigt haben (der dunkle Balkenaufsatz in Abb. 4.5 entfällt; siehe hierzu auch Kapitel 5.5.1.1). Obwohl das Star-Geschäft somit auch Ressourcen verzehren kann, kommt in ihm doch die Entwicklungsperspektive des Unternehmens zum Ausdruck. Ohne Nachwuchs- und Wachstumsprodukte muss ein Unternehmen auf lange Sicht um seinen Bestand fürchten.

- Die Reifephase erlaubt nach diesem Idealverständnis einen nachhaltigen Free Cash Flow-Überschuss. Die sinkende Wachstumsrate bzw. die Stagnation reduziert das notwendige Investitionsvolumen zum Kapazitätsaufbau drastisch. Zudem werden Investitionen wie z. B. in die Steigerung der Marktdurchdringung, die Verkaufsförderung oder die Produktentwicklung weniger wichtig, während andere Investitionsobjekte wie Rationalisierungsmaßnahmen in den Vordergrund treten. An die Stelle einer Außenorientierung tritt eine verstärkte Innenbetrachtung. In diesem Stadium des Lebenszyklus ist auch nicht mehr mit neuen Markteintritten zu rechnen, so dass liquiditätsmindernde Verteilungskämpfe eher die Ausnahme denn die Regel sind. Diese Geschäfteinheiten werden als **Milchkühe (Cash Cows)** bezeichnet, da sie im entscheidenden Maße zum Finanzstatus des Unternehmens beitragen sollen, indem sie die Mittel für neue Aktivitäten (Nachwuchsprodukte) bzw. für die Entwicklung künftiger Milchkühe bereitstellen. Man verordnet den Cash Cows positionsgerecht eine **Abschöpfungsstrategie**. Aber auch hier gilt, nichts an strategischem Gewicht einzubüßen, da dies wegen der dann ungünstigeren Kostenposition negative Auswirkungen auf den künftigen Umsatz-Cash Flow haben würde. An dieser Stelle wird deutlich, dass erst in einem späten Stadium des Lebenszyklus mit einem kumulierten positiven Free Cash Flow gerechnet werden kann. Von daher gewinnt die strategische Entscheidung in der Einführungsphase enorm an Bedeutung. Es muss darüber Einigkeit bestehen, dass nicht mehr Nachwuchsprodukte in die Förderung einbezogen werden, als langfristig auch finanzierbar sind. Man muss sich im Klaren sein, dass eine Abbruchentscheidung vor Erreichen der Reifephase bzw. vor einer hinreichend langen Verweildauer in der Reifephase zu einer Fehlinvestition führt. Andernfalls muss man sich um entsprechende externe Finanzquellen bemühen oder die Geschäftseinheit verkaufen. Der Finanzausgleich im Portfolio ist auf den Innenfinanzierungsspielraum beschränkt.

- Die Sättigungsphase ist durch einen geordneten Rückzug gekennzeichnet, da der strategischen Geschäftseinheit weder ein überdurchschnittliches zukünftiges Wachstumspotenzial noch eine gute Marktanteilsstellung beigemessen wird. Die **Desinvestition** im Bereich der sog. **Auslaufprodukte** oder **Dogs** sollte wenigstens liquiditätsneutral (Free Cash Flow ≈ 0) abgewickelt werden. Empirische Untersuchungen belegen jedoch, dass in der Mehrzahl der Fälle negative Free Cash Flows zu verzeichnen sind [vgl. *Buzzell, R. D. / Gale, B. T.* (1987), S. 11 f.].

Im Ergebnis bleibt festzuhalten, dass bei einer etwa gleichmäßigen Besetzung aller Zyklusstadien die Normstrategien für einen Finanzausgleich Sorge tragen. Die Diskussion zu den Normstrategien legt somit den Schluss nahe, dass es strategisch gesehen äußerst unangebracht ist, von jeder strategischen Geschäftseinheit die – statisch betrachtet – selbständige finanzielle Tragfähigkeit zu verlangen. Wer im Star-Bereich einen ausgeglichenen Finanzsaldo vorschreibt, zwingt u. U. zur Hochpreispolitik (zur Skimming-Strategie siehe Kapitel 3.2.2.5). Dies kann langfristig zu neuen Markteintritten (Nachahmer oder Folger) anregen, mit der Folge, dass sich die Wettbewerbsintensität verschärft und sich die Branchenrentabilität auf breiter Basis verschlechtert.

4.1.3.1.3   Beispiel für ein Boston-I-Portfolio

Die Vorgehensweise der Portfolio-Analyse bei der Anwendung des Boston-I-Portfolios soll anhand des folgenden Beispiels verdeutlicht werden: Das Unternehmen XY sei in fünf strategische Geschäftseinheiten (SGE) gegliedert, für die folgende Daten erhoben wurden:

SGE	Marktanteil Unternehmen XY	Marktanteil des größten Wettbewerbers	nominales Marktwachstum	Durchschnittliche Preissteigerung im Markt	Marktvolumen p. a.
A	15 %	10 %	6 %	3 %	250 Mio. €
B	5 %	12,5 %	5 %	6 %	200 Mio. €
C	8 %	12 %	10 %	4 %	50 Mio. €
D	3 %	6 %	15 %	4 %	400 Mio. €
E	20 %	10 %	10 %	3 %	3 Mio. €

Das durchschnittliche nominale Branchenwachstum wird in den nächsten Jahren voraussichtlich 10 % p. a. betragen, wobei angesichts der Kostenentwicklung mit durchschnittlichen Preissteigerungen von 5 % p. a. zu rechnen ist.

Für die Positionierung im Boston-I-Portfolio sind zunächst jeweils der relative Marktanteil (RMA) und der Umsatz der fünf strategischen Geschäftseinheiten sowie das jeweilige zukünftige reale Marktwachstum anhand folgender Zusammenhänge zu bestimmen:

- relativer Marktanteil (RMA) = $\dfrac{\text{eigener Marktanteil}}{\text{Marktanteil des größten Konkurrenten}}$

- reales Marktwachstum $\approx$ nominales Marktwachstum – Inflationsrate
- Umsatz der SGE = Marktvolumen • Marktanteil der SGE

Es ergeben sich dabei folgende Werte:

SGE	Relativer Marktanteil (RMA)	Reales Marktwachstum	Umsatz der SGE
A	1,50	3 %	37,5 Mio. €
B	0,40	- 1 %	10,0 Mio. €
C	0,67	6 %	4,0 Mio. €
D	0,50	11 %	12,0 Mio. €
E	2,00	7 %	0,6 Mio. €

Unter Berücksichtigung der Trennlinien von 1,0 beim relativen Marktanteil bzw. von 5 % beim durchschnittlichen zukünftigen realen Branchenwachstum stellt sich das Boston-I-Portfolio des Unternehmens XY gemäß Abb. 4.6 dar. Die Kreisdurchmesser charakterisieren dabei die Bedeutung der strategischen Geschäftseinheiten in Anbetracht der jeweiligen Umsatzhöhe.

Das Produkt-Portfolio im betrachteten Beispiel ist nicht ausgewogen, da bis auf die unbedeutende strategische Geschäftseinheit E kein Star-Produkt vorhanden ist. Dies kann in der Zukunft dazu führen, dass langfristig die Finanzierung von aussichtsreichen Produkt-Markt-Kombinationen aufgrund des Fehlens von heutigen Stars, d. h. zukünftigen Cash Cows, nicht gewährleistet ist. Die umsatzstarke strategische Geschäftseinheit A kann momentan als Cash Cow gemäß dem statischen Finanzausgleich zur Finanzierung der Nachwuchsprodukte C und D beitragen. Die Produkt-Markt-Kombination B zählt als Dog und wird langfristig eliminiert werden. Die strategische Geschäftseinheit D ist aufgrund des überdurchschnittlichen Marktwachstums äußerst attraktiv und daher durch gezielte Investitionen zu fördern. Bei der strategischen Geschäftseinheit C ist abzuwägen, ob sich diese Produkt-Markt-Kombination in der Zukunft zum Star-Produkt entwickelt oder entgegen dem Lebenszyklusansatz vorzeitig in den Dog-Bereich abfällt.

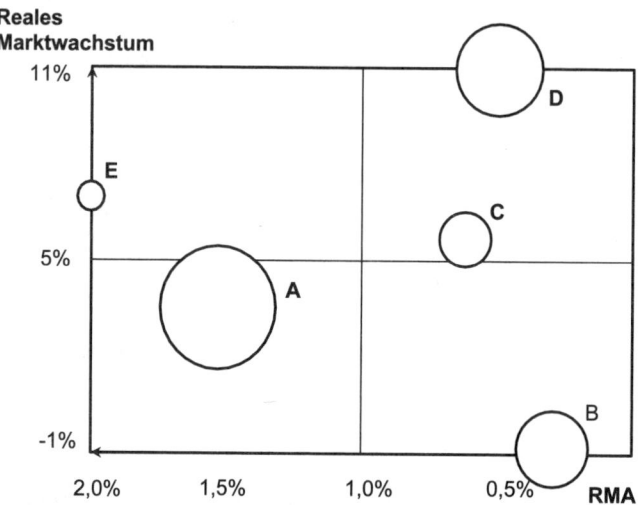

Abb. 4.6:   Fiktives Beispiel eines Boston-I-Portfolios

Es ist einschränkend darauf hinzuweisen, dass diese Aussagen einer idealtypischen und damit auch in gewisser Weise einer pauschalisierenden Betrachtung entspringen. Bevor jedoch konkretere Entscheidungen getroffen werden, muss das jeweilige Unternehmen prüfen, inwieweit die impliziten Annahmen der Portfolio-Darstellung auch wirklich der Faktenlage entsprechen. Die Einzelentscheidung hat sich an die Besonderheiten des Einzelfalls anzupassen.

4.1.3.2   Marktattraktivitäts-Wettbewerbsstärken-Portfolio (*McKinsey*-Portfolio)

4.1.3.2.1   Ausgewählte strategische Erfolgsfaktoren im *McKinsey*-Portfolio

Die rudimentäre Beschränkung auf nur zwei strategische Erfolgsfaktoren beim Boston-I-Portfolio erlaubt nach Meinung einiger Kritiker keine qualifizierte Erarbeitung von strategischen Allokationsempfehlungen. Insbesondere die Ergebnisse der PIMS-Studie und Plausibilitätsüberlegungen belegen, dass vielfältige strategische Erfolgsdeterminanten existieren. Die Beratungsgesellschaft *McKinsey & Co.* entwickelte daraufhin in Zusammenarbeit mit *General Electric* erstmals **ein gemischt quantitatives und qualitatives Mehr-Faktoren-System** [vgl. *Clifford, D. K., Jr. / Bridgewater, B. A., Jr. / Hardy, T.* (1975)].

Diese Vorgehensweise hat zum Ziel, mehrere Aspekte pro Dimension des Portfolios in die Beurteilung einfließen zu lassen. Dabei geht es weniger darum, einen verbindlichen Katalog von strategischen Erfolgsfaktoren vorzuschreiben, als vielmehr die jeweilige Erfolgsfaktorenauswahl den individuellen Bedürfnissen anzupassen.

Kriterien zur Beurteilung der Wettbewerbsstärke:
(1) Relative Marktposition - Marktanteil und seine Entwicklung - Größe und Finanzkraft der Unternehmung - Wachstumsrate der Unternehmung - Rentabilität (Deckungsbeitrag, Umsatzrendite und Kapitalumschlag) - Risiko - Marketingpotenzial (Image der Unternehmung und daraus resultierende Abnehmerbeziehungen, Preisvorteile aufgrund von Qualität, Lieferzeiten, Service, Technik, Sortimentsbreite usw.) - Vertriebsorganisation - Ausmaß der Differenzierung oder der Kostenführerschaft - Abschirmungsfähigkeit der Unternehmung gegenüber dem Wirken der Wettbewerbskräfte - u. a. m.

(2) Relative Beherrschung der Produktion
A) Prozesswirtschaftlichkeit
   - Kostenvorteile aufgrund der Modernität der Produktionsprozesse, der Kapazitätsausnutzung, Produktionsbedingungen, Größe der Produktionseinheiten usw.
   - Innovationsfähigkeit und technisches Know how der Unternehmung
   - Lizenzbeziehungen, Patente, Schutzrechte usw.
   - Anpassungsfähigkeit der Anlagen an wechselnde Marktbedingungen
   - u. a. m.
B) Hardware
   - Erhaltung der Marktanteile mit den gegenwärtigen oder im Bau befindlichen Kapazitäten
   - Standortvorteile
   - Steigerungspotenzial der Produktivität
   - Umweltfreundlichkeit der Produktionsprozesse
   - Lieferbedingungen, Kundendienst usw.
   - u. a. m.
C) Energie- und Rohstoffversorgung
   - Erhaltung der gegenwärtigen Marktanteile unter den voraussichtlichen Versorgungsbedingungen
   - Kostensituation der Energie- und Rohstoffversorgung
   - Eingangslogistik
   - u. a. m.

(3) Relative Innovationsfähigkeit - Stand der Grundlagenforschung, angewandten Forschung, experimentellen Entwicklung und anwendungstechnischen Entwicklung im Vergleich zur Marktposition der Unternehmung - Innovationspotenzial und Innovationskontinuität - u. a. m.
(4) Relative Qualifikation der Führungskräfte und Mitarbeiter - Professionalität und Urteilsfähigkeit, Einsatz und Kultur der Führungskräfte - Innovationsklima - Qualität der Führungssysteme - Gewinnkapazität der Unternehmung, Synergien usw. - u. a. m.

Abb. 4.7:   *Dimensionen der Wettbewerbsstärke im McKinsey-Portfolio*

   [Quelle: in Erweiterung von Hinterhuber, H. H. (2004a), S. 159 und 163]

Kriterien zur Beurteilung der Marktattraktivität:
(1) Marktpotenzial - künftiges reales Marktwachstum - Marktvolumen **(2) Marktqualität** - Rentabilität der Branche (Deckungsbeitrag, Umsatzrendite, Kapitalumschlag) - Stellung im Markt-Lebenszyklus - Spielraum für die Preispolitik - Technologisches Niveau und Innovationspotenzial - Schutzfähigkeit des technischen Know how - Investitionsintensität - Wettbewerbsverhalten der etablierten Unternehmungen - Anzahl und Struktur der potenziellen Abnehmer - Verhandlungsstärke und Kaufverhalten der Abnehmer - Eintrittsbarrieren für neue Anbieter (Bedrohung durch neue Konkurrenten) - Anforderungen an Distribution und Service - Variabilität der Wettbewerbsbedingungen - Bedrohung durch Substitutionsprodukte - Wettbewerbsklima - u. a. m.
(3) Energie- und Rohstoffversorgung - Störungsanfälligkeit in der Versorgung von Energie- und Rohstoffen - Beeinträchtigung der Wirtschaftlichkeit der Produktionsprozesse durch Erhöhungen der Energie- und Rohstoffpreise - Existenz von alternativen Rohstoffen und Energieträgern - Verhandlungsstärke und Verhalten der Lieferanten - u. a. m.
(4) Umfeldsituation - Konjunkturabhängigkeit - Verhandlungsstärke und Verhalten der Arbeitnehmer und ihrer Organisationen - Inflationsauswirkungen - Abhängigkeit von der Gesetzgebung - Abhängigkeit von der öffentlichen Einstellung - Handelshemmnisse - Abhängigkeit von den Spielregeln des Marktes - Risiko staatlicher Eingriffe - Umweltschutzmaßnahmen - u. a. m.

Abb. 4.8:   Dimensionen der Marktattraktivität im McKinsey-Portfolio
[Quelle:in Erweiterung von Hinterhuber, H. H. (2004a), S. 151 und S. 158]

Die Einschätzung der unternehmerischen **Wettbewerbsstärke**, die im *McKinsey*-Portfolio auf der Abszisse (Unternehmensdimension) abgetragen wird, basiert auf einer zum stärksten Wettbewerber relativierten Bewertung von strategischen Erfolgsfaktoren. Angesprochen sind jene erfolgsbegründenden Faktoren, auf die Unternehmen direkt einwirken können, wie z. B. Marktposition, Beherrschung der Produktion, Innovationsfähigkeit und Qualifikation der Führungskräfte und Mitarbeiter (Human Capital). Auf der Ordinate (Umfelddimension) wird die **Marktattraktivität** dargestellt.

Hierbei stehen branchenspezifische, vom Unternehmen nicht oder nur indirekt beeinflussbare umfeldliche Chancenfaktoren wie das Marktpotenzial (künftiges reales Marktwachstum, Marktvolumen), die Marktqualität, die Energie- und Rohstoffversorgung sowie die allgemeine Umfeldsituation im Mittelpunkt. Abb. 4.7 sowie Abb. 4.8 fassen mögliche strategische Erfolgsfaktoren, die im *McKinsey*-Portfolio Berücksichtigung finden können, überblicksartig zusammen.

Die vom Unternehmen als relevant erachteten strategischen Erfolgsfaktoren sind teilweise quantitativ messbar (z. B. der relative Marktanteil) und weisen teilweise lediglich einen qualitativen Charakter auf (z. B. die relative Qualität im Vergleich zu den Wettbewerbern; siehe hierzu Kapitel 3.3.1). Um diese unterschiedlichen Faktoren basierend auf einem einheitlichen Skalenniveau abzubilden und sie anschließend zu einem Gesamturteil zu aggregieren, ist mithin ein aufwendiges Bewertungssystem über Scores und Gewichtungen notwendig. Diese Verdichtung von Einzelfaktoren über sog. **Scoring-Modelle** setzt voraus, dass der zu beurteilende Sachverhalt, also einerseits die Marktattraktivität und andererseits die Wettbewerbsstärke der strategischen Geschäftseinheiten, vollständig und überschneidungsfrei durch die einbezogenen strategischen Erfolgsfaktoren abgedeckt wird. Diese Forderung ist leicht erhoben, bereitet aber bei der praktischen Umsetzung gewisse Probleme.

Nach der Auswahl der zu betrachtenden Faktoren sind diese zunächst entsprechend ihrer Bedeutung für die jeweilige Bewertungsdimension zu gewichten. Danach ist für jede strategische Geschäftseinheit der Erfüllungsgrad in Bezug auf alle strategischen Erfolgsfaktoren zu bestimmen. Hierbei kann man eine Skalierung zugrunde legen, wie sie Abb. 4.9 beispielhaft wiedergibt.

Erfüllungsgrad	Skalenpunkte
gut	5 Punkte
mittel	3 Punkte
schlecht	0 Punkte

Abb. 4.9: Scoring-Modell

Anschließend werden sowohl für die Marktattraktivität als auch für die Wettbewerbsstärke alle Skalenpunkte einer strategischen Geschäftseinheit unter Anwendung der zuvor festgelegten Gewichtung der strategischen Erfolgsfaktoren addiert. Der Koordinatenwert wird dann als

Prozentsatz, bezogen auf die maximal mögliche Zahl der Skalenpunkte, bestimmt. Zum Beispiel kann die Marktattraktivität dann 57 % betragen. Dies bedeutet, dass eine bestimmte Geschäftseinheit im Lichte der Einzelfaktoren einen aggregierten Wert der Marktattraktivität in Höhe von 57 % der maximal möglichen Bewertung aufweist. Auf Basis der so ermittelten Werte für die Marktattraktivität und für die Wettbewerbsstärke einer strategischen Geschäftseinheit erfolgt dann deren Positionierung im Portfolio.

Im Gegensatz zum Boston-I-Portfolio sieht das Marktattraktivitäts-Wettbewerbsstärken-Portfolio eine Unterteilung in **neun Felder** vor, wobei die **Trennlinien** jeweils bei 33 % bzw. 67 % der erreichbaren Maximalpunktzahl liegen (siehe Abb. 4.10). Hieraus soll eine methodenbedingte Polarisierung bei mittelstarken Wettbewerbsstärken bzw. Marktattraktivitäten vermieden werden.

4.1.3.2.2   Normstrategien im *McKinsey*-Portfolio

Aus dem so entwickelten Portfolio-Bild werden dann wiederum wie beim Boston-I-Portfolio **Normstrategien** abgeleitet, wobei im Hinblick auf die Hauptzielsetzung, nämlich einer Steigerung des Return on Investment (RoI), grundsätzlich zwischen förderungswürdigen und rückzugsorientierten (desinvestiven) Geschäftseinheiten unterschieden wird. Abb. 4.10 zeigt das *McKinsey*-Portfolio, wobei jedem der neun Felder eine Normstrategie zugeordnet wird.

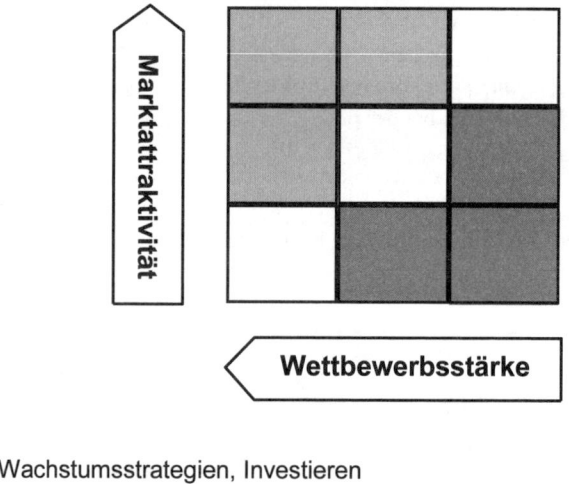

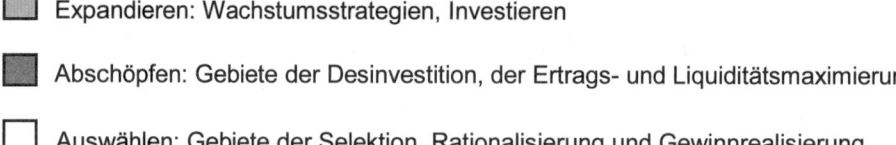

Expandieren: Wachstumsstrategien, Investieren

Abschöpfen: Gebiete der Desinvestition, der Ertrags- und Liquiditätsmaximierung

Auswählen: Gebiete der Selektion, Rationalisierung und Gewinnrealisierung

Abb. 4.10:   Marktattraktivitäts-Wettbewerbsstärken-Portfolio nach McKinsey
[in Anlehnung an: Clifford, D. K., Jr. / Bridgewater, B. A., Jr. / Hardy, T. (1975), S. 16]

- Die in den Feldern des Bereichs „**Expandieren**" positionierten strategischen Geschäftseinheiten weisen aufgrund der mittleren bis guten Beurteilung hinsichtlich ihrer Wettbewerbsstärke und ihrer Marktattraktivität ein hohes Ertragspotenzial auf. Dieses Potenzial gilt es, mit Hilfe von gezielten Investitionen zum Ausbau, mindestens aber zum Erhalt der Marktposition auszuschöpfen.

- Im Bereich „**Abschöpfen**" finden sich dagegen jene strategischen Geschäftseinheiten wieder, für die keine langfristigen Zukunfts- bzw. Gewinnaussichten bestehen. Sie werfen zwar derzeit noch Gewinne, zumindest aber Deckungsbeiträge ab, sind aber dann abzustoßen, wenn sie trotz Ausnutzung aller Rationalisierungsreserven und Synergieeffekte keine positiven Cash Flows mehr generieren.

- Im diagonalen Bereich des „**Auswählens**" liegen zum einen strategische Geschäftseinheiten, die zwar keine gute Wettbewerbsposition erkennen lassen, die aber Branchen mit einer sehr hohen Attraktivität angehören. Diese Produkt-Markt-Kombinationen verkörpern das Erfolgspotenzial künftiger Jahre, weswegen Maßnahmen zur Verbesserung der Wettbewerbsstärke zu ergreifen sind (Offensivstrategie). Zum anderen sind diesem Bereich auch strategische Geschäftseinheiten zugeordnet, die durch eine geringe Marktattraktivität, aber durch eine hohe Wettbewerbsstärke gekennzeichnet sind. Hier sind u. U. gewinnstabilisierende Investitionen erforderlich, um die relativen Wettbewerbsvorteile zu erhalten und ein vorschnelles „Sterben" dieser Geschäftseinheit abzuwenden. Schließlich gibt es zudem Geschäftseinheiten, die sich sowohl bzgl. ihrer Wettbewerbsstärke als auch hinsichtlich der Marktattraktivität in einer mittleren Position befinden. Für diese strategischen Geschäftseinheiten ist eine Übergangsstrategie (Verbesserung der Wettbewerbsposition durch Rationalisierungsmaßnahmen, Abwarten der zukünftigen Marktentwicklung) empfehlenswert. Für alle Produkt-Markt-Kombinationen im Bereich des „Auswählens" gilt, anhand von detaillierten Analysen abzuwägen, ob eine Investitions- (Wachsen) oder Liquidationsstrategie (Ernten) sinnvoller ist.

4.1.3.2.3 Beispiel für ein *McKinsey*-Portfolio

Zur Verdeutlichung der Portfolio-Analyse anhand des *McKinsey*-Portfolios wird auf das Beispiel aus Kapitel 4.1.3.1.3 zurückgegriffen. Bei der Marktattraktivität soll zusätzlich zum realen Marktwachstum auch das Marktvolumen herangezogen werden. Bei der Wettbewerbsstärke der strategischen Geschäftseinheiten wird zum relativen Marktanteil zudem auch die Qualität im Vergleich zu Konkurrenzprodukten (relative Qualität; siehe hierzu Kapitel 3.3.1) berücksichtigt. Die eingehenden Faktoren werden hinsichtlich ihrer Bedeutung für die beiden Dimensionen des Portfolios – so die Vorgabe – gleich gewichtet. Bezüglich der relativen Qualität liegen ergänzend zu den Daten in Kapitel 4.1.3.1.3 folgende Einschätzungen vor:

SGE	relative Qualität (im Vergleich zur Konkurrenz)
A	gleich
B	schlechter
C	gleich
D	besser
E	besser

Die Anwendung des Scoring-Modells mit der in Abb. 4.9 vorgeschlagenen Skalierung soll beispielhaft am strategischen Erfolgsfaktor „reales Marktwachstum" erläutert werden. Die Punktevergabe orientiert sich hierbei am durchschnittlichen realen Branchenwachstum von 5 %. Die Produkt-Markt-Kombinationen C und E weisen mit 6 % bzw. 7 % ein in etwa durchschnittliches reales Marktwachstum auf, weswegen diesen strategischen Geschäftseinheiten jeweils drei Skalenpunkte zugesprochen werden. Die strategische Geschäftseinheit D liegt mit 11 % Wachstum weit über dem Durchschnitt und erhält deswegen die maximale Punktzahl von fünf. Im Gegensatz hierzu sind die Produkt-Markt-Kombinationen A (3 %) und B (- 1 %) bezogen auf das Marktwachstum unattraktive Bereiche und werden daher mit null Punkten bewertet.

Bei analogem Vorgehen auch bei den übrigen strategischen Erfolgsfaktoren ergeben sich insgesamt folgende Werte für die Marktattraktivität bzw. für die Wettbewerbsstärke:

Marktattraktivität:

SGE	reales Marktwachs-tum	Skalen-punkte	Marktvolumen	Skalen-punkte	Summe der Skalen-punkte
A	3 %	0	250 Mio. €	3	3
B	-1 %	0	200 Mio. €	3	3
C	6 %	3	50 Mio. €	0	3
D	11 %	5	400 Mio. €	5	10
E	7 %	3	3 Mio. €	0	3

Wettbewerbsstärke:

SGE	relativer Marktanteil	Skalen-punkte	relative Quali-tät	Skalen-punkte	Summe der Skalen-punkte
A	1,50	5	gleich	3	8
B	0,40	0	schlechter	0	0
C	0,67	0	gleich	3	3
D	0,50	0	besser	5	5
E	2,00	5	besser	5	10

Bevor die strategischen Geschäftseinheiten letztendlich im *McKinsey*-Portfolio positioniert werden können, sind deren aggregierte Achsenurteile in Prozentwerten, bezogen auf die je Dimension maximal mögliche Skalenpunktzahl von zehn, auszudrücken.

SGE	Marktattraktivität	Wettbewerbsstärke
A	30 %	80 %
B	30 %	0 %
C	30 %	30 %
D	100 %	50 %
E	30 %	100 %

Hieraus ergibt sich das in Abb. 4.11 skizzierte Marktattraktivitäts-Wettbewerbsstärken-Portfolio, wobei die Kreisdurchmesser wiederum die Bedeutung der strategischen Geschäftseinheiten, gemessen an deren Umsatzhöhe, symbolisieren.

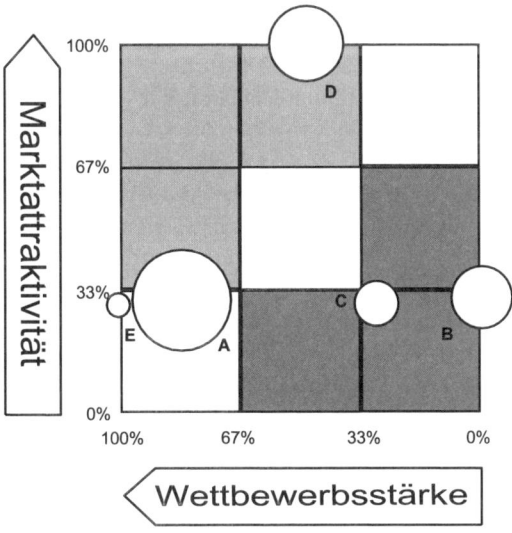

Abb. 4.11: Fiktives Beispiel eines McKinsey-Portfolios

Aus dem *McKinsey*-Portfolio in Abb. 4.11 lässt sich erkennen, dass die strategische Geschäfts-einheit D eine extrem hohe Marktattraktivität aufweist. Hier gilt es, durch gezielte Investitio-nen die eigene Wettbewerbsposition weiterhin zu verbessern. Die Produkt-Markt-Kombinatio-nen B und C sind dagegen sowohl durch eine geringe Marktattraktivität als auch durch eine schlechte Wettbewerbsstärke gekennzeichnet. Während die strategische Geschäftseinheit C im Boston-I-Portfolio als förderungswürdiges Nachwuchsprodukt erscheint (siehe Abb. 4.6), wird sie nun durch die Berücksichtigung zusätzlicher strategischer Erfolgsfaktoren im *McKinsey*-Portfolio völlig anders beurteilt. Die strategischen Geschäftseinheiten A und E liegen in den Selektionsfeldern. Für sie scheint eine Defensivstrategie (z. B. Rationalisierung) empfehlens-wert. Auch bei E ergibt sich gegenüber dem Boston-I-Portfolio eine unterschiedliche Beurtei-lung. In Erinnerung sei gebracht, dass E dort als Star-Produkt eine Investitionsstrategie anempfohlen wurde.

4.1.3.3   Vergleich zwischen Boston-I-Portfolio und *McKinsey*-Portfolio

Die Verwendung eines gemischt quantitativen und qualitativen Mehr-Faktoren-Katalogs im *McKinsey*-Portfolio soll zu einer erschöpfenderen und damit qualifizierteren Analyse im Ver-gleich zum Boston-I-Portfolio beitragen. Dies erscheint auf den ersten Blick überaus ein-leuchtend. Allerdings wird diese Vorgehensweise in vielfältiger Hinsicht durch ein hohes Maß an **Subjektivität** erkauft. Subjektivität in diesem Zusammenhang bedeutet, dass zwei Analys-ten des gleichen Sachverhalts keineswegs zu identischen Urteilen kommen müssen.

- Die Auswahl der strategischen Erfolgsfaktoren erfolgt mehr oder minder heuristisch und wird allenfalls durch Plausibilitätsüberlegungen belegt. Für einen empirischen Beleg oder eine modelltheoretische Ableitung bei der Variablenauswahl fehlen weitgehend die Vorga-ben. Daher müssen die eine Skalendimension erklärenden Variablen einer subjektiven Prob-lemsicht entstammen. Dies führt dann zwangsläufig zu Auffassungsunterschieden darüber, welche Variablen als relevante Erfolgsfaktoren mit in das Kalkül gezogen werden und wel-che nicht. „Je heterogener das relevante Wissen der Urteilspersonen über Ursache-Wir-kungszusammenhänge ist, desto konfliktträchtiger dürfte sich der Bestimmungsprozess und desto schwieriger dürfte sich die Findung eines Konsens über Ursache-Wirkungsbeziehun-gen gestalten." [*Lange, B.* (1981), S. 99]
- Weitere Probleme entstehen, will man die Stärke des Ursachen-Wirkungszusammenhangs festlegen, d. h. eine Gewichtung der strategischen Erfolgsfaktoren gemäß ihrer relativen Bedeutung vornehmen.
- Durch die Verwendung mehrerer qualitativer Faktoren treten Zurechnungs-, Mess- und Be-wertungsprobleme auf, die nicht unbedingt eine höhere Qualität der Bewertungsergebnisse im Vergleich zum Boston-I-Portfolio erwarten lassen. Dies wird durch die Gefahr verstärkt, dass bei qualitativen Kriterien Wunschvorstellungen mit in die Positionierung einfließen. Zudem mischen sich quantitativ messbare und letztlich interpretationsfreie Fakten mit qualitativen Einschätzungen, motivgesteuerten Wahrnehmungsfiltern sowie einer nie ganz auszuschließenden Blockadehaltung nach dem Muster, dass nicht sein kann, was nicht sein darf.

Die faktorbezogene Aggregationstechnik des Scoring-Verfahrens wird zudem nicht dem Umstand gerecht, dass in der Realität möglicherweise die negative Ausprägung eines Subkriteriums den Status der zu beurteilenden Skalendimension alles entscheidend prägt. Werden Scoring-Modelle angewendet, so kann dieser Effekt über die Saldierung mit anderen Faktorausprägungen kompensiert werden. Die Existenz von K.o.-Kriterien ist nur ein Beispiel für die nicht auszuschließende verzerrende Bewertung durch faktorbezogene Aggregationstechniken. Allerdings muss hinzugefügt werden, dass diese Gefahr im Grunde auch bei einer intuitiven Aggregation nicht auszuschließen ist [vgl. *Müller, G. / Roventa, P. / Lückerath, T.* (1981), S. 108 ff.].

Dem scheinbaren Vorteil, durch einen Multi-Faktoren-Katalog die Aussagefähigkeit zu erhöhen, steht der Nachteil der anfechtbaren Positionierung gegenüber. Bei allem Streben nach einer problemgerechten Aufarbeitung muss deutlich hervorgehoben werden, dass die Portfolio-Planung kein Verfahren ist, das falsche Gewichtungen, mehrdeutige Positionierungen und anfechtbare Schlussfolgerungen im Ansatz ausschließt [vgl. *Scheel, F.* (1981), S. 418]. Eine zu hohe Kriterienzahl verschärft darüber hinaus das Problem der inhaltlichen Abgrenzung. Des Weiteren können Mehr-Faktoren-Systeme eine Nivellierung bewirken. Multifaktorielle Gewichtungen schließen häufig in der Mitte ab. Ein *Fiat Cinquecento* dürfte hinsichtlich der Kriterien Komfort, passive Sicherheit, Vollkosten je Kilometer und absoluter Wertverzehr im Laufe der Nutzung wohl zu einer identischen Einschätzung mit einer *Daimler S-Klasse* führen. Dies ist nicht nur ein unbefriedigendes, sondern auch ein irreführendes Verdikt.

Auf der anderen Seite wird ein Ein-Faktoren-System wie das Boston-I-Portfolio gegebenenfalls der doch bestehenden Streubreite des Ursachenkomplexes nicht voll gerecht. Ohne Zweifel ist unter Praktikabilitätsgesichtspunkten das Boston-I-Portfolio idealer, arbeitet es doch nur mit zwei quantitativen Erfolgsfaktoren und blockiert so weitgehend den Einfluss von intuitiven Vorurteilen [vgl. *Müller, G. / Roventa, P. / Lückerath, T.* (1981), S. 114]. Tatsächlich zeigt sich auch, dass das Boston-I-Portfolio das am häufigsten angewendete Portfolio ist, gefolgt vom *McKinsey*-Portfolio [vgl. *Günther, T.* (1991), S. 186].

4.1.4 Implizite Prämissen und kritische Würdigung der Portfolio-Planung

Der Portfolio-Planung bzw. den Normstrategien liegen einige implizite Annahmen zugrunde. Die wichtigsten sollen hier im Rahmen einer kritischen Beurteilung der Portfolio-Analyse erläutert werden.

4.1.4.1 Annahme identischer Produktlebenszyklen

Der Ausgewogenheitsgedanke der Portfolio-Planung (siehe hierzu Kapitel 4.1.2.1) erfordert, dass sich die Produkt-Markt-Kombinationen eines Unternehmens möglichst gleichmäßig auf alle Quadranten des Portfolios verteilen sollen. Zu dem Zeitpunkt, zu dem die Auslaufprodukte eliminiert werden, müssen die sog. Nachwuchsprodukte an ihre Stelle treten. Im idealtypischen Fall sollten sich dann alle Produkt-Markt-Bereiche ein Rasterfeld weiterbewegen, d. h. in ein nächstes Stadium des Produktlebenszyklus treten. Werden Normstrategien ergriffen, so fließen die horizontalen und vertikalen Abstände zwischen den Geschäftseinheiten in der Matrix mit in die Überlegungen ein. Ein solches Verhalten unterstellt jedoch **identische Produktlebenszyklen für sämtliche strategische Geschäftseinheiten**. Haben die jeweiligen Produkt-Markt-Kombinationen allerdings stark unterschiedliche Lebenszyklen (wie es wohl der Realität entspricht), so verändert sich vom Standpunkt der nachhaltigen Existenzsicherung das Bild eines ausgeglichenen Portfolios fundamental. Die Über- bzw. Unterbesetzung einzelner Quadranten kann somit nicht zwangsläufig als Zeichen der Unausgewogenheit interpretiert werden. Erst differenziertere Annahmen über die Zyklusverläufe erlauben solche Urteile. Des Weiteren sollten Portfolios jährlich überarbeitet werden, um den Lebenszyklusfortschritt zu überprüfen.

Wird die Prämisse identischer Lebenszyklen aufgegeben, so schränkt dies natürlich die Gültigkeit von Normstrategien ein bzw. hat Auswirkungen auf die positionsabhängigen Zielhierarchien. Jeder Geschäftseinheit wird nämlich positionsabhängig ein besonderer **Rollenbeitrag zur gesamtunternehmerischen Zielerreichung** zugewiesen. Das Stadium im Lebenszyklus bestimmt den jeweiligen Rollenbeitrag. Im Zeitablauf unterliegt der Rollenbeitrag naturgemäß einer phasenentsprechenden Anpassung. Zu Beginn des Lebenszyklus dominiert das Wachstumsziel, das dann in der Aufbau- und Reifephase zunehmend vom Ertragsziel verdrängt wird. Zum Ende hin wendet sich das Hauptaugenmerk dann mehr und mehr dem Aspekt der Finanzmittelfreisetzung zu [vgl. *Scheel, F.* (1981), S. 147 f.]. Abb. 4.12 veranschaulicht diesen Zusammenhang grob vereinfachend.

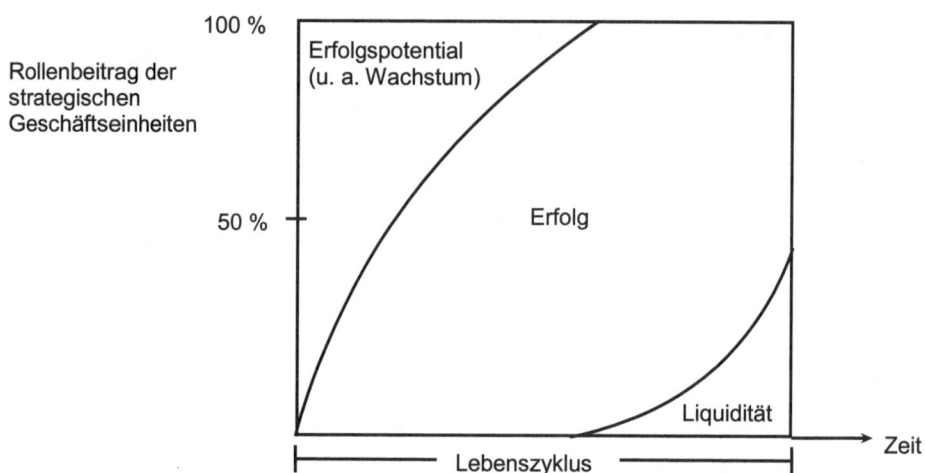

Abb. 4.12:   Rollenbeitrag der strategischen Geschäftseinheiten im Zeitablauf
[in Anlehnung an: Scheel, F. (1981), S. 147]

Diese idealtypische Verbindung von strategischer Position und operativer Zielvorgabe hält das Unternehmen allerdings nur dann im Gleichgewicht, wenn die Rasterfelder im Portfolio ausgewogen besetzt sind und die Entwicklung über den Produktlebenszyklus bei allen Produkt-Markt-Kombinationen in gleicher Schrittfolge abläuft. Ansonsten führt eine solche Handlungsmaxime zwangsläufig in die Unausgewogenheit bis hin zur Existenzgefährdung. Ein zielmäßig geforderter Rollenbeitrag einer strategischen Geschäftseinheit anhand einer vordergründigen Positionierung kann nur dann auch der inneren strategischen Verfassung entsprechen, wenn die Abstände zu anderen Produkt-Markt-Kombinationen interpretiert werden können.

Haben etwa alle strategischen Geschäftseinheiten mit hohem Marktwachstum einen sehr kurzen Lebenszyklus, die übrigen aber einen sehr langen, so wird eine auf Finanzmittelfreisetzung gerichtete Desinvestitionsstrategie im Dog-Bereich u. U. sehr gefährlich. Die Sättigungsphase kann nämlich in Wirklichkeit sehr lange dauern und bei geringer Wettbewerbsintensität und vorerst fehlender Substitutionswirkung zur Ertragskraftsicherung des Unternehmens entscheidend beitragen. Marktbereinigungen in Form von Spezialisierungen oder Marktaustritten anderer Wettbewerber sind von vornherein nicht auszuschließen.

4.1.4.2 Statische Betrachtung

Bei der Portfolio-Planung handelt es sich im Grunde um ein **statisches Konzept**, obwohl mit den Marktwachstums- und Lebenszyklusentwicklungen der Produkte sowie mit Kapitalbindungs- und -freisetzungsprozessen überwiegend Stromgrößen Berücksichtigung finden. Doch selbst wenn Bestandsgrößen wie die augenblickliche Marktstruktur, die aktuelle Produktqualität oder der derzeitige Finanzstatus wenig Einfluss auf die Positionierung der strategischen Geschäftseinheiten nehmen, so bedeutet dies im Umkehrschluss keineswegs, dass die individuelle Entwicklungsfähigkeit einer strategischen Geschäftseinheit explizit untersucht wird. Vielmehr wird von einer dynamischen Entwicklung gemäß der idealtypischen Produktgenerationsfolge ausgegangen, wobei die Stromgrößenausprägung den aktuellen Stand (Ist-Portfolio als Momentaufnahme) bestimmen hilft.

Durch die Gegenüberstellung des **Ist-Portfolios**, das die gegenwärtige Lage des Unternehmens bzgl. der zu erwartenden Erfolgsträchtigkeit der strategischen Geschäftseinheiten darstellt, mit einem **Soll-Portfolio**, also einem in der Zukunft erwünschten Portfolio des Unternehmens, lässt sich die **strategische Lücke** identifizieren, die es durch die Realisierung geeigneter Strategien zu schließen gilt.

Ebenso kann man mit Hilfe zweier Momentaufnahmen zu verschiedenen Zeitpunkten (Vergangenheit und Gegenwart) ex post die Entwicklung der strategischen Geschäftseinheiten eines Unternehmens und damit die Güte von in der Vergangenheit getroffenen strategischen Entscheidungen überprüfen (siehe Abb. 4.13 beispielhaft für die Entwicklung des Mannesmann-Konzerns in den 1970er und 1980er Jahren).

Ab 1990 errang im Mannesmann-Konzern die Telekommunikation durch den Erwerb der D2-Lizenz im Mobilfunk und deren Ausbau einen hohen Anteil an Umsatz und Ertrag. Im Jahre 2000 wurde *Mannesmann* zunächst feindlich, dann mit Zustimmung des Managements von *Vodafone* übernommen und zerschlagen. In Abb. 4.13 ist die Informationstechnik als Nach-

wuchsbereich (Baby) einzustufen, der durch den Einstieg und den Ausbau des Mobilfunks ge-
stärkt wurde. Der Vergleich der beiden „historischen" Portfolios zeigt auch, wie der Bereich
Rexroth vom Baby zum Star oder der Anlagebau mit Demag vom Star zur Cash cow wird.

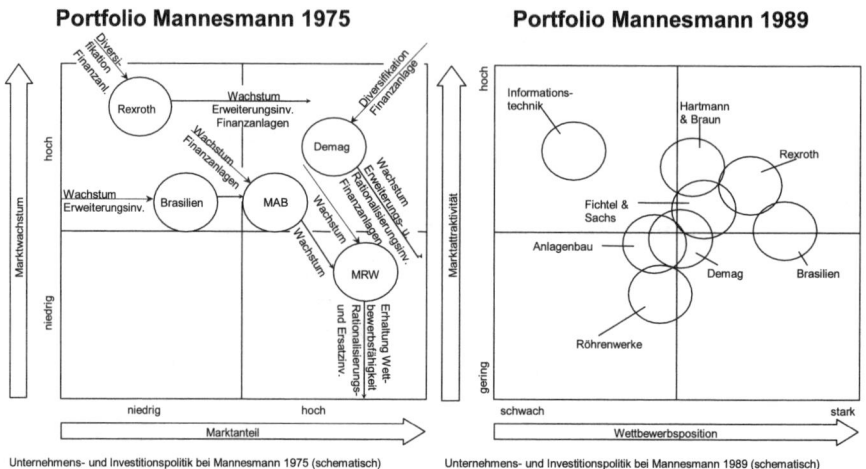

Abb. 4.13: *Portfolio-Analyse im Zeitvergleich am Beispiel des Mannesmann-Konzerns*
[Quelle: in Anlehnung an Weisweiler, F. J. (1982), S. 287 und Funk, J. (1998), S. 183ff.]

Nicht planbare Größen wie unverhoffte technologische Veränderungen oder gesetzgeberische
Risiken können jedoch von der Portfolio-Planung nicht verarbeitet werden. Die Einteilung in
Cash-Verbraucher (Nachwuchs- und teilweise Wachstumsprodukte) und Cash-Erzeuger
(Reife- und Auslaufprodukte sowie teilweise Wachstumsprodukte) und deren interner Ausgleich über einen Lebenszyklus gilt als ein unbeugsames Gesetz. Substitutionsprozesse laufen
nach dem Portfolio-Verständnis erst dann ab, wenn das Vorgängerprodukt diesen internen
Ausgleich vollzogen, d. h. alle Zyklusphasen in ausreichendem Maße durchlaufen hat. Es ist
aber sehr wohl denkbar und auch praktisch belegt, dass Produkte infolge von Substitutionen
sich vom Star- unmittelbar zum Dog-Produkt entwickeln. Der kumulative Finanzüberschuss
wird dann nicht erwirtschaftet.

Hieran schließt die Feststellung an, dass sowohl durch die statisch idealisierte Entwicklungs-
betrachtung als auch durch die einseitige Betonung einer phasenbezogenen Ertrags- und Cash
Flow-Erwartung das **Unsicherheitsmoment** bei der Bewertung ausgeklammert wird. Durch
die Punktpositionierung wird eine eindeutige strategische Lokalisierung vorgetäuscht, die in
praxi nicht vorhanden ist. Das Portfolio-Konzept ist demnach mit einer Scheingenauigkeit behaftet. Zwar gibt es Ansätze und Vorschläge, die Unsicherheit explizit über eine Bereichs-
bzw. Unschärfenpositionierung anhand der Wahrscheinlichkeitsverteilungen der beiden
Achsendimensionen des Portfolios zum Ausdruck zu bringen (siehe hierzu auch Kapitel 7.4.2.5), doch wurden diese bislang kaum in nennenswerter Weise aufgegriffen [vgl. u. a.
Ansoff, H. I. / Kirsch, W. / Roventa, P. (1981), S. 963 ff.].

4.1.4.3 Abgrenzung der strategischen Geschäftseinheiten

Es ist unstrittig, dass Ausgewogenheitsbetrachtungen **voneinander unabhängige strategische Geschäftseinheiten** voraussetzen. Die verschiedenen Produkte eines Unternehmens werden zu Geschäftseinheiten zusammengeschlossen, die dann als selbständige Renditebringer mit einer eigenständigen strategischen Entwicklungsperspektive betrachtet werden. Um der komplexen strategischen Gesamtaufgabe gerecht zu werden, ist eine systematische Bündelung von Chancen- und Gefahrenfeldern erforderlich. Man benötigt Kriterien zur **Abgrenzung der strategischen Geschäftseinheiten** (siehe hierzu Kapitel 1.7), mit deren Hilfe eine Segmentierung erfolgt, die dann später die Entwicklung einer eigenständigen geschäftsfeldbezogenen Strategie rechtfertigt.

Wer z. B. die momentan identifizierbare Konkurrenz als das herausragende Homogenitätskriterium bei der Abgrenzung der Geschäftseinheiten wählt, der schreibt allerdings den Status quo seiner strategischen Ausrichtung fest. Das wichtige Problemfeld der Ausrichtung an der potenziellen Konkurrenz liegt somit außerhalb der Portfolio-Darstellung. Werden die möglichen Konkurrenten jedoch vernachlässigt, kann dies die Unternehmenssituation zu günstig darstellen.

Die Bildung von Geschäftseinheiten ist aus Sicht der Portfolio-Planung ein konstituierendes Merkmal. Die Aggregation von Produkt-Markt-Kombinationen zu strategischen Geschäftseinheiten hat eine beeinflussende Wirkung auf die Formulierung von Strategien, da je nach Aggregationsgrad eine unterschiedliche Positionierung erfolgt. So gesehen basieren alle Empfehlungen, die im Rahmen der Portfolio-Analyse diskutiert werden, auf der „richtigen" Marktdefinition, d. h. der angemessenen Produktgruppenbildung. Die Abgrenzung von Märkten ist jedoch immer ein unternehmensspezifischer Vorgang.

4.1.4.4 Unabhängigkeit der strategischen Geschäftseinheiten

Zwischen den Geschäftseinheiten gibt es zudem vielfältige **Verbundeffekte**. So existiert nicht selten ein Produktions- und damit Kostenverbund. Interne Lieferbeziehungen, gemeinsame Vertriebswege und die bewusste Zentrierung des Beschaffungsbedarfs sind weitere Beispiele. So kann vielfach auch eine Beziehung zwischen der Reputation des Gesamtunternehmens und der spezifischen Marktposition einer Geschäftseinheit nicht geleugnet werden, wie der überragende Erfolg der Handysparte für den früheren Gummistiefel- und Fahrradreifenhersteller *Nokia* zeigt. Wenn man diese Abhängigkeiten nicht kennt, ist die strategische Position einer Geschäftseinheit kaum interpretierbar. Es sind aber auch vielfältige **Synergieeffekte** zu beobachten, so etwa die spezifische Marktstellung aufgrund eines breiten Sortimentangebotes. Selbst eine verlustbringende Produkt-Markt-Kombination kann aus Gesamtunternehmenssicht eine unternehmerische Stärke verkörpern, die sich bei genauer Analyse sogar als rentabilitätsträchtig erweist. Ein Vollsortimenter wie beispielsweise *Karstadt Quelle* brächte sich um ihr spezifisches Stärkenprofil, würde sie eine Produktgruppe wie etwa Kurzwaren wegen einer isoliert betrachtet eindeutigen Verlustsituation eliminieren.

Die unternehmensindividuelle Konkurrenzstruktur ist ein weiterer, dem Absatzverbund zuzurechnender Faktor. Hierdurch soll zum Ausdruck gebracht werden, dass ein auf mehreren konfrontalen Aktivitätsfeldern tätiger Konkurrent ganz anders zu beurteilen ist als einer, der nur bei einer Geschäftseinheit als Konkurrent in Erscheinung tritt. Zudem bleibt noch anzumerken, dass ein großer Breitsortimentanbieter wegen seiner internen **Verlustausgleichsmöglichkeit** eine höhere Stabilität aufweist als ein kleiner, vielleicht sogar mittelständisch geprägter Nischenanbieter.

Da die Normstrategien von selbständigen, relativ autonomen Geschäftseinheiten ausgehen, werden Interdependenzen zwischen den strategischen Geschäftseinheiten bei der Portfolio-Analyse mit Ausnahme der Mittelzuweisung im Hinblick auf das begrenzte Finanzpotenzial nicht berücksichtigt. Entgegen der Normstrategie kann es aber mitunter sinnvoll sein, einen potenziellen Liquidationskandidaten im Dog-Bereich aufgrund bestehender Verflechtungen zu anderen strategischen Geschäftseinheiten zu erhalten.

4.1.4.5   Auswahl der relevanten strategischen Erfolgsfaktoren

Die idealisierte Ressourcenallokation gemäß der Normstrategien wird, wie bereits mehrfach erläutert, aus der strategischen Positionierung der strategischen Geschäftseinheiten hergeleitet. Die Güte dieser Positionierung und damit der strategischen Entscheidung hängt aber im entscheidenden Maße von der **Gültigkeit der** hinter den Portfolio-Darstellungen stehenden **Hypothesen** ab (zu den Konzepten zur Gewinnung strategischer Erfolgsfaktoren siehe Kapitel 3). Z. B. geht das Streben nach hohen Marktanteilen im Boston I-Portfolio implizit von der Gültigkeit der Erfahrungskurve aus. Diese Hypothesen sind somit implizite Prämissen bei der Anwendung der Portfolio-Planung.

Der **Marktanteil** wird von nahezu sämtlichen Instrumenten der strategischen Planung als **dominanter strategischer Erfolgsfaktor** propagiert. Insbesondere die PIMS-Studie bestätigte die gewinnbegründende Bedeutung des Marktführers (siehe hierzu auch die Ausführungen in Kapitel 3.2.2.5). Auch das Boston-I-Portfolio baut auf die Signifikanz dieses Faktors. In einem „Go for share" (insbesondere in Wachstumsbereichen) wird die Grundlage für eine spätere Gewinnerzielung gesehen. So wurde u. a. vorgebracht, der hohe Return on Investment infolge eines hohen relativen Marktanteils sei nicht Ausdruck der erreichten Kosteneffizienz, sondern durch die Marktstellung (= Machtstellung) bzw. durch die monopolartigen Verhältnisse begründet. Sind Geschäftseinheiten mit einem hohen relativen Marktanteil nun Nutznießer oder Ausbeuter ihrer Marktstellung? Eine Analyse der PIMS-Daten zeigt aber, dass keine Korrelation zwischen Marktform und Return on Investment besteht [vgl. *Schoeffler, S.* (1979), S. 3]. Die Konzentration erklärt damit nicht die Rentabilität.

Eine auf den Marktanteil abgestellte Zielsetzung birgt jedoch eine Reihe von Gefahren. Nicht zuletzt in der Produktion lassen sich Kostenvorteile häufig nur über eine Spezialisierung der Produktionsmittel erzielen. Dies kann dann zu einem monostrukturierten Anlagenpark und damit zu einem verengten Sortiment führen [vgl. *Backhaus, K. / Voeth, M.* (2007), S. 248f.]. Als Folge der gewachsenen Kapitalintensität steigt der Fixkostenblock. Die Break-even-

Schwelle liegt dann auf einem höheren Beschäftigungsniveau und senkt damit deutlich die Flexibilität. Preiskämpfe – in aller Regel angestrengt, um unbefriedigende Marktsituationen zu bereinigen – sind in einem Umfeld von hohen Marktaustrittsbarrieren und relativ geringem Anteil der variablen Kosten an den Gesamtkosten besonders gefährlich, da sie potenziell sehr verlustreich sind und möglicherweise bis zum finanziellen Kollaps führen.

Die gezielte Marktanteilserweiterung leistet außerdem der Standardisierung Vorschub. Aber gerade hieraus erwachsen zusätzliche potenzielle Angriffsflächen. Die im Laufe des Lebenszyklus eines Produktes steigende Anzahl von Anwendern führt auf der anderen Seite zeitgleich zu einerseits einer fortschreitenden fertigungstechnischen Spezialisierung und damit Produktstandardisierung und andererseits zu differenzierteren Kundenwünschen. Hieraus ergibt sich zunehmend ein Widerspruch. Die Folge ist, dass eine Reihe von differenzierten Kundenbedürfnissen vom standardisierten Produkt nicht mehr erfüllt wird. Die Kunden kaufen dieses Produkt nur in Ermangelung eines für sie geeigneteren. Mit wachsender Marktgröße entstehen damit latente Marktnischen. Eine bedürfnisgerechte Versorgung aller Kunden erfordert jedoch eine nach Abnehmergruppen differenzierte Produkt-Markt-Spezifikation. Mit wachsender Zahl dieser nicht gänzlich zufriedenen Standardkäufer steigt die Aussicht, dass diese Gruppen lukrative Abnehmerfelder für selbständige Produkt-Markt-Variationen darstellen.

Somit ist die kreative Zerstörung von etablierten Markt- und Bedarfsstrukturen häufig eine Grundvoraussetzung, um lukrative Abnehmergruppen für bestimmte Produktspezifikationen zu erschließen. Diese **kreative Teilsegmentierung** durch bereits beteiligte oder neue Wettbewerber kann das Marktpotenzial des vermeintlichen Marktführers mehr oder minder drastisch einengen, indem in sich homogene Teilmärkte für bestimmte Kundenanforderungen entstehen (z. B. die Fragmentierung im Gastronomiebereich). Auf diesem Wege erfolgt eine Zersplitterung des Gesamtmarktes mit der Folge, dass sich der Kernmarkt verkleinert. Selbst die totale Auflösung in Teilmärkte wäre denkbar. Ein erfolgreiches Bestehen in diesen Teilmärkten erfordert nicht selten eine vom Branchenmarktführer abweichende Wertschöpfungsstruktur bzw. abweichende technische Fertigungseinrichtung [vgl. *Scheel, F.* (1981), S. 67 f.]. Die günstigere Kostensituation des Branchenmarktführers für ein standardisiertes Massenprodukt kann nicht auf die Nische übertragen werden. Zudem kommen in diesen Nischenmärkten vielfach noch andere wettbewerbliche Einflussfaktoren zum Tragen. Will der Branchenmarktführer diese so entstandenen Nischen mitbearbeiten, entstehen ihm häufig aufgrund der spezifischen Produkt-Markt-Kombinationen für diese teilsegmentierten Abnehmergruppen sprungfixe Kosten, die den für das Kernsegment bestehenden Kostenvorteil egalisieren, wenn nicht gar überkompensieren. Da jede Branche ständig evolutionäre Entwicklungen durchläuft, schwebt über jedem vermeintlichen Branchenführer das Damoklesschwert der Resegmentierung von Kern- und Teilmärkten.

Wer nach Marktanteilen strebt, muss sich zudem der notwendigen Voraussetzungen bewusst sein. Insbesondere ist an die obligatorischen Ergänzungsentscheidungen zu denken. Marktanteilsziele sind in erster Linie Wachstumsziele und erfordern mitunter **massive Ressourceneinsätze** (Personal, Kapital etc.). Diese fallen umso höher aus, je höher die Wachstumsrate und je schneller die Marktdurchdringung oder je mehr marktliche Widerstände zu erwarten sind. Wegen der multiplikativen Verknüpfung von Marktwachstum und Marktanteil können die finanziellen Konsequenzen beachtlich sein (z. B. in der Halbleiterindustrie bei gleichzeitig kurzen Markt- und Technologiezyklen und hieraus resultierendem ständigen Investitionsbedarf). In gleicher Weise sind Fragen der Kapazität, der Beschaffung, des Personals oder der Distribution zu lösen. Das schwächste Glied in dieser Kette bestimmt das maximal bewältigbare Wachstumspotenzial.

Der strategische Erfolgsfaktor Marktanteil entspringt einer **begrenzt statischen bzw. einer nur idealisiert dynamischen Sichtweise.** Marktanteile sind nämlich eine höchst unzuverlässige Größe. Sie berechtigen nicht zu der Vermutung, dass die strukturelle Konstellation so bleiben wird. Diskontinuitäten in der Entwicklung werden in dieser Zielgröße nicht aufgefangen. Zudem begünstigt eine starke Marktanteilsposition eine mangelnde Innovationsmentalität. Wegen des aktuellen Erfolgs besteht nur ein geringer Anreiz, nach neuen Wettbewerbsmöglichkeiten zu suchen. Infolgedessen ist auch prinzipiell die Flexibilität herabgesetzt, auf technologische Veränderungen oder gewandelte Kundenanforderungen in der gebotenen Kürze zu reagieren (z. B. die *Deutsche Telekom AG* in ihrem Festnetzbereich). Gerade in einem komplexen, dynamischen Umfeld ist die potenzielle Verwundbarkeit des Marktführers damit hoch. Darüber hinaus trägt er aufgrund seiner Marktanteilsdominanz auch bei z. B. technologischen Veränderungen das größte Marktverlustrisiko.

Die Erfolgsaussichten von Marktanteilszielen hängen im Übrigen auch vom etablierten Wettbewerbsverhalten ab. So gibt es ausgesprochen **ungünstige Branchenstrukturen**, in denen Marktanteilssiege den Charakter von Pyrrhussiegen haben können. Marktanteilsauseinandersetzungen wirken sich nicht nur auf den Marktführer aus, sie belasten die Branchenrentabilität. Von einer gewissen Wahrscheinlichkeit für Marktanteilsauseinandersetzungen kann insbesondere bei Anbieterstrukturen ausgegangen werden, die mit dem Begriff „Kampfoligopol" umschrieben werden. Solche Gleichgewichtslabilität konnte gerade bei den folgenden Strukturverhältnissen beobachtet werden: Gleichwertige Wettbewerber, niedriges Marktwachstum, unausgelastete Kapazitäten, unterschiedliche Markt- und Wettbewerbseinschätzungen der Beteiligten, hohe Austrittsbarrieren sowie hohe Substitutionswirkung [vgl. *Porter, M. E.* (1980b), S. 135].

Wachsende Marktanteile sind also kein sicheres Indiz für Gewinnerzielung. Marktanteilsziele machen im Grunde nur dann Sinn, wenn von einer relativen Strukturstabilität auszugehen ist. Gerade Produktgruppen, denen eine gewisse Entwicklungsfähigkeit zugesprochen wird, werden aber häufig in Märkten vertrieben, die sich durch ein gewisses Maß an Wettbewerbsintensität auszeichnen. Die Wachstumsphase ist häufig mit instabilen Wettbewerbsstrukturen verbunden. Eine Redefinition von Bedarfs- und Marktstrukturen kann die Folge sein. Der Marktanteil auf der Basis der vergangenen Strukturen hat keine Aussagekraft mehr; die Grundlage dieser Zielgröße ist von der Entwicklung überholt worden und damit unbrauchbar.

4.1.4.6 **Messung und Gewichtung der strategischen Erfolgsfaktoren**

Zu den Schwierigkeiten bei der Auswahl der relevanten strategischen Erfolgsfaktoren kommt ein **Bewertungsproblem** hinzu. Die strategischen Geschäftseinheiten müssen in den Dimensionen der strategischen Erfolgsfaktoren gemessen und ausgewiesen werden. Besonders bei qualitativen Erfolgsfaktoren, wie z. B. der relativen Qualität, bereitet die Bewertung der Produkt-Markt-Kombinationen einige Schwierigkeiten. Darüber hinaus sind den einzelnen Faktoren bei Verwendung von mehr als einem strategischen Erfolgsfaktor je Achse des Portfolios (subjektive) Skalengewichte beizumessen, um so aus der Summe der einzelnen Faktoreinschätzungen einen aggregierten Achsenwert und damit ein Gesamturteil der Geschäftseinheit zu bekommen (zum Scoring-Verfahren siehe Kapitel 4.1.3.2.1).

Die aus der Positionierung abgeleitete Handlungsempfehlung ist somit nur so gut, wie die strategischen Erfolgsfaktoren die Situation richtig einfangen und wie die Einschätzung der strategischen Geschäftseinheiten hinsichtlich ihrer Stärken und Schwächen bzw. hinsichtlich der Chancen und Risiken des Umfelds die tatsächlichen Verhältnisse hinreichend gut widerspiegelt.

4.1.4.7 **Sonstige implizite Prämissen**

Die Portfolioplanung unterstellt im Grundsatz **Risikoneutralität**. Zwar wird dem Umstand Rechnung getragen, dass unterschiedliche Zyklusphasen unterschiedliche Risikoprofile haben, doch werden zwei gleichpositionierte Geschäftseinheiten als mit identischem Risiko behaftet angesehen.

Schließlich implizieren die Normstrategien eine **Handlungsautonomie**. Markteintritts- und Marktaustrittsbarrieren werden ebenso wenig berücksichtigt wie die eingeschränkten Handlungsmöglichkeiten aufgrund interner und externer Verbundbeziehungen.

4.1.4.8 **Abschließende Beurteilung**

Die Portfolio-Matrix ist kein originäres Modell, sondern lediglich eine Darstellungsform, in der die Aussagen verschiedener Konzepte zweckentsprechend verbunden werden. Da eine hochverdichtete, eben **zweidimensionale Darstellung komplexer wirtschaftlicher Sachverhalte** wohl kaum ausreichend ist, um eine vollständige Strategieformulierung abzuleiten, ist hier eher eine pragmatische Problemaufbereitung gewollt [zur Kritik an der Rastertechnik der Portfolio-Analyse und darauf zurückzuführender strategischer Fehlentscheidungen vgl. *Wind, Y. / Mahajan, V. / Swire, D. J.* (1983)]. Strategisches Management ist mehr als eine Kästchenanalyse. Im Gegensatz zu Theorien wird der Portfolio-Ansatz nämlich nicht an seinem Wahrheitsgehalt gemessen [vgl. *Müller, G. / Roventa, P. / Lückerath, T.* (1981), S. 115]. Daher ist auch die Forderung nach vollständiger Abbildung der Einflussfaktoren durch die programmatische Vorgabe nach Transparenz und Handhabbarkeit zu relativieren. Der vorrangige Zweck der Portfolio-Planung ist eine komprimierende Darstellungsform komplexer Sachverhalte.

Diese erfüllt dann allerdings wichtige Funktionen. Die vielfältig vorgebrachte Kritik am Portfolio-Konzept macht häufig an überzogenen Anforderungen fest.

Obwohl das Portfolio im Grundsatz kein Instrument zur Abweichungsanalyse darstellt, wird ihm von einigen Unternehmen eine gewisse Steuerungstauglichkeit im globalen Sinn zugesprochen [vgl. *Coenenberg, A. G. / Baum, H.-G.* (1984), S. 130 ff.]. Relevante Fragestellungen können in etwa lauten: War die Strategie der Situation angemessen? Ist das Portfolio ausgewogen? In welchen Bereichen sind Detailuntersuchungen erforderlich? Vereinzelt wird die Bewegungsdarstellung (Soll-Ist-Portfolio) als Informationsquelle genutzt. Dies ändert jedoch nichts an der prinzipiellen Einschätzung. Wegen seiner hohen Informationsverdichtung sind – nach überwiegender Meinung – eindeutige Rückschlüsse hinsichtlich der Verursachung nur schwer möglich. Der vorrangige Zweck des Portfoliokonzeptes ist dessen Nutzung als komprimierte Darstellung der strategischen Unternehmenssituation und als Einstieg in tiefer gehende Überlegungen.

4.2   Wettbewerbsmatrizen

Neben Produkt-Portfolios werden als Hilfsmittel der strategischen Planung zunehmend auch Wettbewerbsmatrizen verwendet [vgl. *Günther, T.* (1991), S. 186]. Dieses Instrument wurde entwickelt, um einigen bekannten Schwachstellen des Portfolio-Ansatzes mit einer differenzierteren Betrachtung zu begegnen. Der Ergänzungscharakter wird deutlich, wenn man sich das Allokationskriterium im Boston-I-Portfolio vor Augen führt. Die Boston-Aussage ähnelt im Grunde stark der klassischen Mikroökonomie. Der Wettbewerb vollzieht sich quasi nach den **Prinzipien des vollkommenen Marktes**. Als deren wichtigste sind die Homogenität der Güter, die Transparenz der Marktgeschehnisse, die unendlich schnelle Anpassungsgeschwindigkeit an Veränderungen sowie das Fehlen jeglicher „akquisitorischer Potenziale" zu nennen. Der Begriff „akquisitorisches Potenzial" geht auf *Gutenberg* zurück [vgl. *Gutenberg, E.* (1984), S. 290 ff.]. Hiernach lassen sich Kaufentscheidungen neben dem Preis mit räumlichen (die Nähe zum Kunden, z. B. der Bäcker um die Ecke), zeitlichen (z. B. der Convenience Store in der Tankstelle mit 24-Stunden-Öffnungszeit) und sachlichen (z. B. die Schnelligkeit und Kundenzufriedenheit im Service) Kundenpräferenzen begründen. Das Boston-I-Portfolio vernachlässigt diese möglichen Präferenzen und reduziert die wettbewerbliche Auseinandersetzung auf einen **reinen Preis- oder besser Kostenwettbewerb.** Der Preis wird als alleiniges Entscheidungskriterium für Kaufentscheidungen angesehen. Wenn aber akquisitorische Potenziale ausgeschlossen sind, dann führt dies gleichsam zu einer **homogenen Wettbewerbsstruktur.** Es bereitet mithin kein Problem, die relevanten Wettbewerber zu identifizieren, da es sich um einen Massenmarkt handelt (commodity).

Der relevante Wettbewerb wird jedoch nicht vollends über diesen idealisierten Denkrahmen der Kostenkonkurrenz erfasst. Vielmehr bauen Unternehmen bewusst **akquisitorische Potenziale** auf, um der direkten Kostenkonkurrenz zu entgehen. Über Produkt-Markt-bezogene **Zusatznutzen** werden **preispolitische Autonomiespielräume** geschaffen. Das Ziel besteht darin, in Ermangelung einer Kostenführerschaft für den Gesamtmarkt eine wettbewerblich relativ unangreifbare Position in **Teilsegmenten** aufzubauen. Entscheidende Nebenbedingung ist allerdings, dass für diese Zusatznutzen ein Bedarf besteht und sie auch entsprechend honoriert werden. Die doppelt geknickte Preis-Absatz-Funktion *Gutenbergs* stellt diesen Sachverhalt graphisch dar (siehe Abb. 4.14).

Hiernach wird von einem monopolistischen Preisspielraum mittels akquisitorischer Potenziale gesprochen, wenn die Preis-Absatz-Funktion bei einer Preisanhebung (z. B. von P_1 auf P_2 in Abb. 4.14) einen nur unterproportionalen Mengenrückgang (von M_1 auf M_2) ausweist. Der doppelte Knick im Funktionsverlauf zeigt, dass die Marktsegmente von mit Zusatznutzen ausgestatteten Produkt-Markt-Kombinationen begrenzt sind und damit sehr wohl indirekt zum Standardprodukt in Konkurrenz stehen. Die Preiselastizität der Nachfrage eines mit Zusatznutzen ausgestatteten Produktes hängt also auch vom kommunizierten Preis-Leistungs-Verhältnis des Standardproduktes ab. Im Umkehrschluss bedeutet dies, dass ein nutzenbezogenes Upgrading des Standardproduktes die Marktkonstitution des Teilmarktes entscheidend verändern kann. Mit der Bezeichnung Standardprodukt sollen jene Produkt-Markt-Kombinationen angesprochen werden, bei denen der Preis die dominante wettbewerbliche Komponente darstellt. Hierbei handelt es sich um jenes Kernsegment, welches im Boston-I-Portfolio abgebildet ist. Der rechte und linke Ast der doppelt geknickten Preis-Absatz-Funktion sollen darauf hinweisen, dass auch das Marktsegment des Standardproduktes den übrigen Wettbewerbern grundsätzlich nicht verschlossen ist. Allerdings macht dies dann einen reinen Preiswettbewerb erforderlich.

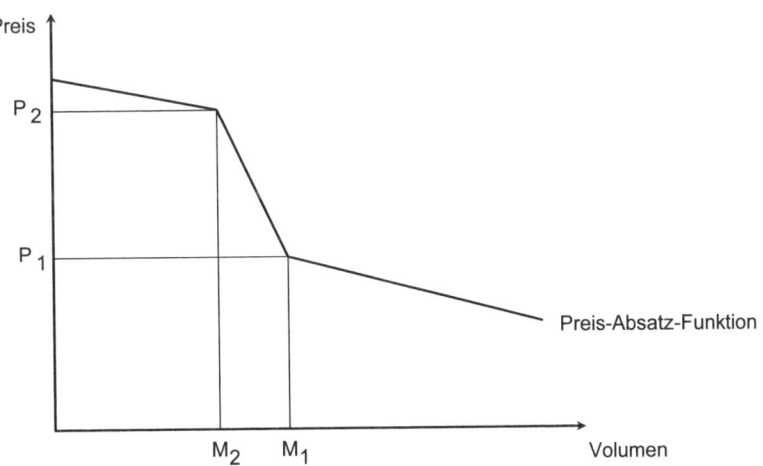

Abb. 4.14:   *Doppelt geknickte Preis-Absatz-Funktion*
         [in Anlehnung an: Gutenberg, E. (1984), S. 293]

Die Wirklichkeit ist damit keinesfalls durch eine homogene Wettbewerbsstruktur gekennzeichnet. Diese **heterogenen Wettbewerbsstrukturen** versuchen Wettbewerbsmatrizen einzufangen. Unterschiedliche Produktspezifikationen bewirken unterschiedliche Zielmärkte. Märkte sind damit ebenso wie Produktkomponenten Ausfluss eines willentlichen Aktes. Wenn dem so ist, dann erscheint auch die Marktanteilsdiskussion plötzlich in einem ganz anderen Licht. Die These, dass insbesondere Unternehmen mit einem hohen relativen Marktanteil über eine überdurchschnittliche Rentabilität verfügen, scheint dann insbesondere zielmarkt- und nicht nur gesamtmarktbezogen zu gelten. Die Bestimmung des **relevanten Marktes als Basis des Marktanteils** ist damit der strategischen Disposition des Unternehmens anheim gestellt und keinesfalls extern vorgegeben.

Kleine Unternehmen können gemessen an der Branche durchaus in ihrem selbstgewählten Marktsegment als große Unternehmen gelten. Trotz eines identischen Kundenproblems führen grundlegend abweichende Produkt-Markt-Kombinationen zu unterschiedlichen Zielmärkten. Zwischen diesen Zielmärkten müssen aber keine wettbewerblichen Austauschbeziehungen existieren, so dass im Extrem keinerlei Konkurrenzbeziehungen vorliegen. Als Beispiel lässt sich die Automobilindustrie anführen. Der Hersteller von Kleinwagen wird wohl kaum zu den Produzenten von Sportwagen in Konkurrenz treten. Die direkte und die als nicht wirksam empfundene Konkurrenz sind jedoch nur die Eckpunkte eines Kontinuums. Es sind zwischen den verschiedenen Teilsegmenten einschließlich Kernsegment (falls vorhanden) Konkurrenzbeziehungen unterschiedlicher Intensität denkbar und auch existent. Bevor die Wettbewerbsmatrizen im Einzelnen dargestellt werden, soll der relevante Markt als Bemessungsgrundlage des Marktanteils bzgl. der strategischen Marktanteilsaussage untersucht werden. Ohne ein Verständnis der Bezugsgröße für den Marktanteil werden die Wettbewerbsmatrizen wenig verständlich bleiben.

4.2.1   Der relevante Markt als Bemessungsgrundlage des Marktanteils

Wie in der Literatur hinlänglich dokumentiert, wird der relative Marktanteil als dominanter strategischer Erfolgsfaktor betrachtet (siehe hierzu auch Kapitel 3.2.2.5). Dieser Aussage scheint die Erfahrungswelt entgegenzustehen, dass auch vermeintlich marktanteilig kleine Unternehmen überaus erfolgreich sein können. Dieser scheinbare Widerspruch löst sich dadurch auf, dass der **Marktführer und der Segmentanbieter offensichtlich unterschiedliche Abgrenzungen ihres Marktes** vornehmen. Allgemeingültige Empfehlungen zur Unternehmensstrategie aufgrund von Marktanteilen sind aber nur dann aussagekräftig, wenn alle Beteiligten ein einheitliches Verständnis über den zu bedienenden Markt haben, ihn also einheitlich abgrenzen.

Der Branchenmarkt als externer Bezugsrahmen ist jedoch nur ein Kriterium für die strategische Abgrenzung von Märkten; ein anderes Kriterium ist die unternehmensinterne Struktur. Vorteile im Standort oder im Einsatz bestimmter Werkstoffe oder besondere Fertigkeiten in der Produktionstechnologie können der Ursprung bestimmter strategischer Stärken sein und sollten dann auch bei der Abgrenzung von Märkten Beachtung finden (z. B. der Markt für (alle) Heizungssysteme vs. der Markt für Solarthermieanlagen). Die Prämisse der identischen Grundgesamtheit für alle Wettbewerber steht also der unternehmensspezifischen Marktabgrenzung entgegen. Hiernach definiert jedes Unternehmen seinen Markt individuell, und zwar vor dem Hintergrund seiner eigenen Wettbewerbsvorteile. Denn der stärkste Konkurrent in einem Industriesektor vermag keinen Gewinn zu erzielen, wenn die individuellen strategischen Geschäftseinheiten von kleineren Konkurrenten beherrscht werden. Der Gewinn hängt von den relativen Wettbewerbvorteilen (Stärken) der strategischen Geschäftseinheit und nicht von der Unternehmensgröße ab. Damit ist die identifizierte Konkurrenz ein Ergebnis der eigenen Marktfestlegung.

4.2.2 Darstellung der Wettbewerbsmatrizen

Die Intention von Wettbewerbsmatrizen ist es, heterogene Wettbewerbsstrukturen zu erfassen und die Art des Wettbewerbs auf dem relevanten Markt zu charakterisieren. Auch die Wettbewerbsmatrizen postulieren die Marktführerschaft, allerdings nun nicht mehr auf die Branche bezogen, sondern auf das Segment. Diese **Führerschaftsrolle in abgrenzbaren Segmenten** soll eine relative Unangreifbarkeit fundieren helfen und damit die marktliche Teilnahme nachhaltig sichern.

Unternehmen, die ihre Existenz nicht durch wettbewerblich relevante Stärken stützen können, sind strategisch gefährdet. Die erforderlichen Wettbewerbsvorteile sind allerdings segmentspezifisch. Nicht jedes Segment macht die gleichen Stärken erforderlich. Hierauf ist bei der Segmentführerschaft besonders abzuheben. Die Darstellung von Wettbewerbsmatrizen macht somit auch den Zersplitterungsgrad von Branchen deutlich.

4.2.2.1 Generische Wettbewerbsstrategien nach *Porter*

Bei dieser Klassifikation werden drei verteidigbare Wettbewerbspositionen lokalisiert. *Porter* nennt mit **Kostenführerschaft** (overall cost leadership), **Differenzierung** (differentiation) und **Spezialisierung** (focus) drei mögliche strategische Ausrichtungen, die eine nachhaltige marktliche Teilnahme stützen können [vgl. *Porter, M. E.* (1999), S. 70 ff.; *Porter M. E.* (2000), S. 37 ff.]. Diese generischen Wettbewerbsstrategien werden im Kapitel 3.1 ausführlich beschrieben.

Vor dem Hintergrund dieser strategischen Grundkonzeption leitet *Porter* eine auf den Return on Investment (RoI) bezogene Marktanteilsaussage ab, die in der sog. **U-Kurve** graphisch dargestellt wird (siehe Abb. 4.15). Gemäß der U-Kurve sind entweder sehr kleine Unternehmen, die eine Spezialisierungs- oder Differenzierungsstrategie über Qualitäts- und / oder Zeitvorteile verfolgen, erfolgreich oder sehr große Unternehmen, die über ein Volumengeschäft die kostengünstigsten Produkte anbieten.

Dies scheint mit den Untersuchungsergebnissen der PIMS-Studie, die die Wirkung des Erfahrungskurvenkonzeptes widerspiegelt, auf den ersten Blick nicht vereinbar [vgl. *Buzzell, R. D. / Gale, B. T.* (1989), S. 8 f.]. Aus der PIMS-Studie wurde gefolgert, dass der Return on Investment mit steigender Unternehmensgröße bzw. steigendem Marktanteil zunimmt (siehe Abb. 4.15 und die Ausführungen bzw. Abb. 3.13 in Kapitel 3.2.2.5). Dieser Widerspruch zwischen der *Porter*'schen U-Kurve und der PIMS-Regressionsgerade besteht aber nur auf den ersten Blick und lässt sich durch die unterschiedliche **Marktabgrenzung** erklären.

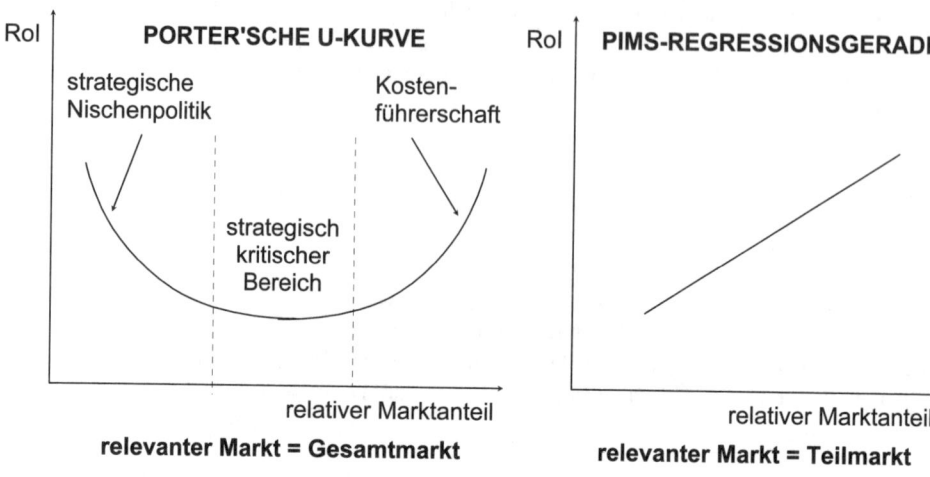

Abb. 4.15:   Zusammenhang zwischen dem relativen Marktanteil und dem Return on Investment nach
             der Porter'schen U-Kurve bzw. nach der PIMS-Datenbank
             [in Anlehnung an: Porter, M. E. (1999), S. 81; Hinterhuber, H. H. (2004a), S. 164]

Porter nimmt Bezug auf die **gesamte Branche** und weist daher die Differenzierung und Spezialisierung als erfolgreiche Strategien bei kleinen Branchenmarktanteilen aus (siehe Abb.
4.16). Um auf Dauer Gewinne zu erzielen, sollte ein Unternehmen nach *Porter* entweder klar
auf **Differenzierung / Spezialisierung** oder auf **Kostenführerschaft** setzen. Differenzierer erzielen aufgrund eines andersartigen Leistungsangebots und dem damit einhergehenden Zusatznutzen höhere Preise; Kostenführer realisieren ihren Erfolg im Wesentlichen über das Volumen bei sonst vergleichbarer Leistung. Unternehmen, die sich spezialisieren, beschränken sich
bewusst auf einen Segmentmarkt, in dem sie Kostenvorteile und / oder Nutzenvorteile realisieren. Spezialisierung und Differenzierung gehen demnach zwangsläufig mit niedrigen Branchenmarktanteilen einher. Eine fehlende Branchenführerschaft kann aber durch eine Segmentführerschaft ersetzt werden. Das mit der Kostenführerschaft betriebene Volumengeschäft resultiert in hohen Branchenmarktanteilen. Die nicht erfolgreichen Unternehmen sitzen durch
ihre unklare Orientierung „zwischen den Stühlen" (**stuck in the middle**) (siehe hierzu auch
Kapitel 3.1).

Im Gegensatz hierzu stellt die PIMS-Untersuchung auf die unternehmensindividuelle Marktabgrenzung ab [vgl. *Schoeffler, S.* (1984b), S. 10]. Hoher Marktanteil im Sinne von PIMS bedeutet demnach hoher Marktanteil im **eigenen Segment**. Dies kann dann auch der Spezialisie-
rungsmarkt sein, wobei der Marktanteil bezogen auf den Gesamtmarkt dann klein ist. Damit
stehen beide Aussagen konform zueinander bzw. ergänzen sich. Die PIMS-Ergebnisse unterstreichen die Bedeutung der Führerschaftsrolle, wohingegen *Porter* mögliche Bereiche einer solchen Strategie aufzeigt.

		Wettbewerbsvorteile durch	
		Kostenposition (Wettbewerb über den Preis)	Kundenseitig wahrgenommene Produkt-Unterschiede (Wettbewerb über Zusatznutzen)
Strategischer Zielmarkt	Gesamte Branche	**Kostenführerschaft**	**Differenzierung**
	Beschränkung auf ein Segment	**Spezialisierung** (Konzentration auf Schwerpunkte)	

Abb. 4.16:   *Generische Wettbewerbsstrategien nach Porter*
              [in Anlehnung an: Porter, M. E. (1999), S. 75]

Offen bleibt, wie die einzelnen Bereiche voneinander abzugrenzen sind, d. h., wann ein Unternehmen die kritische Unternehmensgröße erreicht hat und sein Marktanteil außerhalb des „stuck in the middle"-Bereiches liegt. Dies lässt sich nicht allgemein sagen, da die kritische Unternehmensgröße branchenabhängig und auch keineswegs zeitstabil ist.

4.2.2.2   Vorteilsmatrix nach *Boston Consulting Group* (Boston-II-Matrix)

Auch die *Boston Consulting Group* hat ihr Produkt-Portfolio um eine Wettbewerbsmatrix, die sog. Vorteilsmatrix, ergänzt [vgl. *Meffert, H.* (1983), S. 202; *von Oetinger, B.* (1983), S. 44ff.]. Man kann nicht von einem Portfolio sprechen, da diesem Instrument der Ausgleichsgedanke nicht zugrunde liegt. Es sollen vielmehr die strategischen Entwicklungsperspektiven auf Basis der Branchenverhältnisse generiert werden. Hierzu werden die strategischen Geschäftseinheiten anhand der Dimensionen „**Nachhaltigkeit der Wettbewerbsvorteile**" und „**Anzahl der Wettbewerbsvorteile**" beurteilt. Die Nachhaltigkeit der Wettbewerbsvorteile wird durch die Höhe der Eintrittsbarrieren bestimmt. Zur Klassifizierung begnügt man sich – ganz in der Tradition von BCG-Darstellungen – mit einer Zweiteilung der Ausprägungsmerkmale. Die sich so ergebenden vier Felder der Matrix charakterisieren die grundlegenden Erfolgsbedingungen und die langfristigen Profitabilitätsaussichten der verschiedenen strategischen Geschäftseinheiten (siehe Abb. 4.17).

- In aller Regel spielen Unternehmen in der marktlichen Auseinandersetzung ihre Wettbewerbsvorteile aus. In der Kategorie **Fragmentierung** wird eine Vielzahl von Vorteilen eingesetzt, wobei jedoch keiner zu einem nachhaltigen Schutz taugt. Damit ist das relative Gewicht dieser Vorteile gering. Wegen ihrer Vielzahl sind aber **außerordentlich zahlreiche Differenzierungsmöglichkeiten** gegeben, um eine marktliche Teilnahme zu begründen. Man kann somit die relevanten Wettbewerbsvorteile auf unterschiedliche Weise kombinieren und den Markteintritt versuchen. Die Anbieter auf diesen Märkten setzen also unterschiedliche Vorteilskombinationen ein, mit der Folge, direkte Konkurrenzbeziehungen zu vermeiden bzw. diese – soweit vorhanden – abzumildern. Wegen der zahlreichen Differenzierungsmöglichkeiten zersplittert der Markt zwischen vielen kleinen Anbietern, weswegen in der BCG-Terminologie von Fragmentierung gesprochen wird. Da jede Vorteilskombination auch eine marktkonstituierende Wirkung hat, ist der Nutzen von Gesamtmarktanteils-Strategien äußerst gering. Vielmehr wären gar Rentabilitätseinbußen zu befürchten, sollte ein Unternehmen eine solche, auf den Gesamtmarkt zielende Strategie ergreifen. Typische Beispiele für fragmentierte Märkte sind Handwerks- oder Restaurantbranchen. Als normatives Verhalten wird eine **Sicherungsstrategie** postuliert. Man sollte klein bleiben, sich auf bestimmte Kunden spezialisieren und auf den Monopolisierungseffekt seiner Vorteilskombination setzen. Eine andere Alternative besteht jedoch darin, bewusst Nachhaltigkeitseffekte bei den Vorteilen in Form von sog. Schlüsselfaktoren zu schaffen (z. B. Berufsexamina, Zulassungsordnungen) oder aufgrund der Unternehmensgröße verschiedene Vorteilskombinationen zu absorbieren und damit Nachhaltigkeitseffekte über die Reputation zu realisieren (z. B. *Tiffany* im Bereich der Glaskunst oder *Svarovski* im Kristallmarkt).

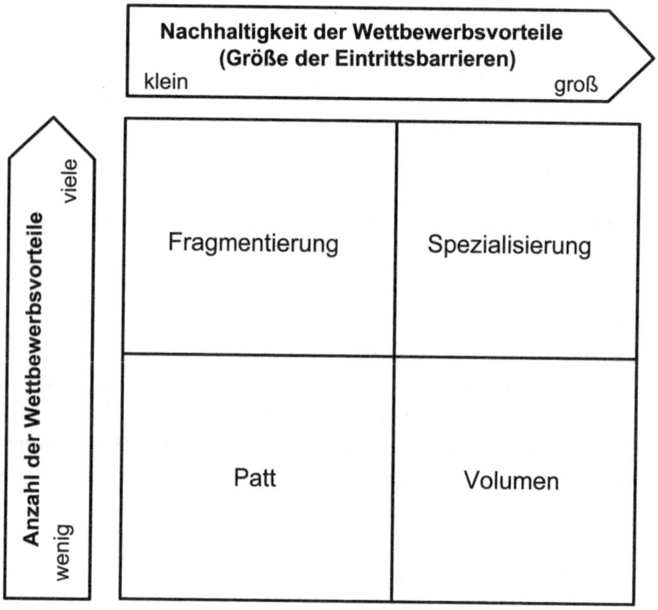

Abb. 4.17:   *Vorteilsmatrix der Boston Consulting Group (Boston-II-Matrix)*
           [Quelle: Meffert, H. (1983), S. 202]

- Auch in der sog. **Pattsituation** bieten die nur wenigen relevanten Wettbewerbsvorteile keinen Nachhaltigkeitsvorsprung gegenüber dem Wettbewerber. Die Devise eines „Keep a sharp pencil" (**ständiges Kostenmanagement**) [vgl. *Kiechel, W.* (1981), S. 188] verdeutlicht zudem die geringe Lukrativität dieses Bereichs. In aller Regel handelt es sich hier um Geschäftsfelder, bei denen die wichtigsten Wettbewerber die optimale Betriebsgröße erreicht haben. Das Know how ist zum Allgemeingut degeneriert und auch eine Kapazitätsausweitung scheint wirtschaftlich nicht sinnvoll, da der Erfahrungskurveneffekt längst ausgereizt ist. Als typische Beispiele können die Stahl- oder Papierindustrie angeführt werden. Mögliche Offensivstrategien scheinen schon deshalb nicht angezeigt, da Verteilungskämpfe in dieser Situation die ohnehin geringe Branchenrentabilität nur weiter drücken würden.

Überkapazitäten verführen viele Grenzanbieter, zu dem eigentlich unprobaten Mittel des Preiskampfes zu greifen und damit ganze Branchen in den Ruin zu führen [vgl. *Harrigan, K. R.* (1982), S. 48]. In aller Regel hat man es hier mit stagnierenden oder gar schrumpfenden Märkten zu tun. Als strategische Auswege bieten sich hier die Veränderung zu den nachhaltigen Wettbewerbsvorteilen, d. h. entweder die Spezialisierung (z. B. im Stahlmarkt auf Edelstahl- oder Werkzeugstahlprodukte) oder die Volumensstrategie (z. B. der Aufkauf von *Arcelor* durch *Mittal Steel*) an.

- Der Bereich der **Spezialisierung** zeichnet sich durch seine verschiedenen Entwicklungsofferten aus. Es gibt eine Vielzahl von Vorteilsmöglichkeiten, wobei jede einzelne einen hohen Nachhaltigkeitsschutz erlaubt. Hier ist eine **kreative Teilsegmentierung** notwendig, um sich von der Konkurrenz abzusetzen und monopolistische Preisspielräume aufzubauen (z. B. Anlagenbau, pharmazeutische Industrie). Zudem ist wichtig, diese Vorteile schützen zu können (z. B. über eine Marke, über Reputation oder über Patente). Entsprechend der Vielzahl der Möglichkeiten, Vorteilsstrukturen aufzubauen, ist auch eine Varianz in den Erträgen zu beobachten.

- In der letzten Kategorie ist das **Volumengeschäft** angesiedelt. Wenn sich der Wettbewerb einerseits mittels nur weniger Vorteilsarten beschreiben lässt, andererseits aber große Gewinnunterschiede zwischen den Konkurrenten bestehen, kommen als Erklärung nur die Degressionswirkungen des Erfahrungskurvenkonzeptes in Frage. In diesen Fällen wird eine **Kostenminimierungsstrategie** empfohlen. Typische Beispiele für Volumensgeschäfte sind die Produktion von Videogeräten oder von Massenspeichern (DRAMs) in der Halbleiterindustrie.

Die BCG-Vorteilsmatrix unterscheidet im Prinzip zwei Marktstrukturen, wobei sich nur die Kategorien mit nachhaltigem Wettbewerbsschutz als lukrativ erweisen. Für die Bereiche, in denen kein Nachhaltigkeitsschutz möglich erscheint, werden hingegen bloße Defensiv- bzw. Status-quo-Empfehlungen ausgesprochen. Dem fragmentierten Geschäft wird eine bedingte Entwicklungsperspektive zugesprochen. Als Fazit kann festgehalten werden, dass eine marktliche Teilnahme sich nach Möglichkeit auf einen Nachhaltigkeitsschutz stützen sollte. Ob dann eine Spezialisierung oder eine Standardisierung versucht werden soll, hängt von der potenziellen Vorteilsstruktur der wettbewerblichen Faktoren ab. Fast-Food-Ketten wie *McDonalds* oder Bäckereien wie die *Kamps AG* haben jedoch gezeigt, dass aus einem eigentlich fragmentierten Geschäft durch Standardisierung (Produkt, Marketing, Franchise-System) ein Volumengeschäft entstehen kann. So betont auch die *Boston Consulting Group* eindeutig das Führerschaftsstreben als die grundlegende strategische Ausrichtung. Nur „... dem Ersten in seinem Segment (fallen, die Verf.) die Früchte der Führerschaft zu ..." [*von Oetinger, B.* (1983), S. 45].

4.2.2.3   Strategisches Spielbrett nach *McKinsey*

Auch das Beratungsunternehmen McKinsey & Co. verfügt über eine Matrix, mit der heterogene Wettbewerbsstrukturen abgebildet werden können. Die klassischen Produkt-Portfolios sind lediglich in der Lage, aus einer Vielzahl von gegebenen Aktivitätsfeldern auszuwählen, ohne jedoch die Bandbreite möglicher Geschäftsfelder aufzuzeigen. Das strategische Spiel-

brett [vgl. Timmermann, A. (1982), S. 8 ff.; Henzler, H. A. (1988), S. 1294 f.] zeigt in Ergän-
zung zur Portfolio-Analyse die grundsätzlichen Optionen in der strategischen Ausrichtung auf.
Konzeptionell wird eine strategische Situation hierbei über die Fragen „Wo wird konkurriert?"
(Märkte) und „Wie wird konkurriert?" (Regeln) eingefangen (siehe Abb. 4.18).

Während der Gesamtmarkt oder eine Nische mögliche Orte des Wettbewerbs darstellen, wird
die Frage, wie konkurriert wird, durch die beiden grundsätzlichen Wettbewerbsvarianten beantwortet: „Die Form des Wettbewerbs kann von der strikten Beachtung vorhandener Regeln
einer Branche in einer überwiegend „beharrenden" Strategie bis zur völligen Umkehrung und
Neuformulierung dieser Regeln in einer konsequent „innovativen" Strategie reichen."
[*Timmermann, A. (1982), S. 8 f.*] So hat z. B. *Swatch* durch die Einführung von Modeaspekten
(neue Regeln) den Uhrenmarkt neu belebt und neue Wettbewerbsvorteile eröffnet. Unterschieden nach dem relevanten Markt lassen sich die **beharrenden Strategien** wie folgt beschreiben:

Abb. 4.18:   *Strategisches Spielbrett nach McKinsey*
              [Quelle: Timmermann, A. (1982), S. 9]

- Von einer **überlegenen Marktabdeckung auf breiter Front** spricht man, wenn die Unternehmen auf dem Gesamtmarkt unter Beachtung etablierter Wettbewerbsregeln konkurrieren. Der Marktführer erhält seinen momentanen Wettbewerbsvorteil am besten durch eine
  beharrende Strategie aufrecht, indem er „vom Gleichen grundsätzlich im Konkreten mehr
  besser" macht (z. B. derzeit *BMW* im Automobilmarkt). Jene Unternehmen, die verkennen,
  dass auch andere strategische Optionen bestehen, müssen in einer Nachahmungsstrategie
  verharren. Sie kopieren die funktionalen Strategien des Marktführers und erzielen dabei
  lediglich marginale Renditen. Bei einem frontalen Markteintritt neuer Wettbewerber wäre
  ein drastischer Anstieg der Wettbewerbsintensität die Folge. Nur ein exorbitantes Marktwachstum könnte die zwangsläufig folgenden Rentabilitätseinbußen wegen des dann unver-
  meidlichen Verdrängungswettbewerbs ausgleichen.

- Alternativ zum direkten Wettbewerb auf dem Gesamtmarkt bietet sich Unternehmen auch die Option, sich **mit einer Marktnische zu bescheiden**. Diese Strategie erfordert aber eine Resegmentierung des Marktes. Voraussetzung hierfür ist, dass ein entsprechendes Differenzierungspotenzial besteht und dass dieses Teilsegment von den Konkurrenten bisher nicht als zusammenhängende Kundengruppe betrachtet wurde (z. B. der Sportwagenmarkt von *Porsche*). Diese Alternative ist aus Sicht eines Nachahmers i. d. R. kostengünstiger als die direkte Konfrontation mit dem Marktführer. Gelingt es jedoch im Anschluss an die Begründung der Nische nicht, diese auch mit nachhaltigen Eintrittsbarrieren zu umgeben, dann kann der Differenzierungsvorteil leicht kopiert werden und der Marktführer wird u. U. den Spezialisten aus seiner Nische verdrängen.

Die Mehrzahl der Unternehmen verfolgt beharrende Strategien – egal ob auf die Teilsegmente oder auf das Kernsegment bezogen, vermutlich wegen der scheinbar geringeren Risikoprofile. Weitaus Erfolg versprechender sind jedoch **innovative Strategien**. Hierbei wird die konventionelle Denkweise im Markt aufgegeben und es werden Faktoren im Wettbewerb genutzt, die bisher nicht betrachtet wurden. Gerade Produkt- und Prozessinnovationen erleichtern die Kreation neuer Wettbewerbsregeln und erlauben im Erfolgsfall, die eigentlich bestehenden Markteintrittsbarrieren teilweise außer Kraft zu setzen. Auf diese Weise können Wettbewerber das vom Marktführer aufgebaute Bollwerk umgehen und so ganz spezifische Vorteile erzielen.

- Von einer **Innovation im Teilmarkt** spricht man, wenn eine selektiv innovative Strategie einen Teil des Marktes neu definiert oder ein gänzlich neues Marktsegment schafft. Über neue Wettbewerbsregeln respektive -instrumente wird eine vorher nicht gekannte Nische kreiert. Ein Beispiel für diese strategische Option ist *Apple* mit seinem *ipod*. Apple integrierte Audio- und Videofunktionen in ein Abspielgerät und schuf gleichzeitig eine Internet-Plattform zum Download von Inhalten. Mit dem *iphone* wird diese Strategie weiterverfolgt, in dem ein Handy mit einem integrierten Abspielgerät verschmolzen wird.
- Eine innovative Strategie über den Gesamtmarkt, getragen von der Intention, neue Haupterfolgsfaktoren zu schaffen, führt zu einer **Änderung der Wettbewerbsgrundlagen**. Diese Strategie birgt zwar die höchsten Risiken, bietet aber auch die größten Ertragschancen. „Wenn eine erfolgreiche innovative Strategie einmal greift, haben die Wettbewerber nur noch die Möglichkeit, nach den neuen Regeln mitzuspielen oder Marktanteile zu verlieren." [*Timmermann, A.* (1982), S. 12] Ein Beispiel hierfür ist *Timex*. In den 1950er Jahren dominierte die Schweizer Uhrenindustrie den Weltmarkt durch die beiden Haupterfolgsfaktoren Präzisionsmechanik und Vertriebskontrolle über den Fachhandel. In den 1960er Jahren fokussierte sich der Hersteller *Timex* auf ein Marktsegment mit Kunden, die ihre Kaufentscheidung im Wesentlichen preisabhängig und erst in zweiter Linie qualitätsabhängig (d. h. in Abhängigkeit von der Genauigkeit der Uhr, der Langlebigkeit etc.) treffen. Zudem wurden die Uhren der preisbewussten Klientel nicht über den Fachhandel, sondern über Drug-Stores und Discounter angeboten.

4.2.2.4   Preiselastizitäts-Produktdifferenzierungs-Matrix nach *Lewis*

Als Letztes soll die Preiselastizitäts-Produktdifferenzierungs-Matrix von *Lewis* vorgestellt
werden [vgl. *Kiechel, W.* (1981)]. Auch hier werden unterschiedliche Marktstrukturen klassifiziert, die dann die Grundlage sog. Standardstrategien bilden. Dabei wird die von Anbietern
vorgenommene und weithin akzeptierte Produktdifferenzierung bzw. Produktstandardisierung
hinsichtlich ihrer Wirkung auf die Nachfrager untersucht. Beispielsweise macht es für die
strukturelle Verfassung einer Branche einen Unterschied, ob ein Standardprodukt in einem
Markt mit hoher oder mit niedriger Preiselastizität vertrieben wird. Man bedient sich dabei
ebenfalls nur einer rasterförmigen Beurteilung der Ausprägungsmerkmale (siehe Abb. 4.19).

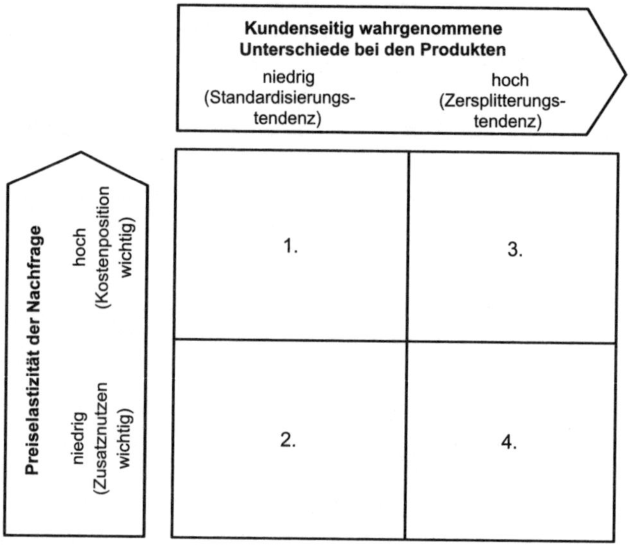

Abb. 4.19:   Preiselastizitäts-Produktdifferenzierungs-Matrix nach Lewis

Die in Abb. 4.19 dargestellten Positionierungen 1 bis 4 sollen nachfolgend beschrieben und
bzgl. ihrer strategischen Implikationen beurteilt werden:

1. Bei niedriger Produktdifferenzierung und hoher Preiselastizität ist eine Kostenminimie-
    rungsstrategie angezeigt. Der Preis ist bei diesem Standardprodukt der wettbewerblich
    ausschlaggebende Faktor; die Produkte der Anbieter werden kundenseitig als relativ ho-
    mogen betrachtet. Akquisitorische Potenziale im weitesten Sinne kommen nicht zum Tra-
    gen. Typische Beispiele hierfür sind Massenprodukte wie Baustahl, Strom, Massenspei-
    cher etc.
2. Bei der Konstellation 2 in Abb. 4.19 müssten die Wettbewerber eigentlich versuchen, den
    Status eines Ruheoligopols auf möglichst hohem Erlösniveau zu installieren. Dies erfor-
    dert die akzeptierte Einsicht sämtlicher Beteiligter, Verteilungskämpfe im Interesse aller
    Wettbewerber nicht stattfinden zu lassen. Preiskämpfe haben wegen der geringen Preis-

elastizität letztlich keinen positiven Effekt. Wegen dieser strukturell günstigen Erlössituation sollten die etablierten Wettbewerber jedoch einen Blick auf die Markteintrittsbarrieren richten, denn eine lukrative Branchenrentabilität lockt potenzielle Wettbewerber an.

3. Branchen, die durch eine derartige Situation gekennzeichnet sind, befinden sich in einem
labilen Gleichgewicht. Trotz vielfältig unterschiedlicher Leistungsprogramme am Markt
ist die Preiselastizität weiterhin hoch. Dies bedeutet, dass es den Unternehmen bislang
nicht gelungen ist, über Zusatznutzen die Dominanz des Preises als wettbewerbliches
Instrument zu brechen. Die Wettbewerbsintensität ist damit sehr hoch. Bei ihren strategischen Maßnahmen müssen die Unternehmen beachten, dass sich solche Branchen häufig
in einer Übergangsphase befinden. Ein Beispiel hierfür ist z. B. die Bauindustrie mit einer
Fülle von Anbietern und häufig sehr starkem Wettbewerb. Vielfach zersplittern dann die
Märkte in jene, die eine marktnischenorientierte Innovationsstrategie erfordern (z. B. die
Strategie von *Hochtief* mit dem Fokus auf Immobilienentwicklung, Flughafen- und Spezi-
albau sowie Public Privat Partnership-Projekte), und in jene, die eine Kostenminimierungsstrategie opportun erscheinen lassen.

4. In diesem Feld sind Marktsegmente angesiedelt, die mittels umgesetzter Nischenstrate-
gien bedient werden (z. B. Anlagenbau, Pharmaindustrie). Sowohl die Fokussierung eines
bestimmten Kundenvorteils (wie etwa Standort, Lieferbereitschaft, Vertriebsweg usw.) als
auch die differenzierte Erarbeitung eines Leistungspotenzials versprechen unter diesen
Voraussetzungen Erfolg. Die Preiselastizität ist gering, so dass für den eine Nischenstrategie begründenden Zusatznutzen am Markt auch Aussicht auf ausreichende Honorierung
besteht.

Auch die Preiselastizitäts-Produktdifferenzierungs-Matrix macht deutlich, dass eine Unisono-
strategie über alle Marktstrukturen hinweg wenig Sinn macht. Vielmehr ist den situativen Bedingungen der Branchenstruktur Rechnung zu tragen.

4.2.3 Abschließende Beurteilung

Als Tenor der Wettbewerbsmatrizen bleibt festzuhalten, dass die Branchenführerschaft kein
Garant für wettbewerblich erfolgreiche Teilnahme ist. Vielmehr bieten sich in aller Regel
Möglichkeiten, Teilsegmente bis hin zu einer vollständigen Segmentierung der Branche ohne
Kernsegment zu bilden. Die Segmentführerschaft bzw. eine erfolgreiche Teilmarktabgrenzung
erfordert zudem meistens eine andere Wertschöpfungsstruktur als die Branchenführerschaft.

Porter sieht prinzipiell – entsprechend den generischen Strategien – drei Wege, den Branchenmarktführer zu attackieren [vgl. *Porter, M. E.* (2000), S. 648 ff.]:

- Unternehmen, die eine nahezu identische Ressourcen-Struktur wie der Marktführer einsetzen und darüber hinaus eine direkte Konfrontation nicht scheuen, bleibt als strategische
Grundhaltung nur ein sog. **„pure spending“**. Eine gewichtige Marktposition des Herausfor-
derers lässt sich hiernach lediglich über eine Kostenminimierungsstrategie begründen (z. B.
im Lebensmittel-Discounter-Bereich der Wettbewerb zwischen *Lidl* und *Aldi*). Im Ergebnis
kann dies dann eine gewünschte Kostenführerschaft für den Gesamtmarkt oder für einen
Spezialmarkt bedeuten.

- Daneben sieht *Porter* die Möglichkeit, den direkten Markteintritt über eine sog. **Rekonfiguration** zu versuchen. Hierunter ist der Aufbau einer vom Marktführer differierenden Ressourcen-Struktur zu verstehen. Im Ergebnis folgt aus einer solchen strategischen Maxime eine konsequente Differenzierungsstrategie. Der Grad der Rekonfiguration hängt nun davon ab, ob sich die Aktivitäten nur auf bestimmte Ressourcen-Bereiche erstrecken oder eine Veränderung der gesamten Struktur zum Ziel haben (z. B. die *Porsche AG* mit dem Focus auf Motorenentwicklung, Design und Entwicklung bei gleichzeitig hohem Zukaufanteil).

- Die Spezialisierungsstrategie ergibt sich vornehmlich für jene Fälle, bei denen trotz identischer Ressourcen-Struktur keine direkte Konfrontation mit dem Marktführer gewünscht wird. Bei einer sog. **Redefinition** steht somit der Versuch im Mittelpunkt, ein bestimmtes Marktsegment zum Gegenstand einer individuellen Strategie zu machen (z. B. *Apple* mit der schon erwähnten Strategie beim *ipod*). Falls zudem eine Veränderung der Ressourcen-Struktur beabsichtigt ist, wird alternativ die Rekonfiguration und die Redefinition empfohlen.

Die branchenweit operierenden großen Unternehmen haben jedoch die Möglichkeit, vielfältige Synergien zu nutzen. Diese wirken der latenten Zersplitterungsgefahr entgegen. Im Gegensatz hierzu zielt die kreative Teilsegmentierung auf eine Nischenbildung. Der besondere Segmentschutz dieser Nischen liegt in der Bündelung ausgesuchter Wettbewerbsfaktoren bzw. in der Fokussierung bestimmter Stärken. Die Absplitterung eines Teilsegments hat aber nur Sinn, soweit die Zusatzerlöse des Marktsegments größer als die Kosten der notwendigen Differenzierung bzw. Spezialisierung sind. Dies erfordert einen entsprechend geringen Synergieeffekt zum übrigen Sortiment der branchenweit operierenden Anbieter bzw. zu anderen bestehenden Teilsegmenten. Die fehlenden Synergien sind dann dafür verantwortlich, dass etablierte Wettbewerber dieses neue Teilsegment nicht marktbeherrschend mitbearbeiten können. Vielmehr würden wegen der unterschiedlichen Wertschöpfungsstrukturen sprungfixe Kosten anfallen. Teilsegmente sollten sich aber deutlich durch unterschiedliche Erfolgsfaktoren voneinander abheben. Ein hohes Segmentierungspotenzial besteht immer dann, wenn:

- innovative Problemlösungen gewünscht werden,
- eine hohe Flexibilität bei den Produktanforderungen gefordert wird,
- Anwendungskenntnisse erforderlich sind und eine Beratung verlangt wird,
- ein patentfähiger Know how-Schutz vorliegt oder
- eine Abhängigkeit von Lieferanten (z. B. Bestellhäufigkeit, hohe Umstellkosten, zweiter Lieferant usw.) besteht [vgl. *Gälweiler, A.* (1981), S. 398].

Durch die beabsichtigte Analyse der vorliegenden Marktstrukturen sollen Wettbewerbsmatrizen immer ergänzend, i. d. R. vor einer expliziten Portfolio-Betrachtung zur Analyse der Art des Geschäftes herangezogen werden.

4.3   Technologie- und Patent-Portfolio

4.3.1   Grundprinzip des Technologie-Portfolios

Die in Kapitel 4.1 dargestellten Produkt-Portfolios beschränken sich auf den Marktzyklus von Produkten bzw. Produktgruppen und vernachlässigen damit die wichtige Phase der Entstehung neuer Substitutionstechnologien und neuer Substitutionsprodukte (zum Produktlebenszyklus-konzept siehe Kapitel 3.2.1). Die zentrale Zielsetzung der strategischen Unternehmenspla-nung, nämlich die langfristige Sicherung der Existenz von Unternehmen, scheint daher durch die Produkt-Portfolio-Analyse nicht ausreichend erfüllt zu werden. Ob und in welcher Stärke neue Erfolgspotenziale generiert werden können, wird erwartungsgemäß auch vom künftigen Technologieschub beeinflusst. Die technische Entwicklung als mitentscheidender Faktor der Wettbewerbsfähigkeit von Unternehmen wird aber bei Produkt-Portfolios ausgeklammert. Diese fehlende strategisch-analytische Adaption wird noch um einige operative Umsetzungs-schwierigkeiten angereichert. So kann es ohne eine strategisch motivierte Technologiesteue-rung zu Parallelarbeiten und damit fehlender Nutzung von Synergien bei dezentralen F&E-Einheiten und zur Verschwendung knapper Ressourcen auf strategisch nicht sinnvolle Technologien kommen.

Diese Mängel der Produkt-Portfolios führten zur Entwicklung des Technologie-Portfolios [vgl. *Pfeiffer, W. u. a.* (1989), S. 77 ff.; *Pfeiffer, W. / Dögl, R.* (1997); *Pfeiffer, W. / Dögl, R. / Schneider, W.* (1989)]. Bezweckt werden sollte eine **strategische Vorsteuerung von Innova-tionsaktivitäten**. Zentrales Ziel einer Technologie-Portfolio-Analyse ist es, „... im Rahmen ei-ner technologie-orientierten Unternehmensführung ausreichend Ressourcen – qualitativ wie quantitativ – für die langfristige Erfolgssicherung der Unternehmung zur Verfügung zu stellen ...“ [*Pfeiffer, W. u. a.* (1989), S. 98]. Dabei betrachtet das Technologie-Portfolio keine Pro-dukte oder strategischen Geschäftseinheiten, sondern es erfolgt eine Bewertung und Positionierung der hinter einem Produkt steckenden **Produktfunktionen** bzw. der im Unternehmen angewandten **Prozess- und Werkstofftechnologien** in einer gebräuchlichen Matrixdarstellung. Die Identifikation der hinter verschiedenen Produkten stehenden Technolo-gien verdeutlicht ihre Anwendungsbreite und damit deren Relevanz für die Unternehmung. Basierend auf der Positionierung der Technologien im Portfolio lassen sich differenzierte Strategien für zukünftige Entwicklungsaktivitäten ableiten.

Grundlage einer derartigen Betrachtung ist die Tatsache, dass Probleme bzw. Bedarfe an Funktionen, die ein Produkt bzw. Herstellungsverfahren zu erfüllen hat, weniger schnell als das Produkt oder das Verfahren selbst veralten. Dies macht eine **funktionale Betrachtung** von Produkten und Herstellungsverfahren bzw. der dahinter stehenden Technologien erforder-lich („Produkte gehen, Funktionen bleiben“). Die zentrale Frage lautet demnach „Was kann mit einem Produktgebrauch geleistet werden?“, nicht aber „Wie ist das Produkt zusammenge-setzt?“.

In Übereinstimmung mit der portfolioüblichen Darstellung weist auch das Technologie-Port-folio mit der **Technologieattraktivität** eine von der Unternehmung weitgehend unbeeinfluss-bare Umfelddimension und mit der **Ressourcenstärke** eine Unternehmensdimension auf. Die

Technologieattraktivität ist „... die Summe aller technisch-wirtschaftlichen Vorteile, die durch das Ausschöpfen der in einem Technologiegebiet steckenden strategischen Weiterentwicklungsmöglichkeiten noch gewonnen werden können" [*Pfeiffer, W. / Dögl, R. / Schneider, W.* (1989), S. 486]. Dieses Verständnis von Technologieattraktivität basiert auf einer positiven Einstellung zum technischen Wandel. Dieser wird als Chance begriffen, um bestehende Marktstrukturen zu verändern und um sich profilieren zu können. Eine hohe Attraktivität wird somit dynamischen Technologien zugesprochen, wohingegen reife Technologien eher als unattraktiv angesehen werden.

Die Ressourcenstärke als unternehmensinterne Dimension hingegen bezeichnet das im Vergleich zum Wettbewerber eigene wissensbasierte Humankapital und die eigene wirtschaftliche Kraft zur Entwicklung von Technologien. Somit gibt die Ressourcenstärke Aufschluss über die zur Realisierung des Technologiepotenzials nötigen, im Unternehmen vorhandenen Mittel. Je mehr die vorhandenen Ressourcen mit der allgemeinen technischen und wettbewerblichen Entwicklung übereinstimmen, desto größer ist die Ressourcenstärke.

Den beiden Bewertungsdimensionen des Technologie-Portfolios liegen jeweils verschiedene, gemäß ihrer Bedeutung gewichtete Einzelindikatoren zugrunde. Abb. 4.20 stellt mögliche Bewertungskriterien dar, die dann unter Anwendung eines **Scoring-Modells** (siehe hierzu Kapitel 4.1.3.2.1) aggregiert werden können. Durch eine Dreiteilung der Dimensionen ergibt sich wie beim McKinsey-Portfolio eine **Neun-Felder-Matrix**. Die strategische Bedeutung der positionierten Technologien (z. B. zukünftiger Wertanteil am gesamten Analyseobjekt, funktionale Bedeutung für das Gesamtprodukt und / oder Engpasstechnologie) kann wiederum über die Kreisdurchmesser veranschaulicht werden.

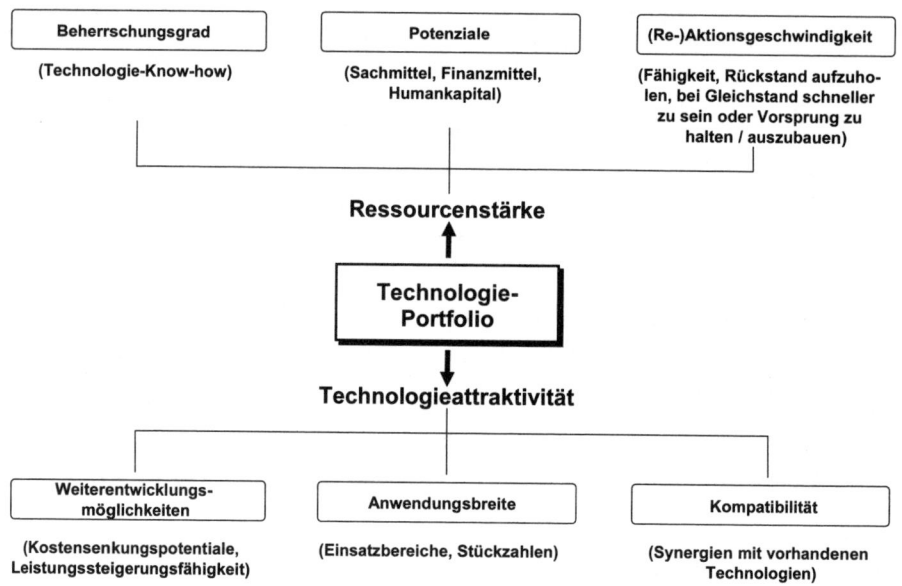

Abb. 4.20:   *Dimensionen und Bewertungskriterien im Technologie-Portfolio*

Das i. d. R. wichtigste Kriterium für die Beurteilung der Technologieattraktivität ist das **Weiterentwicklungspotenzial**. Die relevante Frage lautet hier, in welchem Ausmaß eine technische Weiterentwicklung und eine damit verbundene Kostensenkung oder Leistungssteigerung möglich ist. Gemäß dem **S-Kurven-Konzept** nach *Arthur D. Little* [vgl. *Sommerlatte, T. / Deschamps, J.-P.* (1986), S. 49 ff.] bestehen für Technologien ähnlich wie für Produkte technische oder physikalische Leistungsgrenzen, die trotz eines zusätzlichen Aufwands nicht überschritten werden können (vgl. hierzu auch Kapitel 3.4.4.1). Damit ist das Wieterentwicklungspotenzial begrenzt und die Endlichkeit einer jeden Technologie vorgegeben. Daher durchlaufen auch Technologien bestimmte Lebenszyklusphasen (Entstehung, Wachstum, Reife, Sättigung). Legt man den Grad der Erreichung des Wettbewerbspotenzials als Einteilungsraster von Zyklusphasen zugrunde, so kann man Technologien unterscheiden in Schrittmacher-, Schlüssel- und Basistechnologien (siehe Abb. 4.21). Während das Weiterentwicklungspotenzial von Schrittmachertechnologien, die sich noch in einem frühen Entwicklungsstadium befinden, aufgrund ihrer Neuartigkeit als sehr hoch anzusehen ist, kann das von Basistechnologien, die bereits längere Zeit existieren und von allen Wettbewerbern beherrscht werden, als nahezu ausgereizt betrachtet werden.

Grad der Erreichung des Wettbewerbspotenzials

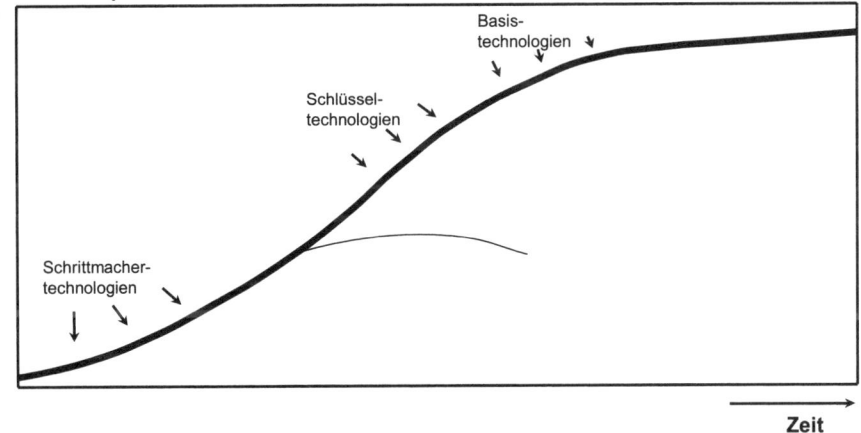

Abb. 4.21: *S-Kurven-Konzept nach Arthur D. Little*
        [Quelle: Sommerlatte, T. / Deschamps, J.-P. (1986), S. 53]

Ein weiteres Kriterium zur Beurteilung der Attraktivität einer Technologie ist deren **Anwendungsbreite**. Hierbei geht es um eine Beurteilung hinsichtlich der Anzahl möglicher technischer Einsatzbereiche sowie hinsichtlich der potenziellen Stückzahlen je Einsatzbereich.

Schließlich beeinflusst die **Kompatibilität** von Technologien die Technologieattraktivität. Dabei ist zu prüfen, inwieweit mögliche technische Weiterentwicklungen positive oder negative Auswirkungen auf vor-, nach- oder parallelgeschaltete Produkt- bzw. Prozesstechnologien zur Folge haben.

Die Ressourcenstärke eines Unternehmens hängt im wesentlichsten vom **technisch-qualitati-ven Beherrschungsgrad** ab. Dieser gibt darüber Aufschluss, wie das eigene Technologie-Know how in wirtschaftlicher und qualitativer Hinsicht im Vergleich zur wichtigsten Konkur-renzlösung zu beurteilen ist. Ein dementsprechender Entwicklungsvorsprung (bzw. -rück-stand) wird jetzt oder später in einem Wettbewerbsvorsprung (bzw. -rückstand) resultieren.

Weiterhin ist für die Ressourcenstärke von Bedeutung, ob das Unternehmen über angemessene **Potenziale** verfügt, d. h., ob die vorhandenen oder beschaffbaren personellen, sachlichen und finanziellen Mittel ausreichen, um die noch bestehenden Weiterentwicklungsmöglichkeiten auch zu realisieren.

Letztlich spielt für die Ressourcenstärke eine Rolle, mit welcher **(Re-)Aktionsgeschwindig-keit** ein Unternehmen im Vergleich zu den Wettbewerbern befähigt ist, technische Weiterent-wicklungspotenziale auszuschöpfen und damit entweder einen vorhandenen Rückstand aufzu-holen, bei Gleichstand schneller zu sein oder einen bestehenden Vorsprung zu halten oder gar zu erweitern.

4.3.2   Normstrategien im Technologie-Portfolio

Wie bei den Produkt-Portfolios (siehe Kapitel 4.1) werden auch beim Technologie-Portfolio jedem Quadranten bzw. jeder Quadrantengruppe der Neun-Felder-Matrix Empfehlungen für die weitere strategische Behandlung der positionierten Technologien vor dem Hintergrund prognostizierter Weiterentwicklungsmöglichkeiten und tatsächlich vorhandener Ressourcen zugeordnet (siehe Abb. 4.22). Diese Strategieempfehlungen zielen hauptsächlich auf eine Res-sourcensteuerung im F&E- oder Produktionsbereich ab.

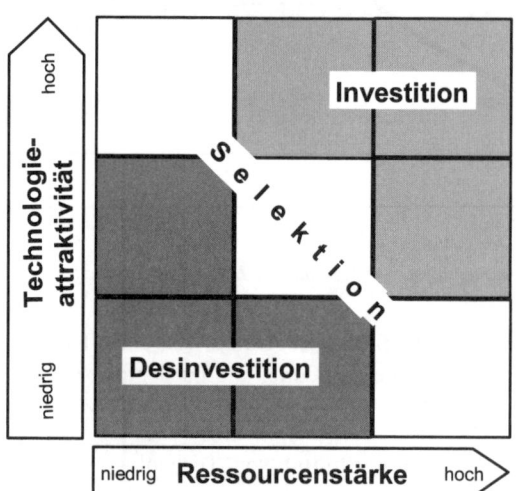

Abb. 4.22:   *Normstrategien im Technologie-Portfolio*
[in Anlehnung an: Pfeiffer, W. u. a. (1989), S. 99; Pfeiffer, W. / Dögl, R. / Schneider, W. (1989), S. 490]

- Für Technologien, die eine mittlere bis hohe Technologieattraktivität und Ressourcenstärke aufweisen, sind **Investitionsempfehlungen** auszusprechen (d. h. z. B. die eigene Investition in F&E, der Zukauf von Know how oder der Erweb von Lizenzen). Der künftig große Ressourcenbedarf entsteht dort, wo günstige Zukunftsperspektiven prognostiziert werden. Die Stärke wird in einem Bereich zementiert, der das künftige technologische Know how bestimmen wird. Die Ressourcenstärke ist deshalb durch ständige Investitionen zu halten bzw. auszubauen.
- Technologien mit geringer bis mittlerer Attraktivität und Ressourcenstärke sind hingegen **Desinvestitionsempfehlungen** zuzuordnen. Da Investitionen in diese Technologien keine oder eher geringe Verbesserungen der Leistungsfähigkeit bewirken, sind die F&E-Aktivitäten zu reduzieren und die freiwerdenden Ressourcen in attraktivere Technologien zu lenken.
- In den drei Diagonalfeldern des Technologie-Portfolios finden sich Technologien, für die keine einheitlichen Handlungsempfehlungen abgegeben werden können. Eine eingehendere Betrachtung ist erforderlich, um sinnvolle Strategien zu formulieren (**Selektionsempfehlung**):
  - Bei einer hohen Technologieattraktivität, jedoch einer geringen Ressourcenstärke kann einerseits versucht werden, durch hohe Investitionen eine mittlere bis hohe Ressourcenposition anzustreben und so dem Mangel abzuhelfen. Erscheint dies nicht möglich, ist andererseits ein Rückzug aus dieser Technologie ratsam. Sollte diese allerdings aus übergeordneten Gesichtspunkten unverzichtbar sein, muss sie bzw. das entsprechende Know how „zugekauft" werden. Unter Umständen sind Entwicklungspartnerschaften oder Joint Ventures zielführend.
  - Im Falle einer mittleren Technologieattraktivität und einer mittleren Ressourcenstärke reichen vielfach schon maßvolle Investitionen bei zentralen Technologien aus, um aus der Plattform „mittlere Stärke" eine hohe Ressourcenstärke zu machen. Eine Verminderung der F&E-Aktivitäten hingegen hätte wohl unliebsame Konsequenzen zur Folge. Entweder müsste man das dann verlustig gegangene Know how zukaufen oder es bliebe nur, sich mit einer Imitation zu begnügen.
  - Weist das Unternehmen eine hohe Ressourcenstärke bei einer Technologie mit geringer Attraktivität auf, dann reichen zwar geringe Investitionen aus, um den technologischen Vorsprung vor den Konkurrenten zu halten. Allerdings sitzt man auf einem sog. sinkenden Schiff. Denkbar sind daher auch langsame Desinvestitionen, wobei ein geringerer als der höchstmögliche Entwicklungsstand akzeptiert wird. Eventuell kann bestehendes Know how verkauft oder als Lizenz vergeben werden bzw. die Technologie über ein **Spin-off** vom Unternehmen abgespalten und dem Management übereignet werden.

4.3.3   Beispiel für ein Technologie-Portfolio

Die Vorgehensweise bei der Technologie-Portfolio-Analyse soll nun anhand des folgenden, stark vereinfachten Beispiels verdeutlicht werden. Im PC-Bereich eines Elektronikunternehmens soll die Technologieposition überprüft werden. Folgende Daten (in Relation zum Wettbewerb) für die in den PCs enthaltenen Technologien wurden von der Marktforschung bereits erhoben.

Technologie	Beherr-schungsgrad	Potenziale	(Re-)Aktions-geschwindig-keit	Weiterentwick-lungsmöglichkei-ten	Anwen-dungsbreite
Bestückungs-verfahren	schlechter	schlechter	gleich	Basistechnologie	hoch
BIOS-Kon-struktion	gleich	gleich	gleich	Basistechnologie	mittel
Netzteil	gleich	besser	langsamer	Basistechnologie	hoch
Speicherbau-steine	schlechter	schlechter	schneller	Schrittmacher-technologie	hoch
Laufwerk	gleich	gleich	gleich	Basistechnologie	niedrig
LCD-Moni-tore	gleich	gleich	schneller	Schlüsseltechno-logie	mittel
Recycling	besser	besser	gleich	Schrittmacher-technologie	hoch

Die Faktoren Beherrschungsgrad, Potenziale und (Re-)Aktionsgeschwindigkeit beschreiben dabei die Ressourcenstärke des Unternehmens, während die Faktoren Weiterentwicklungs-möglichkeiten und Anwendungsbreite für die Attraktivität der Technologie stehen. Die Be-deutung des Beherrschungsgrades und der Weiterentwicklungsmöglichkeiten wird jeweils als doppelt so hoch im Vergleich zu den anderen Indikatoren angesehen.

Für „weiche" Daten benutzt das Unternehmen folgende Skalierung:

Erfüllungsgrad	Skalenpunkte
besser bzw. hoch bzw. schneller	5 Punkte
gleich bzw. mittel	3 Punkte
schlechter bzw. niedrig bzw. langsamer	0 Punkte

Hinsichtlich der Ressourcenstärke ergibt sich damit folgende Beurteilung:

	Beherr-schungsgrad	Potenziale	(Re-)Aktionsge-schwindigkeit	Summe
Gewichtungsfaktor	2	1	1	
Bestückungsverfahren	0 Punkte	0 Punkte	3 Punkte	3 Punkte
BIOS-Konstruktion	3 Punkte	3 Punkte	3 Punkte	12 Punkte
Netzteil	3 Punkte	5 Punkte	0 Punkte	11 Punkte
Speicherbausteine	0 Punkte	0 Punkte	5 Punkte	5 Punkte
Laufwerk	3 Punkte	3 Punkte	3 Punkte	12 Punkte
LCD-Monitore	3 Punkte	3 Punkte	5 Punkte	14 Punkte
Recycling	5 Punkte	5 Punkte	3 Punkte	18 Punkte

Bezüglich der Technologieattraktivität ergibt sich folgendes Bild:

	Weiterent- wicklungs- möglichkeiten	Anwendungs- breite	Summe
Gewichtungsfaktor	2	1	
Bestückungsverfahren	0 Punkte	5 Punkte	5 Punkte
BIOS-Konstruktion	0 Punkte	3 Punkte	3 Punkte
Netzteil	0 Punkte	5 Punkte	5 Punkte
Speicherbausteine	5 Punkte	5 Punkte	15 Punkte
Laufwerk	0 Punkte	0 Punkte	0 Punkte
LCD-Monitore	3 Punkte	3 Punkte	9 Punkte
Recycling	5 Punkte	5 Punkte	15 Punkte

Unter Berücksichtigung der Gewichtungsfaktoren und der angewendeten Skalierung ist bei der Ressourcenstärke eine Maximalpunktzahl von 20 und bei der Technologieattraktivität von 15 möglich. Bezogen auf diese Maximalpunktzahlen erhalten die Technologien folgende relative Bewertung:

	Technologie	**Ressourcenstärke**	**Technologieattrakti- vität**
A	Bestückungsverfahren	15 %	33 %
B	BIOS-Konstruktion	60 %	20 %
C	Netzteil	55 %	33 %
D	Speicherbausteine	25 %	100 %
E	Laufwerk	60 %	0 %
F	LCD-Monitore	70 %	60 %
G	Recycling	90 %	100 %

Basierend auf diesen prozentualen Beurteilungen werden die betrachteten Technologien nun im Portfolio positioniert, wobei vereinfachend von einer gleich hohen strategischen Bedeutung der Technologien ausgegangen wird (siehe Abb. 4.23).

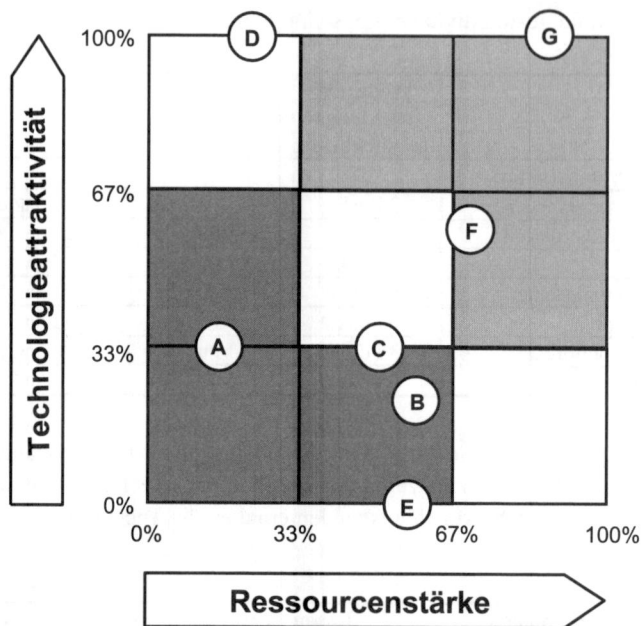

Abb. 4.23:   Fiktives Beispiel eines Technologie-Portfolios

Aufgrund der Positionierungen im Technologie-Portfolio sollte das Elekronikunternehmen die F&E-Aktivitäten bei dem Bestückungsverfahren (A), der BIOS-Konstruktion (B), dem Netzteil (C) und dem Laufwerk (E) reduzieren und die freiwerdenden Mittel in die Entwicklung von LCD-Monitoren (F) und in das Recycling (G) investieren. Bei den Speicherbausteinen (D) bieten sich wegen der geringen Ressourcenstärke des Unternehmens Entwicklungspartnerschaften mit anderen Unternehmen an.

4.3.4   Patent-Portfolio

Eine Variante des Technologie-Portfolios stellt das sog. **Patent-Portfolio** dar. Patente sind nach nationalem oder internationalem Recht (z. B Deutsches Patentgesetz DPatG oder Europäische Patentübereinkunft EPÜ) rechtliche geschützte Technologien und damit ein Teilausschnitt der Technologie-Betrachtung. Bei selbst forschenden Unternehmen des Maschinenbaus, der Elektrotechnik und Elektronik oder der Pharmaindustrie kommt Patenten eine hohe Bedeutung im Wettbewerb zu. Unternehmen wie *Siemens*, *Thomson* oder *Dow Chemical* verfügen häufig über mehrere Zehntausende von Patenten, die i. S. des resource based view eine wertvolle Ressource für das Unternehmen darstellen können.

Patentportfolios stellen daher einen Spezialfall des Technologie-Portfolios dar und folgen ihrem prinzipiellen Aufbau [vgl. *Brockhoff, K.* (1992), S. 41ff.; *Ernst, H.* (1998), S. 279ff.; *Ernst, H.* (1999), S. 107ff.; *Faix, A.* (2001), S. 141ff.; *Ernst, H. / Soll, J. H.* (2003), S. 544ff.].

Angesichts häufig Tausender von Patenten im Bestand empfiehlt es sich, die Patente zu Patent- oder Technologiefeldern zusammenzufassen und gemeinsam zu positionieren. Ist die Zahl der Patente dagegen gering, können die Patente auch einzeln betrachtet werden. Analog zur typischen Konstruktion der Portfolios misst eine Achse die Stärke bzw. Schwäche des Unternehmens bzgl. der **Patentstärke** und die andere Achse die Chance und Risiken im Umfeld, die sog. **Patentattraktivität**.

Die **Patentstärke** kann unterschiedlich gemessen werden:

* *Faix* schlägt einen Scoring-Ansatz auf der Skala von 0 bis 10 vor, der zum einen auf der **Stärke des Patents in rechtlicher Hinsicht** und zum anderen der **Stärke des Patentinhabers** beruht. Ersteres wird über die Indikatoren Status des Patents im Patenterteilungsverfahren (Anmeldung, offengelegte Anmeldung, erteiltes Patent mit Einspruchmöglichkeit oder endgültiges erteiltes Patent) und Qualität der Ansprüche und Möglichkeiten zur Sicherung der Rechtstellung gemessen. Letzteres wird über die Indikatoren finanzielle Ressourcen des Unternehmens, Qualität und Quantität der Patentabteilung bzw. der patentanwaltlichen Unterstützung im Vergleich zu wichtigen Wettbewerbern und durchgeführte Sicherungsmaßnahmen in Form von Sperrpatenten erfasst [vgl. *Faix, A.* (2001), S. 149ff.].
* *Brockhoff* wählt analog zum relativen Marktanteil im Boston I-Portfolio zur Messung der Patentstärke den **relativen Patentanteil** als Relation der Patentanmeldungen eines Unternehmens im Vergleich zum aktivsten Wettbewerber im betrachteten Technologiefeld [vgl. *Brockhoff* (1992), S. 41ff.].
* *Ernst / Soll* schlagen vor, zusätzlich auch die **Qualität der Patente** zu betrachten, wobei hierzu auf der Basis der Ergebnisse empirischer Forschung der Anteil der noch gültigen Patente, der Anteil der internationalen Patentanmeldungen und die Rate der Patentzitationen herangezogen wird [vgl. *Ernst, H.* (1998), S. 112ff.; *Ernst, H. / Soll, J. H..* (2003), S. 545f.]. Anstatt des relativen Patentanteils ergibt sich dann ein sog. **relativer Technologieanteil** wie folgt:

$$Relativer\ Technologieanteil = \frac{Patentposition\ eigenes\ Unternehmen}{Patentposition\ stärkster\ Wettbewerber}$$

wobei

$$Patentposition = Anzahl\ der\ Patentanmeldungen\ x\ Patentqualität$$

$$Patentqualität = \sum_{k=1}^{K} Patentqualitätindikator_k * Gewichtung_k$$

Analog hierzu kann auch die Patentattraktivität unterschiedlich erfasst werden:

* *Faix* schlägt zur Messung der Patentattraktivität wiederum einen Scoring-Ansatz auf der Skala von 0 bis 10 vor, der wiederum auf zwei Kriterien gemessen über mehrere Indikatoren zurückgreift. Die Patentattraktivität wird zum einem über die **Attraktivität der Invention** (gemessen über die Höhe des F&E-Aufwandes oder des Personaleinsatzes für eine Erfindung, dem Vorliegen einer Erteilung oder die Häufigkeit der erhaltenen Patentzitate, dem Barwert der möglichen Erträge, die Anzahl der Auslandsanmeldungen bzw. -patente und die Häufigkeit und Vielfalt von zugeordneten Klassifikationssymbolen) und zum

anderen über die **Attraktivität des Schutzrechtes** (gemessen über die Fähigkeit des Patents, Erlöse über den zu entrichtenden Patentgebühren zu erzielen sowie über die strategische Rolle eines Patents in einem Technologiebereich z. B. als Sperrpatent) [vgl. *Faix, A.* (2001), S. 145ff.].

- *Ernst / Soll* empfehlen als Indikator für die von ihnen als **Technologieattraktivität** benannte externe Umfelddimension die Relation des Wachstums der Patentanmeldungen in einem Technologiegebiet zum durchschnittlichen Wachstum in allen Technologiefeldern zu verwenden. Das **Patentwachstum** ergibt sich aus der Relation der Patentanmeldungen aus dem laufenden Jahr im Vergleich zum Vorjahr [vgl. *Ernst, H.* (1998), S. 116f.; *Ernst, H. / Soll, J. H.*. (2003), S. 546f.].

Die Größe der Kreise im Patentportfolio kann als sog. **Technologiebedeutung** als Relation der Patentanmeldungen des betrachteten Technologiefeldes zur Gesamtzahl der Patentanmeldungen des Unternehmens berechnet werden [vgl. *Ernst, H.* (1998), S. 117f.; *Faix, A.* (20019, S. 152; *Ernst, H. / Soll, J. H.* (2003), S. 547]. Abb. 4.24 stellt zusammenfassend die Struktur des Patentportfolios dar.

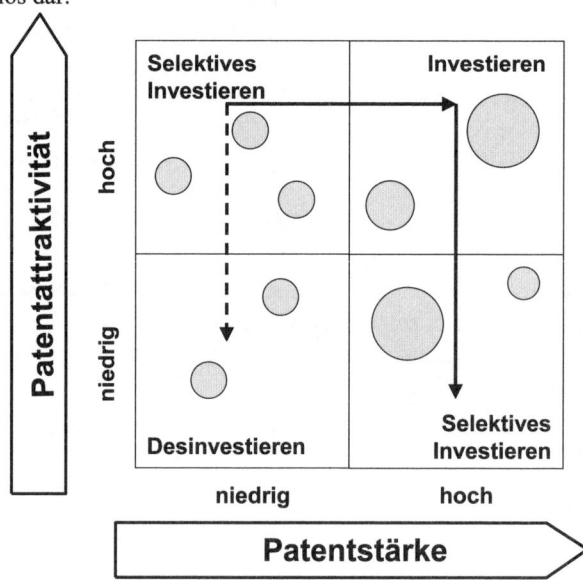

Abb. 4.24:   Patent-Portfolio
             [Quelle: in Anlehnung an Faix, A. (2001), S. 152]

Aus dem Patentportfolio können die folgenden **Normstrategien** abgeleitet werden, die dem mit den durchgezogenen Pfeilen markierten **Patent-Lebenszyklus** folgen [vgl. *Faix, A.* (2001), S. 153ff.]:

- Bei einer hohen Patentattraktivität und einer (noch) niedrigen Patentstärke des Unternehmens bietet sich **selektives Investieren** an. Durch eine breite Anmeldung von Sperrpatenten, Gebrauchsmustern u. ä. ist die Patentstärke auszubauen. Verzögerungen bei den Schutzrechtsanmeldungen sind unbedingt zu vermeiden; erteilte Schutzrechte möglichst lange aufrecht zu halten. Werden Patente von Dritten angegriffen ist angesichts der bestehenden Patentschwäche eine direkte Konfrontation zu vermeiden und eine einvernehmliche Lösung mit dem Angreifer zu suchen. Verletzungen eigener Patente ist wegen der hohen Patentattraktivität energisch zu entgegnen. Primäre Intension der selektiven Investitionsstrategie ist es, die Patentstärke auszubauen, um die Patente im Portfolio in den rechten oberen Quadranten zu verschieben.

- Patente im oberen rechten Bereich sind bezüglich ihrer Stärke unbedingt zu halten und vor allem bei wichtigen Einzelpatenten durch Sperrpatente auszubauen **(Investieren)**. Aufgrund der nun erlangten Patentstärke kann auch eine Konfrontation mit Angreifern oder Patentverletzern gewagt werden. Im Zeitablauf wird die Attraktivität der Patente nachlassen, so dass die Patente in den rechten unteren Quadranten wandern werden.

- Patente im unteren, rechten Quadranten weisen eine hohe Patentstärke, aber eine niedrige Patentattraktivität auf. Die Patentaktivitäten werden daher begrenzt und nur mehr **selektiv investiert**, wenn damit Lizenzvergaben oder Verkäufe möglich sind. Die Abwehr von Angriffen gegen Schutzrechte und Patentverletzungen erfolgt nur noch fallweise, eventuell sind Kooperationen lohnend. Maßnahmen gegen Konkurrenzpatente werden nicht mehr mit Nachdruck betrieben.

- Patente im linken unteren Bereich sind sowohl bezüglich der Patentstärke als auch bezüglich der Patentattraktivität als schwach einzustufen. Abgesehen von Patenten, bei denen ein Anstieg der Bedeutung erwartet werden kann, sollen die Patente aufgegeben oder verkauft werden **(Desinvestition)**. Finanzielle und personelle Ressourcen sollten eher in Patentfelder mit hoher Patentattraktivität investiert werden.

Das Patentporfolio erlaubt eine gezielte Betrachtung von Technologien, die mit Schutzrechten versehen sind. Dadurch können in technologieorientierten Unternehmen spezielle auf den Aufbau, die Entwicklung oder die spätere Pflege von Patenten bezogene Strategien entwickelt werden. Es ist jedoch zu berücksichtigen, dass der Wert einzelner Patente häufig schwer eingeschätzt werden kann und auch von Land zu Land bezüglich seiner Schützbarkeit und seines rechtlichen Umfangs differieren kann.

4.4 Strategien in schrumpfenden Märkten

Viele Unternehmen sehen sich einer stagnierenden oder schrumpfenden Nachfrage gegenüber. Der nachlassende Absatztrend ist oft nicht nur kurzfristiger oder zyklischer Natur, sondern Ausdruck eines erschöpften Marktpotenzials. Die Ursachen hierfür sind vielfältig, wobei der gedeckte Erstbedarf (Marktsättigung) nur eine Begründung unter vielen ist [vgl. *Hahn, D.* (1981), S. 1079 ff.].

Die Produkt-Portfolio-Konzeption sieht eine dauerhafte Marktteilnahme in einem schrumpfenden Markt nicht vor. Ihre einheitliche **Empfehlung** lautet **Rückzug**. Auf weitere Investitionen ist demnach zu verzichten, der erzielbare Cash Flow ist zu maximieren und schließlich sollte der Abbau erfolgen, damit Finanzmittel für Wachstumsprodukte freigesetzt werden. Als Voraussetzung für eine solche strategische Ausrichtung ist jedoch eine nahtlose Produktgenerationsfolge unabdingbar. Es müssen zum einen genügend potenzielle Wachstumsmärkte existieren und zum anderen im ausreichenden Maße Produkt-Markt-Bereiche im Reifestadium eine Finanzierung sicherstellen. Dies verlangt der Ausgleichsgedanke (siehe Kapitel 4.1.2.1).

Die Wirklichkeit zeigt allerdings, dass Unternehmen auch zunehmend gezwungen sind, in stagnierenden oder gesättigten Märkten zu operieren, da es an Wachstumsalternativen mangelt. Nach Studien des Ifo-Institutes beträgt der Umsatzanteil von Produkten in der Schrumpfungsphase im deutschen verarbeitenden Gewerbe zwischen 10 bis 15 % [vgl. *Penzkofer, H.* (2004), S. 49]. Die Endphase eines Produktes kann jedoch durchaus ertragreich sein, wenn das Management die richtige Strategie wählt. Der Wettbewerb in dieser Phase sowie Erfolg versprechende Überlebensstrategien erweisen sich allerdings als überaus komplex [vgl. *Meffert, H.* (1983); *Harrigan, K. R. / Porter, M. E.* (1984); *Harrigan, K. R.* (1989)]. Ein Beispiel hierfür stellte die Firma *Zettler electonics GmbH* dar, die bis heute immer noch elektromechanische Relais vertreibt, obwohl diese technologisch bereits seit Jahrzehnten durch integrierte Schaltkreise substituiert wurden.

Unternehmen reagieren in dieser Situation höchst unterschiedlich. Einige adaptieren die geänderten Bedingungen und versuchen, mittels Kapazitätsabbau, Rationalisierung und gestrafftem Sortiment den **geordneten Rückzug** anzutreten. Aber auch aggressive Verhaltensweisen sind anzutreffen. Bei sinkender aggregierter Gesamtnachfrage ist der **(ruinöse) Preiskampf** ein oft beobachtetes Instrument, mit dem Unternehmen versuchen, ihre Marktanteile auszuweiten, um so die bestehende Ressourcenstruktur auf möglichst hohem Niveau auszulasten (z. B. der Preiskampf im Bereich der klassischen, nicht digitalen Fotoentwicklung). Ob der Preiskampf eine unausweichliche Konsequenz dieser sog. „**endgame situation**" ist, hängt im entscheidenden Maße von den Alternativen der beteiligten Wettbewerber bzw. der Struktur des schrumpfenden Marktes ab. Bei einer ungünstigen Umfeldkonstellation (gemessen an den Nachfragebedingungen, den Ausstiegsbarrieren und den Wettbewerbsbedingungen; siehe hierzu Abb. 4.25) steigt die Gefahr von Preiskämpfen.

Die **Ursachen für einen ruinösen Preiskampf**, der zu einem Verfall der Branchenrentabilität und damit auch der Unternehmensrentabilität führt, sind vielfältiger Natur. Obwohl sich die Unternehmen der veränderten Marktlage durchaus bewusst sind, sitzen sie nach Ansicht *Porters* häufig fundamentalen Irrtümern auf [vgl. *Porter, M. E.* (1980a), S. 247 ff.]. Ein Hauptgrund scheint in der falschen Selbsteinschätzung zu liegen. Viele Unternehmen halten sich aufgrund imposanter Vergangenheitserfolge für den Verdrängungswettbewerb für überaus gewappnet. Hierzu zählt auch eine Überbetonung von Qualitätsstandards. Man tappt in sog. **Cash-Fallen**. Zur Absicherung des Marktanteils und damit der strategischen Position werden Markt- und Produktinvestitionen getätigt (z. B. Ausbau des Servicenetzes, Rationalisierung der Logistik, Verbesserung der Qualität), die sich per Saldo nicht mehr amortisieren. Kurzfristig wirksame Anpassungen werden zwar ergriffen, doch mangelt es häufig an einem strategischen Umdenken. Man betrachtet die Situation als ein Intermezzo und hält weiterhin Reservekapazitäten in der Hoffnung auf bessere Zeiten vor. So wird dann auch mehr mit der „Gießkanne" verfahren („überall ein bisschen") als eine profilierte Neuorientierung der Schwerpunkte versucht.

		Umfeldbedingungen	
		günstig	**ungünstig**
(1)	**Nachfragebedingungen**		
a)	Tempo des Rückgangs	langsam	schnell / sprunghaft
b)	Wahrscheinlichkeit des Rückgangs	sicher	unsicher / unberechenbarer Verlauf
c)	Segmente stabiler Nachfrage	mehrere / einige wichtige	keine Restnischen
d)	Produktbesonderheiten	Markentreue	No-names / homogene Produkte
e)	Preisniveau	stabil (Preis > Kosten)	Preis < Kosten
(2)	**Ausstiegsbarrieren**		
a)	Notwendigkeit für Reinvestitionen	keine	groß, unvermeidbar hoher Kapitaleinsatz
b)	Überkapazitäten	gering	erheblich
c)	Markt für Anlagenverkauf	einfache Umrüstung / leichter Verkauf	keine Märkte, hohe Stilllegungskosten
d)	Vertikale Integration	gering	sehr eng
e)	„Ein-Produkt-Wettbewerber"	keine	mehrere große Unternehmen
(3)	**Wettbewerbsbedingungen**		
a)	Abnehmerstruktur	zersplittert / schwach	starke Nachfragemacht
b)	Kosten einer Verschiebung der Abnehmerstruktur	hoch	niedrig
c)	Wirtschaftliche Nachteile beim Leistungsabbau	keine	hohe Vertragsstrafen

Abb. 4.25: Strukturelle Faktoren für schrumpfende Branchen
[Quelle: Harrigan, K. R. / Porter, M. E. (1984), S. 13]

Neben diesen Fehlerquellen im dispositiven Bereich lösen häufig vermeintliche Sachzwänge den Verfall der Branchenrentabilität aus. Bei schrumpfender Gesamtnachfrage steigt v. a. bei hohen **Austrittsbarrieren** die Wettbewerbsintensität und damit die Verlustgefahr der verbleibenden Wettbewerber. Insbesondere die Fälle sind kritisch, bei denen die Austrittsbarrieren an die Existenz des Unternehmens geknüpft sind. Dies gilt vornehmlich für **Ein-Geschäftsfeld-Unternehmen** oder solche, bei denen ein Geschäftsfeld dominiert. Stehen sich mehrere „Ein-Produkt"-Unternehmen in einem schrumpfenden Markt als Wettbewerber gegenüber, so stimmt die Ausgangslage nicht optimistisch. Ebenso können die wechselseitige Abhängigkeit mit anderen Geschäftsfeldern oder der Grad an vertikaler Integration Ursache dafür sein, dass ein Geschäftsfeld trotz eines niedergehenden Marktes nicht aufgegeben wird. Die Situation gestaltet sich noch ungünstiger, wenn die Gesamtnachfrage drastisch zurückgeht und die Abnehmer zudem eine diktierende Marktstellung einnehmen. Eine **mangelnde Kundenbeziehung** wirkt in dieser Lage äußerst belastend. Bestehen darüber hinaus gar geringe

Wechselkosten seitens des Abnehmers (z. B. bei Übergang vom Festnetz auf das Mobilfunknutz im Telefonbereich), so ist der Branchenverfall nahezu vorprogrammiert.

Austrittsbarrieren haben eine finanzielle und eine zeitliche Komponente. Es liegt auf der Hand, dass mit steigenden Marktaustrittskosten das Bestreben der Unternehmen zunimmt, trotz ungünstiger struktureller Bedingungen im Markt zu bleiben. Insbesondere der Glaube an sich wieder bessernde Zeiten gepaart mit Skepsis über die Prognose reduzieren kognitiv den strategischen Entscheidungszwang. Typische **Austrittskosten** sind Sozialplanverpflichtungen, Vertragsstrafen beim Leistungsabbau sowie keine oder eine nur geringe Liquidierbarkeit des Anlagevermögens. Je mehr der Marktaustritt den Unternehmen kosten würde, desto ungünstiger wirkt dies auf die Branchenrentabilität. Gerade bei großen Überkapazitäten und weiterhin hohen produktionsnotwendigen Investitionen gewinnen zunehmend Deckungsbeitragsüberlegungen die Oberhand. Viele ökonomische Konzepte gehen davon aus, dass submarginale Anbieter den Markt verlassen. Die Wirklichkeit zeichnet jedoch häufig ein anderes Bild. Namentlich diese Unternehmen, die sich hohen Austrittsbarrieren gegenübergestellt sehen, verursachen über Preise unter den Selbst- oder gar variablen Kosten oftmals den Sog, der die ganze Branche dann in den Ruin führt.

Diese Ausführungen legen scheinbar den Schluss nahe, sich bei schrumpfenden Märkten fatalistisch dem Schicksal zu ergeben und Schadensminimierung zu betreiben. Das Produkt-Portfolio wird der differenzierten Problemstruktur dieser Phase nicht gerecht. Die Strategiealternative kann nicht einzig in einem Rückzug liegen, sondern ist der Situation entsprechend zu modifizieren. Es gibt nämlich in der sog. Sättigungsphase durchaus **lukrative Teilsegmente**, die sich für eine entgegen dem allgemeinen Trend entwickelnde „Firmenkonjunktur" nutzen lassen [vgl. *Hinterhuber, H. H. / Mak, O. F.* (1983), S. 90 ff.]. Analog zu den Produkt-Markt-Kombinationen in der Einführungsphase ist auch hier eine differenzierte Strategie angezeigt. Neben dem geordneten Rückzug sollten Unternehmen die Möglichkeit von gezielten **Profilierungsstrategien** untersuchen. Schrumpfungsprozesse zwingen förmlich zu einer **Resegmentierung** der Produkt-Markt-Kombination. Es müssen jene Abnehmergruppen bzw. Märkte identifiziert werden, die eine weiterhin erfolgreiche Marktteilnahme unter Einsatz der spezifischen Stärken in Aussicht stellen (Stichwort: Gesundschrumpfung). Auch die sog. **Überlebensnischen in schrumpfenden Märkten** setzen Wettbewerbsvorteile voraus [vgl. *Harrigan, K. R.* (1982), S. 46 f.]. Zudem ist die Akquisition und Stilllegung von submarginalen Anbietern bei einer Neuorientierung der Strategie als mögliche Alternative zu beachten.

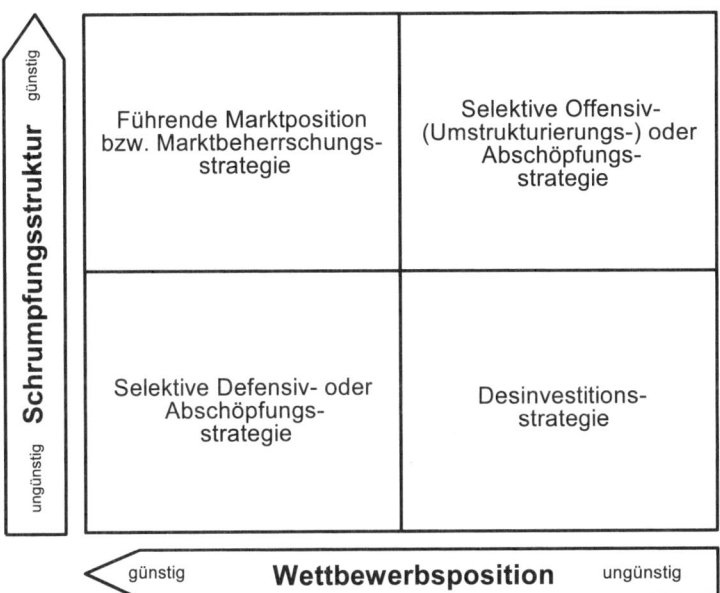

Abb. 4.26: *Schrumpfungsstruktur-Wettbewerbspositions-Portfolio*
[*Quelle: Harrigan, K. R. / Porter, M. E. (1984), S. 14*]

Diese Überlegungen haben auch eine portfoliotechnische Untermauerung erfahren. Das sog. **Portfolio für schrumpfende Märkte** (siehe Abb. 4.26) stellt der Wettbewerbsposition die Schrumpfungsstruktur (siehe hierzu die strukturellen Faktoren in Abb. 4.25) gegenüber [vgl. *Reichert, R.* (1984), S. 304]. Die fundamentale Aussage dieser Klassifizierung besteht darin, entsprechend den Optionen die Abschwungsphase in geordneten Bahnen zu halten.

- Nur Geschäftseinheiten mit hohen Wettbewerbsvorteilen sollten eine **Marktführerschaft** anstreben. Ob dies auf den alten Kernmarkt oder auf ein Restsegment (Nischenstrategie) zu beziehen ist, hängt vom zu erwartenden Marktpotenzial der verbleibenden Segmente ab. Es gilt, den Wettbewerbsvorteil zu festigen und über Kostenvorteile eine überdurchschnittliche Verzinsung des eingesetzten Kapitals zu erreichen. Preissenkungen und der Kauf von Produktionsstätten von Wettbewerbern, um diese Kapazitäten dann anschließend stillzulegen, stellen dabei wirksame Maßnahmen dar. In jedem Fall sollte die Frühaufklärung (siehe hierzu Kapitel 7) intensiviert werden, um die weiteren noch anstehenden grundlegenden Veränderungen antizipieren zu können.
- Erscheinen die Marktbedingungen in der Abschwungphase unkalkulierbar und damit sämtliche Maßnahmen riskant, machen trotz günstiger Wettbewerbsposition Investitionen mit dem Ziel einer Marktführerschaft wenig Sinn [vgl. *Harrigan, K. R. / Porter, M. E.* (1984), S. 14]. Die strategische Position sollte jedoch gehalten werden, wobei die Finanzmittelfreisetzung im Vordergrund steht. Mit dieser **Abschöpfungsstrategie** wird der Free Cash Flow maximiert, indem Investitionen sowie Instandhaltungs-, Werbungs- und Forschungsausgaben reduziert oder gar gestrichen werden. Mitunter scheint es angebracht,

die Marktteilnahme auf ausgewählte Segmente zu beschränken (**selektive Defensivstrategie**).

- Im Bereich „ungünstige Wettbewerbsposition" scheint gerade bei ungünstiger Schrumpfungsstruktur ein schneller Rückzug (**Desinvestitionsstrategie**) angezeigt, da in den potenziellen Verdrängungswettbewerb keine strategischen Stärken eingebracht werden können. Sollte wider Erwarten dann doch die Abschöpfung gewählt werden, hat das Hauptaugenmerk der Kostenreduktion zu gelten, um so liquide Mittel freizusetzen.
- Verlagert man das Problem in den Bereich „günstige Schrumpfungsstruktur", bleibt zusätzlich zur **Abschöpfungsstrategie** die Option der Resegmentierung (Umstrukturierung). Dies hat aber nur Aussicht auf Erfolg, wenn in dieser Überlebensnische die Wettbewerbsposition deutlich verbessert werden kann. Insoweit kann von einer **offensiven Umstrukturierung** gesprochen werden.

Diese prinzipiellen Überlegungen sind natürlich in den Gesamtunternehmenskontext einzubringen. Hiernach kann beispielsweise der Finanzbedarf zu einer Liquidation führen, obwohl isoliert betrachtet durchaus auch eine Marktführerschaft denkbar gewesen wäre.

Trotz hier aufgezeigter vielfältiger Optionen ist der Marktaustritt in vielen Fällen jedoch unumgänglich. Auch hier sind diverse Formen möglich. Die Abb. 4.27 typologisiert die **Austrittsstrategien**.

Ein frühzeitiger Verkauf des Geschäftsfeldes ist empfehlenswert, wenn ein schneller Austritt zu niedrigen Kosten möglich erscheint. Wenn ein schneller Austritt nötig wäre, aber ein Verkauf wegen hoher innerbetrieblicher Interdependenzen nicht möglich ist, sollte eine Stilllegung erfolgen. Eine Senkung der Austrittsbarrieren ist anzustreben, falls der Austritt nicht dringend und die damit verbundenen Kosten gering sind. Ist der Austritt nicht dringend, aber mit hohen Kosten verbunden, dann bietet sich eine Abschöpfungsstrategie an.

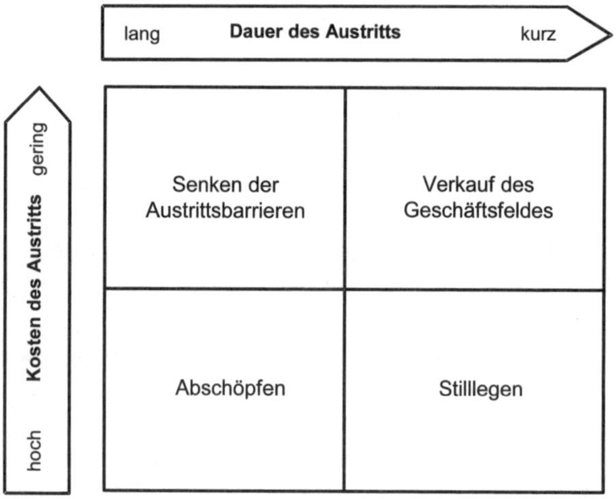

Abb. 4.27:   Marktaustrittsmatrix
[Quelle: Meffert, H. (1984), S. 63]

4.5 Konzept der Kernkompetenzen

Bei den bisherigen Betrachtungen stand die Analyse des Produkt-Markt-Bereichs zur Strategiegewinnung im Vordergrund (P/M-Strategien). Zwar wurde auch auf die hierzu benötigten Ressourcen verwiesen (R-Strategien) bzw. wurden im Rahmen des Technologie-Portfolios bewusst die hinter den Produkten stehenden Produkt-, Verfahrens- und Werkstofftechnologien betrachtet, dennoch überwog in der Managementlehre bis Ende der 1980er Jahre die marktorientierte Betrachtung. Diese etwas einseitige Betrachtung wurde im Schrifttum in den 1990er Jahren aufgegeben. Zunehmend werden auch die hinter den Produkten sowie Technologien stehenden Ressourcen und Fähigkeiten beleuchtet. Der Begriff „Ressourcen und Fähigkeiten" soll zum Ausdruck bringen, dass neben den materiellen Ressourcen (Sach- und Finanzkapital) insbesondere immaterielle Ressourcen (wie z. B. Humankapital, Kundenbeziehungen, Marken etc.) eine herausragende Rolle spielen. Aus dieser ressourcenorientierten Diskussion entwickelte sich der Ansatz der Kernkompetenzen. Die wichtigsten Elemente dieses Ansatzes sollen nachfolgend dargestellt werden.

4.5.1 Marktorientierter versus ressourcenorientierter Ansatz

Bis zum Ende der 1980er Jahre wurde die Diskussion im strategischen Management durch den sog. **marktorientierten Ansatz** („**Market Based View**") bestimmt. Im Mittelpunkt der Überlegungen stand die Frage, wie ein Unternehmen nachhaltige Wettbewerbsvorteile erzielen kann. Daher mussten die Triebkräfte des Wettbewerbs intensiv analysiert werden, damit sich das Unternehmen hieran ausrichten konnte **(Umfeld-System-Fit)**. Die Arbeiten *Porters* zur Markt- und Wettbewerbsanalyse sind typischer Ausdruck dieses Gedankengutes. Ergebnis seiner Überlegung war die Ableitung „generischer" Wettbewerbsstrategien für die einzelnen Geschäfte der Unternehmen (siehe hierzu Kapitel 3.1 sowie Kapitel 4.2.2.1). Aber auch bereits *Porter* richtete den Blick nach innen, indem er sich in seinem Konzept der Wertkette, das später zum Wertschöpfungskreis erweitert wurde, den Ressourcen und Prozessen des Unternehmens zuwendete (siehe hierzu Kapitel 2.3.1). Im 7-S-Konzept von *McKinsey*, basierend auf der Studie „In Search of Excellence" von *Peters / Waterman* [vgl. *Peters, T. J. / Waterman, R.* (1982)], wird deutlich, dass zusätzliche Subsysteme des Führungssystems einzubeziehen sind. Neben der Abstimmung von Unternehmen und Unternehmensumfeld sind auch Führungssubsysteme wie Personal, Organisation und Unternehmenskultur mit der verfolgten Marktstrategie abzugleichen **(Intra-System-Fit)**.

Der **ressourcenorientierte Ansatz** („**Resource Based View**") stellt die im Unternehmen vorhandenen bzw. benötigten Ressourcen und Fähigkeiten in den Mittelpunkt der strategischen Betrachtung. Die Ursprünge dieses Ansatzes können auf Publikationen von *Wernerfeldt*, *Rumelt*, *Barney* und *Dierickx / Cool* zurückgeführt werden [vgl. *Wernerfeldt, B.* (1984); *Rumelt, R. P.* (1984); *Barney, J. B.* (1986); *Dierickx, I. / Cool, K.* (1989); *Wernerfeldt, B.* (1989)]. Erste Ansätze einer ressourcenorientierten Betrachtung sind jedoch schon in den 1950er und 1970er Jahren zu finden [so z. B. bei *Selznick, P.* (1957); *Penrose, E. T.* (1959); *Andrews, K. R.* (1971)].

Der Grundgedanke des ressourcenorientierten Ansatzes ist auf die mikroökonomische Theorie zurückzuführen. Demnach wird jeder Wettbewerbsvorteil in einem „vollkommen" funktionierenden Markt letztlich von der Konkurrenz beseitigt, da diese – durch überdurchschnittliche Renditen angelockt – ebenfalls den Wettbewerbsvorteil anzubieten versucht. Intention der Unternehmen ist es daher – im Gegensatz zur volkswirtschaftlichen Sichtweise – (teil-)monopolistische Strukturen zu schaffen („akquisitorische Potenziale"). Nachhaltige Wettbewerbsvorteile können nach dem ressourcenorientierten Ansatz nur gehalten bzw. aufgebaut werden, wenn sie auf unternehmensspezifischen **Ressourcen und Fähigkeiten** beruhen. Während der Wettbewerb um Kosten, Qualität und Zeit jedem Marktteilnehmer sichtbar ist, sind die dahinter liegenden und einzelne Wettbewerbsvorteile begründenden Ressourcen und Fähigkeiten „verborgen". Da die Ressourcen und Fähigkeiten häufig auf unternehmensspezifischem Wissen beruhen, spricht man auch von **„Tacit knowledge" (verborgenem Wissen)**.

Ursache der Schwerpunktverlagerung von der marktorientierten Sicht zum zusätzlichen Einbezug der ressourcenorientierten Sicht ist die zu beobachtende Verkürzung von Produkt- und Technologielebenszyklen. Als weitere Erklärung tritt die Verwischung von bisher abgrenzbaren Marktsegmenten durch eine stärkere Kundenindividualisierung hinzu. Letztlich entstehen durch diese Fragmentierung immer kleinere Segmente bis hin zur Einzelfertigung (**„Segment of one"**). Diese Entwicklung führt jedoch zu einem Verlust klarer Zielgruppen, da auch die Kundenbedürfnisse zunehmend zersplittern und vereinzeln **(hybrider Verbraucher)**. Derartige Marktveränderungen, wie generell auch andere Umfeldveränderungen, sind aufgrund dieser Divergenz schwerer zu prognostizieren. Daher kommt die Frage auf, was hinter marktlichen Wettbewerbsvorteilen steht und wie Unternehmen angesichts von Instabilität auf der Produkt- und Technologieebene Stabilität und damit Planbarkeit und Disponierbarkeit erlangen können. Die Ressourcen und Fähigkeiten von Unternehmen als letztendliche Quelle von Wettbewerbsvorteilen werden daher zusätzlich betrachtet. Ihnen wird zudem ein bisher nicht genutztes Potenzial zugewiesen, das entwickelt werden kann und durch seine Verborgenheit eine gewisse Schützbarkeit und folglich Nachhaltigkeit und Stabilität verspricht [vgl. *Hinterhuber, H. H. / Friedrich, S. A.* (1995), S. 37; *Prahalad, C. K. / Hamel, G.* (1990), S. 80].

Die ressourcenorientierte Sicht stellt dabei keinen Gegensatz oder ein Substitut für die marktorientierte Sicht dar, sondern ist eher als sinnvolle, jedoch auch notwendige Ergänzung der marktorientierten Sicht zu sehen. Während die marktorientierte Sicht wesentlich durch den **„Fit"** (Umfeld-System-Fit aber auch Intra-System-Fit) von Unternehmen und Umfeld geprägt ist, kommt durch die ressourcenorientierte Sicht der „Stretch" ergänzend hinzu. Der Fokus auf den „Fit" birgt die Gefahr, sich allzu sehr an den gegenwärtigen Ressourcen und Fähigkeiten anstatt an den zukünftig benötigten auszurichten. **„Stretch"** bedeutet, ein Spannungsverhältnis zwischen gegenwärtiger Ressourcenausstattung und zukunftsbezogenen Unternehmenszielsetzungen aufzubauen und zu bewältigen.

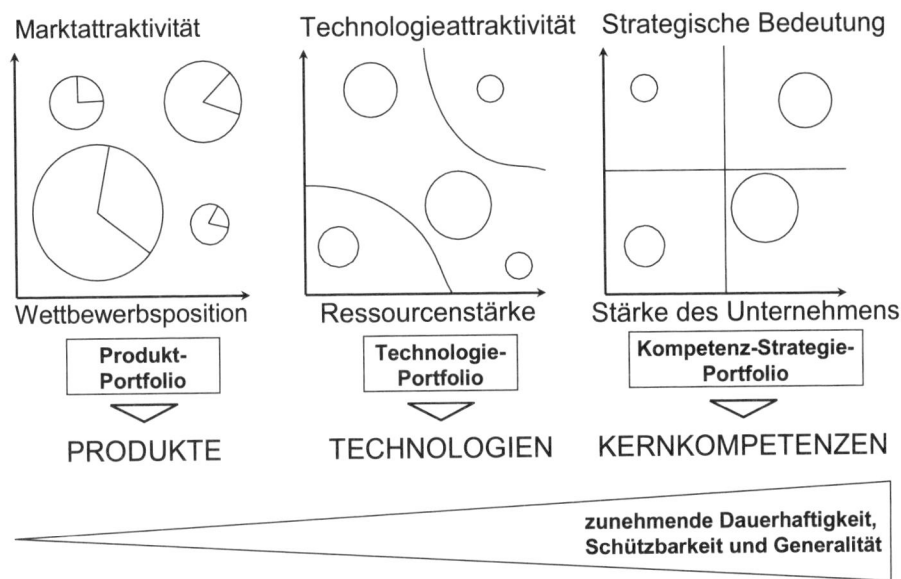

Abb. 4.28: *Produkt-, Technologie- und Kompetenzbetrachtung im Vergleich*

Verbunden mit dem „Stretch" ist die bewusste Entwicklung bestimmter grundlegender Ressourcen und basaler Fähigkeiten, um diese in ihrer Wirkung zu vervielfachen, d. h. eine Hebelwirkung **(„Leverage")** auszulösen. Hierdurch soll der Misfit zwischen gegenwärtigen Ressourcen und zukunftsbezogenen Zielen abgebaut werden. Die Unternehmen sollen damit in die Lage versetzt werden, flexibel auf zukünftigen Wandel reagieren zu können, da die entwickelten Ressourcen und Fähigkeiten ebenfalls vielfältig einsetzbar sind. Vorhandene Produkt- und Technologiekonzepte sind dagegen zu sehr determinierend, um flexibel auf Umfeldveränderungen reagieren zu können. Dies bedeutet, dass ergänzend zum Produkt- bzw. SGE-Portfolio und zum Technologie-Portfolio das Kernkompetenz-Strategie-Portfolio und die dahinter stehenden Kernprozesse zu betrachten sind (siehe Abb. 4.28).

Hamel / Prahalad entwickelten den ressourcenorientierten Ansatz weiter zum **Konzept der Kernkompetenzen**. Ressourcen und Fähigkeiten sind nicht nur die Quelle von Wettbewerbsvorteilen, sondern die beiden Autoren erheben auch den Anspruch, aus den Ressourcen und Fähigkeiten neue Produkte und Märkte zu erschließen und damit durch neu geschaffene Wettbewerbsvorteile die Wettbewerbsstruktur offensiv zu gestalten [vgl. *Prahalad, C. K. / Hamel, G.* (1990), S. 79 ff.; *Hamel, G. / Prahalad, C. K.* (1995)]. Dies erfordert jedoch einen langen Atem, indem Ressourcen und Fähigkeiten langfristig aufgebaut und entwickelt werden müssen. Durch diese Vorsteuerungsfunktion wird zugleich ihr strategischer Charakter unterstrichen **(Erfolgspotenzial)**. Zusätzlich ergeben sich jedoch auch erhebliche Auswirkungen auf die operativen Zielsetzungen **Erfolg** und **Liquidität**.

Die wesentlichen **Unterschiede zwischen der marktorientierten und der ressourcenorientierten Sicht** sollen in Abb. 4.29 veranschaulicht werden.

Beurteilungs-kriterium	Marktorientierte Sicht	Ressourcenorientierte Sicht
Basis des Wettbewerbs	Wettbewerb zwischen heutigen Produkten	Wettbewerb um den Aufbau von Kernkompetenzen, die eine Palette noch unbekannter zukünftiger Produkte ermöglicht
Unternehmensstruktur	Portfolio von Produkt-Markt-Kombinationen	Portfolio von Kernkompetenzen, Kernprodukten und Endprodukten
Status der strategischen Geschäftseinheiten (SGEn)	Autonomie und Value Center ⇒ Bereichsegoismen ⇒ Entscheidungen orientieren sich primär am Wohl und Wehe der eignen SGE ⇒ Gefahr der Kooperation und des Outsourcing an Dritte durch die einzelne SGE trotz vorliegender Kernkompetenzen des Gesamtunternehmens ⇒ Gefahr der Beschränkung auf SGE-spezifische Innovationen	Primär Speicher von Ressourcen und Fähigkeiten des Gesamtunternehmens (Center of Competence) und erst sekundär Autonomie und Value Center
Umgang mit Ressourcen	Verteilung von finanziellen Ressourcen auf die strategischen Geschäftseinheiten (SGEn)	• Verteilung von finanziellen Ressourcen und immateriellen Ressourcen auf strategische Geschäftseinheiten und Kernkompetenzen • Integration von Ressourcen • Vervielfältigung der Wirkung von Ressourcen (Leverage)
Wertschöpfung des Top Managements	Optimierung des Shareholder Value für das Unternehmen durch Gestaltung des SGE-Portfolios unter Berücksichtigung der jeweiligen Lebenszyklen (**Portfolio-Management**)	Identifikation, Entwicklung, Integration, Nutzung und Transfer von Kernkompetenzen (**Kernkompetenz-Management**)
Konkurrenzgrundlage	Produktbezogene Kosten-, Differenzierungs- und Spezialisierungsvorteile	Ausnutzung von unternehmensweiten Kernkompetenzen
Charakter des Wettbewerbsvorteils	• zeitlich befristet • erodierbar • geschäftsspezifisch • wahrnehmbar	• dauerhaft • schwer angreifbar • transferierbar in andere Geschäfte • verborgen („Tacit knowledge")
Strategiefokus	tendenziell **defensiv**: Ausbau und Verteidigung bestehender Geschäfte und Anpassung der Strategie an Wettbewerbskräfte (**Fit**)	tendenziell **offensiv**: durch Kompetenztransfer Weiterentwicklung alter und Aufbau neuer Produkte bzw. Märkte; offensive Beeinflussung der Wettbewerbskräfte (**Stretch**)
Planungshorizont	eher kurz- und mittelfristig	betont langfristig

Abb. 4.29: Vergleich von markt- und ressourcenorientierter Sicht im strategischen Management [in Anlehnung an: Prahalad, C. K. / Hamel, G. (1990), S. 86; Krüger, W. / Homp, C. (1997), S. 63; Zahn, E. (1995), S. 361]

Für die strategische Planung führt die ressourcenorientierte Sicht dazu, dass der Unternehmensstrategie eine stärkere Bedeutung beigemessen wird, da der langfristig und nachhaltig entscheidende Wettbewerb nicht auf der Ebene der Geschäftseinheiten um Produkt-Markt-Positionen, sondern auf der Ebene des Gesamtunternehmens um langfristig, multipel und flexibel verwertbare Kernkompetenzen erfolgt. Damit kommt der Unternehmenszentrale im ressourcenorientierten Ansatz eine gewichtigere Bedeutung als im marktorientierten Ansatz zu.

Die ressourcenorientierte Sicht des strategischen Managements ist Ende der 1990er Jahre heftig diskutiert und auch kritisiert worden. Nachfolgend sollen die wesentlichen **Kritikpunkte** zusammengefasst werden [vgl. ausführlich *Thiele, M.* (1997), S. 62 ff.]:

- Die Auffassungen, die im Schrifttum zum **Begriff „Ressourcen"** dargestellt werden, seien uneinheitlich und diffus. Während über materielle Ressourcen aufgrund ihrer Abbildung im Rechnungswesen noch weitgehend Klarheit besteht, trifft die Kritik insbesondere auf Definition, Umfang und Verständnis **immaterieller Ressourcen (intangible assets)** zu. Mittlerweile liegen hierzu nutzbare Definitionen und Klassifikationen vor [vgl. ausführlich *Kirchner-Khairy, S.* (2006)].
- Während materielle Ressourcen als Anlage- und Umlaufvermögen aufgrund von Konventionsbildung durch den Jahresabschluss wertmäßig sowohl bzgl. ihrer Anschaffungs- und Herstellungskosten als auch – wenn auch schwieriger – bzgl. ihrer Zeitwerte als Vermögensgegenstände erfasst und entsprechend ihres Ge- und Verbrauchs als Aufwand behandelt werden, wird der Bezug bzw. die Schaffung immaterieller Ressourcen i. d. R. als laufender Aufwand unmittelbar gewinnmindernd verrechnet. Das externe Rechnungswesen tut sich schwer mit selbst geschaffenen immateriellen Vermögensgegenständen ungeachtet der Tatsache, dass diese Vermögensart in einigen Branchen wie z. B. Versicherungen, Banken und Pharmazie von zentraler Bedeutung ist. Nach § 248 II HGB ist der Ansatz selbst erstellter immaterieller Vermögensgegenstände des Anlagevermögens verboten. Die Regelungen nach IFRS sind etwas offener (z. B. Aktivierung von Entwicklungsaufwendungen unter engen Prämissen), unterscheiden sich jedoch von Asset zu Asset. Das hohe Ziel der Manipulationsfreiheit steht einer marktnahen Bewertung entgegen [vgl. *Günther, E. / Günther, T.* (2003), S. 191ff.]. Nur in einigen wenigen Fällen (wie z. B. bei Marken oder bei Kundenbeziehungen) gibt es Ansätze, diese selbst geschaffenen immateriellen Ressourcen als Ressourcen monetär zu bewerten. Dabei nimmt die Bewertung nicht nur auf die historischen Anschaffungs- und Herstellungskosten, sondern auch auf die **Zeitwerte** Bezug [zur Markenbewertung vgl. z. B. *Sattler, H.* (1997) und *Kriegbaum, C.* (2000)].
- Wenngleich der ressourcenorientierte Ansatz betriebswirtschaftlich sinnvoll sein mag, da er zum Aufbau von nachhaltigen ressourcenbedingten Wettbewerbsvorteilen führen kann, stößt er **volkswirtschaftlich** auf **vehemente Kritik**, da er die Bildung von Teilmonopolen propagiert. Aber man darf nicht verkennen, dass auch im marktorientierten Ansatz die Monopolisierung durch die Aktivierung akquisitorischer Potenziale angelegt ist. Sichtbarer Ausdruck dieser Tendenz ist eine fortgeschrittene Marktsegmentierung.

4.5.2   Ressourcen, Fähigkeiten und Kompetenzen

Bereits im einführenden ersten Kapitel wurden **Ressourcen** als notwendige Voraussetzung für die Verfolgung von Produkt-Markt-Strategien beschrieben. Ressourcen wurden dort in Sach- und Finanzkapital sowie Intellectual Capital zerlegt. Dieses Verständnis ist auch im ressourcenorientierten Ansatz zu finden, wenngleich hier ein besonderer Schwerpunkt auf das Humankapital gelegt wird und insbesondere dessen Komponenten Know how und organisatorische Fähigkeiten **(Organizational capital)** betont werden [vgl. z. B. *Osterloh, M. / Frost, J.* (1996), S. 149]. Um dieser Schwerpunktverlagerung Ausdruck zu verleihen, wird daher im Rahmen dieses Kapitels von „Ressourcen und Fähigkeiten" gesprochen, wobei Ressourcen die materiellen Komponenten Sach- und Finanzkapital umfassen und Fähigkeiten die immateriellen Komponenten beschreiben.

Das Schrifttum zum ressourcenorientierten Ansatz kennt eine **Vielzahl von Begriffen** (skills, assets, capabilities, competences, Know how, organizational capital etc.) und eine **Vielzahl von Definitionen** gleicher Begriffe [vgl. *Thiele, M.* (1997), S. 67 ff.]. Vor einer näheren Systematisierung der verschiedenen Auffassungen wird jedoch abgesehen. Stattdessen soll ein eigenes Begriffsverständnis vorgestellt werden.

Unter **Fähigkeiten (capabilities)** wird i. d. R. Know how verstanden, das das Unternehmen in die Lage versetzt, technische (z. B. die Reinstraumtechnik in der Elektronikindustrie) oder organisatorische (z. B. die Logistik eines Versandhandelsunternehmens) Leistungen zu erbringen. Von Bedeutung ist dabei, dass sie nicht das Leistungsvermögen einer einzelnen Person darstellen, sondern auf einer komplexen Kombination und Koordination von Intellectual Capital, Sach- und letztlich Finanzkapital in der gesamten Unternehmung beruhen [vgl. *Friedrich, S. A. / Hinterhuber, H. H.* (1995), S. 37]. Der Begriff „Fähigkeit" wird im Vergleich zum Begriff **„Kompetenz"** teilweise auf technische Leistungspotenziale beschränkt [vgl. *Strasmann, J. / Schüller, A.* (1996), S. 11], teilweise werden beide Begriffe aber auch synonym verwandt [vgl. die Anmerkung bei *Hamel, G.* (1994), S. 12]. Im Rahmen dieses Buches wird der letzteren Auffassung gefolgt, d. h. Fähigkeiten und Kompetenzen werden gleichgesetzt, wobei fortan nur von „Fähigkeiten" gesprochen wird.

Werden vorhandene Ressourcen und Fähigkeiten bzgl. ihrer strategischen Relevanz bewertet, gelangt man zum Begriff der **„Kernkompetenzen"**. Kernkompetenzen können als „... dauerhafte und transferierbare Ursache für den Wettbewerbsvorteil einer Unternehmung, der auf Ressourcen und Fähigkeiten basiert ...", verstanden werden [*Krüger, W. / Homp, C.* (1997), S. 27; ähnlich *Prahalad, C. K. / Hamel, G.* (1990), S. 83 f.; *Amit, R. / Schoemaker, P. J. H.* (1993), S. 36; *Osterloh, M. / Frost, J.* (1996), S. 139; *Thiele, M.* (1997), S. 72 ff.]. Als Ursache für einen Wettbewerbsvorteil müssen die Kernkompetenzen **kundenrelevant** sein und auch vom Unternehmensumfeld als relevant wahrgenommen werden (Fit-Gedanke). Das Merkmal der **Dauerhaftigkeit** ermöglicht es, dass sie Gegenstand langfristiger, strategischer Überlegungen sein können und aufgrund ihrer Nachhaltigkeit auch einen geldverzehrenden Aufbau und eine intensive Pflege rechtfertigen (Stretch-Gedanke). Die **Transferierbarkeit** macht die Kernkompetenzen zusätzlich interessant, da sie multipliziert werden können und daher vielfach nutzbar sind (Leverage-Gedanke).

Das japanische Opto-Elektronikunternehmen *Canon* verfügt z. B. über spezifische Fähigkeiten in der Präzisionsmechanik, Feinoptik und Mikroelektronik, die zusammen eine herausragende Kernkompetenz in der Opto-Elektronik ergeben. In Abb. 4.30 ist die Vielfalt der Geschäftsgebiete des Unternehmens und ihr Zusammenhang zu den Ressourcen und Fähigkeiten dargestellt (sog. **Opportunity-Matrix**). So wurde z. B. die Autofocus-Technik des Fotoapparats auch auf den Fernstecher übertragen.

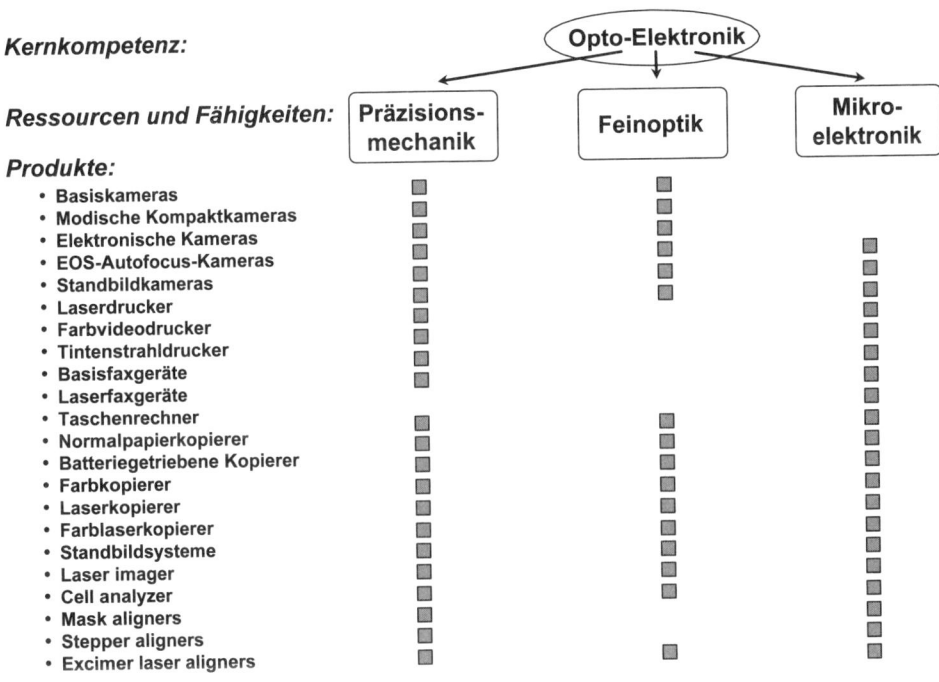

Abb. 4.30:   Opportunity-Matrix für Canon
[in Anlehnung an: Prahalad, C. K. / Hamel, G. (1990), S. 90]

Die strategische Reorientierung an den Kernkompetenzen wurde aber nicht – wie man vielleicht vorschnell glauben könnte – vorbehaltlos adaptiert. So wird der Kernkompetenzbegriff als zu statisch abgelehnt, da er sich – so die Kritik – zu sehr an vorhandenen statt an zukünftigen, potenziell benötigten Ressourcen und Fähigkeiten ausrichtet. Um der Tatsache Ausdruck zu verleihen, dass sich auch Ressourcen und Fähigkeiten weiterentwickeln müssen, wurde als Ergänzung der Begriff der **„dynamischen" Kernkompetenzen** kreiert [vgl. *Osterloh, M. / Frost, J.* (1996), S. 151]. In der Literatur werden auch die synonymen Begriffe „Strategic asset" [vgl. *Amit, R. / Shoemaker, P. J. H.* (1993), S. 33 ff.] oder „Dynamic capabilities" [vgl. *Dosi, G. / Teece, D. J.* (1993); *Itami, H. / Roehl, T. W.* (1987); *Teece, D. J. / Pisano, G.* (1994), S. 541 ff.; *Teece, D. J. / Pisano, G. / Shuen, A.* (1994), S. 16 ff.] verwendet. Dynamische Kernkompetenzen gehen dabei über den eigentlichen Kernkompetenz-Begriff hinaus, da sie Fähigkeiten zur flexiblen Integration, zum Lernen, zur Rekonfiguration bzw. Transformation von Kompetenzen darstellen. Es handelt sich damit um denjenigen Kompetenzbereich, der in der Lage ist, wiederum andere Kernkompetenzen hervorzubringen bzw. vorhandene Kernkompetenzen weiterzuentwickeln. Dynamische Kernkompetenzen stellen daher spezielle, i. d. R. prozessbezogene Kernkompetenzen dar. Entsprechende innerbetriebliche Organisationseinheiten werden z. B als Change Management bezeichnet.

So hat z. B. *Sony* seine Fähigkeiten in der Feinmechanik, Optik und Elektronik zu einer Kernkompetenz der Miniaturisierung elektronischer Produkte weiterentwickelt. Zu dieser Kernkompetenz zählt das technische und organisatorische Wissen, wie man einen kompletten Kassettenrecorder in Brieftaschenformat oder Boxen in Knopfgröße herstellen kann. Zur dynamischen Kernkompetenz wird diese Fähigkeit dadurch, indem ein Produkt- und Marktentwicklungsprozess erdacht und implementiert wurde, der *Sony* in die Lage versetzt, diese Kernkompetenz der Miniaturisierung auf viele innovative Produkte und neue Märkte zu übertragen und zugleich große Stückzahlen von Produkten mit hohem Neuigkeitsgrad, geringen Stückkosten und überdurchschnittlicher Qualität nach kurzer Entwicklungszeit auf den Markt zu bringen.

4.5.3   Von Ressourcen und Fähigkeiten zum Endprodukt (Baum-Modell)

Zielsetzung einer strategischen Planung ist – wie bereits mehrfach betont – die Schaffung von Erfolgspotenzial und damit langfristig die Erzielung von Gewinnen und die Schöpfung von Liquidität. Folglich muss letztendlich die Entwicklung und Pflege von Kernkompetenzen in einem gewinngenerierenden Verkauf von Produkten und Dienstleistungen auf den Absatzmärkten münden. Dieser an sich selbstverständliche Zusammenhang soll nachfolgend anhand der Analogie zum Aufbau eines Baumes nochmals klargestellt werden, um so einige strategische Aussagen des Kernkompetenz-Konzeptes ableiten zu können **(Baum-Modell)** [vgl. ursprünglich *Prahalad, C. K. / Hamel, G.* (1990), S. 81 und ähnlich als Skill Tree *Campbell, A. / Goold, M.* (1992), S. 7].

Wie die Wurzeln eines Baumes diesen mit Nährstoffen versorgen und ihm zugleich Stabilität verleihen, so sind die Kernkompetenzen die Quelle für das nachhaltige Überleben eines Unternehmens. Während die Blätter eines Baumes je nach Jahreszeit Veränderungen unterworfen sind und beim Laubbaum im Herbst abfallen können, bleiben die Wurzeln bestehen und führen im nächsten Frühjahr wieder zur Entwicklung neuer Blätter. Analog hierzu kann der eng begrenzte Lebenszyklus der am Markt angebotenen und abgesetzten Produkte gesehen werden, wohingegen die Lebenszyklen der Kernkompetenzen wesentlich länger sind und dem Unternehmen damit zum einen Stabilität und zum anderen Gestaltbarkeit und Planbarkeit verleihen.

Aus den Wurzeln des Baumes geht ein kräftiger Stamm hervor, der sich in zahlreiche und weit verzweigte Äste aufspaltet. Analog hierzu sind aus den Kernkompetenzen eines Unternehmens wenige unternehmensweite Kernprodukte zu entwickeln, die wiederum in vielen verschiedenen strategischen Geschäftseinheiten – den Ästen – einsetzbar sind. Beispielsweise setzt *Honda* sein über Jahre angesammeltes Know how in der Motorenentwicklung und -fertigung (Kernkompetenz) ein, um ein wesentliches Kernprodukt, den Motor, in vielen verschiedenen strategischen Geschäften vom Motorrad über den PKW, den Rasenmäher bis hin zum Schiffsmotor zu multiplizieren.

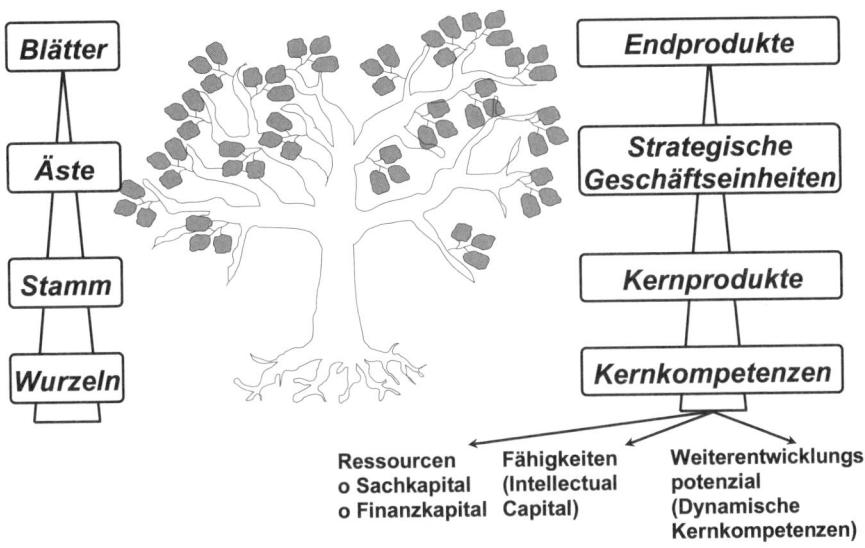

Abb. 4.31: Das Baum-Modell des Kernkompetenz-Ansatzes
[in Anlehnung an: Prahalad, C. K. / Hamel, G. (1990), S. 81]

Kernprodukte stellen diejenigen Komponenten dar, die den Kundennutzen des Endproduktes ursächlich prägen und daher einen hohen Wertschöpfungsanteil ausmachen. Daher kommt aus der Sicht des Kernkompetenz-Ansatzes den Marktanteilen in den Kernprodukten eine höhere Bedeutung als in den Endprodukten bei. So ist es nicht verwunderlich, dass Unternehmen wie z. B. *Canon* Ende der 1990er Jahre einen Marktanteil von 84 % in dem Kernprodukt „Laserdrucker-Maschine", aber nur von weniger als 20 % im Endprodukt „Laserdrucker" aufweisen. Daher sollten Unternehmen keine unnötigen Ressourcen verschwenden, um ein großes Spektrum von Endprodukten zu erstellen bzw. in allen Gebieten hohe Marktanteile zu erreichen **(Fokus des Ressourcen-Einsatzes auf Kernprodukte)**. Das Baum-Modell zeigt auch, dass die Kernprodukte in die einzelnen strategischen Geschäftseinheiten des Unternehmens zu transferieren bzw. neue Anwendungsgebiete zu erschließen sind **(Transferierbarkeit)**. Daher kommt dem Transfer der Kernkompetenzen über die Kernprodukte eine sehr hohe strategische Bedeutung bei. Letztlich wird der Baum durch die Wurzeln gestützt und genährt. Im Sinne der Idee von dynamischen Kernkompetenzen ist Sorge dafür zu tragen, dass die **Pflege und Weiterentwicklung der Kernkompetenzen** gewährleistet bleibt. Momentan auf dem Markt erfolgreiche Endprodukte müssen nicht zwangsweise auch für erfolgreiche Kernprodukte oder gar Kernkompetenzen sprechen.

4.5.4   Ansatzpunkte für Kernkompetenzen

Die am Markt beobachtbaren erfolgreich eingesetzten Kernkompetenzen lassen sich in der Nachbetrachtung stets sehr gut erklären. Für das Management stellt sich daher die Frage, wie vorhandene Kernkompetenzen im Vorfeld erkannt bzw. neue Kernkompetenzen entwickelt werden können. Daher soll anschließend eine Strukturierungshilfe vorgestellt werden, die Ansatzpunkte für mögliche Kernkompetenzen des Unternehmens zu liefern vermag [vgl. *Krüger, W. / Homp, C.* (1997), S. 29 ff.].

Kernkompetenzen wurden als Ursache für Wettbewerbsvorteile ausgemacht. Zur genaueren unternehmensinternen Lokalisierung von Kernkompetenzen kann im Wege einer **Input-Throughput-Output-Analyse** die Wertschöpfungskette in einzelne Komponenten zerlegt werden. Am Markt sichtbar und bewertet werden nur die Wettbewerbsvorteile der Endprodukte, also lediglich der Output des Wertschöpfungsprozesses. Diese Wettbewerbsvorteile beruhen, wie Abb. 4.32 deutlich macht, auf der Nutzung von Kernkompetenzen, die sich wiederum auf in Abb. 4.33 dargestellte Komponenten und Vorteile zurückführen lassen.

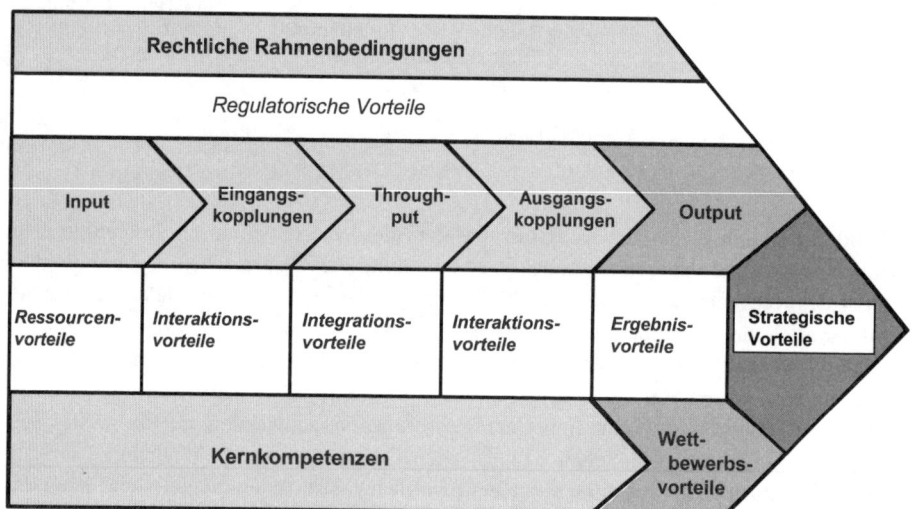

*Abb. 4.32:   Kernkompetenzen und Wettbewerbsvorteile in der Input-Throughput-Output-Analyse
[Quelle: Krüger, W. / Homp, C. (1997), S. 32]*

Darüber hinaus können **rechtliche Rahmenbedingungen** wie z. B. Ausbeuterechte für Bodenschätze, gewerbliche Schutzrechte, Patente oder Lizenzen sowie institutionell bedingte Standortvorteile (z. B. local content-Auflagen, Schutzzölle oder nicht tarifäre Handelshemmnisse) zu regulatorischen Vorteilen führen, die bestehende Kernkompetenzen absichern, jedoch auch abwerten können.

Komponente	Nutzbarer Vorteil
Input	**Ressourcenvorteile** durch günstige Beschaffung von Rohstoffen und Vorprodukten
Eingangs- und Ausgangskoppelungen	**Interaktionsvorteile** mit externen Partnern aufgrund von technischen Bindungen (z. B. Just in Time-Lieferungen oder electronic commerce), organisatorischen Bindungen (z. B. durch Netzwerksstrukturen und virtuelle Unternehmsstrukturen oder durch Workshops mit Kunden und Lieferanten) und personellen Bindungen (z. B. durch enge Kundenbeziehungen, die zum Aufbau von Vertrauen, zu Informationsvorteilen oder zu Frühwarnsystemen führen).
Throughput	**Integrationsvorteile** im Leistungserstellungsprozess durch effiziente und effektive Planungs- und Kontroll- sowie Informations- und Kommunikationssysteme, durch die Ausgestaltung der Organisationsstruktur oder aufgrund der gelebten Unternehmenskultur und Unternehmensphilosophie.

Abb. 4.33:   Ansatzpunkte für Kernkompetenzen
[in Anlehnung an: Krüger, W. / Homp, C. (1997), S. 29 ff.]

Bei dieser Input-Throughput-Output-Analyse steht die Beherrschung der Geschäftsprozesse im Vordergrund. Daher werden hieraus ableitbare Kernkompetenzen auch als **Basiskompetenzen** bezeichnet. Basiskompetenzen lassen sich nach *Krüger / Homp* wiederum auf Kompetenzen in der Steuerung **(Managementkompetenz)**, in der operativen Abwicklung **(operative Kompetenz)** oder im Support **(Unterstützungskompetenz)** zurückführen, die sich entsprechend der Anfangsbuchstaben als **SOS**-Kompetenzen bezeichnen lassen (siehe Abb. 4.34) [vgl. *Krüger, W. / Homp, C. (1997), S. 41 ff.*].

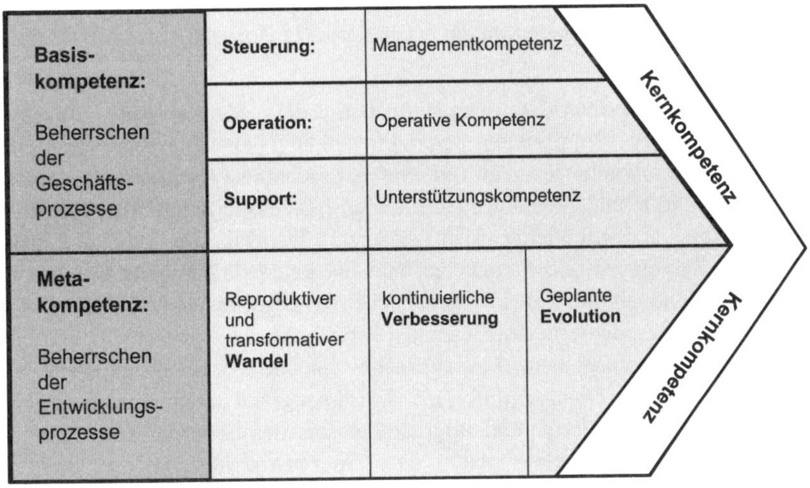

Abb. 4.34:   Basis- und Metakompetenzen
[Quelle: Krüger, W. / Homp, C. (1997), S. 43]

So ist z. B. das amerikanische Handelsunternehmen *Wal-Mart* für sein sog. Cross Docking-System als Teil eines umfassenden Efficient Consumer Response-Ansatzes berühmt geworden. Das Cross Docking-System erlaubt *Wal-Mart*, Waren innerhalb von 48 Stunden nach Wareneingang umzuschlagen. Waren wechseln quasi nur von der Eingangsrampe (dock, engl. für Rampe) zur Ausgangsrampe des Zentrallagers. Eine Lagerhaltung mit entsprechenden Kapitalbindungskosten kann so auf ein Minimum reduziert werden [vgl. *Stalk, G. / Evans, P. / Shulman, L. E.* (1992), S. 57 ff.].

Dieser Wettbewerbsvorteil, der einen beachtlichen operativen Erfolg des Unternehmens bzgl. Produktivität, Gewinn- und Aktienkursentwicklung begründete, ist auf eine Kombination von SOS-Kompetenzen zurückzuführen. So werden Abverkaufsdaten z. B. direkt sowohl an die Zentralläger zum Zwecke der Disposition als auch an die Lieferanten zum Zwecke der Produktionsplanung zurückgespielt (Managementkompetenz). Diese Prozesse werden durch ein hauseigenes, satellitengestütztes Informations- und Kommunikationssystem unterstützt, das Mengen- und Strukturveränderungen zum einen schnell und zum anderen sehr detailliert als Information zugänglich macht (Unterstützungskompetenz). Grundlage des Wettbewerbsvorteils ist ein ausgeklügeltes und ständig weiterentwickeltes Logistiksystem, das sich z. B. im Gegensatz zu anderen Discountern auf eine hauseigene LKW-Flotte und auch eigene Frachtflugzeuge stützt (operative Kompetenz). Die Weiterentwicklung der Kompetenzen wird durch eine ausgeprägte firmenspezifische Personalführung und Personalpolitik gestützt, indem z. B. in Video-Konferenzen unternehmensweit organisatorisches Know how ausgetauscht wird bzw. Competence Center eingerichtet werden (Managementkompetenz).

Obwohl in vielen Unternehmen aufgrund einer zunehmenden Kunden- und Prozessorientierung die operativen Prozesse und diesbezügliche Kernkompetenzen in den Mittelpunkt der Betrachtung gerückt wurden (siehe z. B. die vorangehende Input-Throughput-Output-Analyse), darf nicht verkannt werden, dass auch einer strategischen Ausgestaltung von Management- und Unterstützungskompetenzen ein entsprechendes Gewicht zukommt. Hierzu soll auf einige Ansatzpunkte hingewiesen werden:

- **Managementkompetenz:** Die Kernkompetenz des Managements besteht darin, Kernkompetenzen zu identifizieren, deren Entwicklung voranzutreiben, Ressourcen und Fähigkeiten zu Kernkompetenzen zu verknüpfen, geschaffene Kernkompetenzen zu nutzen und auf neue Märkte und Produkte zu übertragen (**Kernkompetenz-Management-Kreislauf**). Aus ressourcenorientierter Sicht steht die Identifikation der im Unternehmen vorhandenen Ressourcen und Fähigkeiten und die unternehmensweite gemeinsame Nutzung dieses individuell und kollektiv gebundenen Wissens im Vordergrund. Managementkompetenz ist insbesondere in den Bereichen Produkt-Markt-Management, Techologiemanagement, Personalmanagement, Finanzmanagement und Wissensmanagement zu entwickeln [vgl. *Krüger, W. / Homp, C.* (1997), S. 44 f.]. Aufgrund der unternehmensweiten Ausrichtung von Kernkompetenzen und aufgrund der Erfordernisse eines unternehmensweiten Transfers bedeutet dies jedoch auch, dass Spezialwissen zwar die Grundlage für Kernkompetenzen darstellt, aber generelles, unternehmensweites Wissen für den Transfer und den strategischen Einsatz von Bedeutung ist. Ohne die Diffusion des Spezialwissens fehlt ihm die praktische Anwendung, wodurch die Entfaltung eines Nutzens ausbleibt. Aber ohne unternehmensweites Wissen gelingt es kaum, jenen Ort zu identifizieren, an dem das Spezialwissen den höchsten Nutzen stiftet. Spezialisten und Generalisten müssen sich ergänzen. Zum Beispiel müssen an die Stelle von Kaminkarrieren Personalentwicklungen hin zum Generalisten treten, um interdisziplinäre Aufgaben bewältigen zu können.

- **Unterstützungskompetenz:** Die Frage, welche Ressourcen und Fähigkeiten operative Kompetenz und welche Unterstützungskompetenz darstellen, kann nur bei Betrachtung der eingeschlagenen Strategie beantwortet werden. Für ein Handelsunternehmen wie *Wal-Mart* sind Beschaffungsprozesse operative Kernprozesse, die entsprechende Ressourcen und Fähigkeiten im Rang einer Kernkompetenz erfordern. Für einen Finanzdienstleister sind sie jedoch reine Unterstützungsfunktionen, wobei noch fraglich ist, ob sie aus Sicht der Strategie wirklich relevant sind oder fremdvergeben werden können.

  Unterstützungskompetenzen können sich auf **personalbezogene Dienste** (z. B. Aus- und Weiterbildung, Training, Coaching, Catering etc.), **objektbezogene Dienste** (Wartung, Instandhaltung, Reinigung, Gebäudeverwaltung, Wach- und Schließdienst etc.), **Informations- und Organisationsdienstleistungen** (Rechnungswesen, IT, Organisation, Revision, Steuern etc.) und **Finanzdienstleistungen** (Investition und Finanzen, Corporate Banking, Treasuring etc.) beziehen. Die Auflistung zeigt nur mögliche Ansatzpunkte auf, die im konkreten Fall mit der individuellen Unternehmens- und Umfeldsituation und der hieraus resultierenden Strategie abgeglichen werden müssen.

Wie bereits mehrfach gefordert und dargestellt, sind i. S. von „dynamischen" Kernkompetenzen auch Ressourcen und Fähigkeiten auszubilden, die für eine kontinuierliche Weiterentwicklung verantwortlich zeichnen. Diese dynamischen Kernkompetenzen könnten als **Metakompetenzen** bezeichnet werden (siehe Abb. 4.34).

Während die Basiskompetenzen auf die Beherrschung der Geschäftsprozesse ausgerichtet sind, dienen Metakompetenzen der Beherrschung von Entwicklungs- und Veränderungsprozessen. Die Forderung nach Metakompetenzen ist keineswegs neu. So wurde bereits Ende der 1970er Jahre ein **„Management des geplanten Wandels"** als Teil des strategischen Managements gefordert, um Unternehmen in die Lage zu versetzen, Wandel im Unternehmensumfeld zu antizipieren. Neu erscheint jedoch, dass im Rahmen des Kernkompetenz-Ansatzes bewusst auf die hierzu benötigten neuen bzw. zu verändernden Ressourcen und Fähigkeiten abgestellt wird [vgl. z. B. *Kirsch, W. / Esser, W.-M. / Gabele, E.* (1979)].

Die Ausgestaltung derartiger Veränderungsprozesse kann sich nach der Intensität und nach dem Objekt des Wandels unterscheiden **(Schichtenmodell des Wandels)** [vgl. den Ansatz von *Krüger, W.* (1994), S. 358 f.], wie Abb. 4.35 verdeutlicht.

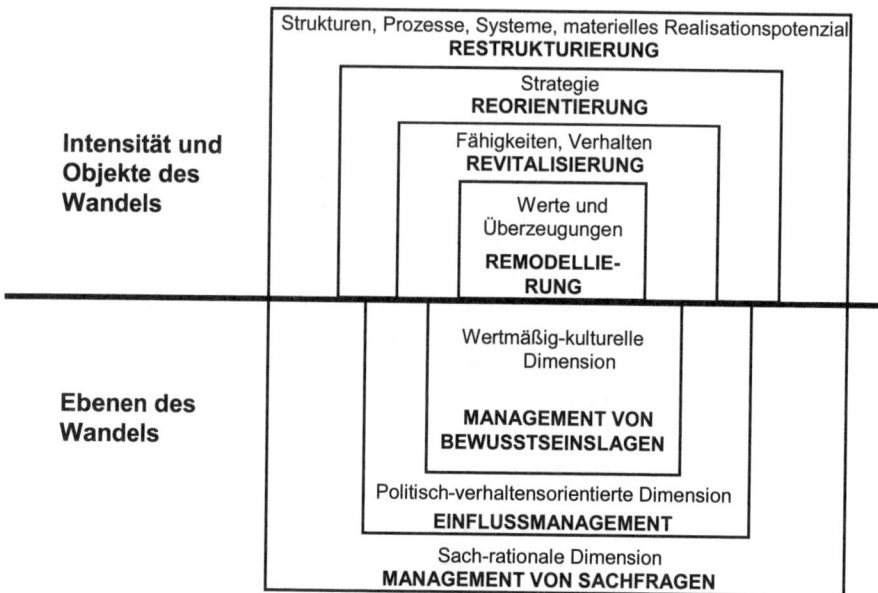

Abb. 4.35:   Schichtenmodell des Wandels
            [in Anlehnung an: Krüger, W. (1994), S. 359]

Nach dem Schichtenmodell des Wandels können sich Veränderungen in einem ersten Schritt auf Strukturen, Prozesse, Systeme und materielle Ressourcen (Sach- und Finanzkapital) des Unternehmens beziehen **(Restrukturierung)**. Managementmethoden wie Lean Management oder Business Reengineering sind hier einzuordnen, die sich vorwiegend mit den aufgeworfenen Fragen auf einer sachlich-rationalen Ebene auseinandersetzen. Derartige Wandlungsprozesse sind unabhängig von ihrer organisatorischen und sachlichen Reichweite nicht tiefgehend. Die Unternehmen werden schlanker und evtl. besser, sie sind aber nicht wesentlich anders geworden **(reproduktiver Wandel)** [vgl. *Krüger, W. / Homp, C.* (1997), S. 50].

Wird dagegen auch die Unternehmens- und / oder Geschäftsstrategie verändert (sog. **Reorientierung**), so wird ein grundlegender Wandel angestoßen. Werden zusätzlich noch Fähigkeiten und Verhaltensweisen (Humankapital) verändert (sog. **Revitalisierung**) oder gar grundlegende Werte und Überzeugungen des Unternehmens, d. h. die Unternehmenskultur variiert (sog. **Remodellierung**), entsteht ein „neues" Unternehmen **(transformativer Wandel)**. Während sich Veränderungen in der Strategie und in den Kompetenzen des Unternehmens auf politisch-verhaltensorientierter Ebene abspielen, betreffen Veränderungen der Überzeugungen und der Unternehmenskultur die wertmäßig-kulturelle Dimension.

Beim reproduktiven Wandel laufen i. d. R. **schnelle, revolutionäre Veränderungen** ab, wie sie z. B. die Neumodellierung von Geschäftsprozessen im Business Reengineering zum Ausdruck bringt. Beim transformativen Wandel steht hingegen eine **langsame, aber evolutionäre Entwicklung** im Vordergrund (z. B. als **kontinuierliche Prozessverbesserung** oder **Kaizen** [vgl. hierzu z. B. *Japan Human Relations Association* (1995)]. Zur Unterstützung in der Umsetzung derartiger Entwicklungsprozesse sind im Controlling Konzepte wie z. B. das **Half-Life-Konzept** [vgl. hierzu *Fischer, T. M. / Schmitz, J.* (1994a), S. 196 ff.] entwickelt worden.

4.5.5 Management von Kernkompetenzen

Nachdem im vorangegangenen Unterabschnitt dargestellt wurde, welche Ansatzpunkte sich für Kernkompetenzen ergeben, wie diese zur Wertschöpfungskette, zu den Endprodukten und zu den strategischen Geschäftseinheiten in Verbindung stehen, soll nun das Management von Kernkompetenzen näher betrachtet werden. Dabei ist festzustellen, dass Instrumente zur Umsetzung des Kernkompetenz-Ansatzes noch häufig fehlen [vgl. *Grant, R. M.* (1991), S. 119]. Dem Management kommt die Aufgabe zu, diese Kernkompetenzen in einem dem Controlling-Kreislauf verwandten kybernetischen Kreislauf zu managen (**Kernkompetenz-Management-Kreislauf**). Dieser Management-Kreislauf wird sowohl bzgl. seiner informatorischen Unterfütterung als auch bzgl. seiner organisatorischen und personellen Umsetzung von einem **doppelten Gegenstromverfahren** bestimmt. Interaktionen treten einerseits zwischen dem Unternehmen und seinem Umfeld und andererseits zwischen der Unternehmensleitung und dem Unternehmen selbst auf.

4.5.5.1 Das doppelte Gegenstromverfahren

Das **doppelte Gegenstromverfahren** kann, wie in Abb. 4.36 dargestellt, in zwei Betrachtungsebenen zerlegt werden.

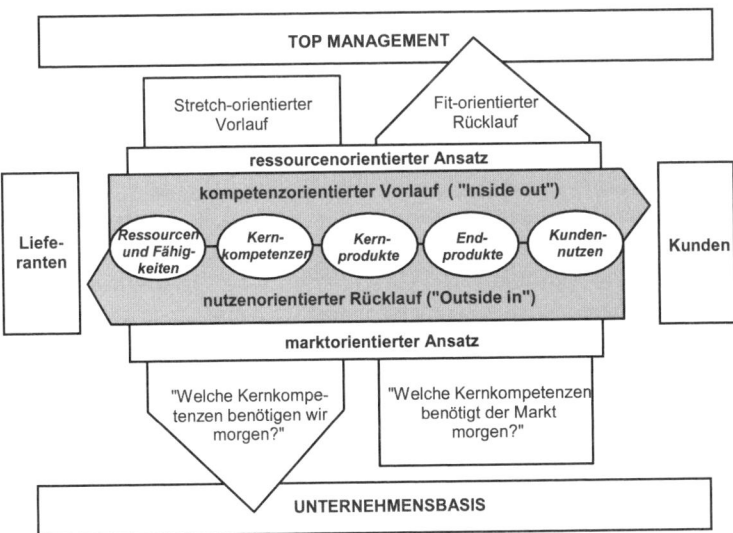

Abb. 4.36: Doppeltes Gegenstromverfahren
[in Anlehnung an: Krüger, W. / Homp, C. (1997), S. 88]

- Wie bereits im Zusammenhang mit dem Baum-Modell ausgeführt, verfolgt der Kernkompetenz-Ansatz eine Kettenentwicklung. Zunächst gilt es, Ressourcen und Fähigkeiten zu Kernkompetenzen zu entwickeln. Anschließend sollen diese in Kernprodukte umgesetzt werden. Diese Kernprodukte sollen schlussendlich in viele verschiedene Endprodukte Eingang finden und so Nutzen für die Kunden des Unternehmens stiften. Daher werden Impulse für die Weiterentwicklung des Kompetenz-Baumes einerseits von den Kunden kommen, da sie an einer Erhöhung des Kundennutzens interessiert sind (**nutzenorientierter Rücklauf** als „Outside in"-Perspektive). Andererseits wird das Unternehmen versuchen, auf Basis seiner entwickelten Kernkompetenzen Kundennutzen zu stiften, um damit neue Märkte und Produkte zu generieren (**kompetenzorientierter Vorlauf** als „Inside out"-Perspektive). Damit werden ressourcen- und marktorientierte Sicht verschmolzen.
- In der zweiten Betrachtungsebene wird das Zusammenspiel von Unternehmensleitung und Unternehmensbasis, d. h. Mitarbeitern betrachtet. Der Unternehmensleitung kommt im Kernkompetenzen-Ansatz die Aufgabe zu, Ressourcen und Fähigkeiten zu Kernkompetenzen zu bündeln und diese i. S. der zukünftig benötigten Kernkompetenzen weiterzuentwickeln (**Stretch**). Die Unternehmensbasis ihrerseits ist aufgerufen, Kompetenzen zu entwickeln, die die Anforderungen des Marktes und die Forderungen des Managements erfüllen (**Fit**).

Das doppelte Gegenstromverfahren macht deutlich, dass das Kernkompetenz-Management eines komplexen und komplizierten Zusammenspiels sowohl verschiedenster Gruppen innerhalb des Unternehmens als auch des Unternehmens als Ganzes mit dessen Umfeld bedarf.

4.5.5.2   Der Kernkompetenz-Management-Kreislauf

Der **Kernkompetenz-Management-Kreislauf** selbst setzt sich aus fünf Teilschritten zusammen, deren wichtigste Facetten nachfolgend beschrieben werden sollen (siehe Abb. 4.37).

4.5.5.2.1   Identifikation von Kernkompetenzen

Nachdem bereits mögliche Ansatzpunkte von Kernkompetenzen und eine Suchhilfe wie z. B. die Input-Throughput-Output-Analyse dargestellt wurden, stellt sich hier die Frage, welche Wertigkeit und Bedeutung den aufgespürten Kompetenzen zukommt. Hierzu ist analog zur Vorgehensweise bei Produkt- und Technologie-Portfolios ein Abgleich zukünftiger Anforderungen des Unternehmensumfeldes mit vorhandenen Kompetenzstärken vorzunehmen [zur Methodik vgl. die beiden Ansätze von *Krüger, W. / Homp, C.* (1997), S. 104 ff. bzw. *Thiele, M.* (1997), S. 79 ff. in Anlehnung an *Bullinger, H.-J. u. a.* (1995), S. 196 ff.].

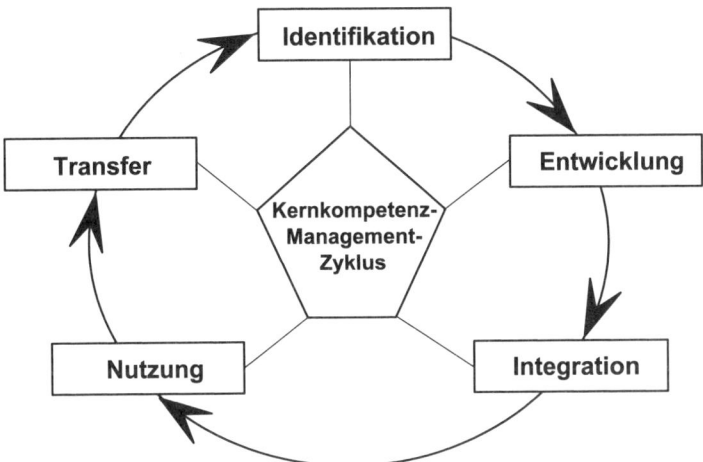

Abb. 4.37: *Kernkompetenz-Management-Kreislauf*
[Quelle: Krüger, W. / Homp, C. (1997), S. 93]

Im Ansatz von *Bullinger u. a.* wird zunächst in einer internen Analyse eine sog. **Profilmatrix** erstellt. Hierzu werden interdisziplinär zusammengesetzte Mitarbeiterteams des Unternehmens befragt. Verschiedene vorhandene Kompetenzen des Unternehmens werden hinsichtlich einer Reihe von Kernkompetenz-Kriterien, die sich aus der Logik des Ansatzes ergeben, bewertet.

Kern-kompetenzkriterium / Kompetenz	Ge-wicht	K1	K2	K3	K4	.....	Kn
Immobilität							
Imitierbarkeit							
Substituierbarkeit							
Unternehmensspezifität							
Dauerhaftigkeit							
Wettbewerbsdifferenzierung							
Innovationspotential							
Verwendungshäufigkeit							
Strategic Fit							
gewichteter Kompetenzwert							
Ranking							

Ermittlung von Unternehmenskompetenzen, "Clustern" nach SoS- und Metakompetenzen; Verknüpfung zu Kompetenzblöcken

aktuelle Kernkompetenzen

Abb. 4.38: *Profilmatrix zur internen Bewertung vorhandener Kompetenzen*
[in Anlehnung an: Bullinger, H.-J. (1995), S. 196]

In Abb. 4.38 ist die Grundstruktur einer Profilmatrix abgebildet.

Durch einen Scoring-Ansatz ergibt sich so ein gewichteter Punktwert für die Unternehmens-kompetenzen (Kompetenzwert), der die Bedeutung vorhandener Kompetenzen aus interner Sicht veranschaulicht.

In einer zusätzlichen externen Analyse werden generelle Umfeldentwicklungen und Anforde-rungen potenzieller Kundengruppen im Speziellen untersucht, um hieraus kritische Erfolgsfak-toren zu gewinnen. Diese kritischen Erfolgsfaktoren sind in mögliche, vom Markt geforderte zukünftige Kompetenzen zu transferieren, ohne dass die Autoren nähere Angaben zu diesem schwierigen Identifikationsprozess machen. Anschließend werden die als zukünftig relevant erachteten Kompetenzen analog zur Vorgehensweise in der Profilmatrix in einer sog. **Identifi-kationsmatrix** anhand der gleichen Kernkompetenz-Kriterien bewertet. Der gewichtete Kom-petenzwert der Identifikationsmatrix ist ein Indikator für die Bedeutung zukünftiger Kompe-tenzen für das Unternehmensumfeld.

Letztendlich werden die aus der Profilmatrix und der Identifikationsmatrix gewonnenen Kom-petenzwerte für die jeweiligen Kompetenzen in einem sog. **Kompetenz-Strategie-Portfolio** gegenübergestellt und entsprechende Normstrategien abgeleitet [vgl. *Thiele, M. (1997)*, S. 85; ähnlich *Wolfrum, B. / Rasche, C. (1993)*, S. 68].

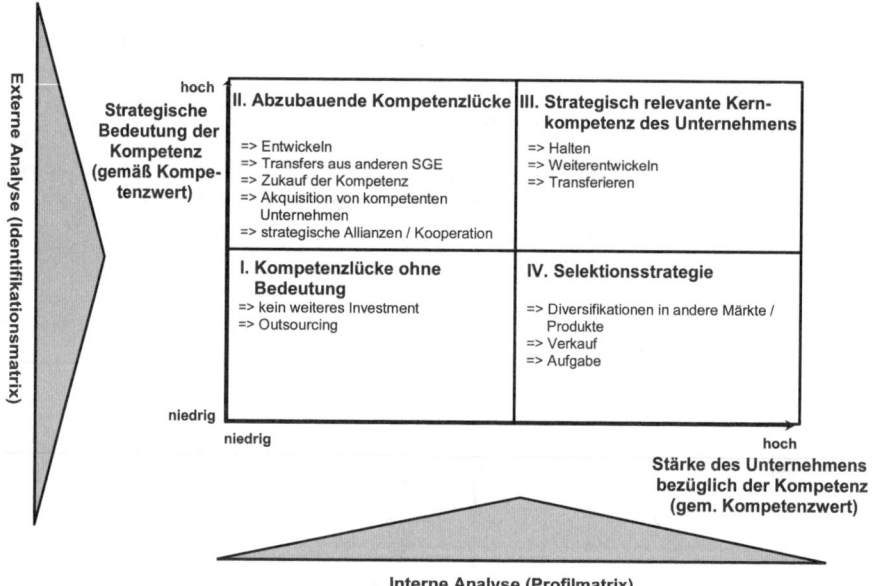

Abb. 4.39:   Kompetenz-Strategie-Portfolio
            [in Anlehnung an: Thiele, M. (1997), S. 85]

Wie aus Abb. 4.39 hervorgeht, besteht im I. Quadranten eine **Kompetenzlücke**, ohne dass die-ser eine strategische Bedeutung zukommt. In dieser Situation sollte auf jeden Fall kein weiteres Investment in diese Kompetenz erfolgen, wobei langfristig aufgrund der mangelnden strategischen Relevanz ein Rückzug angezeigt ist. Kernprodukte, die auf dieser Kompetenz aufbauen, sollten fremdvergeben werden.

Der II. Quadrant stellt eine **strategisch relevante Kompetenzlücke** dar. Dem Unternehmen stehen mehrere Möglichkeiten offen, diese Kompetenzlücke zu schließen (Selbstentwickeln, Kompetenz aus anderen, eigenen Geschäftseinheiten transferieren, Zukauf der Kompetenz von außen, Akquisition eines Unternehmens mit entsprechender Kompetenz oder strategische Allianzen bzw. Kooperationen mit kompetenten Unternehmen). Die Wahl zwischen den Alternativen kann nur unter Würdigung der konkreten Unternehmens- und Umfeldsituation des Einzelfalls erfolgen.

Treffen, wie im III. Quadranten, hohe strategische Bedeutung und große eigene Stärke des Unternehmens aufeinander, liegt auch eine **strategisch relevante Kernkompetenz** des Unternehmens vor. Diese Kernkompetenz ist zu erhalten, weiterzuentwickeln und über entsprechende Kernprodukte auf viele Endprodukte und Märkte zu übertragen.

Bei ausgeprägter Stärke des Unternehmens, jedoch geringer strategischer Bedeutung (IV. Quadrant) empfiehlt sich eine **selektive Strategie**. Es könnte geprüft und gegebenenfalls versucht werden, die ausgeprägte Kompetenz zur besseren wirtschaftlichen Verwertung auch auf andere Produkte und / oder Märkte zu übertragen, um so evtl. einen wertvolleren Kundennutzen schaffen zu können. Des Weiteren böte sich der Verkauf der Kompetenz an interessierte Partner oder letztendlich die langfristige Aufgabe der Kompetenz an.

In einem verwandten Ansatz von *Krüger / Homp* wird bei der internen Analyse in einer sog. **Kompetenzmatrix** die gegenwärtige Kompetenz dem Entwicklungsaufwand und den Entwicklungsaussichten gegenübergestellt. Analog erfolgt in der externen Analyse ein Abgleich der gegenwärtigen (Kompetenz)-Position mit den zukünftigen Erwartungen, die in einer sog. **Marktmatrix** gegenübergestellt werden. Letztendlich wird in einer **Markt-Kompetenz-Matrix** die aus der Marktmatrix gewonnene Marktattraktivität der aus der Kompetenzmatrix abgeleiteten Kompetenzstärke gegenübergestellt. Die strategischen Schlussfolgerungen, die aus dem Portfolio gezogen werden können, entsprechen weitgehend den Normstrategien des Kompetenz-Strategie-Portfolios.

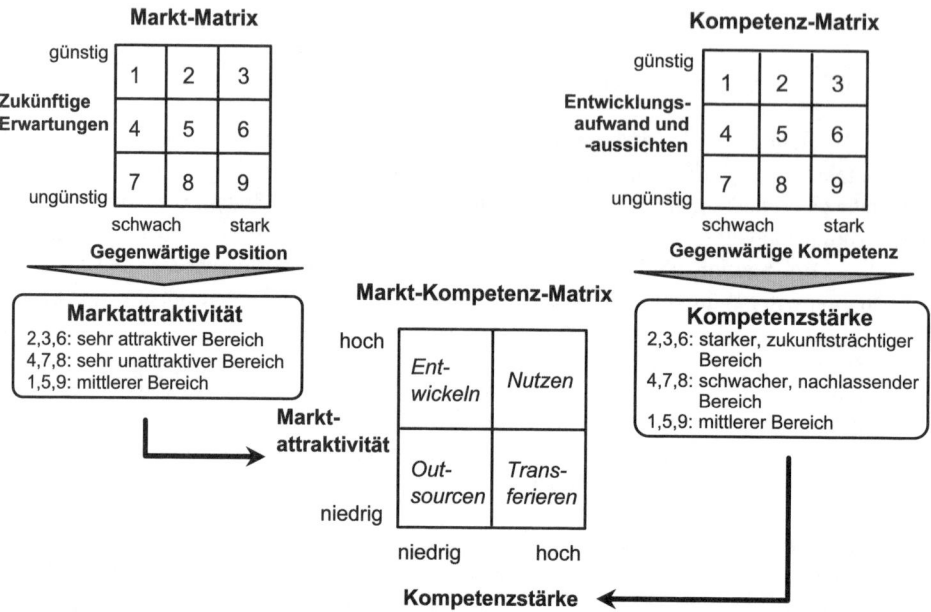

Abb. 4.40:   *Ableitung der Markt-Kompetenz-Matrix nach Krüger / Homp*
              [Quelle: Krüger, W. / Homp, C. (1997), S. 105]

Der Ansatz nach *Krüger / Homp*, den Abb. 4.40 zusammenfassend darstellt, ist zum einen viel allgemeiner gehalten als der Ansatz nach *Bullinger u. a.* und legt zum anderen durch den Abgleich mit der gegenwärtigen Kompetenz- bzw. Marktposition ein relativ starkes Gewicht auf eine Gegenwartsbetrachtung. Die Notwendigkeit einer langfristigen Entwicklung und strategischen Ausrichtung von Kernkompetenzen wird durch die gewählte Methodik untergewichtet.

4.5.5.2.2   Entwicklung von Kernkompetenzen

Zum Ausbau und zur Weiterentwicklung von Kernkompetenzen können z. B. eine Intensivierung der Qualitätssicherung oder der Entschluss zur Qualitäts- oder Umweltzertifizierung beitragen, da Unternehmen dann gezwungen werden, sich umfassend mit ihren Prozessen zu beschäftigen. Weitere Ansätze hierzu sind Programme zur kontinuierlichen Prozessverbesserung, Benchmarking-Vergleichsringe oder Qualitätszirkel. Der Kern all dieser Anstrengungen liegt darin, eine lernende, sich selbst steuernde und verbessernde Organisation zu schaffen [vgl. z. B. hierzu *Probst, G. J. B. / Büchel, B. S. T.* (1994)]. Damit die Weiterentwicklung nicht ziel- und richtungslos ablaufen kann, ist jedoch darauf zu achten, dass **strategische Entwicklungslinien („strategic intent")** vorgegeben werden.

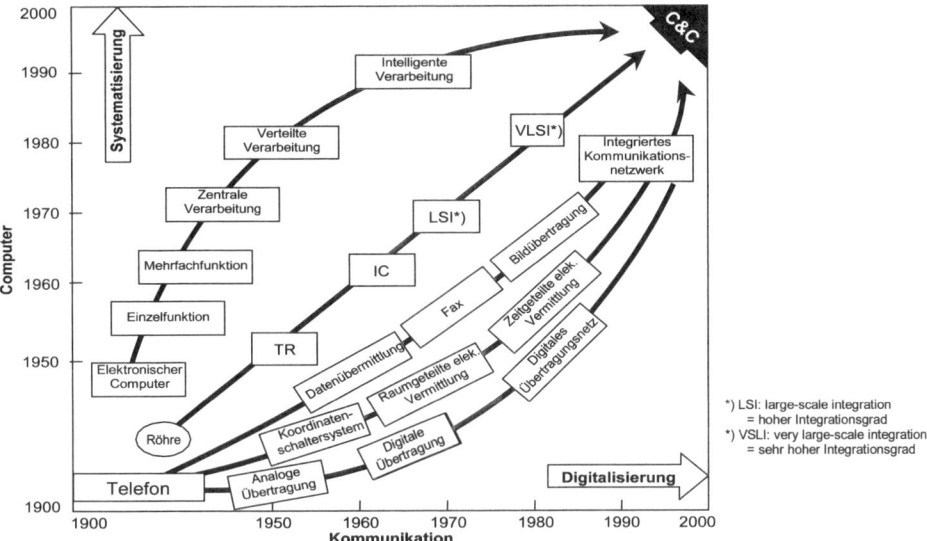

Abb. 4.41: *Strategische Entwicklungslinien bei NEC*
[Quelle: Kobayashi, K. (1986), S. 45]

Abb. 4.41 veranschaulicht die fünf Entwicklungslinien des japanischen Elektronikproduzenten *NEC Corporation*, die über viele Jahrzehnte entwickelt und schliesslich zu einer gemeinsamen Kernkompetenz „Computing and Communications (C&C)" verdichtet wurden.

Für die Ausgestaltung der strategischen Entwicklungslinien kann auf folgende Grundsätze zurückgegriffen werden:

- Festigung und Ausbau sowie permanente Verbesserung von Kernkompetenzen,
- Konzentration auf wenige pflegbare Kompetenzen,
- Ergänzung bestehender Kernkompetenzen um zusätzlichen Kundennutzen,
- Neuentwicklung zusätzlicher Kernkompetenzen.

Als Grundprinzipien der Weiterentwicklungen können eine Institutionalisierung des Wissensmanagements, die Stimulierung von Unternehmertum im Unternehmen, die Verbindung von Marktnähe mit Entwicklungskompetenz (d. h. ein sog. **Erkundungsmarketing**), die frühzeitige Produkterprobung oder die kontinuierliche Kompetenzverbesserung identifiziert werden [vgl. *Krüger, W. / Homp, C.* (1997), S. 112 ff.].

So wurden z. B. bei der Entwicklung des *Toyota Lexus*, dem ersten japanischen PKW in dem gehobenen Luxussegment, bewusst Entwicklungsingenieure über mehrere Monate in den USA mit dem US-amerikanischen Life Style vertraut gemacht, um Gewohnheiten der anvisierten Zielgruppe des *Toyota Lexus* bereits in der Entwicklung berücksichtigen zu können.

4.5.5.2.3   Integration von Ressourcen und Fähigkeiten zu Kernkompetenzen

Eines der Wesenselemente des Kernkompetenz-Ansatzes ist die gezielte Verknüpfung von Ressourcen und Fähigkeiten zu Kernkompetenzen. Mögliche **Ansatzpunkte der Integration** bestehen in folgenden vier Punkten:

*   **prozessinterne Integration** durch bessere Abstimmung einzelner Prozesse (z. B. in der Auftragsabwicklung),
*   **Integration von Steuerung, Operation und Support (SOS-Kompetenzen)** durch Verbesserung der Schnittstellen zwischen Leitungsinstanzen, Ausführungsstellen sowie unterstützenden Einheiten,
*   **wandlungsorientierte Integration** durch Koppelung von Verbesserungs- und Entwicklungsprozessen mit den operativen Geschäftsprozessen (z. B. systematische Integration von Kundenwünschen in den Designprozess (Open Innovation) bei der amerikanischen Modefirma Threadless),
*   **externe Integration** der Wertschöpfungskette des Unternehmens z. B. mit vorgelagerten Lieferanten (z. B. Just in Time) oder nachgelagerten Kunden (z. B. electronic commerce).

4.5.5.2.4   Nutzung von Kernkompetenzen

Da Kernkompetenzen durch das Zusammenwirken vielfältiger Ressourcen und Fähigkeiten entstehen, ist auch deren Nutzung nur im Verbund mehrerer Aktivitäten möglich. Des Weiteren ist zu berücksichtigen, dass auch Kernkompetenzen einem Lebenszyklus unterliegen, wenngleich er im Idealfall denjenigen der Endprodukte und Technologien übersteigt. Aufgrund der tendenziellen Langatmigkeit von Kernkompetenzen sind zusätzliche Aspekte von Bedeutung. So ist z. B. zu beachten, wie ihr Einsatz kommuniziert wird oder ob neue Industriestandards geschaffen werden sollen. Wesentlich ist auch die Frage nach dem Schwerpunktwechsel von Basiskompetenzen hin zu Metakompetenzen, d. h. wann eine Weiterentwicklung bestehender Kernkompetenzen erfolgen soll. Da ein Aufbau von Kernkompetenzen i. d. R. eine nicht unbeträchtliche Mittelbindung zur Folge hat und sich zudem erst auf lange Sicht – d. h. nach langer Nutzungsdauer – eine Amortisation einstellt, steht stets auch das Problem an, wie Kompetenzen gesichert werden können. Hierzu ist zwischen einer defensiven, mehr auf rechtlichen Schutz bedachten Strategie (z. B. durch Patente, Musterschutz oder Copyright) und einer offensiven Strategie zu unterscheiden, die bewusst auf den Aufbau von Markenwerten oder auf eine permanente Weiterentwicklung von Kernkompetenzen setzt.

Da immateriellen Ressourcen eine hohe Bedeutung in der Nutzung von Kernkompetenzen zukommt kann zur Messung des Umsetzungsprozesses auf sog. **Wissensbilanzen** oder **Intellectual Capital Statements** zurückgegriffen werden. Diese versuchen mittels vor- und nachgelagerten Indikatoren die Schaffung und Nutzung von immateriellen Ressourcen zu messen [vgl. *Günther, T.* (2005), S. 66 ff. sowie *Alwert, K.* (2006)].

4.5.5.2.5 Transfer von Kernkompetenzen

Entsprechend der Logik des Baum-Modells ergibt sich das strategische Potenzial von Kern-kompetenzen erst durch deren Übertragung auf vielfältige Produkt-Markt-Kombinationen, ohne dass wie bei materiellen Ressourcen die Nutzungsmöglichkeit verbraucht wird. Daher kommt dem Transfer bzw. der mannigfachen Diffusion von Kernkompetenzen eine hervorge-hobene Bedeutung im Kernkompetenz-Management-Kreislauf zu **(Leveraging)**.

Ausgehend vom Baum-Modell ergeben sich verschiedene Möglichkeiten, wie dieser Transfer gestaltet werden kann.

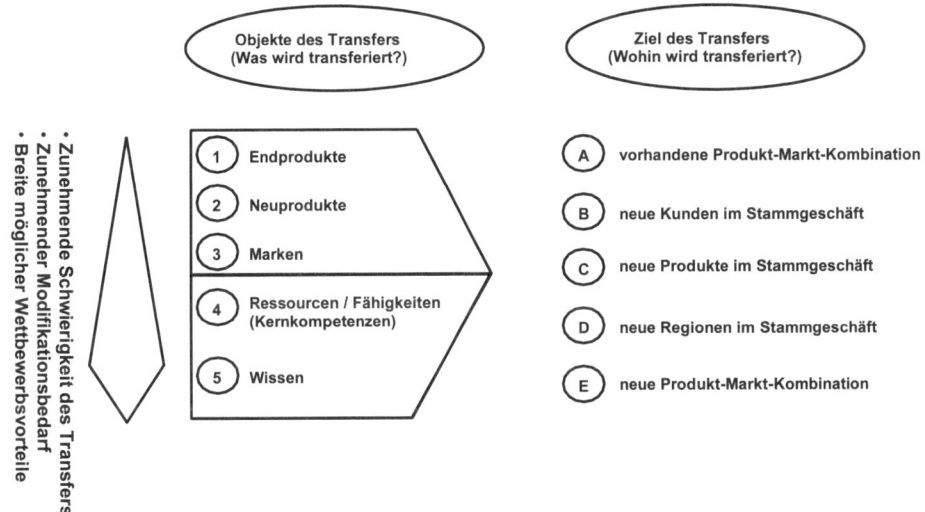

Abb. 4.42: Möglichkeiten des Transfers
[in Anlehnung an: Krüger, W. / Homp, C. (1997), S. 126 und S. 139]

Wie Abb. 4.42 verdeutlicht, lassen sich sowohl Endprodukte als auch Kernprodukte analog zu den Feldern der Ansoff-Matrix auf neue bzw. bestehende Produkte und / oder Märkte übertra-gen. Als Teilkomponente der Ressourcen und Fähigkeiten der Unternehmen lassen sich auch Marken in neue Anwendungsfelder übertragen **(Markentransfer** oder **line extension)**. So wurde z. B. die Marke *Nivea* von *Beiersdorf* aus dem Creme-Bereich kommend zunächst auf den Haarpflege- und anschließend auf den Kosmetik-Bereich übertragen, um so die herausra-gende Markenstärke von *Nivea* einer breiteren Nutzung und damit einem vergrößertem Ge-winnpotenzial zuzuführen. Zielsetzung des Kernkompetenz-Ansatzes ist es, aus Ressourcen und Fähigkeiten zusammengesetzte **Kernkompetenzen** zu transferieren und zu diffundieren. Hinter dieser Kernkompetenz versteckt sich wiederum **Wissen** im Sinne von Basis- und Meta-kompetenzen.

Während Endprodukte noch relativ leicht und ohne gravierende Modifikationen zu transferieren sind, stellt Wissen als Bestandteil von Kernkompetenzen das am schwierigsten zu transferierende Objekt dar. Zudem erfordert diese Übertragung erhebliche Modifikationen. Wie schon dargelegt, kommen Kernkompetenzen in einem breiteren Spektrum sichtbarer Wettbewerbsvorteile zum Ausdruck.

Entscheidend für den Transfer ist jedoch auch die Berücksichtigung des **Transferkontextes**. Ohne Adaption der besonderen Umstände des Transferumfeldes muss die Übertragung wohl scheitern. Es ist unverzichtbar bei Internationalisierungsstrategien die im Ausland vorzufindenden Eigenheiten und Landeskulturen adäquat zu berücksichtigen. So wurden z. B. Produkte des in den USA sehr erfolgreichen Babynahrungsherstellers *Burger* in Afrika nicht angenommen. Der hohe Analphabeten-Anteil der Bevölkerung führte nämlich dazu, dass die Produkte wegen des Markenzeichens, einem lachenden Baby, als Fruchtbarkeitsmittel gedeutet wurden. Ebenso wurde die bei Brillen erfolgreiche Kennzeichnung als Modeprodukt durch Integration von Designelementen bei Hörgeräten zum Flop, da „nicht Sehen" und „nicht Hören" gesellschaftlich unterschiedlich bewertet werden. Erfolgreiche, multinational tätige Lebensmittelunternehmen wie etwa *Nestlé* wissen um diesen Umstand und tragen ihm durch lokal angepasste Produkte Rechnung. Die Art sich zu ernähren hängt stark von den Gegebenheiten vor Ort und den kulturellen Prägungen ab. Insofern modifizieren die Unternehmen die Produktspezifikationen in Abhängigkeit des Zielmarktes. So haben Nudeln für den asiatischen Raum eine andere Rohstoffzusammensetzung und damit auch eine andere Konsistenz als Nudeln, die für den mitteleuropäischen Markt bestimmt sind. In die gleiche Richtung geht das Beispiel von *Château Lafite-Rothschild*. Dem hochangesehenen französischen Weingut gelang es, seine Kellertechnik (materielle Ressource) und seine Fähigkeit in der Weinkultur (Fähigkeit) auf das erworbene chilenische Weingut *Vina los Vascos* zu übertragen, indem die exzellente französische Mannschaft nach der Bordeaux-Weinlese von November bis April in Chile arbeitet. *Los Vascos* zählt mittlerweile zu den besten südamerikanischen Weinen (Kontexttransfer).

Hamel / *Prahalad* und *Doz* nennen Voraussetzungen für einen erfolgreichen Transfer von Kernkompetenzen [vgl. *Doz, Y.* (1994), S. 17 f.; *Hamel, G. / Prahalad, C. K.* (1993), S. 78 ff.]:

- Hohe **Flexibilität** in den Steuerungs-, Operations- und Support-Prozessen,
- Eine gut ausgebaute **informationstechnische Infrastruktur** innerhalb des Unternehmens,
- Konzentration auf ein klares strategisches Ziel **(Concentrating),**
- Lernende Organisationsstrukturen **(Accumulating),**
- Fertigkeiten zur Kombination der verschiedenen verfügbaren Ressourcen und Fähigkeiten **(Complementing),**
- Schonung der Ressourcenbasis durch Mehrfachnutzung gleicher Ressourcen und Rückgriff auf externe Ressourcen **(Conserving),**
- **Beschleunigung von Geschäftsprozessen**, damit eingesetzte Ressourcen schnell zurückfließen und dadurch die Kapitalbindung sinkt und die Nutzungshäufigkeit erhöht wird.

4.5.5.3 Controlling-Unterstützung des Kernkompetenz-Management-Prozesses

Zur Unterstützung des Kernkompetenz-Management-Prozesses können eine Reihe von strategischen und operativen Controlling-Instrumenten gezielt in den einzelnen fünf Phasen des Prozesses eingesetzt werden.

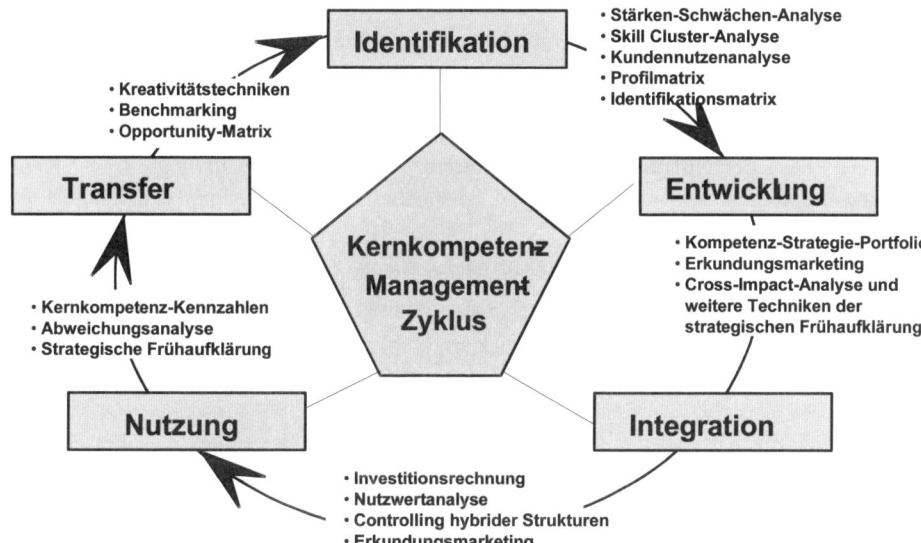

Abb. 4.43: Controlling-Instrumente für die Phasen des Kernkompetenz-Management-Prozesses [in Anlehnung an: Krüger, W. / Homp, C. (1997), S. 265]

Da ein Großteil der in Abb. 4.43 enthaltenen Controlling-Instrumente bereits an anderer Stelle dieses Buches erläutert wurde, soll hier nur auf die bisher nicht dargestellten Instrumente eingegangen werden. Zudem wird nachfolgend erläutert, wie die Instrumente in den Gesamtprozess eingebettet sind:

- In der **Identifikationsphase** steht die Aufdeckung möglicher Kernkompetenzen im Vordergrund. Hierzu sind das Unternehmen (**Stärken- und Schwächenanalyse** und **Profilmatrix** zur internen Analyse) und das Unternehmensumfeld (**Kundennutzenanalyse** und **Identifikationsmatrix** zur externen Analyse) zu betrachten und abschließend Ressourcen und Fähigkeiten bzgl. ihrer unternehmensweiten Einsetzbarkeit zu beurteilen. Zu diesem Zweck ist eine sog. **Skill Cluster-Analyse** einsetzbar, die in einem **Skill Cluster-Index** die Anzahl derjenigen Produkte in Relation zur Gesamtzahl der Produkte misst, die zwei Kompetenzen gleichzeitig in hohem Ausmaß enthalten [vgl. *Krüger, W. / Homp, C.* (1997), S. 266].
- Während der **Weiterentwicklung der Kernkompetenzen** geht es zum einen darum, mit Unterstützung des **Kompetenz-Strategie-Portfolios** Entwicklungsrichtungen festzulegen und zum anderen Umfeldveränderungen zu antizipieren. Hierzu kann auf das weite Reper-

toire der **strategischen Frühaufklärung** zurückgegriffen werden (z. B. das **Erkundungs-marketing**, die **Szenario-Technik** oder die **Cross Impact-Analyse,** siehe hierzu Kapitel 7.4.2).

* Die Verknüpfung von Ressourcen und Fähigkeiten zu Kernkompetenzen ist Zielsetzung der **Integrationsphase**. Es sind geeignete Aktivitäten zu ergreifen, um diese Kernkompetenzen unternehmensweit zu generieren. Zur Bewertung der Wirtschaftlichkeit von Maßnahmen sind **klassische dynamische Investitionsrechenverfahren** und bei nicht monetären Zielsetzungen **Nutzwertanalysen** einzusetzen. Ebenso stellt sich hier die Frage, wie für hybride Formen, z. B. bei Allianzen, Gemeinschaftsunternehmen oder Arbeitsgemeinschaften, nicht nur die Implementierung von Kernkompetenzen, sondern auch ein Controlling des Managementprozesses betrieben werden kann.

* Für die **Phase der Nutzung** der Kernkompetenzen wird die Entwicklung „neuer" **Kennzahlen** empfohlen, wie sie nachfolgend beispielhaft dargestellt sind [vgl. *Krüger, W. / Homp, C.* (1997), S. 274]:

$$\text{Return on Core Competencies} = \frac{\text{Umsatzanteil der Neuprodukte aus Kernkompetenzen}}{\text{Gesamtumsatz aller Neuprodukte}}$$

$$\text{Kernproduktanteil} = \frac{\text{Anzahl der verkauften Kernprodukte}}{\text{Anzahl der verkauften Endprodukte}}$$

Wenngleich die Abgrenzung der verwendeten Kategorien einer subjektiven Einschätzung vorbehalten ist und insoweit die generelle Aussagekraft und Anwendbarkeit derartiger Kennzahlen angezweifelt werden kann, sind sie doch Ausdruck des Bestrebens, auch die Auswirkungen von Kernkompetenz-Strategien messbar zu machen und z. B. in eine **Balanced Scorecard** aufzunehmen [vgl. *Kaplan, R. S. / Norton, D. P.* (1996)]. Um Soll-Ist-Abweichungen der Kennzahlen zu erklären, können ergänzend Abweichungsanalysen vorgenommen werden. Wie schon in der Entwicklungsphase sind auch in der Nutzungsphase, insbesondere zur Vorbereitung der Transferphase, Veränderungen im Unternehmensumfeld i. S. einer möglichst frühzeitigen Gegensteuerung zu verfolgen (strategische Frühaufklärung).

* Zur Unterstützung des **Transfers** bieten sich **Kreativitätstechniken** an, um neue Anwendungsfelder aufzuspüren. Ebenso eignet sich ein **generisches** oder **funktionales Benchmarking**, um zu untersuchen, ob das Unternehmen Chancen hat, „Best Practice" in funktional verwandten Anwendungsfeldern anzubieten. Schließlich kann eine **Opportunity-Matrix**, wie in Abb. 4.30 für *Canon* dargestellt, die Multiplikation von Kernkompetenzen in Endprodukte und strategische Geschäftseinheiten darstellen [vgl. *Klein, J. A. / Hiscocks, P. G.* (1994), S. 198].

4.5.5.4   Organisatorische Auswirkungen des Kernkompetenz-Ansatzes

Ohne en detail auf die organisatorischen Konsequenzen bzw. Voraussetzungen des Kernkompetenz-Ansatzes einzugehen, sollen abschließend einige Facetten dargestellt werden, die die Aufbau- und Ablauforganisation der Unternehmen betreffen:

- Wie bereits im Zusammenhang mit dem Kompetenz-Strategie-Portfolio deutlich wurde, legt die Positionierung im Portfolio bestimmte Normstrategien nahe. Eine dieser Optionen betrifft die Frage, ob einzelne Kompetenzen selbst erbracht oder fremd beschafft werden sollen **(Outsourcing)**. Im Falle einer Kernkompetenz wurde die Weiterentwicklung und der Transfer der Kernkompetenz auf verschiedene Produkt-Markt-Kombinationen empfohlen. Hier lässt sich auch das **Insourcing** einordnen. Insourcing **ist** das bewusste Angebot von Kernprodukten an Dritte in Bereichen, in denen Kernkompenten vorliegen (z. B. die Übernahme der Logistik oder des Zahlungsverkehrs für Dritte). Zwischen Out- und Insourcing gibt es jedoch eine Fülle von **Zwischenstufen** (z. B. Spin-Off, Gemeinschaftsunternehmen, Kooperationsabsprachen und -verträge oder die Bildung von Systemlieferanten (Modular sourcing)). Bei einer streng analytischen Bewertung einzelner Kompetenzen können durchaus leichte Zweifel laut werden, ob die Tendenz der letzten Jahre, in großem Umfang Leistungen fremdzuvergeben, stets von strategischer Klugheit zeugte. Es ist streng darauf zu achten, dass nicht strategisch bedeutsame Kernkompetenzen fremdvergeben werden. In der mittelständischen Industrie der neuen Bundesländer wurden teilweise Controllingaktivitäten des Unternehmens, d. h. für die Unternehmensführung entscheidende Steuerungskompetenzen, an Steuerberater und Buchhaltungsdienstleister übertragen. Als Gegenbeispiel sei angeführt, dass die Unternehmen *Wal-Mart* und *Federal Express* die Informationstechnologie als Kernkompetenz betrachten und hieraus Wettbewerbsvorteile generieren wie z. B. die Fähigkeit zum Cross Docking bei *Wal-Mart* oder das Tracking and Tracing-System zur Verfolgung des Weges einzelner Pakete bei *Federal Express*.
- Die Neugestaltung der **Zusammenarbeit mit Lieferanten und Kunden** bietet Ansatzpunkte, Integrationsvorteile mit externen Partnern realisieren zu können. Hierzu sind neue Wege der Gestaltung der Ablauforganisation zu beschreiten, wie sie z. B. der Wegfall von Qualitätsendkontrollen und Rechnungsprüfungen, die Verknüpfung per Electronic Data Interchange oder Entwicklungskooperationen darstellen.
- Auf Basis der identifizierten Kernkompetenzen lassen sich **Kernprozesse** ableiten, die für das Unternehmen von besonderer Bedeutung sind, wie z. B. der Produktentwicklungsprozess, der Managementprozess oder die Supply Chain (Logistikkette).
- Von prinzipieller Frage für die Aufbauorganisation ist die Art und Weise, wie ein Kernkompetenz-Management in **funktionale oder divisionale Organisationsstrukturen** integriert werden kann. So sind z. B. bei der *Siemens AG* im Jahre 2007 von den weltweit 47.000 Mitarbeitern in Forschung und Entwicklung 2.500 Mitarbeiter in der Zentralabteilung Corporate Technology (CT) beschäftigt und entwickeln für die Geschäftsbereiche strategisch wichtige Kerntechnologien. Die CT versteht sich als Informationsdrehscheibe, die die auch weltweit neu konzentrierten F&E-Aktivitäten mit „Kernkompetenzen" versorgt. In diesem Beispiel erfolgt sowohl eine Umgestaltung funktionaler Strukturen (CT) als auch eine Neuausrichtung divisionaler Strukturen (weltweite Konzentration und Verantwortung für F&E in einzelnen Geschäftsgebieten und Ländern). Die CT des Hauses *Siemens* fungiert dabei als **Competence Center** (z. B. für Projektmanagement, Informationsbeschaffung, Standardisierung und Regulierung, Umweltschutz und technische Sicherheit oder Aufbau neuer Geschäfte). Derartige Einheiten stellen **hybride Strukturen** dar, wie z. B. permanente **Centers of Competence**, temporäre, **integrierte Projektteams** oder ergänzende **Netzwerkstrukturen** [vgl. *Boos, F. / Jarmai, H.* (1994), S. 25 f.]. Beispiele für integ-

rierte Projektteams sind z. B. die sog. „urgent project teams" bei *Sharp* oder die „gold badge teams" bei *Sony*.

4.5.6   Strategische Implikationen

Nachdem bereits in Zusammenhang mit dem Kompetenz-Strategie-Portfolio auf der Ebene der (Kern-)Kompetenzen Normstrategien entwickelt wurden, stellt sich nun die Frage, welche **Implikationen** sich für die strategische Planung aus dem Kernkompetenz-Ansatz generell ergeben [vgl. im Folgenden *Krüger, W. / Homp, C.* (1997), S. 69 ff.]:

- Die Beschäftigung mit dem Kernkompetenz-Ansatz als Quelle von Wettbewerbsvorteilen kann zu einer **Reorientierung auf allen Strategieebenen** führen. Durch die Suche nach Ansatzpunkten für vorhandene oder potenzielle Kernkompetenzen stellen sich Unternehmen die Frage, was sie überhaupt können, was sie besser als andere können und worauf sich die vorhandenen Ressourcen und Fähigkeiten anwenden lassen. Dies kann zu einer kompletten Veränderung von Vision, Leitbild und Unternehmenszielen als Wurzeln der strategischen Planung führen. So entwickelte sich z. B. *Nike* vom Sportartikelhersteller zum Designer und Vermarkter oder die *DaimlerChrysler AG* vom „integrierten Technologiekonzern" zum „integrierten Verkehrskonzern". Als Folge dieser Reorientierung ändern sich sowohl die **Unternehmensstrategien** (Neuausrichtung des Portfolios unter Einbezug von Kernkompetenzen) als auch die **Geschäftsstrategien** (Zerlegung bisheriger Geschäfte in Kern- und Randgeschäfte) und die **funktionalen Strategien** (Suche nach Kernprozessen).
- Wie das Baum-Modell zeigt, eröffnen die Transferpotenziale von Kernkompetenzen in der Logik der Ansoff-Matrix sowohl Möglichkeiten zur Marktintensivierung als auch zur Produkt- und Markterweiterung. Letztendlich sind auch Diversifikationen möglich, wobei hier jedoch wie bereits dargelegt auch die Transferrisiken zunehmen. Hiermit lassen sich auf Basis der Kernkompetenzen neue Entwicklungsmöglichkeiten im **Portfolio-Management** der Unternehmensstrategie erkennen.
- Auf der Ebene der **Geschäftsstrategien** bieten Kernkompetenzen sowohl Ansatzpunkte für Kostenführerschaftsstrategien, indem z. B. economies of scale genutzt werden, als auch für Differenzierungsstrategien, indem der Kundennutzen gesteigert wird. Schließlich ist auch eine Verbindung beider Strategien i. S. von Outpacing-Strategien möglich.
- Kernkompetenzen erfordern jedoch auch zusätzlich eine sog. **Netzwerkstrategie**, da sich Kompetenzen insbesondere durch Integration sowohl mit externen als auch mit internen Partnern realisieren lassen. Die Berücksichtigung von Netzwerken ist bisher in strategischen Überlegungen nicht ausreichend beachtet worden.
- Letztendlich kann eine Berücksichtigung von Kernkompetenzen auch, wie bereits ausgeführt, dazu beitragen, aufgrund der stärkeren **Nachhaltigkeit** von Kernkompetenzen im Vergleich zu Produkten und Technologien Unternehmensentwicklungen zu stabilisieren und erarbeitete Positionen verteidigbarer zu gestalten. Ausrichtungen an Kernkompetenzen, die am Markt oder am Unternehmen vorbeigehen, tragen jedoch aufgrund ihres Investitionsaufwands und ihrer multiplikativen Wirkung ein erhebliches **Risiko** in sich, das nicht vernachlässigt werden sollte.

5   Steuerung von Strategien durch wertorientiertes Controlling

5.1   Historische Entwicklung des Shareholder Value-Ansatzes

In den USA entstanden zu Beginn der 80er Jahre des 20. Jahrhunderts erste Überlegungen, den Wert eines Unternehmens oder einzelner Unternehmensteile in die Zielsetzungen des Managements einzubinden **(Shareholder Value-Ansatz)**. Das Shareholder Value Management stellt keinen originär neuen Ansatz dar, sondern ist als logische Verknüpfung von bekannten Erkenntnissen aus der Kapitalmarkttheorie, der Unternehmensbewertung, des strategischen Managements und des operativen Controlling zu betrachten. Ausgelöst wurde die Diskussion um den Shareholder Value-Ansatz durch Publikationen von Professoren amerikanischer Business Schools, wie *Fruhan, Rappaport* oder *Copeland* [vgl. *Fruhan, W. E. (1979); Rappaport, A. (1986); Copeland, T. / Koller, T. / Murrin, J. (1991)*]. Spezialisierte Unternehmensberatungen, wie z. B. *Stern Stewart & Co, HOLT Planning Associates* (seit 1991 zur *Boston Consulting Group* zugehörig), *The Alcar Group, Strategic Planning Associates (SPA), Marakon Associates* und *Collard, Madden & Associates (CMA)*, trieben ergänzt um strategieorientierte Beratungen wie z. B. *The Boston Consulting Group (BCG)* und *McKinsey* die Entwicklung und die Implementierung in den Unternehmen voran. Ende der 1980er Jahre breitete sich nach dem zwischenzeitlichen Abflauen der M&A-Welle in den USA die Entwicklung auf dem europäischen Kontinent aus. In Deutschland wurde das Shareholder Value-Konzept v. a. durch zahlreiche Veröffentlichungen von *Bühner* publik gemacht [vgl. z. B. *Bühner, R. (1990)*]. Großunternehmen, wie z. B. *Veba* (jetzt *Eon*), *Siemens, RWE* oder *Haniel*, erweiterten ihre Unternehmensziele um das Ziel der Schaffung von Eigentümervermögen und haben den Shareholder Value-Gedanken in ihre Unternehmenspolitik und ihre Entscheidungen integriert. Auch mittelständische Unternehmen verfolgen Ansätze des unternehmenswertorientierten Controlling [vgl. *AK Wertorientierte Führung in mittelständischen Unternehmen (2003)* sowie die empirischen Ergebnisse bei *Horváth, P. / Minning, F. (2001), S. 273ff.* und *Günther, T. / Gonschorek, T. (2006)*].

Empirische Studien zur **Verbreitung und Akzeptanz** des Shareholder Value-Konzeptes zeigen eine ansteigende Akzeptanzrate der Zielsetzung „Unternehmenswertsteigerung". Während in einer Befragung von *Rappaport / LEK Unternehmensberatung GmbH* aus dem Jahre 1995 nur 23 % der 250 befragten deutschen Unternehmen den Unternehmenswert als primäre Zielsetzung angaben [vgl. *Rappaport, A. / LEK Unternehmensberatung GmbH (1995), S. 3*], gaben in einer Untersuchung bei 63 schweizerischen Unternehmen 56 % der befragten Unternehmen an, dass „... ein Bezug zur Shareholder Value-Maximierung innerhalb des Leitbildes bzw. der Geschäftsgrundsätze ... implizit bzw. explizit vorhanden ..." ist [*Vettinger, T. / Volkart, R. (1997), S. 25*]. Während die Studie von *Pellens u. a.* zeigt, dass 31 von 42 Unternehmen (73,8 %) die Marktwertmaximierung als oberste quantitative Konzernzielsetzung betrachten, kommen *Horváth / Minning* bei Großunternehmen auf eine Verbreitung von 89 %

[vgl. *Pellens, B. / Rockholtz, C. / Stienemann, M.* (1997), S. 1933 und *Horváth, P. / Minning, F.* (2001), S. 275f. und ähnlich auch die Studien von *KPMG* (2000) und *KPMG* (2003)]. Bei mittelständischen und kleineren Unternehmen ist die Quote jedoch erheblich geringer [vgl. für börsennotierte Unternehmen des Neuen Marktes *Horváth, P. / Minning, F.* (2001), S. 275f. und für mittelständische Unternehmen *Günther, T. / Gonschorek, T.* (2006), S. 12f.].

Trotz aller Bekenntnisse zum Unternehmenswert als Zielsetzung des Managements ist die bereits in der Studie von *Rappaport / LEK Unternehmensberatung GmbH* festgestellte **Implementierungslücke** noch nicht behoben [vgl. *Rappaport, A. / LEK Unternehmensberatung GmbH* (1995), S. 4]. Während zur Bewertung von Akquisitions- und Investitionsentscheidungen nach Angaben der Unternehmen Shareholder Value-Methoden bereits angewendet werden, ist die Verzahnung der Zielgröße Unternehmenswert sowohl im strategischen als auch im operativen Controlling noch entwicklungsbedürftig.

Das wesentliche **Grundprinzip des Shareholder Value-Konzeptes** besteht darin, Unternehmensentscheidungen an deren Auswirkungen auf den Unternehmenswert auszurichten. Wenngleich die Messung des Unternehmenswertes als Börsenwert bei börsennotierten Unternehmen durch die tägliche Notiz erleichtert wird, ist das Konzept nicht nur für „Aktionäre", sondern generell für alle „Eigentümer" anwendbar. Die Bezeichnung „Shareholder Value" greift diesbezüglich eigentlich zu kurz; geeignet wäre, von einem „Eigentümerwert" zu sprechen. Da sich jedoch der Begriff „Shareholder Value" mittlerweile im deutschen Sprachgebrauch durchgesetzt hat, soll dieser Begriff auch im Rahmen dieser Ausführungen verwendet werden, auch wenn in der Unternehmenspraxis aus Furcht vor einer einseitigen Betonung von Eigentümerinteressen lieber von einer wertorientierten Steuerung gesprochen wird. Die Orientierung am Unternehmenswert ist insbesondere dann geboten, wenn z. B. Familieneigentümer ihr Vermögen weitestgehend im Unternehmen gebunden haben bzw. Unternehmen zahlreiche Tochterunternehmen und Beteiligungsgesellschaften halten und diese in einer Art „hausinternem Kapitalmarkt" bzgl. ihrer Beiträge zum Wert des Gesamtunternehmens bewerten wollen.

5.2   Entstehungsursachen des Shareholder Value-Ansatzes

Die Entstehungsursachen des Shareholder Value-Ansatzes sind in mehreren unterschiedlichen Entwicklungen zu sehen, die sich gegenseitig verstärken. Die Rolle, die dem Unternehmenswert für die Unternehmenssteuerung zugeschrieben wird, lässt sich einerseits auf verhaltenssteuernde Wirkungen und zum anderen auf entscheidungsbeeinflussende Wirkungen zurückführen.

5.2.1   Verhaltenssteuernde Wirkungen der Ausrichtung am Unternehmenswert

Die zusätzliche Orientierung am Unternehmenswert kann das Entscheidungsverhalten des Managements und damit auch letztlich die Ergebnisse ihrer Entscheidungen beeinflussen. Die Ursachen der Verhaltenswirkungen können in mehreren unterschiedlichen Faktoren gesehen werden.

5.2.1.1   Aufdeckung von Wertlücken durch M&A-Transaktionen

Die zunehmende Zahl von M&A-Transaktionen in den USA und Großbritannien, aber auch in Deutschland zeigt, dass erhebliche Differenzen zwischen z. B. bei Unternehmensübernahmen aufgedeckten potenziellen und den aktuellen Unternehmenswerten bestehen **(Wertlücken)**. Im November 1986, quasi zur Geburtsstunde des Shareholder Value-Ansatzes, analysierte *Donaldson, Lufkin & Jenrette*, ein an der Wall Street führendes Investmenthaus, 40 US-Einzelhandelsketten bzgl. aktueller und potenzieller Aktienkurse und ordnete sie entsprechend der Größe der Wertlücke.

Unternehmen	Aktien-kurs in $	Wert pro Aktie in $ (nach möglicher Restrukturierung)	Wertlücke pro Aktie in $	Wertlücke in % des Wertes nach Re-strukturierung
Best Products	11,75	29,14	17,39	60 %
Oshman´s Sporting Goods	13,75	33,26	19,51	59 %
Service Merchandise	11,00	22,55	11,55	51 %
Great Atlantic & Pacific	22,50	38,27	15,77	41 %
Kroger	32,63	52,84	20,21	38 %
Dayton-Hudson	43,00	65,61	22,61	34 %
Stop & Shop	54,25	76,68	22,43	29 %
Supermarkets General	28,25	39,19	10,94	28 %
Joly Department Stores	36,13	48,22	12,09	25 %
Gordon Jewelry	19,63	26,14	6,51	25 %

Abb. 5.1:   Geschätzte Wertlücken zehn US-amerikanischer Einzelhandelsketten
[Quelle: Fruhan, W. E. (1988), S. 63 f.]

Bei zehn der 40 Unternehmen beliefen sich die in Abb. 5.1 wiedergegebenen geschätzten Wertlücken auf 25 bis 60 %. Innerhalb von 16 Monaten musste mehr als die Hälfte dieser zehn Unternehmen teilweise freiwillig, teilweise gezwungenermaßen restrukturieren oder sie waren Gegenstand von Übernahmeversuchen geworden. *Dayton-Hudson*, *Stop & Shop* und *Supermarkets General* wurden sogar vom selben Unternehmen, der *Dart Group*, attackiert. Nur *Dayton-Hudson* konnte der Übernahme durch strenge Anti-Takeover-Gesetze, die von der Gesetzgebung des Staates Minnesota erlassen worden waren, entgehen. *Best Products* gab Vorzugsaktien als „poison pill" aus, um feindliche Übernahmen zu verhindern. *Kroger* trennte sich von einigen Unternehmensbereichen, die über Leveraged Buyouts vom Management übernommen wurden. Ähnliche Ergebnisse finden sich auch in der Studie von *Young / Sutcliffe* [vgl. *Young, D. / Sutcliffe, B.* (1989), S. 20 ff.]. In Deutschland sah sich die *Veba AG* 1991 aufgrund einer Studie des Bankhauses *Warburg*, die eine Wertlücke von 13,7 Mrd. DM zwischen aktuellem Börsenwert (15,2 Mrd. DM) und geschätztem „innerem" Wert (28,9 Mrd. DM) ergab, veranlasst, sich mit dem Shareholder Value-Konzept gezielt zu beschäftigen, um drohende Unternehmensübernahmen im Vorfeld auszuschalten. Dadurch wurde *Veba*, jetzt *Eon*, zu einem der Vorreiter der unternehmenswertorientierten Steuerung in Deutschland.

Aus den vorliegenden Ergebnissen kann der Schluss gezogen werden, dass Unternehmen Gefahr laufen, ihre Unabhängigkeit zu verlieren, wenn sie nicht in der Lage sind, Wertsteigerungspotenziale auszunutzen. Im Gegensatz zu den anglo-amerikanischen Ländern mit einer ausgeprägten Kapitalmarktkultur bestand diese Gefahr in Deutschland nur sehr eingeschränkt. Jedoch hat sich auch in Deutschland der Kapitalmarkt stark weiterentwickelt. Übernahmen wie Mannesmann durch Vodafone oder Schering durch Bayer zeigen, dass die Übernahmegefahr auch in Deutschland zunehmend eine Rolle spielt. Im deutschsprachigen Raum kommt zudem dem „hausinternen" Kapitalmarkt der diversifizierten Unternehmen eine vergleichbare Bedeutung zu. Großunternehmen scheuen sich nicht, „underperformer" unter Restrukturierungszwang zu setzen oder gar zu veräußern, wenn Renditevorgaben und damit indirekt Wertsteigerungsziele nicht erreicht werden, wie z. B. die massive Restrukturierungen bei der *DaimlerChrysler AG* oder bei der *Siemens AG* zeigen.

Die **Ursachen derartiger Wertlücken** können in drei verschiedenen Punkten gesehen werden:

- **Suboptimale Entscheidungen des Managements:** Aufgrund der Orientierung an anderen Zielsetzungen trifft das Management Entscheidungen, die das Wertsteigerungspotenzial nicht ausnutzen oder gar zu einer Wertvernichtung führen. *Bühner* kam in einer empirischen Untersuchung der 50 umsatzstärksten deutschen Aktiengesellschaften für den Zeitraum 1987 bis 1990 zum Ergebnis, dass nur 31 von 50 Unternehmen Cash Flow-RoIs erzielten, die über den Gesamtkapitalkosten lagen, d. h. nur 62 % der Unternehmen konnten einen positiven Wertbeitrag erzielen [vgl. *Bühner, R.* (1993), S. 749 ff.]. Zehn Jahre später verdienen, bedingt durch die Einführung wertorientierter Steuerungskonzepte, bis auf Restrukturierungsfälle nahezu alle Dax30-Unternehmen ihre Kapitalkosten.
- **Mangelnde Informationsversorgung des Kapitalmarktes:** Unternehmenswertsteigerungen am Kapitalmarkt sind nur dann möglich, wenn der Kapitalmarkt auch Informationen über wertsteigernde Maßnahmen des Unternehmens erhält. Die hier beklagten Defizite können durch entwickelte **Investor Relations** und ein gezieltes **Value Reporting** ausgeglichen werden [vgl. zu Investor Relations z. B. *Günther, T. / Otterbein, S.* (1996), S. 389 ff. und *Tiemann, K.* (1997)) und zu Konzepten des Value Reporting z. B. *Müller, M.* (1998), S. 123ff.; *Labhart, P.* (1999), S. 265ff.; AK „Externe Unternehmensrechnung" (2002), S. 2337ff.; *Ruhwedel, F. / Schultze, W.* (2002), S. 602ff. sowie *Fischer, T. M. / Klöpfer, E.* (2006), S. 4ff.].
  Hier ist gerade in den 1990er Jahren eine bemerkenswerte Verbesserung von Informationsumfang und Informationsqualität festzustellen [vgl. *Günther, T.* (1998), S. 89 und *Günther, T. / Beyer, D.* (2001), S. 1626ff.]. Dies verstärkt sich aufgrund der stärkeren Investorenorientierung der IFRS durch die Einführung von IFRS für kapitalmarktorientierte Unternehmen durch die EU-IFRS-Verordnung vom 19.07.2002.

Auch für den hausinternen Kapitalmarkt kommt den Investor Relations entsprechende Bedeutung zu, da das Mutterunternehmen mit aussagekräftigen Informationen zur Wertsteigerung bzw. Werterhaltung zu versorgen ist. Auch hier zeigen sich Änderungen in den betrieblichen Managementinformationssystemen und im traditionellen Berichtswesen.

- **Mangelnde Effizienz des Kapitalmarktes:** Selbst wenn das Management wertsteigernde Entscheidungen trifft und entsprechend kommuniziert, verbleibt die Gefahr, dass der Kapitalmarkt die zur Verfügung gestellten Informationen nicht adäquat verarbeitet und das Unternehmen daher nicht entsprechend bewertet. Die in Deutschland eingeleiteten Maßnahmen zur Förderung des Kapitalmarktes (z. B. Erleichterung des Aktienrückkaufs durch das Gesetz zur Kontrolle und Transparenz im Unternehmensbereich (KonTraG) oder die Insiderregelungen nach § 15 Wertpapierhandelsgesetz (WpHG)) haben die Effizienz des deutschen Kapitalmarkts erheblich verbessert.

Während insbesondere der letzte Punkt nur für börsennotierte Aktiengesellschaften relevant ist, betrifft die Gefahr, suboptimale Entscheidungen bzgl. des Unternehmenswertes zu treffen oder inadäquate Informationen im Berichtswesen zur Verfügung zu stellen, alle Unternehmen inkl. ihrer Tochterunternehmen oder Geschäftseinheiten unabhängig von deren Rechtsform. Schließlich strebt auch ein Einzelunternehmer oder Personengesellschafter danach, den langfristigen Erfolg seines Unternehmens, d. h. den Unternehmenswert definiert als Zukunftserfolgswert, zu optimieren.

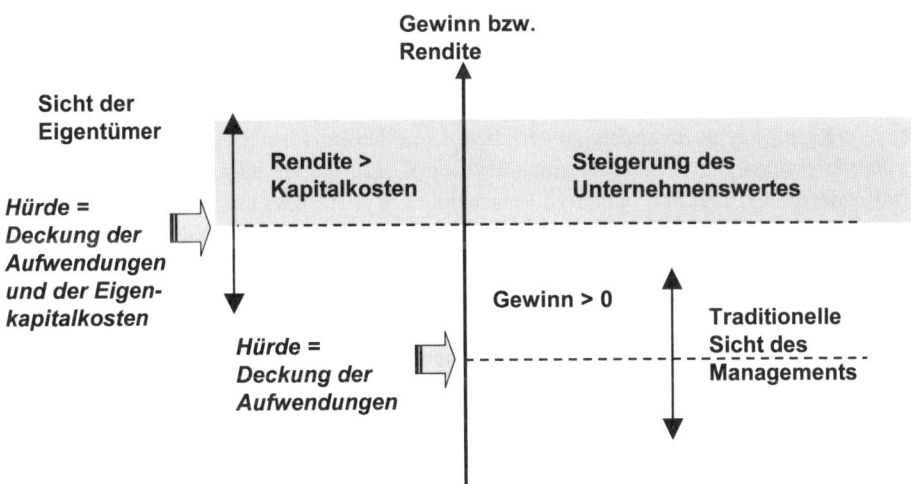

Abb. 5.2:   Unternehmenswertorientierte vs. gewinnorientierte Sicht
*   [in Anlehnung an: Hax, A. C. / Majluf, N. S. (1984), S. 215]*

Suboptimales Verhalten des Managements als eine der Ursachen von Wertlücken kann auf möglicherweise unterschiedliche Perspektiven von Management bzw. Eigentümer zurückgeführt werden. Die durch das Rechnungswesen bedingte Orientierung am Jahresüberschuss oder Betriebsergebnis ist für den Eigentümer nicht ausreichend. Er muss schon allein aufgrund von Opportunitätskostenüberlegungen eine Rendite verlangen, die über seinen Kapitalkosten liegt. Erst dann werden Wertsteigerungen erzielt. Dieses Grundverständnis ist eines der Kern-aussagen des Shareholder Value-Ansatzes.

5.2.1.2   Die Entstehung eines Marktes für Unternehmenskontrolle

Die weltweite Zunahme an M&A-Aktivitäten hat gezeigt, dass Anteilsrechte an Unternehmen auch in großen Volumina ge- und verkauft werden können. Neben dem schon existierenden Markt für einzelne Anteilsrechte, dem sekundären Kapitalmarkt, ist durch das Zusammenwir-ken von Investment Bankern, spezialisierten M&A-Beratern, Wirtschaftsprüfern sowie Rechts- und Steuerberatern ein effizienter Markt für Aktienpakete entstanden, deren Erwerb zu Veränderungen der Verfügungsrechte über die Unternehmen (z. B. die Besetzung von Vor-stand und Aufsichtsrat bei Aktiengellschaften) führen kann. Der M&A-Boom der 1980er Jahre wird daher als Geburtsstunde des **„Market for Corporate Control"**, des Marktes für Unternehmenskontrolle, bezeichnet.

Der „Market for Corporate Control" übernimmt dabei zweierlei Funktionen:

1. Effiziente Bewertung von Verfügungsrechten an Unternehmen durch Ausgleich von An-gebot und Nachfrage **(Marktfunktion)**,
2. Disziplinierung des Managements von am Markt für Unternehmenskontrolle (momentan) nicht beteiligten Unternehmen **(Kontrollfunktion)**.

Die Existenz eines Marktes für Verfügungsrechte eröffnet Dritten die Möglichkeit, Unter-schiede zwischen dem aktuellen und dem potenziellen Wert von Unternehmen zu nutzen und nach erfolgreicher Restrukturierung entsprechende Wertsteigerungen zu realisieren. Die Ge-fahr, Verfügungsrechte an andere zu verlieren, kann ihrerseits, sofern die Effizienz des Mark-tes für Corporate Control nicht eingeschränkt wird, dazu führen, dass das Management wert-schaffende strategische und operative Entscheidungen trifft bzw. treffen muss. Das Manage-ment wird gezwungen, das Verhalten der „**Raider**" vorwegzunehmen und im Extremfall „wie Raider zu managen", um die Übernahmegefahr abzuwenden. Zur Wirkung des Market for Corporate Control liegen eine Reihe empirischer Belege vor [vgl. *Günther, T.* (1997a), S. 34 ff.]

Während im anglo-amerikanischen Raum beide Funktionen vom Aktienmarkt wahrgenommen werden, wird für Deutschland die Kontrollfunktion durch den internen Kapitalmarkt, jedoch auch zunehmend durch den externen Kapitalmarkt wahrgenommen (z. B. Androhung der Ver-äußerung oder Aufgabe einer Geschäfteinheit durch das Top Management bei schlechter Per-formance).

5.2.1.3   Asymmetrische Informationsverteilung zwischen Management und Eigentümern

Die Delegation der Geschäftsführungsbefugnis von den Eigentümern an ein professionelles Management führt zu einer Reihe potenzieller Verhaltensprobleme, die durch geeignete Mechanismen behoben werden können (**Modelle asymmetrischer Informationsverteilung**):

	Typ 1	**Typ 2**	**Typ 3**	**Typ 4**
Verhaltensunsicherheit (Informationsasymmetrie) besteht bzgl. ...	Fähigkeiten und Qualifikationen des Managements	Fairness, Entgegenkommen des Managements	Situationsadäquanz der Managemententscheidungen	Fleiß, Anstrengung und Sorgfalt des Managements
Zeitlicher Bezug	Vor Vertragsabschluss	Nach Vertragsabschluss		
Lösungsmöglichkeit	Aussendung geeigneter Signale an potenzielles Management (z. B. Image) und gezielte Managementauswahl (Signalling; Screening)	Bindung der Führungskräfte an das Unternehmen (vertikale Integration)	Motivationsmechanismen (z. B. finanzielles Anreizsystem) Informations- und Kontrollmechanismen (z. B. Management Informationssystem, Berichterstattung, Revision etc.)	

Abb. 5.3:   *Beziehungen zwischen Management und Eigentümern*
            [in Anlehnung an: Karmann, A. (1992), S. 558]

Da die originäre Zielsetzung der Eigentümer, wie eben dargelegt, in der Steigerung des Unternehmenswertes besteht, ist sicherzustellen, dass durch die dargestellten Lösungsmechanismen diese Zielsetzung auf das Management übertragen wird. Dies kann z. B. durch eine Beteiligung an Unternehmenswertsteigerungen (monetäres Anreizsystem) oder durch die Erweiterung von Reporting-Systemen um unternehmenswertbezogene Informationen erfolgen.

5.2.1.4   Der Shareholder Value-Ansatz als Grundlage für strategische Anreizsysteme

Die finanziellen Anreizsysteme des Managements sind, wie verschiedene Studien zeigen, immer noch primär kurzfristig ausgerichtet. Eine Befragung bei 80 großen deutschen Unternehmen aus dem Jahre 1997 ergab, dass nur 15 % der Unternehmen Aktien oder ähnliche Rechte (Aktienoptionen, Wandelschuldverschreibungen oder Bezugsrechte) in Abhängigkeit vom Erfolg des Managers ausgeben. 6,3 % der Unternehmen haben keine Ergebnisbeteiligung etabliert. Eindeutig vorherrschend (50 % der Nennungen) ist eine Beteiligung am Gewinn des Gesamtunternehmens [vgl. *Günther, T. / Waldburg, S.* (1997), S. 1 ff.]. Die internationale Studie von PWC aus dem Jahre 2005 kommt für Europa zu einem Anteil von über 78 % für stock options, 37 % für Belegschaftsaktienprogramme und 33 % für Programme zum Kauf von Vorzugsaktien. Leistungsabhängige Aktien oder Aktienrechteprogramme werden jedoch nur bei 9 % der Unternehmen genannt [vgl. *PWC* (2005), S. 25]. Bei mittelständischen Unternehmen weisen nach einer Befragung von 307 Unternehmen 88 % der Geschäftsleitungen variable Vergütungsanteile auf, die jedoch bei 97,5 % der Unternehmen als Boni oder Tantiemen ausbezahlt werden. Nur 5 % der Unternehmen haben Modelle mit Unternehmensbeteiligungen und 6 % mit Aktienoptionen, dies jedoch vorrangig bei börsennotierten Unternehmen [vgl. *Günther, T. / Gonschorek, T.* (2006), S. 14 ff.].

Die Ergebnisse der empirischen Studien zeigen, dass die Form der Entlohnung für das Management dem konzeptionellen Anspruch, durch eine langfristige Bindung die Umsetzung von langfristigen Strategien zu fördern, derzeit immer noch nicht entspricht.

Jahr	Höchstbezahlter Chief Executive Officer	Unternehmen	Vergütung
2004	Terry S. Semel	Yahoo!	120,1 Mio. $
2003	Mark Reuben	Colgate Palmolive	141,1 Mio. $
2002	Alfred Lerner	MBNA	194,9 Mio. $
2001	Lawrence Ellison	Oracle	706,1 Mio. $
2000	John Reed	Citigroup	293,0 Mio. $
1999	Charles Wang	Computer Assoc. Intl.	655,4 Mio. $
1998	Michael Eisner	Walt Disney	575,6 Mio. $
1997	Sanford Weill	Travelers Group	230,7 Mio. $
1996	Lawrence Coss	Green Tree Financial	102,4 Mio. $
1995	Lawrence Coss	Green Tree Financial	65,6 Mio. $
1994	Charles Locke	Morton International	25,9 Mio. $
1993	Michael Eisner	Walt Disney	203,0 Mio. $
1992	Thomas F. Frist Jr.	Hospital Corporation	127,0 Mio. $
1991	Anthony O'Reilly	H.J. Heinz	75,1 Mio. $
1990	Stephen Wolf	United Airlines	18,3 Mio. $

Abb. 5.4:   Höchstbezahlter Chief Executive Officer des Jahres in US-Unternehmen
[Quelle: April-Ausgaben der Business Week]

Betrachtet man die Bewertung der Managementleistung, dominieren nach der Studie von *Günther / Waldburg* Größen wie Gewinn (51,3 %) und Umsatz (26,3 %). Wertorientierte Maßgrößen wie z. B. der Economic Value Added (EVA), der Cash Flow Return on Investment (CFRoI) oder der Shareholder Value sind nur vereinzelt anzutreffen. Dabei zeigt sich gegenüber einer vergleichbaren Studie von 1991 ein Anstieg des Anteils der Unternehmen mit Anreizsystemen und eine, wenngleich auf niedrigem Niveau, stärkere Hinwendung zu Anteilsrechten als Managemententlohnung [vgl. *Günther, T.* (1991), S. 174 ff.; *Günther, T. / Waldburg, S.* (1997), S. 1 ff.]. Die Studie von *KPMG* aus dem Jahre 2003 zeigt jedoch auf, dass auch nur 53 % der antwortenden DAX 100-Unternehmen ihre Shareholder Value-Spitzenkennzahl als Grundlage für die Bonuszahlung wählen [vgl. *KPMG (2003), S.* 37 ff.]. In der *PWC*-Studie werden nur in 23 % der Fälle Performance-Maße der Vergabe von Stock options zugrunde gelegt, wovon wiederum 10 % auf die Aktienrendite oder den Aktienkurs und 24 % auf den Gewinn je Aktie oder vergleichbare Gewinnmaße bezogen sind [vgl. *PWC (2005), S.* 32 ff.].

Die Möglichkeiten, aber auch die Grenzen der Ausgestaltung von unternehmenswertorientierten Anreizsystemen zeigt die Entwicklung in den USA. Manager erhalten, wie Abb. 5.4 zeigt, Entlohnungen in mehrstelligen Millionenbeträgen, da sie über die Ausübung von Stock Options an der für die Aktionäre erzielten Wertsteigerung partizipieren. In Deutschland war im Jahre 2006 der Deutsche Bank-CEO Josef Ackermann mit knapp 13,6 Mio. € der Top-Verdiener der deutschen Manager. Hier stellt sich jedoch die Frage, ob Wertsteigerungen derartiger Größenordnungen auf den individuellen Verdienst des angestellten Managers zurückzuführen sind. Die Dienstleistungsgewerkschaft Verdi und ähnlich der amerikanische Gewerkschaftsverbund AFL-CIO fordern daher eine Beschränkung der Vorstandsvergütung auf das Zwanzigfache des Tariflohns. Josef Ackermann liegt jedoch derzeit beim 240fachen Lohn.

Dennoch bleibt festzustellen, dass es der Umsetzung von Strategien förderlich ist, langfristige Erfolgskennzahlen als Beurteilungskriterium heranzuziehen. Bei der Auswahl der Art der Erfolgsbeteiligung wäre ein Instrument zu wählen, das eine längerfristige Bindung des Managements an verfolgte Unternehmensstrategien und eine stärkere Verknüpfung mit dem Aktionärserfolg ermöglicht. Damit könnte auch gleichzeitig ein Teil der durch asymmetrische Informationsverteilungen bedingten Verhaltensprobleme gelöst werden.

5.2.2 Entscheidungssteuernde Wirkungen der Ausrichtung am Unternehmenswert

Neben der verhaltenssteuernden Wirkung kann sich durch die Berücksichtigung des Unternehmenswertes auch das Entscheidungsergebnis selbst verändern, wenn der Unternehmenswert ergänzend zu bisherigen primär gewinnorientierten Entscheidungskalkülen als Informationsgrundlage berücksichtigt wird.

5.2.2.1 Kritik an gewinnorientierten Erfolgskennzahlen

Eine der Triebfedern in der Ausbreitung des Shareholder Value-Management-Ansatzes ist die umfassende Kritik an gewinnorientierten Erfolgskennzahlen (Return on Investment (RoI), Return on Sales (RoS), Return on Assets (RoA) etc.), wie sie z. B. zur Steuerung von dezentralen Einheiten (z. B. Beteiligungsunternehmen oder strategischen Geschäftseinheiten) immer noch häufig anzutreffen sind [50 % der DAX-100 Unternehmen in *KPMG* (2003), S. 25]. Die vorgebrachte Kritik lässt sich in folgenden Punkten zusammenfassen:

1. **Mangelnde Korrelation zwischen jahresabschlussorientierten Kennzahlen und der Wertentwicklung am Kapitalmarkt,**
2. **Mangelnde Berücksichtigung von Risiken,**
3. **Keine Abbildung des Kapitalbedarfs zur Finanzierung von Wachstum,**
4. **Vernachlässigung ökonomischer Wirkungen nach dem Betrachtungszeitraum,**
5. **Vergangenheitsorientierung,**
6. Unterschiedliche Ermittlung gewinnorientierter Größen aufgrund gesetzlicher Spielräume im externen Rechnungswesen,
7. Mangelnde Berücksichtigung des Zeitwertes des Geldes und des Vermögens (Inflation),
8. Verzerrung von Erfolgskennzahlen aufgrund der Altersstruktur des Anlagevermögens,
9. Verzerrung von Erfolgskennzahlen durch Leasing und Goodwill-Ausweis,
10. Keine Würdigung von Unterschieden in der Finanzierungsstruktur (Leverage-Effekt).

Während die Argumente 1. bis 5. stichhaltig sind, können die verbleibenden Kritikpunkte 6. bis 10. durch die entsprechende Modifikation von gewinnorientierten Erfolgskennzahlen, z. B. durch Berücksichtigung historischer Anschaffungskosten oder Wiederbeschaffungskosten anstatt der Buchwerte, behoben werden.

Von besonderer Bedeutung ist die Kritik an der mangelnden Korrelation mit Kapitalmarkttrenditen, die v. a., wie in Abb. 5.5 dargestellt, von Beratungsunternehmen wie der BCG, hervorgebracht wird.

Kennzahl	Definition	Erklärungsanteil R^2
RoE	*Aus Sicht der Eigentümer von Interesse, da der RoE den Erfolg des von ihnen eingesetzten Kapitals dargestellt. (Maßstab für den Aktionärserfolg)*	
	Return on Equity (Eigenkapitalrendite)	Gewinn / Buchwert Eigenkapital	28 % der Größe Börsenwert / Eigenkapital
RoI	*Aus Sicht aller Kapitalgeber von Interesse, da der Erfolg vor Finanzierungsvorgängen dargestellt wird. (Maßstab für den Unternehmenserfolg)*	
	Return on Investment	(Gewinn + Zinsen) / Investiertes Kapital	35 % der Größe Börsenwert / Gesamtkapital
RoGI	*Setzt den in einer Periode erwirtschafteten Netto-Mittelzufluss (Cash Flow) ins Verhältnis zu den Bruttoinvestitionen. (Maßstab für den Unternehmenserfolg)*	
	Return on Gross Investment	(Gewinn + Zinsen + Abschreibungen) / (Investiertes Kapital + kum. Abschreibungen)	48 % der Größe Börsenwert / Gesamtkapital
CFRoI	*Interner Zinsfuß, der den Erfolg (Brutto Cash Flow) relativ zum investierten Kapital misst. (Maßstab für den Unternehmenserfolg und Ressourcenallokation)*	
	Cash Flow Return on Investment	RoGI angepasst an Inflation, Nutzungsdauer und Endwert	66 % der Größe Börsenwert / investiertes Kapital

Abb. 5.5:   Erklärungsanteil verschiedener Erfolgskennzahlen nach BCG
*   [In Anlehnung an: Lewis, T. G. / Stelter, D. (1993), S. 111]*

Jüngere empirische Untersuchungen zeigen jedoch, dass die höheren Erklärungsanteile unternehmenswertorientierter Erfolgsmaße nicht generell gelten [vgl. die Studien von *Günther, T. /*

Landrock, B. / Muche, T. (2000) für den deutschen Kapitalmarkt und z. B. *Biddle, G. C. / Bowen, R. M. / Wallace, J. S.* (1997); *Bao, B. H. / Bao, D. H.* (1998); *Chen, S. / Dodd, J. L.* (2001); *Schremper, R. / Pälchen, O.* (2001); *Feltham, G. D. u. a.* (2004) für den nordamerikanischen Kapitalmarkt; *Worthington, A. C. / West, T.* (2004) für Australien und *Tsuji, C.* (2006) für Japan].

Als Reaktion auf die mangelnde Korrelationen mit dem Kapitalmarkt wurden v. a. von Beratungsunternehmen neue Performance-Maße wie z. B. der CFRoI, der Cash Value Added (CVA), der Economic Value Added (EVA™) , der Earnings less Riskfree Interest Charge (ERIC™) oder Tobin's Q entwickelt bzw. vorhandene Kapitalmarktgrößen im Rahmen des Wertsteigerungsmanagements angewendet.

5.2.2.2   Zunehmende Bedeutung institutioneller und ausländischer Anleger

Am deutschen Kapitalmarkt ist eine zunehmende Bedeutung institutioneller und ausländischer Anleger festzustellen. Institutionelle Anleger stehen ihrerseits stärker unter Performance-Druck als private Anleger und werden diesen Performance-Druck an ihre Beteiligungen weiterreichen. Hinzu kommt, dass große institutionelle Anleger nicht mehr in der Lage sind, ohne Wertverluste Anteile umzuschichten. Zudem üben Unternehmen Performance-Druck auf ihre Pensionsfonds aus, um ihrerseits möglichst wenig für die Altersversorgung ihrer Mitarbeiter aufbringen zu müssen. Der ebenfalls zunehmende Anteil ausländischer Anleger bedingt, dass sich das im anglo-amerikanischen Raum bereits in den 1980er Jahren stark ins Bewusstsein des Managements getretene Shareholder Value-Denken auch in Deutschland etabliert hat. Hierdurch beeinflußt die stärker auf den Kapitalmarkt und auf den Cash Flow bezogene Sicht anglo-amerikanischer Investoren zunehmend auch das Entscheidungsverhalten deutscher Unternehmen.

Unternehmen	Anteil institutioneller Anteilseigner		Trend	Anteil ausländischer Anteilseigner		Trend
BASF AG	1985: 40 %	2006: 70 %	↑	1985: 28 %	2006: 55 %	↑
Bayer AG	1985: 39 %	2001: 67 %	↑	1985: 39 %	2006: 73 %	↑
Commerzbank AG	1989: 42 %	2004: 76 %	↑	1989: 34 %	2004: 48 %	↑
Schering AG	1988: 58 %	2003: 68 %	↑	1988: 57 %	2003: 52 %	↘
Siemens AG	1986: 24 %	2006: 88 %	↑	1986: 44 %	2006: 81 %	↑
Veba AG / Eon AG	1986: 31 %	2006: 70 %	↑	1986: 22 %	2006: 79 %	↑

Die Schering AG wurde 2006 von der Bayer AG erworben und mit dieser fusioniert

Abb. 5.6:   Anteile institutioneller und ausländischer Anleger an ausgewählten Aktiengesellschaften [Quelle: Von den angegebenen Unternehmen durchgeführte Aktionärsbefragungen]

5.2.2.3   Konzeptionelle Erweiterung des strategischen Managements

Der Shareholder Value-Ansatz eröffnet durch den Einbezug des Kapitalmarktes und die Entstehung eines Marktes für Unternehmenskontrolle die Erschließung weiterer strategischer Erfolgspotenziale wie z. B. die Bereiche Investition / Desinvestition, Finanzierung, Restrukturierung und Steuern, deren Erschließung durch gering wachsende oder gar stagnierende Märkte notwendig geworden ist. Zudem bietet der Shareholder Value-Ansatz eine Möglichkeit zur Quantifizierung bisher im strategischen Management erfasster weicher, qualitativer oder nicht monetärer Faktoren wie z. B. Marktanteile, Qualitätsniveaus oder Markenimages. Intention ist es, Strategien monetär bewerten zu können und strategische Entscheidungen durch monetäre Argumente zu untermauern **(Value Based Planning)**. Die originäre Zielgröße des strategischen Managements, die Schaffung von „Erfolgspotenzial", wird durch den Shareholder Value-Ansatz in Form des Unternehmenswertes, verstanden als Zukunftserfolgswert, monetär bewertbar. Strategische Entscheidungen sind um den Aspekt der langfristigen Wertschaffung für das Unternehmen und die Eigentümer zu ergänzen.

5.3   Konzeption eines unternehmenswertorientierten Controlling

Der Shareholder Value-Ansatz kann nicht als Substitut für die bisher bestehende Unternehmenssteuerung herangezogen werden. Die Unternehmenssteuerung sollte sich jedoch zusätzlich auch an der Zielgröße „Unternehmenswert" ausrichten. Hierzu sind einige Module im kybernetischen Controllingsystem zu modifizieren bzw. zu ergänzen. Diese sind in Abb. 5.7 schattiert hervorgehoben.

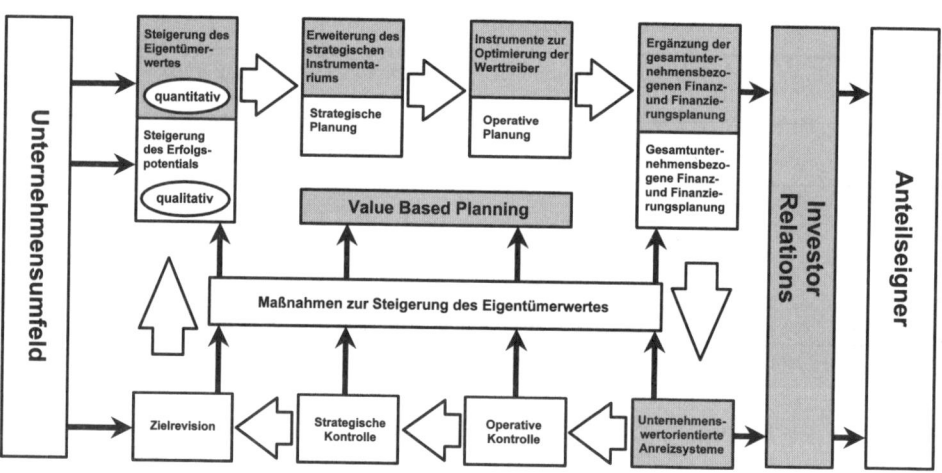

Abb. 5.7:   *Konzeption eines unternehmenswertorientierten Controlling-Systems*
              [Quelle: Günther, T. (1997a), S. 72]

Im Einzelnen sind folgende Modifikationen im Controlling-System vorzunehmen:

- Ergänzung des Zielsystems um die Zielsetzung „Steigerung des Eigentümerwertes",
- Ergänzung des strategischen Controlling um unternehmenswertbezogene Analysen (z. B. Leaning Brick Pile, Marakon Portfolio, monetäre Bewertung von Strategien etc.),
- Ergänzung des operativen Controlling (z. B. unternehmenswertbezogene Performance-Maße, Modifikation der Ergebnisrechnung, Shareholder Value-basierte Kennzahlensysteme etc.),
- Pflege der Investor Relations zu den Eigen- und Fremdkapitalgebern,
- Modifikation des Anreizsystems für Führungskräfte durch Integration unternehmenswertbezogener Performance-Maße.

Alle anderen Module des Controllingsystems bleiben davon unberührt. Da sich die Ergänzungen i. d. R. auf das Reporting und die Entscheidungsunterstützung beziehen, nicht jedoch das zugrunde liegende Rechnungswesen in Frage stellen, sondern aus diesem gewonnen werden, ist der Änderungsaufwand relativ überschaubar.

5.4 Berechnung des Shareholder Value

Bei der Ermittlung des Shareholder Value von Unternehmen oder von einzelnen Unternehmensteilen wird auf traditionelle Verfahren der Unternehmensbewertung und Kapitalmarkttheorie zurückgegriffen. Da in den letzten Jahren eine Fülle von Facetten zur Bestimmung des Shareholder Value entwickelt und diskutiert wurde, soll hier nur das Grundprinzip anhand des sog. **Gesamtkapitalansatzes** (Weighted Average Cost of Capital (WACC)-Ansatz) vorgestellt werden [vgl. zu den verschiedenen Ansätzen *Günther, T.* (1997a), S. 73 ff. sowie das Rechenbeispiel bei *AK „Wertorientierte Führung in mittelständischen Unternehmen"* (2004), S. 241ff.].

Zur Ermittlung des Shareholder Value wird das Unternehmen zunächst in einzelne Geschäftseinheiten zerlegt, für die differenziert Geschäftspläne für einen Planungshorizont von fünf bis zehn Jahren ermittelt werden. Der Unternehmenswert der Geschäftseinheiten ergibt sich beim Gesamtkapitalansatz als Barwert der **Free Cash Flows** (Cash Flow minus Investitionen in Anlagevermögen und Netto-Umlaufvermögen), die mit einem **risikoangepassten Gesamtkapitalkostensatz** über den gewählten Planungszeitraum abgezinst werden. Die Freien Cash Flows werden dabei vor Zinsen, d. h. unter der Annahme eine 100% Eigenkapitalfinanzierung berechnet. Aufgrund der Abzugsfähigkeit von Fremdkapitalzinsen von der Steuerbemessungsgrundlage sind als Folge davon auch die Steuerzahlungen um das sog. Tax shield, d. h. den Steuervorteil der Fremdfinanzierung zu korrigieren. Die Steuerzahlungen sind quasi so zu errechnen, als ob keine Fremdfinanzierung vorliege. Seit der Einführung des Halbeinkünfteverfahren bei der Ertragsbesteuerung werden Dividenden bei der Einkommensteuer zur Hälfte, Zinszahlungen jedoch voll besteuert. Dadurch ist bei einer exakte Berücksichtigung der mit der Finanzierung gekoppelten Steuereffekte im Freien Cash Flow und im Kapitalkostensatz auch die persönliche Besteuerung des Anteilseigners bei der Einkommensteuer zu berücksichtigen. [vgl. *Dinstuhl, V.* (2002), S. 79 ff.; *Schultze, W.* (2003), S. 286ff.; *Drukarczyk, J. /*

Schüler, A. (2007), S. 26f. und 137f.]. Für Publikumsgesellschaften wird dabei i. d. R. von einem typisierten Einkommensteuersatz von 35 % ausgegangen.

Ein **Restwert**, der den Wert der nach dem Planungszeitraum realisierbaren Mittelzuflüsse ausdrücken soll, wird zum Barwert der Free Cash Flows des Planungszeitraums addiert. Ihm kommt i. d. R. eine hoher Anteil am Unternehmenswert zu, so dass die dahinter liegenden Annahmen (Konstanter Freier Cash Flow oder gar konstantes Wachstums des Freien Cash Flows im Restwertzeitraum) sorgfältig geprüft werden sollen.

Zur Ermittlung der Free Cash Flows der jeweiligen Jahre kann z. B. auf die bereits vorhandene Mittelfristplanung (d. h. eine Plan-GuV, Planbilanz oder hieraus abgeleitete Plan-Kapitalflussrechnung) zurückgegriffen werden. Eine Alternative hierzu stellt der sog. **Wertgeneratoren-Ansatz** nach *Rappaport* dar, der aus den fünf wertbestimmenden Parametern (**Wertgeneratoren oder Werttreibern**) Umsatzwachstum, Umsatzrendite, Steuersatz, Erweiterungsinvestitionen in das Anlagevermögen und Erweiterungsinvestitionen in das Working Capital eine vereinfachte Ermittlung des Free Cash Flows erlaubt. Für externe Analysen können dabei die Erweiterungsinvestitionen auf der Basis des Umsatzwachstums geschätzt werden, indem eine **Erweiterungsinvestitionsrate** (in Prozent des absoluten Umsatzwachstums) zugrunde gelegt wird. Der Free Cash Flow lässt sich dann nach *Rappaport* wie folgt ermitteln [vgl. *Rappaport, A.* (1986), S. 50 ff.]:

Free Cash Flow = Vorjahresumsatz • (1+ Umsatzwachstum) • Umsatzrendite •
(1- Steuersatz) – Vorjahresumsatz • Umsatzwachstum • (Erweiterungsinvestitionsrate für das Anlagevermögen + Erweiterungsinvestitionsrate
für das Working Capital)

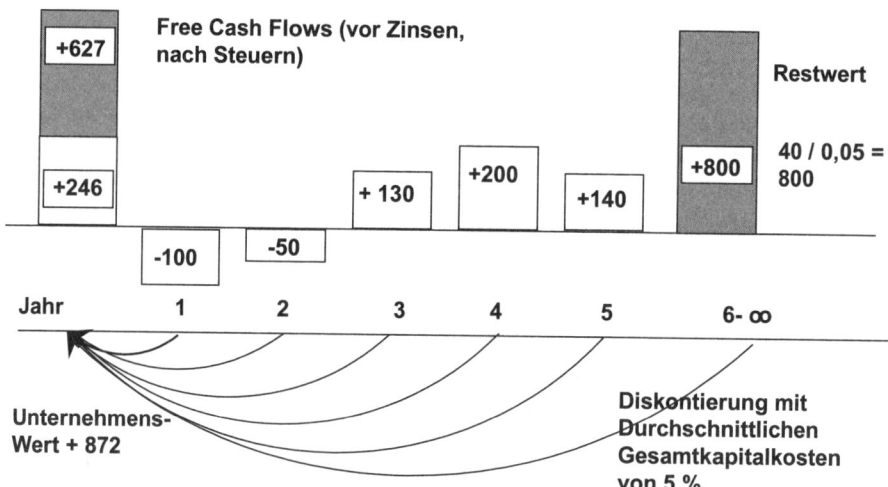

Abb. 5.8:   *Ermittlung des Wertbeitrages einer einzelnen Geschäftseinheit (fiktives Zahlenbeispiel)*

Im Reichenbeispiel in Abb. 5.8 wird der Unternehmenswert einer Geschäftseinheit berechnet, die in den Jahren 1 und 2 jeweils Freie Cash Flows verbraucht, um in den folgenden drei Jahren Freie Cash Flows zu generieren. Bei einem Gesamtkapitalkostensatz von 5 % beträgt der Barwert der Freien Cash Flows im Planungszeitraum 246 Mio. €. Ab dem sechsten Jahr wird angenommen, dass jährlich ein konstanter Freier Cash Flow von 40 Mio. € generiert wird. Unter Anwendung der ewigen Rente ergibt das zum 1.1.06 einen Restwert von

(40 Mio. € / 0,05) = 800 Mio. €.

Abdiskontiert auf den Bewertungszeitpunkt 1.1.01 ergibt das einen Restwert von 627 Mio. €. Folglich macht der Restwert bezogen auf den Gesamtunternehmenswert von 873 Mio. € immerhin knapp 72 % aus.

Die Summe der einzelnen Unternehmenswerte plus / minus des Wertbeitrages der Zentralbereiche ergibt den Gesamtwert des Unternehmens. Wird der Free Cash Flow vor Abzug von Fremdkapitalzinsen bereinigt um den Tax Shield, d. h. nach dem Gesamtkapitalansatz, errechnet, ergibt sich der **Shareholder Value**, d. h. der auf das Eigenkapital bezogene Wertanteil, als Differenz des Gesamtwertes des Unternehmens und des Marktwertes des Fremdkapitals (häufig als identisch mit dessen Buchwert angenommen). Für die Unternehmenssteuerung (wie z. B. für Portfolio- oder Geschäftsfeldentscheidungen) ist i. d. R. die Kenntnis der Wertbeiträge der einzelnen Geschäftseinheiten ausreichend, da der Wertbeitrag der Zentrale und der Einfluss von Synergien zu erheblichen Bewertungsproblemen führen.

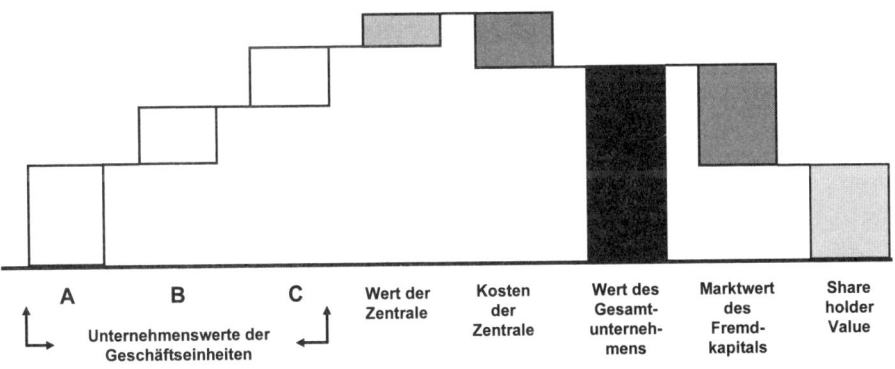

Abb. 5.9:   Ermittlung des Shareholder Value für den Gesamtkapitalansatz

Als Diskontierungszinsfuß werden beim Gesamtkapitalansatz die **durchschnittlichen Gesamtkapitalkosten** (**WACC** = **W**eighted **A**verage **C**ost of **C**apital) gewählt. Diese ergeben sich dabei aus den an das Risiko der Geschäftseinheit angepassten Eigenkapitalkosten und den um den Steuervorteil der Fremdfinanzierung (Tax shield) korrigierten Fremdkapitalkosten. Dabei ergeben sich je nach zugrunde gelegtem Steuersystem (z. B. deutsches Halbeinkünfteverfahren oder amerikanische Doppelbesteuerung) unterschiedliche Ansätze zur Ermittlung der durchschnittlichen Gesamtkapitalkosten. Im Beispiel in Abb. 5.10 wird aufgrund des angenommenen Halbeinkünfteverfahrens (Betrachtung inländischer Einkünfte und inländischer Investoren) vereinfachend von einem Steuerschild (Tax shield) in Höhe von 10 % ausgegangen. Dinstuhl ermittelt bei dem Körperschaftsteuersatz von 25 %, einem Gewerbesteuerhebesatz von 400 % und einem durchschnittlichen Einkommensteuersatz von 35 % ein Steuerschild von 8,28 % [vgl. zur detaillierten Berechnung *Dinstuhl, V.* (2002), S. 82.]. Aufgrund des Einflusses der Finanzierungspolitik (atmende Fremdfinanzierung (d. h. proportional zum Unternehmenswert) oder autonome Fremdfinanzierung (d. h. unabhängig vom Unternehmenswert, aber z. B. proportional zur Bilanzsumme), des Steuersystems (z. B. Doppelbesteuerung wie in den USA oder Halbeinkünfteverfahren wie in Deutschland), der Betrachtung der Kapitalkosten (konstant oder schwankend) oder der Wahl des Bewertungsmodells (einfaches Rentenmodell oder Zweiphasen-Methode) ergeben sich bei genauer Betrachtung unterschiedliche Bewertungsmodelle [vgl. en detail *Dinstuhl, V.* (2002), S. 84ff.; *Schultze, W.* (2003), S. 391ff.; *Drukarczyk, J. / Schüler, A.* (2007), S. 206ff. und 292ff.]

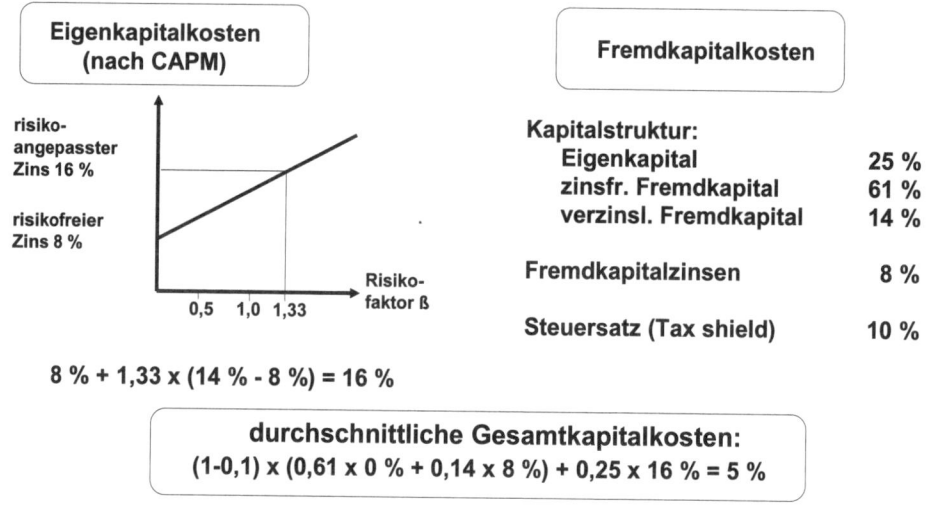

Abb. 5.10:   *Bestimmung der durchschnittlichen Gesamtkapitalkosten (fiktives Zahlenbeispiel)*

Wie Abb. 5.10 zeigt, ergibt sich der Gesamtkapitalkostensatz aus dem mit dem Marktwerten von Eigen- und Fremdkapital gewichteten Eigen- bzw. Fremdkapitalkostensätzen. Dabei ist zu berücksichtigen, dass Fremdkapitalkosten steuerlich abzugsfähig sind. Daher mindert das Tax Shield, im Beispiel in Höhe von 30 %, die effektiven Kapitalkosten des Unternehmens. Die Eigenkapitalkosten ergeben sich i. d. R. nach dem Capital Asset Pricing Model (CAPM) wie folgt:

$$Eigenkapitalkostensatz = risikoloserZins + (Marktrendite - risikoloser\ Zins) * \beta - Faktor =$$
$$Eigenkapitalkostensatz = \quad 8\% \quad + (\quad 14\% \quad - \quad 8\% \quad) * 1,33 = 16\%$$

Im Beispiel wird angenommen, dass das Unternehmen in nennenswertem Umfang über kapitalkostenfreies Fremdkapital, d. h. z. B. erhaltene Anzahlungen oder Lieferantenverbindlichkeiten, verfügt, wenngleich umstritten ist, ob hierfür nicht versteckte Kapitalkosten (z. B. in Form von höheren oder niedrigeren Preisen) bestehen. Die Fremdkapitalkosten ergeben sich dann wiederum als gewichtetes Mittel von zinsfreiem und zinstragendem Fremdkapital. Schließlich ergeben sich im Beispiel gewichtete Gesamtkapitalkosten von 5 %.

Neben dem WACC-Ansatz gibt es noch den **Eigenkapitalansatz** (Netto-Methode oder Flow to Equity bzw. Equity Approach), den **Total Cash Flow Approach** und den **Adjusted Present Value Approach** zur Ermittlung der Wertbeiträge bzw. des Wertes des Eigenkapitals. Die Ansätze führen nur unter speziellen Annahmen zu gleichen Unternehmenswerten [vgl. *Hachmeister, D.* (1995), S. 120 ff.; *Schultze, W.* (2003), S. 511 ff. sowie die Beispielsrechnung bei *AK „Wertorientierte Führung in mittelständischen Unternehmen"* (2004), S. 241 ff.].

Auf Basis der Bewertungsansätze lassen sich nun für das gesamte Unternehmen bzw. für einzelne Unternehmensteile (wie z. B. für eine einzelne strategische Geschäftseinheit) verschiedene unternehmenswertorientierte Kennzahlen ermitteln, die zur operativen und strategischen Steuerung verwendet werden können. Abb. 5.11 gibt einen Überblick über die am häufigsten verwendeten Performance-Maße.

Während das **Market to Book (M/B)-Ratio** und **Tobin's Q** auf den Unternehmenswert bezogene Kennzahlen darstellen, sind alle anderen Performance-Maße Jahresgrößen. Der **Economic Value Added (EVA)™** nach *Stern Stewart & Co.* [vgl. *Stewart, G. B.* (1990)], der **Earnings less Riskfree Interest Charge (ERIC™)** nach *KPMG und Velthuis* [vgl. *Velthuis, L: J.* / *Wesner, P.* (2004)] und der **Cash Value Added (CVA)** der *Boston Consulting Group* [vgl. *Lewis, T. G.* (1994), S. 125 f. und *Stelter, D.* (1999), S. 207 ff.] sind sog. **Residualeinkommensgrößen**, die die über die Kapitalkosten hinaus erzielten Gewinne bzw. Free Cash Flows auf jährlicher Basis messen. Der **Cash Flow Return on Investment (CFRoI)** ist eine jährliche Cash Flow Rendite, die finanzierungsunabhängig auf realer Basis eine Cash Flow bezogene Rendite auf das investierte Kapital zu historischen Kosten ermittelt. Die bisher vorgestellten Maße lassen sich somit danach klassifizieren, ob sie eher zur Unterstützung für mehrperiodige Investitionsntscheidungen oder primär zur einperiodigen Erfolgsmessung geeignet sind.

Schließlich stellen der **Equity Spread** und der **RoI Spread** auf buchhalterischen Größen basierende über die jeweiligen Kapitalkosten hinausgehende Überrenditen auf das Eigenkapital bzw. Gesamtkapital dar. Etwas verkürzend ausgedrückt können die unternehmenswertbezogenen Maße, M/B-Ratio und Tobin's Q zur Entscheidungsunterstützung für mehrperiode Projekte und Maßnahmen herangezogen werden, während die Residualeinkommensgrößen EVA und CVA i. d. R. wegen ihres Jahresbezuges als Basis für monetäre Anreizsysteme dienen [zu den Kennzahlen vgl. im einzelnen *Günther, T.* (1997a), S. 209 ff. sowie im Vergleich *Günther, T.* (1997c) und *AK „Wertorientierte Führung in mittelständischen Unternehmen"* (2004), S. 241 ff.].

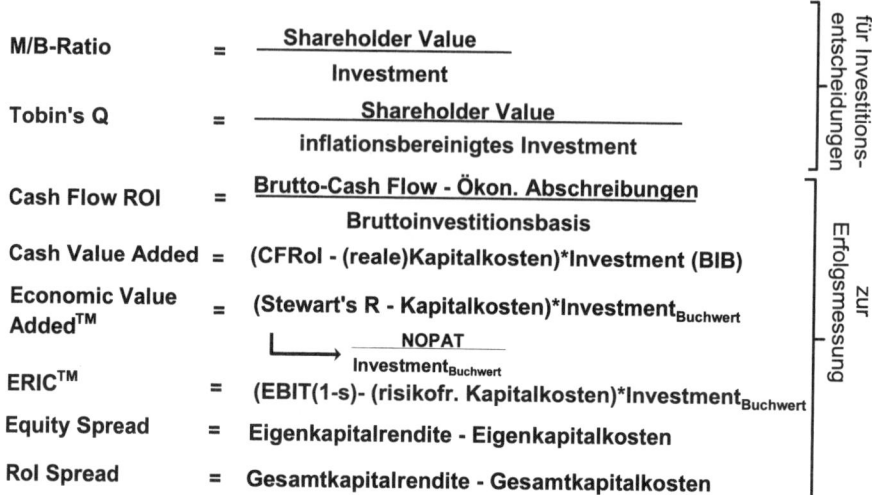

Abb. 5.11: Unternehmenswertorientierte Performance-Maße

5.5   Der Unternehmenswert im strategischen Controlling

Da sich das Management aufgrund des Shareholder Value-Ansatzes „auch" an der Zielgröße „Unternehmenswert" auszurichten hat, kommt dem strategischen Controlling im Unternehmen neben seiner bisherigen Aufgabe, Erfolgspotenziale als Bündel von strategischen Erfolgsfaktoren aufzudecken, gleichzeitig die Aufgabe zu, strategische Erfolgsfaktoren ausfindig zu machen, die in der Lage sind, den Unternehmenswert zu steigern **(Wertsteigerungspotenzial)**.

Bereits in der Beschäftigung mit den Ebenen der strategischen Planung wurde dargelegt, dass die Ableitung einer sog. **Eignerstrategie** v. a. für Unternehmen im Familienbesitz einen Rahmen für die Gewinnung von Unternehmens- und Geschäftsstrategien darstellt. Für Publikumsgesellschaften mit vielen, anonymen Eigentümern geht die Eignerstrategie in die generelle Zielsetzung der Steigerung des Unternehmenswertes über. Nachfolgend soll daher betrachtet werden, wie die Zielgröße „Unternehmenswert" bei der Gewinnung von Unternehmens- und Geschäftsstrategien berücksichtigt werden kann.

Ein Strukturierungsmodell, das eine Verknüpfung von Wertsteigerungsziel der Eigentümer, Unternehmens- und Geschäftsstrategie sowie operativen Ansatzpunkten zur Steigerung des Unternehmenswertes darstellt, ist das **Restrukturierungs-Pentagon (Restructuring Pentagon)** [vgl. *Copeland, T. / Koller, T. / Murrin, J.* (1994), S. 316 ff.]. *Copeland / Koller / Murrin* gehen dabei von der **Wertlücke**, d. h. der Differenz zwischen dem aktuellen Marktwert und dem Unternehmenswert, gemessen als Shareholder Value, nach potenzieller Restrukturierung aus. Je größer diese Lücke ist, desto größer ist die Gefahr feindlicher Übernahmen durch Raider und desto größer ist die Möglichkeit zur Wertsteigerung durch das Unternehmen selbst, auch wenn keine konkrete Übernahmegefahr besteht.

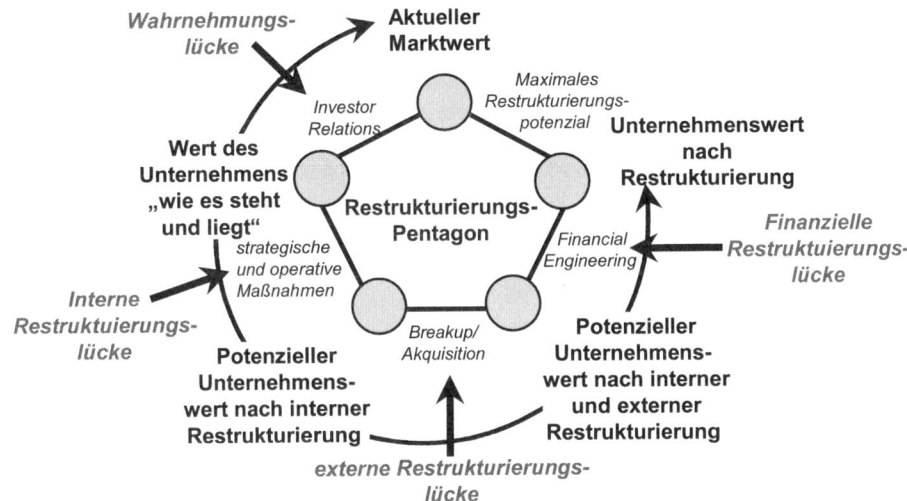

Abb. 5.12:   Restrukturierungs-Pentagon
            [Quelle: Copeland, T. / Koller, T. / Murrin, J. (1994), S. 316]

Die Wertlücke kann nun in mehrere **Teillücken** aufgespalten werden, die im Restrukturierungs-Pentagon durch die Kanten repräsentiert werden:

- Die Differenz zwischen dem aktuellen Marktwert und dem Wert des Unternehmens „wie es steht und liegt", wie ihn z. B. ein externer Bewerter des Unternehmens für den status quo ermitteln würde, beruht auf Unter- bzw. Überschätzungen des Unternehmenswertes durch den Kapitalmarkt **(Wahrnehmungslücke)**. Für nicht börsennotierte Unternehmen kann allenfalls auf etwaige marktorientierte Vergleichswerte zurückgegriffen werden. Ursachen können sowohl im unzureichenden Informationsangebot durch die Unternehmen als auch in der mangelnden Informationsverarbeitung am Markt liegen. Da zumindest eine mittelstrenge Kapitalmarkteffizienz unterstellt werden kann, ergibt sich hieraus auch die Forderung nach einer Verbesserung der **Investor Relations**.
- Durch unternehmensinterne Verbesserungsmaßnahmen (z. B. Erhöhung des Umsatzwachstums, Erhöhung der Umsatzrendite durch Kostensenkungsprogramme oder Reduktion von Mittelbindungen im Working Capital) soll mit dem vorhandenen Unternehmensportfolio der Unternehmenswert erhöht werden. Damit deckt diese Lücke, die man als **interne Restrukturierungslücke** bezeichnen kann, alle operativen Maßnahmen und alle strategischen Maßnahmen auf Geschäftsfeldebene **(Geschäftsstrategie)** ab.
- Wird nun zusätzlich auch die Gestaltung des Unternehmensportfolios mit einbezogen **(Unternehmensstrategie)**, so können durch Verkauf, Spin-Off, Liquidation oder Leveraged Buyouts von Unternehmensteilen potenziell wertvernichtende Bereiche abgestoßen werden. Desgleichen können durch Akquisitionen oder Joint Ventures neue interessante Geschäfts-

felder erschlossen werden. Durch strategische Umgestaltung des Unternehmensportfolios wird versucht, den Shareholder Value des Unternehmens zu erhöhen (**externe Restrukturierungslücke**).

- Die vierte Möglichkeit zur Erhöhung des Shareholder Value stellen Maßnahmen zur finanziellen Umgestaltung des Unternehmens dar (**finanzielle Restrukturierungslücke**) (z. B. die Erhöhung des Leverage, der Rückkauf eigener Aktien oder die Senkung der Steuerbelastung durch internationale Steueroptimierung).

Das Restrukturierungs-Pentagon verdeutlicht, dass die Steigerung des Unternehmenswertes durch eine Vielfalt von Maßnahmen erreichbar ist, jedoch auch einer Vielfalt von Maßnahmen zur Zielerreichung bedarf. Der Geschäftsstrategie als Teil der internen Restrukturierungslücke und der Unternehmensstrategie als Element der externen Restrukturierungslücke kommen dabei eine herausragende Bedeutung zu.

5.5.1   Unternehmenswert und Unternehmensstrategie

Die **Unternehmensstrategie**, die einen optimalen Mix strategischer Geschäftseinheiten anstrebt, hat die von den Eigentümern zur Verfügung gestellten Ressourcen im Sinne der Steigerung des Unternehmenswerts zu verwenden. Daher ist das klassische Portfolio-Management um eine Betrachtung des Wertsteigerungspotenzials zu ergänzen.

Hierzu wurden von Unternehmensberatern eine Vielzahl von Ansätzen entwickelt, die sich wie folgt klassifizieren lassen und nachfolgend dargestellt werden sollen:

- **Ergänzung „klassischer" Portfolios**, insbesondere des Marktanteils-Marktwachstums-Portfolios, um die zusätzliche Perspektive der Steigerung des Unternehmenswertes.
- **Werttreiberorientierte Matrix-Darstellungen**, die strategische Geschäftseinheiten anhand ausgewählter, sensitiver Werttreiber positionieren.
- **Performance-Matrizen**, die einem Maß für die aktuelle Performance einer strategischen Geschäftseinheit ein Maß für die langfristige oder strategische Performance gegenüberstellen.
- Das sog. **Leaning Brick Pile** zur Darstellung des Wertsteigerungs- bzw. Restrukturierungspotenzials eines Portfolios mehrerer strategischer Geschäftseinheiten.

Die Analysen lassen sich durch die ausgebaute Segmentberichterstattung vieler börsennotierter Unternehmen auch mit externen Daten durchführen [vgl. *Günther, T. / Schmidt, E.* (2006), S. 323 ff.].

5.5.1.1   Neubetrachtung des Marktanteils-Marktwachstums-Portfolios

Eine der ersten Portfolio-Darstellungen, das bereits erläuterte **Marktanteils-Marktwachstums-Portfolio (Boston-I-Portfolio)** der *Boston Consulting Group* (siehe Kapitel 4.1.3.1), erlaubt zugleich einige interessante Aussagen für die unternehmenswertorientierte Steuerung [vgl. *Clarke, R. G. u. a.* (1988), S. 178 ff.; *Reimann, B. C.* (1990), S. 36 ff.].

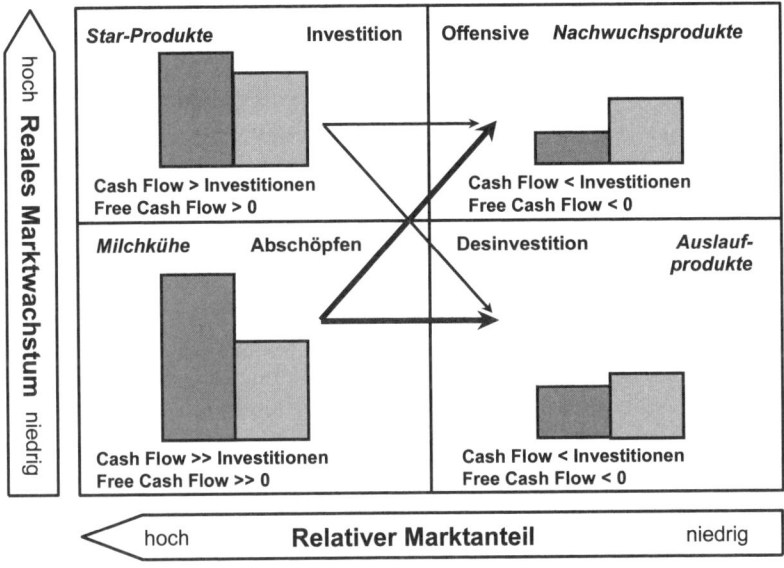

Abb. 5.13: *Marktanteils-Marktwachstums-Portfolio und Free Cash Flow*

Das Boston-I-Portfolio wurde v. a. mit der Intention geschaffen, auf den inhärenten Finanzausgleich zwischen den strategischen Geschäftseinheiten hinzuweisen. Idealtypisch ergeben sich die in Abb. 5.13 skizzierten Free Cash Flow-Positionen für die vier Quadranten, die durch verschiedene empirische Studien bestätigt werden konnten [vgl. *Hambrick, D. C. / MacMillan, I. C. / Day, D. L.* (1982), S. 510 ff.; *Buzzel, R. D. / Gale, B. T.* (1987), S. 11 f.; *Swanson, N. E. / Digman, L. A.* (1986), S. 17-1 ff.]. Die Free Cash Flow-Positionen lassen sich durch die den einzelnen Quadranten zuordenbaren Normstrategien mit idealtypischen Vorstellungen über Cash Flow-Freisetzung und Investitionsbedarf erklären (siehe Abb. 5.14).

Der bereits erwähnte, durch das Portfolio beabsichtigte **Finanzausgleich** besteht in zweierlei Hinsicht:

1. Cash-Verbraucher (Free Cash Flow < 0), wie die Nachwuchsprodukte, können von Cash-Erzeugern (Free Cash Flow > 0), wie den Milchkühen und teilweise den Starprodukten, finanziert werden. Ist dieser Ausgleich gewährleistet, kann sich das Unternehmen selbst finanzieren und braucht keine Außenfinanzierung zu betreiben, d. h. der Free Cash Flow des Gesamtunternehmens ist positiv (**finanzielle Querschnittsbetrachtung**).

2. Jedes Produkt soll sich über seinen Lebenszyklus selbst finanzieren, indem anfängliche Cash-Defizite (Free Cash Flow < 0) in der Einführungsphase (Nachwuchsprodukte) durch Cash-Überschüsse (Free Cash Flow > 0) in der Reifephase und teilweise in der Wachstumsphase (Star-Produkte) ausgeglichen werden. Für die Stagnations- bzw. Schrumpfungsphase sind i. d. R. keine generellen Aussagen bzgl. der Free Cash Flow-Position möglich. Theoretisch könnte wie beim Life Cycle Costing der Barwert der Free

Cash Flows über den Lebenszyklus als Wertbeitrag der Produkte zum Shareholder Value ermittelt werden (**finanzielle Längsschnittbetrachtung**).

Strategische Positionierung	Free Cash Flow	Begründung
Nachwuchsprodukte (Babies, Question Marks)	Cash Flow < Investitionen ins Anlagevermögen und Working Capital ➜ Free Cash Flow < 0	Produkt noch in der Einführungsphase mit erheblichen Anlaufkosten zur Markterschließung; erhebliche Investitionen in den Aufbau von Vertriebs- und Produktionskapazitäten
Star-Produkte (Stars)	Cash Flow > Investitionen ins Anlagevermögen und Working Capital ➜ Free Cash Flow > 0	Produkt in der Wachstumsphase mit bereits nennenswerten Cash Flows aus ansteigendem Absatz; jedoch erhebliche Investitionen in Aufbau von Produktionskapazitäten
Milchkühe (Cash Cows)	Cash Flow >> Investitionen ins Anlagevermögen und Working Capital ➜ Free Cash Flow >> 0	Produkt wächst nur mehr unterdurchschnittlich; nur mehr Ersatzinvestitionen; erhebliche Cash Flows aus hohem Absatz
Auslaufprodukte (Poor Dogs, Problems)	generell niedrigere Cash Flow und niedrigerer Investitionsbedarf; bei geringem relativen Marktanteil und geringem realen Marktwachstum negativer Free Cash Flow	Cash Flow niedrig wegen hoher Konkurrenz und Stagnation bzw. Schrumpfung des Absatzes; nur mehr Ersatzinvestitionen; jedoch auch Versteinerung der Produkte mit nachhaltig positivem Free Cash Flows möglich

Abb. 5.14: Strategische Positionierung und Free Cash Flow-Situation im Marktanteils-Marktwachstums-Portfolio

Durch die finanzielle Perspektive, die das Boston-I-Portfolio ermöglicht, ergeben sich Verbindungslinien zum Shareholder Value-Ansatz:

- Das Boston-I-Portfolio erlaubt Hinweise auf die **augenblickliche Free Cash Flow-Situation** und damit den **Periodenerfolg** sowohl für die einzelnen strategischen Geschäftseinheiten als auch für das Gesamtunternehmen. Die Hinweise ergeben sich aus der Positionierung der strategischen Geschäftseinheiten im Portfolio, wobei zu berücksichtigen ist, dass hierbei idealtypische Abläufe zugrunde gelegt wurden, die jedoch zumindest teilweise von der Empirie bestätigt werden konnten.
- Darüber hinaus sind unter der Annahme idealtypischer Entwicklungen **Prognosen der zukünftigen Free Cash Flow-Situation** und folglich der **Zukunftserfolge** möglich, wenn von einer Umsetzung der Normstrategien ausgegangen wird. Es sei jedoch auf die erheblichen Kritikpunkte an der Komplexitätsreduktion und der Rasterung sowie an den

Normstrategien verwiesen, die unter der Voraussetzung guter Markt- und Branchenkenntnisse allenfalls eine Bandbreitenprognose zulassen.

- Die Berücksichtigung der Shareholder Value-Sicht macht deutlich, welchen **finanzwirtschaftlichen Hintergrund** die Normstrategien besitzen:

Normstrategie (Quadrantenbezeichnung)	Finanzwirtschaftlicher Hintergrund
Offensive (Nachwuchsprodukte)	Das Erreichen eines hohen relativen Marktanteils ist notwendig, um erworbene Wettbewerbsvorteile (= Wertsteigerungspotenziale) z. B. aufgrund der Erfahrungskurve mittels niedriger Kosten in letztendlich überdurchschnittliche Renditen und positive Free Cash Flows am Markt umsetzen zu können.
Investition (Star-Produkte)	Konnte ein hoher relativer Marktanteil gesichert werden, so steigt der Wertbeitrag im Falle überdurchschnittlicher Renditen umso stärker, je höher gleichzeitig das Wachstum ist. Folglich ist ein Mitwachsen der Kapazität mit dem Absatzpotenzial geboten.
Abschöpfen (Milchkühe)	Ein Rückgang des Wachstums kann durch eine Erhöhung bzw. Erhaltung der überdurchschnittlichen Rendite durch Sparmaßnahmen oder Premiumpreise zumindest teilweise ausgeglichen werden.
Desinvestition (Auslaufprodukte)	Jedes Kapitalinvestment in wachstumsschwache Märkte mit unterdurchschnittlichen Renditeaussichten führt zur Wertvernichtung.

Abb. 5.15: Unternehmenswertorientierte Interpretation der Normstrategien des Boston-I-Portfolios

- Auf Basis der beiden erstgenannten Punkte lässt sich die **momentane Ausgewogenheit des Unternehmensportfolios** beurteilen, da der verfügbare Free Cash Flow in Nachwuchsprodukte investiert werden sollte. Das Portfolio sollte im Sinne der Zukunftsvorsorge weder über zuviel Cash-Verbraucher (Nachwuchs- und Auslaufprodukte) noch über zuviel Cash-Erzeuger (Milchkühe und Star-Produkte) verfügen.
- Wird zusätzlich die zeitliche Dimension berücksichtigt, lässt sich die **Ausgewogenheit des Unternehmensportfolios auch für die Zukunft** zumindest grob abschätzen. Verfügt ein Unternehmen momentan z. B. über einen Schwerpunkt im Cash Cow-Bereich, so wird der momentane Free Cash Flow (Periodenerfolg) hoch sein, der zukünftig zu erwirtschaftende Free Cash Flow (Zukunftserfolg) könnte jedoch unterdurchschnittlich sein, da derzeit Nachwuchs- oder Star-Produkte und damit zukünftige Cash Cows fehlen. Folglich kann auch der Shareholder Value, der wesentlich durch zukünftige Wertbeiträge bestimmt wird, nicht zufrieden stellend ausfallen. Im entgegengesetzten Fall (Schwerpunkt im Nachwuchs-Bereich), wie z. B. bei innovativen, stark wachsenden Technologieunternehmen, ist der Periodenerfolg gering, der Zukunftserfolg jedoch relativ hoch.

Das Boston-I-Portfolio ermöglicht Aussagen über die Generierung von Free Cash Flows in Abhängigkeit der wichtigen strategischen Erfolgsfaktoren relativer Marktanteil und reales Marktwachstum. Zudem kann die Ausgewogenheit des Unternehmensportfolios sowohl für eine statische Perspektive **(Gegenwartsbetrachtung)** als auch für eine dynamische Perspektive **(Zukunftsbetrachtung)** bewertet werden. Durch den finanzwirtschaftlichen Bezug eignet sich das Boston-I-Portfolio im Gegensatz zu anderen Portfolio-Darstellungen im besonderen

Maße für Shareholder Value-Analysen. Dennoch sollten die nicht unerheblichen Kritikpunkte an dem stark vereinfachten Portfolio-Konzept nicht vergessen werden.

5.5.1.2   Werttreiberorientierte Matrix-Darstellungen

Werttreiberorientierte Matrix-Darstellungen verfolgen die Intention, die strategischen Geschäftseinheiten anhand wesentlicher Determinanten des Wertbeitrages **(Werttreiber)** zu charakterisieren **(Komplexitätsreduktion)** und nach erfolgter Klassifikation **(Rasterung)** Normstrategien für das Portfolio-Management abzuleiten. Neben der nachfolgend eingehender dargestellten **Portfolio Profitability Matrix** nach *Marakon Associates* wurden noch weitere werttreiberorientierte Matrix-Darstellungen, wie z. B. eine unternehmenswertorientierte Modifikation des **Ronagraphen** [vgl. *Günther, T.* (1997a), S. 356 f.], die **Value Curve** der *Strategic Planning Associates* [vgl. *Strategic Planning Associates (Hrsg.)* (1981), S. 1 ff.; *Strategic Planning Associates (Hrsg.)* (1984), S. 571 ff.], das **Wertbeitragsportfolio** nach *The Boston Consulting Group* [vgl. *Lewis, T. G.* (1994), S. 78 ff.] und der **Index of Value Creation Potential** nach *Rappaport* [vgl. *Rappaport, A.* (1986), S. 142 f.] entwickelt.

Auf der Basis von externen Daten aus der Segmentberichterstattung der Jahresabschlüsse 2002-03 zeigt Abb. 5.16 einen **modifizierten Ronagraphen** für das Versorgungsunternehmen RWE. Dabei wird dem Reinvestitionsindex, d. h. das Verhältnis von Investitionen zu vereinfachtem Cash Flow, an der Abszisse die Verzinsungsspanne RoCE-Spread, d. h. Return on Capital Employed minus Gesamtkapitalkosten, gegenüber gestellt.

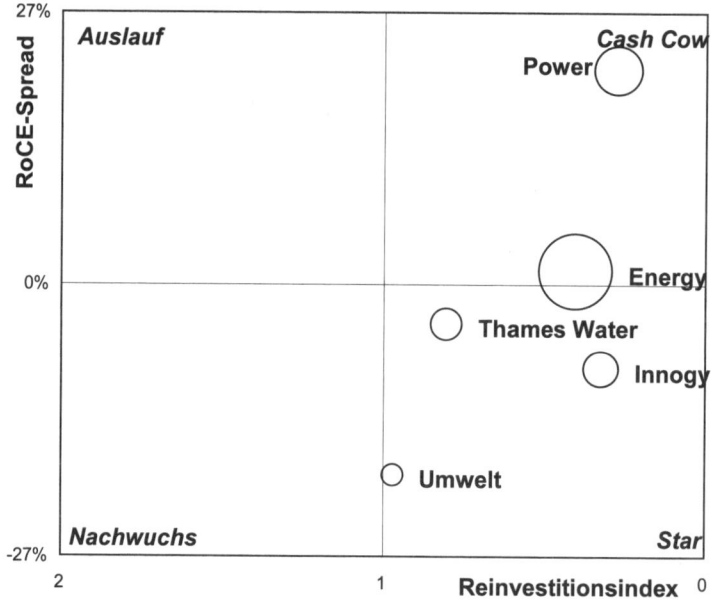

Abb. 5.16:   *Modifizierter Ronagraph für die RWE 2002/03*
             [Quelle:Günther, T. / Schmidt, E. (2006), S. 325]

Das Beratungsunternehmen *Marakon Associates* hat mit der **Portfolio Profitability Matrix** ein relativ einfaches Instrument zur unternehmenswertbezogenen Darstellung und Analyse des Unternehmensportfolios entwickelt [vgl. *Marakon Associates (Hrsg.)* (1981)]. Der Ansatz beruht auf einem vereinfachenden Modell, dem sog. **Gordon-Modell**, zur Ermittlung des Marktwert/Buchwert-Verhältnisses (M/B-Ratio) in Abhängigkeit von Eigenkapitalrendite RoE, Wachstum des Eigenkapitals g und risikoangepassten Kapitalkosten k_{EK}:

$$\frac{M}{B} = \frac{(RoE - g)}{(k_{EK} - g)}$$

Das M/B-Ratio wird damit auf Basis von Gewinngrößen anstatt von Cash Flow-Größen sowie auf Basis des Eigenkapital- anstatt des Gesamtkapitalansatzes ermittelt.

Aus dem Gordon-Modell wird zunächst die **Marakon Profitability Matrix** abgeleitet, die die Eigenkapitalrentabilität RoE dem Wachstum g gegenüberstellt. In der Matrix aus Abb. 5.17 sind die sieben strategischen Geschäftseinheiten A bis G gesondert gekennzeichnet.

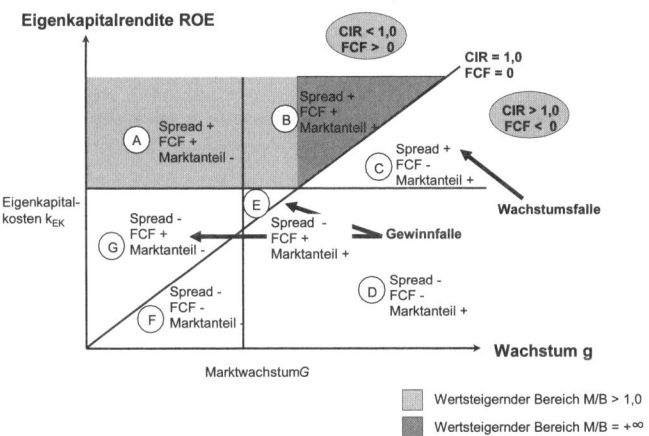

Abb. 5.17:   Marakon Profitability Matrix
[in Anlehnung an: Marakon Associates (Hrsg.) (1981), S. 6]

Die Darstellungstechnik kann wieder anhand der beiden Aufgaben von Matrix-Darstellungen erklärt werden:

- **Komplexitätsreduktion:** Das Gordon-Modell stellt eine erhebliche Vereinfachung gegenüber Shareholder Value-basierten Erfolgskennzahlen dar, da auf gewinnorientierte statt Cash Flow-orientierte Größen zurückgegriffen wird und zudem von konstantem, zeitlich unbegrenztem Wachstum ausgegangen wird. Unter diesen vereinfachenden Prämissen reduziert sich die Darstellung auf die drei Werttreiber Eigenkapitalrendite RoE, Wachstum g und Eigenkapitalkosten k_{EK}, wobei letztere für die Analyse als konstant angenommen werden. Dadurch verbleiben als Achsen die Eigenkapitalrendite RoE und das Wachstum g.

- **Rasterung:** Die Eigenkapitalrendite ist dann wertsteigernd, wenn sie die Eigenkapitalkosten übersteigt, d. h. der Equity Spread positiv ist. Daher wird in Höhe der risikoangepassten Eigenkapitalkosten k_{EK} die Trennlinie auf der RoE-Achse gezogen. Die Trennlinie an der Wachstumsachse wird in Höhe des durchschnittlichen Wachstums des Marktes G gewählt, auf dem die Geschäftseinheit des Unternehmens tätig ist. Übersteigt das Unternehmenswachstum g das Marktwachstum G gewinnt das Unternehmen Marktanteile hinzu und umgekehrt.

Eine dritte Trennlinie wird durch das sog. **Cash Investment Ratio (CIR)** bestimmt, das folgendermaßen definiert ist:

$$CIR = \frac{\text{Investition von Eigenkapital}}{\text{Jahresüberschuss}} = \frac{g \bullet Buchwert_{EK}}{RoE \bullet Buchwert_{EK}} = \frac{g}{RoE}$$

Das Cash Investment Ratio stellt die Relation von wachstumsbedingt investiertem Eigenkapital und Rückflüssen an die Eigenkapitalgeber aus dem Geschäft dar. Da implizit die Kapitalstruktur als konstant betrachtet wird, muss das Eigenkapital proportional mit dem Wachstum g erhöht werden. Der Free Cash Flow ist aufgrund des von Marakon Associates verfolgten Eigenkapitalansatzes und der Verwendung gewinnorientierter Größen als sog. Eigenkapital-Free Cash Flow zu verstehen, der hier wie folgt definiert ist:

Eigenkapital – Free Cash Flow = Jahresüberschuss – Investition in Eigenkapital

Daher ergibt sich folgender Zusammenhang:

Cash Investment Ratio	Eigenkapital-Free Cash Flow	Erklärung aus Sicht der Eigenkapitalgeber
CIR < 1	Eigenkapital-Free Cash Flow > 0	Investitionen in das Geschäft sind kleiner als die Rückflüsse aus dem Geschäft.
CIR = 1	Eigenkapital-Free Cash Flow = 0	Alle freigesetzten Mittel werden wieder reinvestiert.
CIR > 1	Eigenkapital-Free Cash Flow < 0	Investitionsbedarf des Geschäfts übersteigt Rückflüsse aus dem Geschäft.

Abb. 5.18: Cash Investment Ratio und Eigenkapital-Free Cash Flow

Die Winkelhalbierende in der Marakon Profitability Matrix stellt daher die Trennlinie zwischen Bereichen positiver und negativer Eigenkapital-Free Cash Flows dar.

Aus der dreifachen Rasterung resultieren sieben Felder, die drei unterschiedliche Perspektiven zulassen:

- **Spread-Perspektive:** Die strategischen Geschäftseinheiten A, B und C in der Marakon Profitability Matrix erzielen Renditen, die über ihren Eigenkapitalkosten liegen, während die Geschäftseinheiten D, E, F und G weniger als die Eigenkapitalkosten erzielen.

- **Free Cash Flow-Perspektive:** Betrachtet man das Vorzeichen des Eigenkapital-Free Cash Flow, so setzen die strategischen Geschäftseinheiten A, B, E und G über der Winkelhalbierenden liquide Mittel frei (Eigenkapital-Free Cash Flow > 0 bzw. CIR < 1) und die Geschäftseinheiten C, D, F unterhalb der Winkelhalbierenden verbrauchen Kapital (Eigenkapital-Free Cash Flow < 0 bzw. CIR > 1).
- **Marktanteils-Perspektive:** Die Geschäftseinheiten, die stärker als der Marktdurchschnitt wachsen, werden Marktanteile hinzugewinnen (Geschäftseinheiten B, C, E und D), während die anderen Geschäftseinheiten (A, G und F) Marktanteile verlieren werden.

Von besonderem Interesse ist dabei die Situation der strategischen Geschäftseinheit C, die Marktanteile hinzugewinnt und auch ihre Kapitalkosten erwirtschaftet, jedoch so stark wächst, dass das Unternehmen ständig zusätzliches Kapital hinzuführen muss **(Wachstumsfalle)**. Nach dem Boston-I-Portfolio und dem Lebenszykluskonzept wäre die Geschäftseinheit C, die sich auf dem Weg zum Star-Produkt befindet, förderungswürdig. Bei konstantem, unendlichem Wachstum würde die Geschäftseinheit zum Kapitalvernichter (M/B = -∞), sofern nicht in Zukunft das Wachstum reduziert oder die Rendite gesteigert werden kann.

Die Geschäftseinheit E steigert ebenfalls ihren Marktanteil und erwirtschaftet positive Free Cash Flows, kann jedoch trotz eines evtl. ausgewiesenen Gewinns ihre Kapitalkosten nicht verdienen **(Gewinnfalle)**. Das heißt, die diskontierten Free Cash Flows sind kleiner als das investierte Kapital. Bei traditioneller Portfolio-Betrachtung würde ohne Analyse des Wertbeitrags die Geschäftseinheit zumindest mit „Halten" eingestuft werden. Die Wertsteigerungsanalyse zeigt jedoch, dass hier versucht werden muss, die Rentabilität zu steigern. Andernfalls sollte man die Geschäftseinheit desinvestieren. Die beiden Geschäftseinheiten E und C widersprechen dem intuitiven Vorgehen, das sich aus der isolierten Betrachtung ergibt und könnten zur Fehlallokation von Kapital Anlass geben.

Die Marakon Profitability Matrix kann als Erklärungsraster zur finanzwirtschaftlichen Positionierung von strategischen Geschäftseinheiten verwandt werden. Sie ist jedoch nicht in der Lage, ein Portfolio unterschiedlicher Geschäftseinheiten darzustellen, da deren Eigenkapitalkosten risikobedingt und deren Marktwachstumsraten marktbedingt i. d. R. unterschiedlich sein werden. Daher lässt sich die Marakon Profitability Matrix in die sog. **Marakon Portfolio Profitability Matrix** überführen, indem anstatt des RoE der RoE-Spread (RoE – k_{EK}) und anstatt des Wachstums g die Relation aus Wachstum der Geschäftseinheit und Marktwachstum gewählt wird (g / G). Die dritte Trennlinie lässt sich dann nicht mehr einzeichnen.

Das CIR kann jedoch separat errechnet und neben den Kreisflächen angegeben werden. Um die Bedeutung der analysierten strategischen Geschäftseinheiten zu unterstreichen, sollte analog zu gängigen Portfolio-Darstellungen die Kreisfläche proportional zum investierten Kapital dargestellt werden.

Der oben beschriebene Aussagegehalt der Darstellung bleibt trotz der Normierung der beiden Achsen erhalten. Da strategische Geschäftseinheiten häufig über keine eigene Kapitalstruktur verfügen, sondern allenfalls eine Orientierung am Gesamtvermögen (= Gesamtkapital) möglich ist, ist zu empfehlen, die Equity Spreads (RoE – k_{EK}) durch RoI Spreads (RoI – k_{GK}) zu ersetzen [vgl. *Günther, T.* (1997a), S. 353 f.]. An Stelle der Relation g / RoE für das Cash Investment Ratio könnte die Relation

$$CIR = \frac{\text{Investitionen in Anlagevermögen und Working Capital}}{\text{Cash Flow}}$$

gewählt werden. Der Cash Flow geht dabei vom Cash Flow vor Finanzierung, d. h. vor Zinsen, aus und die Wachstumsrate wäre auf Basis des Wachstums des Gesamtkapitals anstatt des Eigenkapitals zu ermitteln.

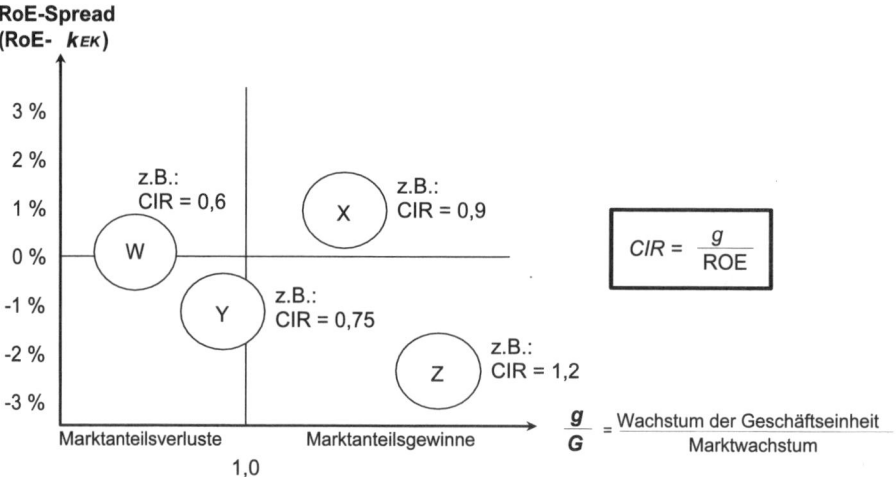

Abb. 5.19:   Marakon Portfolio Profitability Matrix
*   [in Anlehnung an: Marakon Associates (Hrsg.) (1981), S. 7]*

Der Beitrag der **Portfolio Profitability Matrix** zu einem unternehmenswertorientierten strategischen Controlling kann wie folgt beurteilt werden:

- Die Portfolio Profitability Matrix lässt sich als **finanzwirtschaftliches Pendant zum Boston-I-Portfolio** auffassen. Während das Boston-I-Portfolio von den beiden strategischen Erfolgsfaktoren relativer Marktanteil und reales Marktwachstum ausgeht und hieraus finanzwirtschaftliche Aussagen bzgl. Erfolg und Liquidität abgeleitet werden können, misst die Portfolio Profitability Matrix Erfolg und Liquidität direkt. Wird als Determinante für hohe Equity-Spreads nur der relative Marktanteil und als Determinante für die Free Cash Flow-Position das Wachstum gesehen, lässt sich aus der allgemeineren Portfolio Profitability Matrix auch das speziellere Boston-I-Portfolio erklären.
- Der dem Boston-I-Portfolio inhärente statische und dynamische Finanzausgleich führt zur Forderung nach einem **ausgeglichenen Portfolio.** *Hax / Majluf* verweisen darauf, dass ausgeglichene Portfolios auch strategische Geschäftseinheiten beinhalten, die bei Betrachtung der Profitability Matrix als Cash Flow-verbrauchende Bereiche unterhalb der Winkelhalbierenden betrachtet würden. **Optimale Portfolios** würden sich jedoch auf Bereiche mit

positivem Equity-Spread und positivem Free Cash Flow beschränken [vgl. *Hax, A. C. / Majluf, N. S.* (1984), S. 147 ff.]. Der scheinbare Widerspruch zwischen ausgeglichenen und optimalen Portfolios und damit zwischen der Interpretation des Boston-I-Portfolios und der Portfolio Profitability Matrix kann aufgelöst werden, wenn der Wertbeitrag strategischer Geschäftseinheiten in den Periodenerfolg (positiver Free Cash Flow jetzt) und in den Zukunftserfolg (positive Free Cash Flows in der Zukunft) zerlegt wird. Optimale Portfolios würden sich auf die Betrachtung des Periodenerfolgs beschränken, während ausgeglichene Portfolios die „potenziellen" Zukunftserfolge einbeziehen und daher momentane negative Free Cash Flows als Anlaufkosten in Kauf nehmen.

- Das Gordon-Modell, das der Portfolio Profitability Matrix zugrunde liegt, geht von einer stark vereinfachten Berechnung des Marktwertes aus. Wie bereits ausgeführt, muss sich daher auch die Portfolio Profitability Matrix die **Schwächen des Gordon-Modells** (z. B. Konstanz der zugrunde liegenden Parameter, Gewinn- statt Cash Flow-Orientierung, ewiges Wachstum, Eigenkapitalansatz) anrechnen lassen. Insbesondere der **Eigenkapitalansatz** stößt bei der Betrachtung von strategischen Geschäftseinheiten, denen nicht immer eine eigene Kapitalstruktur zugewiesen werden kann, auf Umsetzungsprobleme. Wie bereits oben ausgeführt, ist zur Portfolio-Steuerung der **Gesamtkapitalansatz** besser geeignet.

- Nach dem Gordon-Modell wird das ohne zusätzliche Finanzierung mögliche „nachhaltige" Wachstum einer strategischen Geschäftseinheit oder eines Unternehmens bei Verzicht auf Dividendenzahlungen durch die Eigenkapitalrendite beschränkt (CIR = 1, d. h. g^{max} = RoE). Werden Dividenden gezahlt, beschränkt sich das „nachhaltige" Wachstum auf den thesaurierten Teil der Eigenkapitalrendite (g^{max} = p • RoE, mit p als Thesaurierungsquote) **(Sustainable Growth-Modell)** [vgl. *Higgins, R. C.* (1977), S. 7 ff.; *Clarke, R. G. u. a.* (1988), S. 26 ff.]. *Rappaport* kritisiert diese Berechnung des „nachhaltigen" Wachstums, indem er anhand zweier Fälle darstellt, dass bei „sustainable growth" trotz rechnerischer finanzieller Ausgewogenheit Wert vernichtet werden kann. Die Ursache ist in der Verwendung von Gewinn-Größen anstatt von Cash Flow-Größen bei der Berechnung des CIR zu sehen [vgl. *Rappaport, A.* (1986), S. 135 ff.].

- Dennoch ist der Portfolio Profitability Matrix zugute zu halten, dass sie trotz der inhärenten Vereinfachung drei i. d. R. sehr sensitive **Werttreiber** (Rentabilität, Kapitalkosten und Wachstum) analysiert und damit in der Lage ist, das Wertsteigerungspotenzial abzubilden.

- Ist man bestrebt, die Erfolgsmessung der strategischen Geschäftseinheiten sowohl methodisch adäquat als auch aussagekräftig zu gestalten, ist zu empfehlen, einerseits einen **Gesamtkapitalkosten-Ansatz** zu verwenden und andererseits die gewinnorientierten Spread-Maße durch **finanzwirtschaftliche Größen** zu ersetzen, die ohne Konstanzannahmen auskommen und auf Cash Flow-Größen basieren.

Zusammenfassend ist die Portfolio Profitability Matrix durch ihre finanzwirtschaftliche Interpretierbarkeit allenfalls als Ergänzung, jedoch nicht als Ersatz „traditioneller" Portfolio-Darstellungen einzustufen, da letztere durch ihre komprimierte Darstellung von Erfolgsfaktoren über die reine finanzwirtschaftliche Sicht hinausgehen. Dennoch kann durch die Portfolio Profitability Matrix analysiert werden, ob strategische Geschäftseinheiten zur Steigerung des Unternehmenswertes beitragen bzw. ob eine eventuelle Wertvernichtung zugunsten zusätzlicher strategischer Aspekte in Kauf genommen wird.

5.5.1.3   Unternehmenswertorientierte Performance-Matrizen

Unternehmenswertorientierte Performance-Matrizen stellen für die einzelnen strategischen Geschäftseinheiten eines Unternehmens einem Maß für die aktuelle Ist-Performance (z. B. den Economic Value Added eines einzelnen Jahres) ein Maß für die zukünftige Performance (z. B. das M/B-Ratio auf Basis des Wertbeitrags einer Geschäftseinheit) gegenüber. Aus Sicht des unternehmenswertorientierten strategischen Controlling sollen hiermit momentan erzielte Wertbeiträge zukünftigen Wertsteigerungspotenzialen gegenübergestellt werden, um die Förderungswürdigkeit von strategischen Geschäftseinheiten beurteilen zu können.

Zur **Messung der aktuellen Performance** ist der Free Cash Flow vor Zinsen und nach Steuern in Relation zum Gesamtvermögen der jeweiligen strategischen Geschäftseinheit zu verwenden, wobei das Gesamtvermögen ausgehend von historischen Anschaffungs- oder Herstellungskosten inflationsangepasst oder, soweit möglich, zu Zeitwerten zu bewerten ist. Dadurch wird zum einen ein Cash Flow-orientiertes Maß verwandt, das den Free Cash Flow als wesentliche Jahreszielgröße des Shareholder Value-Ansatzes enthält. Zugleich wird durch den Bezug auf das Gesamtvermögen ein Gesamtkapitalansatz verfolgt, der keiner Kapitalstruktur auf Ebene der strategischen Geschäftseinheiten bedarf. Die Verwendung historischer Anschaffungs- und Herstellungskosten vermeidet Verzerrungen aufgrund der Altersstruktur. Eine Inflationsanpassung oder eine Bewertung zu Zeitwerten der zu unterschiedlichen Zeitpunkten beschafften Vermögensgegenstände wäre geboten, wird jedoch häufig aus Wirtschaftlichkeitsgründen unterbleiben müssen.

Zur **Messung der zukünftigen Performance** ist eine Orientierung am geplanten zukünftigen Wertbeitrag sinnvoll, wie er durch die Relativierung der Wertbeiträge der Geschäftseinheiten (auf Basis des Gesamtkapitalansatzes) am investierten Kapital (d. h. dem Anlagevermögen und dem Working Capital, wenn möglich gemessen zu Zeitwerten) erfolgen kann. Hierdurch kann auf die direkte Bewertung durch den Kapitalmarkt verzichtet werden. Zudem wird nicht nur auf ein einzelnes zukünftiges Jahr abgestellt, sondern der quasi unendliche Betrachtungshorizont des Wertbeitrages berücksichtigt.

Durch Umrechnung in sog. **Shareholder Value-Endwertrenditen** oder **Shareholder Value-Überrenditen** können Probleme beseitigt werden, die durch von Geschäfteinheit zu Geschäfteinheit unterschiedlich lange Planungshorizonte entstehen können:

$$I_{t=0}^{Brutto} \bullet \left(1 + r_{Endwert}^{GK}\right)^T = X = Wertbeitrag \bullet \left(1 + k_{GK}\right)^T$$

$$Shareholder\,Value - Endwertrendite\; r_{Endwert}^{GK} = \left(1 + k_{GK}\right) \bullet \sqrt[T]{\frac{Wertbeitrag}{I_{t=0}^{Brutto}}} - 1.$$

$$Shareholder\,Value - \ddot{U}berrendite\ r_{\ddot{U}berrendite}^{GK} = {}_{T}\!\sqrt{\frac{Wertbeitrag}{I_{t=0}^{Brutto}}} - 1.$$

Definitionsgemäß gilt dabei folgender **Zusammenhang** zwischen der Shareholder Value-Endwertrendite und der Shareholder Value-Überrendite:

$$\left(1 + k_{GK}\right) \bullet \left(1 + r_{\ddot{U}berrendite}^{GK}\right) = \left(1 + r_{Endwert}^{GK}\right)$$

Letztendlich ergibt sich somit die in Abb. 5.20 dargestellte unternehmenswertorientierte Performance-Matrix mit den in den jeweiligen Quadranten angegebenen Entscheidungshinweisen.

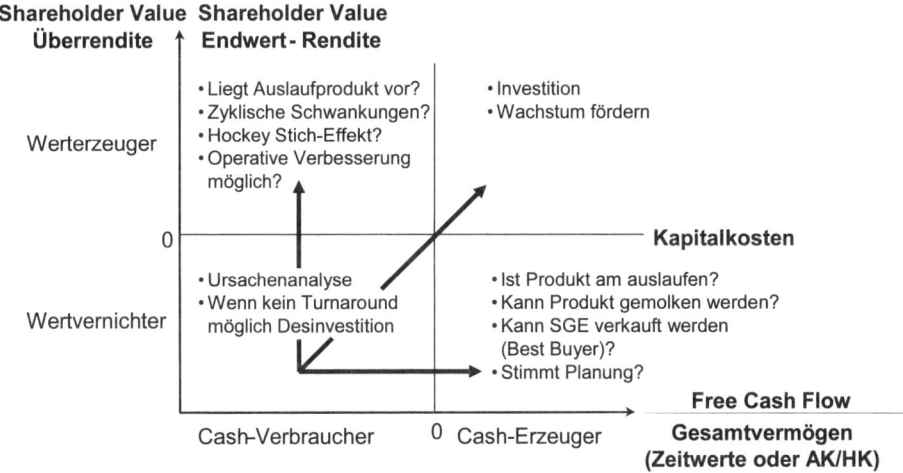

Abb. 5.20:   *Unternehmenswertorientierte Performance-Matrix*

In der Literatur sind mehrere **ähnliche Ansätze** zu finden, die sich jedoch im Wesentlichen nur durch die Wahl der jeweiligen Erfolgskennzahlen unterscheiden:

- **Performance-Portfolio** nach PIMS [vgl. z. B. *Kellinghusen, G. / Wübbenhorst, K. L.* (1989), S. 714],
- **Value Creation Matrix** nach *Reimann* [vgl. *Reimann, B. C.* (1990), S. 129 ff.],
- **Planwert-Portfolio** nach *BCG* [vgl. *Lewis, T. G.* (1994), S. 135],
- **Werterzeugungs-Cash Flow-Portfolio** nach *Höfner & Partner* [vgl. z. B. *Höfner, K. / Pohl, A.* (1993), S. 57 f.],
- **Market to Book-Ratio versus Economic Value to Book Ratio-Matrix** nach *McKinsey & Co.* [vgl. *Hax, A. C. / Majluf, N. S.* (1984), S. 227 f.].

5.5.1.4   Das Leaning Brick Pile

Eine weitere Möglichkeit, das Portfolio eines Unternehmens aus dem Shareholder Value-Blickwinkel zu analysieren, stellt das sog. „Leaning Brick Pile" (zu deutsch: schiefer Ziegelturm) dar. Hierbei wird dem **Marktwert**, gemessen als Wertbeitrag einzelner strategischer Geschäftseinheiten deren Buchwert gegenübergestellt [vgl. *Hax, A. C. / Majluf, N. S.* (1984), S. 236 f.]. Als **Buchwert** kann das (evtl. inflationsangepasste oder zu Zeitwerten bewertete) Gesamtvermögen der Geschäftseinheit gewählt werden. Anhand eines vereinfachten Beispiels soll die weitere Vorgehensweise dargestellt werden [vgl. *Günther, T.* (1997a), S. 372 ff.]:

Beispiel:

Ein Unternehmen hat sechs strategische Geschäftseinheiten, SGE A bis SGE F, für die folgende Wertbeiträge und Buchwerte des Gesamtvermögens zusammengestellt wurden:

Strategische Geschäftseinheit	Marktwert: Wertbeitrag	Buchwert: Gesamtvermögen	M/B-Verhältnis	Rang nach M/B-Verhältnis
SGE A	230 Mio. €	100 Mio. €	2,33	1
SGE B	80 Mio. €	60 Mio. €	1,33	2
SGE C	80 Mio. €	80 Mio. €	1,00	3
SGE D	80 Mio. €	120 Mio. €	0,67	4
SGE E	- 50 Mio. €	60 Mio. €	-0,83	5
SGE F	- 60 Mio. €	50 Mio. €	-1,20	6

Abb. 5.21:   Ausgangsdaten für die Erstellung des Leaning Brick Pile
            [Quelle: Günther, T. (1997a), S. 372]

Die strategischen Geschäftseinheiten werden nun entsprechend der mit dem M/B-Verhältnis ermittelten Rangfolge, beginnend mit dem höchsten M/B-Ratio, kumulativ in das Leaning Brick Pile eingetragen.

Wie Abb. 5.22 deutlich macht, erzielen die strategischen Geschäftseinheiten A und B jeweils Wertbeiträge, die über dem investierten Kapital liegen (M/B > 1). Die beiden Geschäftseinheiten sind zu fördern, da hier wachstumsbedingte Investitionen zur Steigerung des Unternehmenswertes beitragen. Die Geschäftseinheit C ist gerade in der Lage, das eingesetzte Kapital zu verzinsen (Wertbeitrag = investiertes Kapital bzw. M/B = 1). Die Geschäftseinheit D trägt zwar noch mit einem positiven Wertbeitrag von 80 Mio. € zum Unternehmenswert bei, kann jedoch ihre Kapitalkosten nicht verdienen, da das investierte Kapital mit 120 Mio. € den Wertbeitrag übersteigt (M/B < 1). Sowohl bei der Geschäftseinheit C als auch bei der Geschäftseinheit D sollte geprüft werden, ob rentabilitätssteigernde Maßnahmen den Wertbeitrag erhöhen können. Eventuell können auch unattraktive Teile veräußert und so das investierte Kapital verringert werden. Letztendlich kann auch geprüft werden, ob ein eventueller Liquidationswert den Wertbeitrag übersteigt. Die Geschäftseinheiten E und F können aufgrund ihres negativen Wertbeitrages nicht einmal eine positive Kapitalrendite verdienen und vernichten daher Unternehmenswert. Hier ist zu prüfen, ob desinvestiert werden sollte, falls kein Turnaround möglich ist.

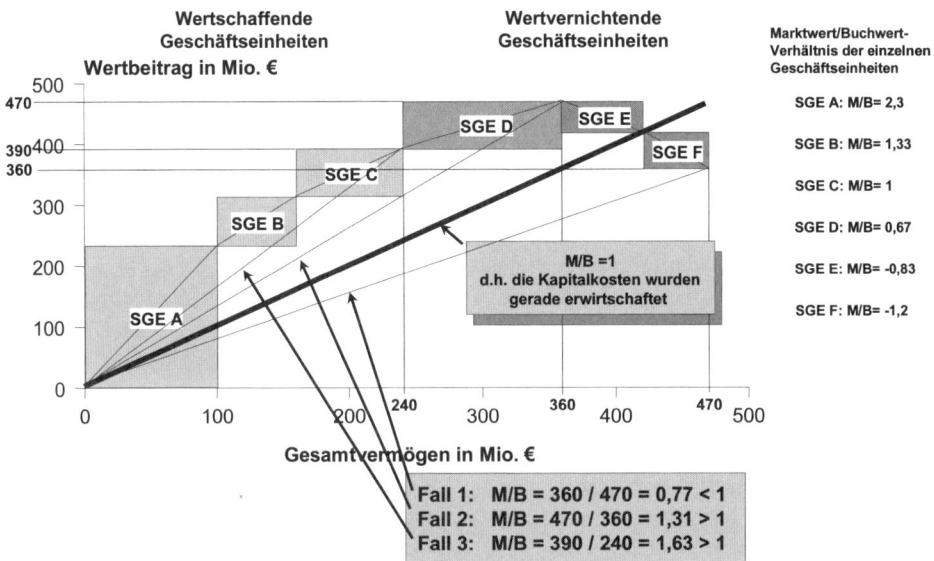

Abb. 5.22: Leaning Brick Pile

Der Leaning Brick Pile macht deutlich, dass – ohne den Wertbeitrag der Zentrale explizit zu betrachten – der Wert des Gesamtkapitals als Summe der Wertbeiträge der einzelnen strategischen Geschäftseinheiten derzeit 360 Mio. € beträgt. Da das investierte Gesamtvermögen jedoch 470 Mio. € beträgt, weist das Gesamtunternehmen ein M/B-Ratio von 0,77, d. h. kleiner als eins, auf und wäre damit insgesamt als Wertvernichter einzuordnen **(Fall 1)**. Das Leaning Brick Pile zeigt jedoch auf, dass das Unternehmen ohne die Geschäftseinheiten E und F einen Wert des Gesamtkapitals von 470 Mio. € bei einem Gesamtvermögen von 360 Mio. € aufweisen und mit einem M/B-Ratio von 1,31 als wertschaffendes Unternehmen angesehen werden könnte **(Fall 2)**. Voraussetzung für diese Wertsteigerung wäre jedoch, dass die Geschäftseinheiten E und F ohne zusätzliche Belastungen desinvestiert werden können (z. B. keine Schließungskosten, Abfindungen etc.). Solange der Barwert der Stilllegungs- oder Desinvestitionskosten kleiner als der der ersparten negativen Wertbeiträge ist, lohnt sich die Stilllegung oder die Desinvestition. Die Preisuntergrenze ist hierbei der negative Wertbeitrag von 50 bzw. 60 Mio. €, d. h. es wäre wertsteigernd die Geschäftseinheiten zu verschenken und dem Übernehmer sogar noch eine Mitgift von maximal 50 bzw. 60 Mio. € zu geben, um langfristig die negativen Freien Cash Flows zu sparen (vgl. die Verkäufe von *Dornier* an *Fairchild* oder der *Siemens* Handysparte an *Benq* mit entsprechenden Mitgiftzahlungen).

Da auch die strategische Geschäftseinheit D ihre Kapitalkosten nicht verdient, würde zumindest das M/B-Ratio bei einem Verkauf der Geschäftseinheit zum erwarteten Wertbeitrag, d. h. ohne Wertminderung für das Unternehmen, von 1,31 auf 1,63 (390 Mio. / 240 Mio. €) steigen. Das Unternehmen wäre dann zwar nur noch halb so groß, jedoch aus Sicht der Eigentümer wertschaffend anstatt wertvernichtend **(Fall 3)**. Derartige Restrukturierungen sind in den letzten Jahren bei führenden multinationalen Unternehmen (z. B. *Siemens* oder *Schering*) mehrfach durchgeführt worden und haben erheblich zur Steigerung des Unternehmenswertes beigetragen.

Auch mit externen Daten aus der Segmentberichterstattung kann ein **modifizierter Leaning Brick Pile** erstellt werden, indem dem operativen Ergebnis die absoluten Kapitalkosten gegenübergestellt werden. Hierdurch werden zwar nur Zahlen eines Jahres zugrunde gelegt, dennoch ist eine einfache Aussage möglich, ob der NOPAT die Kapitalkosten übersteigt und damit netto ein Übergewinn geschaffen wurde. Abb. 5.23 veranschaulicht das modifzierte Leaning Brick Pile für die RWE auf der Basis der Daten in den Geschäftsberichten 2002/03. Das Beispiel zeigt, dass die Geschäftsbereiche Thames Water und Innogy Wertvernichter sind (NOPAT < absolute Kapitalkosten) und der Bereich Umwelt zudem sogar einen negativen NOPAT aufweist und damit ebenfalls zum Wertvernichter wird. Im Gesamtportfolio der RWE fiel damit in dem Geschäftsjahr über die Hälfte der Kapitalkosten in Geschäften mit negativen Wertbeiträgen an.

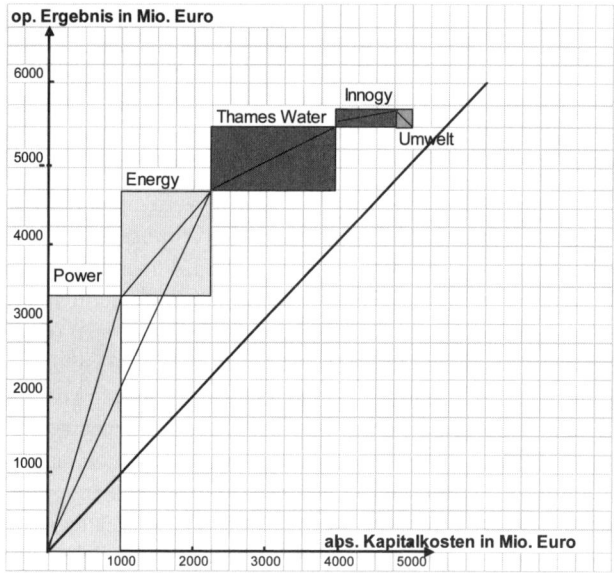

Abb. 5.23:   Modifizierter Leaning Brick Pile für RWE 2002/03
[Quelle:Günther, T. / Schmidt, E. (2006), S. 326]

Der Leaning Brick Pile zieht gegenüber den vorangehenden Portfolio-Überlegungen neue Aspekte in Betracht, da Rückschlüsse von strategischen Entscheidungen für einzelne Geschäftseinheiten auf die **Gesamtunternehmenssituation** möglich sind. Ebenso erlaubt das Leaning Brick Pile, die **Dimensionierung des Unternehmens** hinsichtlich der Wertschaffung im Unternehmen zu überprüfen. Das Leaning Brick Pile ist jedoch nicht in der Lage, die hinter dem Wertbeitrag stehenden wesentlichen **Werttreiber** darzustellen, wie dies z. B. durch das Wachstum, die Rentabilität oder die Marktanteilsentwicklung bei der Portfolio Profitability Matrix möglich ist. Durch die Annahme der Wertadditivität, die den Wert des Gesamtkapitals

als Summe der einzelnen Wertbeiträge erfasst, werden **Synergien** zumindest explizit nicht erfasst.

5.5.1.5 Die Rolle des Unternehmenswertes im Rahmen des Portfolio-Managements

Aufgabe des Portfolio-Managements ist es einerseits, Entscheidungen bzgl. der Allokation von Ressourcen zu unterstützen und andererseits durch die Realisierung von Synergien einen zusätzlichen Mehrwert des Unternehmens im Vergleich zur Summe der einzelnen Wertbeiträge zu leisten:

- Wie die Überlegungen zum Marktanteils-Marktwachstums-Portfolio und zur Marakon Profitability Matrix zeigen, ist es Intention, ein **ausgeglichenes Portfolio anstatt eines optimalen Portfolios** zu erreichen, das auch momentane Wertvernichter (z. B. Nachwuchsprodukte) enthält. Diese Anfangsverluste sind jedoch einzugehen, um aus diesen Geschäften zukünftige Wertbeiträge zu generieren. Die Performance-Matrizen stellen daher bewusst die momentane Wertschaffung der zukünftigen Wertschaffung gegenüber, wobei aus strategischer Perspektive der Hauptfokus auf den zukünftigen Wertsteigerungspotenzialen liegen sollte. Daher ist die Ergänzung der statischen Sicht der klassischen Portfolio-Instrumente um die langfristige Betrachtung der zu erwartenden Wertbeiträge gerade für die Strategiefindung fruchtbar, da sich die Ressourcen-Allokation an den Wertsteigerungspotenzialen ausrichten sollte.
- Die nicht nur im staatlichen Bereich, sondern auch in vielen privatwirtschaftlich geführten Unternehmen anzutreffende Subventionspoltitik (interner Verlustausgleich; Investition in Geschäftseinheiten, die ihre Kapitalkosten nicht verdienen; Ausrichtung an buchhalterischen Renditen statt marktbezogenen Renditen (z. B. in der Immobilienbewirtschaftung); Verwendung von nicht nach Risiken differenzierten Hurdle Rates für Investitionen) ist durch eine Ausrichtung am **Markt als Messlatte für die Ressourcen-Allokation** zu ersetzen. Der Shareholder Value-Ansatz bietet hier eine Möglichkeit, den Marktmechanismus als „**internen**" **Kapitalmarkt** für die Ressourcen-Allokation zu nutzen [vgl. *Bühner, R.* (1994), S. 7].
- Neben dem Portfolio-Management ist es Aufgabe der Unternehmensstrategie, Synergien zwischen den einzelnen strategischen Geschäftseinheiten zu gewährleisten und deren Nutzung zu fördern [vgl. *Biberacher, J. (2003)*]. In einigen Konzepten zum Shareholder Value-Ansatz werden **Synergien** vernachlässigt, indem vereinfachend vom **Grundsatz der Wertadditivität** ausgegangen wird. Der Wert des Gesamtunternehmens ergibt sich dann aus der Summe der Wertbeiträge der einzelnen Geschäfte ergänzt um den Wertbeitrag der zentralen Aktivitäten. Aus finanzwirtschaftlicher Perspektive stellt sich dann jedoch die Frage, ob es nicht vorteilhafter ist, das Unternehmen in einzelne Teilbereiche zu zerlegen. Daher ist die Realisierung von Synergien zwischen den einzelnen Geschäftseinheiten erforderlich, um die Existenz des Unternehmensverbundes zu rechtfertigen.

Die **Identifizierung und Quantifizierung von Synergien** ist jedoch schwierig, da sie häufig bereits in den Geschäftsplänen und damit den Wertbeiträgen der einzelnen strategischen Geschäftseinheiten enthalten sind. Zudem sind die Realisationsgrade erwarteter Synergien nach vorliegenden empirischen Studien insbesondere im Technologie- und Produktionsbereich relativ gering, während sie im Finanzbereich und im Marketing relativ hoch sind [vgl. als Erster *Kitching, J.* (1967), S. 93]. Daher ist es geboten, gerade bei der Synergiebetrachtung funktionale Strategien und ressourcenorientierte Ansätze wie z. B. das Kernkompetenzen-Konzept ergänzend zu betrachten.

5.5.2   Unternehmenswert und Geschäftsstrategie

Nachdem Konzepte zur Gewinnung von **Geschäftsstrategien** bereits ausführlich diskutiert wurden, stellt sich im Rahmen des Shareholder Value-Ansatzes die Frage, ob einerseits die einzelne strategische Geschäftseinheit einen Beitrag zur Steigerung des Unternehmenswertes leistet und andererseits, in welcher Art und Weise alternative Geschäftsstrategien den Shareholder Value beeinflussen.

5.5.2.1   Ansatzpunkte für wertschaffende Geschäftsstrategien

Nach dem Konzept der **generischen Wettbewerbsstrategien** nach *Porter* gibt es drei mögliche Wege, Geschäftsstrategien auszurichten (siehe Kapitel 3.1):

*   Kostenführerschaft,
*   Differenzierung,
*   Spezialisierung.

Während *Porter* noch von der Entscheidung zwischen diesen Alternativen ausgeht, verknüpft das Konzept der **Outpacing-Strategie** [vgl. *Gilbert, X. / Strebel, P. J.* (1987)] die alternativen Geschäftsstrategien, indem eine Kombination von Kostenführerschaft auf der einen und Differenzierung und Spezialisierung auf der anderen Seite unterstützt durch moderne Fertigungs- und Kommunikationstechnologien für möglich erachtet wird (siehe Kapitel 3.1). Die Nutzung und der Erfolg der jeweils gewählten Geschäftsstrategie fußt jedoch auf dem zu generierenden Kundennutzen. *Pümpin* spricht im Hinblick auf die Schaffung eines Kundennutzens von sog. **Nutzenpotenzialen**, die er in externe ($\cong$ Produkt-Markt-Strategien) und interne Nutzenpotenziale ($\cong$ Ressourcen-Strategien) zerlegt [vgl. *Pümpin, C.* (1989), S. 89 ff.]. Nutzenpotenziale stellen latent oder effektiv vorhandene Konstellationen dar, die dem Unternehmen die Erschließung von **Wettbewerbsvorteilen** bieten. Externe Nutzenpotenziale sind z. B. das Marktpotenzial (Zugang zu vorhandenen und neuen Märkten) oder das Technologiepotenzial (Möglichkeiten, die sich durch die Nutzung einer spezifischen Technologie ergeben), während interne Nutzenpotenziale z. B. im organisatorischen Potenzial (innerbetriebliche Leistungssteigerung durch die Gestaltung von Strukturen und Prozessen) oder im Synergiepotenzial (Nutzung bestehender Ressourcen für neue Aktivitäten) bestehen.

Werden Wertsteigerungspotenziale etwas verkürzt auf die beiden wesentlichen Werttreiber Rentabilitätsspanne und Wachstum zurückgeführt, ergeben sich **Wertsteigerungspotenziale** einerseits, wenn über Kostenvorteile höhere Rentabilitätsspannen erzielt werden und dieser Kostenvorteil auch zu Zugewinnen beim Marktanteil (= Wachstum) verwandt wird, und andererseits, wenn der höhere Kundennutzen über höhere Preise ebenfalls die Rentabilitätsspanne erhöht und / oder aufgrund der Vorteile beim Kundennutzen das Umsatzwachstum steigt.

Letztendlich ist ein gutes Verhältnis von Kundennutzen und Kosten die originäre Ursache für positive Rentabilitätsspannen und Wachstum. Folglich kann auf der Ebene der strategischen Geschäftseinheiten der **Shareholder Value** auf den **Customer Value** zurückgeführt werden, wenn Customer Value als **Preis-Leistungs-Verhältnis aus Kundensicht** bzw. als **Relation von Kundennutzen und Kosten aus Unternehmenssicht** verstanden wird. Die Schaffung von Unternehmenswert auf die Schaffung von Kundennutzen reduzieren zu wollen, greift jedoch zu kurz, da der Kundennutzen nur schwer messbar bzw. monetarisierbar ist. Erste Versuche hierzu stellen z. B. die Bewertung von Kundenbeziehungen **(Kundenwert)** [vgl. z. B. *Homburg, C. / Schnurr, P.* (1998), S. 169 ff.] bzw. die Abspaltung von **Markenwerten** aus Unternehmenswerten dar [vgl. z. B. *Sattler, H.* (1997) und *Kriegbaum, C.* (2000)].

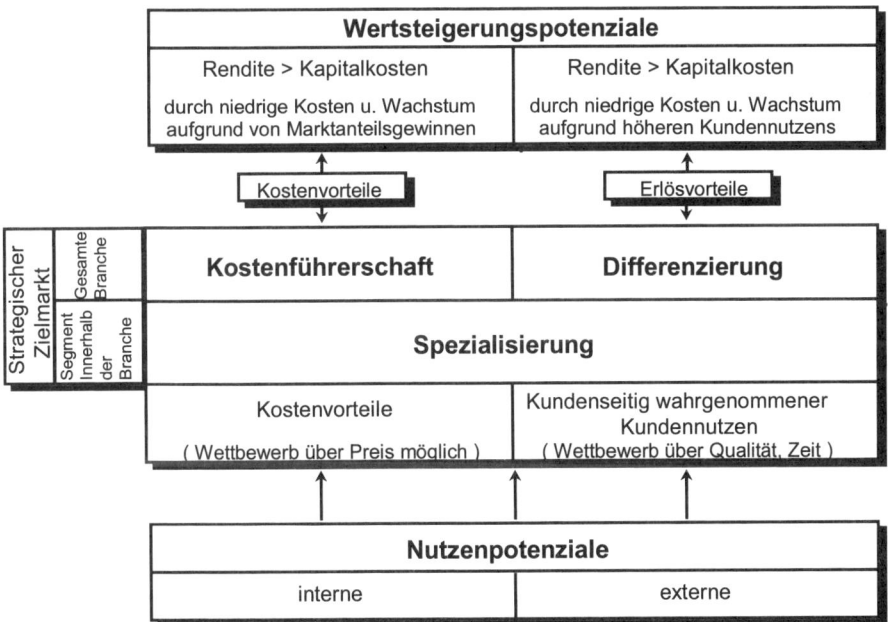

Abb. 5.24:   *Zusammenhang von Nutzenpotenzial, generischen Wettbewerbsstrategien und Wertsteigerungspotenzial*
[Quelle: Günther, T. (1997a), S. 382]

Der Zusammenhang zwischen Nutzenpotenzialen, generischen Wettbewerbsstrategien und Wertsteigerungspotenzialen lässt sich wie in Abb. 5.24 dargestellt systematisieren.

Wertgeneratoren	Generische Wettbewerbsstrategien		
	Kostenführerschaft	Differenzierung	Spezialisierung
Umsatzwachstum	▪ Aggressive Preispolitik ▪ Marktanteilsausweitung	▪ Hochpreispolitik ▪ Ermitteln attraktiver Kundenprobleme	▪ Hochpreispolitik ▪ Ermitteln attraktiver Marktsegmente ▪ Erschließen neuer Vertriebskanäle
Umsatzrendite	▪ Optimierung der Produktionstiefe und -abläufe ▪ Kostendegression und Erfahrungskurve ▪ Reduktion der Logistikkosten ▪ Kostenmanagement	▪ Ausrichten der Kostenstruktur auf den Kundennutzen ▪ Hochpreispolitik	▪ Nutzung von Kostenvorteilen der Spezialisierung ▪ Hochpreispolitik bei hohem Kundennutzen ▪ Erschließen und Besetzen überlegener Beschaffungsquellen ▪ Beschleunigen des Innovationsprozesses
Erweiterungsinvestitionen in das Anlagevermögen	▪ Rationalisierungsinvestitionen ▪ Optimale Anlagennutzung ▪ Verkauf schlecht genutzter Anlagen ▪ Optimale Beschaffung	▪ Investitionen in differenzierungsfördernde Anlagen (z. B. Flexibilität oder Qualität) ▪ Verkauf schlecht genutzter Anlagen ▪ Optimale Beschaffung	▪ Optimale Anlagennutzung ▪ Verkauf schlecht genutzter Anlagen ▪ Optimale Beschaffung (z. B. make or buy)
Erweiterungsinvestitionen in das Working Capital	▪ Cash Management ▪ Reduktion der Vorräte unter Beibehaltung der Lieferbereitschaft ▪ Erhöhung des Debitorenumschlags	▪ Cash Management ▪ Ausrichten der Verkaufskonditionen und der Lagerpolitik auf die Differenzierungsstrategie	▪ Cash Management ▪ Ausrichten der Verkaufskonditionen und der Lagerpolitik auf die Spezialisierungsstrategie
Steuersatz*	▪ Optimierung der Kapitalstrukturen ▪ Optimierung der Gesellschaftsstruktur ▪ Optimierung in der Durchführung von Transaktionen (z. B. bei Akquisitionen)		
Kapitalkosten*	▪ Optimierung der Kapitalstrukturen ▪ Senkung der Finanzierungskosten ▪ Senkung des systematischen Risikos		
Wachstumsdauer	▪ Aufbau von Eintrittsbarrieren für potenzielle Konkurrenten ▪ Erlangung eines rechtlichen Schutzes (Patente, Exklusivverträge etc.) ▪ Aufbau von Image und Markennamen		
Legende: * soweit auf der Ebene der strategischen Geschäftseinheiten überhaupt beeinflussbar			

Abb. 5.25:   Abbildung der Geschäftsstrategie im Wertgeneratoren-Modell

Die Analyse kann nun weiter verfeinert werden, indem das **Wertgeneratoren-Modell** von *Rappaport* verwendet wird, um Auswirkungen der drei generischen Wettbewerbsstrategien auf die einzelnen Wertgeneratoren oder Werttreiber und damit auf den Wertbeitrag zu untersuchen. Letztlich können hieraus die Parameter für die Erstellung des Geschäftsplanes abgeleitet werden, die der Ermittlung des Wertbeitrages der Geschäftsstrategie zugrunde liegt. In Abb. 5.25 sind beispielhaft einige mögliche Auswirkungen systematisiert [vgl. *Gomez, P. / Weber, B.* (1989), S. 52 f. und S. 64 f.; *Rappaport, A.* (1986), S. 94 ff.].

5.5.2.2   Die Valcor-Matrix

Um die Schaffung von Kundennutzen mit dem Shareholder Value-Ansatz zu verknüpfen, wurde von *Gomez / Weber* die sog. **Valcor-(„Value is core")-Matrix** entwickelt [vgl. *Gomez, P. / Weber, B.* (1989), S. 54], die die Systematisierung in Nutzenpotenziale von *Pümpin* mit dem Wertgeneratoren-Modell von *Rappaport* verknüpft.

Wertgenera-toren	**Nutzenpotenziale**				
	Restrukturie-rungspotenzial	Finanzierungs-potenzial	Informatik- und Logistikpotenzial	Human-potenzial	Kooperations-potenzial
Umsatz-wachstum	▪ Verselbstän-digung der Kernkompe-tenz „Elek-tronik"	▪ Gewährung günstigerer Zahlungs-ziele und Konditionen	▪ Vernetzung ▪ Kundenser-vice ▪ IFRS-System	▪ Incentives für Verkäu-fer ▪ Kundenori-entierte Ausbildung	▪ Übernahme Konkurrent A zur Gewinnung von Markt-anteilen
Umsatzrendite	▪ Zusammen-schluss der Testaktivi-täten	▪ Absicherung des Wäh-rungsrisikos ▪ Hedging	▪ Computer In-tegrated Ma-nufacturing (CIM)	▪ Flexible Ar-beitszeiten ▪ Qualitätszir-kel	▪ Preispolitik in Abstim-mung mit ausgewählten Konkurren-ten
Erweiterungs-investitionen in das Anlage-vermögen und das Working Capital	▪ Desinvesti-tion der Liegen-schaften X und Y ▪ Verkauf der SGE Kom-ponenten	▪ Sale and Le-ase back der Immobilien	▪ Reduktion des Working Ca-pital durch PPS	▪ Strategische Personalpla-nung	▪ Just in Time-Bewirtschaf-tung in Ab-sprache mit Lieferanten
Kapitalkosten	▪ Going Pub-lic	▪ Verbesserung der Investor Relations ▪ Konservative Ausschüttung	▪ Software-ge-stütztes Cash Management	▪ Trennung Treasurer / Controller ▪ Bankkon-takte	▪ Nutzung von Leveragepo-tenzial bei Übernahmen
Steuersatz	▪ Holding Struktur	▪ Erhöhung des Fremdkapi-talanteils	▪ Steuerpla-nungspro-gramm	▪ Externer Steuerex-perte	▪ Steuervor-teile durch Kooperatio-nen in neuen Bundeslän-dern

Abb. 5.26:   Valcor-Matrix für einen Zulieferer der Elektrizitätswirtschaft
[Quelle: Gomez, P. (1993), S. 195 ff.]

Die Wertgeneratoren sind dabei durch den definitorischen Zusammenhang mit dem zu ermittelnden Wertbeitrag gegeben. Die zu analysierenden Nutzenpotenziale sind jedoch an die konkrete Unternehmenssituation anzupassen, d. h. auf relevante Nutzenpotenziale zu beschränken bzw. um zusätzliche bedeutsame Nutzenpotenziale zu erweitern.

Zur Identifizierung relevanter Nutzenpotenziale eines Unternehmens bietet sich der Rückgriff auf das sog. **Unternehmensnetzwerk** an, das eine Verknüpfung von **Umfeldanalyse** und **Unternehmensanalyse** darstellt [vgl. *Gomez, P.* (1993), S. 154 ff.]. Das Unternehmensnetzwerk entstammt dem St. Galler Management-Modell und beabsichtigt, lineare Denkweisen durch ein **Denken in vernetzten Strukturen** zu ergänzen (siehe Kapitel 1.8).

Für das Beispiel eines Zulieferers der Elektrizitätswirtschaft wird in Abb. 5.26 die Valcor-Matrix dargestellt.

Die Handlungsempfehlungen zu den beiden Wertgeneratoren **Kapitalkosten und Steuersatz** lassen sich i. d. R. nur auf der Ebene des Gesamtunternehmens, nicht jedoch für den Fall dezentraler strategischer Geschäftseinheiten ohne eigene Kapitalstruktur verfolgen. Der Werttreiber **Wachstumsdauer** wird in der Valcor-Matrix zu Unrecht vernachlässigt, da gerade die Nachhaltigkeit von Wettbewerbsvorteilen für die Fähigkeit, über einen längeren Zeitraum positive Spreads zu verdienen und damit Wertbeiträge zu erzielen, verantwortlich ist.

Die Valcor-Matrix verzichtet auf die Angabe funktionaler Zusammenhänge zwischen den Wertgeneratoren und den Nutzenpotenzialen. Sie stellt daher eine **qualitative Strukturierungshilfe** dar, die insbesondere für ein strukturiertes Brainstorming geeignet ist und damit als Ideenlieferant fungiert. Die Valcor-Matrix steht dabei nur für eine der möglichen Vorgehensweisen. Das Shareholder Value-Konzept lässt sich jedoch auch mit anderen Managementphilosophien wie **Lean Management, Kaizen oder Reengineering** verknüpfen, da diese Philosophien letztendlich auch die wesentlichen Werttreiber beeinflussen und zur Steigerung des Unternehmenswertes führen.

5.5.2.3   Bewertung von Strategien mit Hilfe des Shareholder Value-Ansatzes

Die aus der Valcor-Matrix gewonnenen Strategieempfehlungen sind anschließend mit der generellen Geschäftsstrategie, der Unternehmensstrategie und evtl. der Eignerstrategie abzustimmen. Aus dem Blickwinkel des strategischen unternehmenswertorientierten Controlling verbleibt dann die Frage, ob die Strategien auch in der Lage sind, zur Steigerung des Unternehmenswertes beizutragen. Der Shareholder Value-Ansatz ermöglicht, Strategien nicht nur wie bisher hinsichtlich strategischer Erfolgsfaktoren zu beurteilen, sondern zukünftige, geplante Wertbeiträge zu schätzen, die ergänzend zur traditionellen Strategiebewertung herangezogen werden können (**Value Based Planning**). Dieser Versuch der Quantifizierung von Strategien kann als wesentliche Erweiterung des traditionellen strategischen Managements betrachtet werden [vgl. z. B. *Rappaport, A.* (1986), S. 55 ff.]. Anhand eines einfachen Beispieles soll die Vorgehensweise verkürzt dargestellt werden:

Beispiel:

Ein Elektronikunternehmen baut auf der grünen Wiese eine Chip-Fabrik, um die blühende Nachfrage nach Speicherbausteinen (Umsatzwachstum +40 % p. a.) befriedigen zu können. Der Umsatz für das erste Geschäftsjahr wird auf 800 Mio. € geschätzt. Die Investitionen in das Anlagevermögen belaufen sich zum 01.01. des ersten Geschäftsjahres auf 900 Mio. €. Darüber hinaus ist ein Working Capital zum Produktionsbeginn (= Beginn des ersten Geschäftsjahres) von 300 Mio. € erforderlich. Des Weiteren geht das Management von folgenden Parametern aus:

Benötigte Investitionen in das Anlagevermögen in % der absoluten Umsatzsteigerung **(Erweiterungsinvestitionsrate des Anlagevermögens)**	20 %
Benötigte Investitionen in das Working Capital in % der absoluten Umsatzsteigerung **(Erweiterungsinvestitionsrate des Working Capital)**	30 %
Nutzungsdauer aller Anlagen (lineare Abschreibung auf Restwert von Null)	5 Jahre
Umsatzrendite vor Steuern und Zinsen p. a.	13,5 %
Durchschnittliche gewichtete Gesamtkapitalkosten (WACC)	8 %

Aus den geschätzten Daten ergibt sich nach dem **Wertgeneratoren-Modell** nach *Rappaport* folgende Geschäftsplanung (in Mio. €):

Jahr	1	2	3	4	5
Anlagevermögen (zu Anschaffungskosten / Herstellungskosten)	900,00	964,00	1.053,60	1.179,04	1.354,66
Umsatz	800,00	1.120,00	1.568,00	2.195,20	3.073,28
Gewinn vor Steuern und Zinsen	108,00	151,20	211,68	296,35	414,89
+ Abschreibungen	180,00	192,80	210,72	235,81	270,93
= **Cash Flow**	**288,00**	**344,00**	**422,40**	**532,16**	**685,82**
− Investionen in das Anlagevermögen	64,00	89,60	125,44	175,62	245,86
− Investitionen in das Working Capital	96,00	134,40	188,16	263,42	368,79
= **Free Cash Flow**	**128,00**	**120,00**	**108,80**	**93,12**	**71,17**

Ebenso könnten die Freien Cash Flows der Strategie – etwas aufwendiger – aus einem detaillierten Geschäftsplan über eine Plan-GuV oder Plan-Cash Flow-Rechnung für die Jahre 1 bis 5 gewonnen werden.

Aus den ermittelten Free Cash Flows ergibt sich unter der Annahme einer ewigen Rente als Restwert auf Basis des Free Cash Flows im fünften Jahr folgender Wertbeitrag der Chip-Fabrik in Mio. €:

$$Wertbeitrag = \frac{128{,}00}{1{,}08} + \frac{120{,}00}{1{,}08^2} + \frac{108{,}80}{1{,}08^3} + \frac{93{,}12}{1{,}08^4} + \frac{71{,}17}{1{,}08^5} + \frac{71{,}17}{0{,}08} \bullet \frac{1}{1{,}08^5} = 1.030{,}11$$

Angesichts eines investierten Kapitals zu Beginn des ersten Geschäftsjahres von 1,2 Mrd. € (Anlagevermögen plus Working Capital) stellt die Chip-Fabrik trotz des hohen Umsatzwachstums und der überdurchschnittlichen Umsatzrendite einen Wertvernichter (Wertbeitrag zum 01.01.01 < Investiertes Kapital zum 01.01.01) dar, da das Umsatzwachstum erheblichen Investitionsbedarf nach sich zieht **(Wachstumsfalle)**.

5.5.2.4   Bewertung strategischer Optionen

Strategische Entscheidungssituationen sind häufig mit sog. **Realoptionen** gekoppelt, d. h. Handlungsmöglichkeiten, die für die Zukunft offen stehen, jedoch nicht ergriffen werden müssen. Strategische Optionen stellen einen zusätzlichen Wert dar, der durch klassische dynamische Investitionsrechenverfahren nicht berücksichtigt wird und daher zur Unterbewertung von strategischen Handlungsalternativen führt [vgl. *Herter, R. N.* (1992), S. 320 f.]. Eine Vernachlässigung des Optionswertes kann zu Fehlentscheidungen und einer Schwächung der zukünftigen Wettbewerbsposition führen. Daher wird auch in der Unternehmensbewertung die Ergänzung durch eine **„strategische Unternehmensbewertung"** diskutiert [vgl. z. B. *Schneider, J.* (1988), S. 522 ff.; *Sieben, G. / Diedrich, R.* (1990), S. 794 ff.]. Der Wert des Strategiebeitrags setzt sich daher aus dem Wertbeitrag und dem Wert der Option zusammen:

Strategiebeitrag = Wertbeitrag + Wert der Option

Varianten derartiger strategischer Realoptionen können sein:

1. die Möglichkeit des **Abbruchs von Projekten** oder des **Verkaufs** (Verkaufsoption),
2. die Möglichkeit der **Verzögerung** bzw. des **Lernens,** z. B. bei der Erschließung von Rohstoff-Vorkommen oder bei Joint Ventures etc. (Kaufoption),
3. die Möglichkeit der **Erweiterung**, d. h. der Realisierung zukünftigen Wachstums (Kaufoption), z. B. bei F&E-Maßnahmen oder bei der Schaffung von Firmenwert,
4. die Möglichkeit der **Konsolidierung**, z. B. bei fehlenden Mindestabnahmemengen bei Verträgen mit Lieferanten oder beim Ausstieg aus Gemeinschaftsprojekten etc. (Verkaufsoption),
5. die Möglichkeit des **Wechsels**, z. B. Wechsel der eingesetzten Rohstoffe oder Vorprodukte oder Wechsel der Lieferanten beim Second Sourcing (Kauf- und / oder Verkaufsoption).

Durch die Wahrnehmung und Wahrung dieser Optionen kann im Unternehmen der Freiheitsgrad erhöht werden. Durch die größere Flexibilität kann das Management zur Wertsteigerung beitragen.

Zur Bewertung von Optionen werden zwei Alternativen vorgeschlagen [vgl. *Copeland, T. / Koller, T. / Murrin, J.* (1991), S. 347 ff.; *Herter, R. N.* (1992), S. 321]:

1. **Das Entscheidungsbaumverfahren:** Beim Entscheidungsbaumverfahren wird die Entscheidungssituation in einzelne Handlungsalternativen zerlegt, deren Eintreten mit

Wahrscheinlichkeiten und entsprechenden Rückflüssen bewertet wird. Das Problem stellt hierbei die Wahl eines geeigneten Kalkulationszinsfusses dar, da das Risiko in den verschiedenen Ästen unterschiedlich ist. Zudem wird die Entscheidungssituation bei realen, mehrstufigen Problemen derart komplex, dass eine Handhabung erschwert wird [vgl. *Herter, R. N.* (1992), S. 321].

2. **Rückgriff auf das Optionspreis-Modell aus der Kapitalmarkttheorie:** Beim Optionspreis-Modell kann auf die Bestimmung eines risikoangepassten Kalkulationszinsfußes verzichtet werden. Die Bewertung kann analog zu finanzwirtschaftlichen Optionen z. B. unter Rückgriff auf die Bewertungsformel nach *Black / Scholes* erfolgen [vgl. *Black, F. / Scholes, M.* (1973), S. 637 ff.]. Der Wert einer europäischen Kaufoption ergibt sich nach folgender Gleichung:

$$Wert\,der\,Kaufoption = S \bullet N(d_1) - X \bullet e^{-rT} \bullet N(d_2)$$

mit

$$d_1 = \frac{\ln(S/X) + r \bullet T + 0,5 \bullet \sigma^2 \bullet T}{\sigma \bullet \sqrt{T}}$$

$$d_2 = \frac{\ln(S/X) + r \bullet T - 0,5 \bullet \sigma^2 \bullet T}{\sigma \bullet \sqrt{T}}$$

$N(x)$: Verteilungsfunktion der Standardnormalverteilung für den Wert x
S : aktueller Wert der Aktie
X : Bezugspreis bei Ausübung der Option
r : Zinssatz einer risikolosen Anlage
T : Restlaufzeit der Option
σ^2 : Varianz des Aktienkurses

Der Wert der Verkaufsoption ergibt sich wie folgt:

$$Wert\,der\,Verkaufsoption = Wert\,der\,Kaufoption - S + \frac{X}{(1+r)^T}$$

Für eine Realoption sind die finanzwirtschaftlichen Werte S, x und σ^2 aus der realen Entscheidungssituation abzuleiten. Abb. 5.27 zeigt, wie die Parameter der Realoption durch Analogieschluss aus den Parametern der Finanzoption abgeleitet werden können.

Das Optionspreis-Modell kann nur den Wert der Option ermitteln, nicht jedoch den Strategiebeitrag selbst errechnen. Ferner ist zu fragen, ob die Voraussetzungen des finanzwirtschaftlichen Modells auf derartige reale Optionen übertragbar sind (Verfügbarkeit der Daten, Prämissen des Modells, Abbildbarkeit der Komplexität realer Situationen etc.). Des Weiteren stellt sich die Frage, zu welchem Zeitpunkt eine Option ausgeübt werden soll, ob das Verhalten der Konkurrenz und die eigene Reaktion berücksichtigt wird und wie reale Optionen bewusst geschaffen und rechnerisch abgebildet werden können.

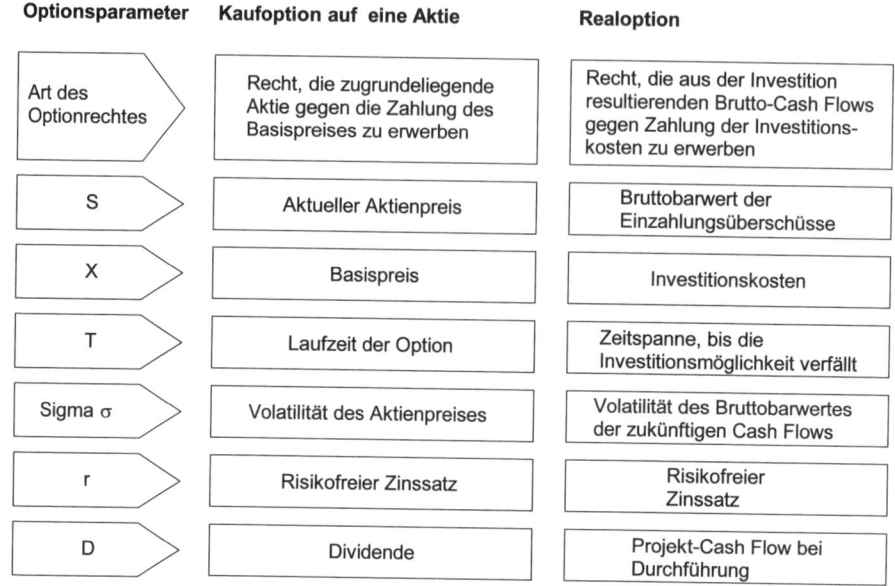

Optionsparameter	Kaufoption auf eine Aktie	Realoption
Art des Optionrechtes	Recht, die zugrundeliegende Aktie gegen die Zahlung des Basispreises zu erwerben	Recht, die aus der Investition resultierenden Brutto-Cash Flows gegen Zahlung der Investitions- kosten zu erwerben
S	Aktueller Aktienpreis	Bruttobarwert der Einzahlungsüberschüsse
X	Basispreis	Investitionskosten
T	Laufzeit der Option	Zeitspanne, bis die Investitionsmöglichkeit verfällt
Sigma σ	Volatilität des Aktienpreises	Volatilität des Bruttobarwertes der zukünftigen Cash Flows
r	Risikofreier Zinssatz	Risikofreier Zinssatz
D	Dividende	Projekt-Cash Flow bei Durchführung

Abb. 5.27:   Analogie von Finanz- und Realoptionen
        [Quelle: Hommel, U. / Pritsch, G. (1999), S. 124]

Trotz methodischer Bedenken in der Quantifizierung kann die Analyse von strategischen Optionen wertvolle Beiträge zur Erklärung von „strategischen Zuschlägen" zum per Shareholder Value-Ansatz ermittelten Wertbeitrag liefern [vgl. *Herter, R. N.* (1992), S. 326; *Dirrigl, H.* (1994), S. 426]:

1.   Durch den systematischen Rahmen der Optionspreisansätze kann eine qualitative Bewertung strukturiert werden.

2.   Die Grenzen „klassischer" Diskontierungsverfahren für die Strategiebewertung werden sichtbar.

3.   Die Optionsbewertung liefert grobe Grundregeln für den Wert „strategischer" Optionen, selbst wenn auf eine Quantifizierung verzichtet wird:

   • Je länger die Laufzeit einer Option, desto größer ihr Wert (Restlauf T und Optionswert nach *Black / Scholes* sind positiv korreliert).

   • Je höher das Risiko in der Strategie, desto größer wird der Wert der Option (positive Korrelation von Varianz σ^2 und Optionswert).

   • Der Wert einer Option ist höher anzusetzen, wenn aufgrund einer Verzögerungsoption die momentane Ungewissheit der Entscheidungssituation, d. h. ein hohes Risiko, durch spätere bessere Informationslage bereinigt werden kann.

   • Je höher die Kapitalkosten sind, desto weniger wert sind die zukünftigen, diskontierten Rückflüsse aus der Wahrnehmung der Option und zugleich desto weniger wert ist der notwendige zukünftige Kapitaleinsatz zur Wahrnehmung der Option. Die Wirkung auf den Wert der Option hängt von der Stärke der beiden gegenläufigen Zusammenhänge ab:

$$(r\uparrow => d_1 \uparrow => S * N(d_1) \uparrow) \text{ versus } (r\uparrow => d_2 \uparrow => -X*e^{-rT} * N(d_2) \downarrow).$$

4. Wird der Strategiebeitrag als Summe von Wertbeitrag und Optionswert betrachtet, kann das Management, ohne die Option explizit zu bewerten, entscheiden, ob es gewillt ist, negative Wertbeiträge als Preisuntergrenze für die Option in Kauf zu nehmen, um strategische Optionen realisieren zu können.

Trotz der Tatsache, dass die Berücksichtigung von strategischen Optionen zusätzlich zum Wertbeitrag bei der Quantifizierung eine Reihe von Problemen aufwirft, zeigt die Analyse, dass die Diskontierung von Free Cash Flows im Shareholder Value-Ansatz bei der Strategiebewertung zumindest um eine qualitative Analyse von strategischen Optionen ergänzt werden sollte.

5.6   Grenzen und Problembereiche des Shareholder Value-Ansatzes

Der Shareholder Value-Ansatz ist primär ein Ansatz zur Monetarisierung langfristiger ökonomischer Wirkungen (z. B. von ganzen Unternehmen, einzelnen Unternehmensteilen oder singulären Strategien). Die Ermittlung des Shareholder Value oder der Wertbeiträge einzelner strategischer Geschäftseinheiten erfolgt dabei i. d. R. auf einem aggregierten Niveau, dass zur operativen Umsetzung in Vorgaben für einzelne Wertgeneratoren (wie z. B. die Umsatzrendite, das Umsatzwachstum oder das zulässige Investitionsvolumen) zerlegt werden kann. Hinter diesen Wertgeneratoren stehen jedoch wiederum Wertgeneratoren der zweiten Ebene, wie z. B. die Kapitalbindung im Lager, die Durchlaufzeit in der Produktion oder die Kostenstruktur der Wertschöpfung, die durch eine Fülle weiterer Instrumente beeinflusst werden können. Wie Abb. 5.28 veranschaulicht, kann der Shareholder Value durch eine Vielzahl betriebswirtschaftlicher Instrumente gestaltet werden. Die Darstellung verdeutlicht jedoch auch, das die Wurzeln der Wertsteigerung in problemadäquaten Entscheidungen auf der Ebene der Wertgeneratoren liegen.

Dennoch ist der vorgestellte Ansatz der Unternehmensbewertung nicht problemfrei. Methodische Probleme liegen insbesondere in der Bewertung von Risiken, der Prognose langfristiger Cash Flows und in der adäquaten Berücksichtigung von Steuern und Finanzierungskosten. Die relativ anspruchsvolle Methodik, die eine Verknüpfung von Unternehmensbewertung, Kapitalmarkttheorie, strategischem Management und operativem Controlling darstellt, hat nicht in wenigen Unternehmen zu Akzeptanzproblemen beim operativen Management geführt. Daher ist es nicht verwunderlich, dass viele Unternehmen anstatt der langfristigen Shareholder Value-Betrachtung „nur" auf die Steuerung über einperiodige Residualeinkommens-Ansätze zurückgreifen.

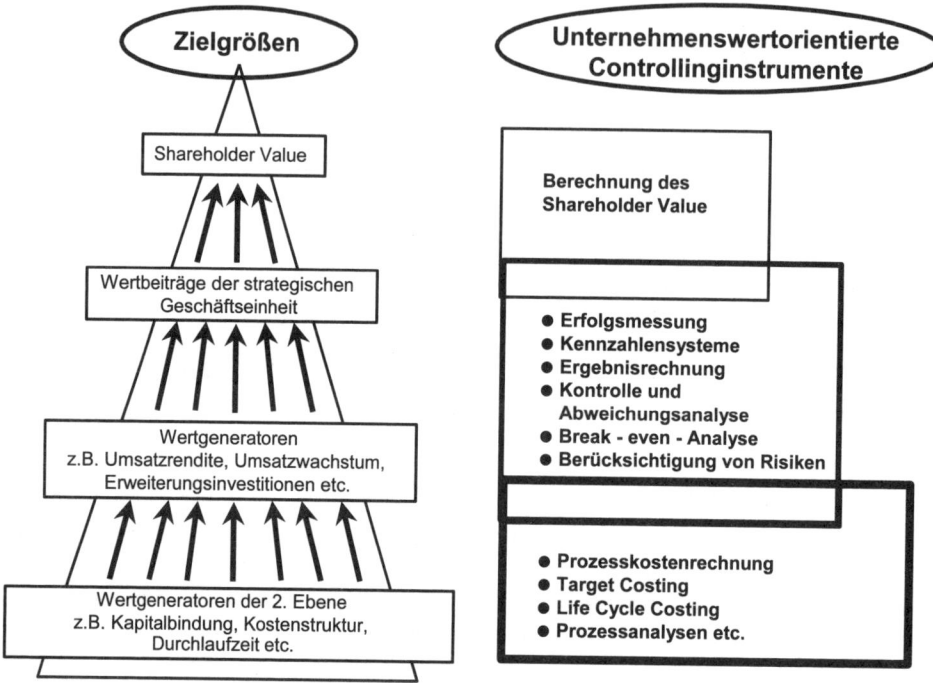

Abb. 5.28:   Determinanten und Instrumentarium des Wertsteigerungsmanagements
[Quelle: Günther, T. (1997a), S. 331]

Die vor einigen Jahren intensive Diskussion, ob einseitig Shareholder oder alle Anspruchsgruppen des Unternehmens (Stakeholder) bei Managemententscheidungen im Vordergrund
stehen sollten, hat dazu geführt, dass die Bezeichnung „Shareholder Value Management"
durch controllingnahe Begriffe ersetzt wurde, ohne dass die zugrunde liegenden Konzepte verändert wurden. In Kontinentaleuropa, anders als in den USA oder in Großbritannien, stehen
traditionell und kulturell bedingt alle Interessensgruppen im Vordergrund, wenngleich sich
auch in Deutschland in den letzten Jahren die Gewichte verschoben haben. Dennoch besteht in
nicht wenigen Unternehmen das Shareholder Value Management aus Lippenbekenntnissen;
entscheidend für die Umsetzung ist jedoch das Commitment, das die Geschäftsleitung selbst
eingeht (z. B. über die Umgestaltung von monetären Anreizsystemen für das Management)
und durch Vorleben der Wertsteigerungsparadigma praktiziert.

6 Steuerung von Strategien durch strategische Kontrolle

Wie bereits bei der konzeptionellen Darstellung des strategischen Controlling angedeutet, ist neben dem strategischen Planungsprozess die strategische Kontrolle ein charakterisierender und daher auch unverzichtbarer Bestandteil des strategischen Controlling-Kreislaufs. Daher sollen anschließend die wichtigsten Facetten der strategischen Kontrolle beleuchtet werden.

6.1 Notwendigkeit der strategischen Kontrolle

Der strategische Planungsprozess geht in allen seinen Teilstufen (strategische Analyse, Strategiefindung und Strategiebewertung) selektiv vor. Aus einer großen Anzahl möglicherweise relevanter Aspekte wird wegen der damit einhergehenden Vielfältigkeit und Komplexität nur ein Teilausschnitt ausgewählt und der Strategiefindung und -bewertung zugrunde gelegt **(Komplexitätsreduktion)**. So wählt z. B. das Marktanteils-Marktwachstums-Portfolio aus der Umfeld- und aus der Unternehmensanalyse nur jeweils eine als relevant betrachtete Größe aus. Der relative Marktanteil ist der Leitindikator für die Stärken bzw. Schwächen des Unternehmens und das reale Marktwachstum soll stellvertretend für viele Faktoren die Chancen bzw. Risiken des Unternehmensumfeldes abbilden, um hieraus Portfolio-Entscheidungen abzuleiten. Zudem finden häufig pauschalisierende Kategorisierungen statt, um den resultierenden Clustern Normstrategien zuweisen zu können **(Rasterung)**. Im Marktanteils-Marktwachstums-Portfolio wird z. B. für Dog-Produkte eine Desinvestitionsstrategie als Normstrategie empfohlen.

Aus Sicht eines umfassenden Managementprozesses ist die strategische Planung jedoch unvollständig. Es fehlt die zentrale Steuerungsfunktion. Insoweit ist die strategische Planung um eine strategische Kontrolle zu ergänzen. Sie muss insbesondere in der Lage sein, den selektiven Planungsprozess zu kompensieren, indem bewusst gefragt wird, ob die Komplexitätsreduktion bzw. die Rasterung in der Rückbetrachtung **(feedback)** als auch in der zur Erreichung der gesetzten strategischen Ziele notwendigen Vorausschau **(feedforward)** sinnvoll war [vgl. *Hasselberg, F.* (1991), S. 20]. Die strategische Kontrolle wird damit zum eigenständigen, neben der Planung gleichbedeutenden Element im strategischen Führungsprozess: Strategisches Controlling ist das Zusammenwirken von strategischer Planung **und** strategischer Kontrolle. Diesen wechselseitigen Zusammenhang veranschaulicht das viel zitierte bon mot von *Wild*: „Planung ohne Kontrolle ist ... sinnlos, Kontrolle ohne Planung ist unmöglich." [vgl. *Wild, J.* (1981), S. 44].

Daher kann **strategische Kontrolle** als ein „.... systematischer Prozess, der parallel zur strategischen Planung verläuft und durch Ermittlung von Abweichungen zwischen Plangrößen und Vergleichsgrößen den Vollzug und die Richtigkeit der strategischen Planung überprüft." aufgefasst werden [vgl. *Bea, F. X. / Haas, J.* (2005), S. 231; ähnlich *Steinmann, H. / Hasselberg, F.* (1988), S. 372].

Der strategischen Kontrolle kommt dabei aber in Abgrenzung zum „traditionellen" Kontrollverständnis eine geänderte Aufgabenstellung zu, die durch den Vergleich in Abb. 6.1 deutlich gemacht werden soll.

Vergleichskriterium	„Traditionelle" Kontrolle	Strategische Kontrolle
Kontrollinhalte	Reiner Soll / Ist-Vergleich im Sinne einer **Zielerreichungskontrolle** ergänzt um eine Analyse der Abweichungsursachen	Neben der Zielerreichungskontrolle auch eine **Prämissen-**, eine **Planfortschrittskontrolle** und eine **strategische Frühaufklärung**
Kontrollgrößen	i. d. R. **monetäre** Größen	**auch nicht monetäre** (quantitative oder qualitative) Größen
Kontrollausrichtung	**unternehmensintern** ausgerichtete und punktuell fixierte Kontrolle	auf **interne als auch externe** Erfolgsfaktoren der Unternehmung ausgerichtete Rundumkontrolle
Kontrollzeitpunkt	**einmalig** nach der Ergebnisrealisierung **(ex post)**	**kontinuierlich**, parallel zur Planung und Realisation **(ex post und ex ante)**

*Abb. 6.1:   Vergleich von „traditioneller" Kontrolle und strategischer Kontrolle
                [in Anlehnung an: Bea, F. X. / Haas, J. (2005), S. 231]*

Da Strategien als Weg zur Erreichung strategischer Ziele zu verstehen sind, verliert die „traditionelle" Vorstellung von Kontrolle im Sinne einer ausschließlich rückschauenden Analyse über die Wirksamkeit der Maßnahmen (feedback) an Bedeutung. Das moderne Kontrollverständnis hat einen erweiterten Blickwinkel. Hinzu tritt die Beurteilung der Abweichungsrelevanz und der Prämissenstabilität sowie die Identifikation von notwendigen Korrekturen des strategischen Pfades (feedforward), um trotz Abweichungen gesetzte Ziele dennoch zu erreichen. Da die langfristige Erreichung der gesetzten Ziele im Vordergrund steht, wird strategische Kontrolle zu einem **permanenten Prozess**.

6.2   Ansätze der strategischen Kontrolle

Obwohl die strategische Unternehmensplanung bereits Mitte der 60er Jahre des 20. Jahrhunderts Eingang in die Betriebswirtschaftslehre fand, wurde die Notwendigkeit einer strategischen Kontrolle erst 20 Jahre später erkannt. Mitte der 1980er Jahre entstanden verschiedene Konzeptionen einer strategischen Kontrolle, die in Abb. 6.2 kurz wiedergegeben werden sollen.

In der deutschsprachigen Literatur dominiert der Ansatz von *Schreyögg / Steinmann* und hierauf aufbauend die Arbeiten von *Hasselberg* [vgl. *Schreyögg, G. / Steinmann, H. (1985), S. 401 ff.; Schreyögg, G. / Steinmann, H. (1987), S. 91 ff.; Steinmann, H. / Hasselberg, F. (1988), S. 372 ff.; Hasselberg, F. (1989)*]. *Coenenberg / Baum* entwickelten einen verwandten Ansatz.

Konzeptionen der strategischen Kontrolle	Aufgaben der strategischen Kontrolle	Arten der strategischen Kontrolle
Lorange, P. (1984)	Kontrolle der Lern- und Wandlungsfähigkeit eines Unternehmens	Strategic momentum control bei kontinuierlicher Umfeldentwicklung und strategic leap control bei diskontinuierlicher Umfeldentwicklung
Zettelmeyer, B. (1984)	Strategische Kontrolle als eigenständiges Führungssubsystem	Plankontrolle (Planinhaltskontrolle, Planrealisationskontrolle, Planergebniskontrolle), Planungssystemkontrolle, Verhaltenskontrolle
Coenenberg, A. G. / Baum, H.-G. (1984)	Strategische Kontrolle als die Planung unterstützender und reflektierender Prozess	Kontrolle der Zielgenerierung (Leitbildkontrolle, Profitabilitätskontrolle, interne Machbarkeitskontrolle, externe Durchführbarkeitskontrolle) und Kontrolle der Zielerreichung (Planinhaltskontrolle und Planrealisationskontrolle)
Schreyögg, G. / Steinmann, H. (1985)	Strategische Kontrolle als planungsbegleitender Prozess; Kompensation des durch die Planung verursachten Selektionsrisikos	Strategische Prämissenkontrolle, strategische Durchführungskontrolle, strategische Überwachung
Steinmann, H. / Hasselberg, F. (1988)	Strategische Kontrolle als permanenter Informations- und Entscheidungsprozess parallel zu Strategieformulierung und -implementierung; Kompensation des Selekrionsrisikos der Planung	Strategische Prämissenkontrolle, strategische Durchführungskontrolle, strategische Überwachung
Bea, F. X. / Haas, J. (2005)	Kontrolle der Planrealisation und der Entwicklungsfähigkeit der Unternehmen	Prämissenkontrolle, Plankontrolle, Kontrolle der strategischen Potenziale

Abb. 6.2: Strategische Kontroll-Konzeptionen
[in Erweiterung von: Bea, F. X. / Haas, J. (2005), S. 233]

Wesentlich ist wie im Ansatz von *Coenenberg / Baum* die Zerlegung in Zielgenerierungs- und Zielerreichungskontrolle. Dies ist nicht nur eine Modifikation gegenüber *Schreyögg / Steinmann,* sondern bereitet auch den Boden für eine weitergehende Differenzierung [vgl. *Coenenberg, A. G. / Baum, H.-G.* (1984), S. 28 ff.]. Nachfolgend werden daher beide Ansätze zu einer integrierten Konzeption der strategischen Kontrolle verknüpft, wobei verhaltenstheoretische und organisationstheoretische Fragestellungen nur am Rande betrachtet werden. Anstatt von „Zielgenerierung" bzw. „Zielerreichung" wird fortan von „Plangenerierung" und „Planerreichung" gesprochen, da das Ergebnis des strategischen Planungsprozesses bekanntlich nicht die Gewinnung von Zielen, sondern von umsetzbaren strategischen Plänen ist. Strategische Ziele sind im heutigen Verständnis neben Vision und Leitbild der Ausgangspunkt des strategischen Planungsprozesses.

6.3   Konzeption der strategischen Kontrolle

Sowohl in den Konzeptionen von *Schreyögg / Steinmann* als auch in der von *Coenenberg / Baum* wird die strategische Kontrolle als eigenständiger und gleichberechtigter Gegenpart zum strategischen Planungsprozess betrachtet. Daher können die einzelnen Elemente einer strategischen Kontrolle parallel zum strategischen Planungsprozess angeordnet werden, wie dies durch Abb. 6.3 veranschaulicht wird.

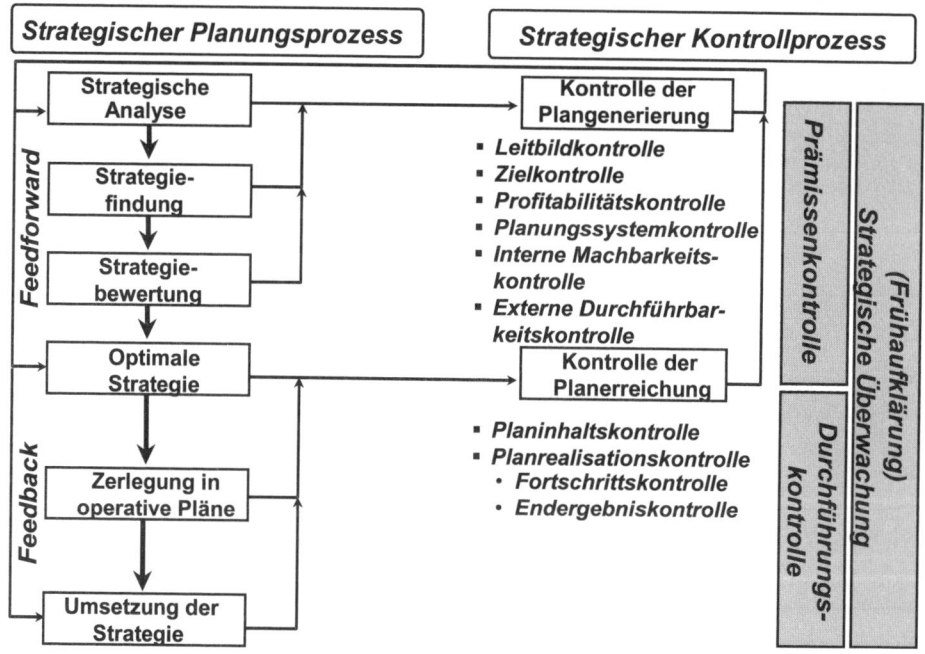

Abb. 6.3:   Konzeption einer strategischen Kontrolle

Analog zur Einteilung von (strategischen) Zielen in Formalziele und Sachziele lässt sich die strategische Kontrolle danach gliedern, ob sie die inhaltliche Konsistenz und Adäquanz der formulierten strategischen Ziele (Sachziele) kontrolliert **(Kontrolle der Plangenerierung)** oder ob die Erreichung der gesetzten strategischen (Formal-)Ziele beurteilt werden soll **(Kontrolle der Planerreichung)** [vgl. *Hasselberg, F.* (1991), S. 29].

6.3.1   Kontrolle der Plangenerierung

Zielsetzung der Plangenerierungskontrolle ist es, die Vorgehensweise im strategischen Planungsprozess, bestehend aus strategischer Analyse, Strategiefindung und Strategiebewertung, im Nachhinein kritisch zu betrachten. Mit ursächlich hierfür ist die i. d. R. selektierende Vorgehensweise in der Strategiegewinnung aufgrund der angestrebten Komplexitätsreduktion und Rasterung. Zeitlich betrachtet sollte jedoch die Kontrolle der Plangenerierung nicht zu spät einsetzen, da im Sinne eines feedforward mehrmals – idealerweise permanent – während der Umsetzungsphase zu prüfen ist, ob die Grundlagen für den verabschiedeten Strategieplan noch gegeben sind bzw. ob Anpassungen notwendig sind, um die strategischen Ziele dennoch zu erreichen.

In dem strategischen Kontrollkonzept von *Schreyögg / Steinmann* wird die Plangenerierungskontrolle als **„Prämissenkontrolle"** bezeichnet, da während des Plangenerierungsprozesses explizite, aber auch implizite Prämissen gesetzt werden. Dies ist notwendig, um die komplexe Problemstellung überhaupt bearbeiten zu können. Die Prämissen können sich dabei sowohl auf das Leitbild, auf die Wahl der strategischen Ziele als auch auf Umfeld- und Unternehmensfaktoren beziehen, die Gegenstand der strategischen Analyse, der Strategiefindung und der Strategiebewertung waren. Da zumindest die explizit festgestellten Planprämissen bewusst sind, kann die strategische Kontrolle gezielt auf eben diese expliziten Prämissen ausgerichtet werden (**„gerichtete Kontrolle"**) [vgl. *Schreyögg, G. / Steinmann, H.* (1985), S. 401 f.].

Parallel zum strategischen Planungsprozess ergeben sich für die Plangenerierungskontrolle folgende Aufgaben:

- **Leitbildkontrolle:**
  Ausgangspunkt des strategischen Planungsprozesses ist eine **Vision** für das Unternehmen. Diese sollte in einem **Leitbild** münden. Das Leitbild beinhaltet Grundsätze der unternehmerischen Tätigkeit, so z. B. die Tätigkeitsgebiete des Unternehmens (**Sachziele**), die angestrebten Ausprägungsgrade der verfolgten **Formalziele** (z. B. die Steigerung des Unternehmenswertes um jährlich x %) oder ausgewählte **Sozialziele** (z. B. das Bekenntnis zu den Prinzipien eines nachhaltigen Wirtschaftens).
  Bei der Leitbildkontrolle ist daher zunächst zu fragen, ob ein derartiges Leitbild bzw. eine dahinter liegende unternehmerische Vision überhaupt existiert. Bei einer Fehlanzeige bzw. bei einer unzureichenden Konkretisierung droht Orientierungslosigkeit. Ohne ein perspektivisch vorgegebenes Fundament besteht immer die Gefahr des Zersplitterns und Verzettelns. Ein untrügerisches Zeichen für ein fehlendes Leitbild ist nicht selten der Umstand, dass Kurzatmigkeit, Ungeduld und das Schielen nach schnellen Erfolgen die Geschäftspolitik

prägen. Eine nachhaltige Positionierung bedeutet aber nicht selten Klarheit und Nüchternheit bei der Chancenbeurteilung und Stärkenbewertung sowie eine Konzentration der Kräfte.

Selbst wenn ein Leitbild pro forma existiert, bleibt immer noch die Frage nach dem Status. Soll nur Modernität und Aufgeschlossenheit gegenüber modernen Managementmethoden demonstriert werden oder wird das Leitbild vom Management auch wirklich gelebt? Ein seine Funktion erfüllendes Leitbild muss vom Management und den Ausführungsebenen verstanden und mitgetragen werden. Obwohl das Leitbild Stabilität und Perspektive vermitteln soll, darf nicht außer Acht gelassen werden, dass auch es korrespondierend zu den sich wandelnden Umfeldbedingungen in Abständen modifiziert und angepasst werden muss.

So zwingt z. B. die Aufhebung des Briefmonopols für die Standardbriefe die *Deutsche Post AG* ihre Kostenstruktur an diejenige der häufig nur regional operierenden Konkurrenz anzupassen. Die *Veba AG*, jetzt *Eon AG* sah sich 1991 durch eine Analyse des Bankhauses *Warburg*, das einen potenziellen Unternehmenswert von 28,9 Mrd. DM bei einer momentanen Börsenkapitalisierung von 15,2 Mrd. DM errechnete, veranlasst, sich eingehender mit dem Shareholder Value-Konzept auseinanderzusetzen. In der Folge wurde die Steigerung des Unternehmenswertes in das Zielsystem der *Veba AG* aufgenommen und ein Wertsteigerungsmanagement etabliert. Man wollte so angesichts der bestehenden Wertlücke potenziellen Übernahmeversuchen aus dem Wege gehen.

Ein Leitbild soll immer auch der Konzentration der Kräfte Vorschub leisten. Es gilt, die vorhandenen eigenen Ressourcen optimal für marktliche Aufgaben einzusetzen (Umfeld-System-Fit). Die Rückbesinnung der *Daimler Benz AG* von einem integrierten Technologiekonzern zu einem Automobilunternehmen nach dem Ende der Amtszeit von *Edzard Reuter* als Vorstandsvorsitzender oder die Aufgabe der Idee der „Welt AG" nach dem Ende der Ära *Schremp* können als Beispiele für eine derartige Profilierung per Leitbild betrachtet werden.

- **Zielkontrolle:**

  Wie das im Rahmen der Gap-Analyse dargestellte Beispiel des amerikanischen Elektro- und Elektronikunternehmens *Emerson Electric* gezeigt hat, kann man sich natürlich stets die Frage stellen, ob die gesetzten Unternehmensziele (im Falle *Emerson Electric* ein jährliches Umsatzwachstum von + 15 %) nicht überzogen sind und so eine Anpassung an das auch strategisch Machbare aus den Augen verloren wird. Der umgekehrte Fall ist natürlich auch möglich. Es stellt sich bei manchen Unternehmen die Frage, ob die Unternehmensziele nicht zu niedrig aufgehängt sind, insbesondere dann, wenn z. B. Konkurrenzunternehmen höhere Umsatz- oder Marktanteilszuwächse bzw. Produktivitätsverbesserungen aufweisen. Zur Überprüfung dieser Frage können sog. „Best in Class"-Vergleiche im Rahmen eines **strategischen Benchmarking** herangezogen werden.

- **Profitabilitätskontrolle:**

  Der Profitabilitätskontrolle oder auch Erfolgspotenzialkontrolle kommt die Aufgabe zu, die **inhaltliche Konsistenz der strategischen Planung** zu beurteilen. Das heißt, es ist fortlaufend zu überprüfen, ob das mit dem strategischen Plan verknüpfte Erfolgspotenzial noch vorhanden ist oder ob es sich verändert hat. Der Sinn und Zweck der strategischen Planung besteht darin, die vorhandenen Ressourcen bestmöglich im Unternehmensfeld zu verwerten. Es gilt ein Erfolgspotenzial aufzubauen, das sich später in nennenswerten Gewinnen niederschlägt. Folglich ist die strategische Planung zu ändern, wenn diese Gewinnerwartungen aufgrund von Umfeld- oder Unternehmensveränderungen nicht mehr gegeben sind. So hat z. B. der *Bertelsmann*-Konzern seine Aktivitäten im Pay-TV-Geschäft auf eine niedrigprozentige Beteiligung im Sinne einer Wiedereinstiegsoption reduziert, als abzusehen war, dass sich dieses kapitalintensive Geschäft im Gegensatz zum amerikanischen Markt nur unterproportional entwickeln wird.

Im Rahmen der Profitabilitätskontrolle ist damit zu überprüfen, unter welchen Voraussetzungen die gesetzten Ziele erreicht werden können, welche expliziten Prämissen der strategischen Planung zugrunde liegen, ob Veränderungen der expliziten Prämissen Anpassungen der Strategie nach sich ziehen und welche impliziten Prämissen bei der Plangenerierung Pate standen. Gerade diese impliziten Prämissen bergen eine erhebliche Gefahr, da sie mehr oder minder unbewusst in den Planungsprozess Eingang finden und durch Erfahrungen und allgemein akzeptierte Verhaltensweisen des Managements geprägt sind. Generelle Einstellungen statt Einzelbeurteilungen bestimmen die impliziten Prämissen. Daher sind zur Profitabilitätskontrolle permanente **Umfeld- und Unternehmensanalysen** unterstützt durch eine **strategische Frühaufklärung** (im Konzept von *Schreyögg / Steinmann* als **strategische Überwachung** bezeichnet) auf der Basis weicher Signale erforderlich, um Diskontinuitäten und Strukturbrüche aufzuspüren [vgl. *Coenenberg, A. G. / Baum, H.-G.* (1984), S. 51 ff.; *Steinmann, H. / Hasselberg, F.* (1988), S. 373 ff.].

- **Planungssystemkontrolle:**
Ergänzend zur Prüfung der inhaltlichen Konsistenz der Strategiepläne ist auch zu kontrollieren, ob der Planungsprozess selbst effizient und effektiv abgelaufen ist. Hierzu gehören folgende Fragestellungen:

  - Wurden Sollwerte und Kontrollobjekte für eine spätere Meilensteinkontrolle der Strategieumsetzung festgelegt?
  - Wurden die Wirkungszusammenhänge zwischen verschiedenen Erfolgsfaktoren z. B. mit Hilfe der Technik des Vernetzten Denkens aufgezeigt?
  - Wird die strategische Planung dokumentiert und in einen formalen Planungsprozess eingebunden?
  - Ist die strategische Planung mit der operativen Planung verzahnt worden?
  - Gibt die strategische Planung den Rahmen für die operative Planung vor?
  - Wurden Planungsprämissen explizit festgehalten, damit sie verfolgt werden können?
  - Sind die verwendeten Methoden für die Strategiebewertung geeignet?
  - Kann die im Planungsprozess vorgenommene Komplexitätsreduktion als angemessen und damit auch als zulässig betrachtet werden?
  - Ist die Informationsgewinnung und -verarbeitung vollständig, zuverlässig und für die Entscheidungssituation als relevant zu werten?

Diese sicherlich nicht vollständige Fragenliste soll deutlich machen, dass die Art und Weise der Informationsgewinnung und -verarbeitung auch deren Ergebnis, nämlich die Gewinnung eines „optimalen" Strategieplanes, beeinflusst.

- **Interne Machbarkeitskontrolle:**

  Selbst wenn die strategische Planung effektiv und effizient abgelaufen ist und der strategische Plan in sich konsistent ist, stellt sich immer noch die Frage, ob die strategische Planung auch umgesetzt werden kann. Daher ist im nächsten Schritt zu prüfen, ob das Unternehmen aus eigener Kraft in der Lage ist, identifizierte Wettbewerbsvorteile auch zu erreichen und daraus zeitversetzt Erfolg und Liquidität bzw. Vermögen und Finanzkraft zu generieren **(interne Machbarkeitskontrolle)**. Da die Berücksichtigung der Unternehmensressourcen bereits im strategischen Planungsprozess erfolgt ist **(R-Strategien)**, liegt das Hauptaugenmerk der strategischen Kontrolle auf Veränderungen in dem zugrunde liegenden Sach-, Finanz- und Humankapital **(ressourcenorientierte Sicht)**. Die Bestands- und Stromgrößen dieser Kapitalien können die weitere Umsetzung strategischer Pläne entscheidend beeinträchtigen respektive begünstigen. Zudem kommt den Kernkompetenzen des Unternehmens als Verknüpfung mehrerer Ressourcen und Fähigkeiten eine besondere Bedeutung zu.

Eine Facette der internen Machbarkeitskontrolle ist dabei die **Bilanz- und Kapitalbedarfsplanung**. Wie bereits bei der Einbettung des strategischen Controlling in das generelle Controllingsystem dargestellt, ist die Erhaltung und der Ausbau des Erfolgspotenzials nur möglich, wenn gleichzeitig auch die Zahlungsfähigkeit gewahrt bleibt bzw. bei Kapitalgesellschaften die Überschuldung vermieden wird. Daher geben sich viele Unternehmen sog. **Finanzleitlinien** vor, die auf einigen wenigen, aber erklärungsstarken Jahresabschlusskennzahlen beruhen. Diese bestimmen wiederum, in welchen Bilanzrelationen sich Unternehmen entwickeln können bzw. sollen. Aus finanztechnischer Sicht wird damit der maximal mögliche Rahmen für strategische Maßnahmen aufgezeigt. Abb. 6.4 stellt dar, wie anhand der drei Kennzahlen Eigenkapitalquote (Zielwert: Eigenkapital mindestens ein Drittel des Gesamtkapitals), Deckungsgrad A (Zielwert: Langfristiges Kapital > Anlagevermögen) und Effektivverschuldung (Zielwert: Effektivverschuldung maximal 3,5-facher Cash Flow) der Spielraum für zusätzliche Investments in das Anlagevermögen und das Umlaufvermögen, die Unter- bzw. Überdeckung an langfristigem Kapital und der zu erzielende Mindestgewinn abgeleitet werden können.

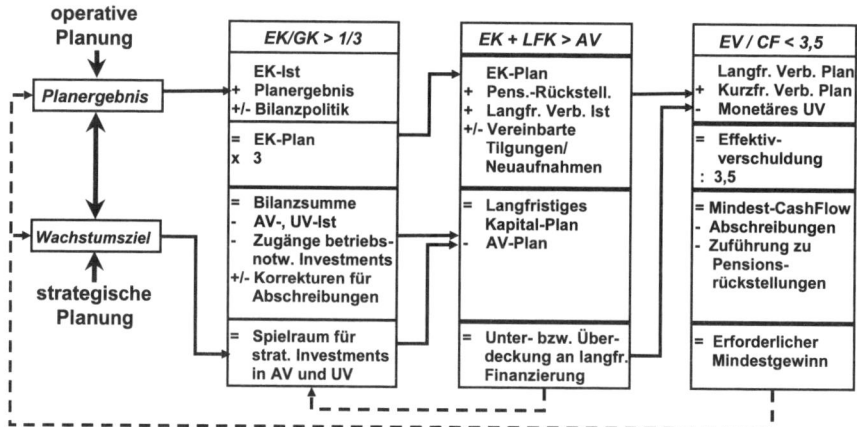

Abb. 6.4:   *Bilanzplanung als Rahmen für die strategische Unternehmensplanung*

Derartige Bilanzplanungsmodelle, die bei vielen Unternehmen im Einsatz sind, können selbst inhaltlich konsistente und vielversprechende Strategiepläne obsolet werden lassen, wenn sie die finanzielle Struktur und damit die Überlebensfähigkeit des Unternehmens gefährden.

Ebenso kann zur Berücksichtigung von Wertsteigerungszielen aufgrund von geforderten Mindestkapitalrenditen (= gewichtete Gesamtkapitalkosten) sowohl ein Entwicklungspfad für die Gewinn- als auch für die Bilanzplanung abgeleitet werden. Die darin enthaltenen Mindestgewinne bzw. maximal zulässigen Investitionen bilden dann den Rahmen für weitere strategische und operative Entscheidungen.

- **Externe Durchführbarkeitskontrolle:**
  Im letzten Schritt der Plangenerierungskontrolle werden ausschließlich Veränderungen im Unternehmensumfeld betrachtet, die die Umsetzung der **Produkt-Markt-Strategien** erschweren **(marktorientierte Sicht)**. Hierzu kann wiederum auf eine permanente Umfeldanalyse ergänzt um eine strategische Frühaufklärung zurückgegriffen werden. Es ist insbesondere darauf zu achten, dass nicht nur Risiken vermieden, sondern auch Chancen wahrgenommen werden. Neben der Verfolgung bereits auf dem Markt befindlicher Produkte sind jedoch auch Informationen für noch laufende Entwicklungsprojekte zu sammeln, um evtl. Projekte abbrechen zu können bzw. Entwicklungs- und Markteintrittsstrategien neu ausrichten zu können. Für „Altgeschäfte" ist das bisherige, i. d. R. operativ ausgerichtete Berichtswesen um ein strategisches Reporting im Sinne eines **Strategic Management Accounting** zu ergänzen. Dieses sollte dann auch Informationen über Konkurrenten und Kunden enthalten [vgl. *Simmonds, K. (*1989), S. 264 ff.].

6.3.2   Kontrolle der Planerreichung (Durchführungskontrolle)

Da es Zielsetzung der strategischen Planung ist, Erfolgspotenziale zu generieren, die letztendlich in Gewinnen münden und den Liquiditätsstatus verbessern, ist im Rahmen der Kontrolle der Planerreichung zu untersuchen, ob sich die strategischen Pläne realisieren ließen **(Durchführungskontrolle)**. Die Durchführungskontrolle besteht zum einen aus der Kontrolle der Planinhalte und zum anderen aus der Planrealisationskontrolle.

Während die **Planinhaltskontrolle** überprüft, ob durch Planentscheid vorgegebene Maßnahmen auch umgesetzt wurden, kommt der **Planrealisationskontrolle** die Aufgabe zu, festzustellen, ob die durchgeführten Maßnahmen auch den strategischen Zielen förderlich waren. Dabei ist es im Gegensatz zur operativen Kontrolle nur schwer möglich, den Zielerreichungsgrad exakt zu bestimmen, da die strategische Planung langfristig ausgerichtet ist und auf das Endergebnis lange gewartet werden müsste. Erschwerend kommt hinzu, dass strategische Pläne aufgrund von Veränderungen im Unternehmen oder im Unternehmensumfeld ständig und in vielfältiger Weise der geänderten Situation angepasst werden. Es wäre falsch, Glauben zu machen, strategische Pläne würden aus einem Guss und für den Vollzug endgültig entworfen und anschließend ohne Wenn und Aber und ohne Flexibilität umgesetzt. Gerade durch permanente Anpassung gelingt eine optimale Chancenausnutzung.

Daher sind, um zeitnah steuern und kontrollieren zu können, strategische Pläne in jährliche Meilensteine zu zerlegen. Diese Meilensteine können dann anhand messbarer und steuerbarer Größen, entsprechend ihrer Zielerreichung als Soll-Ist-Vergleiche, kontrolliert werden **(Meilensteinkontrolle als Fortschrittskontrolle)**. Aufgrund der Vielfalt der möglichen Subziele bietet es sich an, zur Steuerung auf Performance Measurement-Systeme (vgl. Kapitel 8), wie die **Balanced Scorecard** zurückzugreifen, die verschiedene Sichtweisen auf das Unternehmen erlaubt (finanzwirtschaftliche und nicht finanzwirtschaftliche Ziele; monetäre und qualitative Ziele; Messung statischer Größen und Messung von Verbesserungen und Entwicklungen) [vgl. hierzu *Kaplan, R. S. / Norton, D. P.* (1996)]. Die Balanced Scorecard geht bewusst von den strategischen Zielen aus und versucht über vor- und nachlaufende Indikatoren die Erreichung von strategischen Zielen zu überwachen. Wesentliches Merkmal ist auch die Verknüpfung mit Maßnahmen, damit strategische Pläne nicht nur lose Worthülsen bleiben, sondern deren Zielerreichung konkret mit Maßnahmenpaketen untersetzt wird. Ein weiterer Baustein der Durchführungskontrolle besteht darin, Konsequenzen der aktuellen Handlungsergebnisse für die Erreichung der Gesamtstrategieziele aufzuzeigen **(Feedforward-Steuerung zur Endergebniskontrolle)** [vgl. *Hasselberg, F.* (1991), S. 21].

Im Rahmen einer Portfolio-Analyse kann in der Durchführungskontrolle z. B. jährlich analysiert werden, ob die erwarteten Free Cash Flows und Gewinne der einzelnen strategischen Geschäftseinheiten sich tatsächlich realisieren ließen und ob ein unterstellter Lebenszyklus tatsächlich auch durchschritten wurde [vgl. ähnlich *Hasselberg, F.* (1991), S. 21 ff.].

Empirische Befunde zeigen, dass der strategischen Kontrolle in der Unternehmenspraxis in der Vergangenheit nicht diejenige Bedeutung beigemessen wurde, die ihr als Pendant zum strategischen Planungsprozess eigentlich zukommen müsste. So wurden Ende der 1980er / Anfang der 1990er Jahre strategische Kontrollen nach einer Studie von *Günther* nur bei 54,9 % der Unternehmen regelmäßig im Rahmen des Berichtswesens vorgenommen. 20,5 % der befragten 122 strategisch planenden Unternehmen führen sie unregelmäßig durch; 23 % verweisen auf eine informale Kontrolle außerhalb des Berichtswesens. Keine strategische Kontrolle ist jedoch nur bei 1,6 % der Unternehmen anzutreffen [vgl. *Günther, T.* (1991), S. 191]. Auch andere Studien zeigen, dass die strategische Kontrolle i. d. R. wenig formalisiert erfolgte, Zeitscheiben für Meilensteinkontrollen nicht definiert sind und strategische Kontrollen häufig dezentral, unregelmäßig und auf qualitativer Datenbasis vorgenommen wurden [vgl. *Schreyögg, G. / Steinmann, H.* (1986), S. 40 ff.; ähnlich *Coenenberg, A. G. / Baum, H.-G.* (1984), S. 77 ff. und S. 133 ff.]. Die zunehmende Bedeutung der strategischen Führung für den Geschäftserfolg lassen der strategischen Kontrolle gegenwärtig und zukünftig ein erhöhtes Gewicht zukommen.

7 Strategische Frühaufklärung

7.1 Überblick zur strategischen Frühaufklärung

Die strategische Frühaufklärung ist als wesentlicher Bestandteil der in Kapitel 2.2 beschriebenen **Umfeldanalyse** zu verstehen, mit der eine Analyse der aus dem relevanten Umfeld des Unternehmens herrührenden zukünftigen Chancen und Risiken vorgenommen wird.

Die strategische Frühaufklärung kann als ein **Informationssystem** aufgefasst werden, das Informationen über zu erwartende Chancen und Risiken des Unternehmensumfeldes mit einem zeitlichen Vorlauf übermittelt und somit das **frühzeitige Reagieren** auf diese Chancen und Risiken ermöglicht (Vorsteuerungsfunktion).

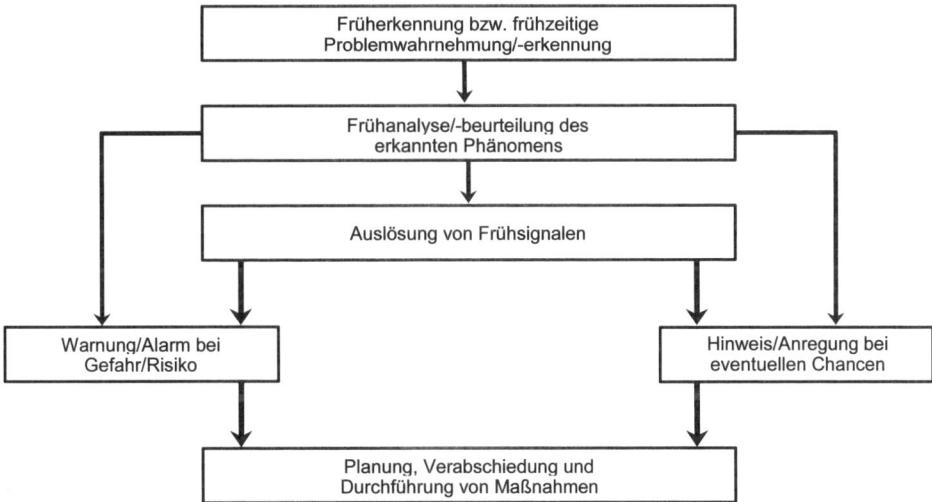

Abb. 7.1:   Schritte der Frühaufklärung
            [Quelle: Klausmann, W. (1983), S. 40]

Anzumerken ist, dass insbesondere Unternehmenskrisen nicht nur durch externe Risiken ausgelöst werden, sondern ihre Ursache oftmals in vorhandenen oder latenten Unternehmensschwächen haben (z. B. zu hohe Personalkosten oder ineffiziente Prozessabläufe im Vergleich zur Konkurrenz). Aus diesem Grund muss die strategische Frühaufklärung auch Elemente einer antizipativen **Unternehmensanalyse** enthalten (siehe insbesondere die Auswahl von unternehmensinternen Indikatoren in Kapitel 7.3). Im Folgenden wird nicht mehr explizit zwischen Risiken aus dem Umfeld und Risiken aufgrund von Schwächen des Unternehmens unterschieden, sondern es soll ein beide Fälle umfassender Risikobegriff verwendet werden.

Von der strategischen Frühaufklärung ist der Begriff der strategischen **Frühwarnung** abzugrenzen, die sich primär mit der Aufdeckung zukünftiger Risiken befasst, während in der strategischen Frühaufklärung auch Chancen erfasst werden sollen. Des Weiteren sind von den Instrumenten der Frühaufklärung quantitative und qualitative **Prognoseverfahren** zu unterscheiden, die hauptsächlich die Planung zukünftiger Absatz-, Produktions- und Beschaffungsgrößen u. ä. beinhalten und nicht explizit zur Aufdeckung von Chancen und Risiken des Umfeldes konzipiert sind. Das bedeutet allerdings nicht, dass nicht auch im Zuge von Prognosen auf zukünftige Chancen und Risiken geschlossen werden kann, weshalb insgesamt ein fließender Übergang zwischen Prognose- und Frühaufklärungsinstrumenten zu konstatieren ist.

Der grundlegende **Aufbau** von strategischen Frühaufklärungssystemen kann wie in Abb. 7.1 dargestellt werden.

Strategische Frühaufklärungssysteme sind in **eigen- und fremdorientierte Ansätze** unterscheidbar. **Fremdorientierte Ansätze** dienen insbesondere zur Erkennung von Risiken fremder Unternehmen, d. h. in diesem Fall beurteilen unternehmensexterne Analysten das Unternehmen. Diesem Ansatz sind dabei z. B. die mathematisch-statistischen Verfahren zur Insolvenzprognose (z. B. mittels der multivariaten Diskriminanzanalyse oder mittels Ratingverfahren) bei der Lieferanten- oder Kundenbewertung zuzuordnen. Die **eigenorientierten Ansätze** umfassen Instrumente zur Aufdeckung der zukünftigen Risiken und Chancen des eigenen Unternehmens. Diese Ansätze können in **drei Entwicklungsstufen** unterteilt werden:

1. Kennzahlenanalyse und Planungshochrechnungen (Systeme der 1. Generation)
2. Indikatorensysteme (Systeme der 2. Generation)
3. Verfahren zur Analyse sog. schwacher Signale (Systeme der 3. Generation)

Die Einzelheiten zu diesen verschiedenen Entwicklungsstufen werden im Folgenden detailliert beschrieben.

7.2   Strategische Frühaufklärungssysteme der 1. Generation

Die erste Generation von Frühaufklärungssystemen wurde unter dem Begriff der „Frühwarnung" erstmals 1973 in der deutschen Literatur angeführt [vgl. *Kreilkamp, E.* (1987), S. 258; *Welge, M. K. / Al-Laham, A.* (2005), S. 303 f.]. Es handelt sich dabei um Weiterentwicklungen der operativen **Unternehmensplanung**, die in diesem Kontext speziell Verbesserungen der liquiditäts- und ergebnisorientierten Planungsverfahren umfasst.

Innerhalb der Verfahren der ersten Generation können **Kennzahlen** und darauf aufbauende Kennzahlensysteme und Planungshochrechnungen unterschieden werden. Im Fall von Kennzahlen wird insbesondere ein **Zeitvergleich** der durch diese ausgedrückten betriebswirtschaftlichen Sachverhalte wie z. B. die Aufwandsstruktur, die Rentabilität oder die Kapitalstruktur vorgenommen [vgl. zu Einzelheiten zur Kennzahlenanalyse *Coenenberg, A. G.* (2005), S. 947 ff.]. Eine weitere Alternative der Kennzahlennutzung stellt das Benchmarking dar, bei dem sich das Unternehmen oder Betriebsteile mit anderen Betrieben des eigenen Unternehmens **(internes Benchmarking)** oder mit Dritten **(externes Benchmarking)** vergleicht. Die Kennzahlenermittlung erfolgt dabei primär auf der Basis bereits realisierter Vorgänge und ist damit aufgrund der inhärenten **Vergangenheits- oder Gegenwartsorientierung** für Zukunftsprojektionen ungeeignet.

Im Gegensatz zur Kennzahlenanalyse gehen im Fall von **Planungshochrechnungen** keine bereits realisierten Ist-Werte in die Betrachtung ein, sondern es wird ein Vergleich von hochgerechneten Ist- mit Plan- bzw. Sollwerten vorgenommen. Die hochgerechneten Ist-Größen werden dabei auch als sog. Wird-Größen bezeichnet. Dies soll einen Einblick in zukünftig zu erwartende Chancen und Risiken ermöglichen. Dazu wird auf der Basis der Plan- bzw. Soll- und der hochgerechneten Ist-Werte eine **Abweichungsanalyse** erstellt. Insoweit kann bereits vor der endgültigen Realisierung der Istwerte mit einer **Ursachenanalyse** begonnen werden. Damit sind diese Systeme mit der prinzipiellen Vorgehensweise des **operativen Controlling** vergleichbar, bei der ebenfalls eine Ursachenanalyse auf Basis ermittelter Abweichungen vorgenommen wird. Abb. 7.2 veranschaulicht das Vorgehen anhand der Hochrechnung des Jahresumsatzes auf Basis von monatlichen Ist-Umsätzen.

Auch wenn mit der Hochrechnung von Ist-Werten eine Verbesserung des Vergangenheitsbezugs erreicht wird, übermitteln die Frühaufklärungssysteme der ersten Generation keine Informationen über latent vorhandene Krisen, sondern können maximal bereits akute Krisen aufdecken. Dieser Mangel liegt zum einen in der ungenügenden **Vorlauffunktion** der Frühaufklärungssysteme und zum anderen im Nichterkennen so genannter **Diskontinuitäten oder Strukturbrüche**. Eine Möglichkeit zur Lösung der Vorlaufproblematik stellen die im Folgenden zu behandelnden Systeme der zweiten Generation dar.

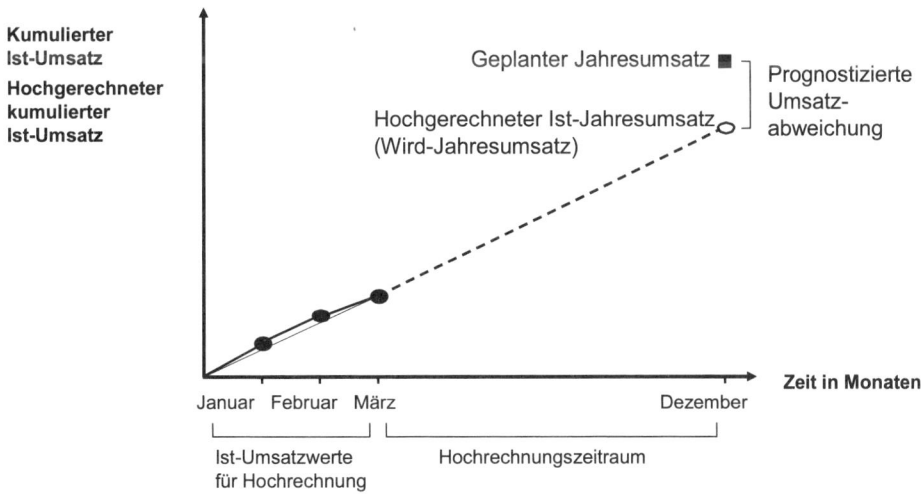

Abb. 7.2:   *Beispiel für eine Hochrechnung*

7.3   Strategische Frühaufklärungssysteme der 2. Generation

Die strategischen Frühaufklärungssysteme der zweiten Generation basieren auf der Annahme, dass geeignete **Indikatoren** gefunden werden können, aus deren beobachtbaren Veränderungen eine Vorhersage latenter Chancen und Risiken möglich ist [vgl. *Kreilkamp, E.* (1987), S. 259 ff.]. Zur Veranschaulichung der Vorlauffunktion der Indikatoren soll Abb. 7.3 dienen. Aus dieser Abbildung wird deutlich, dass der Auftragseingang bereits zum Ende von Jahr 0 rückläufig ist und den im übernächsten Jahr 2 folgenden Umsatzrückgang ankündigt. Der Auftragseingang besitzt somit die für die Frühaufklärung notwendige **Vorlauffunktion**.

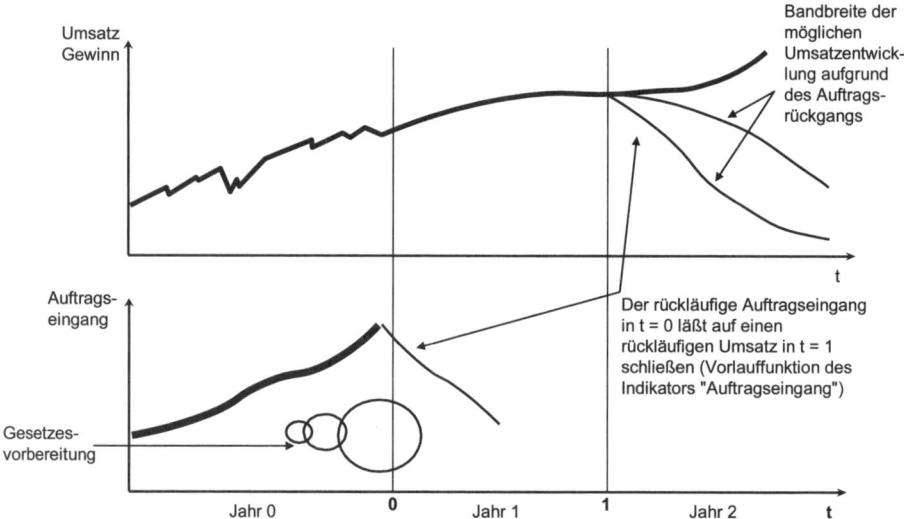

Abb. 7.3:   *Zeitlicher Vorlauf einer indikatorbasierten Frühaufklärungsinformation [in Anlehnung an: Hahn, D. (1979), S. 27]*

Zur Installation eines indikatorbasierten Frühaufklärungssystems sind in einem ersten Schritt die zu analysierenden **Beobachtungsbereiche** festzulegen. Die Beobachtungsbereiche sind dabei in externe (Umfeldanalyse) und interne (Unternehmensanalyse) Beobachtungsbereiche unterteilbar. In einem zweiten Schritt sind **Indikatoren** für die einzelnen Beobachtungsbereiche zu identifizieren, die zur Erfüllung der Vorlauffunktion möglichst frühzeitig Hinweise auf zu erwartende Chancen und Risiken liefern sollten. Bereits 1979 wurde eine erste **empirische Untersuchung** in Industrieunternehmen zu den am wichtigsten erachteten Indikatoren durchgeführt [vgl. *Hahn, D. / Klausmann, W.* (1979)].

In Abb. 7.4 und Abb. 7.5 werden externe und interne Beobachtungsbereiche und die zugehörigen Indikatoren zusammengefasst, die heutzutage häufig genannt werden. Die beiden Abb. 7.4 und Abb. 7.5 können als ein Katalog für einen ersten Einstieg in die Gewinnung von Vorlaufindikatoren für Unternehmen herangezogen werden.

Wirtschaftlicher Bereich

Konjunkturelle Entwicklungen:
- Auftragseingänge
- IfO-Geschäftsklima-Index
- IfO-Konsumklima-Index
- Baugenehmigungen
- Vorratsbestände
- Einkäufer-Index

Strukturelle Entwicklungen:
- Investitionen
- Bruttosozialprodukt pro Kopf
- Lohnstückkosten
- Sparquote

Kapitalmarkt:
- Inflationsraten
- Zinsniveau
- Wechselkurse
- Entwicklung Geldmenge

Absatzmarkt:
- Auftragseingänge nach Produkten / Region
- Nachfragevolumen wichtiger Kunden
- Preis- und Programmpolitik der Konkurrenz
- Messebesucher
- Verbraucherverhalten

Beschaffungsmarkt:
- Volumen bekannter Vorkommen je Rohstoff
- Durchschnittlicher Jahresverbrauch je Rohstoff
- Preise/Konditionen der Lieferanten

Arbeitsmarkt:
- Gewerkschaftsforderungen
- Arbeitslosenquote

Technologischer Bereich:
- Innovationen bei Produkt-, Verfahrens- und Werkstoff-Technologien bei Wettbewerbern / Forschungsinstituten
- Patentanmeldungen
- Patentzitationen

Produktprogramm
Mitarbeiter
Maschinelle Ausrüstung
Ergebnis- und Finanzlage

| FuE | Beschaffung | Produktion | Absatz | Verwaltung |

Großprojekte

Unternehmungsinterne Beobachtungsbereiche

Sozio-politischer Bereich:
- Bevölkerungszahlen / -struktur
- Demographie Sinus-Milieus
- Informationen aus Gremien

Abb. 7.4:   *Beispiele für externe Beobachtungsbereiche und deren Indikatoren*
[Quelle: in Erweiterung der Struktur von Hahn, D. (1979), S. 35 f.]

Produktprogramm:	<ul><li>Programmbreite im Vergleich zur Konkurrenz</li><li>Anteil von Nachwuchs-, Star-, Cash- und Problemprodukten</li></ul>
Mitarbeiter:	<ul><li>Fluktuationsraten</li><li>Krankenstand</li><li>Lohn- und Gehaltsentwicklung relativ zur Konkurrenz</li><li>Mitarbeiterzufriedenheit</li></ul>
Maschinelle Ausrüstung:	<ul><li>Altersstruktur / Technologiestand im Vergleich zur Konkurrenz</li><li>Kapazität</li><li>Auslastung</li></ul>
Ergebnis- und Finanzlage:	<ul><li>EBIT (Hochrechnung)</li><li>NOPAT (Hochrechnung)</li><li>Cash Flow, Freier Cash Flow (Hochrechnung)</li><li>Bestand Liquider Mittel (Hochrechnung)</li></ul>

Forschung und Entwicklung:	Beschaffung:	Produktion:	Absatz:	Verwaltung:
• FuE-Kosten relativ zur Konkurrenz • Neuproduktrate • Produktpipeline • Eig. Patente	• Relative Einkaufspreise • Relative Logistikkosten	• Ausstoß-Hochrechnung • Auftragsbestand • Ausbeute (First Pass Yield) • Relative Herstellkosten	• Umsatzhochrechnung • Relative Preise • Relative Qualität • Kundenzufriedenheit	• Relative Verwaltungskosten (im Vergleich zur Konkurrenz)

Großprojekte:	Verhältnis von Anfragen zu Aufträgen

Abb. 7.5:   *Beispiele für interne Beobachtungsbereiche und deren Indikatoren*
[in Erweiterung der Struktur von Hahn, D. (1979), S. 35 f.]

Als Herangehensweise zum Auffinden geeigneter Indikatoren wird die Aufstellung von **Kausalketten** vorgeschlagen. Mit der Aufstellung von Kausalketten wird untersucht, welche Abfolge von Ereignissen die Änderung der vom Unternehmen betrachteten Zielgröße verursacht. Als Beispiel für eine Kausalkette kann die Abfolge der Ereignisse „Auftragsanfragen" (1. Ereignis) und „Auftragseingänge" (2. Ereignis) angesehen werden, die letztlich die Höhe der Zielgröße „Umsatz" determinieren. Um einen möglichst großen zeitlichen Vorlauf der Informationen über zu erwartende Chancen und Risiken zu erhalten, ist es angebracht, Ereignisse als Indikator zu wählen, die frühzeitig in der Kausalkette angesiedelt sind. Als Beispiel soll die Kausalkette aus Abb. 7.6 herangezogen werden.

Allerdings entsteht durch die frühe Auswahl eines Ereignisses als Indikator das Problem, dass die Prognosegüte dieser zeitlich weit vorgelagerten Indikatoren hinsichtlich der Zielgröße des Unternehmens abnimmt. So kann im obigen Beispiel eine Reduzierung des Umsatzes aufgrund der Verteuerung des Benzinpreises noch als wahrscheinlich angesehen werden, wenn z. B. kein Entsparen zur Aufrechterhaltung des Konsums einsetzt. Im Fall des Lieferstopps für Öl muss zusätzlich die Bedingung erfüllt sein, dass kein anderes Land die Lieferung der Ölprodukte übernimmt, d. h. aufgrund zweier zu erfüllender Bedingungen ist die Reduzierung des Umsatzes aufgrund des Lieferstopps unwahrscheinlicher.

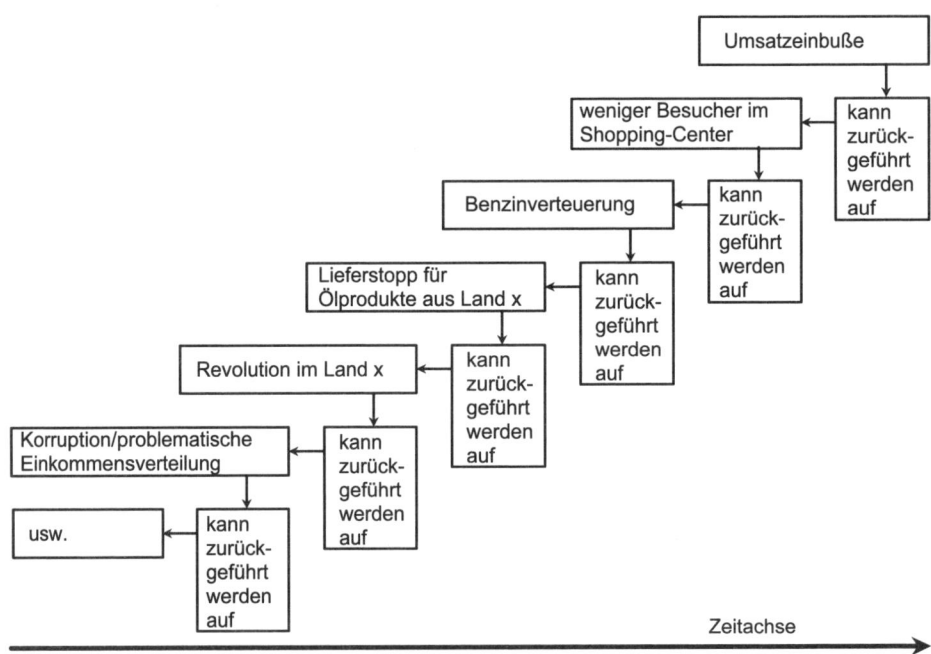

Abb. 7.6:   *Beispiel für eine Kausalkette im Einzelhandel*
            [Quelle: Pümpin, C. (1980), S. 67]

Das bedeutet letztlich, dass die der Zielgröße vorgelagerten Ereignisse untereinander und bzgl. der Zielgröße oftmals keine vollständige Determiniertheit aufweisen. Der Grund ist zum einen, dass die Zielgröße meist nicht nur von der Abfolge einzelner Ereignisse, sondern von der Abfolge unterschiedlicher Ereignisketten beeinflusst wird. Im zuerst angegebenen Beispiel heißt das, dass neben dem Ereignis „Auftragseingänge" das Ereignis „Auftragsstornierungen" zu beachten ist, welches ebenfalls einen direkten Einfluss auf die Zielgröße „Umsatz" aufweist. Zur Lösung dieses Problems könnte anstatt der Aufstellung von einzelnen Kausalketten die Kombination verschiedener Kausalketten zu **Zustandsbäumen** vorgenommen werden. Ein weiteres Problem bei der Aufstellung von Kausalketten ist darin zu sehen, dass sich einzelne Ereignisse gegenseitig beeinflussen und somit eine eindeutige Abfolge der Ereignisse in der Kausalkette nicht mehr existiert. Als Lösungsmöglichkeit würde sich z. B. anbieten, eine **vernetzte Darstellung** der Ereignisse vorzunehmen (siehe dazu auch die Ausführungen zum vernetzten Denken in Kapitel 1.8).

Bisher wurden als Basis für die Ermittlung der Indikatoren die von Unternehmen zugrunde gelegten internen und externen Beobachtungsbereiche gewählt. Alternativ kann zur Bestimmung relevanter Indikatoren untersucht werden, welche Annahmen über die Entwicklung der **Situationsvariablen** des Unternehmens und des Unternehmensumfeldes bei der **Strategiefestlegung** getroffen wurden (z. B. wurde für das Marktwachstum, eine Situationsvariable, die Annahme eines jährlichen Wachstums von 10 % getroffen). Da positive und negative Änderungen der Situationsvariablen gegenüber den getroffenen Annahmen den Erfolg der Strategie und des mit ihnen verfolgten Unternehmenszieles unmittelbar beeinflussen, spiegeln die Situationsvariablen letztlich die zu beobachtenden Indikatoren wider (im Beispiel wäre das Marktwachstum als Indikator im Frühaufklärungssystem zu beobachten). Damit wird auch bei diesem Vorgehen letztlich eine **Kausalkette** ausgehend von den Situationsvariablen über die jeweilige Strategie bis zum anvisierten Unternehmensziel gebildet. Zur Auswahl der wichtigsten Indikatoren kann analog zu der noch in Kapitel 7.4.2.3 zu behandelnden **Cross Impact-Analyse** nach der Stärke des potenziellen negativen oder positiven Einflusses vorgegangen werden.

Bei der generellen Auswahl von Indikatoren ist zu beachten, dass die Indikatoren bei sich **dynamisch** entwickelnden Beobachtungsbereichen oder Situationsvariablen an diese Entwicklung anzupassen sind. Anderenfalls würden mit der Zeit unmaßgebliche Informationen für die Frühaufklärung bereitgestellt. Abb. 7.7 veranschaulicht die im Zeitablauf unterschiedliche Relevanz der einzelnen Indikatoren am Beispiel des Innovationsprozesses.

Nach der Auswahl der Beobachtungsbereiche und der Indikatoren sind in einem dritten Schritt **Sollgrößen und Toleranzgrenzen** für die verschiedenen Indikatoren festzulegen. Diese Festlegung kann sich beispielsweise an Vergangenheitswerten oder Betriebsvergleichen (Benchmarks) orientieren und ist um nicht beeinflussbare, z. B. saisonale oder konjunkturelle Einflüsse zu bereinigen. Überschreitet oder unterschreitet dann ein Indikator diese Toleranzgrenzen **(Ampelsystem)**, ist dies ein Indiz für eine zu erwartende Chance bzw. ein zu erwartendes Risiko. Wird z. B. die Änderung des Auftragseingangs als Indikator für zukünftig zu erwartende Umsätze herangezogen und eine monatliche Schwankung von fünf Prozent aufgrund von Erfahrungswerten als unbedenklich erachtet, ist die Abnahme des Auftragseingangs in einem bestimmten Monat um z. B. sieben Prozent als relevante Frühaufklärungsinformation zu betrachten.

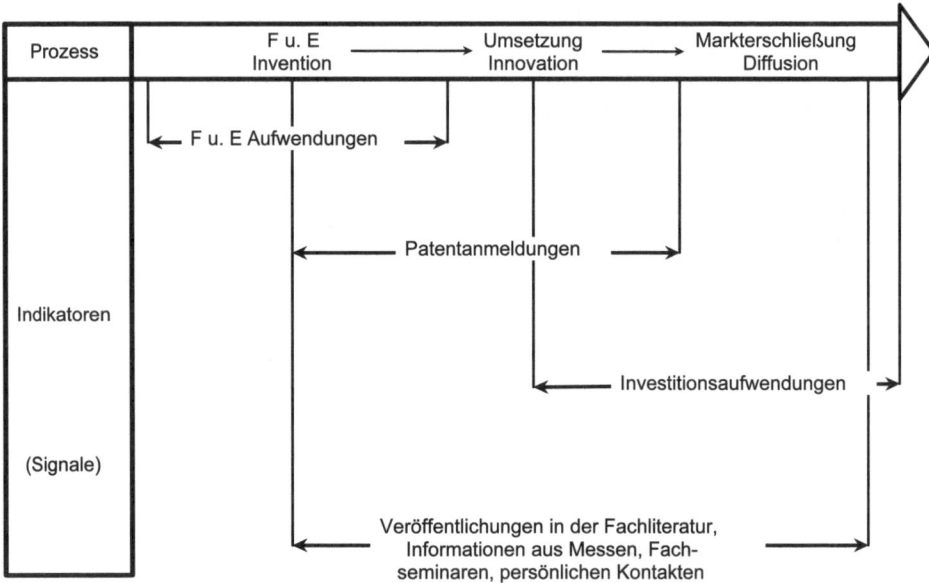

Abb. 7.7:   *Änderung von Indikatoren am Beispiel der Entwicklung des Innovationsprozesses [in Anlehnung an: Krystek, U. (1987), S. 182]*

In den letzten beiden Schritten der Konzeption eines indikatorbasierten Frühaufklärungssystems ist die **informationsverarbeitende Stelle** (z. B. eine Abteilung innerhalb des Controlling) und die Ausgestaltung der **Informationskanäle** festzulegen. Bei der Festlegung der Informationskanäle handelt es sich insbesondere um die Beschaffung der für das Frühaufklärungssystem notwendigen Informationen aus dem Unternehmen und dem Umfeld sowie um die Bereitstellung der gewonnenen Ergebnisse für die jeweiligen Informationsempfänger im Unternehmen. Die Degussa AG nutzt z. B. über eine Web-Schnittstelle im Internet öffentlich verfügbare volkswirtschaftliche Rahmendaten zur Plausibilisierung ihrer Planungsrechnungen.

Abb. 7.8 fasst den grundlegenden Aufbau eines indikatororientierten Frühaufklärungssystems zusammen.

Neben dem **Problem** der Auswahl geeigneter Indikatoren haftet den Frühaufklärungssystemen der zweiten Generation das Problem an, dass mit den zugrunde liegenden Kausalketten keine **Strukturbrüche oder Diskontinuitäten** aufgedeckt werden können. Diese Diskontinuitäten können als „Drittvariablen" aufgefasst werden, die aufgrund ihrer bisherigen Nichtexistenz mit Kausalketten nicht erfassbar sind (siehe z. B. Abb. 7.3, in der zwar der Auftragseingang eine Vorlauffunktion für die Umsätze besitzt, die eigentliche Ursache für den Umsatzrückgang aber bereits in der früher stattfindenden Gesetzgebungsphase erkennbar gewesen wäre.). Zur Berücksichtigung dieser Diskontinuitäten muss auf die Analyse sog. „**schwacher Signale**" zurückgegriffen werden, deren Konzept und deren Instrumente im folgenden Kapitel beschrieben werden.

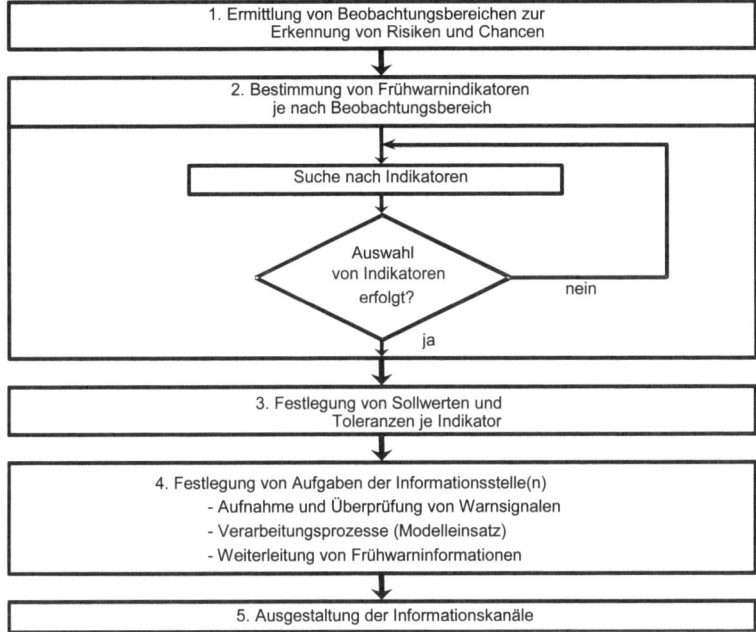

Abb. 7.8:   *Stufenweiser Aufbau eines indikatororientierten Frühaufklärungssystems [in Anlehnung an: Hahn, D. (1979), S. 29]*

7.4   Strategische Frühaufklärungssysteme der 3. Generation

Als Basis für die strategischen Frühaufklärungssysteme der 3. Generation gilt das Konzept von *Ansoff* zur Analyse schwacher Signale [vgl. *Ansoff, H. I.* (1976)]. Aus diesem Grund wird zunächst dieses Konzept ausführlich erläutert. Im Anschluss erfolgt eine Darstellung von verschiedenen Instrumenten, die auf der Idee des Konzeptes der schwachen Signale aufbauen.

7.4.1   Frühaufklärung auf Basis schwacher Signale

Treten Chancen und Risiken plötzlich und unerwartet auf, wird von **Diskontinuitäten** oder **Strukturbrüchen** gesprochen, die insbesondere in dynamischen und instabilen Umfeldern zu beobachten sind. Die bisher vorgestellten Frühaufklärungssysteme der ersten und zweiten Generation beruhen letztlich auf **Kausalketten**, die durch das Auftreten von Diskontinuitäten ihre Gültigkeit verlieren und folglich zu erwartende Diskontinuitäten nicht frühzeitig ankündigen können.

Abb. 7.9 zeigt als Beispiel die durch die Ölkrise Ende 1973 ausgelöste Diskontinuität in der Auslieferung von Benzin an französische Tankstellen.

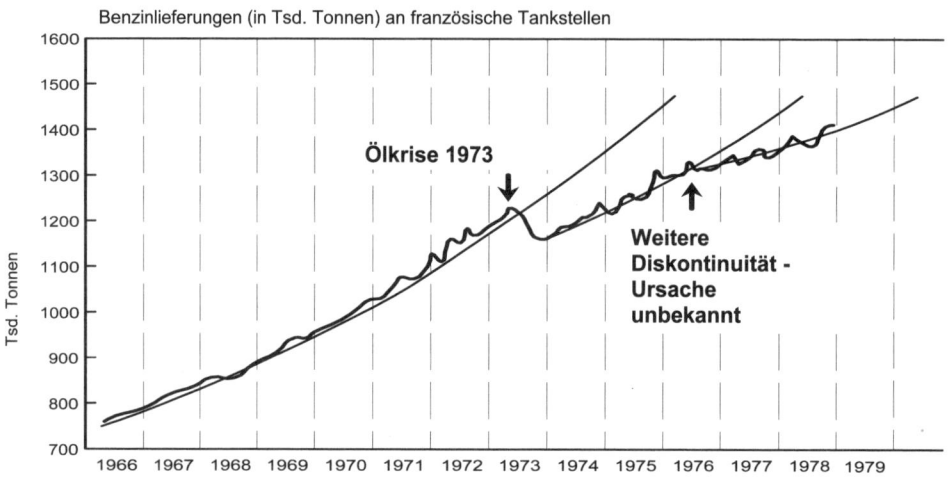

Abb. 7.9:   Beispiel für Diskontinuität
             [Quelle: Makridakis, S. (1981), S. 16]

Nach *Ansoff* sind auftretende Diskontinuitäten allerdings durch die Wahrnehmung so genannter **schwacher Signale** identifizierbar [vgl. *Ansoff, H. I.* (1976); *Kreilkamp, E.* (1987), S. 269 ff.; *Welge, M. K. / Al-Laham, A.* (1992), S. 304 ff. und die dort angegebene weitere Literatur]. Zur Veranschaulichung sollen in Abb. 7.10 zunächst verschiedene Beispiele für in der Vergangenheit aufgetretene schwache Signale angeführt werden.

Schwaches Signal	Ergebnis
Fortschritte in der Festkörperphysik in den 1940er Jahren	Ablösung der Röhre durch den Transistor
Zunehmende Leistungsfähigkeit und Standardisierung von Mikroprozessoren	Ablösung von Großrechenanlagen durch Personalcomputer
Glasnost und Perestroika in der ehemaligen Sowjetunion	Zusammenbruch des Ostblocks und Öffnung der Märkte in Osteuropa
Versuche mit Laserantrieb für Weltraumraketen	noch unbekannt, allerdings ist die bisherige Raketenantriebstechnologie 1.000 mal teurer
Entwicklung des World Wide Web	Veränderung der privaten und betrieblichen Kommunikation; Wegfall traditioneller und Entstehen neuer Geschäftsmodelle

Abb. 7.10:   Beispiele für schwache Signale

Als **Quellen** für das Auftreten schwacher Signale kommen z. B. folgende Aspekte in Betracht (siehe zu Details das Kapitel 7.4.2.1 zur Diffusionsforschung):

- Häufung gleichartiger Ereignisse mit Bezug zum Unternehmen,
- Verbreitung von bisher unbekannten Meinungen, Ideen und Stellungnahmen (z. B. Zeitschriften mit Primärquellencharakter wie „Spektrum der Wissenschaft", „Science" oder Informationen aus dem Internet),
- Rechtsprechungstendenzen und Anzeichen einer Umgestaltung der in- und ausländischen Gesetzgebung,
- Diskussion in privaten und öffentlichen Foren

Ausgehend von den angegebenen Beispielen und Quellen für schwache Signale können diese z. B. folgendermaßen charakterisiert werden:

- relativ unstrukturierte und qualitative Informationen,
- vorwiegend Hinweise auf Innovationen, Diskontinuitäten oder Bedarfskategorien (= potenzielle Produkte und Dienstleistungen),
- „weiches" Wissen und intuitive Urteile.

		Kenntnisstand über den Inhalt des Signals				
		1.	2.	3.	4.	5.
		Gefühl eines Risikos / einer Chance	Quelle eines Risikos / einer Chance	Konkrete(s) Risiko / Chance	Reaktionsmöglichkeit auf Risiko / Chance	Ergebnis bei Risiko / Chance
Informationsinhalt	Überzeugung, dass Diskontinuitäten bevorstehen	JA	JA	JA	JA	JA
	Gebiet identifiziert, das Quelle für Risiko / Chance ist		JA	JA	JA	JA
	Charakteristika von Risiko / Chance, Art, Schwere und Zeit der Auswirkung			JA	JA	JA
	Art der Reaktionsmöglichkeit: Zeitpunkt, Handlung, Programme, Budgets				JA	JA
	Gewinnauswirkungen und Folgen der Reaktion berechenbar					JA

Abb. 7.11:   Kenntnisstände bzgl. des Informationsinhalts der schwachen Signale
[Quelle: Ansoff, H. I. (1976), S. 135]

Insbesondere aufgrund der Unstrukturiertheit der schwachen Signale erlauben diese keine deterministischen, sondern nur **unsichere Aussagen** über zukünftige Entwicklungen. *Ansoff* bezeichnet diese Unsicherheit über den Informationsgehalt der schwachen Signale als „ignorance" (Unkenntnis, Unwissenheit) und definiert **fünf verschiedene Kenntnisstände** bzgl. des Informationsinhalts der schwachen Signale (siehe Abb. 7.11).

Die Information selbst, die zu einem der Kenntnisstände 1. bis 5. führt, kann sicher oder unsicher sein. Dieser Unsicherheitsgrad der Information ist aber von jenem Unsicherheitsgrad zu trennen, mit dem aus der Information auf das zukünftige Eintreten und die Konsequenzen der Chance oder des Risikos geschlossen werden kann. Das bedeutet beispielsweise, dass selbst wenn der Kenntnisstand 1. auch nur unsichere Aussagen über zukünftige Chancen und Risiken erlaubt, die zugrunde liegende Information jedoch als zuverlässig beurteilt werden, d. h. mit Sicherheit vorliegen kann. Eine weitere Konsequenz ist, dass die einzelnen Kenntnisstände nicht notwendigerweise in der angegebenen Abfolge auftreten müssen. Ist z. B. unter Kenntnisstand 2. die Ursache einer Chance bekannt, muss sich aus dieser im folgenden Zeitablauf nicht unbedingt der Kenntnisstand 3., d. h. eine konkrete Chance entwickeln.

Die unterschiedlichen Kenntnisstände und die diese Kenntnisstände widerspiegelnden Informationsinhalte aus Abb. 7.11 sind folgendermaßen interpretierbar [vgl. zu dem angegebenen Beispiel *Krystek, U. / Müller-Stewens, G.* (1997), S. 919]:

1. Diesem frühestmöglichen Kenntnisstand kann nur die Information entnommen werden, dass wohl einiges dafür spricht, dass eine Diskontinuität bevorsteht (z. B. Smalltalk im Golf-Club des Spielwarenherstellers über die revolutionären Auswirkungen zu erwartender Erfindungen auf die technologische Entwicklung).
2. Es ist bekannt, dass eine Diskontinuität bevorsteht und aus welchem Gebiet des Unternehmensumfeldes diese Diskontinuität herrührt (z. B. Wahrnehmung der Erfindung neuer Prozessoren aufgrund einer Veröffentlichung im „Bild der Wissenschaft" durch die betroffenen Unternehmen).
3. Die aus dem identifizierten Unternehmensumfeld herrührende Diskontinuität kann hinsichtlich ihrer Wirkung und ihres zeitlichen Anfalls als Chance oder Risiko eingeschätzt und beurteilt werden (z. B. Möglichkeiten zur Übernahme der neuen Technologie in die Spielwarenindustrie analog zu den vorgelagerten Anwendern).
4. Neben der Konkretisierung der Chance oder des Risikos ist dem Unternehmen bekannt, welche Maßnahmen zur Nutzung der Chance oder zur Bewältigung des Risikos ergriffen werden können (z. B. Entwicklung eines handlichen und relativ leistungsfähigen Schachcomputers mit Hilfe der integrierten Schaltkreise).
5. In diesem umfassendsten Kenntnisstand kann zusätzlich ermittelt werden, wie sich gegebenenfalls bestimmte zu ergreifenden Maßnahmen auf die einzelnen Zielgrößen des Unternehmens auswirken werden (z. B. auf Umsatz, Betriebsergebnis oder Cash Flow). Nach *Ansoff* entspricht dieser Kenntnisstand dem üblicherweise bei der **strategischen Planung** zugrunde gelegten Informationsstand (z. B. scheint aufgrund von Marktforschungsanalysen eine gewinnbringende Stückzahl des Schachcomputers zum kalkulierten Preis über den Spielwarenhandel absetzbar).

Das folgende Beispiel aus der Praxis soll die dargelegten Zusammenhänge zusätzlich verdeutlichen:

In den frühen 1940er Jahren wurde das Potenzial der Ergebnisse der Festkörperphysik für die Entwicklung der Elektronikindustrie deutlich. Das bedeutet, dass die Wahrnehmung und Quelle dieser Chance oder dieses Risikos bekannt war und somit also der zweite Kenntnisstand vorlag. Jahre später wurde auf Basis der Erkenntnisse der Festkörperphysik die Entwicklung des Transistors möglich, was zur Konkretisierung der Chance oder des Risikos beitrug und damit zum Vorliegen des dritten Kenntnisstandes führte. Als Maßnahmen zur Nutzung der Chance oder zur Bewältigung des Risikos wurden von den Unternehmen hohe Investitionen in die neue Technologie vorgenommen. Aufgrund der bisherigen Unkenntnis der Produktionsverfahren u. ä. konnten für diese Investitionen jedoch noch keine konkreten Ergebnisse ermittelt werden (vierter Kenntnisstand). Erst nachdem Aussagen über die Kosten und Erträge aus der Produktion von Transistoren gemacht werden konnten, war eine quantitative Abschätzung der Chance bzw. des Risikos aus der Entwicklung des Transistors möglich (fünfter Kenntnisstand). Wollten Unternehmen allerdings erst dann in die Entwicklung und Produktion von Transistoren einsteigen, wäre dies mit hohen Eintrittskosten und zeitlichem Rückstand verbunden gewesen.

Aus dem Beispiel wird deutlich, dass von den Unternehmen mit Anpassungsmaßnahmen an schwache Signale nicht erst bis zum konkretesten Kenntnisstand gewartet werden kann. Diese Anpassungsmaßnahmen sollten vielmehr bereits auf den vorgelagerten Stufen vorgenommen werden. Aus diesem Grund schlägt *Ansoff* unterschiedlich ausgeprägte **Reaktionsstrategien** vor. Diese Reaktionsstrategien sind zunächst danach zu unterscheiden, ob sie **intern** (Unternehmenssicht) oder **extern** (Umfeldsicht) ausgerichtet sind. Des Weiteren sind die Reaktionsstrategien bzw. die Abhilfemaßnahmen hinsichtlich ihrer **Ausrichtung** und **Stärke** wie folgt unterscheidbar:

1. Direkte Aktion,
2. Aufbau von Flexibilität,
3. Bewusste Wahrnehmung von Informationen.

		Reaktion		
		Direkte Aktion	Flexibilität	Wahrnehmung von Informationen
Reaktionsgebiet	Umfeld (extern)	Externe Aktion (Strategische Planung und Implementierung)	Aufbau von externer Flexibilität	Umfeld-Wahrnehmung
	Unternehmen (intern)	Interne Aktion (Eventualplanung)	Aufbau von interner Flexibilität	Selbstwahrnehmung

Abb. 7.12:   *Mögliche Reaktionsstrategien*
            [Quelle: Ansoff, H. I. (1976), S. 137]

Durch die Kombination der internen und externen Sichtweise mit den unterschiedlichen Maßnahmen / Reaktionen ergeben sich insgesamt sechs mögliche Reaktionsstrategien (siehe Abb. 7.12).

Die Strategie, **extern ausgerichtete Aktionen** zu ergreifen, umfasst die Auswahl der Strategie zur Nutzung der Chance oder zur Abwehr des Risikos, die Transformation der Strategie in Unternehmenspläne und -programme sowie die sich anschließende Implementierung dieser Strategie durch operative Maßnahmen in den einzelnen Funktionsbereichen des Unternehmens. Als Beispiel kann der Eintritt in einen neuen Markt, die dazu notwendige Festlegung des Beschaffungs-, Produktions- und Absatzprogramms und die operative Umsetzung dieser Programme genannt werden. Die **intern ausgerichteten Aktionen** dienen grundsätzlich zur Schaffung der innerbetrieblichen Voraussetzungen (sog. unternehmensinterne Bereitschaft) für die extern ergriffenen Aktionen („structure follows strategy"). Im angeführten Beispiel bedeutet dies, dass zur operativen Umsetzung der Programme die notwendigen Technologien, Produktionsmöglichkeiten, Beschaffungs- und Vertriebskanäle u. ä. geschaffen bzw. bereitgestellt werden müssen. Diese Abfolge von externen über interne Aktionen ist insbesondere unter dem fünften Informationskenntnisstand (siehe Abb. 7.11) vornehmbar. Es ist jedoch auch denkbar, dass unter den einzelnen Informationskenntnisständen die internen Aktionen bereits vor den externen vorgenommen werden. Als Beispiele kommen der vorsorgliche Ausbau der Vertriebskanäle oder die Anschaffung anpassungsfähiger Produktionssysteme in Betracht. In diesem Fall existiert ein fließender Übergang zu den Flexibilisierungsmaßnahmen, die im Folgenden beschrieben werden.

Maßnahmen zur Flexibilität dienen zur Schaffung des Potenzials für zukünftig notwendige Aktionen und stellen damit letztlich externe und interne **Optionen** dar, die im Fall sich ergebender konkreter Chancen und Risiken wahrgenommen werden. Eine **externe Flexibilität** begründende Option ist z. B. die Möglichkeit, durch einen bereits erschlossenen Markt in Zukunft in einen anderen Markt eintreten zu können. Zu denken ist hierbei beispielsweise an die sich für Energieversorgungsunternehmen aufgrund der vorhandenen Netzstruktur ergebende Möglichkeit, den Telekommunikationsmarkt und darauf aufbauend den Internet-Markt zu erschließen. **Interne Flexibilität** kann beispielsweise durch flexible Organisationsstrukturen, Eventualpläne, Alternativprogramme und unkonventionelle Entscheidungsfindungsprozesse, verschiedene Beschaffungsoptionen, Kapazitätserweiterungsoptionen oder durch die schon aufgeführten anpassungsfähigen Produktionssysteme erlangt werden.

Die frühestmögliche Maßnahme zur Reaktion auf eine sich entwickelnde Chance oder ein sich entwickelndes Risiko stellt die **bewusste Wahrnehmung** erster Anzeichen einer Chance oder eines Risikos dar. In diesem Zusammenhang sind insbesondere die im Kapitel 2 vorgestellten Instrumente zur **Unternehmens- und Umfeldanalyse** anwendbar. Abb. 7.13 fasst die Aussagen zusammen und gibt zusätzliche Hinweise auf die Ausgestaltung der einzelnen Reaktionsstrategien.

		Reaktion		
		Direkte Aktion	Flexibilität	Wahrnehmung von Informationen
Reaktionsgebiet	Umfeld (extern)	**Externe Aktion** z. B. Eintritt in neue Märkte, Risikoteilung mit anderen Unternehmen, Sicherung des Zugangs zu knappen Ressourcen, Rückzug aus bedrohten Gebieten	**Externe Flexibilität** z. B. Balance der Produktlebenszyklen, Diversifizierung der ökonom., technolog., gesell. und polit. Diskontinuitäten	**Umfeld-Wahrnehmung** Quantitative Prognosen, Einsatz von Instrumenten der Umfeldanalyse, wie z. B. das Branchenstrukturmodell oder die Analyse des globalen Umfeldes
	Unternehmen (intern)	**Interne Aktion** z. B. Erwerb von Technologien und Wissen, Entwicklung von neuen Produkten und Service	**Interne Flexibilität** Eventualpläne, Liquide Mittel („Kriegskasse"), Optionen im F&E-, Beschaffungs-, Produktions- und Absatzbereich	**Selbstwahrnehmung** Einsatz von Instrumenten der Unternehmensanalyse, wie z. B. die Wertkette, der Wertschöpfungskreis oder das Geschäftssystem

Abb. 7.13:   Mögliche Ansatzpunkte für Reaktionsstrategien

Die vorgestellten Reaktionsstrategien haben letztlich den sukzessiven Aufbau einer **ex-ante Reaktionsbereitschaft** des Unternehmens zum Ziel. Damit ist dieses Vorgehen vom **Krisenmanagement** abzugrenzen, das erst bei ex-post bereits eingetretenen Krisen Handlungsmöglichkeiten erarbeitet und umsetzt. In diesem Zusammenhang ist anzumerken, dass die Anpassung des Unternehmens an schwache Signale ein vorhandenes Krisenmanagement zwar erweitern, aber sicherlich aufgrund völlig unerwartet auftretender Diskontinuitäten nicht vollständig ersetzen kann.

Wie schon oben angedeutet, sind die einzelnen Reaktionsstrategien unterschiedlich früh in den verschiedenen Entwicklungsphasen des schwachen Signals einzusetzen. Nach *Ansoff* ergeben sich die in Abb. 7.14 **abgestuften Anwendungsbereiche der verschiedenen Reaktionsstrategien.**

Die **externe und interne Informationsaufnahme** kann schon im ersten Kenntnisstand angewandt werden. Zu beachten ist allerdings, dass aufgrund der noch unscharfen Situation nicht alle Instrumente eingesetzt werden können. Beispielsweise ist die **Analyse des globalen Umfeldes** schon auf dieser Stufe möglich und angebracht, dagegen ist der Nutzen eines **Branchenstrukturmodells** aufgrund der noch nicht in den Wettbewerbskräften enthaltenen Auswirkungen des schwachen Signals auf dieser Stufe fraglich (zu Einzelheiten zu diesen Instrumenten siehe Kapitel 2.2). Ebenfalls auf dieser Stufe kann mit dem **Aufbau von interner Flexibilität** begonnen werden. Zu denken ist hier insbesondere an die Verwendung flexibler Pläne, die bei einer Konkretisierung des schwachen Signals angepasst werden können. Mit dem **Aufbau von externer Flexibilität** kann dagegen erst begonnen werden, wenn die **Quelle des schwachen Signals** bekannt ist, da erst in diesem Fall das für die externen Flexibilisierungsmaßnahmen relevante Zielgebiet offen gelegt wird (z. B. das betreffende Land, der Markt oder die Branche). Die Vornahme von **internen Handlungen** zum Aufbau der innerbetrieblichen Ressourcen ist ab dem dritten Kenntnisstand denkbar. In Betracht kommen hier beispielsweise der Erwerb von technologischem Wissen o. Ä., das für den späteren physischen Aufbau der innerbetrieblichen Ressourcen notwendig ist. Die **externen Handlungen** können bereits unter dem vierten Kenntnisstand vorgenommen werden, da es nicht unbedingt notwendig ist, die konkreten Ergebnisse zu kennen. Als Beispiele sind Investitionen von Unternehmen in die Grundlagenforschung zu nennen, denen aufgrund der meist fehlenden Marktseite keine Ergebnisgrößen zugewiesen werden können.

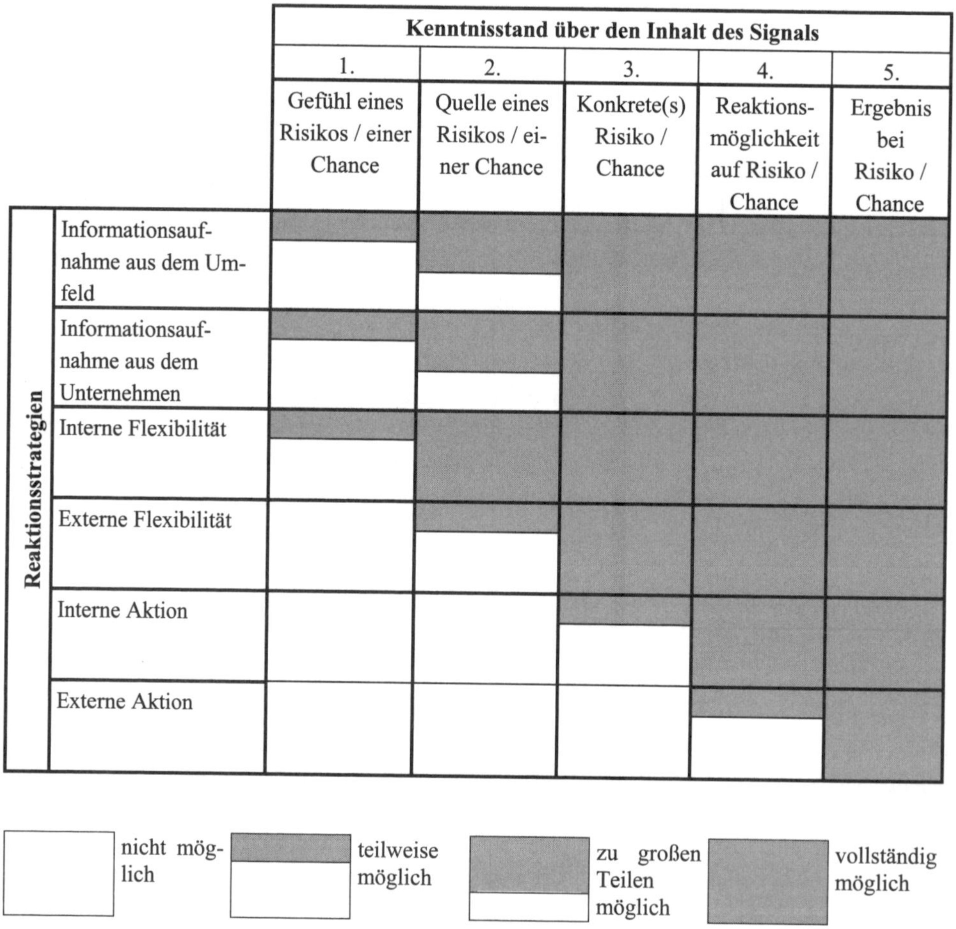

	Kenntnisstand über den Inhalt des Signals				
	1.	2.	3.	4.	5.
	Gefühl eines Risikos / einer Chance	Quelle eines Risikos / einer Chance	Konkrete(s) Risiko / Chance	Reaktionsmöglichkeit auf Risiko / Chance	Ergebnis bei Risiko / Chance
Informationsaufnahme aus dem Umfeld					
Informationsaufnahme aus dem Unternehmen					
Interne Flexibilität					
Externe Flexibilität					
Interne Aktion					
Externe Aktion					

(Zeilenüberschrift: Reaktionsstrategien)

Legende: nicht möglich — teilweise möglich — zu großen Teilen möglich — vollständig möglich

Abb. 7.14:　Zuordnung der unter verschiedenen Kenntnisständen möglichen Reaktionsstrategien
[in Anlehnung an: Ansoff, H. I. (1976), S. 141]

Durch die **permanente Anpassung der Reaktionsstrategie** an einen sich verbessernden Kenntnisstand (siehe Abb. 7.14) wird es dem Unternehmen möglich, sich genügend Freiräume zu schaffen, um auf eine sich z. B. mit dem fünften Kenntnisstand konkretisierende Chance bzw. auf ein sich konkretisierendes Risiko unmittelbar zu reagieren. Die schematische Darstellung aus Abb. 7.15 verdeutlicht diese Aussage anhand eines auftretenden Risikos.

Zum Zeitpunkt des Auftretens eines Gefühls über das drohende Risiko wäre die notwendige Reaktionszeit (t_{R1}) nicht ausreichend, die Gefahr vom Unternehmen abzuwenden, da bereits nach einer geringeren Zeitspanne (t_{V1}) ein für das Unternehmen nicht mehr akzeptabler Verlust entstehen würde. Als Beispiel für dieses Gefühl kann die Wahrnehmung des Unternehmens über eine Verhaltensänderung der Kunden angeführt werden, die sich auf den zukünftigen Absatz der Produkte dieses Unternehmens negativ auswirken wird. Würde das Unternehmen nun abwarten, bis diese Verhaltensänderung einen Absatzrückgang seiner Produkte auslöst, könnten dann ad hoc ergriffene Gegenmaßnahmen das Eintreten eines Verlustes nicht mehr verhindern. Durch die permanente Anpassung der Reaktionsstrategie an den neuen Informationsstand gelingt es dem Unternehmen aber, im Zeitpunkt des Bekanntwerdens des konkreten Ergebnisses des Risikos (im Beispiel ist dies der Absatzrückgang) seine Reaktionszeit (t_{R2}) soweit zu reduzieren, dass eine für die Reaktion hinreichende Zeitspanne verbleibt. Im angegebenen Beispiel würde dies z. B. heißen, dass das Unternehmen schon im Zeitpunkt der Wahrnehmung der Verhaltensänderung die Voraussetzungen für eine Änderung des Produktspektrums schafft, die den zukünftigen Absatz auch unter dem geänderten Verhalten der Kunden sicherstellt (z. B. Entwicklung eines neuen Produktdesigns im Zeitpunkt der Wahrnehmung der Verhaltensänderung, welches im Zeitpunkt des Eintretens der Verhaltensänderung sofort auf den Markt gebracht werden kann). Gemäß dem in Abb. 7.15 dargestellten Schemata würde dies bedeuten, dass das Risiko erst nach einer größeren Zeitspanne (t_{V2}) zu einem nicht akzeptablen Verlust führt, womit für weitere, diesen Verlust verhindernde Maßnahmen noch eine Zeitreserve in Höhe der Differenz ($t_{V2} - t_{R2}$) verbleibt (z. B. Ergreifung von Marketing-Maßnahmen zur Absatzförderung des schon entwickelten neuen Produktdesigns).

Hätte das Unternehmen keine anpassenden Reaktionsstrategien vorgenommen (**Wahl der Unterlassungsalternative**), würde die anfängliche Reaktionszeit (t_{R1}) weiter bestehen und der Verlust könnte nicht mehr verhindert werden. Dies wäre der Fall, wenn das traditionelle Instrumentarium der **strategischen Planung** angewandt würde, bei der eine Planung erst vorgenommen wird, wenn eine „vollständige" Kenntnis über die Chance oder das Risiko vorliegt.

Das Konzept von *Ansoff* zeigt, wie durch die Analyse schwacher Signale Frühaufklärungsinformationen rechtzeitig in Unternehmensstrategien integriert werden können. Zwar ist auch mit diesem Konzept die Unsicherheit zukünftiger Entwicklungen nicht beseitigbar, jedoch werden Wege aufgezeigt, wie mit flexiblen Strategien **Handlungsspielräume** geschaffen werden können. Mit Hilfe dieser Handlungsspielräume ist es dann möglich, **unsichere Situationen** zu bewältigen.

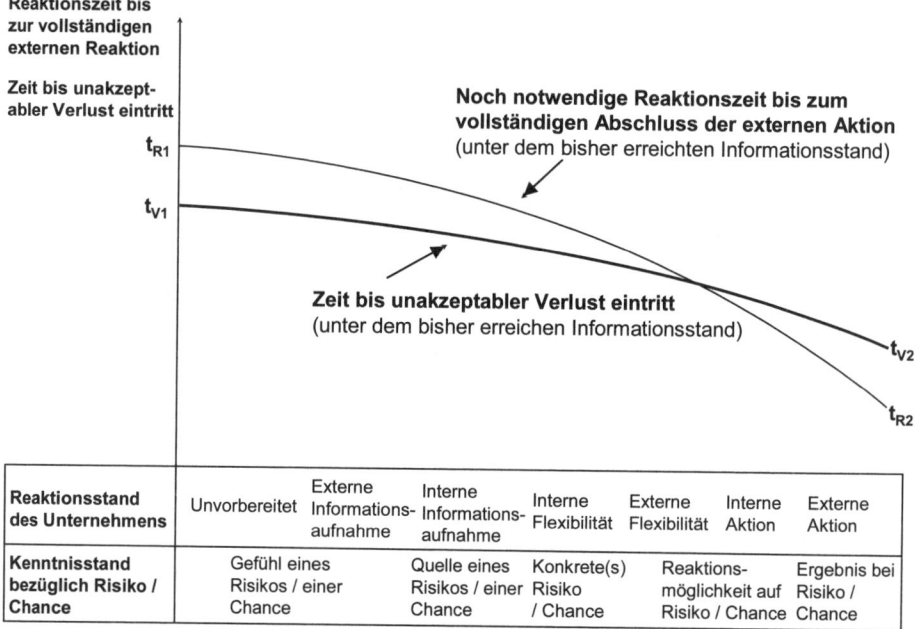

Abb. 7.15:   Reaktionszeit bei permanenter Anpassung der Reaktionsstrategie
             [in Anlehnung an: Ansoff, H. I. (1976), S. 142]

In den folgenden Kapiteln wird dargestellt, wie die Erkenntnisse aus der Analyse schwacher Signale für Instrumente der strategischen Frühaufklärung genutzt werden können. Dazu wird zunächst untersucht, wie mit der Verfolgung von Diffusionsprozessen eine Aufdeckung von Diskontinuitäten möglich ist.

7.4.2   Instrumente der strategischen Frühaufklärung auf der Basis des Konzeptes der schwachen Signale

7.4.2.1   Verfolgung von Diffusionsprozessen anhand struktureller Trendlinien

Im Rahmen des Ansatzes der strategischen Frühaufklärung auf der Basis schwacher Signale wurde die Bedeutung des Kenntnisstandes über den Inhalt schwacher Signale deutlich. Der Grad des Kenntnisstandes hängt dabei vom **Entwicklungsstand** des schwachen Signals ab. Welchen Beitrag zur Ermittlung und Weiterverfolgung schwacher Signale die **Diffusionsforschung** erbringen kann, wird im Folgenden behandelt [vgl. *Krampe, G. / Müller, G.* (1981); *Kreilkamp, E.* (1987), S. 276 ff.].

Die Diffusionsforschung als Teildisziplin der **Kommunikationsforschung** hat die Untersuchung der Ausbreitung neuer Verhaltensweisen aufgrund neuer Erkenntnisse zum Gegenstand. Dabei steht weniger die Prognose der Zeitpunkte als vielmehr die Prognose der Abfolge der einzelnen Stufen des **Ausbreitungsprozesses** im Mittelpunkt. Die Kernhypothese ist, dass vom Träger einer neuen Erkenntnis eine Ansteckungswirkung ausgeht, die dazu führt, dass die Erkenntnis auf eine größer werdende Anzahl anderer Personen übertragen wird (**Diffusion der Erkenntnis**). Der Grund für die Übernahme der Erkenntnis durch die anderen Personen (Adaptoren) liegt in deren Unsicherheit begründet, ob die bisher geltenden Verhaltensweisen weiterhin Gültigkeit besitzen werden. Die diese Übernahme widerspiegelnde **Innovationsbereitschaft** kann dabei bewusst oder unbewusst (Nachahmungstrieb) vorliegen. Aufgrund einer möglichen unterschiedlichen Innovationsbereitschaft erfolgt die Übernahme oder **Adaption** der neuen Erkenntnis durch die verschiedenen Personen nicht gleichzeitig, weshalb eine Unterscheidung der Personen mit unterschiedlichen Adaptionszeitpunkten vorgenommen wird. Beispielsweise werden folgende Unterscheidungen vorgenommen (Variante 1 und 2):

Variante 1	Variante 2
1. Der erste Träger des Verhaltenswechsels	1. Innovatoren
2. Die Gruppe der Innovatoren	2. Frühe Adaptoren
3. Die Gruppe der frühen Adaptoren	3. Frühe Mehrheit
4. Die Gruppe der späten Adaptoren	4. Späte Mehrheit
5. Die Gruppe der Schwerfälligen	5. Nachzügler
6. Die Gruppe der Nichtadaptoren	

Die **Betriebswirtschaftslehre** greift die Diffusionsforschung insbesondere bei der Frage wie sich **Innovationen** ausbreiten auf. Diese Innovationen können z. B. neue Ideen und neue Produkte umfassen (siehe dazu auch die Ausführungen zum Produktlebenszyklus in Kapitel 3.2.1).

Der Ausbreitungsprozess einer neuen Erkenntnis, einer Innovation, einer Idee oder eines neuartigen Produktes kann durch bestimmte **Verbreitungsmuster** charakterisiert werden. Diese Verbreitungsmuster geben für jeden Zeitpunkt den Stand des **Diffusionsprozesses** an. Theoretisch sind diese Verbreitungsmuster durch so genannte **Diffusionsfunktionen** abbildbar. Diese Diffusionsfunktionen können danach unterschieden werden, welche Übertragungsprozesse bei der Ausbreitung der Erkenntnis, der Idee oder des Produktes zugrunde gelegt werden [vgl. zu den mathematischen Details im Folgenden *Krampe, G. / Müller, G.* (1981), S. 292 ff.]:

1. Die Übertragung erfolgt in Höhe eines konstanten Prozentsatzes der noch nicht angesteckten Personen (exponenzielles Modell).
2. Die Übertragung erfolgt ausschließlich von Person zu Person (logistisches Modell).
3. Es erfolgt eine Kombination der Übertragungsmöglichkeiten nach 1. und 2. (Modell von *Pyatt*).

Mit Hilfe dieser theoretischen Diffusionsfunktionen ist es bei Kenntnis bestimmter Ausbreitungsparameter möglich, die Anzahl der zu einem bestimmten Zeitpunkt mit der Erkenntnis, der Idee oder dem Produkt ausgestatteten Personen zu ermitteln.

Die bisher gemachten personenbezogenen Aussagen können auch auf die **Diffusion von Ereignissen** übertragen werden. Damit ergibt sich die Möglichkeit, die Erkenntnisse der Diffusionstheorie, neben der Anwendung auf den sozialen Wandel, auch auf den technologischen, politischen und ökonomischen Wandel zu beziehen.

Diese Erweiterung greift das *Battelle*-Institut bei der praktischen Anwendung der Diffusionstheorie auf. Mit dem Ansatz des *Battelle*-Instituts wird versucht, das Gedankengut der Diffusionsfunktionen durch die Ermittlung sog. **struktureller Trendlinien** in ein praktisch handhabbares Konzept umzusetzen. Die Ermittlung der strukturellen Trendlinien kann dabei qualitativ (Prognose von möglichen Trends) und bei Vorhandensein ausreichender Daten auch quantitativ erfolgen (z. B. durch eine Regressionsanalyse auf Basis vorliegender Datenpunkte). Zur Ermittlung der Trendlinien werden folgende **vereinfachende Annahmen** über den Verlauf von Veränderungen getroffen:

- Soziale, technologische, politische und ökonomische Veränderungen sind nicht zufällig, sondern von menschlichen Interessen beeinflusst.
- Veränderungen werden durch Entwicklungsmechanismen und relativ stabile Verbreitungsmuster bestimmt.
- Veränderungen im Unternehmensumfeld werden von Ereignissen ausgelöst bzw. von Vorreitern getragen.

Ist es nun möglich, derartige Entwicklungsmechanismen und Verbreitungsmuster von Veränderungen zu erkennen, können die diese Veränderungen auslösenden Ereignisse bzw. Vorreiter identifiziert werden. Im Zuge von **Analogieschlüssen** ist es dann möglich, aus beobachteten ähnlichen Ereignissen oder Vorreitern sich abzeichnende soziale, technologische, politische und ökonomische Entwicklungen früher zu erkennen.

Die Informationen über Ereignisse oder Vorreiter liegen meist nur in qualitativer Form vor, wie z. B. Nachrichten über Ereignisse, Personen und Organisationen. Bei der Ermittlung dieser Informationen ist folgenden Aspekten besondere Aufmerksamkeit zu schenken:

- unternehmensrelevante Ereignisse bzw. Ereignishäufungen (z. B. Meldungen zur globalen Erwärmung),
- Meinungen und Stellungnahmen von Schlüsselpersonen (z. B. von Forschern oder Vertriebsmitarbeitern),
- Verlautbarungen wichtiger Institutionen und Organisationen (z. B. von Non Governmental Organizations (NGOs)),
- Verbreitung von Meinungen, Ideen usw. in den Medien (z. B. innovativen Fachzeitschriften),
- Gesetzgebung und Rechtsprechung im In- und Ausland (z. B. Sozialgesetzgebung in Skandinavien).

Eine weitere Informationsquelle stellt die **Nutzung von öffenlichen oder kommerziellen Informationsdiensten** dar [vgl. zu Einzelheiten *Kreilkamp, E.* (1987), S. 299 ff.]. Im deutschsprachigen Raum kann beispielsweise auf das Informationsangebot der *Prognos AG* (z. B. Zukunftsatlas nach Regionen und Branchen), von *Sinus Sociovision* (z. B. die soziologische Struktur in den Sinus-Milieus), des *Instituts für Zukunftsstudien und Technologiebewertung (IZT)*, Berlin, des *B.A.T. Freizeit-Forschungsinstituts*, des *Forschungsinstituts zur Zukunft der Arbeit IZA*, des *Wuppertal Instituts für Klima, Umwelt und Energie*, des *Club of*

Rome oder die Trendforschung des *Gottlieb Duttweiler-Instituts (GDI)*, um nur einige Adressen zu nennen, zurückgegriffen werden.

Aus den beobachteten Ereignissen o. Ä. können anschließend die strukturellen Trendlinien erstellt werden, die die Basis für die Prognose zukünftiger Entwicklungen, z. B. beim Auftreten ähnlicher Ereignisse o. Ä., bilden. Abb. 7.16 fasst **Beispiele für strukturelle Trendlinien** zusammen.

Die mit einem Blitz gekennzeichneten Bereiche der Trendlinien stellen den Zeitpunkt dar, ab dem das Unternehmen die Beobachtung der durch die Ereignisse ausgesandten schwachen Signale systematisch und kontinuierlich vornehmen sollte. Beispielsweise ist dann aus der Trendlinie zur sozialpolitischen Rechtsprechung der Analogieschluss möglich, bei einer erneut in Schweden vorgenommenen sozialpolitischen Rechtsprechung diese nach einem kürzeren Zeitraum auch in Deutschland zu erwarten. Das Beispiel zeigt jedoch auch die Grenzen der Trendlinien auf. Schweden hat politisch eine Wende vollzogen und gilt nun nicht mehr als Vorreiter in der sozialpolitischen Rechtsprechung.

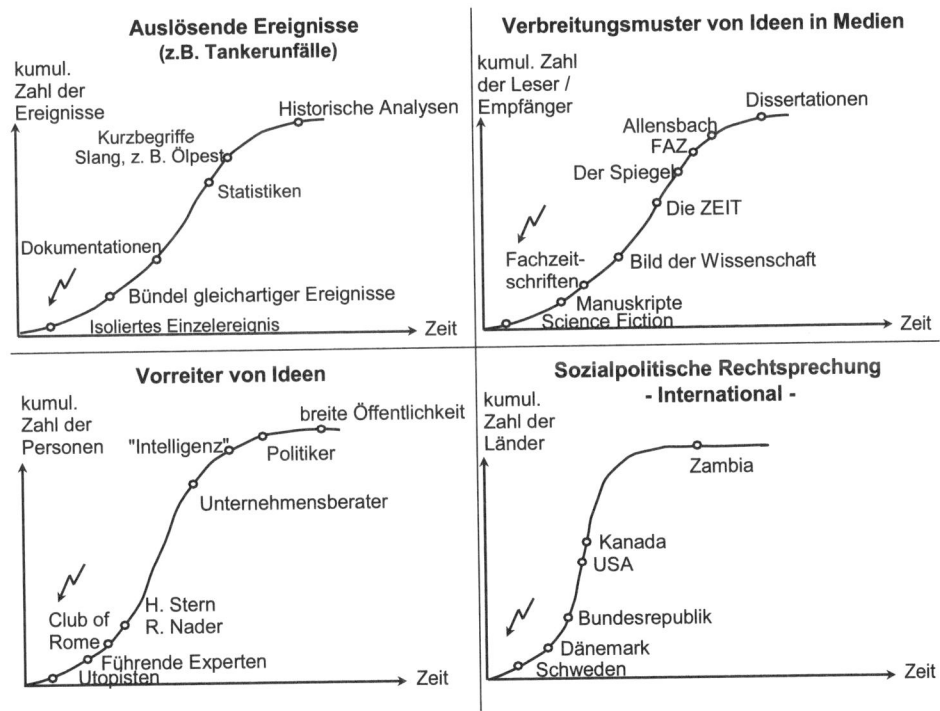

Abb. 7.16:   *Beispiele für strukturelle Trendlinien*
         [Quelle: Krampe, G. / Müller, G. (1981), S. 397]

Im Rahmen der strategischen Frühaufklärung ist die Diffusionstheorie in ihrer praktischen Umsetzung als strukturelle Trendlinie insbesondere für die **Identifizierung und die Beobach-**

tung der Weiterentwicklung schwacher Signale anwendbar. Im Folgenden soll dargestellt werden, wie aus einer Vielzahl identifizierter schwacher Signale die für das Unternehmen bedeutsamen ermittelt werden können.

7.4.2.2   Diskontinuitätenbefragung

Die Diskontinuitätenbefragung stellt ein standardisiertes Hilfsmittel zur Beurteilung der Auswirkung von Diskontinuitäten auf das Unternehmen dar [vgl. insbesondere zu den mathematischen Einzelheiten *Müller, G. / Zeiser, B.* (1980)]. Die Beurteilung wird dabei durch eine Befragung von **Experten** vorgenommen. Unter Experten sind Personen zu verstehen, die im Hinblick auf die Befragungsbereiche mit einer so genannten „**qualifizierten Intuition**" ausgestattet sind. Zu diesen Experten zählen dann beispielsweise Personen, die über einen größeren Zeitraum in einem bestimmten Markt tätig gewesen sind und somit Zusammenhänge und Auswirkungen von Diskontinuitäten intuitiv beurteilen können.

Die Befragung der Experten wird mit Hilfe eines **standardisierten Fragebogens** vorgenommen. Den Ausgangspunkt bilden bestimmte Ereignisse, deren Eintritt vom Unternehmen erwartet wird. Diese Ereignisse können z. B. aufgrund **struktureller Trendlinien** identifiziert werden (siehe dazu Kapitel 7.4.2.1). Im Fragebogen müssen dann Experten beurteilen, welche Auswirkungen diese Ereignisse auf verschiedene betriebliche Zielgrößen haben, wobei jede Kombination von Ereignis und einzelner Zielgröße als mögliche **Diskontinuität** aufgefasst wird. Die Ausprägung der einzelnen Diskontinuitäten wird anhand einer **Punktskala** bewertet (1. Zufallsvariable). Des Weiteren ist von den Experten die von ihnen erwartete subjektive **Eintrittswahrscheinlichkeit** des Ereignisses zu schätzen (2. Zufallsvariable). Der Fragebogen aus Abb. 7.17 mit dem Preis und dem Absatz als betriebliche Zielgrößen soll die Ausführungen verdeutlichen.

Zur Generierung aussagefähiger Ergebnisse sollte die Anzahl der **befragten Experten größer als 30** gewählt werden. Des Weiteren ist es für die spätere Auswertung wichtig, dass die **Schätzungen** für die beiden Zufallsvariablen **unabhängig** voneinander durchgeführt werden.

Zur Auswertung der Fragebögen sind so genannte **Zufallsbereiche** für die einzelnen Diskontinuitäten zu bestimmen. Ein Zufallsbereich gibt dabei den Bereich an, in dem der $(1 - \alpha)$-Anteil der Werte einer angenommenen gemeinsamen Verteilung der beiden Zufallsvariablen liegt. Wird beispielsweise $\alpha = 5\ \%$ gewählt, gibt der Zufallsbereich den Bereich an, in dem 95 % der Expertenmeinungen liegen.

Die Ausdehnung der Zufallsbereiche hängt davon ab, welche Verteilungsannahme der gemeinsamen Verteilung der beiden Zufallsvariablen zugrunde gelegt wird. Wird auf Basis der Tschebyscheff'schen Ungleichung die Konstruktion eines Zufallsrechtecks vorgenommen, müssen keine Annahmen über die gemeinsame Verteilung der Zufallsvariablen getroffen werden. Der Vorteil der Verteilungsfreiheit wird allerdings auf Kosten eines relativ großen Zufallsbereichs erkauft.

Produkt: P

Fragen:
- Wie stark beeinflussen nach Ihrer Einschätzung die nachstehenden Ereignisse den künftigen Pries und die Absatzchancen des Produkts P?

- Mit welcher Wahrscheinlichkeit treten die unten aufgeführten Ereignisse Ihrer Meinung nach ein?

Bewertungsskala:

1. Skala für Einfluss:

-4	0	+4
sehr ungünstig	ohne Einfluss	sehr günstig

Zwischen 4 und +4 ist jede reelle Zahl als Bewertung zulässig.

2. Skala für Wahrscheinlichkeiten:
Jede reelle Zahl zwischen 0 und 100 ist als Bewertung zulässig.

Bewertungstabelle:

Tragen Sie Ihre Bewertung in die untenstehende Tabelle ein.

Diskontinuität Nr.	Ereignisse	Einfluss auf		Wahrscheinlichkeit des Ereigniseintritts
		erzielbaren Preis	Absatzchancen	
1	Verbesserung der bestehenden staatlichen Förderungen	-1		40 %
2			-3	
3	Verschärfung staatlicher Auflagen	0		55 %
4			-3	
5	Auftreten neuer potenter Wettbewerber	-2		80 %
6			3	

Beantwortet von:
Befragter Nr.:

Abb. 7.17: *Fragebogen zur Diskontinuitätenbefragung*
[in Anlehnung an: Müller, G. / Zeiser, B. (1980), S. 607]

Die Größe des Zufallsbereichs kann durch die Ermittlung von Zufallsellipsen reduziert werden. Dazu ist es aber notwendig, dass die Zufallsvariablen stochastisch unabhängig sind und deren gemeinsame Verteilung einer multivariaten Normalverteilung genügt. Die stochastische Unabhängigkeit versucht man dabei dadurch zu gewährleisten, dass die Beurteilungen der beiden Zufallsvariablen unabhängig voneinander vorgenommen werden. Die Voraussetzung einer gemeinsamen Normalverteilung kann dagegen für die Realität kaum angenommen werden. Insgesamt sollte daher für die noch folgende Interpretation der Zufallsbereich zugrunde gelegt werden, dessen Annahmen sich mit der Struktur der ermittelten Befragungsergebnisse am besten vereinbaren lassen.

Abb. 7.18 veranschaulicht die Ermittlung einer 95 %-Zufallsellipse und eines 95 %-Zufallsrechtecks.

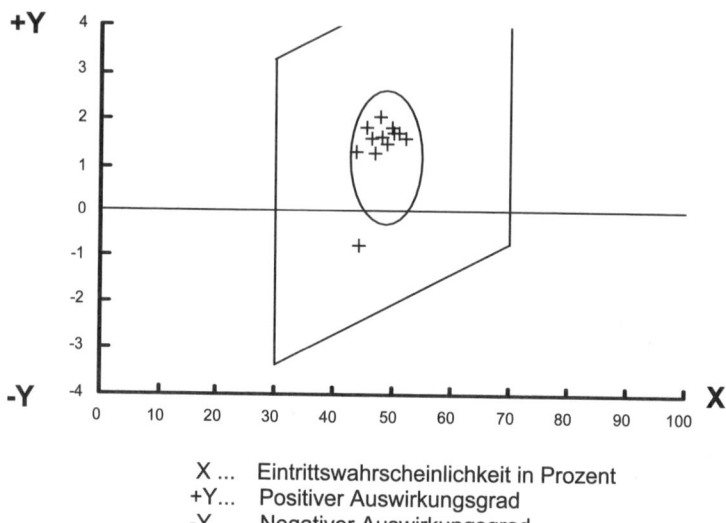

X ...   Eintrittswahrscheinlichkeit in Prozent
+Y...   Positiver Auswirkungsgrad
-Y ...   Negativer Auswirkungsgrad

Abb. 7.18:   Ergebnisse der Diskontinuitätenbefragung
[Quelle: Müller, G. / Zeiser, B. (1980), S. 608]

Die ermittelten Zufallsbereiche sind für verschiedene **Interpretationen** geeignet. Zunächst ist es möglich, die Zufallsbereiche für verschiedene Diskontinuitäten zu vergleichen und damit die für das Unternehmen **bedeutsamsten Diskontinuitäten**, Ereignisse und schwachen Signale auszuwählen (siehe dazu auch Kapitel 7.4.2.3). Zusätzlich kann aus der **Ausdehnung der Zufallsbereiche** auf den Grad der Diffusion geschlossen werden. Z. B. ist bei ausgedehnten Zufallsbereichen von einem geringeren Diffusionsgrad und damit von einer größeren Unsicherheit in der Beurteilung der zukünftigen Entwicklung auszugehen.

Eine weitere Interpretationsmöglichkeit besteht in der gezielten Analyse von **Ausreißern**. Als Ausreißer sind Meinungsäußerungen zu bezeichnen, die außerhalb der Zufallsbereiche positioniert sind. Als Gründe für das Auftreten von Ausreißern können angeführt werden:

- Ungenaue Problemformulierung,
- Missverständnisse, die z. B. auf einer uneinheitlichen Terminologie beruhen,
- ungerechtfertigte Stellung des Befragten als Experte,
- Erkenntnis neuer fundamentaler Grundstrukturen der Zusammenhänge, in die der untersuchte Problemfaktor gebettet ist.

Können die Ausreißer auf den letztgenannten Punkt zurückgeführt werden, ist ihnen besondere Aufmerksamkeit entgegenzubringen. In diesem Fall können für das Unternehmen relevante **strategische Überraschungen** vorliegen, die von der Mehrheit der Experten nicht erkannt wurden.

Im Rahmen der strategischen Frühaufklärung ist die Diskontinuitätenbefragung zur Beurteilung der erwarteten Auswirkung und der beizumessenden Bedeutung schwacher Signale heranzuziehen. In Abhängigkeit dieser Beurteilung ist dann über den Einsatz von passenden Reaktionsstrategien zu entscheiden (siehe dazu Kapitel 7.4.1). Eine Erweiterung dieser Beurteilung schwacher Signale stellen die **Cross Impact- und Vulnerability-Analyse** dar, die im folgenden Kapitel behandelt werden.

7.4.2.3 Cross Impact- und Vulnerability-Analyse

Die Cross Impact- und Vulnerability-Analyse dienen zur Auswahl der für das Unternehmen relevanten Umfeldentwicklungen [vgl. *Kreilkamp, E.* (1987), S. 294 ff.].

Mit Hilfe der **Cross Impact-Analyse** wird die Auswirkung von erwarteten Umfeldänderungen auf einzelne Strategien (z. B. Gesamtunternehmensstrategien oder Geschäftsbereichsstrategien) in einer **Beurteilungsmatrix** untersucht. Anhand einer Bewertungsskala werden die positiven und negativen Auswirkungen des jeweiligen Umfeldbereichs auf die verschiedenen Strategien durch die Vergabe von positiven und negativen Punkten ermittelt. Die Identifizierung von bedeutenden Umfeldchancen und -risiken erfolgt durch die getrennte Summierung der positiven und negativen Punkte für die jeweilige Umfeldentwicklung über alle Strategien des Unternehmens. Analog können durch die Summierung der Punkte über alle Umfeldbereiche besonders chancen- und risikoreiche Strategien identifiziert werden. Zur Erlangung eines breiteren Meinungsspektrums kann wie bei der **Diskontinuitätenbefragung** die Erstellung der Beurteilungsmatrix von verschiedenen Experten durchgeführt werden (siehe Kapitel 7.4.2.2). Das in Abb. 7.19 dargestellte Beispiel soll die Methode veranschaulichen (bedeutsame Umfeldentwicklungen und Strategien von Geschäftseinheiten sind eingekreist).

Durch die **Vulnerability-Analyse** wird die Auswahl relevanter Umfeldentwicklungen und Strategien durch das Hinzuziehen von **Eintrittswahrscheinlichkeiten** für die Umfeldentwicklungen erweitert. Durch dieses Vorgehen wird es möglich, die notwendige Reaktionsbereitschaft des Unternehmens präziser zu formulieren. Ergeben sich z. B. bei hohen positiven oder negativen Punktwerten für einzelne Umfeldentwicklungen zusätzlich hohe Eintrittswahrscheinlichkeiten, ist die Dringlichkeit einer Reaktion umso stärker geboten. So werden z. B. im Risikomanagement speziell die Schadenswirkung und die Eintrittswahrscheinlichkeit eines Risiko betrachtet.

Die Cross Impact- und Vulnerability-Analyse sind den **Verfahren zur Identifizierung und Beurteilung schwacher Signale** zuzuordnen. Damit können diese beiden Verfahren insbesondere zur Entscheidung über **Reaktionsstrategien** (siehe Kapitel 7.4.1) und zur Auswahl relevanter Diskontinuitäten für die **Szenario-Technik** (siehe das folgende Kapitel) eingesetzt werden. Des Weiteren besteht eine gewisse Verwandtschaft mit der im Zuge der Unternehmensanalyse vorgestellten **Issue-Impact-Matrix** (siehe Kapitel 2.2).

Umfeldbereich	SGE1	SGE2	SGE3	SGE4	Auswirkung	
					+	-
1. Gesamtwirtschaft						
Bruttosozialprodukt	-3	-2	0	+1	+1	-5
Zinsen	-3	-3	-3	-2	0	(-11)
2. Politisch-rechtliches Umfeld						
Umweltschutz	-1	+2	0	+1	+3	-1
Subventionen	0	+1	+1	0	+2	0
3. Technologie						
Neue Produkttechnologie	+2	+2	+3	-1	(+7)	-1
Neue Verfahrenstechnologie	-1	0	0	+1	+1	-1
4. Demographie/Kultur						
Bevölkerungsentwicklung	-1	+1	0	0	+1	-1
Einstellung zum Konsum	+2	+2	-1	0	+4	-1
Auswirkung +	+4	(+8)	+4	+3		
Auswirkung -	(-9)	-5	-4	-3		

Legende: SGE=Strategische Geschaftseinheit
Die vermuteten Auswirkungen sind auf einer
7er-Skala anzukreuzen.

Beispiel: Umweltentwicklung...stellt für SGE...
eine Bedrohung/Gelegenheit dar.

Bedrohung   Gelegenheit
-3   -2   -1   0   +1   +2   +3

Abb. 7.19:   Beispiel zur Cross Impact-Analyse
           [in Anlehnung an: Köhler, R. / Böhler, H. (1984), S. 100]

7.4.2.4   Szenario-Technik

Die Szenario-Technik gehört zu den bekanntesten Instrumenten der strategischen Frühaufklärung [vgl. *Geschka, H. / Hammer, R.* (1997); *Kreilkamp, E.* (1987), S. 285 ff.]. Mit dieser Technik soll eine **Abbildung alternativer Umfelder** als hypothetische Folge von Ereignissen vorgenommen werden. Auf diese Weise lassen sich kausale Prozesse und Entscheidungsmomente identifizieren. Dabei sind insbesondere **zwei Fragestellungen** zu beantworten:

1. Wie lässt sich das **schrittweise Zustandekommen** einer hypothetischen Situation erklären?
2. Welche **Alternativen** existieren in jedem Stadium des Prozesses, um dessen weitere Entwicklung zu verhindern oder in eine andere Richtung zu lenken?

Bei der Beantwortung dieser Fragestellungen werden nicht nur einzelne Annahmen über Umfeldsituationen getroffen, sondern es wird eine exakte **Beschreibung** der Umfeldentwicklungen durchgeführt. Im Vordergrund dieser Beschreibung steht nicht die Angabe von Wahrscheinlichkeiten, sondern die Schaffung von Transparenz über die zukünftige Entwicklung.

Diese Transparenz soll helfen, in Alternativen zu denken, was bei auftretenden Abweichungen wiederum ein schnelles und flexibles Reagieren ermöglichen soll.

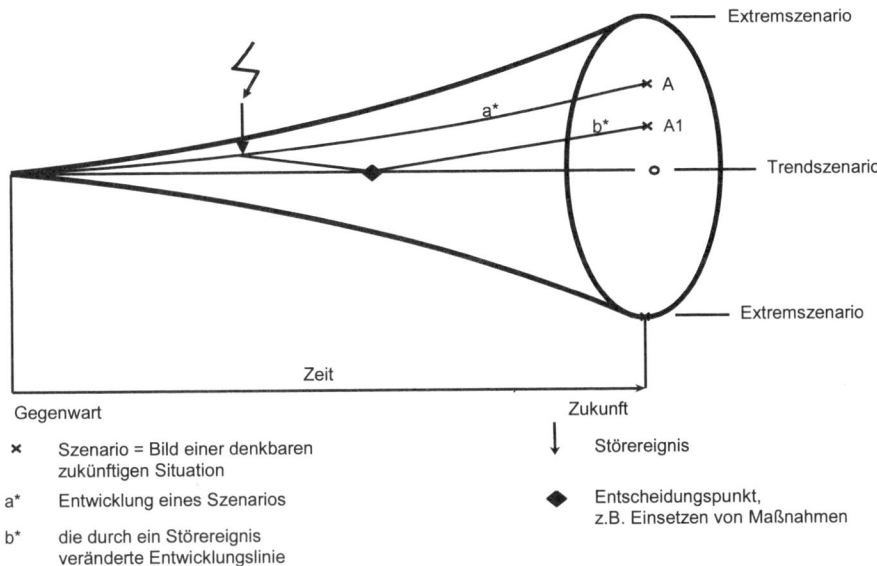

Abb. 7.20:   Szenariotrichter
            [Quelle: Geschka, H. / Hammer, R. (1997), S. 468]

Als Denkmodell für die Erstellung von Szenarien kann der in Abb. 7.20 dargestellte so genannte **Szenariotrichter** herangezogen werden.

Ohne die Berücksichtigung von Störereignissen kann davon ausgegangen werden, dass die zwei bis fünf Jahre umfassende **nahe Zukunft** weitgehend durch heutige Gegebenheiten festgelegt ist (z. B. heutige Infrastruktur, Technologie, Verhaltensmuster, Gesetze). Bei Betrachtung der **ferneren Zukunft** von fünf bis zehn Jahren ist anzunehmen, dass der Einfluss der heutigen Gegebenheiten zunehmend abnimmt. Damit kann man sich die Ausdehnung des Spektrums möglicher Zukunftsbilder ähnlich zur geometrischen Darstellung eines Trichters vorstellen (siehe Abb. 7.20). Die **Randpunkte** des Trichters sind in diesem Zusammenhang als **Extremszenarien**, der **Mittelpunkt** dagegen ist als **Trendszenario** zu interpretieren. Mit Hilfe des Szenariotrichters lässt sich auch die **Auswirkung von Störereignissen** visualisieren. Wird beispielsweise die Entwicklung des Szenarios A durch ein Störereignis (Pfeil) beeinflusst, ergibt sich eine Abweichung von der ursprünglichen Entwicklung, die durch das Ergreifen einer Maßnahme (♦) letztlich zum Szenario A_1 führt. An dieser Stelle ist auch die in Kapitel 7.4.1 behandelte Konzeption schwacher Signale schematisch zuordenbar. Das Störereignis (Pfeil) ist als **Diskontinuität** in der Entwicklung des Szenarios A aufzufassen. Dieser Diskontinuität gingen – so das Modell – vor der konkreten Auswirkung auf die Szenarioentwicklung **schwache Signale** voraus. Das würde aber bedeuten, dass **Reaktionsstrategien** schon vor der Maßnahme (♦) möglich waren und somit evtl. noch die ursprüngliche Entwicklung des Szenarios A erreichbar gewesen wäre.

In der **Praxis** hat sich gezeigt, dass die Erstellung von **zwei bis drei Szenarien** ausreichend für die Darstellung der zukünftigen Entwicklung ist. Dabei sollten die Szenarien auf jeden Fall zwei konträre Extremszenarien umfassen. Damit ist sichergestellt, dass

- ein Durchdenken von gegensätzlichen Entwicklungen und kein Ausweichen auf das einfacher erstellbare Trendszenario erfolgt und
- die zukünftige Realität von den Extremszenarien begrenzt wird.

Zur Erstellung von Szenarien existieren verschiedene Vorschläge, die jedoch von der grundlegenden Konzeption her ähnlich ausgestaltet sind. Im Folgenden wird das **Konzept des *Battelle*-Instituts** beschrieben, das durch die Berücksichtigung zukünftiger Entwicklungen (sog. **Pfadszenarien**) und die Integration von Störereignissen unmittelbar an das oben beschriebene Denkmodell des Szenariotrichters anknüpft.

Die Szenario-Technik des *Battelle*-Instituts setzt sich aus **acht Schritten** zusammen. Der **erste Schritt** umfasst die **Problemanalyse**, der **achte Schritt** die **Lösungssuche** für das Problem. Bei einfach strukturierten Problemen reicht dieser zweistufige Prozess zur Entscheidungsfindung aus. Bei komplexeren und langfristigen Problemstellungen ist dieses Vorgehen nicht ausreichend, da sehr viele Einflussfaktoren und deren zukünftige Entwicklung zu betrachten sind. Die notwendige **Erweiterung des Entscheidungsprozesses** wird durch die Aufnahme der **Schritte zwei bis sieben** erreicht, die zusammen mit Schritt eins und acht im Folgenden einzeln erläutert werden:

1. **Definition und Strukturierung des Untersuchungsfeldes:** Nach der Definition des Untersuchungsfeldes (z. B. des relevanten Geschäftsbereiches) sind die einzelnen Strukturmerkmale und Problempunkte dieses Untersuchungsfeldes zu identifizieren (z. B. Produkte A und B in Land Y und Z). Hierfür können **morphologische Methoden** (Problemzerlegung in einzelne Parameter), aber auch die in Kapitel 2.3 beschriebenen Instrumente zur **Unternehmensanalyse** angewandt werden. Des Weiteren sind für das Untersuchungsfeld einzelne Kenngrößen (sog. Deskriptoren wie z. B. der Umsatz) oder Handlungsparameter (sog. strategische Variablen wie z. B. die Kapazität und der Preis) zu bestimmen. Für diese Größen ist anschließend der Ist-Zustand zu erfassen.

2. **Identifizierung und Strukturierung der wichtigsten Einflussbereiche auf das Untersuchungsfeld (Umfelder):** Zur Identifizierung von externen Einflussbereichen auf das Untersuchungsfeld kann z. B. die Methode des **Brainwriting** angewandt werden. Die Methode des Brainwriting umfasst dabei im Wesentlichen das schriftliche Fixieren von weit gefächerten Ideen zum Thema durch verschiedene Personen, die dann von anderen Personen auch weiterentwickelt werden können. Die anschließende Strukturierung (Wechselwirkung und Stärke des Einflusses) der identifizierten Einflussbereiche kann mit der Hilfe von **Strukturbildern**, ausgehend von den Einflussbereichen bis zu höher aggregierten Umfeldern, vorgenommen werden. Abb. 7.21 verdeutlicht die Aussagen anhand des Strukturbilds der Einflussbereiche und Umfelder der *Shell U.K.*
   Als weitere Möglichkeit zur Identifizierung und Strukturierung von Einflussbereichen

können die in Kapitel 2.2 beschriebenen Instrumente zur **Umfeldanalyse** eingesetzt werden.

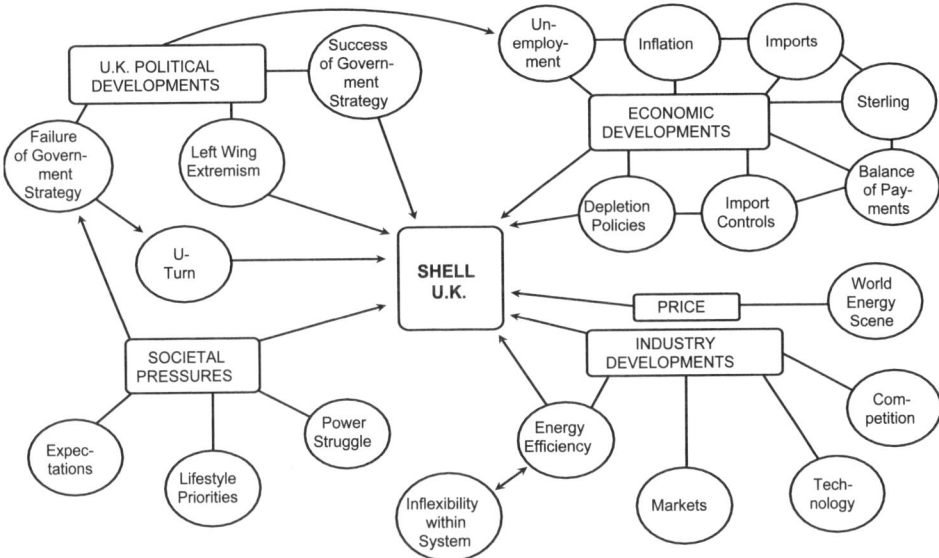

Abb. 7.21: Beispiel für ein Strukturbild
            [Quelle: Geschka, H. / Hammer, R. (1997), S. 474]

3. **Ermittlung von Deskriptoren und deren Entwicklungstendenzen für die Umfelder:**
    Für die relevanten Umfelder sind **Deskriptoren** zu ermitteln, mit denen sich diese im Wesentlichen charakterisieren lassen. Dabei ist zwischen **quantifizierbaren** (wie z. B. das Marktvolumen und das Marktwachstum) und **qualitativen** Deskriptoren (wie z. B. die Verbrauchereinstellung) zu unterscheiden. Zur Beurteilung der qualitativen Deskriptoren müssen spezielle Skalen herangezogen werden (z. B. auf Basis des **Scoring-Modells**). Für die identifizierten Deskriptoren ist der Ist-Zustand zu ermitteln und darauf aufbauend deren zukünftige Entwicklung zu prognostizieren. Für sog. **kritische Deskriptoren**, für die sich bei der Prognose kein klarer Trend abzeichnet, sind alternative Annahmen aufzustellen.

4. **Bildung von konsistenten Annahmenbündeln für die kritischen Deskriptoren:** In diesem Schritt werden die für die **kritischen Deskriptoren** getroffenen Annahmen auf gegenseitige **Konsistenz** überprüft. Das heißt, es sind alle sich gegenseitig ausschließenden Annahmenbündel (z. B. das Auftreten neuer Wettbewerber und eine gleichzeitige Absatzpreiserhöhung) zu eliminieren. Aus den verbleibenden Annahmenbündeln sind zur Konstruktion von z. B. zwei Extremszenarien und eines Trendszenarios die entsprechenden Annahmenbündel auszuwählen.

5. **Interpretation der ausgewählten Umfeldszenarien:** Durch Zusammenführen der ausgewählten konsistenten Annahmenbündel mit den Prognosen für die unkritischen Deskriptoren werden ausgehend von den Ist-Zuständen die Szenarien erstellt. Die Szenarien sind anschließend verbal auf ca. fünf bis acht Seiten auszuformulieren.

6. **Einführung und Auswirkungsanalyse signifikanter Störereignisse:** Durch die Integration von **Störereignissen** oder **Diskontinuitäten** wird untersucht, welche Auswirkungen diese Einflüsse auf die gebildeten Szenarien haben. Zur Ermittlung der Diskontinuitäten können die in Kapitel 7.4.2.1 beschriebenen strukturellen **Trendlinien** herangezogen werden. Zur Auswahl der für das Unternehmen bedeutendsten Diskontinuitäten ist z. B. auf die in Kapitel 7.4.2.2 und 7.4.2.3 beschriebenen Verfahren der **Diskontinuitätenbefragung** sowie der **Cross Impact- und Vulnerability-Analyse** zurückzugreifen. Durch die Einführung der Diskontinuitäten ist es möglich, die Stabilität der einzelnen Szenarien zu überprüfen. Somit können ergänzend zu den oben beschriebenen Verfahren für das Unternehmen bedeutsame Diskontinuitäten aufgedeckt werden.

7. **Analyse der Konsequenzen für das Untersuchungsfeld:** Aus den erstellten Szenarien sind die **Handlungserfordernisse** für das Untersuchungsfeld festzulegen. Wurde beispielsweise eine zukünftige Technologiediskontinuität als ein die Szenarien besonders beeinflussender Faktor identifiziert, sind als Konsequenz Investitionen in diese zu erwartende Technologie vorzunehmen bzw. entsprechende Technologiepartnerschaften vorzubereiten.

8. **Konzipieren von Maßnahmen:** Mit diesem eigentlich nicht mehr zur Szenario-Technik gehörenden Schritt sind die aus den Szenarien abgeleiteten Konsequenzen für das Untersuchungsfeld durch konkrete **strategische und operative Maßnahmen** umzusetzen.

Das vorgestellte Vorgehen stellt nur ein **Grundschema** für die Durchführung der Szenario-Technik dar. Es ist deshalb notwendig, dieses Grundschema entsprechend den vorliegenden Unternehmenscharakteristika und dem spezifischen Unternehmensumfeld anzupassen.

Die Szenario-Technik ist ein vielseitig einsetzbares Instrument der strategischen Frühaufklärung. Zum Beispiel kann es im Rahmen der **Leitbild- und Strategiefestlegung** oder zur **Über-prüfung** existierender Strategien herangezogen werden. Dabei ist insbesondere der schrittweise Aufbau von Entwicklungspfaden von Vorteil, der zum einen die Beurteilung heutiger und zukünftiger Handlungen und zum anderen die Identifikation wichtiger Ereignisse und Diskontinuitäten erlaubt. Insbesondere der letztgenannte Punkt ermöglicht es, dass die Szenario-Technik neben der **Diskontinuitätenbefragung** sowie der **Cross Impact- und Vulnerability-Analyse** zur **Bewertung** schwacher Signale herangezogen werden kann.

7.4.2.5   Die Verstärkung schwacher Signale innerhalb der Portfolio-Analyse (Unschärfenpositionierung)

Neben der Entwicklung von neuen Instrumenten zur strategischen Frühaufklärung ist auch zu untersuchen, wie die bisher verwendeten Instrumente der **strategischen Planung** aufgrund der Erkenntnisse der strategischen Frühaufklärung erweitert werden können. Welche Möglichkeiten zur Erweiterung der **Portfolio-Analyse** als dem wichtigsten strategischen Planungsinstrument bestehen, wird im Folgenden dargelegt [vgl. *Kirsch, W. / Trux, W.* (1979); *Hammer, R. M.* (1998), S. 299 ff.]. Zu den Grundlagen der Portfolio-Analyse wird auf die Ausführungen in Kapitel 4.1.2 verwiesen.

Die traditionelle Durchführung einer Portfolio-Analyse ist im Vorfeld regelmäßig durch eine Konsensbildung der beteiligten Personen hinsichtlich der einfließenden Unternehmens- und Umfeldparameter gekennzeichnet. Diese Konsensbildung führt dazu, dass sich eine mehrere Meinungen verdichtende **Punktpositionierung** der einzelnen Geschäftseinheiten ergibt. Mit der durchgeführten Punktpositionierung wird damit aber ein Informationsverlust in Kauf genommen, der insbesondere die **schwachen Signale** betrifft, die sich eben gerade nicht in harten Fakten niederschlagen. So ist beispielsweise vorstellbar, dass bei der Erstellung des **Marktanteils-Marktwachstums-Portfolios** von einem Beteiligten eine **Diskontinuität** bzgl. des Marktwachstums erwartet wird, die aufgrund der positiven Einschätzungen der anderen Beteiligten keine Berücksichtigung findet.

Zur Verhinderung des Informationsverlustes wird vorgeschlagen, die Punktpositionierung durch eine **Bereichspositionierung** zu ersetzen. Die Ermittlung der so genannten **Unschärfebereiche** kann analog zur Diskontinuitätenbefragung (siehe zu Einzelheiten Kapitel 7.4.2.2) durch die Berechnung von **Zufallsellipsen oder -rechtecken** erfolgen. Des Weiteren ist es möglich, die Bereichspositionierung aufgrund der subjektiven Unternehmens- und Umfeld-Parameterverteilungen eines Beteiligten vorzunehmen. Die resultierenden Bereichspositionierungen der verschiedenen einzelnen Beteiligten werden dann als Diskussionsgrundlage für die festzulegenden **Normstrategien** herangezogen. Schließlich kann zur Bestimmung der Verteilungen der Unternehmens- und Umfeldparameter auf das Verfahren der **Monte-Carlo-Simulation** zurückgegriffen werden. Abb. 7.22 stellt die Ermittlung der Bereichspositionierung zum einen aufgrund einer Zufallsellipse und zum anderen aufgrund der subjektiven Dreiecksverteilung eines Beteiligten dar.

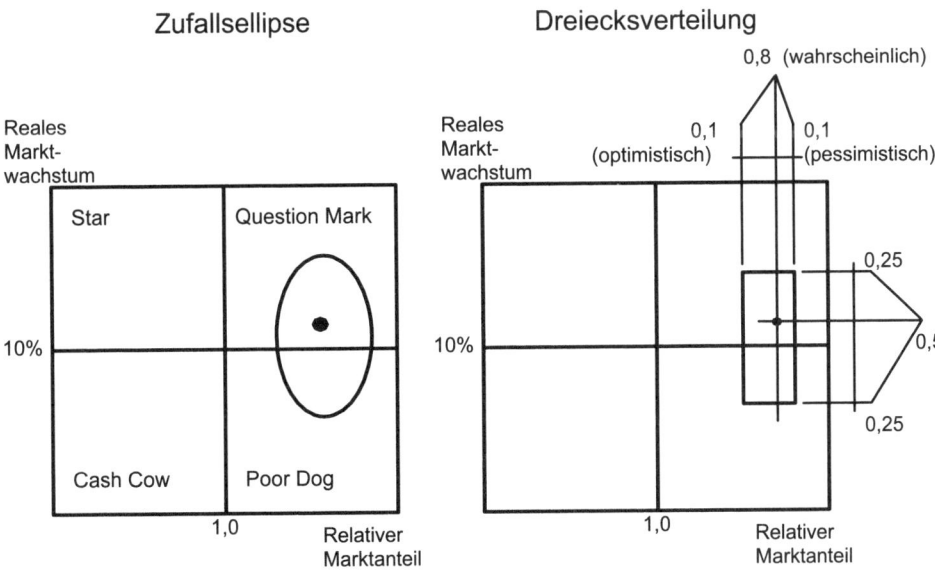

Abb. 7.22:   *Beispiele für die Bereichspositionierung*
         [in Anlehnung an: Kirsch, W. / Trux, W. (1979), S. 57; Hammer, R. M. (1998), S. 302]

Aufgrund der Ausdehnung der Unschärfebereiche ist es möglich, dass diesen **keine eindeuti-gen Normstrategien** zugeordnet werden können. Damit kommt es letztlich zu einer **Verstär-kung** von schwachen Signalen, die von einzelnen Beteiligten als Hinweise auf **Diskontinuitä-ten** wahrgenommen werden. In diesem Zusammenhang ist analog zur **Diskontinuitätenbefra-gung** insbesondere auf **Ausreißer** zu achten. So führt beispielsweise die von einem Beteilig-ten wahrgenommene Diskontinuität des Marktwachstums zu einem Abrutschen des ursprüng-lich als „Question Mark" positionierten Geschäftsbereichs zum „Poor Dog". In diesem Fall ist mit einer Tiefenanalyse zu untersuchen, ob die z. B. ursprünglich geplanten massiven Investi-tionen (Offensive) weiterhin durchgeführt werden sollten.

Der Gedanke von Unschärfebereichen zur Kenntlichmachung von Unsicherheiten und der da-mit möglichen Verstärkung schwacher Signale kann analog auf andere Instrumente der strate-gischen Planung **übertragen** werden. Insbesondere kommen hier Instrumente in Frage, mit denen eine Positionierung von Produkten, Geschäftseinheiten oder Wettbewerbern vorgenom-men wird (z. B. **Wettbewerbsmatrizen**, siehe Kapitel 4.2, **Industriekostenkurve**, siehe Kapitel 3.2.3).

7.5   Anwendungsmöglichkeiten der Frühaufklärungssysteme

Im Rahmen der strategischen Planung dienen die Ansätze zur strategischen Frühaufklärung primär zur Aufdeckung zukünftiger Risiken und Chancen des Unternehmensumfeldes. Die **Frühaufklärungssysteme der ersten Generation** können diese Funktion aufgrund ihrer man-gelnden Vorlauffunktion nur unzureichend erfüllen. Ihr Einsatz ist daher auf Hochrechnungen im Zuge der operativen Planung und der Jahresplanung beschränkt. Eine Verbesserung der Vorlauffunktion wird durch die indikatorbasierten **Frühaufklärungssysteme der zweiten Generation** erreicht. Aufgrund ihrer kurz- und längerfristigen Vorlauffunktion und der Verar-beitung quantitativer und qualitativer Daten sind diese Systeme in der operativen und strategi-schen Planung einsetzbar. Da die Indikatoren auf bereits bekannten Kausalketten basieren, sind die Frühaufklärungssysteme der zweiten Generation nicht in der Lage, überraschend auf-tretende Diskontinuitäten rechtzeitig zu erkennen. Zur Identifikation dieser Diskontinuitäten muss auf die Analyse so genannter schwacher Signale zurückgegriffen werden, die langfristig bevorstehende Diskontinuitäten ankündigen. Die Analyse schwacher Signale und das darauf aufbauende Instrumentarium ist den **Frühaufklärungssystemen der dritten Generation** zuzuordnen. Aufgrund ihres langfristigen Bezugs sind diese Systeme insbesondere im Rahmen der strategischen Planung anzuwenden. Dabei ist es notwendig, die Reaktionsstrategien des Unternehmens kontinuierlich an einen verbesserten Kenntnisstand über das schwache Signal anzupassen, um im Fall des sich konkretisierenden Risikos oder der sich konkretisierenden Chance weniger Zeit für direkte Handlungen zu verlieren. In diesem Sinne ist die bisherige pe-riodische strategische Planung in eine **permanente strategische Planung** zu überführen.

8 Implementierung von Strategien mit Performance Measurement-Systemen

Im einführenden ersten Kapitel wurde das Konzept des strategischen Controlling als kybernetischer, sich selbst steuernder Kreislauf dargestellt. Dies fußt auf dem Zusammenspiel verschiedener Teilmodule des strategischen Controlling, wie der Zielfindung (ausgehend von Vision und Leitbild), der strategischen Analyse (unterstützt von der strategischen Frühaufklärung), der Strategiefindung und -bewertung bis letztlich zur strategischen Kontrolle und eventuell zur Zielrevision. Der Schnittstelle zur operativen Planung und Kontrolle und damit zur Umsetzung von Strategien kommt dabei eine herausragende Bedeutung zu. Die mangelnde Verzahnung von strategischer und operativer Planung stellt in der unternehmerischen Praxis eine der gravierendsten Probleme dar, die die nutzbringende Wirkung eines strategischen Controlling beschneiden oder gar aufheben kann.

Daher soll in diesem Kapitel die Implementierung von Strategien ausführlich beleuchtet werden. Ende der 80er Jahre des 20. Jahrhunderts sind gerade an der Schnittstelle zwischen operativer und strategischer Planung eine Reihe von Controllinginstrumenten und Managementtechniken (z. B. die Prozesskostenrechnung, das Target Costing, die Qualitätskostenrechnung oder die Wertzuwachskurve) entstanden, die unter dem Oberbegriff **„Strategic Management Accounting"** der operativen Planung strategisch relevante Informationen als Analyse- und Entscheidungsgrundlage zur Verfügung stellen wollen [vgl. *Simmonds, K.* (1989), S. 264 ff.]. Die Ansätze des Strategic Management Accounting streben danach, Kosten-, Qualitäts- oder Zeitpositionen in Unternehmen pro-aktiv (d. h. bereits in der Entwicklungs- und Konstruktionsphase) oder reaktiv (d. h. erst während des Marktzyklus) zu verändern. Ein festgestellter Kostennachteil in einem Markt, der einem intensiven Kostenwettbewerb unterliegt, kann mit Hilfe von Kostenmanagement-Methoden abgebaut bzw. evtl. sogar in einen Kostenvorteil umgewandelt werden. Die Ansätze des Strategic Management Accounting greifen daher einzelne strategische Ziele auf und versuchen Informationen und Methoden zur Verfügung zu stellen, wie diese einzelnen strategischen Ziele aktiv gestaltet werden können. Der Nachteil der Strategic Management Accounting-Ansätze liegt in ihrer singulären Ausrichtung auf einzelne Größen des magischen Dreiecks aus Kosten, Zeit und Qualität und einer mangelnden Integration in den strategischen Planungsprozess. Daher ermöglichen sie nur eine parzielle Verbesserung der Implementierung von Strategien, nicht jedoch eine systematische und umfassende.

In den 1990er Jahren kamen sog. **Performance Measurement-Ansätze** hinzu, die sich dediziert der verbesserten Umsetzung und Implementierung von Strategien im Unternehmen widmen. Performance Measurement-Ansätze greifen die Defizite der bisherigen Strategieimplementierung auf und versuchen diese in einem integrierten System zu lösen. Sie können daher an der Schnittstelle zwischen strategischer und operativer Planung bzw. direkt zur Realisierung in das strategische Controlling-System eingebettet werden.

Performance Measurement-Systeme dienen der Messung und Lenkung der mehrdimensionalen, durch wechselseitige Interdependenzen gekennzeichneten strategischen und operativen Aspekte des Unternehmenserfolgs und seiner Einflussgrößen. Die Mehrdimensionalität drückt sich darin aus, dass nicht nur die finanziellen sondern auch die nicht finanziellen Kriterien des Unternehmenserfolgs gemessen und gelenkt werden. Die wechselseitige Interdependenz kommt dadurch zum Ausdruck, dass sich Erfolgsgrößen gegenseitig verstärken oder abschwächen können. Zudem weisen diese Indikatoren sowohl strategische als auch operative Dimensionen auf.

8.1   Problembereiche der Implementierung von Strategien

Kaplan und *Norton*, die die Entwicklung mit dem Vorschlag der Balanced Scorecard maßgeblich vorangetrieben haben, fassen auf Grund eigener Untersuchungen im Rahmen ihrer *Balanced Scorecard Collaborative* die Hindernisse in der Strategieumsetzung in vier verschiedenen Hürden zusammen [in Anlehnung an *Kaplan, R. S. / Norton, D. P.* (1996a), S. 193ff. und *Kaplan, R. S. / Norton, D. P.* (2001), S. 215, 234 und 274]:

- **Die Visions-Barriere:** Nur 5 % der Mitarbeiter des Unternehmens verstehen die Strategie des Unternehmens.

  Es stellt sich daher die Frage, wie eine Strategie überhaupt umsetzbar sein soll, wenn nur ein Bruchteil der operativen Mitarbeiter die Zielrichtung der Strategie mit den hierzu erforderlichen Maßnahmen verknüpfen kann.

- **Die menschliche Barriere:** Nur 25 % der Manager haben finanzielle oder nicht finanzielle Anreize, die direkt im Zusammenhang mit der entwickelten Strategie stehen.

  Ein strategisches Anreizsystem, das gewährleistet, dass strategische Ziele auch operativ umgesetzt werden, ist essenzieller Bestandteil des strategischen Controlling-Systems.

- **Die Ressourcen-Barriere:** 60 % der betrachteten Organisationen verbinden das Budget nicht mit der Strategie.

  Dies zeigt zum einen, dass die operative Planung, in deren Rahmen die Budgetierung erfolgt, nicht immer mit der strategischen Planung abgestimmt ist. Zum anderen wird deutlich, dass strategische Ziele vielfach nicht mit entsprechenden Sach-, Personal- oder Finanzressourcen untersetzt werden und damit nicht selten scheitern müssen.

- **Die Management-Barriere:** 85 % der leitenden Management-Teams wenden weniger als eine Stunde im Monat auf, um Strategien zu diskutieren.

  Das Tagesgeschäft und die hierdurch bedingten terminlichen Zwänge verhindern die Beschäftigung mit Themen, die die langfristige, nachhaltige Entwicklung des Unternehmens bestimmen. Vertraut man den mit Hilfe der PIMS-Studie gewonnenen Quantifizierungen der strategischen und operativen Lücke (d. h. ca. 70 % Varianzerklärungsanteil der strategischen Parameter), dann müssten die investierten zeitlichen Ressourcen gerade invers verteilt sein. Offensichtlich gelingt es nur wenigen Führungskräften, zwischen dringend und wichtig zu unterscheiden.

Das Zusammenspiel aller vier Hürden führe dazu, so *Kaplan / Norton*, dass neun von zehn Unternehmen es versäumen, ihre entwickelten Strategien auch umzusetzen.

·Abb. 8.1 unterstreicht, wie die Defizite der traditionellen strategischen Steuerung mit der Hilfe von Performance Measurement-Systemen behoben werden können:

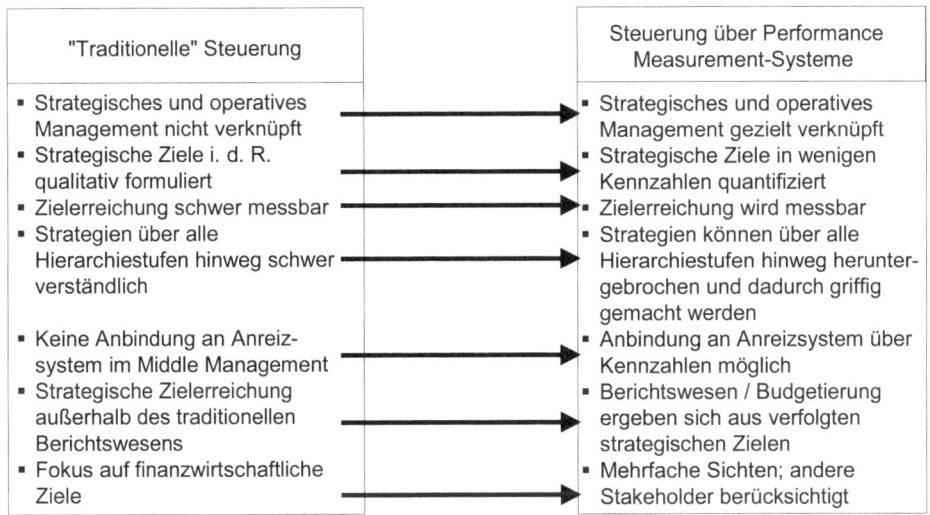

Abb. 8.1:   *Vergleich traditioneller Steuerung und der Steuerung über Performance Measurement-Systeme*

Gleichzeitig greifen Performance Measurement-Systeme auch Kritikpunkte an traditionellen, i. d. R. operativen kennzahlenorientierten Steuerungskonzepten auf und versuchen, diese **Defizite**, die in Abb. 8.2 dargestellt werden, durch die Integration von strategischer und operativer Steuerung zu beheben [vgl. *Gleich, R.* (2001), S. 7ff.; zur Verzahnung von strategischem und operativem Controlling vgl. auch *Coenenberg, A. G. / Salfeld, R.* (2003), S. 252-275.].

Performance Measurement-Systeme stellen **Steuerungssysteme einer neueren Generation** dar [vgl. *Brown, D. M. / Laverick, S.* (1994), S. 89ff.; *Neely, A. et al.* (1995), S. 80ff. und *Gleich, R.* (2001), S. 11],

- die vergangenheits- und zukunftsbezogene Steuerungsinformationen liefern,
- sowohl interne als auch externe Anspruchsgruppen (Stakeholder wie Kunden, Wettbewerber und Investoren) und deren Erwartungshaltungen abbilden,
- Steuerungsinformationen für alle Leistungsebenen des Unternehmens, vom Konzern über die Geschäftseinheit bis hinunter zum Mitarbeiter, zur Verfügung stellen,

- eine sowohl kurz- als auch langfristige Optimierung (z. B. über Wertsteigerungskonzepte) ermöglichen,
- sowohl monetäre und quantitative Daten („hard facts") als auch qualitative Daten und schwache Signale („soft facts") ausgewogen berücksichtigen,
- Visionen, Leitbilder und strategische Ziele in Kennzahlen herunterbrechen und
- letztendlich die Anreizsysteme des Managements nicht nur an strategischen Zielvorgaben ausrichten, sondern auch permanentes Lernen und Verbesserungen im Unternehmen motivieren.

Defizite von kennzahlen-orientierten Steuerungs-konzepten	Erklärung
Zeitbezug	Steuerungsansätze auf der Basis von bilanziellen Erfolgsgrößen sind vorwiegend auf monetären Größen aufgebaut, die vergangenheits- und allenfalls gegenwartsorientiert sind, aber keinen Zukunftsbezug aufweisen.
Ausrichtung	Die primäre Fokusierung der Steuerungsaspekte auf interne Stakeholder fördert Suboptimierung im Unternehmen und führt zu einer mangelnden Kunden- und Kapitalmarktorientierung.
Aggregationsgrad	Durch das Arbeiten mit hochaggregierten monetären Größen auf Unternehmens- oder Geschäftsbereichsebene bleiben Kennzahlen auf operativen Ebenen (z. B. Mitarbeiter, Prozesse) unberücksichtigt.
Langfristiges Steuerungsziel	Bilanzielle Kennzahlenkonzepte wie z. B. das DuPont-Schema mit der Spitzenkennzahl RoI führen durch den Periodenbezug zu kurzfristigen Suboptima.
Dimension	Kunden- und Wettbewerbsorientierung sowie die hieraus resultierte Prozesssicht können durch monetäre, hochaggregierte Kennzahlen nicht ausreichend unterstützt werden.
Format	Durch die Fokusierung auf monetäre und quantitative Daten können schwache Signale i. S. eines strategischen Frühaufklärungs- oder Risikomanagementsystems nicht adäquat berücksichtigt werden.
Planungsbezug	Traditionellen Steuerungskonzepten auf der Basis bilanzieller Kennzahlen fehlt der direkte inhaltliche Bezug zu den Unternehmens- und Geschäftsstrategien.
Anreizbezugspunkt	Klassische Steuerungskonzepte motivieren eher zur Minimierung von Abweichungen (z. B. bei der Plankostenrechnung) als zur permanenten Verbesserung (i. S. eines Kaizen Costing oder Half Life-Konzeptes).

Abb. 8.2:   Defizite traditioneller kennzahlenorientierter Steuerungskonzepte
             [in Anlehnung an: Gleich, R. (2001), S. 8f.]

Gleich nennt mit der Flexibilität bzgl. Umfeldveränderungen, der Konsistenz mit der Organisationsstruktur, der Integration in den strategischen Controllingprozess, der Akzeptanz durch das Management, dem Schutz vor Manipulation und Suboptima und der Wirtschaftlichkeit und Zuverlässigkeit der Messmethoden zusätzliche **Anforderungen**, die ein Performance Measurement-System erfüllen sollte [vgl. Gleich, R. (2001), S. 226f.].

Im Rahmen des strategischen Controlling besteht der wesentliche Beitrag der Performance Measurement-Systeme in einer Zerlegung der weitgehend qualitiativen Aussagen zu Vision, Leitbild und strategischen Zielen in handhabbare, operativ umsetzbare und bezüglich ihrer Zielerreichung auch kontrollierbare quantitative oder qualitative Kennzahlen oder Indikatoren (siehe Abb. 8.3).

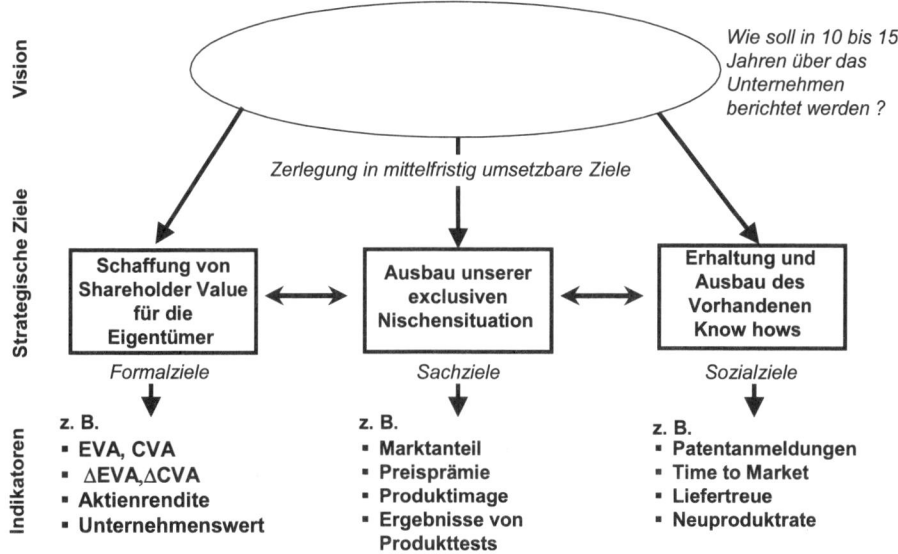

Abb. 8.3:   *Herunterbrechen von Vision und strategischen Zielen in Indikatoren*

8.2   Grundkonzepte von Performance Measurement-Systemen

In den 90er Jahren des 20. Jahrhunderts sind verschiedene **Grundkonzepte von Performance Measurement-Systemen** entwickelt worden. Sie gehen trotz inhaltlicher und prozessualer Unterschiede in der Vorgehensweise zwischen den einzelnen Ansätzen nach einem einheitlichen Entwicklungsprozess vor, der in Abb. 8.4 beschrieben wird [vgl. *Brown, K. K.* (1995), S. 65; *Cates, D. C.* (1997), S. 56, *Stivers, B. P. u. a.* (1998), S. 48 und *Grüning, M.* (2002), S. 13ff.].

Unverzichtbare Ausgangspunkte aller Performance Measurement-Systeme stellen Vision, Leitbild und strategische Ziele dar, die sich in der konkret vom Unternehmen oder seinen Geschäftseinheiten verfolgten Strategie niederschlagen. Anschließend sind diejenigen realen Sachverhalte zu bestimmen, die für die Gestaltung der Unternehmensperformance und damit für die Erreichung der festgelegten strategischen Ziele bedeutsam sind. Es geht mithin um die Ableitung von geeigneten **Messobjekten.** Im Rahmen der Balanced Scorecard sind das z. B. die Messobjekte „Finanzielle Perspektive", „Kundenperspektive", „Perspektive Lernen und

Entwicklung" sowie die „Perspektive Interne Geschäftsprozesse" [vgl. *Kaplan, R. S. / Norton, D. P.* (1996c), S. 76].

Im nächsten Schritt sind für die Messobjekte **Kennzahlen** festzulegen, die in konzentrierter Form den Grad der Zielerreichung quantitativ bestimmen. Da Messobjekte häufig nur den relevanten Aspekt benennen, aber hiermit kein sich selbst erklärendes Bewertungsschema verbunden ist (z. B. Lernen und Entwicklung), sind **Indikatoren** zu finden, die die Entwicklung und den Zustand des Messobjektes näherungsweise abbilden. Beispielsweise können die Kennzahlen Neuproduktrate, Anzahl angemeldeter Patente oder Anzahl befürworteter Verbesserungsvorschläge Indikatoren für das Messobjekt „Lernen und Entwicklung", als eine der Perspektiven in der Balanced Scorecard, gewählt werden. Anschließend ist zu entscheiden, wie die Indikatoren erhoben werden können **(Messmethodik)**. Den Indikatoren sind, um sie als Umsetzung konkreter strategischer Ziele erkennen zu können, **Zielwerte** zu geben. Diese Zielwerte dokumentieren das Niveau, das vom Unternehmen erreicht werden soll. Nach der Umsetzung der geplanten **strategischen und operativen Maßnahmen** wird die Messmethodik nun angewendet und **konkrete Messwerte** für den Indikator ermittelt. Diese können dann mit den vorgegebenen Planwerten verglichen werden, wodurch sich ein **Feedback** i. S. einer Zielerreichungskontrolle als Teil des kybernetischen Controllingkreislaufes ergibt. Ebenso können die Istwerte als sog. **Diagnostic Review** i. S. einer kontinuierlichen Verbesserung des strategischen Planungssystems bis hin zur Zielrevision verwendet werden **(Feedforward)**.

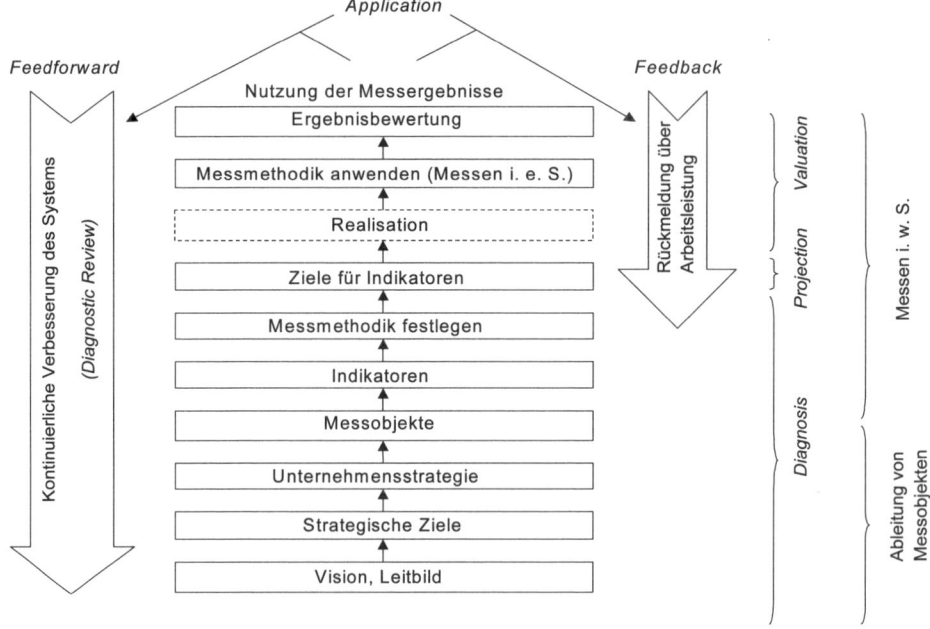

*Abb. 8.4:   Performance Measurement-Prozess (schematisch)
[in Anlehnung an: Grüning, M. (2002), S. 15]*

Wie in Abb. 8.4 dargestellt, lassen sich den einzelnen Schritten die Phasen Diagnosis, Projection, Valuation and Application zuordnen [zu den Phasen vgl. *Cates, D. C.* (1997), S. 56]. Performance Measurement-Systeme lassen sich damit in den klassischen kybernetischen Controlling-Kreislauf aus Planung, Realisation und Kontrolle (sowohl verstanden als Feedback- als auch als Feedforward-Kontrolle) integrieren.

Nachfolgend werden einige häufig diskutierte und angewandte Performance Measurement-Konzepte vorgestellt und diskutiert [vgl. die Übersichten bei *Günther, T. / Grüning, M.* (2001), S. 283ff.; *Gleich, R.* (2001), S. 47ff. und *Grüning, M.* (2002), S. 21ff.].

8.2.1   Balanced Scorecard

Der Ursprung der **Balanced Scorecard** [vgl. zur Entstehung *Kaplan, R. S.* (1995), S. 68] liegt in der Beobachtung kontinuierlicher Verbesserungsprozesse beim US-Halbleiterproduzenten *Analog Devices* mit Hilfe des sog. Half Life-Modells [vgl. *Schneiderman, A. M.* (1988), S. 51ff.]. Mit der von *Schneiderman* entwickelten sog. **Corporate Scorecard** wurden Kennzahlen aus den Bereichen *Financial*, *Quality improvement process* und *Manufacturing* erstmals quartalsweise für das Geschäftsjahr 1990 erfasst [zur Darstellung der Ur-Balanced Scorecard vgl. *Kaplan, R. S.* (1990)]. Das Modell von *Schneiderman* wurde in einem einjährigen Forschungsprojekt, an dem sich zwölf Unternehmen beteiligten, zur Balanced Scorecard weiterentwickelt und vor allem durch die Initiativen von *Kaplan* und *Norton* weltweit propagiert [vgl. daher im Folgenden *Kaplan, R. S. / Norton, D. P.* (1992), (1993), (1996a), (1996b) und (1996c)].

Der Anspruch der Balanced Scorecard besteht darin, Vision, Leitbild und Unternehmensstrategie in Messgrößen überzuleiten, die die Basis für ein strategisches Management-System bilden, die das Unternehmen in seinen wesentlichen Aspekten abbilden und die damit die Umsetzung von Strategien erleichtern.

Der Grundaufbau der Balanced Scorecard besteht darin, dass ausgehend von der gewählten Vision und Strategie des Unternehmens vier Messobjekte abgeleitet werden. Den vier sog. **Perspektiven** ordnen *Kaplan* und *Norton* jeweils eine Leitfrage zu (*Kaplan, R. S. / Norton, D. P.* (1996c), S. 76):

Perspektive	Fragestellung
Finanzen	Wie sollen wir gegenüber Teilhabern auftreten, um finanziellen Erfolg zu haben?
Kunden	Wie sollen wir gegenüber unseren Kunden auftreten, um unsere Vision zu verwirklichen?
Interne Geschäftsprozesse	In welchen Geschäftsprozessen müssen wir die Besten sein, um unsere Teilhaber und Kunden zu befriedigen?
Lernen und Entwicklung	Wie können wir unsere Veränderungs- und Wachstumspotenziale fördern, um unsere Vision zu verwirklichen?

Abb. 8.5:   Perspektiven und Fragestellungen der Balanced Scorecard

Für jede dieser vier Perspektiven werden dann bis zu sechs Indikatoren festgelegt, für die wiederum jeweils Ziele, Kennzahlen, Vorgaben und Maßnahmen anzugeben sind:

Die **Ziele** ergeben sich aus den strategischen Zielsetzungen des Unternehmens und müssen folglich mit diesen konsistent sein. Für die Finanzperspektive bedeutet dies beispielsweise, dass ein börsennotiertes Unternehmen eine Kapitalrendite als Ziel festlegt, die über der eines vergleichbaren Branchenindex liegt. Für ein im Besitz einer Kommune befindliches Verkehrsunternehmen kann eines der finanziellen Ziele z. B. in der Substanzerhaltung (Investitionen = Abschreibungen) oder in der Einhaltung des Zuschussbedarfs liegen. Ein Unternehmen aus der innovativen Halbleiterindustrie kann z. B. in der Prozessperspektive eine bestimmte Ausbeuterate oder eine Zeitvorgabe für das Erreichen einer Mindeststückzahl beim Anlaufen neuer Produkte (sog. Wafer Starts per Week im Ramp up) wählen.

Das Ziel ist in konkrete, messbare **Kennzahlen** zu fassen. Für das Ziel Marktwertsteigerung könnte dies direkt über die Überrendite zu einem bestimmten C-DAX-Index und für das Halbleiterunternehmen als Ausbeutegrad in % aller eingespeisten Chips gemessen werden. Dadurch wird einerseits die Strategie in mehrere messbare Ziele zerlegt und andererseits wird die Zielerreichung selbst messbar.

Für die messbaren Ziele sind **Vorgaben** zu formulieren (Plan- bzw. Sollwerte), mit denen die tatsächlich erreichten Ist-Werte verglichen werden können. Hierdurch wird ein Feedback i. S. des kybernetischen Controlling-Kreislaufes erst möglich. Eine anschließende Ursachenanalyse zum Grad der Zielerreichung ermöglicht Anstöße für organisatorisches Lernen in der jeweiligen Organisationseinheit. Dies entspricht dem Feedforward des Controlling-Kreislaufes.

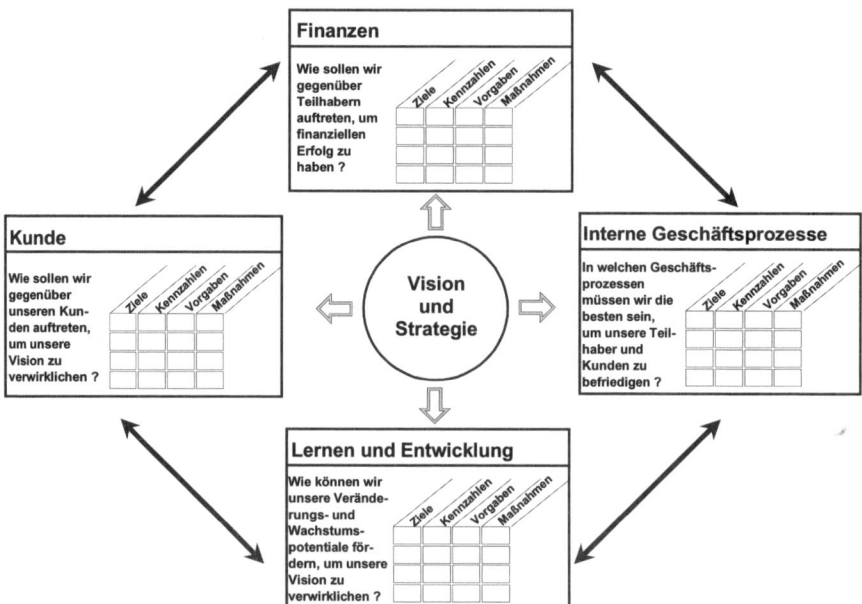

Abb. 8.6:   Grundstruktur der Balanced Scorecard
[in Anlehnung an: Kaplan, R. S. / Norton, D. P. (1996c), S. 76]

Letztendlich ist jedes Ziel der Balanced Scorecard mit einem Bündel an Maßnahmen zu hinterlegen, das aufzeigt, wie diese Zielsetzung erreicht werden kann. Für die Anlaufzeit neuer Produkte kann dies z. B. ein Meilensteinplan mit den jeweiligen Arbeitspaketen sein; für das öffentliche Verkehrsunternehmen ist dies z. B. der Investitionsplan, der die Substanzerhaltung des Unternehmens gewährleisten soll.

Diese vier für jeden Indikator vorzunehmenden Detaillierungsschritte führen zur Konkretisierung und ermöglichen so die Messung strategischer Pläne. Zudem gelingt die Verknüpfung mit konkreten Maßnahmen, deren Umsetzung – genauer deren Erfolg – überwacht werden kann (Balanced **S c o r e** card). Dadurch lassen sich die ersten drei der in Abb. 8.1 genannten Pro-blembereiche der Strategieimplementierung vermeiden.

Die in Abb. 8.6 dargestellten vier **Perspektiven** stehen aber nicht lose nebeneinander, sondern sind untereinander verbunden und sollen daher auch wechselseitig aufeinander abgestimmt werden (**B a l a n c e d** Scorecard). Die nachfolgende Abb. 8.7 zeigt, dass der finanzielle Erfolg einer Organisation und damit die Zufriedenheit der Eigentümer, letztlich auf der Zufriedenheit seiner Kunden gründet. Kundenzufriedenheit ist wiederum nur erreichbar, wenn die internen Prozesse des Unternehmens, wie z. B. der Innovationsprozess, der Lieferantenmanagementprozess, die Leistungserstellung und das Kundenmanagement zufriedenstellend ablaufen bzw. hinreichend beherrscht werden.

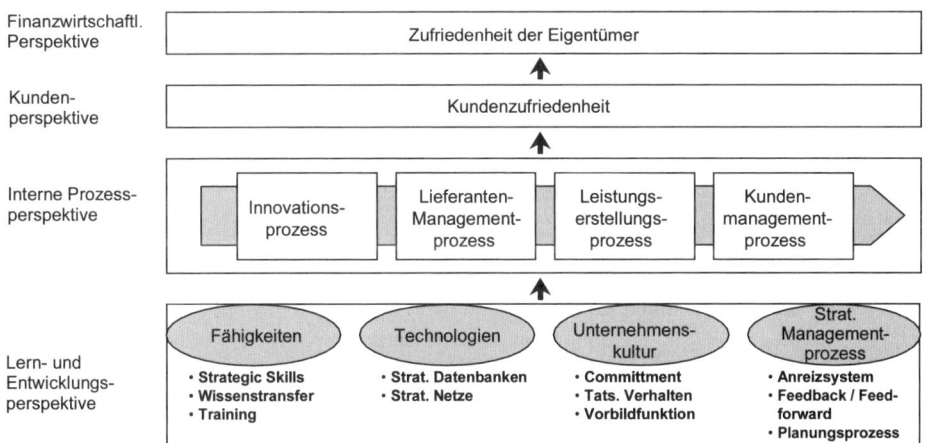

Abb. 8.7:   *Die Perspektiven der Balanced Scorecard im Zusammenhang*
           [in Anlehnung an: The Balanced Scorecard Collaborative, Inc. / Robert S. Kaplan, 1999]

Auf Grund eines sich permanent wandelnden Umfeldes und der Tatsache, dass diese Veränderungen vom Unternehmen fortwährend adaptiert werden, sind diese Prozesse jedoch ständig anzupassen bzw. weiterzuentwickeln. Gerade die unverzichtbare Steuerung von Veränderungsprozessen unterstreicht eindrucksvoll wie notwendig die Lern- und Entwicklungsperspektive ist. Zudem kann hier der ressourcenorientierte Ansatz eingebettet werden, der nach den Quellen des Markterfolgs sucht und den marktorientierten Ansatz der Kundenperspektive ergänzt. Um die Bedeutung der Lern- und Entwicklungsperspektive zu unterstreichen, wählen *Kaplan/Norton* bewusst die in Abb. 8.6 dargestellte Struktur, bei der alle Perspektiven direkt über die Vision und Strategie des Unternehmens miteinander vernetzt sind.

Die vier Perspektiven der Balanced Scorecard orientieren sich primär an den Stakeholder-Gruppen „Anteilseigner" und „Kunden". Daher wird auch kritisiert, dass weitere wesentliche Anspruchsgruppen wie z. B. die Mitarbeiter oder die Lieferanten, der Staat und gesellschaftlichen Gruppierungen in der Standard-Balanced Scorecard vernachlässigt würden, obwohl sie sich im Rahmen einer Umfeldanalyse durchaus als wesentliche Einflussgruppen herausstellen. Andere Autoren sind wiederum der Ansicht, dass die von *Kaplan* und *Norton* gewählten Perspektiven lediglich die Umfeldsituation von Industrieunternehmen berücksichtige [vgl. *Klingebiel, N.* (1999), S. 59]. *Willis* schlägt vor, mit „Environment" und „Human well-being" zwei weitere Perspektiven hinzuzufügen [vgl. *Willis, A.* (1994), S. 19f.]. Für die Öl- und Gasindustrie empfiehlt *van de Vliet* eine „Environment"- und eine „Regulatory requirements"-Perspektive als Ergänzungen (*Van de Vliet, A.* (1997), S. 78). *Friedag/Schmidt* postulieren eine Erweiterung um eine „Lieferanten"-, „Kreditgeber"-, „öffentliche", „Kommunikations"-, „Organisations"- und „Einführungs"-Perspektive auf insgesamt bis zu zehn Perspektiven [vgl. *Friedag, H. R./Schmidt, W.* (1999), S. 197ff.]. *Partridge/Perren* verweisen auf Unternehmen, die eine „Mitarbeiterperspektive" in ihre Balanced Scorecard aufgenommen haben [vgl. *Partridge, M./Perren, L.* (1997), S. 50f.]. Bei der Implementierung der Balanced Scorecard bei *Xerox* wurde eine „Leadership perspective" für Mitarbeiterführung integriert [vgl. *Van de Vliet, A.* (1997), S. 78].

Ein elementarer Mangel der Balanced Scorecard ist die unzureichende Außenorientierung. Da die Strategien und Handlungen der Wettbewerber allenfalls durch die Art der Messung der Indikatoren berücksichtigt werden können (z. B. als relativer Marktanteil oder relative Qualität), wird in der Literatur gefordert, die Balanced Scorecard um eine „competitor perspective" zu ergänzen [vgl. *Neely, A. / Gregory, M. / Platts, K.* (1995), S. 97].

Die Kritik macht deutlich, dass die Standard-Balanced Scorecard nach *Kaplan/Norton* sicherlich nicht für alle Unternehmen und Organisationen unverändert anwendbar ist. Da die Vision und Unternehmensstrategie letztendlich auch vom Unternehmensumfeld und vom Geschäftssystem des Unternehmens bestimmt werden, ist auch die Balanced Scorecard diesbezüglich anzupassen. Die Balanced Scorecard eröffnet jedoch auch die Chance einer beliebigen Erweiterung um neue Perspektiven oder der Abwandlung von Perspektiven, solange die generellen Grundprinzipien zur Ableitung eines Performance Measurement-Systems eingehalten werden.

Eine wesentliche Eigenschaft der Balanced Score c a r d ist die Komprimierung des Unternehmensgeschehens auf eine einzige Darstellung, wie dies auch bei anderen Instrumenten im Controlling erfolgt (z. B. bei der Vier-Felder-Matrix im Marktanteils-Marktwachstums-Portfolio oder beim Zielkostenkontrolldiagramm im Target Costing). Die Balanced Scorecard kann mit **Ampelsystemen** (grün für Zielerreichung, gelb für Zielgefährdung und rot für Zielabweichung) oder mit **Zeigersystemen** (analog zum Tacho im Auto) zu einem „**Management Cockpit**" weiterentwickelt werden. Für eine entsprechende visuelle Unterstützung gibt es bereits verschiedene Softwareprodukte.

Nach der Festlegung der für relevant erachteten Perspektiven ist für die Ausgestaltung der Balanced Scorecard die Auswahl der Kennzahlen bzw. Indikatoren entscheidend, um damit auch den Anforderungen an ein Performance Measurement-System gerecht zu werden. Die Idee der Ausgewogenheit in der **B a l a n c e d** Scorecard legt dabei eine Mischung von **Kennzahlen bzw. Indikatoren** mit unterschiedlichen Eigenschaften nahe:

- So messen **interne Indikatoren** (z. B. Durchlaufzeiten) den Zustand einer Organisation. Die internen Indikatoren sollten jedoch um **externe Messgrössen** (z. B. Quality Assessments durch Kunden) ergänzt werden, um auch die Wirkung der Organisation nach außen zu erfassen. Dieser Abgleich entspricht der Idee des Strategic Fit im Rahmen der strategischen Planung.

- Bei der Abbildung des Unternehmensgeschehens ist es nicht ratsam nur **objektive Indikatoren** (z. B. die Kosten eines Prozessschrittes) einzusetzen, sondern es sollten auch **subjektive Indikatoren** (z. B. die Einschätzung der Mitarbeiterzufriedenheit) verwendet werden, da viele Messobjekte nicht objektiv erfasst werden können, jedoch trotzdem Relevanz für die Unternehmenssteuerung aufweisen.

- Im Gegensatz zum traditionellen Rechnungswesen, das immer noch das Controlling dominiert, werden in der Balanced Scorecard neben **finanziellen Größen** auch bewusst **nicht finanzielle Größen**, die jedoch letztlich die finanziellen Größen beeinflussen, zu Grunde gelegt.

- Da die Balanced Scorecard mit dem Anspruch antritt, die Implementierung von Strategien zu unterstützen, sollen nicht nur Ergebnisse der gewählten Strategie als nachlaufende Messgrößen (sog. **Spätindikatoren**) (z. B. das Umsatzwachstum oder die Bruttomarge) erfasst werden, sondern auch **Leistungstreiber** (sog. **Frühindikatoren**) (z. B. der Auftragseingang, die Kundenzufriedenheit oder die Patentanmeldungen), die das Ergebnis beeinflussen, sich jedoch erst später auswirken. Dieser Zusammenhang wird in Ursache-Wirkungs-Ketten erfasst, die die innere Struktur der Balanced Scorecard erklären.

Ursache-Wirkungs-Ketten dienen einerseits dazu, die innere Konsistenz und Vollständigkeit einer Balanced Scorecard im Entstehungsprozess zu gewährleisten und zeigen andererseits Ansatzpunkte für die Nutzung der Balanced Scorecard für das Management i. S. von Steuerung und Regelung auf. In Abb. 8.8 ist beispielhaft eine Ursache-Wirkungs-Kette in Anlehnung an *Kaplan/Norton* dargestellt [vgl. *Kaplan, R. S. / Norton, D. P.* (1996c), S. 83], die – wie nachfolgend beschrieben – interpretiert werden kann. Die Vorzeichen über den Pfeilen geben die Richtung der Ursache-Wirkungs-Beziehung an.

Beginnend mit der Lern- und Entwicklungsperspektive (learning and growth) führt das interne Vorschlagswesen (employees' suggestions) zu einer Reduktion von Nacharbeiten (rework) auf der Prozessebene. Dies wiederum führt zu niedrigeren Herstellungskosten (operating expense) der Produkte und damit zu einer Erhöhung der Rendite auf das eingesetzte Kapital (Return on Capital Employed (RoCE)). Die Basis für ein erfolgreiches Vorschlagswesen ist jedoch die Einstellung der Mitarbeiter (employees' moral), wirklich zielfördernde Vorschläge einzubringen zu wollen. Wenn die Wirkung des Vorschlagswesens in etlichen Unternehmen umstritten ist, so spricht dies zuvorderst nicht gegen das Instrument, sondern gegen die Art und Weise der Implementierung. Die Einstellung der Mitarbeiter, als weicher, subjektiver, nicht finanzieller, vorlaufender Indikator ist nach *Kaplan/Norton* auch die Quelle für die Kundenzufriedenheit, die sich z. B. in einer erhöhten Nachfrage nach den Produkten des Unternehmens niederschlägt. *Kaplan/Norton* schlagen in ihrem Beispiel eine Brücke zum Forderungsbestand und postulieren, dass durch zufriedenere Kunden der Forderungsbestand niedriger sei, wodurch wiederum infolge einer Reduktion des investierten Kapitals, die Kapitalrendite steige.

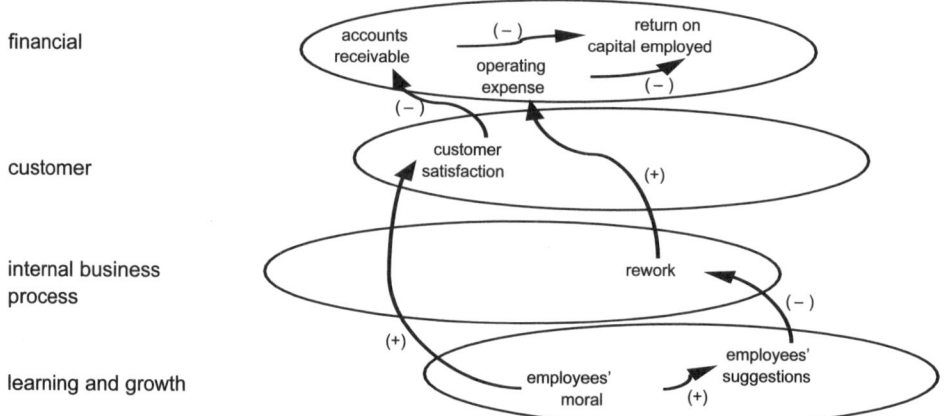

Abb. 8.8:   *Beispiel einer Ursache-Wirkungs-Kette nach Kaplan/Norton*
            [in Anlehnung an: Kaplan, R.S. / Norton, D.P. (1996c), S. 83]

Das letzte Beispiel zeigt die Problembereiche der Ursache-Wirkungs-Ketten auf. In der Regel erfolgt weder in der praktischen Anwendung noch im Schrifttum ein Nachweis, ob der postulierte Zusammenhang tatsächlich gegeben ist. Die Zusammenhänge werden zumeist auf Plausibilitätsniveau hergeleitet bzw. auf Grund von Erfahrungswissen vermutet. Eine empirisch-statistische Untermauerung für wesentliche Zusammenhänge wäre jedoch hilfreich, da für die Steuerung und Regelung Treibergrößen für den Erfolg und damit Ansatzpunkte für Managementaktivitäten gefunden werden müssen. Neben der unsicheren Auslegung von Ursache-Wirkungs-Ketten besteht eine weitere Gefahr in deren Unvollständigkeit. Der Forderungsbestand hängt neben der Zufriedenheit der Kunden noch von weiteren Faktoren ab (z. B. Umsatzentwicklung, Zahlungskonditionen, Liquiditätssituation der Kunden), die in dem hier angeführten Beispiel allerdings unberücksichtigt bleiben.

Des Weiteren stellen die Ursache-Wirkungs-Ketten Wenn-Dann-Aussagen dar, die im Rahmen des im ersten Kapitel dargestellten vernetzten Denkens angezweifelt wurden. Unterschiedliche zeitliche Wirkungen (kurzfristig vs. langfristig), Rückkoppelungen und Vernetzungen bleiben so unberücksichtigt. Die monokausalen Wenn-Dann-Hypothesen halten der real existenten Komplexität nur bedingt stand. Dennoch stellt der Versuch, Ursache-Wirkungs-Ketten zu identifizieren, einen wertvollen Beitrag für die Strategieimplementierung dar. Das Management wird gezwungen, darüber nachzudenken, was den Erfolg ausmacht und was dessen Treiber sind. Hieran können dann Maßnahmen ansetzen, um Strategien herunterzubrechen und damit erfolgreich umsetzen zu können. Letztlich spiegelt sich in den Ursache-Wirkungs-Ketten das Geschäftssystem des Unternehmens wieder, die in ihrer Gesamtheit, wie in Abb. 8.9 dargestellt, die sog. **Strategy Map** bilden.

Das abschließende Beispiel eines Porzellanproduzenten zeigt die Komplexität der Zusammenhänge nochmals auf. In diesem Beispiel wurde das Management nach einer analytischen Ableitung von Erfolgstreibern befragt, welche der Indikatoren zu anderen in Beziehung stünden **(Ursache-Wirkungs-Matrix)**. Abb. 8.9 stellt die Vielfalt möglicher Einflussnahmen dar. Des Weiteren verbleiben Indikatoren ohne Ursache-Wirkungs-Beziehungen, die jedoch trotzdem vom Management als wesentlich erachtet wurden (z. B. die Anzahl der Lehrlinge oder der Umsetzungsstand einer digitalen Dekordatenbank). Eine unmittelbare Erfolgswirkung wird diesen beiden Indikatoren nicht zugeschrieben, dennoch beeinflussen sie langfristig den Erfolg des Unternehmens, da z. B. das Know how des Unternehmens ohne die nachhaltige Heranführung von Nachwuchs (Lehrlingen) in einer mehrjährigen Ausbildung (etwa zum Porzellanmaler) nicht gewährleistet ist. Des Weiteren stellt die Dekordatenbank das über viele Jahrzehnte gesammelte Produkt-Know how des Unternehmens dar.

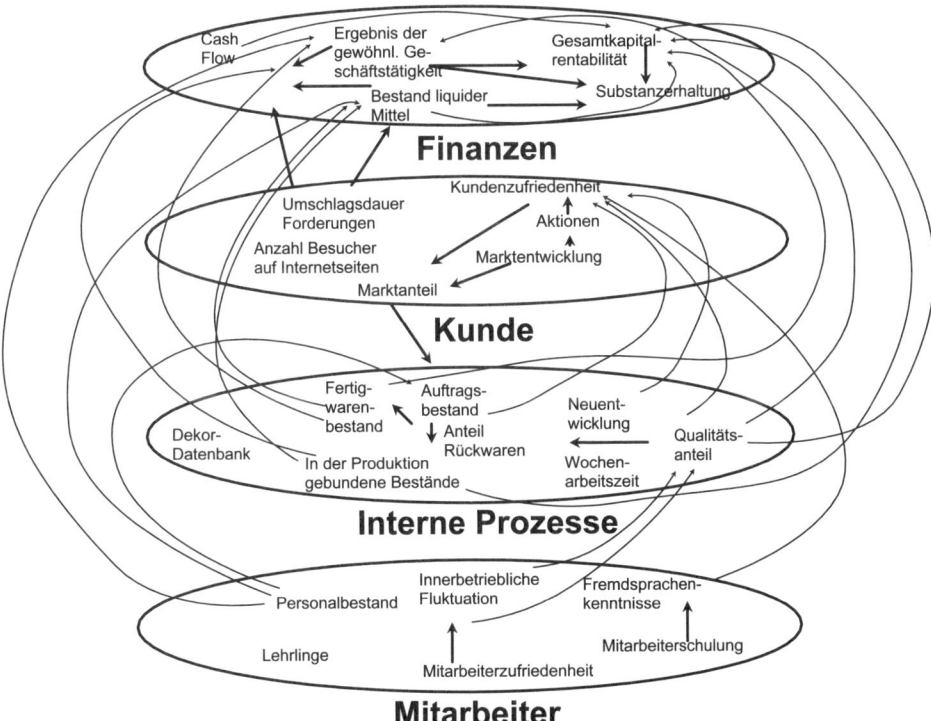

Abb. 8.9:   *Ursache-Wirkungsbaum eines Unternehmens aus der Porzellanindustrie*

Auf Grund der Komplexität von Unternehmen und Organisationen bietet es sich an, analog zur hierarchischen Zerlegung von Strategien in Eignerstrategien, Unternehmens- und Geschäftsstrategien sowie funktionale Strategien, auch die Balanced Scorecard auf verschiedenen Organisationsebenen zu erstellen **(hierarchische Strukturierung)**. Top-down können dann ausgehend von der Unternehmensstrategie die strategischen Ziele als Vorgabe für die Entwicklung der jeweiligen Balanced Scorecards heruntergebrochen und bottom-up die Maßnahmen nach oben verdichtet und mit den strategischen Vorgaben auf Konsistenz geprüft werden. Abb. 8.10 stellt beispielhaft einen dreistufigen hierarchischen Prozess dar. Teilweise werden sogar Balanced Scorecards für einzelne Personen der operativen Ebene propagiert [vgl. *Chow, C. W. u. a.* (1997), S. 26], wie dies z. B. bei *Texas Instrument* in Ansätzen realisiert ist.

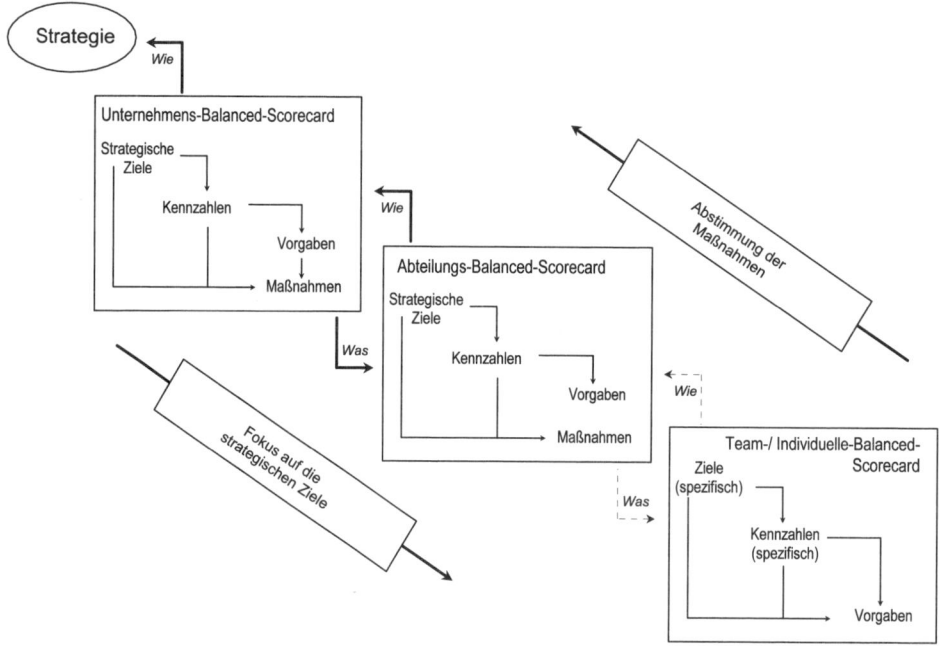

Abb. 8.10:   *Stufenweises Vorgehen der Balanced Scorecard*
            [Quelle: The Balanced Scorecard Collaborative, Inc. / Robert S. Kaplan, (1999)]

Das Zusammenwirken der Balanced Scorecards sowohl des Gesamtunternehmens als auch der unterstützenden Zentralbereiche und eigenständigen strategischen Geschäftsbereiche sowie der einzelnen Abteilungen oder Teams innerhalb einer Geschäftseinheit macht Abb. 8.11 am Beispiel von *Mobil Oil* deutlich.

Dabei zeigt sich, dass die einzelnen Geschäftseinheiten gemeinsam zur Erreichung der Unternehmensziele beitragen und damit einen Teil der Unternehmens-Scorecard darstellen sollen. Das gleiche gilt auf tiefer gelagerten Ebenen im Verhältnis zwischen Geschäftseinheiten und einzelnen Geschäften oder zwischen den Geschäften und den einzelnen Departments und Teams. Unterstützende Einheiten wie z. B. Zentralbereiche, Stabs- oder Serviceeinheiten übernehmen entsprechend der Organisationsstruktur eine spezielle Aufgabe im Unternehmen und tragen daher wiederum auch zur Erreichung der Ziele des Gesamtunternehmens bei. Daher sollte auch ihre spezielle Balanced Scorecard aus übergeordneten strategischen Zielen abgeleitet sein.

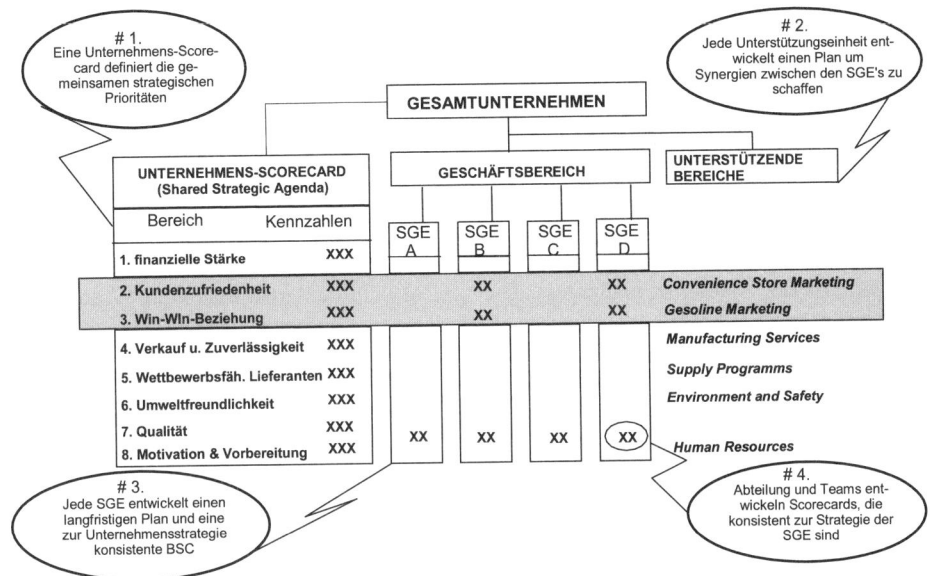

Abb. 8.11:   *Verknüpfung der Scorecards verschiedener Ebenen am Beispiel Mobil Oil*
              [in Anlehnung an: Kaplan, R. S. / Norton, D. P. (1996a), S. 245]

Während die Balanced Scorecard in ihren Ursprüngen primär als Messsystem gesehen wurde, hat sich ihr Charakter zunehmend zu einem Managementsystem weiterentwickelt, das letztlich das gesamte Unternehmen an den gewählten Strategien neu ausrichten will (**Strategy Focused Organization**) [vgl. *Kaplan, R. S. / Norton, D. P.* (2001)].

Der mit dem Anspruch als Managementsystem verbundene **Strategic Management Process** beginnt mit der Übersetzung der Vision und des Leitbildes des Unternehmens in die Organisation (siehe Abb. 8.12). Jedem Mitarbeiter soll klar gemacht werden, wie er persönlich durch die Gestaltung der in seinem Verantwortungsbereich stehenden Erfolgstreiber zum Gesamterfolg beitragen kann. Bei der Übersetzung von Vision und Leitbild in operative Größen kommt den Ursache-Wirkungs-Ketten eine besondere Bedeutung zu. Durch das Verständnis für die obersten Ziele des Unternehmens soll in der gesamten Organisation auch Einigkeit über die finale Zielrichtung gewonnen werden.

In der zweiten Stufe des Management-Prozesses sind nach *Kaplan/Norton* entsprechende operative Ziele festzulegen und das Anreizsystem an deren Zielerreichung zu koppeln [vgl. ein Beispiel zur Verbindung von Balanced Scorecard und Bonusfaktor-Modell bei AK *Wertorientierte Führung in mittelständischen Unternehmen* (2006), S. 2074ff.]. In der dritten Stufe sind die Ziele mit konkreten Zielvorgaben auszufüllen. Es sind adäquate strategische Maßnahmen festzulegen, die der Umsetzung dienen und letztlich sind auch entsprechende personelle und materielle Ressourcen zuzuweisen. Zur besseren Steuerung können bei längerfristigen Zielen Meilensteine als Zwischenschritte vereinbart werden.

Die letzte und vierte Stufe dient der Unterstützung des sogenannten **double-loop-learning**. Hierbei wird zum einen ein Feedback zur Erreichung der strategischen Ziele gegeben (Kontrolle und Abweichungsanalyse) und zum anderen werden im Sinne von Feedforward Strategien auf ihre Eignung überprüft und notfalls revidiert. Diese Phase ähnelt der strategischen Kontrolle, die bereits ausführlich und differenzierter als im Konzept von *Kaplan/Norton* erläutert wurde.

Kaplan/Norton entwickeln kein gänzlich neues Konzept, sondern greifen schon vorhandenes Gedankengut aus dem strategischen und operativen Controlling auf und verzahnen es zu einem einheitlichen Management-Prozess. Die zentralen Inhalte sind daher im Wesentlichen nicht neu.

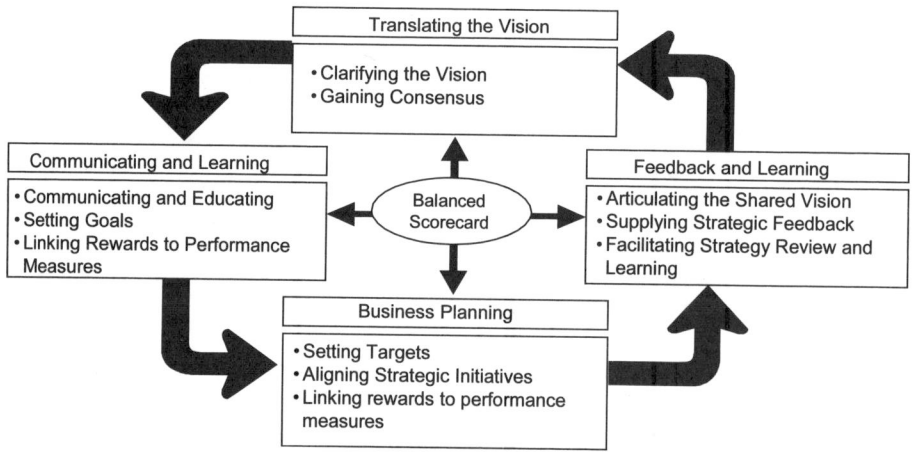

Abb. 8.12:   *Der Strategic Management Process der Balanced Scorecard*
          [Quelle: Kaplan, R. S. / Norton, D. P. (1996a), S. 25]

Auf Grund der Offenheit der Balanced Scorecard bezüglich einer Anpassung an die individuellen Bedingungen des einzelnen Unternehmens (z. B. Wahl der Perspektiven auf Grund spezifischer Stakeholder oder beliebige Anpassbarkeit der Strategy Map je nach Geschäftssystem) ist die Balanced Scorecard im praktischen Einsatz vielfältig nutzbar und derzeit wohl das am häufigsten praktizierte Performance Measurement-System.

Nachfolgend sollen daher zwei spezielle Anwendungen der Balanced Scorecard vorgestellt werden, die diese Anwendungsbreite untermauern.

Auf Grund der steigenden Bedeutung von immateriellen Ressourcen für die Unternehmensentwicklung und für die strategische Führung veröffentlichte der skandinavische Finanzdienstleister Skandia in den Jahren 1994 bis 1998 auf freiwilliger Basis einen besonderen Anhang zum Geschäftsbericht, den sog. **Skandia Navigator**. Hierin waren in der Form einer erweiterten Balanced Scorecard Kennzahlen zur Entwicklung des Intellectual Capital des Unternehmens enthalten.

Abb. 8.13 zeigt den Grundaufbau des Skandia Navigator, der als Beginn einer Berichterstattung über immaterielle Ressourcen und als Auftakt einer intensiveren Diskussion zur Steuerung des intellektuellen Kapitals von Unternehmen gewertet werden kann. Neben den klassischen Perspektiven der Balanced Scorecard – nämlich „Financial Focus", „Customer Focus", „Process Focus" und „Renewal & Development Focus" – wird als fünfte Perspektive auf Grund der Bedeutung des Humankapitals in dem Dienstleistungsunternehmen Skandia der „Human Focus" gewählt.

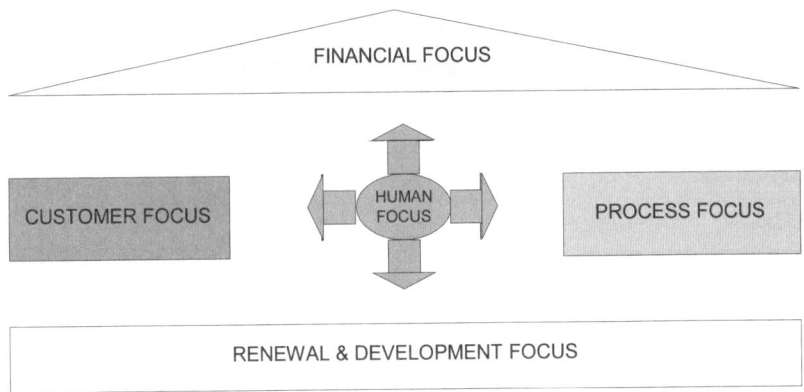

Abb. 8.13:   Messung von Intellectual Capital mit Hilfe des Skandia Navigator
*   [Quelle: Skandia (1994), S. 7]*

Abb. 8.14 stellt beispielhaft für die Geschäftsbereiche Online Insurance und Banking die konkrete Messung des Intellectual Capital für die Jahre 1994 und 1996 im Vergleich dar. Das Beispiel deutet gleichzeitig auf einige Problembereiche in der Umsetzung hin. So wirft im Messmodell des Geschäftsbereiches Banken etwa der angeführte Frauenanteil an der Belegschaft die Frage auf, bei welcher Frauenquote ein idealer respektive guter Sollwert liegt und welche Ursache-Wirkungs-Aussage dahinter steht bzw. vermittelt werden darf. Gleichzeitig zeigt das Schwedische Kundenbarometer in der Perspektive „Customer Focus" beim Geschäftsbereich Online Insurance wie ein bestehendes Instrument aus der Marktforschung, das auch Vergleiche mit den Wettbewerbern ermöglichende Kundenbarometer, in das Performance Measurement-System integriert werden kann.

Vergleichbare Systeme zur Messung immaterieller Ressourcen sind von anderen Unternehmen (z. B. *Celemi International, WM-data AB, Carl Bro a/s, Coloplast a/s* oder *Deutsche Bank AG*) in der Praxis bereits erprobt und als Berichtsrahmen (z. B. der Skandia Navigator [vgl. *Edvinsson, L. / Malone, M. S.* (1997)], der Intangible Assets Monitor [vgl. *Sveiby, K. E.* (1997)], der Intellectual Capital Navigator [vgl. *Stewart, T. A.* (1997)], die Value Chain Scoreboard [vgl. *Lev, B.* (2001)], die Wissensbilanz [vgl. *Austrian Research Center* (2000) und *Maul, K. H.* (2000), S. 2009ff.] oder das Intellectual Capital Statement [vgl. *Maul, K. H. / Menninger, J.* (2000), S. 529ff. und *AK Immaterielle Werte im Rechnungswesen* (2003), S.

1233ff.]) für das externe oder interne Reporting vorgeschlagen worden. In der praktischen Anwendung zeigen sich jedoch häufig Probleme im Auffinden valider und zuverlässiger Indikatoren und der (empirischen) Fundierung von Ursache-Wirkungszusammenhängen.

Online Insurance

DIAL FINANCIAL FOCUS	1996/I	1994
Premium income (MSEK)	475	667
Premium income/employee (SEK 000s)	1,955	3,586
CUSTOMER FOCUS		
Telephone accessibility (%)	96	90
Number of individuell policies	296,206	234,741
Satisfied customer index (max. value=5)	4,36	4,15
Sweden´s customer Barometer (max.value=100)	n.a.	n.a.
HUMAN FOCUS		
Average age	40	37
Number of employees	243	186
Time in training (days/year)	7	3,5
PROCESS FOCUS		
IT-employees/total number of employees (%)	7,4	8,1
RENEWAL & DEVELMENT FOCUS		
Increase in premium income (%)	2,7	28,5
Number of values in claims assesment system (%)	18,5	n.a.
Number of ideas filed with Idea Group	90	n.a.

Banking

SKANDIABANKEN	1996/I	1994
FINANCIAL FOCUS Income (MSEK)	37	75
Total operating income (MSEK)	178	235
Income/cost ratio after customer losses	1,27	1,46
Capital ratio (%)	25	25
CUSTOMER FOCUS		
Number of depositors	93	16
HUMAN FOCUS		
Number of employees	215	164
Of whom, women (%)	49	42
PROCESS FOCUS		
Payroll costs/operating expenses (%)	40	28
RENEWAL & DEVELOPMENT FOCUS		
Total assets (MSEK)	7,023	3,6
Share of new deposit accounts, 12 mos. (%)	86	n.a.
Deposits and borrowing, general public (MSEK)	5,7	1,3
Lending & leasing (MSEK)	4	3,2
Assets managed in domestic and foreign funds (MSEK)	7,4	4,7

Abb. 8.14:   Skandia Navigator für die Geschäftsbereiche Online Insurance und Banking von Skandia [Quelle: Daten aus Skandia (1996), S. 11]

Ein weiteres interessantes Anwendungsfeld stellt der Bereich der **Non-Profit-Organisationen** (NPOs) dar. Da hier finanzielle Formalziele wie Liquidität, Gewinn und Erfolgspotenzial hinter Sachzielen wie der Wahrnehmung der hoheitlich zugewiesenen oder gemeinnützigen Aufgabe zurücktreten, ist die Erfolgsmessung hier weitaus schwieriger und die Organisation häufig nicht über den Marktmechanismus steuerbar. Daher bieten in diesen Fällen Performance Measurement-Systeme die Chance, Sachzielerfüllung bezüglich Qualität, Zeit und Kosten transparent und damit auch messbar zu machen. Hierbei steht neben der Output-Erbringung auch insbesondere die Wirkung der öffentlichen Leistungen, der sog. **Outcome**, im Vordergrund.

Nachfolgendes Beispiel in Abb. 8.15 zeigt die mögliche Anwendung der Balanced Scorecard für die Leistungsmessung in Schulen, wie sie derzeit gerade im Bildungsbereich intensiv diskutiert wird.

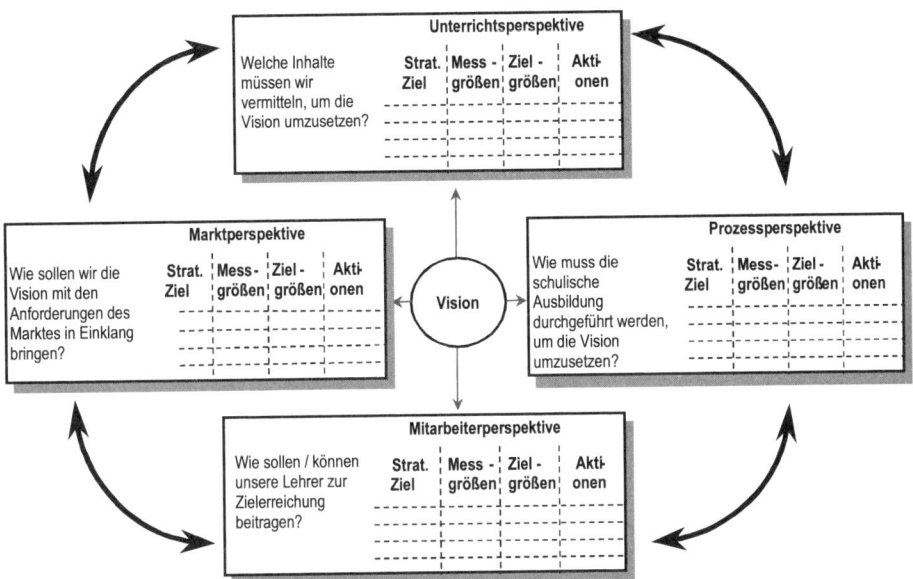

Abb. 8.15:   *Struktur einer Balanced Scorecard zur Leistungsmessung in Schulen*
            [Quelle: Günther, T. / Zurwehme, A. (2003), S. 227]

Während die Darstellungsform in ihrer Grundstruktur mit der Balanced Scorecard aus Abb. 8.6 identisch ist, ergeben sich inhaltlich bedingt erhebliche Unterschiede, da die Wahl der relevanten Perspektiven anders ausfällt bzw. ausfallen muss. Eine finanzwirtschaftliche Perspektive ist wegen der Dominanz des Sachziels „Schulleistung" gar nicht mehr anzutreffen oder von untergeordneter Bedeutung. Dagegen stehen die Inhalte des Unterrichts in der Unterrichtsperspektive, die Ausrichtung der Bildungsleistung an den Nutzern in der Marktperspektive und die hohe Bedeutung der Humanressourcen in der Mitarbeiterperspektive im Vordergrund. Dem Ur-Typ der Balanced Scorecard noch am ehesten vergleichbar ist die Prozessperspektive, die die Art und Weise der schulischen Ausbildung misst [zur Leistungsmessung im Bildungsbereich vgl. Zurwehme, A. (2007), S. 114ff.].

Gerade im öffentlichen Bereich bieten sich eine Fülle von Ansatzpunkten zur Implementierung von Strategien mit Hilfe von Performance Measurement-Systemen. Der Non-Profit-Charakter öffentlicher Leistungen stand der Übertragbarkeit vieler klassischer betriebswirtschaftlicher Instrumente bisher im Wege, da diese schwerpunktmäßig im Hinblick auf monetär fassbare Formalziele entwickelt wurden.

8.2.2   Performance Pyramid

Die **Performance Pyramid** wurde bereits 1988 unter der Bezeichnung *Strategic Measurement Analysis & Reporting Technique (SMART)* in den *Wang Laboratories* konzipiert [vgl. *Cross,*

K. F. (1988) und *Cross, K. F. / Lynch, R. L.* (1988)]. Balanced Scorecard und Performance Pyramid haben ähnliche Wurzeln, da in beide Ansätze Untersuchungen von *Schneiderman* zur kontinuierlichen Verbesserung bei *Analog Devices* einflossen. Der Ansatz der Performance Pyramid wurde vor allem durch die Arbeiten von *Lynch* und *Cross* entwickelt [vgl. *Lynch, R. L. / Cross, K. F.* (1995)].

Konstituierendes Merkmal der Performance Pyramid ist die **hierarchische Gliederung** der Unternehmensziele sowie der zugehörigen Messobjekte und Indikatoren. Wie Abb. 8.16 veranschaulicht, erfolgt eine hierarchische Strukturierung in Corporation, Business units, Core business processes sowie Departments, Groups und Work teams und letztendlich einzelne Individuen. Jeder dieser Hierachiestufen wird mindestens ein Typ von Zielgrößen bzw. Indikatoren zugewiesen und jedem dieser Typen wird mindestens einer der beiden Stakeholdergruppen Kunden (Customer) oder Anteilseigner (Owner) zugeordnet.

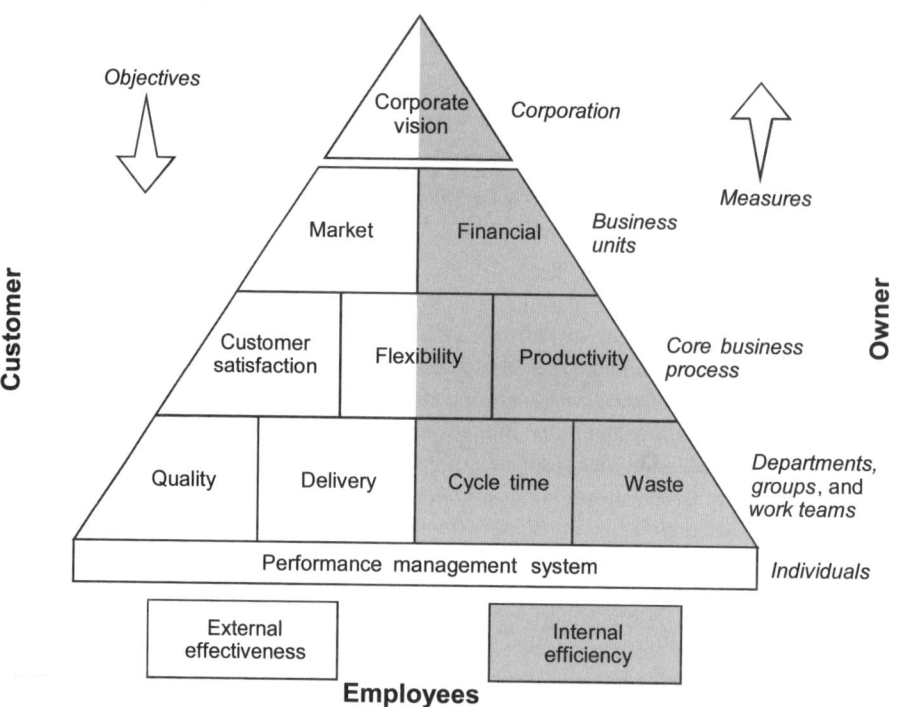

Abb. 8.16:   Struktur der Performance Pyramid nach Lynch/Cross
[Quelle: Lynch, R. L. / Cross, K. F. (1998), S. 65 und 67]

Ausgehend von der Corporate Vision, welche Vision, Leitbild und strategische Ziele der Organisation beinhaltet, werden auf der Ebene der Geschäftseinheiten (Business units) Indikatoren für die Bereiche Market und Financial gebildet. Diese Indikatorbereiche werden zum einen dem Stakeholder Kunden und zum anderen dem Stakeholder Investoren zugewiesen.

Auf der Ebene der Kerngeschäftsprozesse (Core business processes) erfolgt eine Zerlegung in die Indikatorentypen Customer satisfaction, Flexibility und Productivity, um letztendlich auf der Ebene der Departments, Groups und Work teams eine Zerlegung in Quality, Delivery, Cycle Time und Waste vorzunehmen. Der linke, hell markierte Ast in Abb. 8.16 wird als „External effectiveness" bezeichnet und stellt die Zielerreichung in der Außenbeziehung zum Kunden dar, während der dunkel markierte rechte Teil für die interne Effizienz der Geschäftsprozesse und Abläufe steht und in der Performance Pyramid den Anteilseignern zugewiesen wird. Durch die hierarchische Strukturierung der Pyramide werden gleichzeitig als dritte Stakeholder-Gruppe die Mitarbeiter berücksichtigt.

Entsprechend der hierarchischen Grundkonzeption werden die Ziele (objectives) für die einzelnen Hierarchieebenen aus der Corporate vision abgeleitet und gewährleisten so eine Stimmigkeit von Unternehmensstrategie und operativen Maßnahmen. Analog können die Indikatoren der Hierarchieebenen nach oben zu komplexeren Indikatoren aggregiert werden, was in Abb. 8.16 durch die beiden Pfeile verdeutlicht wird.

Level
> Business unit
> Core process
> Department

Measure
> Market share
> Customer satisfaction index
> Percent meeting specification

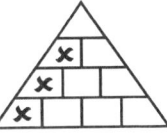

Level
> Business unit
> Core process
> Department

Measure
> Market growth
> Response time
> On-time delivery, cycle time

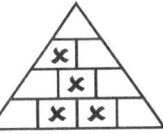

Level
> Business unit
> Core process
> Department

Measure
> Margins
> Total factory productivity
> Waste rate

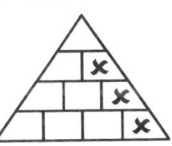

Level
> Business unit
> Core process
> Department

Measure
> Market share
> Low costs (allows low price)
> Cycle time, waste rate

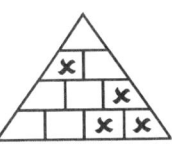

Level
> Business unit
> Core process
> Department

Measure
> Return on assets
> Inventory turns
> Cycle time

Abb. 8.17:   *Building Blocks of Success in der Performance Pyramid*
         [Quelle: Lynch, R. L. / Cross, K. F. (1998), S. 88]

Beim Herunterbrechen der Corporate vision in Indikatoren für untergeordnete Ebenen sollte auf kausale Beziehungen zwischen den Zielen und Indikatoren geachtet werden. Dies wird in der Performance Pyramid durch sog. **Building Blocks of Success** berücksichtigt.

Abb. 8.17 stellt einige Beispiele für derartige **kausale Zusammenhänge** dar. Greift man z. B. den letzten Building Block of Success auf, so lässt sich der finanzielle Indikator Kapitalrendite (gemessen als Return on assets) auf der Ebene der Business units durch eine Steigerung des Umschlags der Vorräte (Inventory turns) auf der Ebene der Geschäftsprozesse und diese wiederum durch eine Erhöhung der Durchlaufzeit (Cycle time) auf der Ebene der Departments, Groups und Work Teams erklären. Dieser Zusammenhang spielt insbesondere bei Unternehmen der weiterverarbeitenden Industrie, wie z. B. dem Maschinenbau oder der Elektronikindustrie, eine wesentliche Rolle. Die dreistufigen Ursache-Wirkungs-Ketten in Form der Building Blocks of Success sind jedoch in der Realität häufig weitaus komplexer, nicht selten mit Zielkonflikten zu anderen Ursache-Wirkungs-Ketten versehen oder u. U. auch dynamisch, d. h. beispielsweise mit im Zeitablauf sich verstärkenden oder abschwächenden Rückkopplungen – ähnlich wie im vernetzten Denken – versehen.

Intensiv setzt sich die Performance Pyramid mit Möglichkeiten der Steuerung und Regelung auseinander, indem vier ineinander greifende kybernetische Controlling-Kreisläufe **(Performance Loops)** geschaffen wurden (siehe Abb. 8.18) [vgl. *McNair, C. J. / Lynch, R. L. / Cross, K. F. (1990), S. 31f. und Lynch, R. L. / Cross, K. F. (1995), S. 175ff.*].

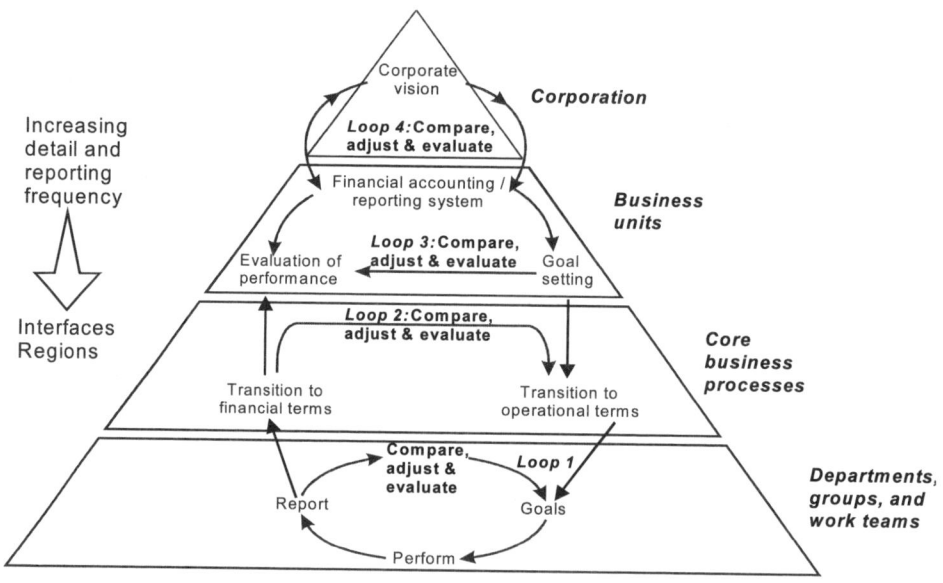

Abb. 8.18:   Strategisches Controlling auf der Basis von Performance Loops
[Quelle: Lynch, R. L. / Cross, K. F. (1998), S. 176]

Der erste Regelkreislauf **(Loop 1)** wird auf der untersten Hierarchieebene in einzelnen Abteilungen ausschließlich auf der Basis von nicht finanziellen Indikatoren der Zielgrößentypen Quality, Delivery, Cycle time und Waste gebildet. Der Regelkreislauf, der in seiner Struktur der des Controlling aus Planung (Goals), Realisation (Perform) und Kontrolle (sowohl Report als auch Compare, adjust & evaluate) entspricht, könnte etwa bei beispielhafter Anwendung des bereits erläuterten letzten Building Blocks of Success aus Abb. 8.18 auf das Controlling der Durchlaufzeit mit dem Ziel von deren Optimierung übertragen werden.

Eine Verknüpfung zwischen den Abteilungen und den Kernprozessen eines Unternehmens wird durch den zweiten Regelkreislauf **(Loop 2)** hergestellt, der die nicht finanziellen Indikatoren der untersten Ebene mit finanzwirtschaftlichen Größen aus dem Rechnungswesen in Verbindung bringt. In Fortsetzung des Beispiels ließe sich die Leistung nun finanzwirtschaftlich als Umschlagshäufigkeit der unfertigen und fertigen Erzeugnisse im Rechnungswesen messen. Ebenso könnte eine diesbezügliche finanzwirtschaftliche Vorgabe in nicht finanzwirtschaftliche Zielvorgaben auf der Ebene der Abteilungen zerlegt werden.

Die Verbindung mit der Unternehmensstrategie wird über den dritten Kreislauf **(Loop 3)** hergestellt, der eine Bewertung der Strategiekonformität mit den auf den unteren beiden Ebenen angesiedelten Maßnahmen und Ergebnissen zum Gegenstand hat. Im Rahmen dieses Kreislaufes erfolgt auch die Abstimmung mit anderen strategischen Zielsetzungen. Zum Beispiel kann die Umschlagshäufigkeit auch durch ein Absenken vorhandener Bestände erreicht werden, wodurch aber eventuell die Lieferfähigkeit und damit Zielgrößen aus der Kundenperspektive beeinträchtigt werden. An dieser Stelle setzt auch der Entwurf eines ganzheitlichen Reporting-Systems für das Unternehmen an. Das ganzheitliche Reporting-System soll einen vollständigen Überblick über sämtliche wesentlichen Stellgrößen der Geschäftseinheit, die zur Umsetzung der Strategie beitragen können, liefern.

Im letzten Kreislauf **(Loop 4)** wird der Einklang der gewählten Unternehmensstrategie mit der Corporate vision untersucht. Dieser Test ist bereits im Rahmen der Leitbildkontrolle Bestandteil des normalen strategischen Planungsprozesses. Die Verknüpfung zwischen operativer und strategischer Ebene findet insbesondere in den Loops 1 und 2 statt. Vom Kreislauf 4 bis zum Kreislauf 1 nimmt dabei auch der Detaillierungsgrad und die Berichtshäufigkeit zu. Im Loop 1 kann z. B. die Berichterstattung je nach Branche beispielsweise täglich oder wöchentlich erfolgen und aus einer Fülle von Kennzahlen aus unterschiedlichen Abteilungen bestehen.

Während zur Zerlegung der Strategie in Messobjekte und Indikatoren nur relativ grobe Aussagen gemacht werden, stellen die vier ineinander greifenden Regelungs- und Steuerungskreisläufe eine innovative Erweiterung des traditionellen Planungskonzepten eigenen Gegenstromverfahrens dar. Dadurch wird der kybernetische Controlling-Gedanke sowohl für die strategische als auch für die operative Ebene zum wesentlichen Bestandteil des Performance Measurement-Systems. Im Vergleich zum Strategic Management Process der Balanced Scorecard ist das Lern- und Verbesserungskonzept der Performance Pyramid wesentlich strukturierter und detaillierter und unterstützt damit wesentlich die konkrete Implementierung von Strategien [vgl. *Grüning, M.* (2002), S. 40].

8.2.3   Quantum Performance Measurement-System

Beim **Quantum Performance Measurement-System** handelt es sich um einen Performance Measurement-Ansatz, der von der Unternehmensberatung *Arthur Andersen & Co.* entwickelt wurde [vgl. *Hronec, S. M.* (1993)].

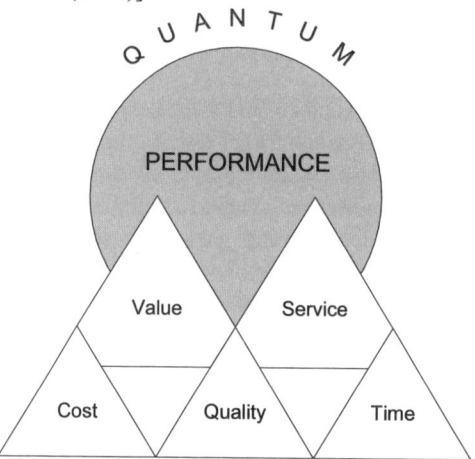

Abb. 8.19:   *Messobjekte des Quantum Performance Measurement-Systems*
               [Quelle: Hronec, S. M. (1993), S. 19]

Der Kern des in den späten 1980er und frühen 1990er Jahren entwickelten, von *Hronec* weiter konkretisierten Modells, besteht in der sog. **Quantum Performance**. Dahinter verbirgt sich der Grad der Zielerreichung bei dem **Value** und **Service** für alle Stakeholder optimiert werden. Während die Value-Komponente durch die Relation von **Cost** (und damit Preis) und **Quality** bestimmt wird, konstituiert die Kombination von **Quality** und **Time** die Service-Komponente [vgl. *Hronec, S. M.* (1993), S. 18ff.]. Die Quantum Performance veranschaulicht letztlich das magische Dreieck aus Kosten, Zeit und Qualität. Dieses wurde bereits im Rahmen der Geschäftsstrategien ausführlich erläutert (siehe Kapitel 3).

Analog zur Vorgehensweise bei der Balanced Scorecard und der Performance Pyramid werden auch hier verschiedene Ebenen der Leistungserbringung unterschieden. Das Quantum Performance Measurement-System verknüpft die drei hierarchischen Ebenen Organization, Process und People mit den drei untersten Messobjekten Cost, Quality und Time. Hieraus ergibt sich folgende 3 x 3-Matrix als **Quantum Performance Measurement Matrix** (siehe Abb. 8.20).

Quantum Performance		
Value		Service
Cost	Quality	Time

	Cost	Quality	Time
Organization	**Finanziell Operational Strategisch**	**Einfühlungsvermögen Produktivität Zuverlässigkeit Glaubwürdigkeit Kompetenz**	**Geschwindigkeit Flexibilität Reaktionsfähigkeit Beweglichkeit**
Process	**Input Aktivitäten**	**Übereinstimmung Produktivität**	**Geschwindigkeit Flexibilität**
People	**Vergütung Entwicklung Motivation**	**Zuverlässigkeit Glaubwürdigkeit Kompetenz**	**Reaktionsfähigkeit Beweglichkeit**

Abb. 8.20:   Quantum Performance Measurement Matrix
           [Quelle: Hronec, S. M. (1993), S. 31]

Die in der Matrix erfassten Indikatoren werden als **vital signs** bezeichnet, da sie die für das Unternehmen kritischen Größen darstellen. Es wird dabei in Prozess- und Output-Indikatoren unterschieden. Beide sollen sowohl motivational als auch informational zur Prozess- und Ergebnissteuerung benutzt werden. *Hronec* definiert jedoch die Indikatorengruppen in der Quantum Performance Measurement Matrix relativ vage, so dass sie vielfältig interpretiert werden können.

Bezüglich der Integration von strategischem und operativem Controlling wird von *Hronec* ein sog. **Quantum Performance Measurement Modell** vorgeschlagen, das Methoden zur Bestimmung und Implementierung der Maßgrößen für die neun Felder der Quantum Performance Measurement Matrix liefert. Das Modell setzt sich aus den vier Elementen Driver, Enabler, Process und Continuous Improvement zusammen (siehe Abb. 8.21), wobei ähnlich wie bei der Balanced Scorecard Spät- und Frühindikatoren gemeinsam betrachtet werden und ein analoger strategischer Management-Prozess integriert ist.

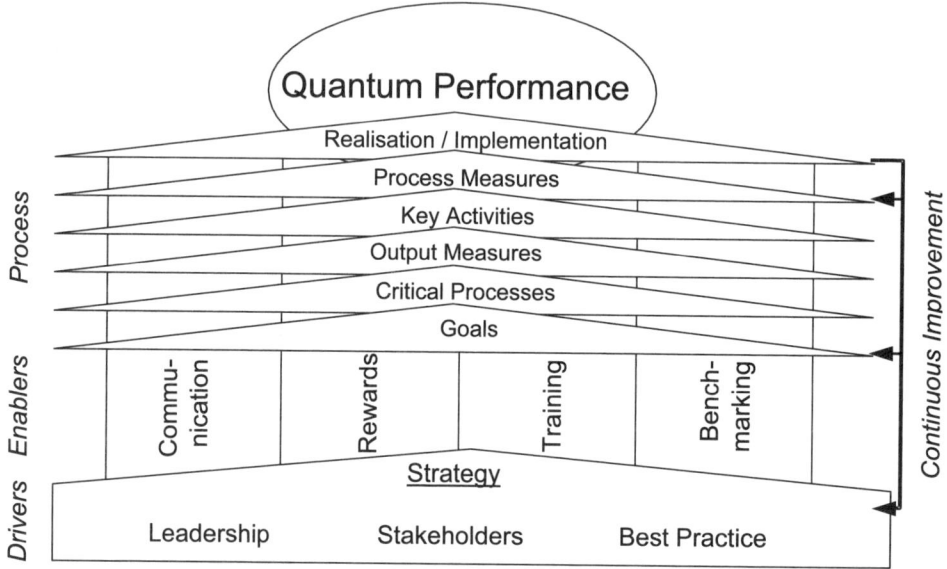

Abb. 8.21:   *Quantum Performance Measurement-Modell*
[in Anlehnung an: Hronec, S M. (1993), S. 25]

Auf der **Ebene der Driver** werden unter dem Begriff der Strategy drei kritische Faktoren für die Strategieentwicklung betrachtet:

- Die als **Leadership** bezeichnete Unternehmensführung kann die Entwicklungsrichtung und die Implementierung der Unternehmensstrategie und des zugehörigen Performance Measurement-Systems beeinflussen. *Hronec* schlägt vor, hierzu das von *Arthur Andersen & Co.* entwickelte sog. **ABO Continuum** zu verwenden, das anhand der drei Stufen **A**ware- ness, **B**uy-In und **O**wnership die Involvierung des Managements in Veränderungsprozesse beschreibt.
- Die Bedeutung der Ausrichtung der Strategie an den Anspruchsgruppen (**Stakeholder**), dem zweiten kritischen Erfolgsfaktor, wurde bereits im Rahmen der strategischen Analyse verdeutlicht.
- Als dritten Faktor nennt *Hronec* schließlich das **Best Practice**, in dessen Rahmen unter- sucht wird, welche Strategien von Konkurrenten eingeschlagen werden.

Folgende **Enabler-Faktoren** sollen die Umsetzung der Strategie und des hieraus abgeleiteten Performance Measurement-Systems erleichtern:

- Die **Communication** dient dem Abbau von Widerständen und Wissensdefiziten potenziel- ler Anwender.
- Das **Training** macht mit der Methodik und der Handhabung des Performance Measure- ment-Systems vertraut und kommt wie die Communication insbesondere in den Anfangs- phasen der Implementierung des Performance Measurement-Systems zum Tragen.
- Sowohl monetäre als auch nicht monetäre Anreize (**Rewards**) helfen, die individuellen Zie- le der Organisationsmitglieder und die Ziele der Organisation einander anzugleichen.

- **Benchmarking** mit internen oder externen Benchmarking-Partnern eröffnet dem Unternehmen möglicherweise neue, bisher nicht betrachtete Lösungsmöglichkeiten im Hinblick auf die Umsetzung der Strategie. Zudem erfolgt ein Abgleich mit externen Standards und damit fällt die Einordnung des eigenen erreichten Niveaus fundierter aus.

Vergleichbar zur Vorgehensweise der Balanced Scorecard oder der Performance Pyramid wird auch im Rahmen des Quantum Performance Measurement Modells ein **Sollprozess**, sowohl zur Gewinnung der Indikatoren als auch zu deren Messung und Nutzung entwickelt. Die sechs Schritte des Modells können Abb. 8.21 entnommen werden.

Das Element **Continuous Improvement** rundet den Ansatz ab, wobei nicht nur von einer ständigen Verbesserung der Zielerreichung im Sinne eines Feedback, sondern auch von einer Revision des Strategieentwicklungs- und -implementierungsprozesses im Sinne eines Feedforward ausgegangen wird. Alle bisher beschriebenen Elemente des Modells stehen hierbei zur Disposition, um letztendlich eine Erreichung der strategischen Ziele zu gewährleisten.

Resümierend erscheint das Quantum Performance Measurement Modell als Vorgehensweise zur Ableitung von Indikatoren aus der Unternehmensstrategie wenig eingängig und auch etwas schwerfällig. Das mag eventuell an der unscharfen Abgrenzung von Begriffen (z. B. die Mehrfachbelegung von „Process") liegen. Im Vergleich zu anderen Performance Measurement-Systemen wie z. B. der Balanced Scorecard ist die Ableitung der Messobjekte und Indikatoren ungewöhnlich kompliziert und nicht so flexibel und vielfältig an die individuellen Bedingungen des Einzelfalls anpassbar.

8.2.4   Tableau de Bord

Das **Tableau de Bord** ist ein von Wissenschaftlern in Frankreich zu Beginn der 60er Jahre des 20. Jahrhunderts entwickeltes Performance Measurement-Konzept, das anschließend von französischen und teilweise kanadischen Unternehmen als mehrdimensionales Managementsystem genutzt wurde. Die von der Praxis vorangetriebene Weiterentwicklung führte zu vielfältigen Ausgestaltungen, denen dadurch ein einheitliches Rahmenkonzept wie z. B. bei der Balanced Scorecard fehlt. Erst nach langjährigen Praxiseinsätzen wurde versucht, die verschiedenen in der Praxis zum Einsatz gekommenen Varianten konzeptionell aufzubereiten [vgl. *Lebas, M.* (1994), S. 471 und 481].

Das Tableau de Bord lässt sich – ähnlich wie die Balanced Scorecard – als Armaturenbrett bzw. Cockpit eines Flugzeuges verstehen, auf dem die für die Regelung und Steuerung einer Geschäftseinheit wesentlichen Kennzahlen graphisch dargestellt werden. Dabei werden Rechnungswesengrößen wegen ihres Vergangenheitsbezuges, nur als Zusatzgrößen herangezogen. Weitere Begründungen für diese Vorgehensweise sind die – zumindest in der Vergangenheit in Frankreich gegebene – geringe Bedeutung des Kapitalmarktes sowie eine starke Verbreitung von Ingenieuren in Führungsfunktionen französischer Unternehmen. Der Schwerpunkt liegt auf nicht finanziellen Grössen zur **Entscheidungsunterstützung für das Management** [vgl. *Lebas, M.* (1994), S. 482 und *Epstein, M. J. / Manzoni, J.-F.* (1997), S. 29f.]. Ein weiteres Wesensmerkmal des Tableau de Bord ist, dass nicht nur Informationen über vergangene

Maßnahmen und deren Ergebnisse zur Verfügung gestellt werden, sondern auch Daten über den gegenwärtigen Zustand und die jüngste Vergangenheit (z. B. vom Beginn des Geschäftsjahres bis zum aktuellen Berichtszeitpunkt), aber auch insbesondere Einschätzungen über zukünftige Potenziale. Die Ergänzung um externe Benchmarks sowie der Vergleich mit vergangenen Ergebnissen wird empfohlen.

Die **Struktur des Tableau de Bord** ergibt sich wie bei allen Performance Measurement-Systemen aus dem Herunterbrechen von Vision, Strategie und strategischen Zielen in kritische Erfolgsfaktoren und Indikatoren zu deren Messung. Der Aufbau ähnelt der Zerlegung des RoI-Schemas nach *DuPont*, da Oberziele stufenweise in Subziele aufgespalten werden. Im Gegensatz zum DuPont-Schema ist das Tableau de Bord jedoch kein numerisch stringentes Rechensystem, sondern ein Ordnungssystem. Die Werte des Oberzieles lassen sich daher nicht systematisch aus den Kennzahlen der Subziele errechnen.

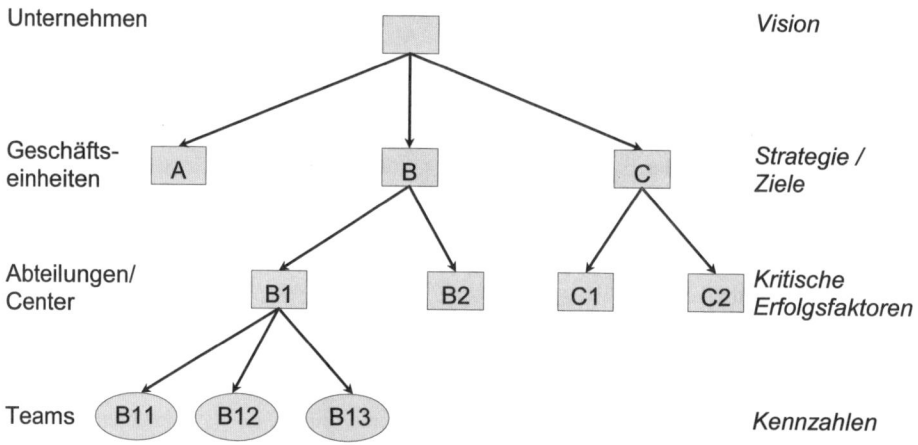

Abb. 8.22:   Struktur des Tableau de Bord
*   [in Anlehnung an: Epstein, M. J. / Manzoni, J.-F. (1997), S. 30]*

Der **Prozess zur Ableitung des Tableau de Bord**, der als **OVAR** (**O**bjectifs, **V**ariables d' **A**ction, **R**esponsable) bezeichnet wird, besteht aus fünf Schritten [vgl. *Hoffmann, O.* (1999), S. 43]:

- Herleitung der strategischen Ziele
- Bestimmung der kritischen Erfolgsfaktoren und Erstellung der Aktionspläne
- Festlegung der Verantwortlichkeiten für die Umsetzung der Aktionspläne
- Identifikation von Indikatoren zur Fortschrittsmessung bei den Aktionsplänen und
- softwaregestützte Abbildung der Indikatoren in graphischer Form

Folgende weitere **Merkmale des Tableau de Bord** können festgehalten werden:

- Das Tableau de Bord wird, wic andere Performance Measurement-Systeme auch, auf die **Organisationsstruktur** abgestimmt und mit den Zielen der jeweiligen Organisationseinheiten verknüpft.

- Aufgrund des gewünschten Entscheidungsbezuges legen die jeweiligen **Nutzer** die im Tableau de Bord zu verwendenden Kennzahlen fest.

- Der Erstellungsprozess schafft Transparenz und eröffnet so die Möglichkeit zum **organisatorischen Lernen** und zur Weiterentwicklung der betrachteten Organisationseinheiten.

- Die Repräsentation der Kennzahlen erfolgt im Sinne eines entscheidungsunterstützenden sog. **Management Cockpits** primär graphisch (z. B. als Balken- oder Kuchendiagramm).

- Obwohl das Tableau de Bord dem Nutzer den Zusammenhang zwischen seinen Handlungen und den resultierenden Ergebnissen nahe bringen soll, wird die Ableitung von **Ursache-Wirkungs-Zusammenhängen** nicht direkt unterstützt, sondern dem Nutzer überlassen.

- Es wird kritisiert, dass zur Abstimmung zwischen einem **kurz-, mittel- oder langfristigen Entscheidungshorizont** die Verwendung mehrerer Tableaux de Bord vorgeschlagen wird. Dies erschwert die notwendige Verzahnung unterschiedlicher Wirkungshorizonte [vgl. *Hoffmann, O.* (1999), S. 41ff.].

- Der Fokus des Tableau de Bord ist auf **Selbstregelung und -steuerung** ausgerichtet. Ein bewusster Einbezug einer Feedback- oder Feedforward-Komponente erfolgt nicht.

- Da kein allgemein gültiges Konzept für das Tableau de Bord existiert, ist es für eine **Ausgestaltung sehr offen**, was z. B. den Einbezug zusätzlicher Stakeholdergruppen, anderer Kennzahlentypen oder Hierarchien erleichtert.

Abb. 8.23 zeigt ein Anwendungsbeispiel eines Tableau de Bord mit der diesem System inhärenten graphischen Visualisierung der Kennzahlen.

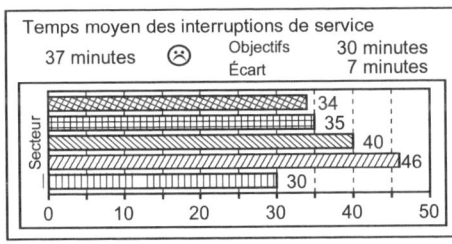
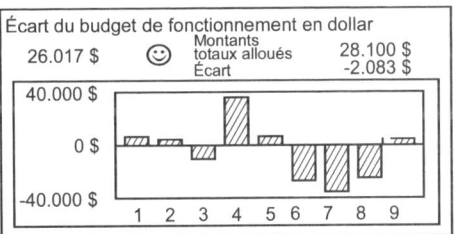
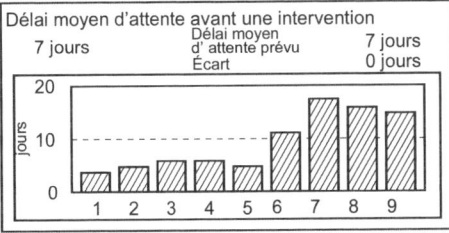
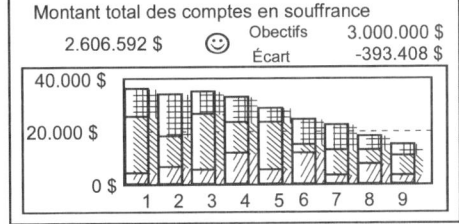

Abb. 8.23:   Umsetzungsbeispiel eines Tableau de Bord
[Quelle: Voyer, P. (1999), S. 316]

8.2.5   Weitere Performance Measurement-Systeme

Neben den vier vorgestellten Performance Measurement-Systemen gibt es noch eine Reihe weiterer, in den letzten Jahren entstandener Systeme, die hier nur kurz aufgelistet werden solle. Die Liste bezieht sich dabei nur auf Ansätze, die entweder in der Forschung oder in der Beratungspraxis entstanden sind, und die zudem so generell sind, dass sie auf andere Unternehmen oder Organisationen übertragen werden können. Unternehmensspezifische Ansätze bleiben daher außen vor [vgl. die Übersichten bei *Gleich, R.* (2001), S. 45ff. und *Grüning, M.* (2002), S. 21ff.]:

- **Performance Measurement in Service Businesses** [vgl. *Fitzgerald, L. et al.* (1991) und (1996)].
- **Productivity Measurement and Enhancement System (PROMES)** [vgl. *Kleingeld, P.A.M.* (1994)].
- **Performance Measurement Model** [vgl. *Rose, K. H.* (1995)].
- **Ernst & Young-Konzept** [vgl. *Taylor, L. / Convey, S.* (1993)].

Neben diesen generellen Performance Measurement-Systemen gibt es auch vergleichbare **Leistungsbewertungssysteme für spezielle Anwendungsfelder**:

- **Qualitätsbezogene Performance Measurement-Systeme**, wie z. B. das EFQM-Modell [vgl. *European Foundation of Quality Management* (2007)] oder der Malcolm Baldridge Award [vgl. *Garvin, D. A.* (1991), S. 80ff. und *National Institute of Standards and Technology* (2007)].
- **Systeme der Umweltleistungmessung**, wie z. B. die Empfehlung DIN EN ISO 14031 des *Nagus* zur Umweltleistungsmessung [vgl. *Nagus* (2000)], oder das EPM-KOMPAS-Modell [vgl. *Günther, E. / Kaulich, S. / Scheibe, L.* (2003), S. 44ff.].
- **Sustainable Development Reporting-Systeme**, wie z. B. das Modell der Global Reporting Initiative zur Berichterstattung zum Sustainable Development [vgl. *Global Reporting Initiative ™* (2002)] oder die Sustainability Balanced Scorecard [vgl. z. B. *Gminder, C. U. u. a.* (2002), S. 95ff.]
- Performance Measurement-Systeme zur **Messung des „Intellectual Capital"** einer Organisation, wie z. B. die Wissensbilanz, das Intellectual Capital Statement nach dem Ansatz des *AK Immaterielle Werte im Rechnungswesen* oder das Value Chain Scoreboard nach *Lev* [vgl. *Austrian Research Center* (2000), *AK Immaterielle Werte im Rechnungswesen* (2003), S. 1233ff. und *Lev, B.* (2001)].

Nachfolgend werden zwei der speziellen Performance Measurement-Systeme – das EFQM- und EPM-KOMPAS-Modell – detaillierter betrachtet. Das EFQM-Modell, das in Abb. 8.24 in seiner Struktur skizziert ist, besteht zum einen aus **Befähiger-Kriterien (Enablers)** und zum anderen aus **Ergebniskriterien (Results)**. Die Enabler-Kriterien setzen sich aus den Subkriterien Leadership, People, Policy and Strategy, Partnerships and Ressources sowie Processes zusammen. Diese sind mit den Perspektiven „Prozesse" und „Lernen und Entwicklung" der Balanced Scorecard vergleichbar, da es sich um jene Kenngrößen handelt, die den Erfolg beeinflussen (Frühindikatoren). Die Ergebniskriterien werden in People Results, Customer Results,

Society Results sowie Key Performance Results gegliedert. Diesen Kriterien lassen sich die Kunden- und die Finanzperspektive der Balanced Scorecard zuordnen (Spätindikatoren).

Der Vergleich mit der Balanced Scorecard zeigt, dass einerseits Kennzahlengruppen verwendet werden, die verschiedene Stakeholder-Interessen abzubilden versuchen und andererseits eine Zweiteilung in Spät- und Frühindikatoren erfolgt. Das EFQM-Modell, das primär zur Selbstevaluation einer Organisation konzipiert wurde, ist ähnlich wie die Balanced Scorecard sehr flexibel und damit auf eine Fülle von Branchen übertragbar. Teilweise existieren spezielle Modelle wie z. B. für den Bildungsbereich. Der Fokus, zumindest war die Entwicklung des Modells darauf angelegt, liegt jedoch primär auf der Evaluation und Steuerung des strategischen Erfolgsfaktors Qualität und nicht so sehr auf der Implementierung langfristiger, strategischer Ziele – wie dies üblicherweise bei den generellen Performance Measurement-Systemen der Fall ist.

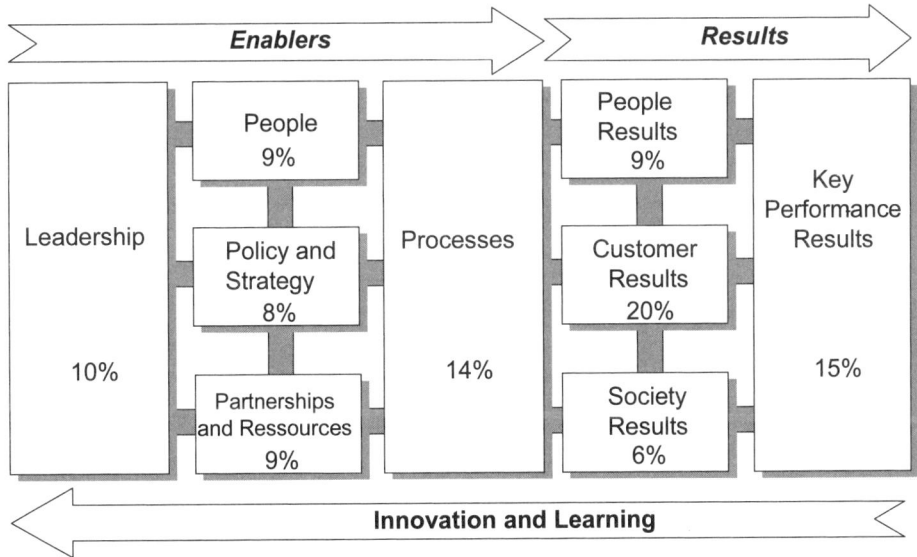

Abb. 8.24:   Grundstruktur des EFQM-Modells
[Quelle: European Foundation of Quality Management (2000), S. 1]

Im Bereich des Umweltmanagements werden Systeme der Umweltleistungsmessung genutzt, um Unternehmen bezüglich ihres Beitrages zur Erhaltung der Umweltressourcen steuern zu können. Das in Abb. 8.25 dargestellte EPM-KOMPAS-Modell ist ein durch ein Software-Tool unterstütztes Instrument, um insbesondere kleine und mittelständische Unternehmen bei der Integration von Umweltaspekten in unternehmerisches Handeln und Entscheiden zu unterstützen. Basierend auf der Umweltleistungsbereitschaft und der Umweltleistungsfähigkeit eines Unternehmens ist an der Schnittstelle von strategischer zu operativer Ebene ein Umweltmanagementsystem zu installieren. Dieses System bildet sodann die Basis, um jetzt auf operativer

Ebene – charakterisiert durch den sog. **sozial-ökologischen Erfolg** – wesentliche Umweltaspekte, die sog. **Leitparameter** auszuwählen, für die nachfolgend **Leistungstreiber** identifiziert werden. Nach der Festlegung von (Umweltleistungs-)Zielen für diese Leistungstreiber erfolgt eine Analyse der Stoffströme auf Prozessebene (**Prozessbilanz**) bis hinunter zu einzelnen Teilprozessen. Mögliche Maßnahmen zur Zielerreichung können im Software-Tool bezüglich ihrer ökonomischen und ökologischen Vorteilhaftigkeit bewertet werden. Anschließend kann eine Erfolgsspaltung vorgenommen werden, wobei eine Zerlegung der Umweltleistung in einen ökologischen und einen ökonomisch-ökologischen Erfolg vorgenommen wird. Eine eventuell notwendige Handlungs- und Zielrevision schließt den kybernetischen Kreislauf ab.

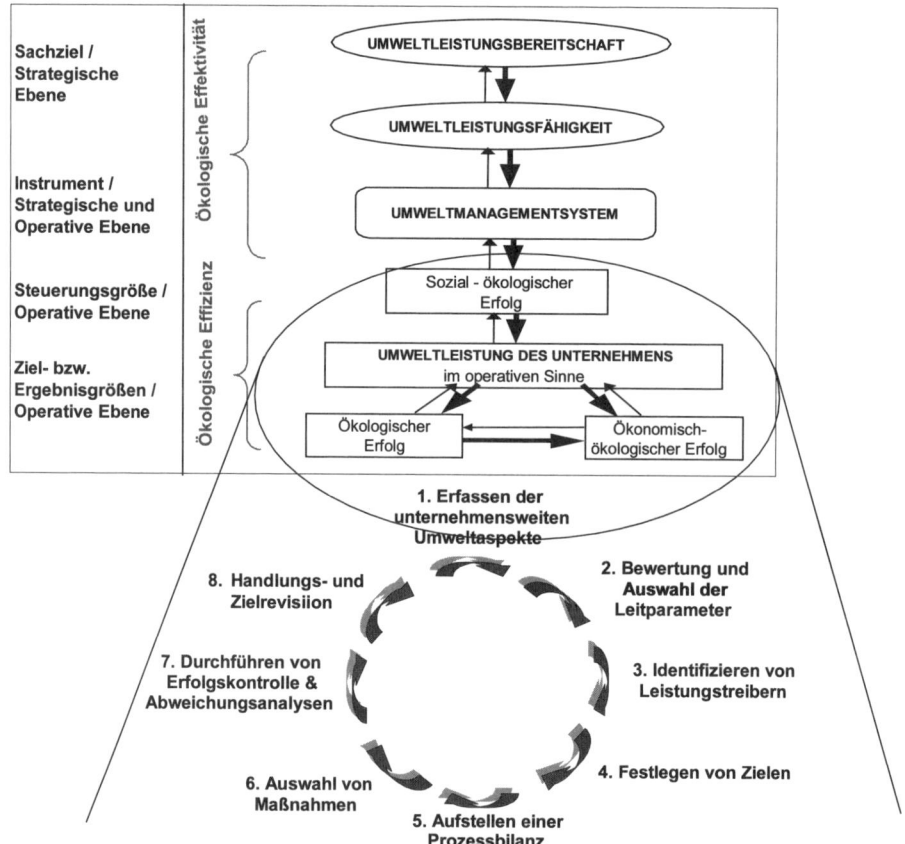

Abb. 8.25:   Strategische und operative Umweltleistung im EPM-KOMPAS-Modell
[in Anlehnung an: Günther, E. / Kaulich, S. / Scheibe, L. (2003), S. 46]

Wie die Darstellung deutlich macht, beinhaltet das EPM-KOMPAS-Konzept wesentliche Elemente von Performance Measurement-Systemen, wie die Koppelung mit strategischen (Umweltleistungs-)Zielen, die Konzentration auf wesentliche Treiber unter bewusstem Verzicht auf eine Vollständigkeit und die Einbettung in einen kybernetischen Management-Prozess.

Beide Beispiele zeigen, dass das Gedankengut und die wesentlichen Elemente der Performance Measurement-Systeme in vielen Anwendungs- und Teilsystemen zu finden sind, und auch in Zukunft viele Varianten und Implementierungen in Teilgebieten des Managements zu erwarten sind.

Wie eine Befragung der Top 500-Unternehmen in Deutschland zeigt (siehe Abb. 8.26), wird von den Performance Measurement-Systemen sowohl was die konzeptionelle Neuausrichtung, als auch den Grad der Implementierung und Nutzung anbelangt derzeit eindeutig der Balanced Scorecard der Vorzug gegeben.

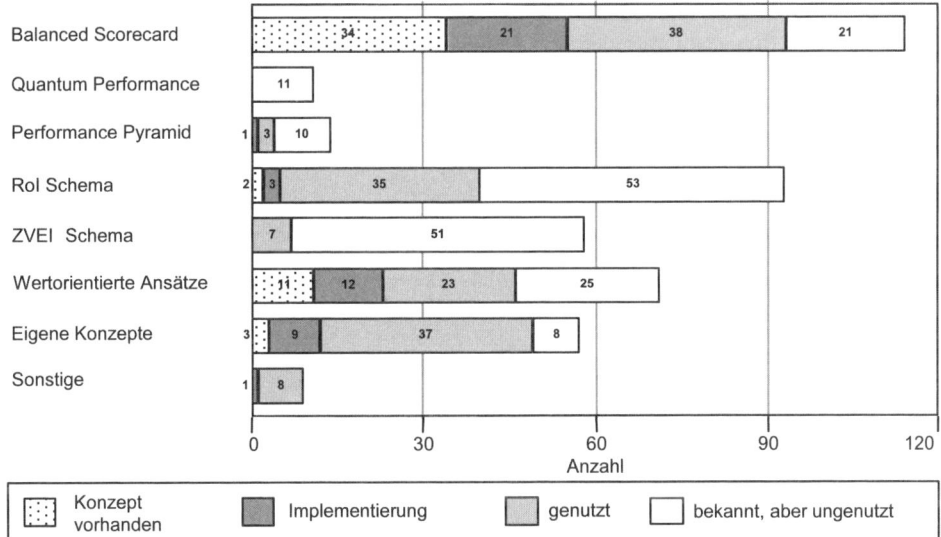

*Abb. 8.26: Verbreitung von Performance Measurement-Systemen bei deutschen Unternehmen
[Quelle: Günther, T. / Grüning, M. (2002), S. 6 und Grüning, M. (2002), S. 62]*

Vergleichbare **empirische Studien** bestätigen sowohl die Dominanz der Balanced Scorecard gegenüber vergleichbaren Performance Measurement-Ansätzen als auch den Verbreitungsstand, der bei grösseren Unternehmen je nach Art der Studie ca. 30-40 % aller Unternehmen umfasst [vgl. im anglo-amerikanischen Raum z. B. die Studien von *Frigo, M. L. / Krumwiede, K. R.* (1999); *Ittner, C. D. / Larcker, D. F. / Randall, T.* (2003); *Rigby, D. K.* (2003); *Garg, A. u. a.* (2003) und *Hendricks, K. / Menor, L. / Wiedman, C.* (2004) sowie im deutschsprachigen Raum *Brabänder, E. / Hilcher, I.* (2001); *Günther, T. / Grüning, M.* (2002); *Speckbacher, G. / Bischoff, J. / Pfeiffer, T.* (2003); *Weber, J. / Sandt, J.* (2001); *Töpfer, A. / Lindstädt, G. / Förster, K.* (2002); *Zdrowmyslaw, N. / Von Eckern, V. / Meißner, A.* (2003); *Lingnau, V. / Henseler, J. / Jonen, A.* (2004).]. Aus den empirischen Studien lassen sich auf folgende Problembereiche in der Umsetzung von Balanced Scorecards ableiten:

- Wie *Speckbacher u.a.* zeigen, wird die Balanced Scorecard **primär als Kennzahlensystem** und weniger, wie eigentlich von *Kaplan / Norton* gedacht, als Methode zur Strategieimplementierung bzw. als ganzheitliches Management-System genutzt.
- Die **Lern- und Entwicklungsperspektive** wird häufig **vernachlässigt**, obwohl sie als einzige Perspektive die Weiterentwicklung des Unternehmens betrachtet und damit Lernprozesse abbildet.
- Viele Unternehmen implementieren **keine Ursache-Wirkungs-Ketten**, die sog. Strategy Maps, obwohl gerade hierdurch der Zusammenhang zwischen strategischen Zielen und operativen Indikatoren dargestellt wird.
- Das **Herunterbrechen von Unternehmens-Balanced Scorecards** auf die Ebene von einzelnen Abteilungen, Teams oder Mitarbeiter wird vernachlässigt, wodurch die Identifikation mit den Unternehmensstrategien beschnitten wird.
- Die **Verknüpfung mit Planung, Budgetierung und Anreizsystemen** lässt in der praktischen Umsetzung zu wünschen übrig, obwohl diese Verknüpfungen gerade vom Konzept der Balanced Scorecard gefordert werden. Daher empfiehlt es sich ergänzend zum Layout der Balanced Scorecard auch ein Konzept zu deren Nutzung im Jahresablauf zu entwickeln.
- Die Balanced Scorecard wird häufig **neben existierende Systeme zum Qualitäts-, Umwelt- oder Risikomanagement** gestellt, ohne es zu verzahnen oder zu einem System zu integrieren.
- Es wird häufig nicht hinterfragt, wie das **Reporting** durch den Strategiebezug der Balanced Scorecard entschlackt bzw. neu gestaltet werden kann. Die Balanced Scorecard darf nicht als zusätzlicher Bericht neben das bisherige Reporting treten.
- **Maßnahmen** zur Umsetzung der strategischen Ziele und zur Erreichung der Zielwerte der Indikatoren fehlen manchmal gänzlich oder werden nicht oder nur lose mit den Indikatoren verknüpft.
- **Maßgrößen** sind exakt zu definieren. Neben Ergebnisgrößen sind bewusst Vorlaufgrößen und nicht finanzielle Indikatoren in die Leistungsmessung zu integrieren. Ferner ist darauf zu achten, dass die Kennzahlen plausibel und auch relevant für die Unternehmenssituation sind. Sofern immaterielle Ressourcen relevant für das Unternehmen sind, ist deren Abbildung über geeignete Indikatoren anzustreben.
- Mit **Zeitbedarf zwischen Datenerhebung und Verfügbarkeit** bzw. Auswertung ist zu rechnen.
- Durch den Prozess der Bildung einer Balanced Scorecard wird i. d. R. auch deutlich, ob die **Unternehmensstrategie** und die strategischen Ziele auch **stimmig und konsistent** sind.
- Wesentliche Voraussetzung für die Implementierung einer Balanced Scorecard sind die **Unterstützung des Managements** als Machtpromotor, eine ausgewogene Besetzung des Projektteams, der Einbezug und die Information der Mitarbeiter, die Erarbeitung eines gemeinsamen Begriffsverständnisses (z. B. Was verstehen wir unter „Kernkunde" ?), keine zu knappen Zeit- und Ressourcenvorgaben sowie eine ausreichende Kommunikation im Projektteam und zu anderen Abteilungen.
- Die Balanced Scorecard sollte als **kontinuierlicher Verbesserungsprozess** und nicht als einmaliges Projekt verstanden werden.
- In vielen Organisationen entstehen Widerstände gegen die Balanced Scorecard aus Furcht vor einer Änderung der Unternehmenskultur durch die **erhöhte Transparenz und Abrechenbarkeit**.

Diese lange Liste von empirisch gewonnen Erfahrungen mit der Implementierung und Nutzung der Balanced Scorecard sollte nicht entmutigen, sondern eher Anhaltspunkte für eine bessere Planung der Implementierung einer Balanced Scorecard liefern. Die Balanced Scorecard ist trotz aller inhaltlichen Restriktionen und genannten Schwächen der flexibelste und allgemeinste Ansatz, der zudem in den Unternehmen relativ einfach kommunizier- und vermittelbar erscheint. Die vergleichsweise hohe Verbreitung ist sicherlich auf die positive Aufnahme dieses Ansatzes in der Managementliteratur, nicht zuletzt wohl aber auch auf die geschickte und damit erfolgreiche Vermarktung durch *Kaplan* und *Norton* zurückzuführen.

8.3 Performance Measurement-Systeme und der Budgetierungsprozess

Insbesondere der Koppelung von Budgetierung und strategischem Planungs-Prozess ist in den letzten Jahren eine verstärkte Aufmerksamkeit gewidmet worden, da in vielen Unternehmen ein zunehmende Unzufriedenheit mit den Ergebnissen des gelebten Budgetierungsprozesses festzustellen ist. Die Kritikpunkte an der bisherigen Budgetierungspraxis lassen sich in folgenden Punkten zusammenfassen [vgl. hierzu insbesondere *Hope, J. / Fraser, R.* (1999), *Hope, J. / Fraser, R.* (2000) und *Hope, J. / Fraser, R.* (2001) sowie die Übersicht bei *Weber, J. / Linder, S.* (2003), S. 11ff.]:

- Die Neigung zur vollständigen Abbildung des Unternehmens in Budgets in Kombination mit einer grossen Detailliertheit führt zu (unverhältnismäßig) hohem Aufwand und kaum noch bewältigbarer Komplexität.
- In der Praxis dominiert eine vergangenheitsorientierte Fortschreibung von Budgets. Diese Praktik blockiert die eigentlich gebotene zukunftsorientierte Anpassung.
- Die Budgetierung ist nur unzureichend an der strategischen Planung ausgerichtet bzw. mit dieser verzahnt.
- Der vorherrschende Einjahres-Fokus fördert ein Kurzfristdenken und den „Jahres-End-Effekt", der die Manager anleitet, die Budgets zum Jahresende aufzubrauchen, um so einer Budgetkürzung im nächsten Planungszyklus zu entgehen.
- Die meist gebräuchliche Fremdkontrolle von Budgets durch Controller behindert die Erzielung von Lerneffekten bei den Budgetverantwortlichen selbst.
- Die Doppelfunktion der Budgetierung zum einen als Prognose zukünftiger Ergebnisse (**Prognosefunktion**) und zum anderen als Messlatte für Anreizsysteme (**Motivationsfunktion**), führt tendenziell zum Einbau von Puffern in der Planung. Dies birgt die Gefahr, dass auch die Ist-Werte manipuliert werden, wodurch beide Funktionen letztlich unterlaufen werden bzw. man ihnen nicht gerecht wird.

Auf Grund der genannten Problembereiche der Budgetierung wird in den Konzepten des „**Better Budgeting**" [vgl. *Downes, F.* (1996), S. 20ff. und *Leahy, T.* (2002)] bzw. des noch weitergehenden „Beyond Budgeting" eine stärkere Integration von Performance Measurement-Systemen gefordert. Z. B. liegen dem vom Consortium for Advanced Manufacturing

International (CAM-I) propagierten **„Beyond Budgeting"**-Ansatz folgende zwölf Prinzipien zu Grunde [vgl. *Fraser, R. / Hope, J.* (2001), S. 437ff. und *Hope, J. / Fraser, R.* (2003)]:

1. Stärkung gemeinsamer Werte und Self-Governance, um eine zu detaillierte Budgetierung zu vermeiden, die Reaktionsfähigkeit zu erhöhen und eine stärkere Dezentralisierung zu fördern.

2. Empowerment dezentraler Manager, um eine starke Hierarchisierung der Planung zu vermeiden und eine stärkere Selbstkontrolle zu unterstützen (Manager als Unternehmer im Unternehmen).

3. Dezentrale Ergebnisverantwortung direkt beim operativen Manager, um Motivation und Marktnähe zu steigern.

4. Statt einer klassischen (multi-)divisionalen Organisationsstruktur, Aufbau einer netzwerkartigen Organisationsstruktur, um eine große Flexibilität zu erreichen und um knappe Humanressourcen besser (gemeinsam) nutzen zu können.

5. Koordination über interne und externe Märkte anstatt über hierarchisch aufgestellte Budgets.

6. „Coaching" und „Challenging", um dezentrale Manager mit den erforderlichen Informations- und Früherkennungssystemen auszustatten und um diese durch Schulungen besser auf die Steuerungsaufgabe vorzubereiten.

7. Verwendung relativer anstatt absoluter Zielvorgaben, um sich relativ zum Wettbewerb oder zu Benchmarking-Partnern bewerten und positionieren zu können.

8. Anstatt eines einmaligen einjährigen Strategieentwicklungs- und umsetzungsprozesses erfolgt eine laufende, unterjährige, rollierende Anpassung und Weiterentwicklung i. S. eines Feedforward-Prozesses.

9. Durch eine rollierende Prognose und durch den Einzug von Früherkennungsinformationen wird eine aktuellere Anpassung an Umfeldveränderungen ermöglicht.

10. Keine feste Zuweisung von Sach- und Humanressourcen über Investitionsbewilligungen, sondern Steuerung durch Vorgabe von Kapitalkostensätzen bzw. Lohntarifsätzen und letztlich Entscheidungsverlagerung an den dezentralen Manager.

11. Übergang von der Fremdkontrolle zur Selbstkontrolle, um das dezentrale Management in die Lage zu versetzen, selbst optimale Entscheidungen treffen zu können.

12. Teambasierte Vergütung auf der Basis des relativen Erfolgs der Einheit, um die Koppelung von Prognose und Entgeltsystem im Rahmen der Budgetierung zu kappen.

Einige der genannten Prinzipien werden durch den Einsatz eines Performance Measurement-Systems begünstigt, wobei *Fraser/Hope* insbesondere auf die Balanced Scorecard hinweisen [vgl. *Fraser, R. / Hope, J.* (2001), S. 441]. U. E. werden insbesondere die Grundprinzipien 2., 3., 7., 9. und 11. durch Performance Measurement-Systeme begünstigt, da diese deutliche Parallelen zu den Forderungen des Beyond-Budgeting-Ansatzes aufweisen. Die Umsetzung in der Praxis beschränkt sich bisher jedoch auf einige Pilotfirmen, wie z. B. den schwedischen Finanzdienstleister *Svenska Handelsbanken AB* oder das dänische Chemieunternehmen *Borealis A/S*.

8.4   Weitere unterstützende Ansatzpunkte zur Strategie-Implementierung

Performance Measurement-Systeme greifen Schwächen in der Implementierung von Strategien auf und versuchen diese zu beseitigen. Die vorgestellten Ansätze inkorporieren in unterschiedlichem Umfang Elemente des strategischen und operativen Controlling, um den strategischen Management-Prozess effizienter und effektiver zu gestalten. Einige dieser Elemente, die eine Implementierung von Strategien unterstützen können, werden nachfolgend kurz bzgl. ihrer Schnittstellen mit dem strategischen Planungsprozess erläutert:

- **Methoden des Projektmanagements:** Wird Strategie als Weg zum Ziel verstanden, bietet es sich an, den Fortschritt auf diesem Weg zu kontrollieren. Hierzu werden im Rahmen des Projektmanagements verschiedenste Methoden wie z. B. Meilensteintrenddiagramme (auf der Basis von Kosten oder Zeit), die Zerlegung in Projektstrukturpläne, die Optimierung von Zeit- und Kostenverläufen mittels der Netzplantechnik oder Methoden des Projektcontrolling wie z. B. die integrierte Kosten- und Leistungsrechnung für Projekte (Earned Value-Konzept) genutzt [vgl. z. B. *Coenenberg, A. G.* (2003), S. 421ff.; *Madauss, B. J.* (2000)].

- **Strategische Budgetierung:** Performance Measurement-Systeme diskutieren bereits die Verknüpfung von Budgets und strategischen Zielen, ohne die Problematik direkt lösen zu können. Im Rahmen der strategischen Planung stellt sich das Problem der Allokation knapper Ressourcen in vielfältiger Weise. Die Portfolio-Technik versucht Prioritäten bezüglich der Ressourcenzuweisung auf Produkte, Technologien oder Kernkompetenzen zu setzen. Werden unabhängig von der Anbindung an operative Bereiche Budgets zur Erreichung von Zielen vereinbart, liegen sog. **strategische Budgets** vor [vgl. *Lehmann, F. O.* (1991), S. 319ff.]. Diese Problematik stellt sich insbesondere für das weite Feld von Non-Profit-Organisationen (NPO)-Bereichen. Sowohl für öffentliche Einrichtungen als auch für privatwirtschaftliche Unternehmen kann auf die bereits seit Jahrzehnten bekannte Technik des **Zero Base Budgeting** zurückgegriffen werden, das bewusst die Koppelung von Leistungsumfang und Budget über sog. Leistungspakete vorsieht [vgl. *Pyhrr, P. A.* (1970), S. 111ff. und *Meyer-Piening, A.* (1990)].

- **Einbindung in das Berichtswesen:** Damit entworfene Strategien in ihrer Umsetzung gesteuert werden können, sind strategische Zielsetzungen und ihre Erreichung in das interne und externe Berichtswesen des Unternehmens einzubetten. Auch hier bieten Performance Measurement-Systeme zumindest für das interne Reporting Unterstützung an, da ihre Kennzahlen die Grundlagen für eine Berichterstattung über den Grad der strategischen Zielerreichung bieten können. Bezüglich der externen Berichterstattung werden Forderungen nach einem **Strategic Advantage Reporting** erhoben [vgl. z. B. *Müller, M.* (1998), S. 125, *Fischer, T.* (2002), S. 162 und *AK Externe Unternehmensrechnung* (2002), S. 2338.]. Die praktische Bestandsaufnahme ist bisher jedoch sehr ernüchternd [vgl. z. B. die Studien von *Fischer, T.* (2002), *Ruhwedel, F. / Schultze, W.* (2002), S. 602ff.; *Fischer, T. / Rödl, K.* (2003); *Günther, T. / Beyer, D. / Menninger, J.* (2003) und *Fischer, T.* (2004)].

- **Verknüpfung mit anderen Management-Systemen:** Neben den erwähnten Performance Measurement-Systemen existieren eine Reihe weiterer auf spezielle Belange ausgerichtete Management-Systeme, die stets eine Schnittstelle zur strategischen Planung und Kontrolle aufweisen. Risikomanagementsysteme, die initiert durch das KonTraG in starkem Umfang aufgebaut wurden, sollen speziell das inhärente Risiko eines Unternehmens bewerten und steuern [vgl. z. B. *Hoitsch, H.-J. / Winter, P. / Baumann, N.* (2006), S. 69ff.; *Georgi, A.* (2007), S. 7ff.; *Kajüter, P. / Winkler, C.* (2004), S. 249ff.]. Quality Management-Systeme widmen sich der Steuerung der Qualität des Unternehmens, während Umweltmanagement-Systeme die Umweltleistung des Unternehmens zum Gegenstand haben. Die Verfolgung und Integration der genannten speziellen Management-Systeme unterstützt daher auch die generelle Implementierung von strategischen Zielen im Unternehmen.

- **Anreizsysteme:** Letztlich bedarf es aber auch der adäquaten Ausgestaltung eines strategisch ausgerichteten Anreizsystems, um langfristige strategische Ziele erfolgreich implementieren zu können. Es stellt sich die Frage, wie monetäre und nicht monetäre Anreize für das Management auszugestalten sind, damit keine kurzfristige Optimierung, sondern eine ausgewogene Berücksichtigung aller zeitlichen Zieldimensionen erfolgt. Es gilt, gerade auch die Erreichung gesetzter strategischer Ziele im Anreizsystem deutlich sichtbar zu machen [vgl. z. B. *Becker, F.G.* (1990), *Gedenk, K.* (1994), *Wälchli, A.* (1995)]. In den letzten Jahren sind strategische Anreizsysteme insbesondere mit der unternehmenswertorientierten Steuerung verknüpft worden [vgl. hierzu z. B. *Winter, S.* (1999), *Simons, D.* (2002); *Plaschke, F. J.* (2003) und AK Wertorientierte Führung in mittelständischen Unternehmen (2006).]. Prinzipiell gibt es dabei die Möglichkeit die langfristige strategische Orientierung des Managements über langfristige Stock option-Programme oder Programme auf der Basis verwandter aktien- oder optionsähnlicher Konstrukte oder andererseits über Bonusbank-Modelle zu gestalten. Da die adäquate Gestaltung von Anreizsystemen eine Fülle zusätzlicher Parameter aufwirft, sei hier nur auf deren Notwendigkeit hingewiesen.

Literaturverzeichnis

Abell, D. F. / Hammond, J. S. (1979): Strategic Market Planning – Problems and Analytical Approaches, Englewood Cliffs 1979.

Abell, D. F. (1978): Strategic Windows, in: Journal of Marketing, 42. Jg., 1978, Heft 7, S. 21-27.

Abell, D. F. (1980): Defining the Business: The Starting Point of Strategic Planning, Englewood Cliffs 1980.

Aguilar, F. (1967): Scanning the Business Environment, New York 1967.

AK „Externe Unternehmensrechnung" der Schmalenbach-Gesellschaft für Betriebswirtschaft e. V. (2002): Grundsätze für das Value Reporting, in: Der Betrieb, 55. Jg., Heft 45, 2002, S. 2337-2340.

AK „Immaterielle Werte im Rechnungswesen" der Schmalenbach-Gesellschaft für Betriebswirtschaft e. V. (2003): Freiwillige externe Berichterstattung über immaterielle Werte, In: Der Betrieb, 56. Jg. (2003), H. 23, S. 1233-1237.

AK „Wertorientierte Führung in mittelständischen Unternehmen" der Schmalenbach-Gesellschaft für Betriebswirtschaft e. V. (2003): Wert(e)orientierte Führung in mittelständischen Unternehmen, in: Finanzbetrieb, 5. Jg., Heft 9, 2003, S. 525-533.

AK „Wertorientierte Führung in mittelständischen Unternehmen" der Schmalenbach-Gesellschaft für Betriebswirtschaft e. V. (2004): Möglichkeiten zur Ermittlung periodiger Erfolgsgrößen in Kompatibilität zum Unternehmenswert, in: Finanzbetrieb, 6. Jg., Heft 4, 2004, S. 241-253.

AK „Wertorientierte Führung in mittelständischen Unternehmen" der Schmalenbach-Gesellschaft für Betriebswirtschaft e. V. (2006): Gestaltung wertorientierter Vergütungssysteme für mittelständische Unternehmen, in: Betriebsberater, 61. Jg., Heft 38, 2006, S. 2066-2076.

Akao, Y. (1992): QFD – Quality Function Deployment, übersetzt aus dem Amerikanischen von G. Liesegang, Landsberg a. L. 1992.

Albach, H. (1979): Strategische Unternehmensplanung bei erhöhter Unsicherheit, in: Zeitschrift für Betriebswirtschaft, 48. Jg., 1979, Heft 8, S. 702-715.

Albach, H. (1986): Innovation und Imitation als Produktionsfaktoren, in: Bombach, G. / Gahlen, G. / Ott, A. E. (Hrsg.): Technologischer Wandel – Analyse und Fakten, Tübingen 1986, S. 47-63.

Alwert, K. (2006): Wissensbilanzen für mittelständische Organisationen, Diss., Berlin 2006.

Amelung, J. (2004): Next Generation OLED-Displays, Fraunhofer-Institut für Photonische Mikrosysteme, Dresden.

Amit, R. / Shoemaker, P. J. H. (1993): Strategic Assets and Organizational Rent, in: Strategic Management Journal, 14. Jg., 1993, Heft 1, S. 33-46.

Andrews, K. R. (1971): Concept of Strategy, Homewood (Illinois) 1971.

Ansoff, H. I. (1965): Corporate Strategy, London 1965.

Ansoff, H. I. (1976): Managing Surprise and Discontinuity – Strategic Response to Weak Signals, in: Zeitschrift für betriebswirtschaftliche Forschung, 28. Jg., 1976, Heft 3, S. 129-152.

Ansoff, H. I. (1979): Strategic Management, London 1979.

Ansoff, H. I. / Kirsch, W. / Roventa, P. (1981): Unschärfepositionierung in der strategischen Portfolio-Analyse, in: Zeitschrift für Betriebswirtschaft, 51. Jg., 1981, Heft 10, S. 963-988.

Aue-Uhlhausen, H. (1994): Zeitverbrauchscontrolling für die Auftragsabwicklung, in: Zeitschrift für wirtschaftliche Fertigung und Automatisierung, 89. Jg., 1994, Heft 1-2, S. 61-63.

Austrian Research Center (2000) (Hrsg.): Intellectual Capital Report 1999, Seibersdorf 2000.

Backhaus, K. / Voeth, M. (2007): Investitionsgüter-Marketing, 8., vollständig neu bearbeitete Aufl., München 2007.

Backhaus, K. / Gruner, K. (1994): Epidemie des Zeitwettbewerbs, in: Backhaus, K. / Bonus, H. (Hrsg.): Die Beschleunigungsfalle oder der Triumph der Schildkröte, Stuttgart 1994, S. 19-46.

Back-Hock, A. (1988): Lebenszyklusorientiertes Produktcontrolling: Ansätze zur computergestützten Realisierung mit einer Rechungswesen-Daten- und Methodenbank, Diss., Erlangen-Nürnberg 1988.

Back-Hock, A. (1992): Produktlebenszyklusorientierte Ergebnisrechnung, in: Männel, W. (Hrsg.): Handbuch Kostenrechnung, Wiesbaden 1992, S. 703-714.

Bamberg, G. / Coenenberg, A. G. (2006): Betriebswirtschaftliche Entscheidungslehre, 13. Aufl., München 2006.

Banaschek, J. (1995): Die Zeit als treibende Kraft für die Steigerung der Produktivität, in: Business Process Reengineering, Strategien zur Produktivitätssteigerung, Konzepte und praktische Erfahrungen, Zeitschrift für Betriebswirtschaft-Ergänzungsheft 2, 1995, S. 13-23.

Bao, B. H. / Bao, D. H. (1998): Usefulness of Value Added and Abnormal Economic Earnings: An Empirical Examination, in: Journal of Business Finance & Accounting, Vol. 25, No. 1 / 2, S. 251-264.

Barney, J. B. (1986): Strategic Factor Markets: Expectations, Luck and Business Strategy, in: Management Science, 32. Jg., 1986, S. 1231-1241.

Bea, F. X. / Haas, J. (2005): Strategisches Management, 4. Aufl., Stuttgart 2005.

Becker, F. G. (1990): Anreizsysteme für Führungskräfte: Möglichkeiten zur strategisch-orientierten Steuerung des Managements, Stuttgart 1990.

Becker, M. / Müller, R. (1986): Erfahrungen mit PIMS aus der Sicht eines Anwenders, in: Strategische Planung, Band 2, 1986, S. 245-267.

Berger, R. / Hirschbach, O. (1993): Time-Cost-Quality-Leadership, in: Seghezzi, H. D. / Hansen, J. R. (Hrsg.): Qualitätsstrategien – Anforderungen an das Management der Zukunft, München 1993, S. 129-147.

Berliner, C. / Brimson, J. A. (1988): Cost Management for Today's Advanced Manufacturing; The CAM-I Conceptual Design, Boston 1988.

Berndt, E. R. / Bui, L. / Reiley, D. / Urban, G. L. (1995): Information, Marketing, and Pricing in the U.S. Antiulcer Drug Market, in: American Economic Review, Vol. 85, Nr. 2, S. 100-105.

Bharadwaj, S. G. / Menon, A. (1993): Determinants of Success in Service Industries – a PIMS-Based Empirical Investigation, in: Journal of Service Marketing, Vol. 7, No. 4, 1993, S. 19-40.

Biberacher, J. (2003): Synergiemanagement und Synergiecontrolling, Diss., München 2003.

Biddle, G. C. / Bowen, R. M. / Wallace, J. S. (1997): Does EVA beat earnings? Evidence on association with stock returns and firm values, in: Journal of Accounting and Economics, Vol. 24, No. 3, S. 301-336.

Billerbeck, H. (2003): Der Zeitfaktor im Innovationsmanagement, Kritische Würdigung des Zeitfallentheorems und die daraus resultierende Dominanz von First-Strategien, Göttingen 2003.

Bitzer, M. R. (1991): Zeitbasierte Wettbewerbsstrategien – Die Beschleunigung von Wertschöpfungsprozessen in der Unternehmung, Diss., Gießen 1991.

Black, F. / Scholes, M. (1973): The Pricing of Options and Corporate Liabilities, in: Journal of Political Economy, 81. Jg., 1973, Heft 3, S. 637-654.

Blackburn, J. D. (1990): The Time Factor, in: National Productivity Review, 9. Jg., 1990, Heft 4, S. 395-408.

Blackburn, J. D. (1992): Time-Based Competition: White-Collar Activities, in: Business Horizons, 35. Jg., 1992, Heft 4, S. 96-101.

Blanchard, B. S. (1978): Design and Manage to Life Cycle Cost, Portland (Oregon) 1978.

Bleicher, K. (1989): Chancen für Europas Zukunft, Führung als internationaler Wettbewerbsfaktor, Wiesbaden 1989.

Boos, F. / Jarmai, H. (1994): Kernkompetenzen – gesucht und gefunden, in: Harvard Business Manager, 2. Jg., 1994, Heft 4, S. 19-26.

Boulding, W. / Christen, M. (2003): Sustainable Pioneering Advantage? Profit Implications of Market Entry Order, in: Marketing Science, Vol. 22, No. 3, S. 371-392.

Bower, J. L. / Hout, T. M. (1989): So sind Sie schneller als die Konkurrenz, in: Harvard Manager, 11. Jg., 1989, Heft 3, S. 68-77.

Bowman, D. / Gatignon, H. (1996): Order of Entry as a Moderator of the Effect of the Marketing Mix on Market Share, in: Marketing Science, Vol. 15, No. 3, S. 222-242.

Brabänder, E. / Hilcher, I. (2001): Balanced Scorecard, Stand der Umsetzung – Ergebnisse einer empirischen Studie, in: Controller Magazin, 26. Jg., Heft 3, 2001, S. 252-260.

Brealey, R. A. / Myers, S. C. / Allen, F. (2003): Corporate Finance, 8. Auflage, New York u. a. 2006.

Brockhoff, K. (1992): Instruments for patent data analyses in business firms, in: Technovation, Vol. 12, 1992, S. 41-58.

Brown, C. L. / Lattin, J. M. (1994): Investigating the Relationship Between Time in Market and Pioneering Advantage, in: Management Science, Vol. 40, No. 10, S. 1361-1369.

Brown, D. M. / Laverick, S. (1994): Measuring Corporate Performance, in: Long Range Planning, Vol. 27, No. 4, 1994, S. 89-98.

Brown, K. K. (1995): Strategic Performance Measurements, in: CPA Journal, Vol. 65, No. 10, 1995, S. 65.

Bühner, R. (1990): Das Management-Wert-Konzept, Strategien zur Schaffung von mehr Wert im Unternehmen, Stuttgart 1990.

Bühner, R. (1993): Shareholder Value, in: Die Betriebswirtschaft, 53. Jg., 1993, Heft 6, S. 749-769.

Bühner, R. (1994): Mehr Schlagkraft im Controlling und höhere Ergebnisse – Shareholder-Value-Management: Unternehmensführung am Kapitalmarkt ausrichten, in: Blick durch die Wirtschaft, 37. Jg., 18.01.1994, Nr. 12, S. 7.

Bullinger, H.-J. (1990): F&E heute, Industrielle Forschung und Entwicklung in der Bundesrepublik Deutschland, München 1990.

Bullinger, H.-J. / Kugel, R. / Ohlhausen, P. / Stanke, A. (1995): Integrierte Produktentwicklung, Wiesbaden 1995.

Bullinger, H.-J. / Wasserloos, G. (1990): Reduzierung der Produktentwicklungszeiten durch Simultaneous Engineering, in: CIM Management, 7. Jg., 1990, Heft 6, S. 4-12.

Burstein, M. C. (1988): Life Cycle Costing, in: National Association of Accountants Conference Proceedings (Hrsg.): Cost Accounting for the '90s: Responding to Technological Change, Montvale (New Jersey) 1988, S. 257-272.

Buzzell, R. D. (1978): Product Quality, PIMS-Letter Nr. 4, The Strategic Planning Institute, Cambridge (Mass.) 1978.

Buzzell, R. D. / Gale, B. T. (1987): The PIMS Principles – Linking Strategy to Performance, New York / London 1987.

Buzzell, R. D. / Gale, B. T. (1989): Das PIMS-Programm: Strategien und Unternehmenserfolg, Wiesbaden 1989.

Caesar, G. I. (1988): De bello Gallico, übersetzt und hrsg. von Marieluise Deissmann, Stuttgart 1988.

Campbell, A. / Goold, M. (1992): Building Core Skills, unveröffentlichtes Arbeitspapier, Ashridge Strategic Management Centre 1992.

Cates, D. C. (1997): Performance Measurement: Welcome to the Revolution, in: Banking Strategies, Vol. 73, No. 3, 1997, S. 51-56.

Chandler, A. D. (1962): Strategy and Structure – Chapters in the History of the American Industrial Enterprise, Cambridge (Mass.) / London 1962.

Chen, S. / Dodd, J. L. (2001): Operating Income, Residual Income And EVA(TM): Which Metric Is More Relevant?, in: Journal of Managerial Issues, Vol. 13, No. 1, S. 65-86.

Chow, C. W. u. a. (1997): Applying the Balanced Scorecard to Small Companies, in: Management Accounting, Vol. 79, No. 2, 1997, S. 21-27.

Clarke, R. G. / Wilson, B. / Daines, R. H. / Nadauld, S. D. (1988): Strategic Financial Management, Homewood (Illinois) 1988.

Clifford, D. K. / Bridgewater, B. A., Jr. / Hardy, T. (1975): The Game Has Changed, in: The McKinsey Quarterly, Herbst 1975, S. 2-21.

Clifford, D. K. / Cavanagh, R. E. (1985): The Winning Performance – How America's High-Growth Midsize Companies Succeed, Toronto u. a. 1985.

Coenenberg, A. G. (1993): Rechnungswesen und Unternehmensrechnung, in: Wittmann, W. u. a. (Hrsg.): Handwörterbuch der Betriebswirtschaft, 5. Auflage, Teilband 3, Stuttgart 1993, Sp. 3677-3696.

Coenenberg, A. G. (1997): Billiger oder besser – Was macht Unternehmen erfolgreich?, in: Die Betriebswirtschaft, 57. Jg., 1997, Heft 3, S. 301-303.

Coenenberg, A. G. (2003): Kostenrechnung und Kostenanalyse, 5. Auflage, Stuttgart 2003.

Coenenberg, A. G. (2005): Jahresabschluss und Jahresabschlussanalyse, 20. Auflage, Stuttgart 2005.

Coenenberg, A. G. / Salfeld, R. (2003): Wertorientierte Unternehmensführung: Vom Strategieentwurf zur Implementierung, Stuttgart 2003.

Coenenberg, A. G. / Baum, H.-G. (1984): Strategisches Controlling, DFG-Abschlussbericht, Augsburg 1984, in: DBW-Depot 1986, Nr. 86-1-6.

Coenenberg, A. G. / Fischer, T. M. / Schmitz, J. (1994): Target Costing und Life Cycle Costing als Instrumente des Kostenmanagement, in: Zeitschrift für Planung, 5. Jg., 1994, Heft 1, S. 1-38.

Condom, P. (1987): Was wünscht sich der Passagier?, in: INTERAVIA, 35. Jg., 1987, Heft 11, S. 1177-1179.

Cooper, R. G. (1984): New Product Strategies: What Distinguishes the Top Performers?, in: Journal of Product Innovation Management, Vol. 1, No. 2, 1984, S. 151-164.

Copeland, T. / Koller, T. / Murrin, J. (1991): Valuation: Measuring and Managing the Value of Companies, New York u. a. 1991.

Copeland, T. / Koller, T. / Murrin, J. (1994): Valuation – Measuring and Managing the Value of Companies, 2. Auflage, New York u. a. 1994.

Cross, K. F. (1988): Wang Scores "EPIC" Success with Circuit Board Assembly Redesign, in: Industrial Engineering, Vol. 20, No. 1, 1988, S. 52-56.

Cross, K. F. / Lynch, R. L. (1988): The "SMART" Way to Define and Sustain Success, in: National Productivity Review, Vol. 8, No. l, 1988/89, S. 23-33.

Cyert, R. M. / March, J. S. (1963): A Behavioral Theory of the Firm, Prentice Hall 1963.

D'Aveni, R. A. (1995): Hyperwettbewerb: Strategien für die neue Dynamik der Märkte, Frankfurt a. M. / New York 1995.

David, F. R. (1986): Fundamentals of Strategic Management, Columbus (Ohio) 1986.

Davous, P. / Deas, J. (1976): Design of a Consulting Intervention for Strategic Management, in: Ansoff, H. I. / Declerck, R. P. / Hayes, R. L. (Hrsg.): From Strategic Planning to Strategic Management, London 1976.

Deutsch, C. (1995): In der Falle, in: Wirtschaftswoche, 49. Jg., 1995, Heft 23, S. 83-86.

Dhalla, N. K. / Yuspeh, S. (1976): Forget the PLC, in: Harvard Business Review, 54. Jg., 1976, Heft 1, S. 102-112.

Dickson, P. R. (1983): Distributor Portfolio Analysis and the Channel Dependence Matrix: New Techniques for Understanding and Managing the Channel, in: Journal of Marketing, 47. Jg., 1983, Heft 2, S. 35-44.

Dierickx, I. / Cool, K. (1989): Asset Stock Accumulation and Sustainability of Competitive Advantage, in: Management Science, 35. Jg., 1989, S. 1504-1510.

Dinstuhl, V. (2002): Discounted-Cash-flow-Methoden im Halbeinkünfteverfahren, in: Finanz Betrieb, 4. Jg., 2002, Heft 2, S. 79-90.

Dirrigl, H. (1994): Anwendungsbereiche und Grenzen einer strategischen Unternehmensbewertung, in: Betriebswirtschaftliche Forschung und Praxis, 46. Jg., 1994, Heft 5, S. 409-432.

Dörner, D. (1981): Über die Schwierigkeiten menschlichen Umgangs mit Komplexität, in: Psychologische Rundschau, 32. Jg., 1981, Heft 7, S. 163-179.

Dörner, D. / Kreuzig, H. W. / Reither, F. / Stäudel, T. / Lohhausen, T. (1983): Vom Umgang mit Unbestimmtheit und Komplexität, Bern 1983.

Dosi, G. / Teece, D. J. (1993): Organizational Competencies and the Boundaries of the Firm, Working Paper No. 93-11, University of California at Berkeley, Berkeley 1993.

Downes, J. (1996): Reinventing the Budget Process, in: Controller Magazine, September 1996, S. 20-24.

Doz, Y. (1994): Managing Core Competency for Corporate Renewal: Towards a Managerial Theory of Core Competencies, Working Paper No. 94/23/SM, INSEAD, Fontainebleau 1994.

Dreher, C. / Eggers, T. / Kinkel, S. / Maloca, S. (2006): Gesamtwirtschaftlicher Innovationswettbewerb und betriebliche Innovationsfähigkeit, in: Bullinger, H.-J. (Hrsg.): Fokus Innovation – Kräfte bündeln, Prozesse beschleunigen, München/Wien 2006, S. 1-28.

Drukarczyk, J. / Schüler, A.. (2007): Unternehmensbewertung, 5. Aufl., München 2007.

Dumaine, B. (1989): How Managers Can Succeed Through Speed, in: Fortune, 13. Februar 1989, S. 30-35.

Dycke, A. / Schulte, C. (1991): Industriekostenkurve, in: Die Betriebswirtschaft, 51. Jg., 1991, Heft 3, S. 380-382.

Dyckhoff, H. / Ahn, H. (2001): Sicherstellung der Effektivität und Effizienz der Führung als Kernfunktion des Controlling, in: Kostenrechnungspraxis, 45. Jg., Heft 2, 2001, S. 111-121.

Easton, G. S. / Jarrell, S. L. (1998): The Effects of Total Quality Management on Corporate Performance: An Empirical Investigation, in: Journal of Business, Vol. 71, No. 2, 1998, S. 253-307.

Edvinsson, L. / Malone, M. S. (1997): Intellectual Capital: Realizing Your Company's True Value By Finding Its Hidden Brainpower, New York 1997.

Eick, K. G. (1982): Segmentierung von Geschäftsfeldern und Geschäftseinheiten, Diss., Augsburg 1982.

Eidenmüller, B. (1986): Neue Planungs- und Steuerungskonzepte bei flexibler Serienfertigung, in: Zeitschrift für betriebswirtschaftliche Forschung, 38. Jg., 1986, Heft 7 / 8, S. 618-634.

Ellinger, T. (1973): Durchlaufzeit, in: Grochla, E. (Hrsg.): Handwörterbuch der Organisation, Stuttgart 1973, Sp. 459-466.

Epstein, M. J. / Manzoni, J.-F. (1997): The Balanced Scorecard and Tableau de Bord, Translating Strategy into Action, in: Management Accounting, Vol. 79, No. 8, 1997, S. 28-36.

Ernst, H. (1998): Patent portfolios for strategic R&D planning, in: Journal of Engineering and Technology Management, Vol. 15, 1998, S. 279-308.

Ernst, H. (1999): Evaluation of dynamic technological developments by means of patent data, in: Brockhoff, K. / Chakrabarti, A. K. / Hauschildt, J. (Hrsg.): The Dynamics of Innovation: Strategic and Managerial Implications, Berlin 1999, S. 107-132.

Ernst, H. / Soll, J. H. (2003): An integrated portfolio approach to support market-oriented R&D planning, in: International Journal of Technology Management, Vol. 26, No. 5/6, 2003, S. 540-560.

European Foundation of Quality Management (EFQM) (2007): Introducing Excellence, URL: http: //www.efqm.org/uploads/introducing%20german.pdf, Download: 15. Mai 2007, Brüssel 2007.

Faix, A. (2001): Die Patentportfolio-Analyse – Methodische Konzeption und Anwendung im Rahmen der strategischen Patentpolitik, in: Zeitschrift für Planung, 12. Jg., 2001, S. 141-157.

Feeser, H. R. / Willard, G. E. (1990): Founding Strategy and Performance: A Comparison of High and Low Growth High Tech Firms, in: Strategic Management Journal, Vol. 11, 1990, S. 87-98.

Feltham, G. D. / Isaac, G. E. / Mbagwu, C. / Vaidyanathan, G. (2004): Perhaps EVA Does Beat Earnings – Revisiting Previous Evidence, in: Journal of Applied Corporate Finance, Vol. 16, No. 1, S. 83-88.

Fischer, M. / Shankar, V. / Clement, M. (2005): Can a Late Mover Use International Market Entry Strategy to Challenge the Pioneer? MSI Report No. 05-118, Marketing Science Institute, Cambridge, Mass. 2005.

Fischer, T. M. (1993): Die Wertzuwachskurve als Instrument der Produktkostenplanung, in: Wirtschaftswissenschaftliches Studium, 22. Jg., 1993, Heft 7, S. 367-370.

Fischer, T. M. (2002): Wertorientierte Kennzahlen und Publizität der DAX30-Unternehmen, in: Controlling, 14. Jg., Heft 3, 2002, S. 161-168.

Fischer, T. M. (2004): Publizität von Werttreibern im Value Reporting – Ergebnisse einer empirischen Studie, in: Controlling, 16. Jg., Heft 6, 2004, S. 305-314.

Fischer, T. M. / Klöpfer, E. (2006): Entwicklung und Perspektiven des Value Reporting, in: Zeitschrift für Controlling & Management, Sonderheft 3, 2006, S. 4-14.

Fischer, T. M. / Rödl, K. (2003): Strategische und wertorientierte Managementkonzepte in der Unternehmenspublizität – Analyse der DAX 30-Geschäftsberichte in einer unternehmenskulturellen Perspektive, in: Kapitalmarktorientierte Rechnunglegung, 3. Jg., Heft 10, 2003, S. 424-432.

Fischer, T. M. / Schmitz, J. (1994a): Ansätze zur Messung von kontinuierlichen Prozeßverbesserungen – Aufbau und Anwendung des Half-Life Konzeptes im Unternehmen, in: Controlling, 6. Jg., 1994, Heft 4, S. 196-203.

Fischer, T. M. / Schmitz, J. (1994b): Marktorientierte Kosten- und Qualitätsziele gleichzeitig erreichen, in: io Management Zeitschrift, 63. Jg., 1994, Heft 10, S. 63-68.

Fitzgerald, L. / Johnston, R. / Brignall, S. / Silvestro, R. / Voss, C. (1991): Performance Measurement in Service Business, Cambridge 1991.

Flaherty, M. T. (1983): Market Share, Technology Leadership, and Competition in International Semiconductor Markets, in: Rosenbloom, R. S. (Hrsg.): Research on Technological Innovation, Management and Policy, Greenwich 1983, S. 69-102.

Fraser, J. / Hope, J. (2001): Beyond Budgeting, in: Controlling, 13. Jg., 2001, S. 437-442.

Freeman, C. (1982): The Economics of Industrial Innovation, 2. Aufl., London 1982.

Freeman, R. E. (1984): Strategic Management: A Stakeholder Approach, Boston (Mass.) 1984.

Friedag, H. R. / Schmidt, W. (1999): Balanced Scorecard, Freiburg 1999.

Friedrich, S. A. / Hinterhuber, H. H. (1995): Führung um Kernkompetenzen: Gewinnen im Wettbewerb der Zukunft, in: Gablers Magazin, 9. Jg., 1995, Heft 3, S. 37-41.

Frigo, M. L. / Krumwiede, K. R. (1999): Balanced scorecards, A rising trend in strategic performance measurement, in: Journal of Strategic Performance Measurement, Vol. 3, No. 1, 1999, S. 42-48.

Fruhan, W. E. (1979): Financial Strategy – Studies in the creation, transfer, and destruction of shareholder value, Homewood (Illinois) 1979.

Fruhan, W. E. (1988): Corporate Raiders: Head'em Off at Value Gap, in: Harvard Business Review, 66. Jg., 1988, Heft 4, S. 63-68.

Funk, J. (1998): Mannesmann im Trend globaler Märkte und internationaler Arbeitsteilung – Internationalisierungsstrategien und strategiekonforme kaufmännische Führungsinstrumente, in: Zeitschrift für betriebswirtschaftliche Forschung, 50. Jg., 1998, Heft 2, S. 183-196.

Gale, B. T. / Klavans, R. (1984): Formulating a Quality Improvement Strategy, in: PIMS-Letter Nr. 31, The Strategic Planning Institute, Cambridge (Mass.) 1984.

Gälweiler, A. (1974): Unternehmensplanung, Grundlagen und Praxis, Frankfurt a. M. / New York 1974.

Gälweiler, A. (1981): Zur Kontrolle strategischer Pläne, in: Steinmann, H. (Hrsg.): Planung und Kontrolle, München 1981, S. 84-101.

Garg, A. / Gosh, D. / Hudick, J. / Nowacki, C. (2003): Roles and Practice in Management Accounting Today, Results from IMA and Ernst & Yourng Study, in: Strategic Finance, Vol. 85, No. 1, 2003, S. 30-35.

Garvin, D. A. (1991): How the Baldridge Award Really Works, in: Harvard Business Review, Vol. 69, No. 6, 1991, S. 80-93.

Gedenk, K. (1994): Strategie-orientierte Steuerung von Geschäftsführern, Wiesbaden 1994.

Gemünden, H. G. (1993): Zeit – Strategischer Erfolgsfaktor in Innovationsprozessen, in: Domsch, M. / Sabisch, H. / Siemers, S. H. A. (Hrsg.): F&E-Management, Stuttgart 1993, S. 67-118.

Georgi, A. (2007): Notwendigkeit und Instrumente eines ganzheitlichen Risikomanagements für Mittelständische Unternehmen, in: Zeitschrift für Betriebswirtschaft, 77. Jg., Heft 1, 2007, S. 7-18.

Gerlach, H. / Bobenhausen, F. (1986): Durchlaufzeit-Analyse bei Einzel- und Kleinserien-Fertigung, in: Fortschrittliche Betriebsführung und Industrial Engineering, 35. Jg., 1986, Heft 2, S. 83-87.

Geschka, H. / Hammer, R. (1997): Die Szenario-Technik in der strategischen Unternehmensplanung, in: Hahn, D. / Taylor, B. (Hrsg.): Strategische Unternehmensführung – Strategische Unternehmensplanung: Stand und Entwicklungstendenzen, 7. Auflage, Heidelberg 1997.

Gilbert, X. / Strebel, P. J. (1987): Outpacing-Strategies, in: Journal of Business Strategy, Sommer 1987, S. 28-36.

Glatz, H. (1992): Zeit und Management – Auf dem Weg zu einem neuen Zeitverständnis, in: Kautschuk + Gummi · Kunststoffe, 45. Jg. 1992, Heft 3, S. 232-235.

Gleich, R. (2001): Das System des Performance Measurement, Theoretisches Grundkonzept, Entwicklungs- und Anwendungsstand, Habil., München 2001.

Global Reporting InitiativeTM (2002): Sustainability Reporting Guidelines, Online im Internet, URL: http://www.globalreporting.org/ReportingFramework/G3Online/, Abfrage 06.05.2007, 2002.

Gminder, C. U. / Bieker, T. / Dyllick, T. / Hockerts, K. (2002): Nachhaltigkeitsstrategien umsetzen mit einer Sustainability Balanced Scorecard, in: Schaltegger, S. / Dyllick, T. (Hrsg.): Nachhaltig managen mit der Balanced Scorecard, Wiesbaden 2002.

Goldratt, E. (1990): The Theory of Constraints, New York 1990.

Gomez, P. (1993): Wertmanagement – Vernetzte Strategien für Unternehmen im Wandel, Düsseldorf u. a. 1993.

Gomez, P. / Probst, G. J. B. (1991): Vernetztes Denken für die strategische Führung eines Zeitschriftenverlages, in: Probst, G. J. B. / Gomez, P. (Hrsg.): Vernetztes Denken – Ganzheitliches Führen in der Praxis, 2. Auflage, Wiesbaden 1991, S. 23-39.

Gomez, P. / Weber, B. (1989): Akquisitionsstrategie – Wertsteigerung durch Übernahme von Unternehmungen, Stuttgart / Zürich 1989.

Gorecki, P. K. (1986): The Importance of Being First. The Case of Prescription Drugs in Canada, in: Journal of Industrial Organization, S. 371-395.

Grant, R. M. (1991): The Resource-Based Theory of Competitive Advantage: Implications for Strategy Formulation, in: California Management Review, 33. Jg., Frühjahr 1991, S. 114-135.

Gruhler, W. (1991): Die Zeit als zunehmend knapper und strategischer Erfolgsfaktor, in: Oppenländer, K. H. (Hrsg.): Beschäftigungsfolgen moderner Technologien, Berlin 1991, S. 121-130.

Grüning, M. (2002): Performance-Measurement-Systeme, Messung und Steuerung von Unternehmensleistung, Diss., Wiesbaden 2002.

Guenther, R. (1988): Citicorp Shakes Up the Mortgage Market, in: Wall Street Journal, 13. November 1988, S. B1.

Günther, E. (1994): Ökologieorientiertes Controlling, München 1994.

Günther, E. / Günther, T. (2003): Zur adäquaten Berücksichtigung von immateriellen und ökologischen Ressourcen im Rechnungswesen, in: Controlling, 15. Jg., Heft 3/4, 2003, S. 191-199.

Günther, E. / Kaulich, S. / Scheibe, L. (2003): Der EPM-KOMPAS: ein Controllinginstrument zur strategischen umweltorientierten Steuerung in kleinen und mittelständischen Unternehmen, in: Umweltwirtschaftsforum, 11. Jg., Heft 2, S. 44-49.

Günther, T. (1991): Erfolg durch strategisches Controlling? Eine empirische Studie zum Stand des strategischen Controlling in deutschen Unternehmen und dessen Beitrag zu Unternehmenserfolg und -risiko, Diss., München 1991.

Günther, T. (1997a): Unternehmenswertorientiertes Controlling, München 1997.

Günther, T. (1997b): Neuentwicklungen der Kostenrechnung – eine Antwort auf geänderte Fragestellungen, in: Freidank, C.-C. / Götze, U. / Huch, B. / Weber, J. (Hrsg.): Kostenmanagement – Aktuelle Konzepte und Anwendungen, Berlin / Heidelberg / New York 1997, S. 97-120.

Günther, T. (1997c): Value based performance measures for decentral organizational units – A critical appraisal, Paper presented at the 20th EAA Annual Congress, Graz 1997.

Günther, T. (1998): Investor-Relations – Kommunikationspolitik als Beitrag zur Unternehmenswertsteigerung, in: Marktforschung & Management, 42. Jg., 1998, Heft 3, S. 85-91.

Günther, T. (2005): Unternehmenssteuerung mit Wissensbilanzen – Möglichkeiten und Grenzen, in: Zeitschrift für Controlling & Management, Sonderheft 3, 2005, S. 66-75.

Günther, T. / Landrock, B. / Muche, T. (2000): Gewinn- versus unternehmenswertorientierte Performancemaße – Eine empirische Untersuchung auf Basis der Korrelation von Kapitalmarktrenditen für die deutschen DAX-100-Unternehmen, Teil 1 und 2, in: Controlling, Heft 2, 2000, S. 69-75 und Heft 3, S. 129-134.

Günther, T. / Beyer, D. (2001): Value based Reporting, Entwicklungspotenziale der externen Unternehmensberichterstattung, in: Der Betriebsberater, 56. Jg., Heft 32, S. 1623-1630.

Günther, T. / Beyer, D. / Menninger, J. (2003): Externe Berichterstattung über strategierelevante Informationen bei Unternehmen der „new economy", in: Kapitalmarktorientierte Rechnungslegung, Sonderheft zum 65. Geburtstag von Prof. Dr. h. c. Coenenberg, 3. Jg., Heft 10, S. 448-458.

Güntherk, T. / Gonschorek, T. (2006): Wert(e)orientierte Unternehmensführung im Mittelstand – Erste Ergebnisse einer empirischen Untersuchung -, in: Dresdner Beiträge zur Betriebswirtschaftslehre, Nr. 114/2006, TU Dresden.

Günther, T. / Grüning, M. (2001): Performance Measurement-Systeme – ein Konzeptvergleich, in: Zeitschrift für Planung, 12. Jg., Heft 3, 2001, S. 283-306.

Günther, T. / Grüning, M. (2002): Performance Measurement-Systeme im praktischen Einsatz, in: Controlling, 14. Jg., Heft 1, Januar, 2002, S. 5-13.

Günther, T. / Otterbein, S. (1996): Die Gestaltung der Investor Relations am Beispiel führender deutscher Aktiengesellschaften, in: Zeitschrift für Betriebswirtschaft, 66. Jg., 1996, Heft 4, S. 389-417.

Günther, T. / Schmidt, E. (2006): Externe Portfolioanalyse auf der Basis von Segmentinformationen am Beispiel von Dax-30-Unternehmen, in: Der Finanzbetrieb, 8. Jg., Heft 5, 2006, S. 323-329.

Günther, T. / Waldburg, S. (1997): Einsatz von Anreiz- und Vergütungssystemen für Führungskräfte, Working Paper, TU Dresden, 1997.

Günther, T. / Zurwehme, A. (2003): Steuerung von Schulen – Wunsch oder Wirklichkeit? – Ein Beitrag zur Diskussion von Qualitätsmanagement und Leistungsmessung im staatlichen Bildungssektor aus Sicht des Controlling, in: Schulverwaltung MO, 13. Jg., Heft 6, 2003, S. 222-229.

Gupta, A. K. / Wilemon, D. L. (1990): Accelerating the Development of Technology-Based New Products, in: California Management Review, 33. Jg., 1990, Heft 2, S. 24-44.

Gutenberg, E. (1984): Grundlagen der Betriebswirtschaftslehre, Band 2: Der Absatz, 17. Auflage, Berlin u. a. 1984.

Hachmeister, D. (1995): Der Discounted Cash Flow als Maß der Unternehmenswertsteigerung, Diss., München 1995.

Hahn, D. (1979): Frühwarnsysteme, Krisenmanagement und Unternehmensplanung, in: Zeitschrift für Betriebswirtschaft-Ergänzungsheft 2, 1979, S. 25-69.

Hahn, D. (1981): Führungsaufgaben bei schrumpfendem Absatz, in: Zeitschrift für betriebswirtschaftliche Forschung, 33. Jg., 1981, Heft 12, S. 1079-1089.

Hahn, D. (1983): Frühwarnsysteme, in: Buchinger, G. (Hrsg.): Umfeldanalysen für das strategische Management. Konzeptionen – Praxis – Entwicklungstendenzen, Wien 1983, S. 3-26.

Hahn, D. / Klausmann, W. (1979): Frühwarnsysteme und Strategische Unternehmensplanung, Arbeitsbericht des Instituts für Unternehmensplanung der Universität Gießen, Gießen 1979.

Haller, S. (2004): Gewinnen durch TQM ? Eine Analyse empirischer Studien zur Wirkung von Qualitätsmanagementsystemen auf den Unternehmenserfolg, in: Die Betriebswirtschaft, 64. Jg., Heft 1, 2004, S. 5-27.

Hambrick, D. C. / MacMillan, I. C. / Day, D. L. (1982): Strategic Attributes and Performance in the BCG Matrix – A PIMS-Based Analysis of Industrial Product Businesses, in: Academy of Management Journal, 25. Jg., 1982, Heft 9, S. 510-531.

Hamel, G. (1994): The Concept of Core Competence, in: Hamel, G. / Heene, A. (Hrsg.): Competence-based Competition, Chichester u. a. 1994, S. 11-34.

Hamel, G. / Prahalad, C. K. (1993): Strategy as Stretch and Leverage, in: Harvard Business Review, 71. Jg., 1993, Heft 2, S. 75-84.

Hammer, R. M. (1998): Strategische Planung und Frühaufklärung, 3., unwesentlich veränderte Auflage, München / Wien 1998.

Hamprecht, M. (1995): Grundlagen eines betrieblichen Zeitmanagements, in: Zeitschrift für Planung, 6. Jg., 1995, Heft 6, S. 111-126.

Harrigan, K. R. (1982): Strategic Planning for Endgame, in: Long Range Planning, 15. Jg., 1982, Heft 6, S. 45-48.

Harrigan, K. R. (1989): Unternehmensstrategien für reife und rückläufige Märkte, Frankfurt a. M. / New York 1989.

Harrigan, K. R. / Porter, M. E. (1984): Der Endkampf in schrumpfenden Branchen, in: Harvard Manager, 6. Jg., 1984, Heft 1, S. 7-15.

Hasselberg, F. (1989): Strategische Kontrolle im Rahmen strategischer Unternehmensführung, Diss., Frankfurt u. a. 1989.

Hasselberg, F. (1991): Strategische Kontrolle von Gesamtunternehmensstrategien, in: Die Unternehmung, 45. Jg., 1991, Heft 1, S. 16-31.

Hässig, K. (1994): Zeit als Wettbewerbsstrategie (Time Based Management), in: Die Unternehmung, 48. Jg., 1994, Heft 4, S. 249-263.

Hax, A. C. / Majluf, N. S. (1984): Strategic Management: An Integrative Perspective, Englewood Cliffs 1984.

Hedley, B. (1976): Strategy and the "Business Portfolio", in: Long Range Planning, 10. Jg., 1976, Heft 1, S. 9-15.

Henderson, B. D. (1984): Die Erfahrungskurve in der Unternehmensstrategie, 2., überarbeitete Auflage, Frankfurt a. M. / New York 1984.

Hendricks, K. / Menor, L. / Wiedman, C. (2004): The balanced scorecard, To adopt or not to adopt, in: Invey Business Journal Online, URL: http://www.iveybusinessjournal.com/ view_article.asp?intArticle_ID=527, Download: 30.12.2006.

Hendricks, K. B. / Singhal, V. R. (1997): Does Implementing an Effective TQM Program Actually Improve Operating Performance? Empirical Evidence from Firms That Have Won Quality Awards, in: Management Science, Vol. 43, No. 9, 1997, S. 1258-1274.

Hendricks, K. B. / Singhal, V. R. (2001a): Firm characteristics, total quality management, and financial performance, in: Journal of Operations Management, Vol. 19, 2001, S. 269-285.

Hendricks, K. B. / Singhal, V. R. (2001b): The Long-Run Stock Price Performance of Firms with Effective TQM Programs, in: Management Science, Vol. 47, No. 3, 2001, S. 359-368.

Henzler, H. (1988): Von der strategischen Planung zur strategischen Führung: Versuch einer Positionsbestimmung, in: Zeitschrift für Betriebswirtschaft, 58. Jg., 1988, Heft 12, S. 1286-1307.

Herter, R. N. (1992): Berücksichtigung von Optionen bei der Bewertung strategischer Investitionen, in: Controlling, 4. Jg., 1992, Heft 6, S. 320-327.

Higgins, R. C. (1977): How Much Growth Can a Firm Afford?, in: Financial Management, 6. Jg., 1977, Heft 3, S. 7-16.

Hilleke-Daniel, K. (1988): Wettbewerbsdynamik und Marketing im Pharmamarkt, Diss., Wiesbaden 1988.

Himme, A. (2006): Empirische Verallgemeinerungen des Pioniervorteils? Eine kritische Analyse existierender Arbeiten und Leitlinien für die weitere Forschung auf diesem Gebiet, in: Marketing Zeitschrift für Planung, 28. Jg., Heft 3, 2006, S. 169-182.

Hinterhuber, H. H. (2004a): Strategische Unternehmensführung I, Strategisches Denken, 7., grundlegend neu bearbeitete Auflage, Berlin / New York 2004.

Hinterhuber, H. H. (2004b): Strategische Unternehmensführung II: Strategisches Handeln, 7., grundlegend neu bearbeitete Auflage, Berlin / New York 2004.

Hinterhuber, H. H. / Mak, O. F. (1983): Strategische Alternativen in schrumpfenden Branchen, in: Harvard Manager, 5. Jg., 1983, Heft 4, S. 89-98.

Hirzel, Leder & Partner (Hrsg.) (1992): Speed-Management: Geschwindigkeit zum Wettbewerbsvorteil machen, Wiesbaden 1992.

Hofer, C. W. / Schendel, D. (1978): Strategy Formulation: Analytical Concepts, St. Paul 1978.

Hoffmann, J. (1987): Die Konkurrenz. Erkenntnisse für die strategische Führung und Planung, in: Töpfer, A. / Afeld, H. (Hrsg.): Praxis der strategischen Unternehmensplanung, 2. Auflage, Frankfurt a. M. 1987, S. 183-205.

Hoffmann, O. (1999): Performance Measurement: Systeme und Implementierungsansätze, Bern 1999.

Höfner, K. / Pohl, A. (1993): Wer sind die Werterzeuger, wer die Wertvernichter im Portfolio?, in: Harvard Business Manager, 1. Jg., 1993, Heft 1, S. 51-58.

Hoitsch, H.-J. / Winter, P. / Baumann, N. (2006): Risikocontrolling bei deutschen Kapitalgesellschaften – Ergebnisse einer empirischen Untersuchung, in: Controlling, 18. Jg., Heft 2, 2006, S. 69-78.

Holzwarth, F. (1993): Zeit verkürzen heißt Leistung steigern, in: Siemens-Zeitschrift, 67. Jg., 1993, Heft 2, S. 8-13.

Homburg, C. / Schnurr, P. (1998): Kundenwert als Instrument der Wertorientierten Unternehmensführung, in: Bruhn, M. / Lusti, M. / Müller, W. R. / Schierenbeck, H. / Studer, T.

(Hrsg.): Wertorientierte Unternehmensführung – Perspektiven und Handlungsfelder für die Wertsteigerung von Unternehmen, Wiesbaden 1998, S. 169-189.

Hommel, U. / Pritsch, G. (1999): Marktorientierte Investitionsbewertung mit dem Realoptionsansatz: Ein Implementierungsleitfaden für die Praxis, in: Finanzmarkt und Portfolio Management, 13. Jg., 1999, Heft 3, S. 124.

Hope, J. / Fraser, R. (1999): Budgets, The hidden barriers to success in the information age, in: Management Accounting, CIMA Magazine, March 1999, S. 24-26.

Hope, J. / Fraser, R. (2000): Beyond Budgeting, in: Strategic Finance, Vol. 82, October 2000, S. 30-35.

Hope, J. / Fraser, R. (2001): Figures of hate, in: Financial Management (CIMA), February 2001, S. 22-25.

Hope, J. / Fraser, R. (2003): Beyond Budgeting, How Managers Can Break Free from the Annual Performance Trap, Boston, 2003.

Horváth, P. (1978): Entwicklung und Stand einer Konzeption zur Lösung der Adaptions- und Koordinationsprobleme der Führung, in: Zeitschrift für Betriebswirtschaft, 48. Jg., Heft 3, 1978, S. 194-208.

Horváth, P. (1993): Zielkostenmanagement – Target Costing als Instrument des Konstrukteurs, in: VDI Berichte, Heft 1097, 1993, S. 17-35.

Horváth, P. (2006): Controlling, 10. Aufl., München 2006.

Horváth, P. / Minning, F. (2001): Wertorientiertes Management in Deutschland, Großbritannien, Italien und Frankreich – Eine empirische Analyse, in: Controlling, 13. Jg., Heft 6, 2001, S. 273-282.

Hronec, S. M. (1993): Vital Signs: Using Quality, Time and Cost Performance Measurements to Chart Your Company's Future, New York 1993.

Hruschka, H. (1990): Messung von Interdependenzen zwischen Marketing-Instrumenten, in: Zeitschrift für Betriebswirtschaft, 60. Jg., Heft 3, 1990, S. 549-560.

Huff, L. C. / Robinson, W. T. (1994): The Impact of Leadtime and Years of Competitive Rivalry on Pioneer Market Share Advantages, in: Management Science, Vol. 40, No. 10, October 1994, S. 1370-1377.

International Energy Agency (2000): Experience curves for energy technology policy, OECD/IEA, Paris 2000.

Itami, H. / Roehl, T. W. (1987): Mobilizing Invisible Assets, Cambridge / London 1987.

Ittner, C. D. / Larcker, D. F. / Randall, T. (2003): Performance implications of strategic performance measurement in financial service firms, in: Accounting, Organization and Society, Vol. 28, No. 7/8, 2003, S. 715-741.

Japan Human Relations Association (1995): CIP – Kaizen – KVP, 2. Auflage, Landsberg a. L. 1995.

Kaerkes, W. / Becker, R. (2004): QM: Erfolgsgarant oder Kostenstelle? Benchmark-Studie Exba 2003, in: Qualität und Zuverlässigkeit, 49. Jg., Heft 5, 2004, S. 26-31.

Kajüter, P. / Winkler, C. (2004): Praxis der Risikoberichterstattung deutscher Konzerne, in: Die Wirtschaftsprüfung, 57. Jg., Heft 6, 2004, S. 249-261.

Kalyanaram, G. / Urban, G. L. (1992): Dynamic Effects of the Order of Entry on Market Share, Trial Penetration, and Repeat Purchases for Frequently Purchased Consumer Goods, in: Marketing Science, Vol. 11, No. 3, S. 235-250.

Kamlage, K. (2001): Erfolgreiche Markteintrittsstrategien im Konsumgüterbereich, Wiesbaden 2001.

Kaplan, R. S. (1990): Analog Devices: The Half-Life System. Harvard Business School Case 9-190-061.

Kaplan, R. S. (1995): Das neue Rollenverständnis für den Controller, in: Controlling, 7. Jg., Heft 2, 1995, S. 60-70.

Kaplan, R. S. / Norton, D. P. (1992): The Balanced Scorecard – Measures That Drive Performance, in: Harvard Business Review, 70. Jg., No. 1, 1992, S. 71-79.

Kaplan, R. S. / Norton, D. P. (1993): Putting the Balanced Scorecard to Work, in: Harvard Business Review, 71. Jg., No. 5, 1993, S. 134-142.

Kaplan, R. S. / Norton, D. P. (1996a): The Balanced Scorecard: Translating Strategy into Action, Boston 1996.

Kaplan, R. S. / Norton, D. P. (1996c): Using the Balanced Scorecard as a Strategic Management System, in: Harvard Business Review, Vol. 74, No. 1, 1996, S. 75-85.

Kaplan, R. S. / Norton, D. P. (2001): The strategy focused organization, how balanced scorecard companies thrive in the new business environment, Boston 2001.

Kaplan, R. S. /Norton, D. P. (1996b): Linking the Balanced Scorecard to Strategy, in: California Management Review, 39. Jg., No. 1, 1996, S. 53-79.

Karmann, A. (1992): Principal-Agent-Modelle und Risikoallokation – Einige Grundprinzipien, in: Wirtschaftswissenschaftliches Studium, 21. Jg, 1992, Heft 11, S. 557-562.

Karmarkar, U. S. / Kekre, S. / Kekre, S. (1985): Lotsizing in Multi-Item Multi-Machine Job Shops, in: IIE Transactions, 17. Jg., 1985, Heft 3, S. 290-297.

Kellinghusen, G. / Wübbenhorst, K. L. (1989): Strategisches Controlling: Überwindung der Lücke zwischen operativem und strategischem Management, in: Die Betriebswirtschaft, 49. Jg., 1989, Heft 6, S. 709-716.

Kiechel, W. (1981): Three (or Four, or More) Ways to Win, in: Fortune, 19. Oktober 1981, S. 181-188.

Kienbaum, G. (1989): Umfeldanalyse, in: Szyperski, N. / Winand, U. (Hrsg.): HWPlan, Stuttgart 1989, Sp. 2033-2044.

Kirchner-Khairy, S. (2006): Mess- und Bewertungskonzepte immaterieller Ressourcen im kybernetischen Controllingkreislauf, Diss., Hamburg 2006.

Kirsch, W. / Esser, W.-M. / Gabele, E. (1979): Das Management des geplanten Wandels von Organisationen, Stuttgart 1979.

Kirsch, W. / Trux, W. (1979): Strategische Frühaufklärung und Portfolioanalyse, in: Zeitschrift für Betriebswirtschaft-Ergänzungsheft 2, 1979, S. 47-69.

Kirschbaum, V. (1995): Unternehmenserfolg durch Zeitwettbewerb: Strategie, Implementation und Erfolgsfaktoren, Diss., München / Mering 1995.

Kitching, J. (1967): Why Do Mergers Miscarry?, in: Harvard Business Review, 45. Jg., 1967, Heft 6, S. 84-101.

Klausmann, W. (1983): Betriebliche Frühwarnsysteme im Wandel, in: Zeitschrift für Organisation, 52. Jg., 1983, Heft 1, S. 39-45.

Klein, J. A. / Hiscocks, P. G. (1994): Competence-based Competition: A Practical Toolkit, in: Hamel, G. / Heene, A. (Hrsg.): Competence-based Competition, Chichester u. a. 1994, S. 183-212.

Kleinaltenkamp, M. (1995): Die Dynamisierung strategischer Marketing-Konzepte – eine kritische Würdigung des „Outpacing Strategies"-Ansatzes von Gilbert und Strebel, in: Corsten, H. (Hrsg.) (1995): Produktion als Wettbewerbsfaktor, Wiesbaden 1995, S. 59-83.

Kleingeld, P. A. M. (1994): Performance Management in a Field Service Department: Design and Transportation of a Productivity Measurement and Enhancement System (ProMES), Valdenswaard 1994.

Klenter, G. (1995): Zeit – Strategischer Erfolgsfaktor von Industrieunternehmen, Diss., Hamburg 1995.

Klingebiel, N. (1999): Performance Measurement, Wiesbaden 1999.

Knight, C. F. (1992): Emerson Electric: Consistent Profits, Consistently, in: Harvard Business Review, 70. Jg., 1992, Heft 1, S. 57-70.

Knudsen T.R. / Randel A. / Rugholm J. (2005): The vanishing middle market, in: McKinsey-Quarterly, Ausgabe 4, 2005, S. 6-9.

Kobayashi, K. (1986): Computers and Communications: A Vision of C&C, Cambridge, Mass. 1986.

Köhler, R. / Böhler, H. (1984): Strategische Marketingplanung: Kursbestimmung bei ungewisser Zukunft, in: Absatzwirtschaft, 27. Jg., 1984, Heft 3, S. 93-101.

Kotler, P. (1972): Marketing Management, Analysis, Planning and Control, Englewood Cliffs 1972.

Kotler, P. / Bliemel, F. (2006): Marketing-Management, Analyse, Planung und Verwirklichung, 10. Aufl., Stuttgart 2006.

KPMG (1996): Value Based Management – A Survey of European Industry, Brüssel 1996.

KPMG (2000): Value Based Management, Shareholder Value-Konzepte, eine Untersuchung der DAX 100-Unternehmen, KPMG, Frankfurt 2000.

KPMG (2003): Value Based Management, Shareholder Value-Konzepte, eine Untersuchung der DAX 100-Unternehmen, KPMG, Frankfurt 2003.

Krampe, G. / Müller, G. (1981): Diffusionsfunktionen als theoretisches und praktisches Konzept zur strategischen Frühaufklärung, in: Zeitschrift für betriebswirtschaftliche Forschung, 33. Jg., 1981, Heft 5, S. 384-401.

Kreikebaum, H. (1997): Strategische Unternehmensplanung, 6. Aufl., Stuttgart / Berlin / Köln 1997.

Kreilkamp, E. (1987): Strategisches Management und Marketing, Berlin / New York 1987.

Kreutzfeld, H. F. (1974): Fertigungsdurchlaufzeit und Kapitalbindung, in: Industrial Engineering, 4. Jg., 1974, Heft 4, S. 347-353.

Kriegbaum, C. (2000): Markencontrolling, Diss., München 2000.

Krüger, W. (1994): Organisation der Unternehmung, 3. Auflage, Stuttgart 1994.

Krüger, W. / Homp, C. (1997): Kernkompetenz-Management: Steigerung von Flexibilität und Schlagkraft im Wettbewerb, Wiesbaden 1997.

Krystek, U. (1987): Unternehmenskrisen, Wiesbaden 1987.

Krystek, U. / Müller-Stewens, G. (1997): Strategische Frühaufklärung als Element strategischer Führung, in: Hahn, D. / Taylor, B. (Hrsg.): Strategische Unternehmensführung – Strategische Unternehmensplanung: Stand und Entwicklungstendenzen, 7. Auflage, Heidelberg 1997.

Küpper, H.-U. (1987): Konzeption des Controlling aus betriebswirtschaftlicher Sicht, in: Scheer, A.-W. (Hrsg.): Rechnungswesen und EDV, 8. Arbeitstagung, Heidelberg 1987, S. 82-116.

Labhart, P. A. (1999): Value Reporting, Informationsbedürfnisse des Kapitalmarktes und Wertsteigerungsmöglichkeiten durch Reporting, Diss., Zürich 1999.

Lambkin, M. (1988): Order of Entry and Performance in New Markets, in: Strategic Management Journal, Vol. 9, 1988, S. 127-140.

Lambkin, M. (1992): Pioneering New Markets: A Comparison of Market Share Winners and Losers, in: International Journal of Research in Marketing, Vol. 9, March, S. 5-22.

Lange, B. (1981): Portfolio-Methoden in der strategischen Unternehmensplanung, Diss., Hannover 1981.

Langguth, H. (1994): Strategisches Controlling, Diss., Ludwigsburg / Berlin 1994.

Leahy, T. (2002): Better Budgeting, A Manager's Guide, o. O. 2002.

Lebas, M. (1994): Managerial Accounting in France, Overview of past tradition and current practice, in: The European Accounting Review, Vol. 3, No. 3, 1994, S. 471-487.

Lehmann, F. O. (1991): Strategische Budgetierung, Instrument des Controlling in einem Unternehmen der Verlagsbranche, in: Zeitschrift für Planung, 2. Jg., Heft 4, 1991, S. 319-336.

Lev, B. (2001): Intangibles: Management, Measurement, and Reporting, Washington D.C. 2001.

Lewis, T. G. (1994): Steigerung des Unternehmenswertes – Total Value Management, Landsberg a. L. 1994.

Lewis, T. G. / Stelter, D. (1993): Mehrwert schaffen mit finanziellen Ressourcen, in: Harvard Business Manager, 1. Jg., 1993, Heft 4, S. 107-114.

Lewis, T.G. (1994): Steigerung des Unternehmenswertes – Total Value Management, Landsberg/Lech 1994.

Liebing, W. (1987): Die Kapazitätspolitik im Lichte von Erfahrungskurven und Industrie-Kostenkurven, in: Zeitschrift für Betriebswirtschaft-Ergänzungsheft 2, 1987, S. 53-69.

Lilien, G. L. / Yoon, E. (1990): The Timing of Competitive Market Entry: An Exploratory Study of New Industrial Products, in: Management Science, Vol. 36, No. 5, May 1990, S. 568-585.

Lingg, H. (1992): Von der Bedeutung des Wettbewerbsfaktors Zeit, in: io Management Zeitschrift, 61. Jg., 1992, Heft 7 / 8, S. 73-77.

Lingnau, V. / Henseler, J. / Jonen, A. (2004): Die Rolle des Controllings bei der Ein- und Weiterführung der Balanced Scorecard, eine empirische Untersuchung, in: Beiträge zur Controlling-Forschung Nr. 7, URL: www-bior.wiwi.uni-kl.de/rewe/Forschung/ Beiteage_Controlling-Forschung/07_BSC_Umfrage.pdf, Download: 02.02.2007.

Lorange, P. (1984): Strategic Control, in: Lamb, R. B. (Hrsg.): Competitive Strategic Management, Englewood Cliffs 1984, S. 247-271.

Luchs, B. (1990): Quality as a strategic weapon, in: European Business Journal, 2. Jg., 1990, Heft 2, S. 34-47.

Luchs, R. H. / Müller, R. (1985): Das PIMS-Programm – Strategien empirisch fundieren, in: Strategische Planung, Band 1, 1985, S. 79-98.

Lynch, R. L. / Cross, K. F. (1998): Measure Up! How to Measure Corporate Performance, 2. Aufl., Cambridge MA 1998.

Machiavelli, N. (1905): I sette libri dell' arte della guerra, engl. Übersetzung "The art of war", Nachdruck, London 1905.

Madauss, B. J. (2000): Handbuch Projektmanagement, 6. Aufl., Stuttgart 2000.

Maidique, M. A. / Zirger, B. J. (1984): A Study of Success and Failure in Product Innovation: The Case of U.S. Electronic Industry, in: IEEE Transaction on Engineering Management, Vol. EM31, No. 4, November 1984, S. 192-203.

Makridakis, S. (1981): If We Cannot Forecast How Can We Plan?, in: Long Range Planning, 14. Jg., 1981, Heft 3, S. 10-20.

Marakon Associates (Hrsg.) (1981): The Marakon Profitability Matrix, in: Commentary – A Quarterly Publication of Marakon Associates, April 1981, S. 1-12.

March, J. G. / Sutton, R. I. (1997): Organizational performance as a dependent variable, in: Organization Science, 6. Jg., 1997, S. 698-706.

Markowitz, H. M. (1952): Portfolio Selection, in: Journal of Finance, 7. Jg., 1952, Heft 1, S. 77-91.

Maul, K.-H. / Menninger, J. (2000): Das „Intellectual Property Statement" – eine notwendige Ergänzung des Jahresabschlusses?, in: Der Betrieb, 53. Jg. (2000), H. 11, S. 529-533.

McKinsey & Co. Inc. (1995): Unveröffentlichte Projektergebnisse der Studie Excellence in Electronics II.

McKinsey & Co. Inc. u. a. (1993): Einfach überlegen – Das Unternehmenskonzept, das die Schlanken schlank und die Schnellen schnell macht, Stuttgart 1993.

McKinsey & Co. Inc. u. a. (1994): Wachstum durch Verzicht, Schneller Wandel zur Weltklasse: Vorbild Elektronikindustrie, Stuttgart 1994.

McNair, C.J. / Lynch, R. L. / Cross, K. F. (1990): Do Financial and Nonfinancial Performance Measures Have to Agree ?, in: Management Accounting, Vol. 72., No. 5, 1990, S. 28-36.

Meffert, H. (1983): Strategische Planungskonzepte in stagnierenden und gesättigten Märkten, in: Die Betriebswirtschaft, 43. Jg., 1983, Heft 2, S. 193-209.

Meffert, H. (1984): Marktstrategien in stagnierenden und schrumpfenden Märkten, in: Pack, L. / Börner, D. (Hrsg.): Betriebswirtschaftliche Entscheidungen bei Stagnation, Wiesbaden 1984, S. 37-72.

Meffert, H. / Kirchgeorg, M. (1998): Marktorientiertes Umweltmanagement: Konzeption – Strategie – Implementierung mit Praxisfällen, 3. Aufl., Stuttgart 1998.

Mengen, A. (1993): Konzeptgestaltung von Dienstleistungsprodukten. Eine Conjoint-Analyse im Luftfrachtmarkt unter Berücksichtigung der Qualitätsunsicherheit beim Dienstleistungskauf, Diss., Stuttgart 1993.

Meyer, J. (1988): Qualität als strategische Wettbewerbswaffe, in: Simon, H. (Hrsg.): Wettbewerbsvorteile und Wettbewerbsfähigkeit, Stuttgart 1988, S. 73-88.

Meyer, J. (1992): Wie Qualität den Unternehmenserfolg fördert – Erfahrungen von PIMS, in: Little, A. D. (Hrsg.) (1992): Management von Spitzenqualität, Wiesbaden 1992, S. 37-47.

Meyer, J. (1994): Zeit als neuer Erfolgsfaktor? Empirische Forschungsergebnisse zu Lean Management, in: Riekhof, H.-C. (Hrsg.): Praxis der Strategieentwicklung: Konzepte – Erfahrungen – Fallstudien, 2. Aufl., Stuttgart 1994, S. 73-88.

Meyer-Piening, A. (1990): Zero Base Planning, Zukunftssicherndes Instrument der Gemeinkostenplanung, Köln 1990.

Miles, R. E. / Snow, C. C. (1978): Organizational Strategy, Structure and Process, New York 1978.

Miller, D. / Friesen, P. H. (1984): Organizations – A Quantum View, Englewood Cliffs 1984.

Min, S. / Kalwani, M. U. / Robinson, W. T. (2006): Market Pioneer and Early Follower Survival Risks: A Contingency Analysis of Really New Versus Incrementally New Product-Markets, in: Journal of Marketing, Vol. 70, No. 1, S. 15-33.

Mintzberg, H. (1979): The Structuring of Organizations, Englewood Cliffs 1979.

Moore, M. J. / Boulding, W. / Goodstein, R. C. (1991): Pioneering and Market Share: Is Entry Time Endogenous and Does it Matter?, in: Journal of Marketing Research, Vol. 28, February 1991, S. 97-104.

Müller, G. / Roventa, P. / Lückerath, T. (1981): Die Bewertung der Marktattraktivität – Ein offenes Problem der Strategischen Analyse, in: Die Unternehmung, 35. Jg., 1981, Heft 2, S. 105-119.

Müller, G. / Zeiser, B. (1980): Zufallsbereiche zur Beurteilung frühaufklärender Signale, in: Zeitschrift für Betriebswirtschaft, 50. Jg., 1980, Heft 6, S. 605-619.

Müller, M. (1998): Shareholder Value Reporting, Ein Konzept wertorientierter Kapitalmark-tinformation, in: Müller, M. / Leven, F.-J. (Hrsg.), Shareholder Value Reporting, Wien 1998, S. 123-144.

Müller-Stewens, G. / Lechner, C. (2005): Strategisches Management, Wie strategische Initiati-ven zum Wandel führen, 3. Aufl., Stuttgart 2005.

Murthi, B. P. S. / Srinivasan, K. / Kalyanaram, G. (1996): Controlling for Observed and Un-observed Managerial Skills in Determining First-Mover Market Share Advantage, in: Journal of Marketing Research, Vol. 33, August 1996, S. 329-336.

Nagus (2000): DIN EN ISO 14031:1999: Umweltleistungsbewertung, Berlin 2000.

Narayanan, V. K. / Fahey, L. (1987): Environmental Analysis for Strategy Formulation, in: King, W. R. / Cleland, D. I. (Hrsg.): Strategic Planning and Management Handbook, New York 1987, S. 147-176.

National Institute of Standards and Technology (NIST) (2004): Results of 1994-2003 Baldrige Award Recipients, 10 Year Common Stock Comparison, National Institute of Stan-dards and Technology, US Department of Commerce, URL: http:// baldrige.nist.gov/PDF_files/Baldrige_Index_ Methodology_ Results.pdf, download: 27.03.2007.

National Institute of Standards and Technology (NIST) (2007): Criteria for Performance Ex-cellence, URL: http://baldrige.nist.gov/PDF_files/2007_Business_Nonprofit_Crite-ria.pdf, Download 15.05.2007.

Neely, A. / Gregory, M. / Platts, K. (1995): Performance measurement system design, in: Inter-national journal of operations & production management, Vol. 15, No. 4, S. 80-116.

Nicolai, A. / Kieser, A. (2002): Trotz eklatanter Erfolglosigkeit: Die Erfolgsfaktorenforschung weiter auf Erfolgskurs, in: Die Betriebswirtschaft, 62. Jg., 2002, Heft 6, S. 579-596.

Nieschlag, R. / Dichtl, E. / Hörschgen, H. (2002): Marketing, 19., überarbeitete und ergänzte, Auflage, Berlin 2002.

Nippa, M. / Schnopp, R. (1990): Ein praxiserprobtes Konzept zur Gestaltung der Entwick-lungszeit, in: Reichwald, R. / Schmelzer, H. J. (Hrsg.): Durchlaufzeiten in der Ent-wicklung: Praxis des industriellen F&E-Managements, München 1990, S. 115-155.

Oberender, P. (1984): Pharmazeutische Industrie, in: Oberender, P. (Hrsg.): Marktstruktur und Wettbewerb in der Bundesrepublik Deutschland, München 1984, S. 243-310.

Ohmae, K. (1982): The Mind of the Strategist, New York 1982.

Ohno, T. (1993): Das Toyota-Produktionssystem, Frankfurt a. M. / New York 1993.

Osterloh, M. / Frost, J. (1996): Prozeßmanagement als Kernkompetenz – Wie Sie Business Reengineering strategisch nutzen können, Wiesbaden 1996.

Parry, M. / Bass, F. M. (1989): When to lead or Follow, in: Marketing Letters, Vol. 1, No-vember 1989, S. 187-198.

Partridge, M. / Perren, L. (1997): Winning Ways With a Balanced Scorecard, in: Accoun-tancy 120 (1997), Nr. 1248, S. 50-51.

Pellens, B. / Rockholtz, C. / Stienemann, M. (1997): Marktwertorientiertes Konzerncontrolling in Deutschland, in: Der Betrieb, 50. Jg., 1997, Heft 39, S. 1933-1940.

Penrose, E. T. (1959): The Theory of the Growth of the Firm, New York 1959.

Penzkofer, H. (2004): Innovationstätigkeit in der Industrie 2003: Rückgang gestoppt, aber keine Entwarnung, ifo Schnelldienst, 57. Jg, 6 /2004, S. 46-52.

Perillieux, R. (1987): Der Zeitfaktor im strategischen Technologiemanagement: früher oder später Einstieg bei technischen Produktinnovationen?, Berlin 1987.

Peters, T. J. / Waterman, R. (1982): In Search of Excellence, Lessons from America´s Best-Run Companies, New York 1982.

Pfeiffer, W. u. a. (1989): Technologie-Portfolio zum Management strategischer Zukunftsge-
schäftsfelder, 5., unveränderte Auflage, Göttingen 1989.

Pfeiffer, W. / Bischoff, P. (1981): Produktlebenszyklen – Instrument jeder strategischen Pro-
duktplanung, in: Steinmann, H. (Hrsg.): Planung und Kontrolle, München 1981,
S. 133-165.

Pfeiffer, W. / Dögl, R. (1997): Das Technologie-Portfolio-Konzept zur Beherrschung der
Schnittstelle Technik und Unternehmensstrategie, in: Hahn, D. / Taylor, B. (Hrsg.):
Strategische Unternehmensplanung – Strategische Unternehmensführung: Stand und
Entwicklungstendenzen, 7. Auflage, Heidelberg 1997, S. 407-435.

Pfeiffer, W. / Dögl, R. / Schneider, W. (1989): Das Technologie-Portfolio-Konzept als Tool zur
strategischen Vorsteuerung von Innovationsaktivitäten, in: Das Wirtschaftsstudium,
18. Jg., 1989, Heft 8 / 9, S. 485-491.

Pfeiffer, W. / Weiß, E. (1990): Zeitorientiertes Technologie-Management als Kombination von
„just-in-time-design", „just-in-time-production" und „just-in-time-distribution", in:
Pfeiffer, W. / Weiß, E. (Hrsg.): Technolgie-Management: Philosophie, Methodik, Erfahrungen, Göttingen 1990, S. 1-39.

Pfohl, H.-C. (1981): Planung und Kontrolle, Stuttgart 1981.

Pietsch, G. / Scherm, E. (2000): Die Präzisierung des Controlling als Führungs- und Füh-
rungsunterstützungsfunktion, in: Die Unternehmung, 54. Jg., Heft 5, 2000, S. 395-
412.

Plaschke, F. J. (2003): Wertorientierte Management-Incentivesysteme auf Basis interner
Wertkennzahlen, Wiesbaden 2003.

Porter, M. E. (1980a): Competitive Strategy – Techniques for Analyzing Industries and Com-
petitors, New York 1980.

Porter, M. E. (1980b): Wie der Wettbewerb die Strategie bestimmt, in: Manager Magazin,
10. Jg., 1980, Heft 4, S. 126-137.

Porter, M. E. (1982): The Technological Dimensions of Competitive Strategy, Harvard Business School, Working Paper Nr. 82-19.

Porter, M. E. (1999): Wettbewerbsstrategie: Methoden zur Analyse von Branchen und Konkurrenten, 10. Aufl., Frankfurt a. M. 1999.

Porter, M. E. (2000): Wettbewerbsvorteile: Spitzenleistungen erreichen und behaupten, 6 .
Aufl., Frankfurt a. M. 2000.

Prahalad, C. K. / Hamel, G. (1990): The Core Competence of the Corporation, in: Harvard
Business Review, 68. Jg., 1990, Heft 3, S. 79-91.

Probst, G. J. B. / Gomez, P. (1991): Die Methodik des vernetzten Denkens zur Lösung komplexer Probleme, in: Probst, G. J. B. / Gomez, P. (Hrsg.): Vernetztes Denken – Ganzheitliches Führen in der Praxis, 2. Auflage, Wiesbaden 1991, S. 3-20.

Pümpin, C. (1980): Strategische Führung in der Unternehmenspraxis. Entwicklung, Einführung und Anpassung der Unternehmensstrategie, Bern 1980.

Pümpin, C. (1989): Das Dynamik-Prinzip – Wegweisungen für Unternehmer und Manager,
Düsseldorf 1989.

Pümpin, C. / Pritzl, R. (1991): Unternehmenseigner brauchen eine ganz besondere Strategie,
in: Harvard Manager, 13. Jg., 1991, Heft 3, S. 44-50.

PWC (2005): 2005 Global Equity Incentives Survey Report, London / New York 2005.

Pyhrr, P. A. (1970): Zero Base Budgeting, in: Harvard Business Review, Vol. 48, No. 6, 1970,
S. 111-121.

Rappaport, A. (1986): Creating Shareholder Value, The New Standard for Business Performance, New York / London 1986.

Rappaport, A. / LEK Unternehmensberatungs-GmbH (1995): Ziele und Entscheidungsmaß-stäbe führender deutscher Unternehmen – Ergebnisse einer Untersuchung der Top 250 Unternehmen in Deutschland, München 1995.

Reichert, R. (1984): Entwurf und Bewertung von Strategien, München 1984.

Reimann, B. C. (1990): Managing for Value: A Guide to Value Based Strategic Management, 2. Auflage, Oxford / Cambridge 1990.

Reinhardt, W. (1993): Controlling von F&E-Projekten: Ergebnis- und prozeßorientiertes F&E-Projektcontrolling als Baustein im Konzept Just-In-Time in F&E und Konstruktion, Diss., Ludwigsburg / Berlin 1993.

Remmerbach, K.-U. (1988): Markteintrittsentscheidungen: Eine Untersuchung im Rahmen der strategischen Marketingplanung unter besonderer Berücksichtigung des Zeitaspektes, Wiesbaden 1988.

Rigby, D. K. (2003): Management tools usage up as companies strive to make headway in tough times, in: Strategy & Leadership, Vol. 31, No. 5, 2003, S. 4-11.

Robinson, W. T. (1988): Sources of Market Pioneer Advantages: The Case of Industrial Goods Industries, in: Journal of Marketing Research, Vol. 15, February 1988, S. 87-94.

Robinson, W. T. / Fornell, C. (1985): Sources of Market Pioneer Advantage: The Case of Industrial Goods Industries, in: Journal of Marketing Research, Vol. 22, 1985, S. 305-317.

Robinson, W. T. / Fornell, C. / Sullivan, M. (1992): Are Market Pioneers Intrinsically Stronger than Later Entrants?, in: Strategic Management Journal, Vol. 13, No. 8, S. 609-624.

Robinson, W. T. / Min, S. (2002): Is the First to Market the First to Fail? Empirical Evidence for Industrial Goods Businesses, in: Journal of Marketing Research, Vol. 39, No. 2, S. 120-128.

Rockart, J. F. (1979): Chief executives define their own data needs, in: Harvard Business Review, Vol. 57, March-April 1979, S. 81-92.

Rogers, E. M. (1995): Diffusion of Innovations, 4. Auflage, New York 1995.

Rolfes, B. (1998): Moderne Investitionsrechnung, Einführung in die klassische Investitionstheorie und Grundlagen marktorientierter Investitionsentscheidungen, 2. Aufl., München 1998.

Rose, K. H. (1995): A Performance Measurement Model, in: Quality Progress, February 1995, S. 63-66.

Ruch, W. A. (1990): A Point of View: Putting Time on Your Side, in: National Productivity Review, 9. Jg., 1990, Heft 4, S. 391-394.

Ruhl, J. M. (1996): An Introduction to the Theory of Constraints, in: Journal of Cost Management, 10. Jg., 1996, Heft 2, S. 43-48.

Ruhwedel, F. / Schultze, W. (2002): Value Reporting – Theoretische Konzeption und Umsetzung bei den DAX 100-Unternehmen, Zeitschrift für betriebswirtschaftliche Forschung, 54. Jg., Heft 11, 2002, S. 602 – 632.

Ruhwedel, F. / Schultze, W. (2002): Value Reporting: Theoretische Konzeption und Umsetzung bei den DAX 100-Unternehmen, in: Zeitschrift für betriebswirtschaftliche Forschung, 54. Jg., Heft 11, 2002, S. 602-632.

Rumelt, R. P. (1984): Towards a Strategic Theory of the Firm, in: Lamb, R. (Hrsg.): Competitive Strategic Management, Englewood Cliffs, 1984, S. 556-570.

Rust, R. T. / Moorman, C. / Dickson, P. R. (2002): Getting Return on Quality: Revenue Expansion, Cost Reduction, or Both?, in: Journal of Marketing, Vol. 66, October 2002, S. 7-24.

Sakurai, M. / Keating, P. J. (1994): Target Costing und Activity Based Costing, in: Controlling, 6. Jg., 1994, Heft 2, S. 84-91.

Sattler, H. (1997): Monetäre Bewertung von Markenstrategien für neue Produkte, Habil., Stuttgart 1997.

Scheel, F. (1981): Neuere Konzepte des strategischen Portfolio-Managements im diversifizierten Unternehmen, Diss., Berlin 1981.

Schewe, G. (1994): Erfolg im Technologiemanagement – Eine empirische Analyse der Imitationsstrategie, in: Zeitschrift für Betriebswirtschaft, 64. Jg., Heft 8, 1994, S. 999-1026.

Schierz, J. (1983): Stückkosten im Visier, in: Industriemagazin, o. Jg., 1983, Heft 1, S. 56-60.

Schirmer, A. (1983): Strategische Kapazitätsplanung mit Hilfe der Industrie-Kostenkurve, in: Steckhan, H. u. a. (Hrsg.): Operations Research Proceedings, Berlin u. a. 1983, S. 94-101.

Schmelzer, H. J. (1989): Wettbewerbsvorteile durch kürzere Entwicklungszeiten, in: Siemens-Zeitschrift, 63. Jg., 1989, Heft 5, S. 32-36.

Schmelzer, H. J. / Buttermilch, K. H. (1988): Reduzierung der Entwicklungszeiten in der Produktentwicklung als ganzheitliches Problem, in: Brockhoff, K. / Picot, A. / Urban, C. (Hrsg.): Zeitmanagement in Forschung und Entwicklung, Zeitschrift für betriebswirtschaftliche Forschung, Sonderheft 23, 1988, S. 43-73.

Schnaars, S. P. (1986): When Entering Growth Markets, Are Pioneers Better than Poachers?, in: Business Horizons, 29. Jg., März / April 1986, S. 27-36.

Schneider, D. (1991): Versagen des Controlling durch eine überholte Kostenrechnung, zugleich ein Beitrag zur innerbetrieblichen Verrechnung von Dienstleistungen, in: Der Betrieb, 44. Jg., 1991, Heft 15, S. 765-772.

Schneider, J. (1988): Die Ermittlung strategischer Unternehmenswerte, in: Betriebswirtschaftliche Forschung und Praxis, 40. Jg., 1988, Heft 6, S. 522-531.

Schneiderman, A. M. (1988): Setting Quality Goals, in: Quality Progress, 21. Jg., No. 4, 1988, S. 51-57.

Schoeffler, S. (1977a): Nine Basic Findings on Business Strategy, PIMS-Letter Nr. 1, The Strategic Planning Institute, Cambridge (Mass.) 1977.

Schoeffler, S. (1977b): Cross Sectional Study of Strategy, Structure and Performance: Aspects of the PIMS Programme, in: Thorelli, H. B. (Hrsg.): Strategy + Structure = Performance, The Strategy Planning Imparative, Bloomington / London 1977, S. 108-121.

Schoeffler, S. (1979): Recession: Who Gets Hurt? How to Cope?, PIMS-Letter Nr. 14, The Strategic Planning Institute, Cambrigde (Mass.) 1979.

Schoeffler, S. (1984a): Market Position: Build, Hold or Harvest?, PIMS-Letter Nr. 3, The Strategic Planning Institute, Cambridge (Mass.) 1984.

Schoeffler, S. (1984b): The Unprofitability of "Modern" Technology and What to Do About It, PIMS-Letter Nr. 2, The Strategic Planning Institute, Cambrigde (Mass.) 1984.

Schremper, R. / Pälchen, O. (2001): Wertrelevanz rechnungswesenbasierter Erfolgskennzahlen – Eine empirische Untersuchung anhand des S&P 400 Industrial, in: Die Betriebswirtschaft, Vol. 61, No. 5, 2001, pp. 542-559.

Schreyögg, G. / Steinmann, H. (1985): Strategische Kontrolle, in: Zeitschrift für betriebswirtschaftliche Forschung, 37. Jg., 1985, Heft 5, S. 391-410.

Schreyögg, G. / Steinmann, H. (1986): Zur Praxis strategischer Kontrolle, in: Zeitschrift für Betriebswirtschaft, 56. Jg., 1986, Heft 1, S. 40-50.

Schreyögg, G. / Steinmann, H. (1987): Strategic Control – A New Perspective, in: Academy of Management Review, 12. Jg., 1987, Heft 1, S. 91-103.

Schultze, W. (2003): Methoden der Unternehmensbewertung – Gemeinsamkeiten, Unterschiede, Perspektiven, 2. Aufl., Düsseldrof 2003.

Schwaiger, M. / Schütz, T. (2005): Der Sandburgenbau der Mediaselektion, in: Zeitschrift für Controlling & Management, 49. Jahrgang, Sonderheft 2/2005, S. 78-83.

Seifert, H. (1992): Zeit ist Geld, in: Manager Magazin, 22. Jg., 1992, Heft 11, S. 263-269.

Selznick, P. (1957): Leadership in Administration: A Sociological Perspective, New York 1957.

Shankar, V. / Carpenter, G. S. / Krishnamurthi, L. (1998): Late Mover Advantage: How Innovative Late Entrants Outsell Pioneers, in: Journal of Marketing Research, Vol. 35, February, S. 54-70.

Shankar, V. / Carpenter, G. S. / Krishnamurthi, L. (1999): The Advantages of Entry in the Growth Stage of the Product Life Cycle: An Empirical Analysis, in: Journal of Marketing Research, Vol. 36, May, S. 269-276.

Sieben, G. / Diedrich, R. (1990): Aspekte der Wertfindung bei strategisch motivierten Unternehmensakquisitionen, in: Zeitschrift für betriebswirtschaftliche Forschung, 42. Jg., 1990, Heft 9, S. 794-809.

Simmonds, K. (1989): Strategic Management Accounting, in: Controlling, 1. Jg., 1989, Heft 5, S. 264-269.

Simon, H. (1988): Management strategischer Wettbewerbsvorteile, in: Simon, H. (Hrsg.): Wettbewerbsvorteile und Wettbewerbsfähigkeit, Stuttgart 1988, S. 1-17.

Simon, H. (1989): Die Zeit als strategischer Erfolgsfaktor, in: Zeitschrift für Betriebswirtschaft, 59. Jg., 1989, Heft 1, S. 70-93.

Simon, H. (1992): Preismanagement, Analyse-Strategie-Umsetzung, 2. Aufl., Wiesbaden 1992.

Simons, D. (2002): Kosten und Nutzen von Aktienoptionsprogrammen, Wiesbaden 2002.

Skandia (1994): Visualizing Intellectual Capital in Skandia, Supplement to Skandia's 1994 Annual Report, Online im Internet, URL: http://www.skandia.com/en/includes/documentlinks/annualreport1994-/e9606power.pdf, Abfrage: 06.05.2007, Stockholm 1994.

Skandia (1996): Power of Innovation, Supplement to Skandia's 1996 Interim Report, Online im Internet, URL: http://www.skandia.com/en/includes/documentlinks/annualreport 1996/e9606Power.pdf, Abfrage: 06.05.2007, Stockholm 1996.

Smith, C. G. / Cooper, A. C. (1988): Established Companies Diversifying into Young Industries: A Comparison of Firms with Different Levels of Performance, in: Strategic Management Journal, Vol. 9, S. 111-121.

Smith, P. G. / Reinertsen, D. G. (1991): Developing Products in Half the Time, New York 1991.

Sommerlatte, T. / Deschamps, J.-P. (1986): Der strategische Einsatz von Technologien – Konzepte und Methoden zur Einbeziehung von Technologien in die Strategieentwicklung des Unternehmens, in: Arthur D. Little (Hrsg.): Management im Zeitalter der strategischen Führung, 2. Auflage, Wiesbaden 1986, S. 37-76.

Speckbacher, G. / Bischoff, J. / Pfeiffer, T. (2003): A descriptive analysis on the implementation of balanced scorecards in german-speaking countries, in: Management Accounting Research, Vol. 14, No. 4, 2003, S. 361-387.

Spital, F. C. (1983): Gaining Market Share Advantage in the Seminconductor Industry by Lead Time in Innovation, in: Rosenbloom, R. S. (Hrsg.): Research on Technological Innovation, Management and Policy, Greenwich 1983, S. 55-68.

Stalk, G. (1989): Zeit – die entscheidende Waffe im Wettbewerb, in: Harvard Manager, Heft 1, 1989, S. 37-46.

Stalk, G. / Evans, P. / Shulman, L. E. (1992): Competing on Capabilities: The New Rules of Corporate Strategy, in: Harvard Business Review, 70. Jg., 1992, Heft 2, S. 57-69.

Stalk, G. / Hout, T. M. (1992): Zeitwettbewerb: Schnelligkeit entscheidet auf den Märkten der Zukunft, 3. durchgesehene Auflage, Frankfurt a. M. / New York 1992.

Steinbach, R. F. (1997): Integratives Qualitäts-, Zeit- und Kostenmanagement – Entwicklung und Implementierung eines ganzheitlichen Management-Konzeptes, Frankfurt a. M. u. a. 1997.

Steinle, C. / Kirschbaum, J. / Kirschbaum, V. (1994): Was zeichnet erfolgreiche Unternehmen aus? – Ergebnisse einer empirischen Studie, in: Der Betriebswirt, 35. Jg., 1994, Heft 3, S. 14-17.

Steinmann, H. / Hasselberg, F. (1988): Die strategische Kontrolle von Differenzierungsstrategien und der Beitrag des Marketing, in: Die Betriebswirtschaft, 48. Jg., 1988, Heft 3, S. 371-392.

Stelter, D. (1999): Wertorientierte Anreizsysteme, in: Bühler, W. / Siegert, T. (Hrsg.): Unternehmenssteuerung und Anreizsysteme, Stuttgart 1999, S. 207-241.

Stewart, G.B. (1990): The Quest for Value – A Guide for Senior Managers, o. O. 1990.

Stewart, T. A. (1997): Intellectual Capital: The New Wealth of Organizations, London 1997.

Stiftung Warentest (2000): test Kompass: Dieselkombis, Online im Internet, URL: http://www.stiftung-warentest.de/online/auto_verkehr/test/17712/17712/217712/867712.html, Abfrage 06. Mai 2007, 2000.

Stivers, B. P. u.a. (1998): How Nonfinancial Performance Measures Are Used, in: Management Accounting, Vol. 79, No. 8, 1998, S. 44-49.

Strasmann, J. / Schüller, A. (1996): Kernkompetenzen – ein integratives Konzept, in: Strasmann, J. / Schüller, A. (Hrsg.): Kernkompetenzen – Was ein Unternehmen wirklich erfolgreich macht, Stuttgart 1996.

Strategic Planning Associates (Hrsg.) (1981): Strategy and Shareholder Value: The Value Curve, Washington 1981.

Strategic Planning Associates (Hrsg.) (1984): Strategy and Shareholder Value: The Value Curve, in: Lamb, R. B. (Hrsg.): Competitive Strategic Management, Englewood Cliffs, 1984, S. 571-596.

Sun, W. (1971): The art of war, London 1971.

Sun, W. (1988): The art of strategy: a new translation of Sun Tzu's classic "The art of war", New York 1988.

Sveiby, K. E. (1997): The New Organizational Wealth: Managing and Measuring Knowledge-Based Assets, San Francisco 1997.

Swanson, N. E. / Digman, L. A. (1986): Organizational Performance Measures for Strategic Decisions: A PIMS-Based Investigation, in: Handbook of Business Strategy – 1986 / 87 Yearbook, New York 1986, S. 17-1 bis 17-13.

Szypersky, N. / Winand, U. (1978): Strategisches Portfolio-Management: Konzept und Instrumentarium, in: Zeitschrift für betriebswirtschaftliche Forschung, 30. Jg., 1978, Heft 7, S. 123-132.

Taylor, L. / Convey, S. (1993): Making Performance Measurements Meaningful to the Performers, in: Canadian Manager, 1993, Fall, S. 22-24.

Taylor, W. B. (1981): The Use of Life Cycle Costing in Acquiring Physical Assets, in: Long Range Planning, 14. Jg., 1981, Heft 6, S. 32-43.

Teece, D. J. / Pisano, G. (1994): The Dynamic Capabilities of Firms: an Introduction, in: Industrial and Corporate Change, 3. Jg., 1994, Heft 3, S. 39-63.

Teece, D. J. / Pisano, G. / Shuen, A. (1994): Dynamic Capabilities and Strategic Management, Working Paper, University of California at Berkeley, Berkeley 1994.

Tellis, G. J. / Golder, P. N. (1996); Der erste am Markt – auch als erster wieder draußen ?, in: Harvard Business Manager, Heft 3, 1996, S. 72-83.

The Food Marketing Institute (Hrsg.) (1988): Trends, Consumer Attitudes and the Supermarket, Washington (D.C.) 1988.

Thiele, M. (1997): Kernkompetenzorientierte Unternehmensstrukturen – Ansätze zur Neugestaltung von Geschäftsbereichsorganisationen, Diss., Wiesbaden 1997.

Thomas, P. R. (1989): Executive weaponry: short cycle times slay competition, in: Electronic Business, 6. März 1989, S. 116-122.

Thomas, P. R. (1990): Competitiveness Through Total Cycle Time, New York u. a. 1990.

Tiby, C. (1988): Die Basis unternehmerischer Initiative: Systematisch neue Produkte und Leistungen entwickeln, in: Arthur D. Little (Hrsg.): Management des geordneten Wandels, Wiesbaden 1988, S. 91-106.

Tiemann, K. (1997): Investor Relations, Diss., Kassel 1997.

Timmermann, A. (1982): An Haupterfolgsfaktoren orientierte Geschäftsfeldstrategien, in: agplan Gesellschaft für Planung e. V. (Hrsg.) (1982): Portfolio-Management, Ein strategisches Führungskonzept und seine Leistungsfähigkeit, Berlin 1982.

Töpfer, A. (1992): Total Quality Management – der Schlüssel zum Erfolg, in: Personalwirtschaft, 19. Jg., 1992, Heft 8, S. 12-16.

Töpfer, A. (1998): Die Restrukturierung des Daimler-Benz Konzerns 1995-1997, Neuwied / Kriftel 1998.

Töpfer, A. / Lindstädt, G. / Förster, K. (2002): Balanced Score Card, Hoher Nutzen trotz zu langer Einführungszeit, in: Controlling, 14. Jg., Heft 2, 2002, S. 79-84.

Tsuji, C. (2006): Does EVA beat earnings and cash flow in Japan?, in: Applied Financial Economics, Vol. 18, No. 16, S. 1199-1216.

Ulrich, H. / Probst, G. J. B. (1995): Anleitung zum ganzheitlichen Denken und Handeln: ein Brevier für Führungskräfte, 4. Auflage, Bern / Stuttgart 1995.

Ungeheuer, U. (1993): Prozeßkettenorientiertes Zeitmanagement – erfolgreiche Wege am Beispiel eines Automobilherstellers, in: Deutscher Logistik-Kongreß, Konferenz-Einzelbericht: Logistik-Lösungen für die Praxis, Band 1, Berlin 1993, S. 137-177.

Urban, G. L. / Carter, T. / Gaskin, S. / Mucha, Z. (1986): Market Share Rewards to Pioneering Brands: An Empirical Analysis and Strategic Implications, in: Management Science, Vol. 32, 1986, S. 645-659.

van de Vliet, A. (1997): The New Balancing Act. In: Management Today (1997), Nr. 7, S. 78-80.

Vanhonacker, W. R. / Day, D. (1987): Cross-Sectional Estimation in Marketing: Direct versus Reverse Regression, in: Marketing Science, Vol. 6, No. 3, Summer 1987, S. 254-267.

Velthuis, L: J. / Wesner, P. (2004): Werterzielung deutscher Unternehmen, ERIC™-Performance-Studie 2004, Frankfurt a. M. 2004.

Venohr, B. (1988): „Marktgesetze" und strategische Unternehmensführung – Eine kritische Analyse des PIMS-Programms, Diss., Wiesbaden 1988.

Vester, F. (1980): Neuland des Denkens, Vom technokratischen zum kybernetischen Zeitalter, Stuttgart 1980.

Vester, F. (1999): Die Kunst vernetzt zu denken, Ideen und Werkzeuge für einen neuen Umgang mit Komplexität, Stuttgart 1999.

422   *Literaturverzeichnis*

Vettinger, T. / Volkart, R. (1997): Zur Shareholder Value-Orientierung schweizerischer Gross-unternehmen, in: Der Schweizer Treuhänder, 71. Jg., 1997, S. 25-34.

von Braun, C.-F. (1991a): Die Beschleunigungsfalle, in: Zeitschrift für Planung, 2. Jg., 1991, Heft 1, S. 51-70.

von Braun, C.-F. (1991b): Die Beschleunigungsfalle in der Praxis, in: Zeitschrift für Planung, 2. Jg., 1991, Heft 3, S. 267-289.

von Braun, C.-F. (1995): Innovation, Zeitwettbewerb und Beschleunigungsfalle, in: Wissenschaftsmanagement, 1. Jg., 1995, Heft 4, S. 152-157.

von Clausewitz, C. (1880): Vom Kriege, Berlin 1880.

von Moltke, H. K. (1938): Kriege und Siege, Berlin 1938.

von Neumann, J. / Morgenstern, O. (1944): Theory of games and economic behavior, Princeton 1944.

von Oetinger, B. (1983): Wandlungen in den Unternehmensstrategien der 80er Jahre, in: Koch, H. (Hrsg.): Unternehmensstrategien und Strategische Planung – Erfahrungen und Folgerungen, Zeitschrift für betriebswirtschaftliche Forschung, Sonderheft 15, 35. Jg., 1983, S. 42-51.

Voss, A. (2000): Wettbewerbsfähigkeit der verschiedenen Stromerzeugungsarten im liberalisierten Markt, http://elib.uni-stuttgart.de/opus/volltexte/2000/691/pdf/ Vortrag_VGB3.pdf, Download vom 22.01.2007.

Voyer, P. (1999): Tableau de Bord de Gestion et Indicateurs de Performance, 2. Aufl., Sainte-Foy, Québec 1999.

Wälchli, A. (1995): Strategische Anreizgestaltung: Modell eines Anreizsystems für strategisches Denken und Handeln des Managements, Bern u. a. 1995.

Weber, J. (1991): Versagen des Controlling? Ein Beitrag zur Theoriefindung, Erwiderung zu dem Beitrag von D. Schneider, in: Der Betrieb, 44. Jg., 1991, Heft 35, S. 1785-1788.

Weber, J. / Linder, S. (2003): Budgeting, Better Budgeting oder Beyond Budgeting? Konzeptionelle Eignung und Implementierbarkeit, Advanced Controlling, 6. Jg., Band 33, Vallendar 2003.

Weber, J. / Schäffer, U. (1999): Sicherstellung der Rationalität von Führung als Aufgabe des Controlling ?, in: Die Betriebswirtschaft, 59. Jg., Heft 6, 1999, S. 731-747.

Weber, J. / Sandt, J. (2001): Erfolg durch Kennzahlen, Neue empirische Erkenntnisse, Reihe Advanced Controlling, Band 21, Vallendar 2001.

Weisweiler, F. J. (1982): Unternehmensgeschichte in der Produkt-Portfolio-Analyse – dargestellt am Beispiel des Hauses Mannesmann, in: Zeitschrift für betriebswirtschaftliche Forschung, 34. Jg., 1982, Heft 3, S. 281-289.

Welge, M. K. / Al-Laham, A. (2005): Strategisches Management, 4. Aufl., Wiesbaden 2005.

Wernerfeldt, B. (1984): A Resource-based View of the Firm, in: Strategic Management Journal, 5. Jg., 1984, S. 171-180.

Wernerfeldt, B. (1989): From critical resources to corporate strategy, in: Journal of General Management, 14. Jg., Frühjahr 1989, S. 4-12.

Wiechel, K.-H. (1980): Die PIMS-Methode, ein Instrument der strategischen Planung, unveröffentlichtes Vortragsmanuskript, Ludwigshafen 1980.

Wild, J. (1981): Grundlagen der Unternehmensplanung, 3. Auflage, Opladen 1981.

Wildemann, H. (1982): Kostenprognosen bei Großprojekten, Stuttgart 1982.

Wildemann, H. (1992): Zeit als Wettbewerbsinstrument in der Informations- und Wertschöpfungskette, in: Wildemann, H. (Hrsg.): Zeitmanagement: Strategien zur Steigerung der Wettbewerbsfähigkeit, Frankfurt a. M. 1992, S. 15-24.

Wildemann, H. (1993): Just-in-Time in Forschung & Entwicklung und Konstruktion, in: Zeitschrift für Betriebswirtschaft, 63. Jg., 1993, Heft 12, S. 1251-1270.

Wildemann, H. (1995): Qualitätskosten- und Leistungsmanagement, in: Controlling, 7. Jg., 1995, Heft 5, S. 268-276.

Wildemann, H. (2005): Zahlt sich Qualität aus? Renditewirksamkeit eines Qualitätsmanagements, in: Qualität und Zuverlässigkeit, 50. Jg., Heft 5, 2005, S. 21-25.

Willis, A. (1994): For Good Measure, in: CA Magazine, Vol. 127, No. 10, 1994, S. 16-27.

Wilson, I. A. (1983): The benefits of environmental analysis. in: Albert, K. (Hrsg.): The strategic management handbook, New York 1983, Kapitel 9, S. 1-19.

Wind, Y. (1982): Product Policy: Concepts, Methods and Strategies, Reading (Mass.) u. a. 1982.

Wind, Y. / Mahajan, V. / Swire, D. J. (1983): An Empirical Comparison of Standardized Portfolio Models, in: Journal of Marketing, 47. Jg. 1983, Heft 2, S. 89-99.

Winter, S. (1999): Optionspläne als Instrument wertorientierter Managementvergütung, Frankfurt 1999.

Wittek, B. F. (1980): Strategische Unternehmensführung bei Diversifikationen, Berlin 1980.

Wolfrum, B. / Rasche, C. (1993): Kompetenzorientiertes Management, in: Thexis, 1993, Heft 5 / 6, S. 65-70.

Womack, J. P. / Jones, D. T. / Roos, D. (1994): Die zweite Revolution in der Automobilindustrie: Konsequenzen aus der weltweiten Studie aus dem Massachusetts Institute of Technology, 8. Auflage, Frankfurt a. M. / New York 1994.

Worthington, A. C. / West, T. (2004): Australian Evidence Concerning the Information Content of Economic Value Added, in: Australian Journal of Management, Vol. 29, No. 2, S. 201-223.

Wübbenhorst, K. L. (1984): Konzept der Lebenszykluskosten, Grundlagen, Problemstellungen und technologische Zusammenhänge, Diss., Darmstadt 1984.

Young, D. / Sutcliffe, B. (1989): Value Gaps – Who is Right? – The Raiders, the Market or the Managers?, in: Long Range Planning, 23. Jg., 1989, Heft 4, S. 20-34.

Zahn, E. (1995): Kompetenzbasierte Strategien, in: Corsten, H. / Reiß, M. (Hrsg.): Handbuch Unternehmensführung, Konzepte – Instrumente – Schnittstellen, Wiesbaden 1995.

Zdrowmyslaw, N. / Von Eckern, V. / Meißner, A. (2003): Akzeptanz und Verbreitung der Balanced Scorecard, in: Betrieb und Wirtschaft, 57. Jg., Heft 9, 2003, S. 356-358.

Zettelmeyer, B. (1984): Strategisches Management und strategische Kontrolle, Diss., Darmstadt 1984.

Zörgiebel, W. (1983): Technologie in der Wettbewerbsstrategie, Berlin 1983.

Zurwehme, A. (2007): Erfolgsbezogene Steuerung von Weiterbildungseinrichtungen, Überlegungen zur Entwicklung eines Controlling-Systems für Bildungsanbieter, Diss., Dresden 2007.

Stichwortverzeichnis

A

ABO Continuum 386
Abschöpfungsstrategie 128, 195, 203, 243, 244
Abweichungskosten 114, 115, 121
Adjusted Present Value Approach 289
Akquisitorische Potenziale 104, 110, 185, 216, 217, 226, 246, 249
Aktienoption 280
Aktion 5
Aktive Faktoren 48
Allowable Costs 137
Amortisation 31, 140, 141, 154, 180
Ampelsystem 335, 370
Anreizsystem 279, 394 *Siehe* Sanktionssystem
Anreizsystem, strategisches 398
Ansoff-Matrix 267, 272
Anspruchsgruppe 386
Asymmetrische Informationsverteilung 281
Aufgabenspezifisches Umfeld *Siehe* Wettbewerbsumfeld
Aufhol-Strategie 131, 132, 134
Ausgewogenheitspostulat 187, 188, 190, 192, 195, 196, 197, 207, 209, 210, 211, 221, 240, 293, 301
Ausgleichsgedanke *Siehe* Ausgewogenheitspostulat
Auslaufprodukte 196, 197, 207, 209, 210, 212, 294, 295
Auswählen *Siehe* Selektion

B

Babies *Siehe* Nachwuchsprodukte
Balanced Scorecard 12, 51, 270, 328, 367, 395, 396
Basiskompetenzen 255
Basistechnologie 155, 231
Baum-Modell 267, 272
Befähiger-Kriterien 390
Beharrende Strategie 224
Benchmarking 71, 270, 324, 331, 335, 387
Berichtswesen 397
Beschleunigungsfalle 182–84
Betriebsphase 88
Better Budgeting 395
Beyond Budgeting 396
Bilanz- und Erfolgsrechnung 7
Bilanzplanungsmodell 327
Billigposition 128, 134
Boston-II-Matrix 221–23
Boston-I-Portfolio 191, 192–98, 202, 206, 207, 212, 216, 217, 292, 293, 294, 300, 307, 319, 359
Brainwriting 356

Branchenmarktführerschaft *Siehe* Marktführerschaft
Branchenrentabilität 196, 214, 222, 227, 240, 241, 242
Branchenstrukturanalyse 55, 59–61, 343
Branchenstrukturmodell *Siehe* Branchenstrukturanalyse
Buchwert 304
Budgetierung 394, 395
Budgetierung, Schwächen 395

C

CAM-I 396
Capabilities *Siehe* Fähigkeiten
Cash Cows *Siehe* Milchkühe
Cash Flow 80, 86, 87, 172, 188, 195, 203, 210, 239, 243, 285, 286, 293, 294, 302, 313
Cash Flow Return on Investment 280, 282, 283, 289
Cash Generation Units 39
Cash Investment Ratio 298
Cash Value Added 20, 283, 289
Cash-Falle 240
CFRoI *Siehe* Cash Flow Return on Investment *Siehe* Cash Flow Return on Investment
Chancen-Risiken-Katalog 64
Chancen-Risiken-Profil 49
CIR *Siehe* Cash Investment Ratio
Competence Center 271
Conjoint Measurement 69, 137
Consortium for Advanced Manufacturing International (CAM-I) 396
Controlling-Begriff 4
Controllingsystem 7, 10
Corporate Scorecard 367
Cross Impact-Analyse 59, 335, 353–54, 358
Customer Value 309
CVA *Siehe* Cash Value Added

D

Davonzieh-Strategie 131, 132
Defensivstrategie 206, 244
Desinvestitionsstrategie 196, 203, 209, 233, 244
Deskriptoren 357
Diagnostic Review 366
Differenzierung 220
Differenzierungsstrategie 77-81, 114, 120, 121, 142, 161–63, 169, 170, 219, 221, 225, 228
Diffusionsforschung 85, 339, 346–47
Diffusionsfunktionen 347
Diffusionsprozess 84, 164, 346, 347
DIN EN ISO 14031 390

Direkte Bearbeitungszeit 157, 158
Direkte Strategie 170
Diskontinuitäten 138, 214, 331, 336–38, 340, 346, 350–53, 355, 358, 359, 360
Diskontinuitätenbefragung 351, 353, 358, 359, 360
Diversifikation 26
Dog-Produkte *Siehe* Auslaufprodukte
Doppeltes Gegenstromverfahren 259
Double-loop-learning 376
Duale Organisation 39
Durchführungskontrolle 327
Durchlaufzeit 146, 148, 152, 153, 156, 157, 158, 159, 160, 167, 168, 170, 171
Durchschnittliche Gesamtkapitalkosten *Siehe* Weighted Average Cost of Capital
Durchschnittsposition 128
Dynamic capabilities 251

E

Earned Value-Konzept 397
Earnings less Riskfree Interest Charge (ERIC) 283, 289
Economic Value Added 20, 280, 283, 289, 302
Economies of Scale 59, 93, 99
Economies of Scope 95
Economies of Speed *Siehe* Speed Management
Economies of Time 144, 160
EFQM-Modell 390
Eigenkapitalansatz 289, 301
Eigenkapital-Free Cash Flow 298
Eigenkapitalrendite *Siehe* Return on Equity
Eignerstrategie 33
Einflussmatrix 46
Einführungsphase 85, 86, 89, 188, 194, 242
Einführungszeit 152, 154
Enabler-Faktoren 386
Enabler-Kriterien 390
Entscheidungsbaumverfahren 314
Entscheidungsorientierte Sicht des Controlling 4
Entscheidungszeit 153
Entwicklungskosten 140, 167, 173, 177, 178, 179
Entwicklungsphase 136
Entwicklungszeit 140, 148, 154, 157, 161, 167, 170, 172, 173, 176, 177, 178, 179
Entwicklungszyklus 87
EPM 391
EPM-KOMPAS-Modell 390, 391
Equity Spread 289, 298
Erfahrungskurve 16, 60, 72, 77, 107, 108, 110, 111, 160, 167, 182, 184, 192, 219, 223
Erfolg 6
Erfolgsfaktor 31
Erfolgspotenzial 6, 9, 30, 31, 40, 54, 55, 75, 171, 203, 247, 252, 284, 290, 324, 325, 327
Erfolgspotenzialkontrolle *Siehe* Profitabilitätskontrolle

Ergebniskriterien 390
ERIC™ *Siehe* Earnings less Riskfree Interest Charge
Erkundungsmarketing 265
Ernst & Young-Konzept 390
Etymologische Wurzel 1, 3
European Foundation of Quality Management 390
EVA *Siehe* Economic Value Added
Externe Durchführbarkeitskontrolle 327
Extremszenarien 355, 357

F

F&E 102, 103, 189, 195, 199, 229, 232, 233
Fähigkeiten 246, 250
Faktorensystem 190, 198, 206, 207
Feedback 5, 8, 24, 53, 153, 319, 320, 366, 376
Feedforward 5, 8, 24, 53, 319, 320, 328, 366, 376
Feindliche Übernahme 275
Fertigungs-Durchlaufzeit *Siehe* Durchlaufzeit
Finanzausgleich *Siehe* Ausgewogenheitspostulat
Finanzierungsrechnung 7, 9
Finanzkapital 30, 245, 250, 258
Finanzleitlinien 12, 326
Finanzrechnung 7, 9
Fit 248, 250, 260
Flexibilität 106, 165, 170, 172, 214, 228, 341, 343
Folger 196 *Siehe* Markteintrittsstrategien
Formalziel 8, 11, 323, 378
Fragezeichen *Siehe* Nachwuchsprodukte
Fragmentierung 138, 141, 213, 221, 246
Free Cash Flow 286 *Siehe* Cash Flow
Freier Cash Flow 285 *Siehe* Free Cash Flow
Frühindikator 371, 390
Frühwarnung *Siehe* Strategische Frühwarnung
Funktionale Strategie 35, 224, 272

G

Ganzheitlichkeit 42
Gap-Analyse 18, 20, 24
Generelle Zielplanung 8
Generische Wettbewerbsstrategien 76–78, 169, 219–21, 308, 310
Generischen Wettbewerbsstrategien 76
Gesamtkapitalansatz 285, 287, 297, 301, 302
Gesamtkapitalkosten 285
Gesamtmarkt 102, 104, 162, 213, 216, 222, 224, 225
Gesamtunternehmensbezogene Planung 8, 12
Geschäftseinheitshierarchie 40
Geschäftsstrategie 35, 36, 54, 75, 142, 160, 272
Geschäftssystem 69–71, 343
Gewinn 7, 8, 10, 20, 30, 31, 40
Gewinnfalle 299
Global Reporting Initiative 390
Globales Umfeld 55–58, 343

Gordon-Modell 297, 301
Grenzanbieter 108, 110, 111, 113

H

Half-Life-Konzept 106, 149, 367
Hard facts 364
Hardware 26, 37
Hochpreispolitik 98, 196
Homogene Güter 104, 110
Honda-Yamaha-Krieg 180
Humankapital 29, 30, 201, 230, 245, 250, 258,
   326, 376, 377, 390
Hybrider Verbraucher 246
Hyperwettbewerb 78, 106, 142, 170

I

Identifikationsmatrix 262, 269
Imitator 79, 80
Immaterielle Ressourcen 245, 248, 249
Index of Value Creation Potential 296
Indikator 30, 50, 51, 53, 230, 330, 332, 334, 335,
   366, 371
Indirekte Bearbeitungszeit 157, 158, 159, 168
Indirekte Strategie 170
Industriekostenkurve 107–13, 360
Informationsangebot 291
Informationsdienste 348
Informationsverarbeitung 291
Initiierungsphase 88
Innovation 84, 172, 192, 199, 200, 214, 225, 229,
   347
Innovationsfähigkeit 199, 201
Innovationsrate 31, 180, 181
Innovationsstrategie 80
Innovationswettlauf 179, 180
Innovative Strategie 224, 225
Innovativer Aktivitätszyklus 152, 154, 157, 158,
   161, 172
Innovator 7, 79, 80, 82, 85, 86, 164, 194, 347
Innovatorenprofite 161
Insourcing 271
Intangible assets *Siehe* Immaterielle Ressourcen
Intangible Assets Monitor 377
Intangibles 245, 248
Intellectual Capital 250 *Siehe* Humankapital
Intellectual Capital Navigator 377
Intellectual Capital Statement 30, 266, 377, 390
Inter-Klassen-Heterogenität 38
Interne Machbarkeitskontrolle 326
Intra-Klassen-Homogenität 39
Intra-System-Fit 14, 15, 16, 23, 24, 25, 35, 43, 245,
   246
Investitionsstrategie 195, 203, 206, 233
Investor Relations 276, 277, 285, 291
Issue-Impact-Matrix 59, 353

Ist-Portfolio 209

J

J.D. Powers and Associates 117
Jahresabschluss 7, 9, 249
Just in Time 146, 147

K

Kaizen 146, 149, 153, 367, 380, 387
Kapitalkosten 285
Kausalketten 334, 335, 336, 337, 360
Kennzahl 366, 368, 371
Kennzahlen 51
Kennzahlenanalyse 330, 331
Kennzahlensystem 394
Kernkompetenz-Management-Kreislauf 256, 260
Kernkompetenz-Management-Prozess 269
Kernmarkt 213, 217, 243
Kernproduktanteil 270
Kernprozesse 247, 257, 271, 272
Key Informant Bias 75
Key Performance Indicator 31
Kompetenz 149, 245, 247, 250, 251, 252
Kompetenzlücke 262
Kompetenzmatrix 263
Kompetenz-Strategie-Portfolio 262, 269
Kompetenzwert 262
Komplexitätsreduktion 294, 296, 297, 319, 323,
   325
Konkurrenzanalyse 61–63, 71
Kontexttransfer 268
Kontinuierliche Verbesserungen *Siehe* Kaizen
kontinuierlicher Verbesserungsprozess 394
Kontrollfunktion 278
Kontrollphase 5, 8
Koordinationsorientierte Sicht des Controlling 4
Kosten- und Leistungsrechnung 7
Kostenführerschaft 220
Kostenführerschaftsstrategie 74, 77, 78, 79, 81,
   160, 169, 170, 195, 216, 219, 227
Kostenmanagement 107, 361
Kostenwettbewerb 84, 113, 161, 180, 216–17,
   226–27
Kreativitätstechniken 30, 270
Krisenforschung 14
Krisenmanagement 343
Kritische Faktoren 48
Kritischer Erfolgsfaktor 31
Kulturelle Barrieren 151
Kundenwert 309
Kybernetischer Prozess 4, 5, 7, 9, 23, 284, 361,
   366, 382, 392

L

Langfristige Planung 14
Laws of the market place 16, 18
Leaning Brick Pile 292, 304, 305, 306
Lebenszyklusauszahlungen *Siehe* Lebens-
    zykluskosten
Lebenszykluskosten 91, 137
Lebenszykluskostenrechnung *Siehe* Life Cycle
    Costing
Lebenszyklusumsatz 182
Leistungstreiber 371, 386, 392
Leitbild 10, 150, 151, 160, 323, 358, 361, 364
Leitbildkontrolle 323, 383
Leitparameter 392
Lenkungsmöglichkeiten 50
Lernkurve 91, 92
Lernrate 95, 111
Lernzeit 153
Leverage 247, 248, 250, 282
Leveraged Buyout 275, 291
Lieferzeit 142, 144, 152, 156, 160, 161, 163, 165,
    170, 171
Liegezeit 157, 158, 159, 168
Life Cycle Costing 90, 100, 107, 137
Lineares Denken 40
Liquidationsstrategie *Siehe* Desinvestitionsstrategie
Liquidität 6, 7, 8, 10, 30, 31, 40
Long Range Planning *Siehe* Langfristige Planung
Lücken-Analyse *Siehe* Gap-Analyse
Luxusposition 128, 134

M

M&A-Welle 273
M/B-Ratio *Siehe* Market to Book-Ratio
Machtpromotor 394
Magisches Dreieck 82, 160, 166, 169, 384
Makroumfeld *Siehe* Globales Umfeld
Malcolm Baldridge Award 390
Management Cockpit 370, 387, 389
Managementkompetenz 255, 256
Managementsystem 375
Marakon Portfolio Profitability Matrix 297, 299
Marakon Profitability Matrix 297
Markenbewertung 249, 309
Markentransfer 267
Market Based View *Siehe* Marktorientierter Ansatz
Market for Corporate Control 278
Market to Book-Ratio 289, 297, 302, 304, 305
Marketingintensität 102, 103, 129
Markt für Unternehmenskontrolle *Siehe* Market for
    Corporate Control
Marktabgrenzung 28, 44, 211, 218, 219, 223, 227,
    228
Marktangebotsfunktion *Siehe* Industriekostenkurve

Marktanteil 77, 100, 101, 102, 103, 105, 113, 120,
    128, 129, 130, 192, 193, 194, 197, 201, 203,
    212–14, 218–19
Marktanteils-Marktwachstums-Portfolio *Siehe*
    Boston-I-Portfolio
Marktattraktivität 200, 201, 203
Marktattraktivitäts-Wettbewerbsstärken-Portfolio
    Siehe McKinsey-Portfolio
Marktaustrittsbarrieren 214, 215, 241, 242, 244
Marktdifferenzierung 131, 132
Markteintrittsbarrieren 59, 200, 215, 225, 227
Markteintrittsstrategien 154, 161, 176
Markteintrittszeitpunkt 144, 154, 161, 167, 172,
    176, 178, 180
Markterschließung 26
Marktführerschaft 81, 102, 105, 191, 193, 212–14,
    218, 219, 220, 224, 225, 227, 243, 244
Marktfunktion 278
Marktintensivierung 25
Markt-Kompetenz-Matrix 263
Marktmatrix 263
Marktorientierter Ansatz 245, 369
Marktsegmentierung 162, 249
Marktvolumen 141, 196, 197, 201, 203
Marktwachstum 100, 101, 192, 193, 194, 197, 201,
    203, 209, 224
Marktzykluslänge 138, 140, 141, 173, 178, 179,
    181, 182, 183
Maßnahmen 369
Matrixdarstellung 189, 190–91, 194, 215, 229
McKinsey-Portfolio 192, 198–207
Meilensteinplan 369, 397
Meilensteintrenddiagramm 397
Merit Order-Kurve 110
Messmethodik 366
Messobjekte 365
Messort 5
Messsystem 375
Metakompetenzen 257, 266
Milchkühe 195, 197, 293, 294, 295
Modifizierter Leaning Brick Pile 306
Modifizierter Ronagraphen 296
Monte-Carlo-Simulation 359
MTM-Methode 158

N

Nachahmer 196
Nachahmungsstrategie 224
Nachfolgestrategie 80
Nachsorgezyklus 87
Nachwuchsprodukte 188, 195, 196, 197, 206, 207,
    210, 293, 294, 295, 307
Netzplantechnik 397
Netzwerkstrategie 272
Niedrigpreispolitik 99
Nische *Siehe* Teilmarkt

Nischenstrategie *Siehe* Spezialisierungsstrategie
Non-Profit-Organisation 378, 397
Normstrategie 32, 51, 134, 189–90, 191, 194–96,
    202–3, 208, 212, 215, 222–23, 224–25, 226–27,
    232–33, 295, 359, 360
Normstrategien 238
Nutzenpotenzial 33, 308

O

Objektive Zeitdauer 163
Offensivstrategie 195, 203, 222
One-House-Modells 39
Operative Kompetenz 255
Operative Kontrolle 8, 10, 12
Operative Lücke 18
Operative Planung 5, 8, 10, 12, 361
Operativer Aktivitätszyklus 152, 156, 157, 158,
    161, 167, 168
Operatives Controlling 7, 9, 331
Opportunitätskosten 177, 277
Opportunity-Matrix 251, 270
Option 314
Optionspreis-Modell 315
Optionswert 314, 316, 317
Organizational capital 250
Outcome 378
Outpacing-Position 80
Outpacing-Strategie 79, 80, 105, 121, 136, 170,
    272, 308
Outsourcing 271

P

Passive Faktoren 48
Patentattraktivität 237
Patent-Lebenszyklus 238
Patent-Portfolio 236
Patentqualität 237
Patentstärke 237
Patentwachstum 238
Patt 222
Penetration-Strategie 99
Performance Loops 382
Performance Measurement 361
Performance Measurement in Service Businesses
    390
Performance Measurement Model 390
Performance Measurement-Systeme 12, 51, 362,
    390
    Grundkonzepte 365
    qualitätsbezogene 390
    spezielle Anwendungen 390
    umweltbezogene 390
Performance Pyramid 379
Performance-Matrix 292, 302
Performance-Portfolio 303

Personenorientierte Koordination 5
Perspektive 367, 369
Pfadszenarien 356
PIMS 16, 18, 101, 102, 105, 116, 119, 120, 121,
    122, 123, 128, 130, 132, 167, 198, 212, 221, 362
Pionier *Siehe* Markteintrittsstrategien
Plangenerierungskontrolle 323
Planinhaltskontrolle 327
Planrealisationskontrolle 327
Planungshochrechnungen 330, 331
Planungsphase 88
Planungsrechnung 2
Planungssystemkontrolle 325
Planwert-Portfolio 303
Poor Dogs *Siehe* Auslaufprodukte
Portfolio Selection-Theorie 185
Portfolio-Analyse 187, 189, 190, 196, 203, 207–
    16, 224, 229, 233, 358–60
Portfolio-Management 34, 272, 292
Positionierung 35, 126, 127, 130, 134, 189, 190,
    193, 197, 202, 205, 206, 207, 208, 209, 210,
    211, 212, 215, 229, 235
Potenzialvariation 29
Prämissenkontrolle 323
Preis-Absatz-Funktion 107, 217
Preiselastizität 226
Preiselastizitäts-Produktdifferenzierungs-Matrix
    226–27
Preiskampf 105, 223, 226, 240
Preis-Leistungs-Gerade 127
Preis-Leistungs-Matrix *Siehe* Value Map
Preis-Leistungs-Verhältnis 117, 126, 128, 130,
    134, 137
Preispolitische Autonomiespielräume 161, 162,
    164, 165, 166, 169, 216–17, 223
Preisprämie *Siehe* Preispolitische
    Autonomiespielräume
Preisschirm 99
Preiswettbewerb *Siehe* Kostenwettbewerb
Problems *Siehe* Auslaufprodukte
Productivity Measurement and Enhancement
    System (PROMES) 390
Produkt 26, 44
Produktdifferenzierung 59, 180
Produktentwicklung 25
Produktkomplexität 140
Produktlebenszyklus
    enges Konzept 71, 72, 85–86, 138, 189, 192,
        194, 207, 209, 210, 213, 231, 347
    weites Konzept 87, 152, 229
Produkt-Markt-Kombination 36, 37
Produkt-Markt-Matrix 25, 36
Produkt-Markt-Strategien 25, 29, 75, 245, 327
Produkt-Portfolio 185, 187, 191–207, 216, 221,
    223, 229, 232, 239, 242
Produktvielfalt 138, 140, 146, 165, 180
Profilmatrix 261, 269

Profit Impact of Market Strategy *Siehe* PIMS
Profitabilitätskontrolle 324
Prognoseverfahren 330
Programmvariation 25
Projektcontrolling 397
Projektmanagement 397
Projektstrukturplan 397
Prozessbilanz 392
Prozesskostenrechnung 68, 107, 361
Psychologische Karte 48

Q

QFD *Siehe* Quality Function Deployment
Qualitätsbegriff 114, 115, 136
Qualitätskostenrechnung 114, 361
Qualitätsmanagement 136
Qualitätsmanagementsystem 394
Qualitätswettbewerb 124, 180
Quality Function Deployment 114, 137, 138
Quality Management-System 398
Quantum Performance 384
Quantum Performance Measurement Model 384, 385
Quantum Performance Measurement-System 384
Question marks *Siehe* Nachwuchsprodukte

R

Raider 278
Rastertechnik 189, 190–91, 193, 319
Rationalitätsorientierte Sicht des Controlling 4
Reaktionsstrategien 341–46, 353, 355, 360
Realisierungsphase 8, 88
Realoption 314, 315
Refa-Methode 158
Regelstrecke 5
Reifephase 85, 87, 89, 188, 193, 194, 208
Relative Direktkosten 121
Relative Qualität 116, 117, 120, 121, 127, 133, 201, 203, 215, 370
  in Bezug auf den Preis 117
  in Bezug auf die Wahrnehmung 118
  in Bezug auf die Wettbewerber 116
Relative Wettbewerbsposition 49
Relativen Patentanteil 237
Relativer Marktanteil 370
Relativer Preis 117, 118, 127, 133
Relativer Technologieanteil 237
Relevanter Markt 28, 35, 218–19
Remodellierung 258
Reporting 394
Reproduktiver Wandel 258
Resource Based View *Siehe* Ressourcenorientierter Ansatz
Response-Zeit 143, 148, 150, 151–59, 158, 159, 161, 167, 168, 172

Ressourcen 16, 29, 246, 249, 250
Ressourcenallokation 35, 185, 187, 188, 189, 198, 212, 232
Ressourcenmanagement 15
Ressourcenorientierter Ansatz 245, 369
Ressourcen-Strategien 25, 29, 75, 245, 326
Restructuring Pentagon 290
Restrukturierung 258
Restrukturierungslücke 291, 292
Restrukturierungs-Pentagon 290
Restwert 286
Retardierungsstrategie 171
Return on Equity 282, 297, 298, 301
Return on Gross Investment 282
Return on Investment 102, 123, 130, 132, 134, 135, 144, 172, 202, 212, 219, 281, 282
Return on Sales 123, 281
Revitalisierung 258
Risiko 184, 186, 188, 192, 199, 214, 215
Risikomanagement 394
Risikomanagementsystem 394, 398
RoE *Siehe* Return on Equity
RoI *Siehe* Return on Investment
RoI Spread 289
Ronagraph 296
Ronagraphen 296
R-Strategien *Siehe* Ressourcen-Strategien

S

Sachkapital 29, 30, 250
Sachziel 8, 10, 11, 323, 378
Sanktionssystem 8, 12, 279, 281, 285, 289, 364, 386, 398
Sättigungsphase 85, 87, 89, 188, 194, 209, 242
SBU *Siehe* Strategische Geschäftseinheit
Schichtenmodell des Wandels 257
Schlüsselerfolgsfaktoren 31
Schlüsselfaktoren 31
Schlüsseltechnologie 155, 231
Schrittmachertechnologie 155, 156, 231
Schrumpfende Märkte 194, 223, 239–44
Schwache Signale 14, 330, 336, 338–41, 350, 353, 355, 358, 359, 360, 364
Scoring-Modell 73, 119, 190, 201–2, 204, 207, 215, 230, 234, 357
Segment of one 246
Segmentberichterstattung 39
Segmente 39
Segmentführerschaft 219, 220, 227
Sekundärstruktur 39
Selbstevaluation 391
Selektion 203, 206, 233
Selektive Strategie 263
Service 27, 37
Servicezeit 152, 156, 161, 171
SGE *Siehe* Strategische Geschäftseinheit

SGF *Siehe* Strategisches Geschäftsfeld
Shareholder Value 6, 43, 324
Shareholder Value-Ansatz 273
SIE *Siehe* Strategische Investmenteinheiten
Sieben-S-Modell 14
Situationsvariablen 335
Skandia Navigator 377
Skill Cluster-Analyse 269
Skill Cluster-Index 269
Skill Tree *Siehe* Baum-Modell
Skimming-Strategie 98, 196
S-Kurven-Konzept 145, 155, 231
Soft facts *Siehe* Weiche Faktoren
Software 26, 37
Soll-Portfolio 209
SOS-Kompetenzen 255
Sozial-ökologischen Erfolg 392
Sozialziel 8, 11, 323
Soziogramm 48
Spätindikator 371, 391
Speed Management 143, 144, 145, 148
Spezialisierung 220
Spezialisierungsstrategie 77, 219, 223, 227, 228, 243
Spin-off 233
Stakeholder 44, 380, 386
Stakeholder-Analyse 55
Stärken-Schwächen-Profil 72
Star-Produkte 195, 197, 210, 293, 294, 295
Stellort 5
Steuerschild 285 *Siehe* Tax shield
Steuervorteil 285
Stillegungsphase 88
Stock options 280
Stoffströme 392
Störereignisse 355, 358
Störgrößen 5
Strategic Advantage Reporting 397
Strategic Business Unit *Siehe* Strategische Geschäftseinheit
Strategic Fit 190
Strategic intent *Siehe* Strategische Entwicklungslinien
Strategic Issue Management 14
Strategic Management Accounting 12, 327, 361
Strategic Management Process 375
Strategic Surprise Management 14
Strategie der Zeitführerschaft 160
Strategiebegriff 1
Strategiebewertung 52
Strategiefestlegung 335, 358
Strategiefindung 24–30
Strategische Analyse 24
Strategische Entwicklungslinien 264
Strategische Erfolgsfaktoren 19, 31, 35, 40, 45, 72, 142, 160, 166, 169
    umfeldliche 31

    unternehmensinterne 31
Strategische Frühaufklärung 11, 14, 42, 46, 50, 58, 243, 270, 325
    eigenorientierte Ansätze 330
    fremdorientierte Ansätze 330
    Systeme der 1. Generation 330–31, 337, 360
    Systeme der 2. Generation 330–37, 360
    Systeme der 3. Generation 330, 337–60
Strategische Frühwarnung 28, 330
Strategische Führung 14
Strategische Geschäftseinheit 36, 39, 44, 142, 160, 162
Strategische Gruppe 62
Strategische Investmenteinheiten (SIE) 33
Strategische Kontrolle 8, 10, 12, 319–28
Strategische Kriegslehre 1
Strategische Lücke 18, 22, 209
Strategische Option 224, 225, 314, 317
Strategische Planung 5, 8, 10, 12, 14, 24, 33, 319, 340, 345, 358, 360
Strategische Planungsebenen 33–36, 185
Strategische Potenziale
    Bewertung 71
    Ermittlung, funktionsbezogene 65
    Ermittlung, wertbezogene 66
    Visualisierung 72
Strategische Überwachung *Siehe* Strategische Frühaufklärung
Strategische Ziele 11, 368
Strategischen Kontrolle 361
Strategischer Controlling-Kreislauf 53
Strategischer Planungsprozess 23
Strategischer Wettbewerbsvorteil 27, 145, 159, 160, 178
Strategisches Budget 397
Strategisches Controlling 9
Strategisches Dreieck 27
Strategisches Fenster 144, 154, 173
Strategisches Geschäftsfeld 36
Strategisches Management 14, 15
Strategisches Spielbrett 223–25
Strategy Focused Organization 375
Strategy Map 51, 373, 376, 394
Stretch 246, 248, 250, 260
Structure follows Strategy 14
Strukturbilder 356
Strukturbrüche *Siehe* Diskontinuitäten
Strukturelle Koordination 5
Stuck in the middle 78, 220, 221
Subjektives Zeitempfinden 163
Substitution 180
Sustainable Developments Reporting 390
Sustainable Growth-Modell 301
SWOT-Analyse 74
Synergien 105, 211, 228, 229, 307, 308
Systemlernprozesse 174
Szenariotrichter 355

T

Tableau de Bord 387
Tacit knowledge 246, 248
Target Costing 27, 69, 107, 137, 361
Target Costs 137
Täuschungsstrategie 171
Tax shield 285, 287
Technokratische Koordination 5
Technologieattraktivität 238
Technologiebedeutung 238
Technologie-Portfolio 58, 192, 228–39, 236
Teilmarkt 102, 138, 213, 224, 227, 228, 242, 244
Teilmodule des strategischen Controlling 10
Teilsystem 9, 30
Termintreue 142, 160, 161, 163, 165, 171
Teufelskreis des Innovationswettlaufs 181, 182
Theory of Contraints 158
Time Based Competition *Siehe* Zeitwettbewerb
Time Based Management *Siehe* Zeitmanagement
Time-into-market *Siehe* Einführungszeit
Time-to-customer *Siehe* Lieferzeit
Time-to-market *Siehe* Entwicklungszeit
Time-to-production *Siehe* Wiederbeschaffungszeit
Timing 143, 144, 172, 179
Timing-Strategien *Siehe* Markteintrittsstrategien
Tobin's Q 283, 289
Total Cash Flow Approach 289
Total Quality Management 136
TQM *Siehe* Total Quality Management
Träge Faktoren 48
Transferierbarkeit 253
Transferkontext 268
Transformativer Wandel 258
Trendlinien 348–50, 358
Trendszenario 355, 357
Trennwerte 191, 193, 197, 202

Ü

Übereinstimmungskosten 114
Übernahmegefahr 278
Überspringer-Strategie 131, 132, 134

U

U-Kurve 221
Umfeldanalyse 1, 14, 54–64, 190, 312, 329, 332, 342, 357
Umfeldanalyseprozess 58
Umfelddimension 190, 192, 201, 229
Umfeld-System-Fit 14, 15, 16, 23, 24, 25, 35, 245, 246, 324
Umwelt 394
Umweltleistung 398
Umweltleistungsmessung 390
Umweltmanagementsystem 394

Umweltmanagement-System 398
Unique Selling Proposition 27
Unschärfenpositionierung 210, 358–60
Unternehmensanalyse 1, 54, 64–73, 190, 312, 329, 332, 342, 356
Unternehmensdimension 190, 192, 201, 229
Unternehmenskultur 394
Unternehmensnetzwerk 312
Unternehmensplanung 330
Unternehmensstrategie 34, 36, 54, 185, 189, 190, 218, 292
Unternehmenswert 6, 9, 31, 33
Unternehmenswertorientierten Steuerung 398
Unternehmensziele 6
Unterstützungskompetenz 255, 257
Ursachen-Wirkungs-Kette 51
Ursache-Wirkungs-Kette 371, 394
Ursache-Wirkungs-Matrix 373
Ursache-Wirkungs-Zusammenhang 382, 389

V

Valcor-Matrix 311
Value Based Planning 284, 312
Value Chain Scoreboard 377, 390
Value Creation Matrix 303
Value Curve 296
Value Map 16, 126–35
Value Reporting 276
Verborgenes Wissen *Siehe* Tacit knowledge
Verlangsamungskartell 184
Vernetztes Denken 43, 335
Vertikale Integration 281
Vision 10, 150, 160, 323, 361, 364
Vital signs 385
Vollkommener Markt 216
Volumengeschäft 80, 219, 220, 223
Volumenstrategie *Siehe* Kostenführerschaftsstrategie
Vorlauffunktion 331, 332, 336, 360
Vorsteuerungsfunktion 7
Vorteilsmatrix *Siehe* Boston-II-Matrix
Vulnerability-Analyse 353, 358

W

WACC *Siehe* Weighted Average Cost of Capital *Siehe* Weighted Average Cost of Capital
Wachstumsfalle 299, 314
Wachstumsphase 85, 86, 89, 188, 193, 194, 214
Wahrnehmungslücke 291
Weak signals *Siehe* Schwache Signale
Weiche Faktoren 14, 364
Weighted Average Cost of Capital 285, 287
Wertadditivität 307
Wertbeitragsportfolio 296
Werterzeugungs-Cash Flow-Portfolio 303

Wertgeneratoren 286, 292, 296, 301, 307, 310, 313, 317
Wertkette 16, 65–68, 145, 148, 156, 157, 158, 166, 168, 172, 343
Wertlücke 290
Wertmatrix *Siehe* Value Map
Wertpapier-Portfolio 186
Wertschöpfungskette *Siehe* Wertkette
Wertschöpfungskreis 68–69, 343
Wertsteigerungspotenzial 290
Werttreiber *Siehe* Wertgeneratoren
Wertzuwachskurve 168, 361
Wettbewerbsintensität 59, 181, 196, 209, 224, 227, 241
Wettbewerbskräfte 16, 59–61, 199
Wettbewerbsmatrizen 216–28, 360
Wettbewerbsstärke 199, 201, 203
Wettbewerbsumfeld 55, 153, 169
Wettbewerbsvorteil 27, 28, 34, 66, 75, 78, 80, 116, 135, 136, 142, 150, 170, 219, 221, 246, 250, 271, 308
Wiederbeschaffungszeit 152, 156
Wissensbilanz 30, 377, 390
Wissensbilanzen 266

Z

Zeigersystem 370

Zeitbasierte Wettbewerbsstrategie 143, 145, 146, 148, 150, 154, 160, 161, 162, 166, 168, 169, 170, 171
Zeitbezogene Kundenbedürfnisse 142, 150, 161, 162, 160–65
Zeitelastizität des Preises 165
Zeitfalle 141, 173, 180, 181
Zeitfresser 148
Zeitkonstanten in der Vorbereitung 174
Zeitmanagement 143, 145, 147, 151, 158–60, 166
Zeitmanagementparadigma 166
Zeitproduktivität 157, 158
Zeitschere 141, 142
Zeitsensitivität 162, 163
Zeitwettbewerb 143, 145, 146, 147, 150, 153, 161, 162, 169, 170, 179, 180, 184
Zero Base Budgeting 397
Ziele, Umweltleistungs- 392
Zielkontrolle 324
Zielmarkt 77, 78, 218, 221
Zielrevision 8, 361, 366
Zielsystem 6, 30
Zielwert 366
Zukunftserfolg 277, 284, 294, 295, 301
Zusatznutzen 77, 78, 104, 114, 116, 162, 163, 164, 169, 216, 217, 220, 221, 227